变形铝合金的精密锻造成形

伍太宾　著
任广升　审

北京大学出版社
PEKING UNIVERSITY PRESS

内 容 简 介

本书简要介绍了精密锻造成形技术、变形铝合金的化学成分及其力学性能，较系统地介绍了2×××、3×××、6×××和7×××系列变形铝合金的精密锻造成形工艺过程和模具结构设计、模具零部件设计。本书共8章，内容包含绪论、变形铝合金概述、2A12铝合金的等温压缩实验、2A12铝合金等温压缩变形的应力-应变特征及本构方程、2×××系列变形铝合金的精密锻造成形、3×××系列变形铝合金的精密锻造成形、6×××系列变形铝合金的精密锻造成形、7×××系列变形铝合金的精密锻造成形。

本书可为在生产现场和科研、教学实践一线从事变形铝合金锻造成形加工工作的工程技术人员提供参考与指导。

本书可作为高等院校机械制造、材料成形与控制、金属材料等专业的教材，也可作为从事有色金属材料、材料成形加工方面的工程技术人员、科研人员的参考书。

图书在版编目（CIP）数据

变形铝合金的精密锻造成形/伍太宾著．—北京：北京大学出版社，2023.12

ISBN 978-7-301-34684-6

Ⅰ．①变…　Ⅱ．①伍…　Ⅲ．①变形铝合金—精密锻造　Ⅳ．①TF821

中国国家版本馆CIP数据核字（2023）第231696号

书　　名　变形铝合金的精密锻造成形
　　　　　BIANXING LÜHEJIN DE JINGMI DUANZAO CHENGXING
著作责任者　伍太宾　著
策划编辑　童君鑫
责任编辑　孙　丹　童君鑫
数字编辑　蒙俞材
标准书号　ISBN 978-7-301-34684-6
出版发行　北京大学出版社
地　　址　北京市海淀区成府路205号　100871
网　　址　http://www.pup.cn　新浪微博：@北京大学出版社
电子邮箱　编辑部 pup6@pup.cn　总编室 zpup@pup.cn
电　　话　邮购部 010-62752015　发行部 010-62750672　编辑部 010-62750667
印 刷 者　三河市北燕印装有限公司
经 销 者　新华书店
　　　　　787毫米×1092毫米　16开本　27.25印张　663千字
　　　　　2023年12月第1版　2023年12月第1次印刷
定　　价　168.00元

前　言

变形铝合金具有密度小、比强度高、加工性好等优点，其锻件除广泛用于航空航天及其他国防工业外，还在民用工业和日常生活中有越来越多的应用。

为了节约能源和原材料、减少加工工序和加工工时、减轻制件质量、提高生产效率、降低制造成本，达到利润最大化，工业发达国家不断加大对变形铝合金精密锻造成形加工工艺的研发力度，甚至将铝合金精密锻造技术作为一项核心技术来重点支持和发展。

随着我国汽车工业和国防工业的飞速发展，精密锻造成形的变形铝合金锻件品种越来越多、形状越来越复杂，从形状简单的汽车冷凝器管体到形状复杂的直升机用支撑接头、飞机机翼后梁和隔框接头等，都实现了成批大量生产；但我国目前的变形铝合金精密锻造技术仍不能满足我国国民经济发展的需要，与工业发达国家存在一定差距，需要进一步研究和推广。

我国有关变形铝合金精密锻造成形方面的图书很少，可借鉴和参考的文献资料不多。为了在我国大力推广铝合金精密锻造成形技术，满足我国汽车工业、国防工业等对铝合金精密锻件的需求，作者编写了本书。本书有关内容是作者 30 多年来在变形铝合金精密锻造成形工艺研制、模具结构设计和模具零部件设计等方面长期积累的实践和见解，供广大从事有色金属加工、锻造加工的工程技术人员和高等院校相关研究人员借鉴和使用。本书以“为工程服务”的原则，通过典型生产实例，着重介绍了 2×××、3×××、6×××和 7×××变形铝合金的精密锻造成形工艺过程、模具结构设计和模具零部件设计等。

在本书的编写过程中，作者得到了有关单位的大力协助，并承蒙我国著名金属锻造成形专家、中国机械总院集团北京机电研究所有限公司的任广升教授认真审阅。

由于作者水平有限，书中难免存在不妥之处，恳请广大读者批评指正。

伍太宾

2023 年 8 月 20 日

目　　录

第1章 绪论

1.1 精密锻造成形技术概况

1.1.1 精密锻造成形技术的优点

精密锻造成形技术是从常规锻造成形技术逐步发展起来的一种近净成形加工技术。它与常规锻造成形技术相比，具有如下优点。

(1) 材料利用率高。

(2) 部分取消或减少切削加工。

(3) 锻件的尺寸精度和表面质量高。

(4) 可以获得合理的金属流线分布，从而提高零件的承载能力。

对于量大面广的中、小型零件，若能采用精密锻造成形方法生产，则可显著提高生产效率、降低制造成本、提高产品质量。特别是对于一些难以切削加工的贵重金属（如钛、钽、锆、钼、铌等）合金零件，采用精密锻造成形技术生产有重要的意义[1]。

1.1.2 精密锻造成形技术的应用领域

精密锻造成形是指成形的模锻件达到或接近成品零件的形状和尺寸的成形技术，它是在常规锻造成形技术的基础上，逐渐完善和发展起来一项高新技术。在工业化革命后的很长一段时间里，我国大多采用自由锻生产锻件。随着锻件批量更大、形状更复杂，自由锻已经满足不了生产要求，便产生了胎模锻和普通模锻；同时，为了适应不同形状锻件的成形需要，出现了挤压、辗扩、辊锻等成形方法。近几十年来，为提高锻件的尺寸精度，出现了小飞边模锻、无飞边模锻（闭式模锻）、径向锻造（旋转锻造）、多向模锻、电热镦粗、摆动辗压、粉末锻造、滚轧、楔横轧、强力旋压和超塑性模锻等；为进一步提高锻件精度，出现了闭塞锻造和采用分流原理的精密锻造等成形技术，且在原有热锻成形技术的基础上，发展出冷锻成形和温锻成形技术；同时，为了适应某些低塑性、难变形材料的成形，发展出等温成形技术[2]。

与常规锻造成形相比，采用精密锻造成形能获得表面质量好、后续机械加工余量少、尺寸精度较高的锻件。如果精密锻造成形的模锻件精度全部高于常规锻造成形的锻件精度，则称为完全精密模锻件；如果精密锻造成形的模锻件精度部分高于常规锻造成形的锻件精度，则称为局部精密模锻件。

目前，精密锻造成形主要应用在以下两个方面。

(1) 精化毛坯：用于生产精度较高的零件。利用精密锻造成形工艺取代粗切削加工工序，即将精密模锻件直接进行精切削加工就能得到成品零件。

(2) 精锻零件：用于生产采用精密锻造成形工艺就能达到成品零件精度要求的成品零件。大多用精密锻造成形技术制造成品零件的主要部分，以省去后续切削加工；而仍需对成品零件的某些部分进行少量的后续切削加工。有时完全采用精密锻造成形技术生产成品零件。

1.2 铝合金锻造成形技术

1.2.1 铝合金锻造成形技术的发展概况

铝合金锻件的大量生产与应用是从 20 世纪 50 年代开始的。经过几十年的现代化改造，铝合金锻造生产无论是在工业装备、模具设计和制造、生产工艺和技术上，还是在产品品种规格、生产规模和质量上等都得到了飞速发展[3]。

在锻造成形设备方面，随着铝合金模锻件大型化、精密化程度的提高，大型精密多向模锻液压机日益受到重视，很多国家都拥有大型多向模压液压机。大型多向模锻机属于精密锻压设备，配备了 PLC 系统和计算机控制系统，可对能量、行程、压力、速度进行自动调节，对关键部件最佳工作点和制品质量进行控制，对各项工作状态进行监控和显示，对系统故障、设备过载、过温、失控等进行预报和保护。

在铝合金锻造成形技术方面，各国研制开发出大量的锻造成形新工艺、新技术，如液态模锻、半固态模锻、等温锻造、粉末锻造、多向锻造、无斜度精密模锻、分部模锻、包套模锻等，对简化铝合金的加工工艺、减少加工工序、节省能耗、增加产品品种和规格、提高质量和生产效率、保护环境、降低劳动强度、提高经济效益等发挥了重大作用。专用的计算机软件为控制锻造温度、锻造成形力、变形程度和润滑等主要工艺参数，控制制品尺寸和内部组织、力学性能等提供了保障。

铝合金锻造成形过程的数字化是铝合金锻造成形技术的关键，锻件 CAD/CAM/CAE 系统十分成熟和普及。在美国，CAD/CAM/CAE 系统正被计算机集成制造（computer - intergrated manufaturing，CIM）代替。CIM 包括成套技术、计算机技术、CAD/CAM/CAE 技术、机器人、专家系统、加工计划、控制系统及自动材料处理等，为模锻件的优化设计和工艺改进提供了条件。如在汽车工业方面，对轮毂、曲轴等零件进行设计和工艺过程优化，可使轮毂减重30%、曲轴减重20%，而且大大提高了生产效率、降低了能耗。

铝合金锻件的产品品种和产品质量获得了突破性进展，目前研制开发的锻造铝合金有上百种、十几个状态，可大批量生产不同合金、不同状态、不同性能、不同功能、不同形状、不同规格、不同用途的铝合金锻件。世界上可生产的铝合金模锻件的最大投影面积为5m^2，最长的铝锻件为15m，最重的铝锻件为1.5t，最大的铝锻环直径为11.5m，基本可满足最大的飞机、飞船、火箭、导弹、卫星、舰艇、航母及发电设备、起重设备等的需要。而且铝合金锻件的内部组织、力学性能和尺寸精度能满足不同用户的需求，在产品开发方面达到了相当高的水平。

1.2.2　我国铝合金锻造成形技术水平和工程应用情况

我国拥有的铝合金锻造成形设备包括800MN、450MN、300MN、100MN、60MN、50MN、30MN等大、中型铝合金锻造成形液压机，一台100MN多向模压水压机及两台直径为ϕ5m的轧环机；铝合金锻件年生产能力约为20000t；铝合金模锻件的最大投影面积为2.5m^2、最大长度为7.0m、最大宽度为3.5m；铝合金锻环的最大直径为ϕ6m；盘径为ϕ534～ϕ730mm的铝合金绞线盘；直径约为ϕ650mm的汽车轮毂。

我国铝合金锻件的产品品种较少，工业发达国家的模锻件约占全部锻件的80%，而我国约占30%。

国外在模锻件的设计、模具制造方面引入了计算机技术、模锻CAD/CAM/CAE和模锻过程仿真且进入实用化阶段，而我国很多锻压厂刚刚起步。因此，目前我国铝合金锻造成形无论是在成形装备、模具设计与制造还是在产品产量与规模、生产效率与批量化生产、产品质量与效益等方面，都与工业发达国家存在一定差距。

我国铝合金的整体锻造水平落后于发达国家10～20年，目前仍处于用单工位的简单镦粗与挤压方式生产形状相对简单的锻件的阶段。20世纪60年代，我国开始研究铝活塞的挤压工艺，并得到了广泛应用。当时研究复杂形状铝合金锻造的研发单位较少，特别是在大批量生产上先进、实用的工艺技术方面鲜有研究；由于采用自由锻造方法单件或小批量生产飞机上的铝合金锻件的材料利用率低、成本高，因此无法在大批量生产中应用。

近年来，随着我国汽车工业特别是轿车工业的发展，国内采用冷挤压、温冲压、等温锻造等精密锻造成形技术大批量生产支架、引信体、安全气囊壳体、通信器材壳体等复杂铝合金锻件，满足了生产需要[4-14]。典型铝合金锻造成形件如图1-1所示。

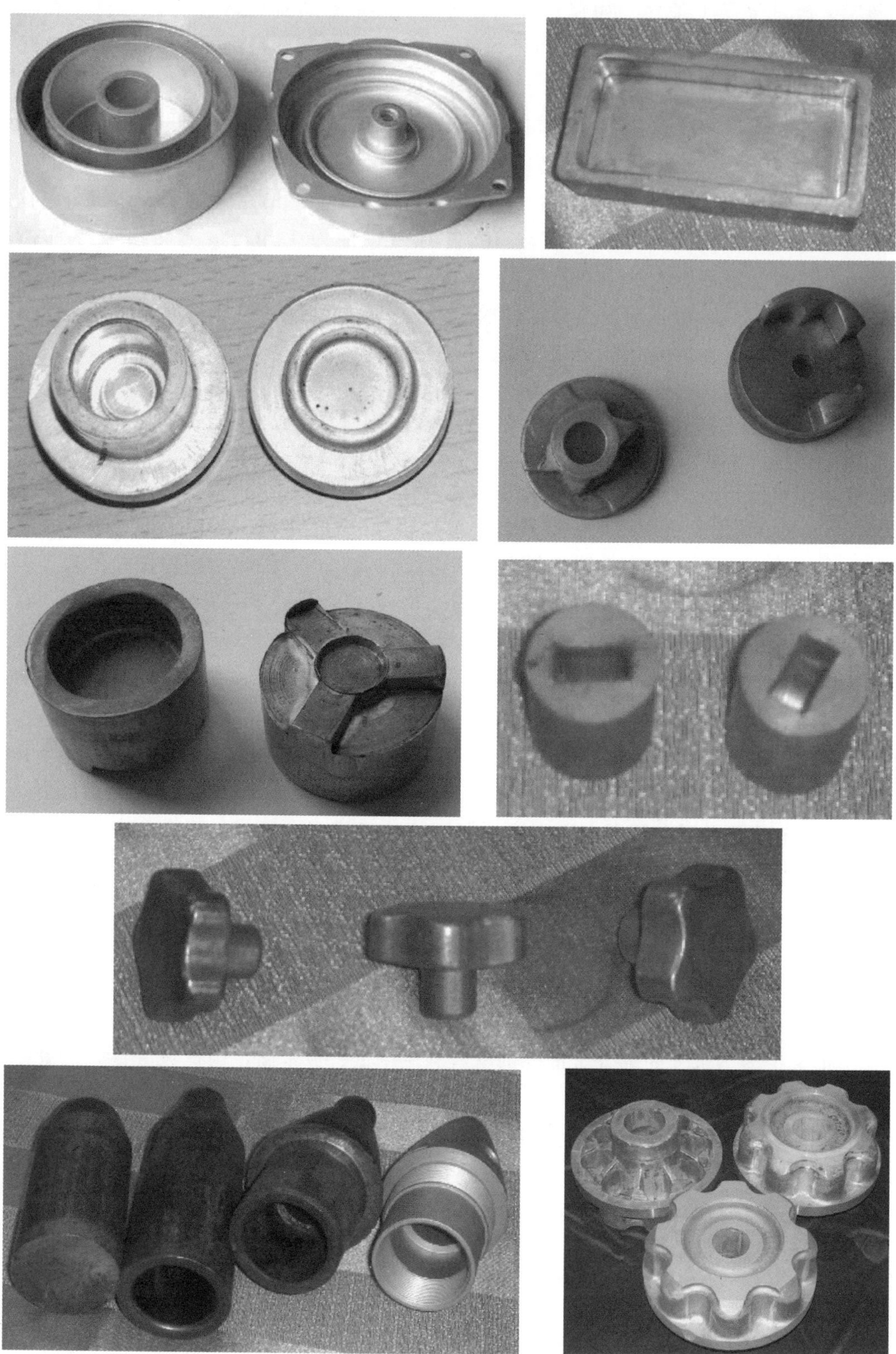

图 1-1　典型铝合金锻造成形件

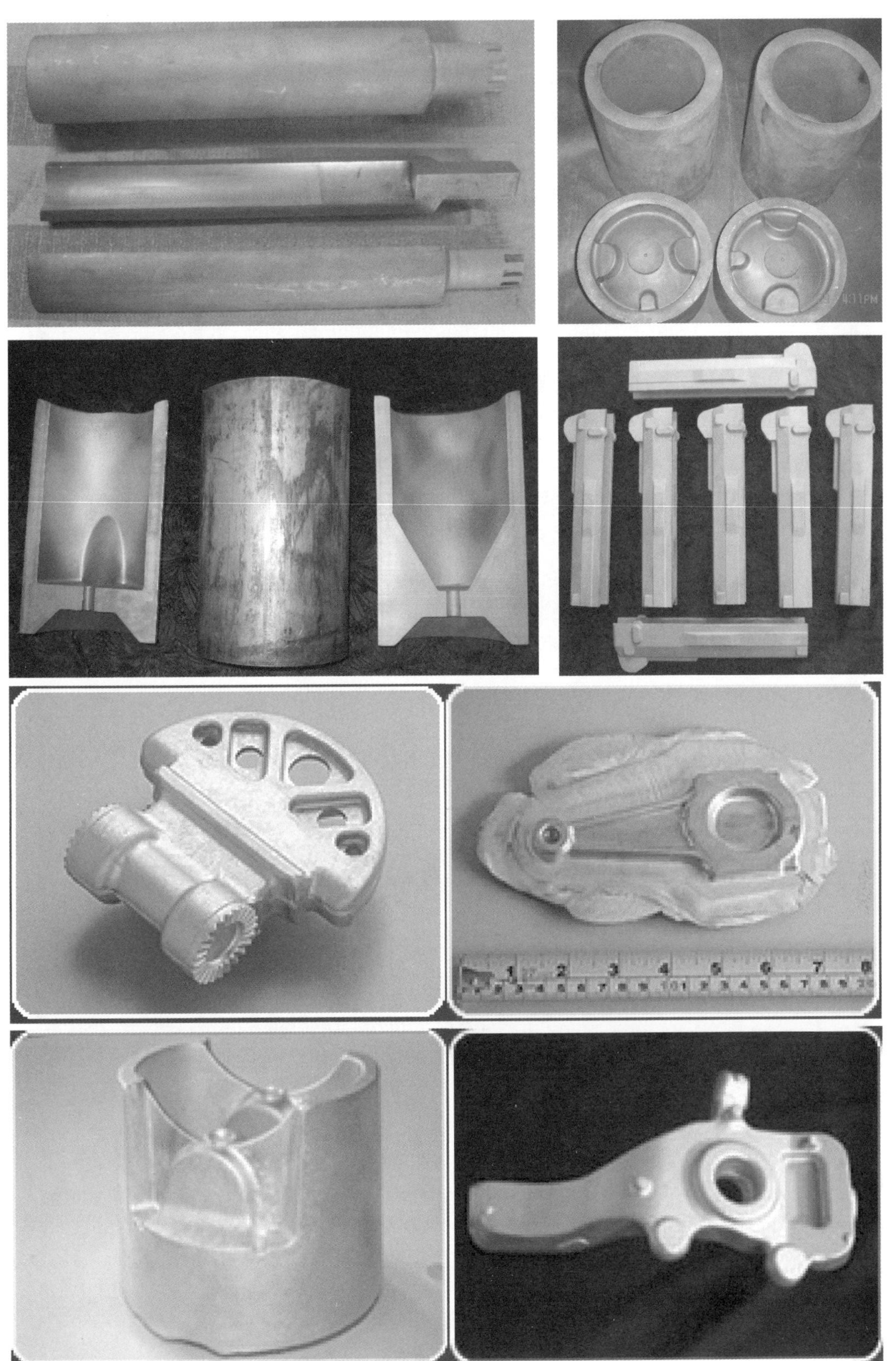

图1-1　典型铝合金锻造成形件（续）

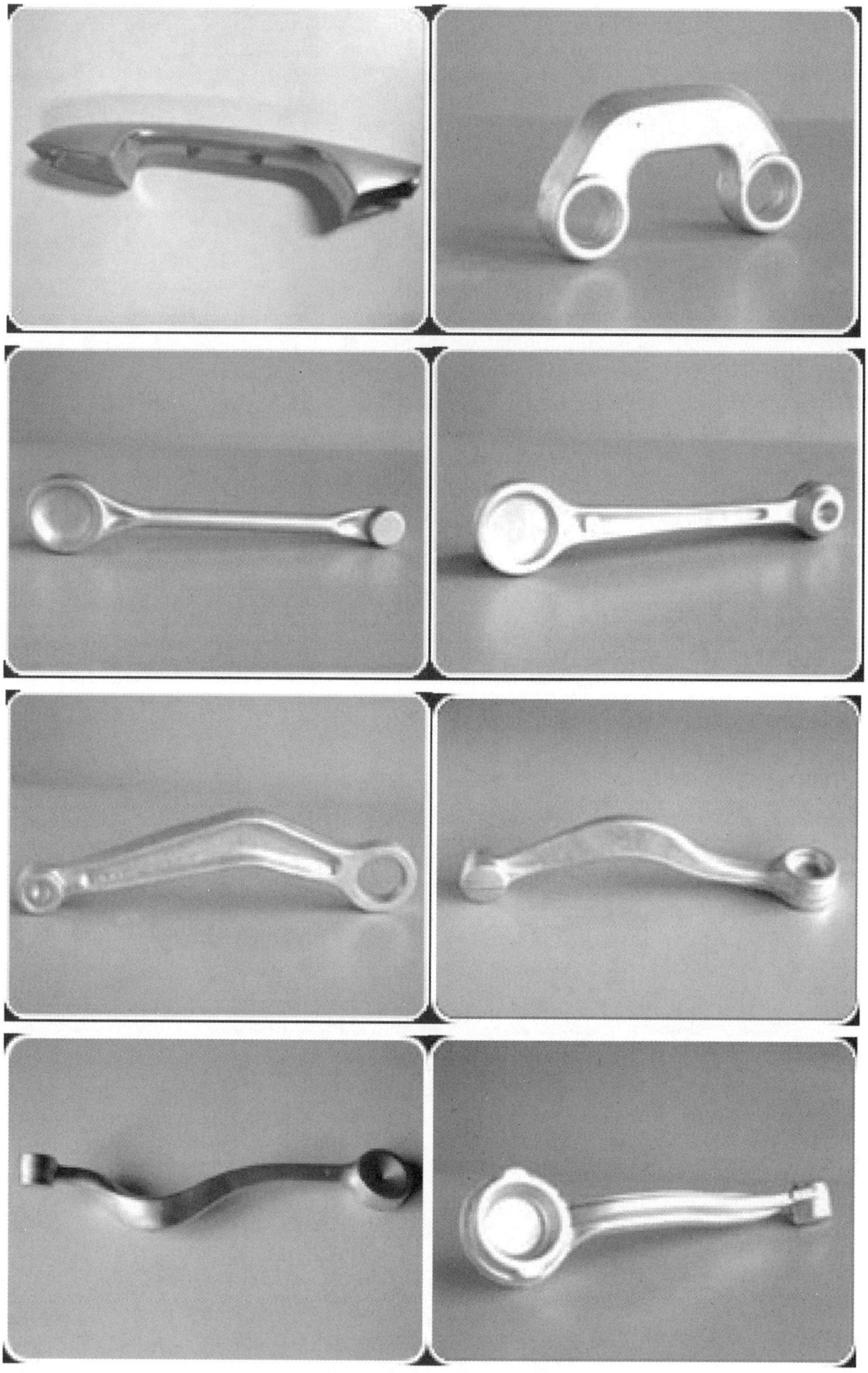

图 1-1 典型铝合金锻造成形件（续）

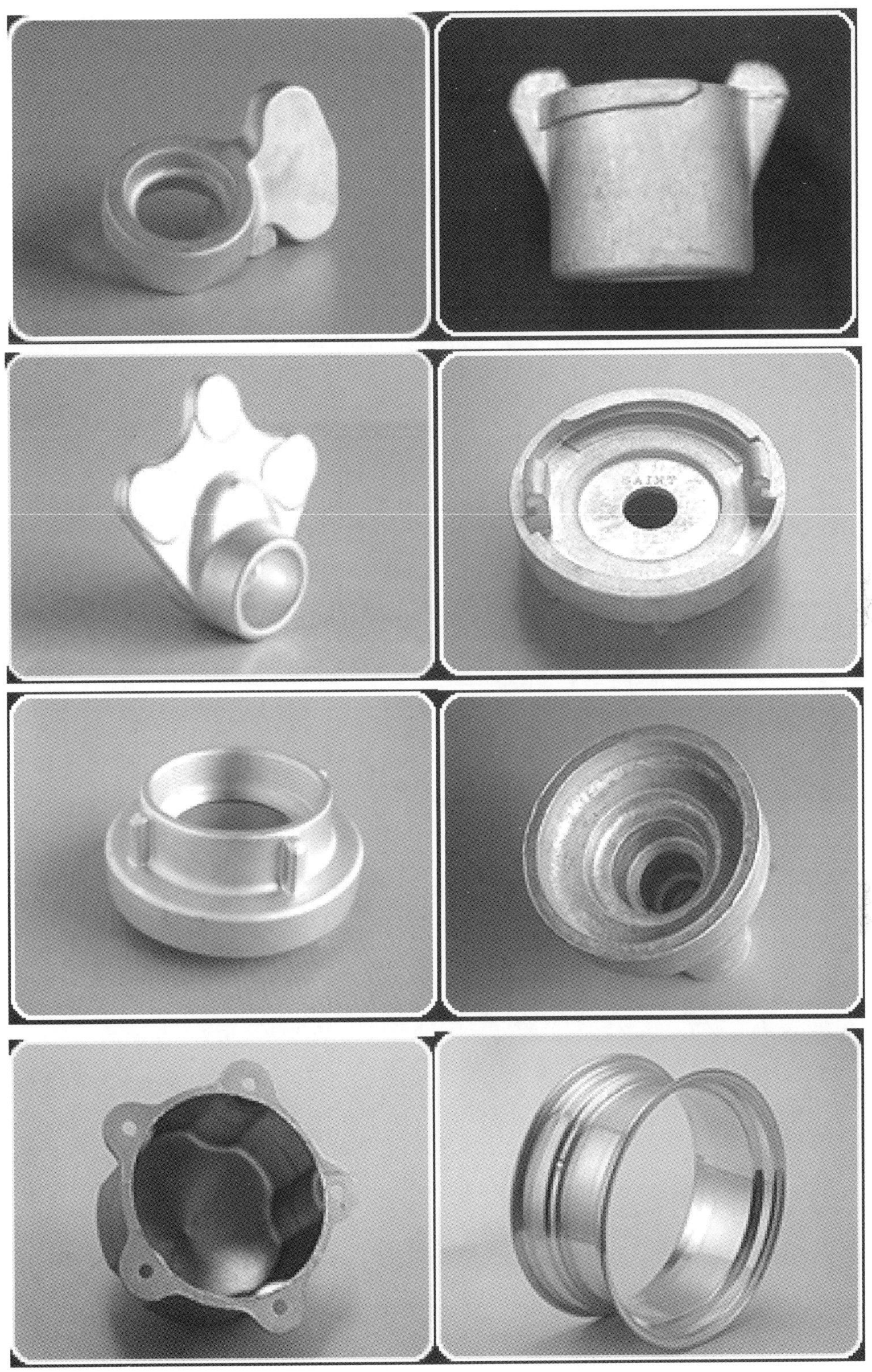

图 1-1　典型铝合金锻造成形件（续）

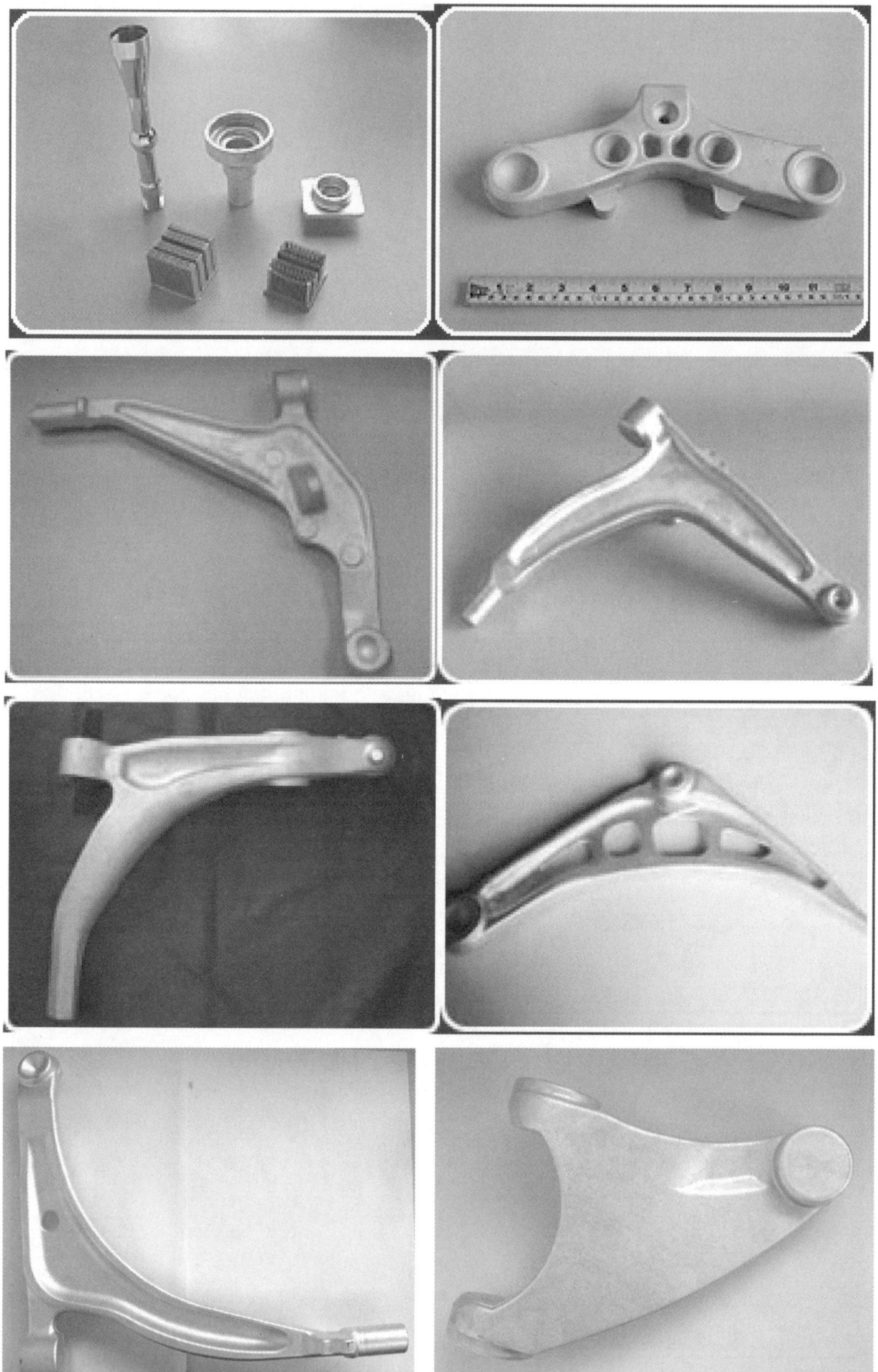

图 1-1　典型铝合金锻造成形件（续）

图 1-1 典型铝合金锻造成形件（续）

1.3 铝合金锻件的应用前景

1.3.1 铝合金锻件的需求状况

由于铝合金锻件具有优秀特性，因此在航空航天、汽车、船舶、交通运输、兵器、电信等领域备受青睐，应用越来越广泛。

据初步统计，1985 年我国铝及铝合金锻件占全球锻件产量的 0.5%（1.8 万吨），2008 年上升到约 18%。目前，全球每年约消耗锻件 450 万吨，其中铝及铝合金锻件约为 80 万吨。

从铝加工工业的角度来看，全球每年铝（包括再生铝）产量约为 5000 万吨，其中 85%用于制造加工件，即全球每年加工件产量约为 4000 万吨，其中板件、带件、箔件约占 57%，挤压件约占 38%。由于铝合金锻件成本较高，生产技术难度较大，因此仅在特别重要的受力部位应用，所占比重不大。近年来，由于军工和民用领域，特别是交通运输业现代化和轻量化的需要，以铝代钢的要求十分迫切，因而铝合金锻件的品种和应用都得到了迅猛增长。

为了满足军工和民用领域对铝及铝合金锻件日益增长的需求，各国都集中人力、物力和财力发展铝及铝合金锻件，设计和制造锻造成形设备，特别是大、中型液压机。但是由于大型锻造成形设备比较昂贵、制造周期长，铝合金锻件的锻造成形技术也比较复杂，因而很难满足市场需要。

我国大、重型液压锻造成形设备少、生产能力较低，远不能满足工业领域对铝及铝合金锻件的需求。

1.3.2 铝合金锻件的应用前景

铝合金锻件主要用于对轻量化程度要求高的工业部门，根据各国应用情况，铝合金锻件的主要市场分布如下[15-16]。

（1）航空（飞机）锻件。飞机上的锻件约占飞机材料质量的70%，如起落架、框架、肋条、发动机部件、动环和不动环等，一架飞机使用上千种锻件，其中除少数高温部件使用高温合金和钛合金锻件外，绝大部分都采用铝合金锻件。例如美国波音公司每年生产上千架飞机，每年消耗数万吨铝合金锻件。

我国歼击机等军用飞机和民用飞机飞速发展，特别是C919飞机项目启动及航母等大型重点项目实施，消耗的铝合金锻件逐年增加。

（2）航天锻件。航天器上的锻件主要有锻环、轮毂、翼梁和机座等，绝大部分为铝合金锻件，还有少数钛锻件。宇宙飞船、火箭、导弹、卫星等对铝合金锻件的需求日益剧增。

近年来，我国研制的超远程导弹使用Al－Li合金壳体锻件，每件质量为300多千克，价值几十万元。直径为ϕ1.5～ϕ6mm的铝合金锻环的用量越来越大。

（3）兵器工业。在坦克、装甲车、运兵车、战车、火箭弹、炮架、军舰等常规武器上，逐渐使用铝合金锻件作为承力件，基本代替钢锻件。特别是铝合金坦克负重轮等重要锻件成为兵器器械轻量化、现代化的重要材料。

（4）汽车工业。汽车上的铝合金锻件包括轮毂（特别是重型汽车和大、中型客车）、保险杠、车架等，其中铝合金轮毂的铝锻件用量最大。

铝合金轮毂锻件的力学性能良好、结构强度高、质量小、抗冲击能力强、耐蚀性和抗疲劳强度优良，可以满足商用车车轮的要求，逐渐成为汽车，特别是高级轿车和大型、重型、豪华型客车与货车用车轮的首选配件，有逐渐替代铸造铝合金车轮的趋势。

美国铝业公司使用80MN锻造液压机生产的6061－T6汽车轮毂，其晶粒变形流向与受力方向一致，强度、韧性及疲劳强度均高于铸造合金轮毂，质量减小20%，伸长率为12%～16%，而且具有相当强的吸振、承压及抗冲击能力。铝合金轮毂锻件的致密度高，无疏松、针孔，表面无气孔，具有良好的表面处理性能，如涂层均匀一致、结合力高、色彩美观等；同时，铝合金轮毂具有很好的机械加工性能。因此，铝合金轮毂具有质量小，比强度高，韧性、抗疲劳性与耐蚀性优良，导热性好，易机械加工、圆形度好，安全性高，便于维修，使用成本低，节能，环保，美观耐用等特点，有广阔的应用前景。

（5）能源动力工业。在能源动力工业中，铝合金锻件会逐渐代替某些钢锻件来制造机架、护环、动环和不动环以及煤炭运输车轮、液化天然气法兰盘、核电站燃料架等。

（6）船舶和舰艇。在船舶和舰艇上，使用铝合金锻件制造机架、动环和不动环、炮台架等。

（7）机械制造业。在机械制造业中，铝合金锻件主要用于制造木工机械、纺织机械等中的机架、滑块、连杆及绞线盘等。

（8）模具工业。在模具工业中，使用铝合金锻件制造橡胶模具、鞋模具及其他轻工模具。

（9）运输机械、火车机车工业。在运输机械、火车机车工业中，铝合金锻件用于制造气缸、活塞裙等。

（10）其他方面。在电子通信、家用电器、文体器材等领域，逐渐使用铝及铝合金锻件替代钢、铜等材料的锻件。

第2章 变形铝合金概述

铝合金是工业中应用广泛的有色金属结构材料，在航空航天、汽车、机械制造、船舶及化学工业中大量应用。

随着我国大力提倡采用“节能、降耗、减排”技术，轻量化的机械结构在各工业、行业中获得了越来越广泛的工程应用，以铝合金结构件代替钢结构件是实现机械结构轻量化的重要手段。

铝合金结构件的广泛应用必然使对铝合金锻件的需求日益增加，相应的，对铝合金锻造成形方面的研究更深入；同时，促进了铝合金锻造成形技术的发展，从而拓展了铝合金结构件的应用领域。

2.1 变形铝合金简介

变形铝合金有如下分类方法[17]。

(1) 按照热处理分类。变形铝合金按能否通过热处理沉淀强化分为可热处理强化型铝合金和不可热处理强化型铝合金。

(2) 按照使用性能分类。变形铝合金按使用性能分为硬铝合金、超硬铝合金、锻铝合金、防锈铝合金和特殊铝合金等。

(3) 按照合金化元素分类。变形铝合金按合金化元素分为铝-铜系铝合金、铝-锰系铝合金、铝-硅系铝合金、铝-镁系铝合金、铝-镁-硅系铝合金、铝-锌系铝合金等。

以上三种分类方法主要是为了便于研究、生产和使用变形铝合金而人为规定的，实际上，可以在每个分类中找到每个牌号的变形铝合金。例如，在锻件中应用最广的2A12铝合金，在热处理分类中属于可热处理强化型铝合金，在使用性能分类中属于硬铝合金或高强度铝合金，在合金化元素分类中属于铝-铜系铝合金。

2.1.1 变形铝合金牌号的表示方法

从2018年12月1日起，我国变形铝合金牌号的表示方法参考《变形铝及铝合金状态代号》(GB/T 16475—2008),包括以下两种牌号命名方法。

(1) 凡是已在“变形铝和铝合金国际牌号注册协议组织”注册命名的变形铝合金,直接采用国际四位数字体系牌号,如7075铝合金。

(2) 凡是“变形铝和铝合金国际牌号注册协议组织”未命名的变形铝合金,则按照四位字符体系牌号的规定命名,如7A09铝合金。

我国四位字符体系牌号命名方法类似国际四位数字体系牌号命名方法,即第1、第3和第4位为数字,其意义与国际四位数字体系牌号命名方法中的第1、第3和第4位数字相同。第2位用大写英文字母,表示合金的原型或改型;例如,2A50铝合金为原型,2B50铝合金为改型。

变形铝合金系的具体标记如下[17-18]:

2×××系列铝合金、3×××系列铝合金、4×××系列铝合金、5×××系列铝合金、6×××系列铝合金、7×××系列铝合金。

2.1.2 变形铝合金的分类

1. 2×××系列铝合金

2×××系列铝合金包括2001铝合金、2002铝合金、2003铝合金、2004铝合金、2005铝合金、2006铝合金、2007铝合金、2008铝合金、2011铝合金、2014铝合金、2017铝合金、2018铝合金、2021铝合金、2024铝合金、2025铝合金、2030铝合金、2031铝合金、2034铝合金、2036铝合金、2037铝合金、2038铝合金、2048铝合金、2090铝合金、2091铝合金、2117铝合金、2124铝合金、2218铝合金、2219铝合金、2224铝合金、2319铝合金、2324铝合金、2419铝合金、2519铝合金、2618铝合金、2A01铝合金、2A02铝合金、2A04铝合金、2A06铝合金、2A11铝合金、2A12铝合金、2A14铝合金、2A16铝合金、2A50铝合金、2A70铝合金、2A80铝合金、2A90铝合金等。

2×××系列铝合金的特点是硬度较高,其中铜元素含量最高(3%~5%)。

2. 3×××系列铝合金

3×××系列铝合金包括3002铝合金、3003铝合金、3004铝合金、3005铝合金、3006铝合金、3007铝合金、3008铝合金、3009铝合金、3010铝合金、3011铝合金、3012铝合金、3013铝合金、3014铝合金、3015铝合金、3016铝合金、3102铝合金、3103铝合金、3104铝合金、3105铝合金、3107铝合金、3203铝合金、3207铝合金、3303铝合金、3307铝合金、3A12铝合金、3A21铝合金等。

3×××系列铝合金是以锰为主要合金元素,其中锰含量为1.0%~1.5%,它是一种防锈性能较好的铝合金。

3. 4×××系列铝合金

4×××系列铝合金包括4004铝合金、4006铝合金、4007铝合金、4008铝合金、4009铝合金、4010铝合金、4011铝合金、4013铝合金、4032铝合金、4043铝合金、4044铝合金、4045铝合金、4047铝合金、4104铝合金、4145铝合金、4343铝合金、

4543 铝合金、4643 铝合金、4A01 铝合金等。

4×××系列铝合金是硅含量较高的铝合金，其中硅含量为4.5%～6.0%。它具有耐热、耐蚀、耐磨特点，属于建筑和机械零件用材料。

4. 5×××系列铝合金

5×××系列铝合金包括5005铝合金、5006铝合金、5010铝合金、5013铝合金、5014铝合金、5016铝合金、5017铝合金、5040铝合金、5042铝合金、5043铝合金、5049铝合金、5050铝合金、5051铝合金、5052铝合金、5056铝合金、5082铝合金、5083铝合金、5086铝合金、5150铝合金、5151铝合金、5154铝合金、5182铝合金、5183铝合金、5205铝合金、5250铝合金、5251铝合金、5252铝合金、5254铝合金、5280铝合金、5283铝合金、5351铝合金、5352铝合金、5356铝合金、5357铝合金、5451铝合金、5454铝合金、5456铝合金、5457铝合金、5552铝合金、5554铝合金、5556铝合金、5557铝合金、5652铝合金、5654铝合金、5657铝合金、5754铝合金、5854铝合金、5A02铝合金、5A05铝合金、5A06铝合金、5A12铝合金、5B05铝合金等。

5×××系列铝合金的主要合金元素为镁，其中镁含量为3.0%～5.0%。其主要特点是密度低、抗拉强度高、延伸率高；在相同截面面积下，5×××系列铝合金的质量低于其他系列铝合金。

5. 6×××系列铝合金

6×××系列铝合金包括6002铝合金、6003铝合金、6004铝合金、6005铝合金、6006铝合金、6007铝合金、6008铝合金、6009铝合金、6010铝合金、6011铝合金、6012铝合金、6013铝合金、6014铝合金、6015铝合金、6016铝合金、6017铝合金、6053铝合金、6060铝合金、6061铝合金、6063铝合金、6066铝合金、6070铝合金、6081铝合金、6082铝合金、6101铝合金、6103铝合金、6105铝合金、6106铝合金、6110铝合金、6111铝合金、6151铝合金、6162铝合金、6181铝合金、6201铝合金、6205铝合金、6206铝合金、6253铝合金、6261铝合金、6262铝合金、6301铝合金、6351铝合金、6463铝合金、6763铝合金、6863铝合金、6951铝合金、6A02铝合金等。

由于6×××系列铝合金的主要合金元素为镁和硅，因此6×××系列铝合金兼具4×××系列铝合金和5×××系列铝合金的优点。其中，6061铝合金适合制造对耐蚀性、抗氧化性要求高的结构零件。

6. 7×××系列铝合金

7×××系列铝合金包括7001铝合金、7003铝合金、7004铝合金、7005铝合金、7008铝合金、7009铝合金、7010铝合金、7011铝合金、7012铝合金、7013铝合金、7014铝合金、7015铝合金、7016铝合金、7017铝合金、7018铝合金、7019铝合金、7020铝合金、7021铝合金、7022铝合金、7023铝合金、7024铝合金、7025铝合金、7026铝合金、7027铝合金、7028铝合金、7029铝合金、7030铝合金、7039铝合金、7046铝合金、7049铝合金、7050铝合金、7051铝合金、7060铝合金、7064铝合金、7072铝合金、7075铝合金、7076铝合金、7079铝合金、7090铝合金、7091铝合金、7108铝合金、7109铝合金、7116铝合金、7129铝合金、7146铝合金、7149铝合金、

7150 铝合金、7175 铝合金、7178 铝合金、7179 铝合金、7229 铝合金、7277 铝合金、7278 铝合金、7472 铝合金、7475 铝合金、7A03 铝合金、7A04 铝合金、7A09 铝合金等。

7×××系列铝合金是铝-镁-锌-铜合金，属于可热处理强化型铝合金、超硬铝合金，其耐磨性好。

2.2 变形铝合金的化学成分及力学性能

2.2.1 2×××系列铝合金的化学成分及力学性能

1. 2014 铝合金

2014 铝合金的主要合金元素为铜。2014 铝合金具有很高的强度和良好的切削加工性，但耐蚀性较差。

2014 铝合金的化学成分及力学性能见表 2-1。

表 2-1 2014 铝合金的化学成分及力学性能

化学成分/(%)									力学性能（室温）	
Cu	Si	Mn	Mg	Zn	Ti	Ni	Fe	Al	R_m/MPa	δ_5/(%)
3.9～4.8	0.6～1.2	0.4～1.0	0.4～0.8	≤0.3	≤0.15	≤0.1	≤0.7	余量	≥440	≥10

2014 铝合金从成分来看既属于硬铝合金又属于锻铝合金。与 2A50 铝合金相比，因其铜含量较高，故强度较高、热强性较好；但在热态下的塑性不如 2A50 铝合金。2014 铝合金具有良好的切削加工性，点焊、缝焊焊接性良好，电弧焊和气焊焊接性差；可进行热处理强化，耐蚀性不高，进行人工时效处理时有形成晶间腐蚀倾向。

2014 铝合金的热处理规范如下。

(1) 均匀化退火：加热温度为 475～490℃，保温时间为 12～14h，随炉冷却。

(2) 完全退火：加热温度为 350～400℃，保温时间为 30～120min，以 30～50℃/h 的速度随炉冷却至 300℃以下进行空冷。

(3) 快速退火：加热温度为 350～460℃，保温时间为 30～120min，空冷。

(4) 淬火和时效：淬火温度为 495～505℃，水冷；在室温下进行 96h 的自然时效。

2. 2017 铝合金

2017 铝合金的主要合金元素为铜。2017 铝合金是第一个获得工业应用的 2×××系列铝合金，其具有很高的强度和良好的切削加工性，但耐蚀性较差。

2017 铝合金的化学成分及力学性能见表 2-2。

表 2-2 2017 铝合金的化学成分及力学性能

化学成分/(%)									力学性能（室温）		
Cu	Si	Mn	Mg	Zn	Ti	Cr	Fe	Al	R_m/MPa	$R_{p0.2}$/MPa	δ_5/(%)
3.5～4.5	0.2～0.8	0.4～1.0	0.4～0.8	0.25	0.15	0.1	0.7	余量	≥370	≥215	≥12

2017 铝合金是应用最早的硬铝合金，一般称为标准硬铝合金。它具有中等强度，在退火、刚淬火和热态下的可塑性较好；是可热处理强化型铝合金，在淬火和自然时效状态下使用；点焊焊接性良好，进行气焊及氩弧焊时有形成裂纹倾向；切削加工性在淬火状态下较好，在退火状态下不良。

2017 铝合金的热处理规范如下。

(1) 均匀化退火：加热温度为 480～495℃，保温时间为 12～14h，随炉冷却。

(2) 完全退火：加热温度为 390～430℃，保温时间为 30～120min，空冷。

(3) 快速退火：加热温度为 350～370℃，保温时间为 30～120min，空冷。

(4) 淬火和时效：淬火温度为 495～510℃，水冷；人工时效温度为 155～165℃，保温时间为 6～10h，空冷；在室温下进行 96h 的自然时效。

3. 2024 铝合金

2024 铝合金的化学成分及力学性能见表 2-3。

表 2-3 2024 铝合金的化学成分及力学性能

化学成分/(%)								力学性能（室温）	
Cu	Si	Mn	Mg	Zn	Cr	Fe	Al	R_m/MPa	$R_{p0.2}$/MPa
3.8～4.9	0.5	0.3～1.0	1.2～1.8	0.25	0.1	0.5	余量	≥390	≥245

2024 铝合金是一种高强度铝合金，可进行热处理强化，在退火、刚淬火状态下的塑性中等，点焊焊接性良好，进行气焊时有形成晶间裂纹倾向；在淬火和冷作硬化状态下的切削加工性较好，退火后的切削加工性不良；耐蚀性不高。

4. 2A01 铝合金

2A01 铝合金的化学成分及力学性能见表 2-4。

表 2-4 2A01 铝合金的化学成分及力学性能

化学成分/(%)								力学性能（室温）
Cu	Si	Mn	Mg	Zn	Ti	Fe	Al	抗剪强度 τ/(MPa)
2.2～3.0	≤0.5	≤0.2	0.2～0.5	≤0.25	≤0.15	≤0.5	余量	≥186

2A01 铝合金是一种低强度硬铝合金，是铆接铝合金结构的主要铆钉材料。2A01 铝合金在淬火和自然时效后的强度较低，但具有很强的塑性和良好的锻造、冲压成形加工性；焊接性与 2A11 铝合金相同；切削加工性较好；耐蚀性不高。

5. 2A02 铝合金

2A02 铝合金是强度较高的硬铝合金。2A02 铝合金的化学成分及力学性能见表 2-5。

表 2-5　2A02 铝合金的化学成分及力学性能

化学成分/(%)								力学性能（室温）		
Cu	Si	Mn	Mg	Zn	Ti	Fe	Al	R_m/MPa	$R_{p0.2}$/MPa	δ_5/(%)
2.6～3.2	0.3	0.45～0.7	2.0～2.4	0.1	0.15	0.3	余量	≥430	≥275	≥10

2A02 铝合金在常温下强度较高，同时具有较高的热强性，属于耐热硬铝合金。2A02 铝合金在热态下的塑性高，在挤压成形半成品时有形成粗晶环倾向；其是可热处理强化型铝合金，在淬火和人工时效状态下使用。与 2A70 铝合金和 2A80 铝合金相比，其腐蚀稳定性较好，但有形成应力腐蚀开裂倾向；焊接性比 2A70 铝合金好，切削加工性良好。

6. 2A04 铝合金

2A04 铝合金的化学成分及力学性能见表 2-6。

表 2-6　2A04 铝合金的化学成分及力学性能

化学成分/(%)								力学性能（室温）
Cu	Si	Mn	Mg	Zn	Ti	Fe	Al	抗剪强度 τ/MPa
3.2～3.7	0.3	0.5～0.8	2.1～2.6	0.1	0.05～0.4	0.3	余量	≥275

2A04 铝合金是一种铆钉用铝合金，它具有较高的剪切强度和耐热性；锻造、冲压成形加工性及切削加工性、耐蚀性均与 2A12 铝合金相同，在 150～250℃内形成晶间腐蚀倾向比 2A12 铝合金小；其是可热处理强化型铝合金，可以在退火和刚淬火状态下进行铆接。

7. 2A06 铝合金

2A06 铝合金是一种高强度硬铝合金。2A06 铝合金的化学成分及力学性能见表 2-7。

表 2-7　2A06 铝合金的化学成分及力学性能

化学成分/(%)								力学性能（室温）		
Cu	Si	Mn	Mg	Zn	Ti	Fe	Al	R_m/MPa	$R_{p0.2}$/MPa	δ_5/(%)
3.8～4.3	≤0.5	0.5～1.0	1.7～2.3	≤0.1	0.03～0.15	≤0.5	余量	≥430	≥285	≥10

2A06 铝合金的锻造、冲压成形加工性以及切削加工性与 2A12 铝合金相同，在退火和刚淬火状态下的塑性较好；可进行淬火与时效处理，其腐蚀稳定性与 2A12 铝合金相同，在 150～250℃内形成晶间腐蚀倾向比 2A12 铝合金小；点焊焊接性与 2A12 铝合金、2A16 铝合金相同，氩弧焊焊接性比 2A12 铝合金好，但比 2A16 铝合金差。

8. 2A11 铝合金

2A11 铝合金是一种应用较早的高强度硬铝合金，一般称为标准硬铝合金。2A11 铝合金的化学成分及力学性能见表 2-8。

表 2-8 2A11 铝合金的化学成分及力学性能

化学成分/(%)									力学性能（室温）		
Cu	Si	Mn	Mg	Zn	Ti	Fe	Ni	Al	R_m/MPa	$R_{p0.2}$/MPa	δ_5/(%)
3.8～4.8	≤0.7	0.4～0.8	0.4～0.8	≤0.3	≤0.15	≤0.7	≤0.1	余量	≥370	≥215	≥12

2A11 铝合金具有中等强度，在退火、刚淬火和热状态下塑性较好，可热处理强化，一般在淬火和自然时效状态下使用；点焊焊接性良好，进行气焊及氩弧焊时有形成裂纹倾向；切削加工性在淬火时效状态下较好，在退火状态时不良。

9. 2A12 铝合金

2A12 铝合金是一种高强度硬铝合金。2A12 铝合金的化学成分及力学性能见表 2-9。

表 2-9 2A12 铝合金的化学成分及力学性能

化学成分/(%)									力学性能（室温）		
Cu	Si	Mn	Mg	Zn	Ti	Fe	Ni	Al	R_m/MPa	$R_{p0.2}$/MPa	δ_5/(%)
3.8～4.9	≤0.5	0.3～0.9	1.2～1.8	≤0.3	≤0.15	≤0.5	≤0.1	余量	≥410	≥265	≥12

2A12 铝合金是一种可热处理强化型铝合金，在退火、刚淬火和热状态下塑性中等；其点焊焊接性良好，进行气焊及氩弧焊时有形成晶间裂纹倾向；在淬火时效状态下和冷作硬化后的切削加工性较好，但在退火状态下不良；耐蚀性不高。

10. 2A14 铝合金

2A14 铝合金从化学成分和性能来看可属于硬铝合金，也可属于锻铝合金。2A14 铝合金的化学成分及力学性能见表 2-10。

表 2-10 2A14 铝合金的化学成分及力学性能

化学成分/(%)									力学性能（室温）	
Cu	Si	Mn	Mg	Zn	Ti	Fe	Ni	Al	R_m/MPa	δ_5/(%)
3.9～4.8	0.6～1.2	0.4～1.0	0.4～0.8	≤0.3	≤0.15	≤0.7	≤0.1	余量	≥440	≥10

2A14 铝合金与 2A50 铝合金的不同之处在于其铜含量较高，故强度较高、热强性较好，但在热态下塑性不如 2A50 锻铝合金；具有良好的切削加工性，点焊和缝焊焊接性良好；其是可热处理强化型铝合金；耐蚀性不高，在人工时效状态下有形成晶间腐蚀和应力腐蚀断裂倾向。

2A14 铝合金的热处理规范如下。

(1) 均匀化退火：加热温度为 475～490℃，保温时间为 12～14h，随炉冷却。

(2) 完全退火：加热温度为 350～400℃，保温时间为 30～120min，以 30～50℃/h 的速度随炉冷却至 300℃以下再空冷。

(3) 快速退火：加热温度为 350～460℃，保温时间为 30～120min，空冷。

(4) 淬火和时效：淬火温度为 495～505℃，水冷；在室温下进行 96h 的自然时效。

11. 2A16 铝合金

2A16 铝合金是一种耐热硬铝合金。2A16 铝合金的化学成分及力学性能见表 2-11。

表 2-11　2A16 铝合金的化学成分及力学性能

化学成分/(%)								力学性能（室温）	
Cu	Si	Mn	Mg	Zn	Ti	Fe	Al	R_m/MPa	$R_{p0.2}$/MPa
6.0～7.0	0.3	0.4～0.8	0.05	0.1	0.1～0.2	0.3	余量	≥350	≥235

2A16 铝合金在常温下强度不高，而在高温下有较高的蠕变强度；在热态下具有很好的塑性，可热处理强化；点焊焊接性良好，形成裂纹的倾向不太显著；缝焊时的气密性较好，焊缝腐蚀稳定性较低；挤压半成品的耐蚀性不高；切削加工性较好。

12. 2A50 铝合金

2A50 铝合金是一种高强度锻铝合金。2A50 铝合金的化学成分及力学性能见表 2-12。

表 2-12　2A50 铝合金的化学成分及力学性能

化学成分/(%)									力学性能（室温）	
Cu	Si	Mn	Mg	Zn	Ti	Fe	Ni	Al	R_m/MPa	δ_5/(%)
1.8～2.6	0.7～1.2	0.4～0.8	0.4～0.8	0.3	0.15	0.7	0.1	余量	≥355	≥12

2A50 铝合金在热态下具有高的塑性，易锻造、冲压成形加工；可以进行热处理强化，淬火及人工时效后的强度与硬铝合金相似；耐蚀性较好，但有形成晶间腐蚀倾向；切削加工性良好，点焊和缝焊焊接性良好，电弧焊和气焊焊接性不好。

13. 2A70 铝合金

2A70 铝合金是一种耐热锻铝合金。2A70 铝合金的化学成分及力学性能见表 2-13。

表 2-13　2A70 铝合金的化学成分及力学性能

化学成分/(%)									力学性能（室温）	
Cu	Si	Mn	Mg	Zn	Ti	Fe	Ni	Al	R_m/MPa	δ_5/(%)
1.9～2.5	0.35	0.2	1.4～1.8	0.3	0.02～0.1	0.9～1.5	0.9～1.5	余量	≥355	≥8

2A70 铝合金的化学成分与 2A80 铝合金基本相同，但加入了少量钛，故其显微组织比 2A80 铝合金细化；因硅含量较少，故热强性比 2A80 铝合金高；可进行热处理强化，在热态下塑性好；切削加工性较好，点焊和缝焊焊接性良好，电弧焊和气焊焊接性差；耐蚀性尚可。

14. 2A80 铝合金

2A80 铝合金是一种耐热锻铝合金。2A80 铝合金的化学成分及力学性能见表 2-14。

表 2-14 2A80 铝合金的化学成分及力学性能

化学成分/(%)									力学性能（室温）	
Cu	Si	Mn	Mg	Zn	Ti	Fe	Ni	Al	R_m/MPa	δ_5/(%)
1.9～2.5	0.5～1.2	0.2	1.4～1.8	0.3	0.15	1.0～1.6	0.9～1.5	余量	≥355	≥8

2A80 铝合金在热态下塑性稍低，可热处理强化，高温强度高；焊接性与 2A70 铝合金相同；耐蚀性尚可；有形成应力腐蚀倾向；切削加工性尚可。

15. 2A90 铝合金

2A90 铝合金是应用较早的一种耐热锻铝合金。2A90 铝合金的化学成分及力学性能见表 2-15。

表 2-15 2A90 铝合金的化学成分及力学性能

化学成分/(%)									力学性能（室温）	
Cu	Si	Mn	Mg	Zn	Ti	Fe	Ni	Al	R_m/MPa	δ_5/(%)
3.5～4.5	0.5～1.0	0.2	0.4～0.8	0.3	0.15	0.5～1.0	1.8～2.3	余量	≥355	≥8

2A90 铝合金具有较好的热强性，在热态下塑性尚可；可热处理强化；焊接性、耐蚀性、切削加工性与 2A70 铝合金接近。

2.2.2 3××× 系列铝合金的化学成分及力学性能

1. 3003 铝合金

3003 铝合金为铝-锰系铝合金，是应用广泛的一种防锈铝合金。3003 铝合金的化学成分及力学性能见表 2-16。

表 2-16 3003 铝合金的化学成分及力学性能

化学成分/(%)						力学性能（室温）	
Cu	Si	Mn	Zn	Fe	Al	R_m/MPa	$R_{p0.2}$/MPa
0.05～0.2	0.6	1.0～1.5	0.1	0.7	余量	140～180	≥115

3003 铝合金的强度不高（稍高于工业纯铝），不能热处理强化，可采用冷加工方法提高力学性能；在退火状态下塑性很高，半冷作硬化时塑性尚可，冷作硬化时塑性低；耐蚀性好；焊接性良好；切削加工性不良。

3003 铝合金的热加工及热处理的温度如下：均匀化退火温度为 590～620℃，热轧温度为 480～520℃，挤压温度为 320～480℃，典型退火温度为 413℃、空冷。

2. 3004 铝合金

3004 铝合金为铝-锰系铝合金。3004 铝合金的化学成分及力学性能见表 2-17。

表 2-17 3004 铝合金的化学成分及力学性能

化学成分/(%)							力学性能（室温）	
Cu	Si	Mn	Mg	Zn	Fe	Al	R_m/MPa	δ_{10}/(%)
0.25	0.3	1.0～1.5	0.8～1.3	0.25	0.7	余量	150～285	1～18

3004 铝合金的强度比 3003 铝合金高；锻造、冲压成形工艺性优良；耐蚀性良好。

3. 3005 铝合金

3005 铝合金为铝-锰系铝合金，是一种防锈铝合金。3005 铝合金的化学成分及力学性能见表 2-18。

表 2-18 3005 铝合金的化学成分及力学性能

化学成分/(%)									力学性能（室温）	
Cu	Si	Mn	Mg	Zn	Ti	Fe	Cr	Al	R_m/MPa	$R_{p0.2}$/MPa
0.3	0.6	1.0～1.5	0.2～0.6	0.25	0.1	0.7	0.1	余量	140～180	≥115

3005 铝合金的强度比 3003 铝合金高；锻造、冲压成形工艺性良好；焊接性和耐蚀性良好。

4. 3105 铝合金

3105 铝合金为铝-锰系铝合金，是一种防锈铝合金。3105 铝合金的化学成分及力学性能见表 2-19。

表 2-19 3105 铝合金的化学成分及力学性能

化学成分/(%)									力学性能（室温）		
Cu	Si	Mn	Mg	Zn	Ti	Fe	Cr	Al	R_m/MPa	$R_{p0.2}$/MPa	δ_5/(%)
≤0.3	≤0.6	0.3～0.8	0.2～0.8	≤0.4	≤0.1	≤0.7	≤0.2	余量	95～145	≥35	≥16

3105 铝合金的强度比 3003 铝合金高，其耐蚀性也比较好。

5. 3A21 铝合金

3A21 铝合金为铝-锰系铝合金，是应用广泛的一种防锈铝合金。3A21 铝合金的化学成分及力学性能见表 2-20。

表 2-20 3A21 铝合金的化学成分及力学性能

化学成分/(%)								力学性能（室温）	
Cu	Si	Mn	Mg	Zn	Ti	Fe	Al	R_m/MPa	$R_{p0.2}$/MPa
0.2	0.6	1.0～1.6	0.05	0.15	0.1～0.2	0.7	余量	120～160	≥85

3A21 铝合金的强度不高（稍高于工业纯铝），不能热处理强化，可采用冷加工方法提高力学性能；在退火状态下塑性很高，半冷作硬化时塑性尚好，冷作硬化时塑性低；耐蚀性好；焊接性良好；切削加工性不良。

3A21 铝合金的热处理规范如下。

(1) 均匀化退火：加热温度为 510～520℃，保温时间为 4～6h，空冷。

(2) 高温退火：加热温度为 350～500℃，成品厚度大于 6mm 时的保温时间为 10～30min，成品厚度小于 6mm 时热透为止，空冷。

(3) 快速退火：加热温度为 350～410℃，保温时间为 30～120min，空冷。

(4) 低温退火：加热温度为 250～300℃，保温时间为 60～180min，空冷。

2.2.3 5×××系列铝合金的化学成分及力学性能

1. 5005 铝合金

5005 铝合金的化学成分及力学性能见表 2-21。

表 2-21 5005 铝合金的化学成分及力学性能

化学成分/(%)								力学性能（室温）		
Cu	Si	Mn	Mg	Zn	Cr	Fe	Al	R_m/MPa	$R_{p0.2}$/MPa	δ_5/(%)
≤0.2	≤0.3	≤0.2	0.5～1.1	≤0.25	≤0.1	≤0.7	余量	155～195	≥125	≥2

5005 铝合金与 3003 铝合金相似，具有中等强度与良好的耐蚀性。

2. 5052 铝合金

5052 铝合金为铝-镁系铝合金，是应用广泛的一种防锈铝合金。5052 铝合金的化学成分及力学性能见表 2-22。

表 2-22 5052 铝合金的化学成分及力学性能

化学成分/(%)								力学性能（室温）	
Cu	Si	Mn	Mg	Zn	Cr	Fe	Al	R_m/MPa	δ_5/(%)
0.1	0.25	1.0	2.2～2.8	0.1	0.15～0.35	0.4	余量	235	≥10

5052 铝合金的强度高，特别是抗疲劳强度、塑性与耐蚀性高；不能热处理强化；半冷作硬化时塑性尚好，冷作硬化时塑性低；焊接性良好；切削加工性不良。

5052 铝合金的热处理规范如下。

(1) 均匀化退火：加热温度为 440℃，保温时间为 12～14h，空冷。

(2) 高温退火：加热温度为 350～420℃，成品厚度大于 6mm 时的保温时间 10～30min，成品厚度小于 6mm 时的保温时间为 2～10min，空冷。

(3) 快速退火：加热温度为 350～410℃，保温时间为 30～120min，空冷。

(4) 低温退火：加热温度为 250～300℃或 150～180℃，保温时间为 60～120min，空冷。

3. 5056 铝合金

5056 铝合金的化学成分及力学性能见表 2-23。

表 2-23 5056 铝合金的化学成分及力学性能

化学成分/(%)								力学性能（室温）	
Cu	Si	Mn	Mg	Zn	Cr	Fe	Al	R_m/MPa	$R_{p0.2}$/MPa
0.1	0.3	0.05～0.2	4.5～5.6	0.1	0.05～0.2	0.4	余量	≥305	≥100

5056 铝合金在不可热处理强化型铝合金中强度较高；耐蚀性、切削加工性、电弧焊焊接性良好。

4. 5083 铝合金

5083 铝合金为铝-镁-硅系铝合金，其应用广泛，特别是建筑行业离不开它。5083 铝合金的化学成分及力学性能见表 2-24。

表 2-24 5083 铝合金的化学成分及力学性能

化学成分/(%)									力学性能（室温）		
Cu	Si	Mn	Mg	Zn	Ti	Fe	Cr	Al	R_m/MPa	$R_{p0.2}$/MPa	δ_5/(%)
≤0.1	≤0.4	0.4～1.0	4.0～4.9	≤0.25	≤0.15	≤0.4	0.05～0.25	余量	≥270	≥110	≥12

5083 铝合金是高镁铝合金，其主要合金元素为镁，是一种不可热处理强化型铝合金；具有良好的锻造、冲压成形加工性；半冷作硬化时塑性尚好，冷作硬化时塑性低；强度中等；耐蚀性和焊接性良好；切削加工性不良。

5. 5086 铝合金

5086 铝合金为铝-镁系铝合金，是一种防锈铝合金。5086 铝合金的化学成分及力学性能见表 2-25。

表 2-25 5086 铝合金的化学成分及力学性能

化学成分/(%)									力学性能（室温）		
Cu	Si	Mn	Mg	Zn	Ti	Fe	Cr	Al	R_m/MPa	$R_{p0.2}$/MPa	δ_5/(%)
≤0.1	≤0.4	0.2～0.7	3.5～4.5	≤0.25	≤0.1	≤0.5	0.05～0.25	余量	≥240	≥95	≥12

5086 铝合金具有高的耐蚀性、良好的焊接性和中等强度。

6. 5182 铝合金

5182 铝合金为铝-镁系防锈铝合金。5182 铝合金的化学成分及力学性能见表 2-26。

表 2-26 5182 铝合金的化学成分及力学性能

化学成分/(%)									力学性能（室温）		
Cu	Si	Mn	Mg	Zn	Ti	Fe	Cr	Al	R_m/MPa	$R_{p0.2}$/MPa	δ_5/(%)
≤0.15	≤0.2	0.2～0.5	4.0～5.0	≤0.25	≤0.1	≤0.35	≤0.10	余量	≥175	≥80	≥15

5182 铝合金的性能与 5A02 铝合金相似，但因其镁含量稍高且加入少量硅，故焊接性比 5A02 铝合金好。5182 铝合金的气焊、氩弧焊、点焊、缝焊焊接性都很好；具有中等强

度和良好的锻造、冲压成形加工性；不能热处理强化，半冷作硬化时塑性尚好，冷作硬化时塑性低；耐蚀性好；切削加工性不良。

5182 铝合金的热处理规范如下。

（1）均匀化退火：加热温度为 460～475℃，保温时间为 12～14h，空冷。

（2）高温退火：加热温度为 350～420℃，成品厚度大于 6mm 时的保温时间 10～30min，成品厚度小于 6mm 时的保温时间为 2～10min，空冷。

（3）快速退火：加热温度为 350～410℃，保温时间为 30～120min，空冷。

（4）低温退火：加热温度为 250～300℃，保温时间为 60～120min，空冷。

7. 5754 铝合金

5754 铝合金是铝-镁系铝合金中的典型铝合金。5754 铝合金的化学成分及力学性能见表 2-27。

表 2-27　5754 铝合金的化学成分及力学性能

化学成分/(%)								力学性能（室温）
Cu	Si	Mn	Mg	Zn	Cr	Ti	Al	R_m/MPa
0.1	0.4	0.5	2.6～3.6	0.2	0.3	0.15	余量	165～265

5754 铝合金具有中等强度和高的疲劳强度；耐蚀性和焊接性良好；易锻造、冲压成形加工。

5754 铝合金的热处理规范如下。

（1）均匀化退火：加热温度为 440℃，保温时间为 12～14h，空冷。

（2）高温退火：加热温度为 350～420℃，成品厚度大于 6mm 时的保温时间 10～30min，成品厚度小于 6mm 时的保温时间为 2～10min，空冷。

（3）快速退火：加热温度为 350～410℃，保温时间为 30～120min，空冷。

（4）低温退火：加热温度为 250～300℃或 150～180℃，保温时间为 60～120min，空冷。

8. 5A02 铝合金

5A02 铝合金为铝-镁系防锈铝合金。5A02 铝合金的化学成分及力学性能见表 2-28。

表 2-28　5A02 铝合金的化学成分及力学性能

化学成分/(%)								力学性能（室温）	
Cu	Si	Mn	Mg	Ti	Fe	Cr	Al	R_m/MPa	δ_{10}/(%)
≤0.1	≤0.4	0.15～0.4	2.0～2.8	≤0.15	≤0.4	0.15～0.4	余量	≤147	≥14

与 3A21 铝合金相比，5A02 铝合金的强度较高，特别是具有较高的疲劳强度；与 3A21 铝合金相似，其塑性与耐蚀性高；不能热处理强化；点焊和缝焊焊接性良好，氩弧焊时有形成晶间裂纹倾向；冷作硬化和半冷作硬化时切削加工性较好，在退火状态下切削加工性不良。

9. 5A05 铝合金

5A05 铝合金为铝-镁系防锈铝合金。5A05 铝合金的化学成分及力学性能见表 2-29。

5A05 铝合金的强度与 5A03 铝合金相当，不能热处理强化；在退火状态下塑性高，在半冷作硬化状态下塑性中等；气焊、氩弧焊、点焊、缝焊焊接性较好；耐蚀性高；切削加工性在退火状态下很差，在半冷作硬化状态下切削加工性较好。

表 2－29　5A05 铝合金的化学成分及力学性能

化学成分/(%)							力学性能（室温）		
Cu	Si	Mn	Mg	Zn	Fe	Al	R_m/MPa	$R_{p0.2}$/MPa	δ_{10}/(%)
0.1	0.5	0.3～0.6	4.8～5.5	0.2	0.5	余量	≥225	≥110	≥15

10. 5A06 铝合金

5A06 铝合金为铝-镁系防锈铝合金。5A06 铝合金的化学成分及力学性能见表 2－30。

表 2－30　5A06 铝合金的化学成分及力学性能

化学成分/(%)									力学性能（室温）		
Cu	Si	Mn	Mg	Ti	Fe	Zn	Be	Al	R_m/MPa	$R_{p0.2}$/MPa	δ_{10}/(%)
≤0.1	≤0.4	0.5～0.8	5.8～6.8	0.02～0.1	≤0.4	≤0.2	0.0001～0.005	余量	≤315	≤160	≥15

5A06 铝合金具有较高的强度和腐蚀稳定性；在退火状态下塑性较好；氩弧焊的焊缝气密性和焊缝塑性尚可，气焊和点焊的焊接接头强度为基体强度的 90%～95%；切削加工性良好。

11. 5A12 铝合金

5A12 铝合金为铝-镁系中的高镁防锈铝合金。5A12 铝合金的化学成分及力学性能见表 2－31。

表 2－31　5A12 铝合金的化学成分及力学性能

化学成分/(%)											力学性能（室温）
Cu	Si	Mn	Mg	Ti	Fe	Zn	Be	Ni	Sb	Al	R_m/MPa
≤0.05	≤0.3	0.4～0.8	8.3～9.6	0.05～0.15	≤0.3	≤0.2	≤0.005	≤010	0.004～0.05	余量	≥370

5A12 铝合金为高镁的防锈铝合金，具有较高的强度。

12. 5B05 铝合金

5B05 铝合金为铝-镁系防锈铝合金。5B05 铝合金的化学成分及力学性能见表 2－32。

表 2－32　5B05 铝合金的化学成分及力学性能

化学成分/(%)							力学性能（室温）
Cu	Si	Mn	Mg	Ti	Fe	Al	抗剪强度 τ/MPa
0.1	0.4	0.2～0.6	4.7～5.7	0.15	0.4	余量	≥157

5B05 铝合金的镁含量稍高于 5A05 铝合金，其强度与 5A03 铝合金相当，不能热处理强化；在退火状态下塑性高，在半冷作硬化状态下塑性中等；气焊、氩弧焊、点焊、缝焊焊接性能较好；耐蚀性高；在退火状态下切削加工性很差，在半冷作硬化状态下切削加工性较好。

2.2.4 6×××系列铝合金的化学成分及力学性能

1.6061 铝合金

6061 铝合金为铝-镁-硅系铝合金。6061 铝合金的化学成分及力学性能见表 2-33。

表 2-33 6061 铝合金的化学成分及力学性能

化学成分/(%)									力学性能（室温）		
Cu	Si	Mn	Mg	Ti	Fe	Zn	Cr	Al	R_m/MPa	$R_{p0.2}$/MPa	δ_5/(%)
0.15～0.4	0.4～0.8	0.15	0.8～1.2	0.15	0.7	0.25	0.04～0.35	余量	124	55.2	25

6061 铝合金的主要合金元素是镁和硅，可形成 Mg_2Si 相；含有一定量的锰与铬，可以抵消铁的有害作用；还含有少量铜和锌，可以提高合金的强度，且不明显降低耐蚀性；在 Mg_2Si 相固溶后，可以使合金有人工时效硬化的功效；具有中等强度，其疲劳强度为 62.1MPa、弯曲极限强度为 228MPa；具有良好的塑性和优良的耐蚀性，特别是无应力腐蚀开裂倾向；焊接性优良，锻造和冲压成形性极佳，是一种使用范围广、很有前途的铝合金。由于 6061 铝合金含有少量铜，因而强度高于 6063 铝合金，但淬火敏感性比 6063 铝合金高；其挤压成形后不能实现风淬，只有重新固溶处理和淬火时效才能获得较高的强度。

6061 铝合金的热处理规范如下。

(1) 高温退火：加热温度为 350～500℃，成品厚度大于 6mm 时的保温时间 10～30min，成品厚度小于 6mm 时的保温时间为 2～10min，空冷。

(2) 快速退火：加热温度为 350～410℃，保温时间为 30～120min，空冷。

(3) 低温退火：加热温度为 150～250℃，保温时间为 120～180min，空冷。

2. 6063 铝合金

6063 铝合金是低合金化的铝-镁-硅系高塑性铝合金。6063 铝合金的化学成分及力学性能见表 2-34。

表 2-34 6063 铝合金的化学成分及力学性能

化学成分/(%)									力学性能（室温）		
Cu	Si	Mn	Mg	Ti	Fe	Zn	Cr	Al	R_m/MPa	$R_{p0.2}$/MPa	δ_5/(%)
0.1	0.2～0.6	0.1	0.45～0.9	0.1	0.35	0.1	0.1	余量	≥150	≥110	7

6063 铝合金具有如下优缺点。

(1) 可热处理强化，冲击韧性高，对缺口不敏感。

（2）具有极好的热塑性，可以高速挤压成形结构复杂、薄壁、中空的型材或锻造成形结构复杂的锻件；淬火温度范围大，淬火敏感性低；挤压或锻造成形脱模后，只要温度高于淬火温度就可用喷水方法进行淖火，对于薄壁件（壁厚为 3～6mm），还可以进行风淬。

（3）焊接性和耐蚀性优良，无应力腐蚀开裂倾向。在可热处理强化型铝合金中的铝-镁-硅系铝合金中，它是唯一没有形成应力腐蚀开裂的铝合金。

（4）淬火后，若在室温下存放一段时间后进行时效处理，则会对强度带来不利影响（停放效应）。

3. 6082 铝合金

6082 铝合金为可热处理强化型铝合金，是欧洲国家常用的铝合金，在美国应用也很广泛。6082 铝合金的化学成分及力学性能见表 2－35。

表 2－35　6082 铝合金的化学成分及力学性能

化学成分/(%)									力学性能（室温）		
Cu	Si	Mn	Mg	Ti	Fe	Zn	Cr	Al	R_m/MPa	$R_{p0.2}$/MPa	δ_{10}/(%)
≤0.1	0.7～1.3	0.4～1.0	0.6～1.2	≤0.1	≤0.5	≤0.2	≤0.25	余量	≥310	≥260	≥10

6082 铝合金的成形性、焊接性良好；强度高；机械加工性优良；耐蚀性和抗氧化性好。

4. 6351 铝合金

6351 铝合金是 6×××系列铝合金中强度较高的一种铝合金。6351 铝合金的化学成分及力学性能见表 2－36。

表 2－36　6351 铝合金的化学成分及力学性能

化学成分/(%)								力学性能（室温）
Cu	Si	Mn	Mg	Ti	Fe	Zn	Al	R_m/MPa
≤0.1	0.7～1.3	0.4～0.8	0.4～0.8	≤0.2	≤0.5	≤0.2	余量	295

6351 铝合金的强度比 6061 铝合金、6082 铝合金的强度稍低，挤压成形性好。

5. 6A02 铝合金

6A02 铝合金是应用广泛的锻铝合金。6A02 铝合金的化学成分及力学性能见表 2－37。

表 2－37　6A02 铝合金的化学成分及力学性能

化学成分/(%)								力学性能（室温）	
Cu	Si	Mn	Mg	Ti	Fe	Zn	Al	R_m/MPa	δ_5/(%)
0.2～0.6	0.5～1.2	0.15～0.35	0.45～0.9	≤0.15	≤0.5	≤0.2	余量	295	≥12

6A02 铝合金具有中等强度（低于其他锻铝合金）；在退火状态下切削加工性差，淬火和自然时效后的塑性和切削加工性较好；耐蚀性与 2A02 铝合金和 2A21 铝合金相似，人

工时效后有形成晶间腐蚀倾向；点焊和气焊焊接性较好；在热态下的塑性很高；易锻造和冲压成形。

2.2.5 7×××系列铝合金的化学成分及力学性能

1. 7005 铝合金

7005 铝合金的化学成分及力学性能见表 2－38。

表 2－38 7005 铝合金的化学成分及力学性能

化学成分/(%)								力学性能（室温）		
Si	Mn	Mg	Ti	Fe	Zn	Zr	Al	R_m/MPa	$R_{p0.2}$/MPa	δ_5/(%)
≤0.35	0.2～0.7	1.0～1.8	0.01～0.06	≤0.4	4.0～5.0	0.06～0.2	余量	≥324	≥215	≥8

7005 铝合金的强度高于 7003 铝合金，其焊接性好。

2. 7050 铝合金

7050 铝合金为高强度可热处理强化型铝合金。7050 铝合金的化学成分及力学性能见表 2－39。

表 2－39 7050 铝合金的化学成分及力学性能

化学成分/(%)										力学性能（室温）		
Cu	Si	Mn	Mg	Ti	Fe	Zn	Cr	Zr	Al	R_m/MPa	$R_{p0.2}$/MPa	δ_{10}/(%)
2.0～2.6	≤0.12	≤0.1	1.9～2.6	≤0.06	≤0.15	5.7～6.7	≤0.04	0.08～0.15	余量	524	469	≥11

7050 铝合金具有极高的强度和抗剥落腐蚀性、抗应力腐蚀性。其退火温度为 415℃，固溶温度为 475℃，时效温度为 120～175℃。

3. 7075 铝合金

7075 铝合金是高强度可热处理强化型铝合金。7075 铝合金的化学成分及力学性能见表 2－40。

表 2－40 7075 铝合金的化学成分及力学性能

化学成分/(%)									力学性能（室温）		
Cu	Si	Mn	Mg	Ti	Fe	Zn	Cr	Al	R_m/MPa	$R_{p0.2}$/MPa	δ_5/(%)
1.2～2.0	0.4	0.3	2.1～2.9	0.2	0.5	5.1～6.1	0.18～0.28	余量	≥560	≥495	≥6

7075 铝合金的主要合金元素是锌；向锌含量为 3%～7.5%的 7075 铝合金中添加镁，可形成强化效果显著的 $MgZn_2$，合金的热处理效果远远胜过铝-锌二元合金；如果提高锌含量和镁含量，其抗拉强度就会进一步提高，但抗应力腐蚀性和抗剥落腐蚀性降低；经热处理后，强度很高。

7075 铝合金具有良好的机械性能；耐蚀性、抗氧化、可用性、耐磨性好；易加工。

4. 7A03 铝合金

7A03 铝合金为超硬铆钉用铝合金。7A03 铝合金的化学成分及力学性能见表 2-41。

表 2-41 7A03 铝合金的化学成分及力学性能

化学成分/(%)									力学性能（室温）
Cu	Si	Mn	Mg	Ti	Fe	Zn	Cr	Al	抗剪强度 τ/MPa
1.8～2.4	≤0.2	≤0.1	1.2～1.6	0.02～0.08	≤0.2	6.0～6.7	≤0.05	余量	≥284

7A03 铝合金在淬火和人工时效状态下的塑性足以使铆钉铆入，它是可热处理强化型铝合金，在常温下抗剪切强度较高、耐蚀性和切削加工性较好。

5. 7A04 铝合金

7A04 铝合金为常用的超硬铝合金，属于高强度铝合金。7A04 铝合金的化学成分及力学性能见表 2-42。

表 2-42 7A04 铝合金的化学成分及力学性能

化学成分/(%)									力学性能（室温）		
Cu	Si	Mn	Mg	Ti	Fe	Zn	Cr	Al	R_m/MPa	$R_{p0.2}$/MPa	δ_{10}/(%)
1.4～2.0	≤0.5	0.2～0.6	1.8～2.8	≤0.1	≤0.5	5.0～7.0	0.1～0.25	余量	≥530	≥400	≥5

7A04 铝合金属于铝-锌-镁-铜系超高强度铝合金，是超硬铝合金中相当成熟的一种铝合金，也是使用较广的一种铝合金。7A04 铝合金是可热处理强化型铝合金，通常在淬火和人工时效状态下使用，此时强度比一般硬铝合金高得多；具有良好的耐蚀性，但有形成应力集中倾向；在退火和刚淬火状态下塑性较好；点焊焊接性良好，气焊焊接性差；在淬火和时效热处理后切削加工性良好，但在退火状态下较差。

与硬铝合金不同，7A04 铝合金在人工时效状态下的耐蚀性比在自然时效状态下的耐蚀性好，且其自然时效进程缓慢，需经 3 个月达到时效硬化峰值，故一般在淬火、人工时效状态下使用；其缺点是组织稳定性不高、低频疲劳强度低、有形成应力腐蚀开裂倾向。

6. 7A09 铝合金

7A09 铝合金为超高强度铝合金。7A09 铝合金的化学成分及力学性能见表 2-43。

表 2-43 7A09 铝合金的化学成分及力学性能

化学成分/(%)									力学性能（室温）		
Cu	Si	Mn	Mg	Ti	Fe	Zn	Cr	Al	R_m/MPa	$R_{p0.2}$/MPa	δ_{10}/(%)
1.2～2.0	≤0.5	≤0.15	2.0～3.0	≤0.1	≤0.5	5.1～6.1	0.16～0.3	余量	≥530	≥400	≥5

7A09 铝合金在退火和刚淬火状态下的塑性稍低于 2A12 铝合金，稍高于 7A04 铝合金；在淬火和人工时效后的塑性显著下降；静疲劳强度、缺口敏感性、应力腐蚀性稍高于 7A04 铝合金。

第3章 2A12铝合金的等温压缩实验

为了满足工程实践中批量生产的需要，在精密模锻成形过程中，预先制定铝合金的始锻温度、终锻温度及变形速率尤为必要。本章采用等温压缩实验模拟铝合金的锻造成形加工特性，研究在不同热变形条件下铝合金的真应力-真应变曲线，获得铝合金等温压缩变形时流变应力的变化规律[19]。

3.1 实验材料及其尺寸

2A12 铝合金的等温压缩实验使用 2A12 铝合金棒料，其化学成分见表 2-9。为消除材料内应力并使原始组织均匀，材料需经等温退火处理。本实验试样为 ϕ8mm×12mm 的圆柱体，如图 3-1 所示。

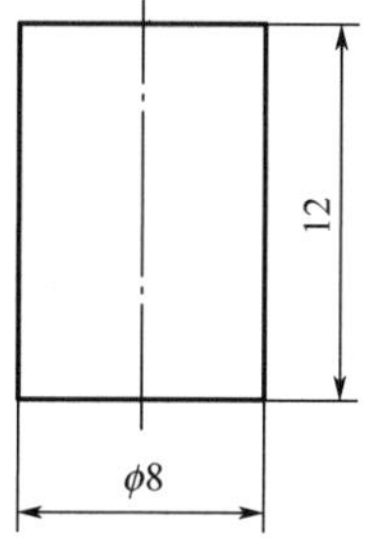

图 3-1 2A12 铝合金的等温压缩实验试样

3.2 等温压缩实验设备

在 Gleeble-3800 热模拟试验机上完成 2A12 铝合金的等温压缩实验。

热模拟试验机是研究材料压缩性能的先进设备，广泛应用于轧制、锻造、焊接、铸造等加工过程的物理模拟研究，在金属材料成形加工方面具有重要的科研意义。其中，在提高金属材料性能及促进新工艺的开发等方面具有不可或缺的作用。热模拟试验机主要有Gleeble、Thermecmastor、MMS 三大系列。

本实验使用的 Gleeble－3800 热模拟试验机实物及工作原理如图 3－2 所示。

（a）Gleeble-3800热模拟试验机实物

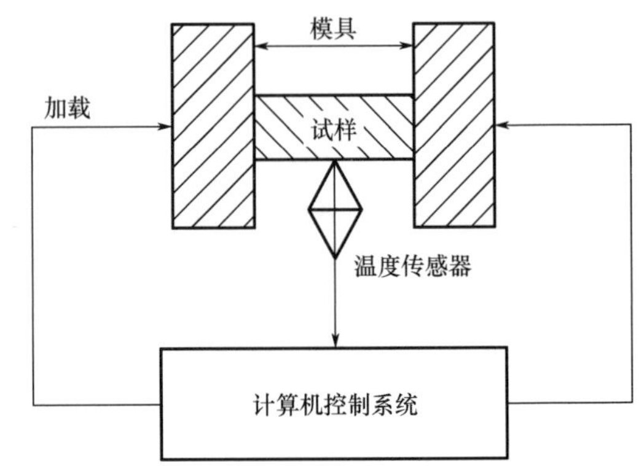

（b）Gleeble–3800热模拟试验机的工作原理

图 3－2　Gleeble－3800 热模拟试验机实物及工作原理

2A12 铝合金试样采用高频感应加热，其温控系统是由焊接在试样侧面中部的热电偶实时监控，可实现控温精度为±1℃。在实验过程中，计算机处理系统记录、修正和计算相关数据，Origin 软件用于绘制真应力-真应变曲线。

3.3　等温压缩实验过程

采用图 3－1 所示的等温压缩实验试样在图 3－2 所示的 Gleeble－3800 热模拟试验机上进行等温压缩实验。压缩前，试样两端的加热方式为自导电方式，热电偶直接焊接在试样上，连续测温，以便在实验过程中利用计算机自动控温，始终按照预设的温度方案进行实验。该实验的原理是首先在 1min 内上升到设定的温度，保温时间为 3min；然后通过热模拟试验机自动控制系统在预设的温度和变形速率下进行恒温、恒应变速率的压缩实验。在变形过程中，采用应变传感器测定压缩过程中试样的直径变化，利用 Gleeble－3800 热模拟试验机提供的硬件、软件分析功能，直接获得真应力-真应变曲线。试样压缩变形50%后，迅速水冷，以保留热变形组织。

在实验过程中，为了减小由摩擦力引起的实验误差，在圆柱体两端涂抹由 65%石墨＋35%动物油组成的润滑剂。

本实验采用正交实验法，实验温度分别为 350℃、400℃、450℃、500℃；应变速率分别为 $0.001s^{-1}$、$0.010s^{-1}$、$0.100s^{-1}$、$1.000s^{-1}$、$5.000s^{-1}$；最大变形程度为 50%。

2A12 铝合金的等温压缩实验参数见表 3－1。

表 3-1 2A12 铝合金的等温压缩实验参数

实验温度/℃	应变速率/s^{-1}	升温速度/(℃/s)	保温时间/min	压缩率/(%)
350～500	0.001～5.000	20	3	50

本实验使用 20 个试样，实验后测量的数据见表 3-2。

表 3-2 实验后测量的数据[19]

温度 T /℃	应变速率 $\dot{\varepsilon}$ /s^{-1}	原始直径 d_0 /mm	原始高度 L_0 /mm	压缩后直径 d_f /mm	压缩后高度 L_f /mm	膨胀系数 B
350	0.001	7.90	12.10	11.52	5.94	0.96
	0.010	7.92	12.00	11.34	6.08	0.96
	0.100	8.00	12..00	10.96	5.90	1.08
	1.000	8.04	12.12	11.12	5.92	1.07
	5.000	8.00	12.06	11.22	6.22	0.99
400	0.001	8.00	12.06	11.16	6.20	1.00
	0.010	8.12	12.06	11.24	6.08	1.04
	0.100	8.06	12.00	11.36	5.90	1.02
	1.000	7.96	12.00	10.98	5.98	1.05
	5.000	8.08	12.00	11.52	6.06	0.97
450	0.001	8.06	11.96	11.08	5.96	1.06
	0.010	7.98	12.08	11.12	5.92	1.05
	0.100	8.12	12.06	11.26	6.04	1.04
	1.000	8.00	11.96	11.14	6.14	1.00
	5.000	8.14	11.86	11.08	6.00	1.07
500	0.001	7.94	12.04	11.24	6.00	1.00
	0.010	7.98	12.00	11.30	5.90	1.01
	0.100	8.00	11.88	11.18	6.00	1.01
	1.000	8.06	11.88	11.26	6.04	1.01
	5.000	8.00	12.14	11.22	6.14	1.01

3.4 2A12 铝合金的真应力-真应变曲线

采用等温压缩实验方法，得到 2A12 铝合金在不同热压缩条件下的真应力-真应变曲线[19]。

图 3-3 所示为 2A12 铝合金在同一应变速率、不同温度下等温压缩时的真应力-真应变曲线。图 3-4 所示为 2A12 铝合金在同一温度、不同应变速率下等温压缩时的真应力-真应变曲线。

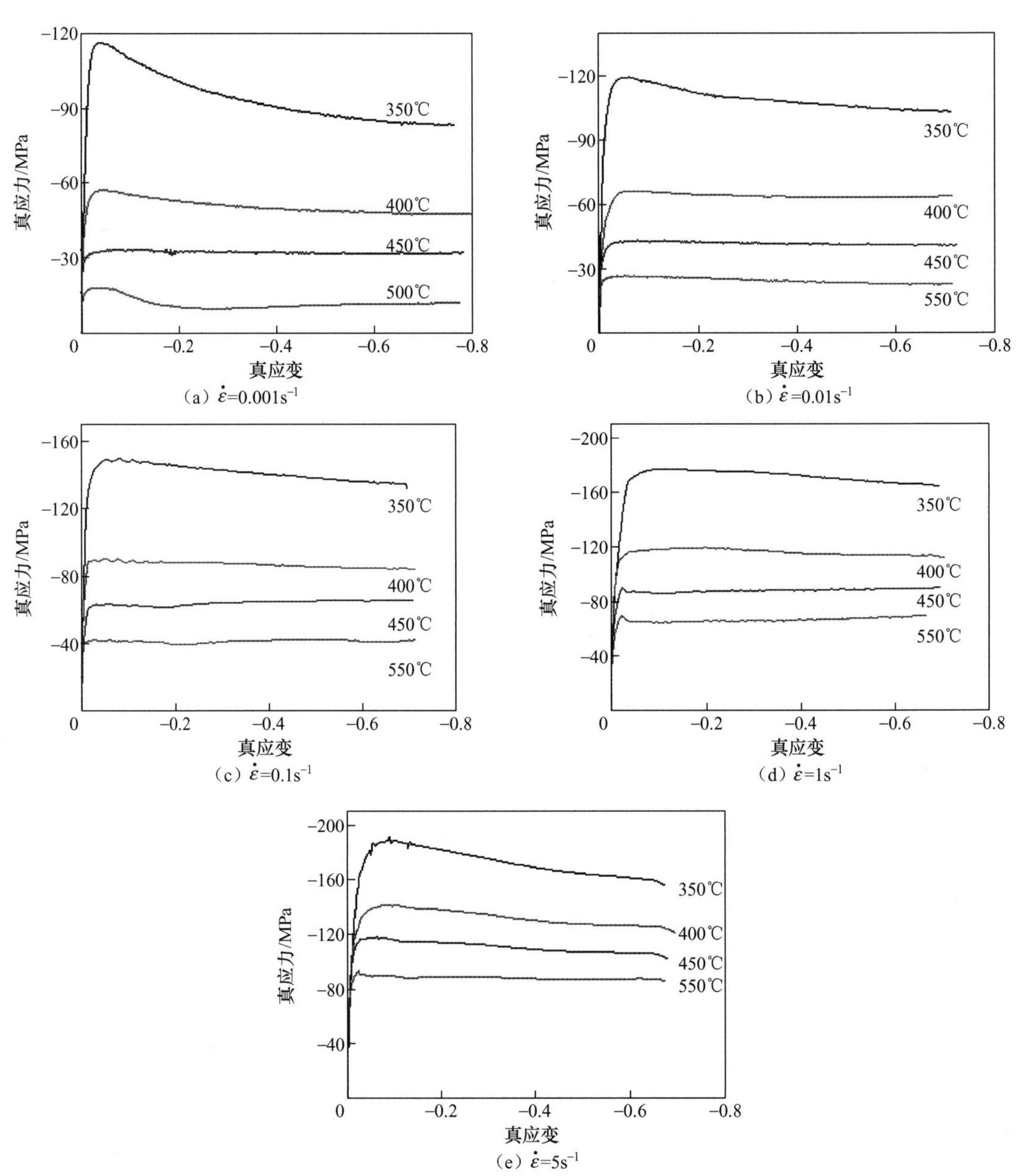

图 3-3　2A12 铝合金在同一应变速率、不同温度下等温压缩时的真应力-真应变曲线

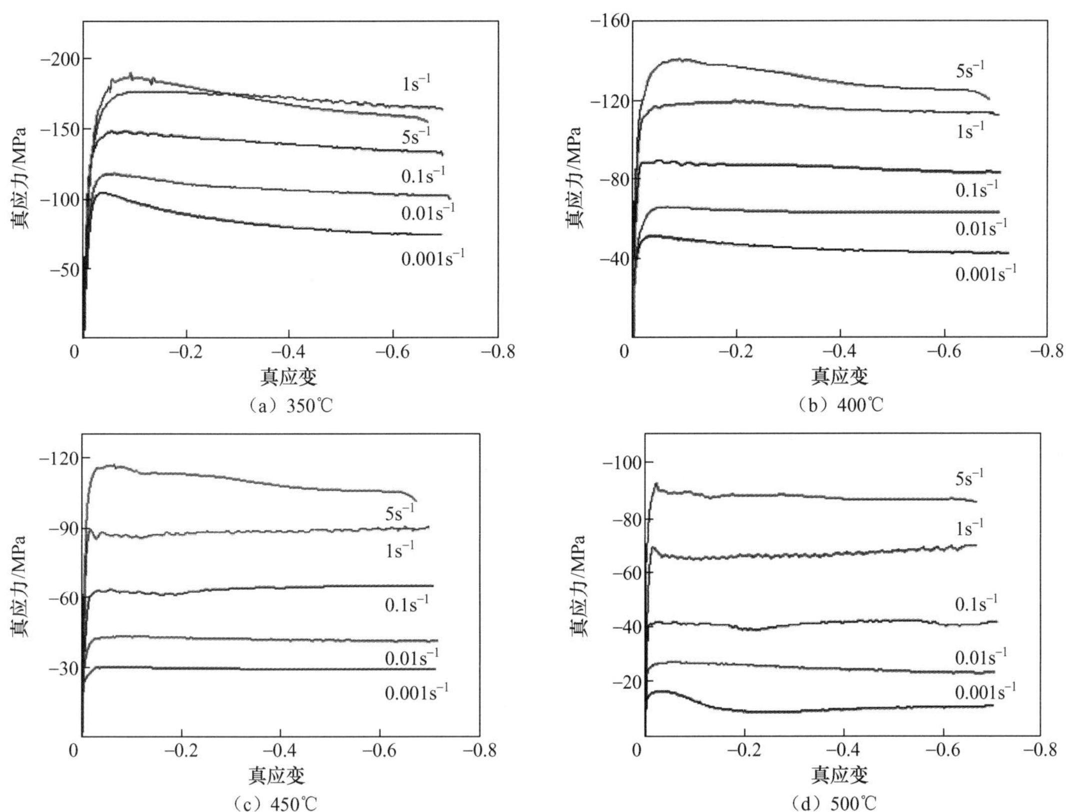

(a) 350℃ (b) 400℃ (c) 450℃ (d) 500℃

图 3-4 2A12 铝合金在同一温度、不同应变速率下等温压缩时的真应力-真应变曲线

表 3-3 所示为 2A12 铝合金在不同变形条件下的峰值应力。

表 3-3 2A12 铝合金在不同变形条件下的峰值应力

变形温度 T/℃	峰值应力/MPa				
	0.001s^{-1}	0.01s^{-1}	0.1s^{-1}	1s^{-1}	5s^{-1}
350	104.97	118.75	149.08	177.65	190.92
400	51.03	66.50	88.96	118.20	141.10
450	29.89	43.64	63.02	90.37	116.90
500	16.21	26.91	41.69	70.34	93.11

从图 3-3、图 3-4 和表 3-3 可以看出，2A12 铝合金等温压缩时的流变应力变化规律如下。

(1) 在变形初期，应力随应变的增大迅速增大，曲线基本为一条竖直线，斜率很大，显示出明显的加工硬化现象。应力达到峰值后，随着变形量的增大，流变应力逐渐减小，显示出现明显的软化现象。

(2) 在同一变形温度下，随着应变速率的增大，峰值应力（真应力-真应变曲线中最高点对应的应力）增大。例如变形温度为 350℃，当应变速率由 0.001s^{-1}增大到 5s^{-1}时，峰值应力由 104.97MPa 增大到 190.92MPa，说明 2A12 铝合金为正应变敏感性材料。

（3）在同一应变速率下，随着变形温度的升高，峰值应力减小。例如应变速率为 0.1s^{-1}，当变形温度由 350℃升高到 500℃时，峰值应力由 149.08MPa 减小到 41.69MPa。

（4）稳态流变应力随着变形温度的变化显示出与峰值应力相同的变化趋势，并且当应变达到一定值时，稳态流变应力基本保持不变，而与真应变无关。

第4章 2A12铝合金等温压缩变形的应力-应变特征及本构方程

根据第3章得到的2A12铝合金等温压缩实验结果，对2A12铝合金等温压缩变形的应力-应变特征进行分析，得到2A12铝合金等温压缩变形的本构方程[19-20]。

4.1 2A12铝合金等温压缩变形的应力-应变特征

从图3-3、图3-4和表3-3可以看出，在同一变形温度下，2A12铝合金的真应力水平随着应变速率的增大而提高，因为应变速率越大，塑性变形进行得越不充分，弹性变形量越大，导致流变应力越大。在变形初期，需要较高的能量来启动位错，应力迅速增大至峰值；随着变形程度的增大，易形成位错缠结，而这种位错缠结有效阻碍了金属变形，因此变形抗力大。塑性变形后，位错因热激活程度不同而发生动态回复或部分动态再结晶，产生的均匀变形是金属的塑性变形和加工硬化相互作用的结果，即哪里发生塑性变形，哪里就发生加工硬化，若在该处很难再继续变形，则便转移到其他地方变形。金属变形到集中变形部分后，由于加工硬化跟不上变形的发展，加工硬化作用不能将变形转移到其他地方，因此该处应力增大，金属变形困难。由于存在摩擦力，因此金属表层变形的等效切应力减小，金属变形困难，用压应力表示的强度就会增大，试样表层变形量小于试样中间段变形量而形成“腰鼓”，在试样内产生附加应力，表现为试样芯部受压、腰鼓部分受拉，致使镦粗变形时开裂。

在较低变形温度（低于400℃）下，变形抗力比450℃、500℃时大得多，变形速率越小，流变应力下降越明显。变形温度越高，变形抗力越小，当变形温度达到一定值时，金属表层的附加应力大于表层金属的抗拉强度，由于高温下发生晶界弱化，因此试样在变形过程中容易在晶界处开裂。等温压缩实验表明，2A12 铝合金在 450℃左右塑性变形的效果较好；继续升高变形温度，试样就会开裂。所以，2A12 铝合金适宜的热加工变形温度约为 450℃。

在同一应变速率下，真应力水平随着变形温度的提高而降低。这是因为随着变形温度的升高，热激活的作用增强，原子间的动能增大，原子间的临界切应力减弱；此外，动态回复及少量动态再结晶引起的软化程度也随着变形温度的升高而增大，导致合金的应力水平降低。就热激活过程来说，改变变形速度与改变变形温度是等效的。

当应变速率较低时，真应力-真应变曲线大致可分为弹性变形和稳态流变两个阶段。相比较高应变速率（如 $5s^{-1}$）而言，过渡、软化阶段不明显，可能因为在较低应变速率下金属变形较稳定，变形很快进入均匀塑性变形阶段。当应变速率为 $5s^{-1}$时，其真应力-真应变曲线分为四个阶段，如图 4－1 所示[20]。

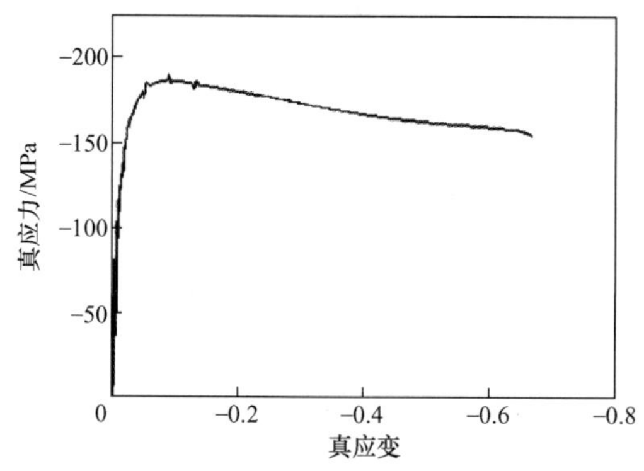

图 4－1　应变速率为 $5s^{-1}$时的真应力-真应变曲线

第Ⅰ阶段为弹性变形阶段。这一阶段与低应变速率一致，由于产生大量位错和交互作用，因此晶体中产生许多障碍和缺陷，阻碍位错进一步运动，合金的变形抗力随着应变量的增大而迅速增大，此阶段加工硬化作用明显。

第Ⅱ阶段为过渡变形阶段。塑性变形开始以后，位错大量增加，可动位错密度增大，合金发生加工硬化，从而增大合金进一步塑性变形的抗力；同时，动态回复和部分动态再结晶的软化作用抵消了部分加工硬化，使合金的加工硬化率减小。在加工硬化和动态再结晶软化相互竞争的过程中，当软化作用和硬化作用相等时，流变应力曲线达到峰值。曲线中的锯齿形可能是由于在高应变速率下压缩变形加工硬化过程中出现多次局部失稳，导致局部应力松弛，相应的，在真应力-真应变曲线上出现齿形特征；随着应变量的进一步增大，锯齿形逐渐消失，说明变形慢慢趋于稳定。

第Ⅲ阶段为软化阶段。随着塑性变形的进行，动态再结晶软化作用超过加工硬化作用，流变应力随着应变的增大而减小；同时，较大的应变量也可能导致试样局部出现加工缺陷，材料本身的承载能力降低。

第Ⅳ阶段为稳态流变阶段。当加工硬化与动态再结晶软化再次达到平衡时，流变应力曲线近似于水平。

4.2 2A12铝合金等温压缩变形的本构方程

铝合金的锻造成形过程是一个受热激活控制的过程，其流变行为可用Sellars和Tegart提出的包含热激活能Q、应变速率$\dot{\varepsilon}$、变形温度T、流变应力σ之间的阿伦尼乌斯关系描述。

（1）低应力水平（$\alpha\sigma<0.8$）时有

$$\dot{\varepsilon}=A_1\sigma^{n_1}\exp\left(-\frac{Q}{RT}\right) \tag{4-1}$$

（2）高应力水平（$\alpha\sigma>1.2$）时有

$$\dot{\varepsilon}=A_2\exp(\beta\sigma)\exp\left(-\frac{Q}{RT}\right) \tag{4-2}$$

（3）整个应力范围

$$\dot{\varepsilon}=A_3[\sinh(\alpha\sigma)]^n\exp\left(-\frac{Q}{RT}\right) \tag{4-3}$$

式中：A、A_1、A_2、n_1、n、α、β为与温度无关的常数；Q为激活能；R为气体常数；T为变形温度；$\dot{\varepsilon}$为应变速率；σ为流变应力。

分别对式（4-1）、式（4-2）、式（4-3）两边取自然对数，得

$$\ln\dot{\varepsilon}=\ln A_1-\frac{Q}{RT}+n_1\ln\sigma=\ln B_1+n_1\ln\sigma \tag{4-4}$$

$$\ln\dot{\varepsilon}=\ln A_2-\frac{Q}{RT}+\beta\sigma=\ln B_2+\beta\sigma \tag{4-5}$$

$$\ln\dot{\varepsilon}=\ln A_3-\frac{Q}{RT}+n\ln[\sinh(\alpha\sigma)]=B+n\ln[\sinh(\alpha\sigma)] \tag{4-6}$$

其中

$$B_1=\ln A_1-\frac{Q}{RT}$$

$$B_2=\ln A_2-\frac{Q}{RT}$$

$$B=\ln A_3-\frac{Q}{RT}$$

取不同变形条件下的峰值应力为流变应力σ，分别以σ和$\ln\dot{\varepsilon}$、$\ln[\sinh(\alpha\sigma)]$和$\ln\dot{\varepsilon}$为坐标轴作图，如图4-2所示。

由式（4-5）和式（4-6）可知，β为σ和$\ln\dot{\varepsilon}$关系直线的斜率，n为$\ln[\sinh(\alpha\sigma)]$和$\ln\dot{\varepsilon}$关系直线的斜率。

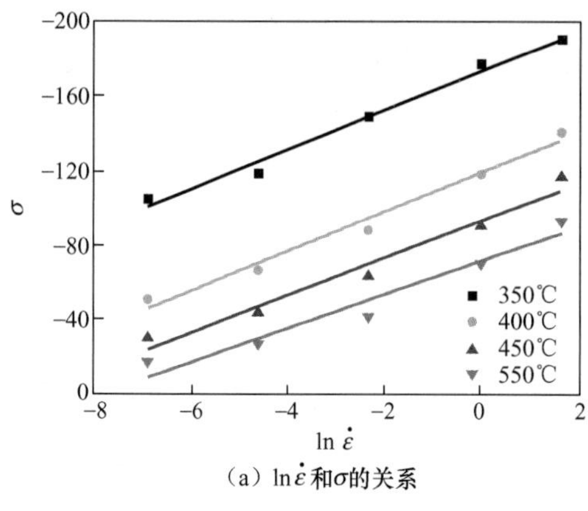

(a) $\ln\dot{\varepsilon}$和σ的关系

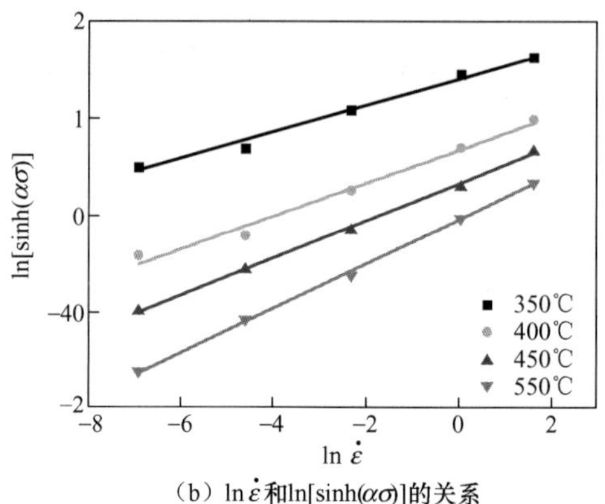

(b) $\ln\dot{\varepsilon}$和$\ln[\sinh(\alpha\sigma)]$的关系

图 4-2　$\ln\dot{\varepsilon}$ 和 σ 的关系及 $\ln\dot{\varepsilon}$ 和 $\ln[\sinh(\alpha\sigma)]$的关系

可由图 4-2 求得 β、n 的平均值：

$$\beta \approx 0.099339$$

$$n \approx 5.4555$$

由于有

$$\alpha = \frac{\beta}{n}$$

因此求得

$$\alpha \approx 0.01821$$

1944 年，Zener 和 Hollomon 在研究钢的应力-应变关系时提出了可以用参数 Z 表示应变速率$\dot{\varepsilon}$ 和变形温度 T 的关系：

$$Z = \dot{\varepsilon}\exp\left(\frac{Q}{RT}\right) = A[\sinh(\alpha\sigma)]^n \tag{4-7}$$

式中：Z 为 Zener-Hollomon 参数，是温度补偿的变形速率因子。

对式（4-7）取自然对数，并假定在恒应变速率条件下变形时，在一定温度范围内 Q 保持不变，得

$$\ln[\sinh(\alpha\sigma)] = \frac{1}{n}(\ln\dot{\varepsilon} - \ln A) + \frac{Q}{nRT} = A_3 + \frac{B_3}{T} \tag{4-8}$$

其中

$$A_3 = \frac{\ln\dot{\varepsilon} - \ln A}{n}$$

$$B_3 = \frac{Q}{nR}$$

取不同变形条件下的峰值应力为流变应力，以 $\ln[\sinh(\alpha\sigma)]$和$\frac{1000}{T}$为坐标轴作图，如图 4-3 所示。

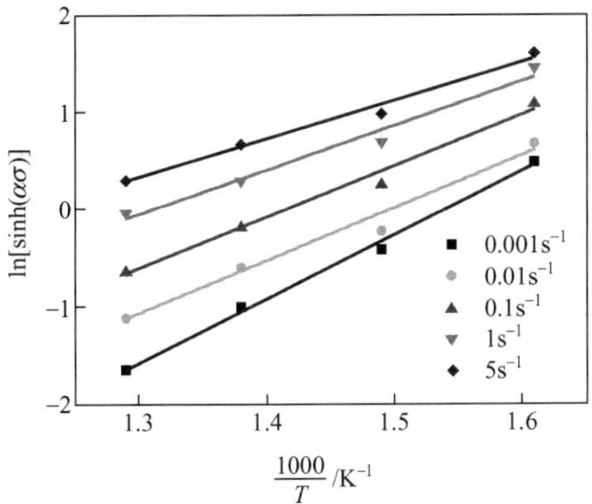

图 4－3 $\frac{1000}{T}$和 ln[sinh(ασ)]的关系

对式（4－3）求偏导，得

$$Q=R\times\left\{\frac{\partial\ln\dot{\varepsilon}}{\partial\ln[\sinh(\alpha\sigma)]}\right\}_T\times\left\{\frac{\partial\ln[\sinh(\alpha\sigma)]}{\partial\left(\frac{1}{T}\right)}\right\} \tag{4-9}$$

式（4－9）等号右侧两个大括号中的项分别为一定变形温度下 $\ln[\sinh(\alpha\sigma)]$和 $\ln\dot{\varepsilon}$ 关系的斜率及一定应变速率条件下 $\ln[\sinh(\alpha\sigma)]$和$\frac{1000}{T}$关系的斜率。

由图 4－2(b）求得$\left\{\frac{\partial\ln\dot{\varepsilon}}{\partial\ln[\sinh(\alpha\sigma)]}\right\}_T$的平均值为 5.642535。

由图 4－3 求得 $\ln[\sinh(\alpha\sigma)]$ 和 $\frac{1000}{T}$ 关系的斜率平均值为 5.158052，由于$\left\{\frac{\partial\ln[\sinh(\alpha\sigma)]}{\partial\left(\frac{1}{T}\right)}\right\}$的值为该斜率×1000，因此得

$$\left\{\frac{\partial\ln[\sinh(\alpha\sigma)]}{\partial\left(\frac{1}{T}\right)}\right\}\approx5.158052\times1000=5158.052$$

取气体常数 $R=8.314\text{J/(mol}\cdot\text{K)}$，由式（4－9）得到激活能

$$Q=R\times\left\{\frac{\partial\ln\dot{\varepsilon}}{\partial\ln[\sinh(\alpha\sigma)]}\right\}_T\times\left\{\frac{\partial\ln[\sinh(\alpha\sigma)]}{\partial\left(\frac{1}{T}\right)}\right\}$$
$$\approx8.314\times5.642535\times5158.052\approx241974.721\ \text{(J/mol)}$$

由式（4－8）可知，$\ln[\sinh(\alpha\sigma)]$和 $\ln\dot{\varepsilon}$ 关系直线的纵坐标轴截距为$\left(\ln A-\frac{Q}{RT}\right)$，将 Q、R、T 的值代入，求得

$$\ln A=\ln\dot{\varepsilon}+\frac{Q}{RT}-n\ln[\sinh(\alpha\sigma)]\approx38.4413$$

由此得到 2A12 铝合金等温压缩变形时峰值应力下的参数值，见表 4－1。

表 4-1 2A12 铝合金等温压缩变形时峰值应力下的参数值

β	α	lnA	n	Q
0.099339	0.01821	38.4413	5.4555	241974.721J/mol

将所得参数值代入式（4-3），可得 2A12 铝合金等温压缩变形时的流变本构方程：

$$\dot{\varepsilon}=4.9526\times10^{16}\times[\sinh(0.01821\sigma)]^{5.4555}\times\exp\left(-\frac{241974.721}{8.134T}\right) \tag{4-10}$$

根据双曲正弦函数的定义，将 σ 表述成 Zener-Hollomon 参数 Z 的函数：

$$\sigma=\frac{1}{\alpha}\times\ln\left\{\left(\frac{Z}{A}\right)^{\frac{1}{n}}+\left[\left(\frac{Z}{A}\right)^{\frac{2}{n}}+1\right]^{\frac{1}{2}}\right\} \tag{4-11}$$

将表 4-1 中的参数代入式（4-11），可得 2A12 铝合金等温压缩变形时的流变应力方程[20]：

$$\sigma=54.9149\times\ln\left\{\left(\frac{Z}{4.9526\times10^{16}}\right)^{\frac{1}{5.4555}}+\left[\left(\frac{Z}{4.9526\times10^{16}}\right)^{\frac{2}{5.4555}}\right]^{\frac{1}{2}}\right\} \tag{4-12}$$

对实际工程实践来说，获得峰值应力与温度及应变速率的关系是十分重要的，其双曲正弦函数本构方程可以精确地描述 2A12 铝合金等温压缩变形时的流变行为；在不同变形条件下，可认为上述参数值在峰值应力下都保持不变，将这些参数值代入式（4-11），可得 2A12 铝合金在所有变形条件下的流变应力。

第5章 2×××系列变形铝合金的精密锻造成形

5.1 2A12 铝合金异形壳体的精密锻造成形

图 5-1 所示为 2A12 铝合金异形壳体零件简图。该零件是一个内腔和外形均为异形、薄壁、小型的壳体类零件，其内腔和外形的尺寸精度要求较高、表面质量要求相当高，而且内孔侧壁与底面相交部分的圆角半径极小。

对于图 5-1 所示的零件，可以采用圆柱体坯料，通过温挤压制坯+温冲压成形的精密锻造成形加工工艺生产。精密锻造成形的 2A12 铝合金异形壳体锻件的外形尺寸除上端面、下端面和高度为 2.7mm 的最大外锥面需要后续金属切削加工外，其余尺寸与图 5-1 所示的外形尺寸相同；而且内孔型腔的尺寸与图 5-1 所示的内孔型腔尺寸相同，无后续切削加工余量[21]。

图 5-2 所示为 2A12 铝合金异形壳体精锻件简图。

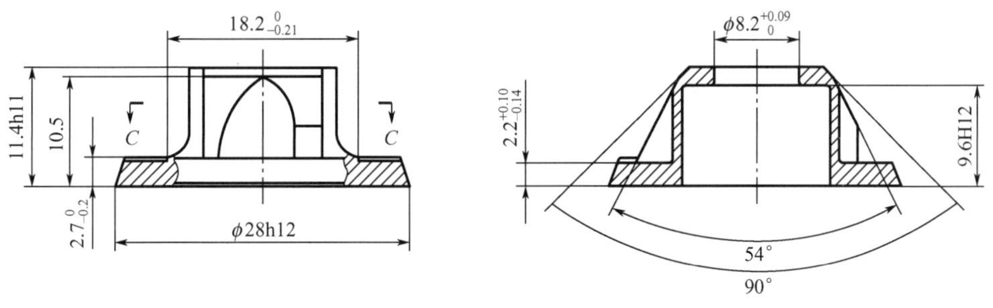

图 5-1　2A12 铝合金异形壳体零件简图

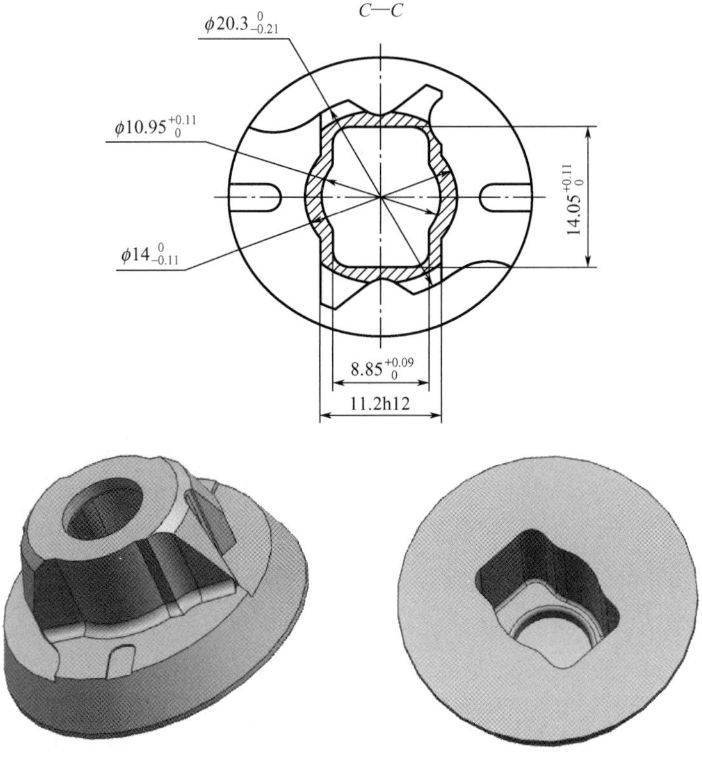

图 5-1　2A12 铝合金异形壳体零件简图（续）

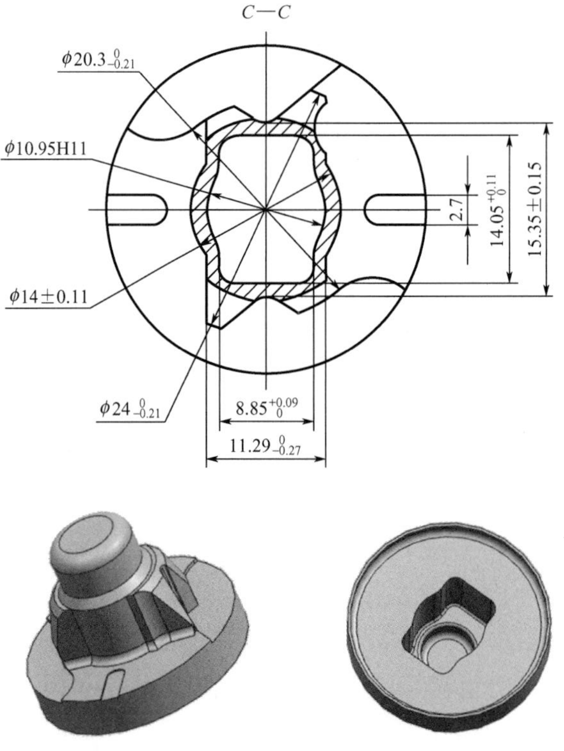

图 5-2　2A12 铝合金异形壳体精锻件简图

5.1.1 异型壳体精密锻造成形工艺流程

(1) 下料。在GB4025带锯床上将直径为ϕ28mm的2A12铝合金棒料下料成长度为7mm的坯料，如图5-3所示。

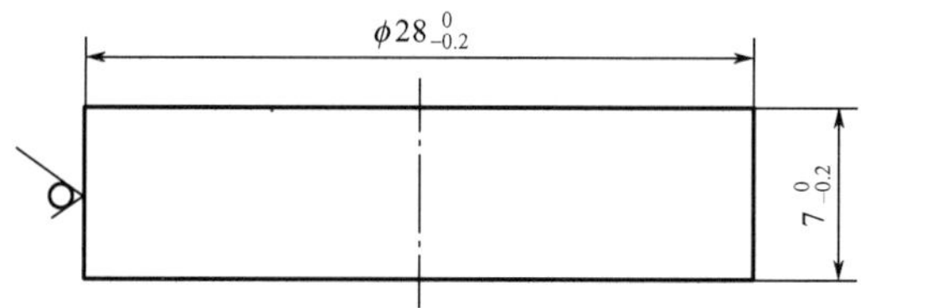

图5-3 坯料的形状与尺寸

(2) 坯料加热。在RX3-30-9箱式电阻炉中加热坯料，加热温度规范如下：加热温度为400℃±20℃，保温时间为25～30min，采用XCT-101温控仪控制温度。

(3) 温挤压制坯。将加热到380～420℃并保温的坯料从RX3-30-9箱式电阻炉内取出并立即浸入猪油，然后快速放入温挤压制坯模具的内孔型腔进行温挤压制坯，得到图5-4所示的制坯件。

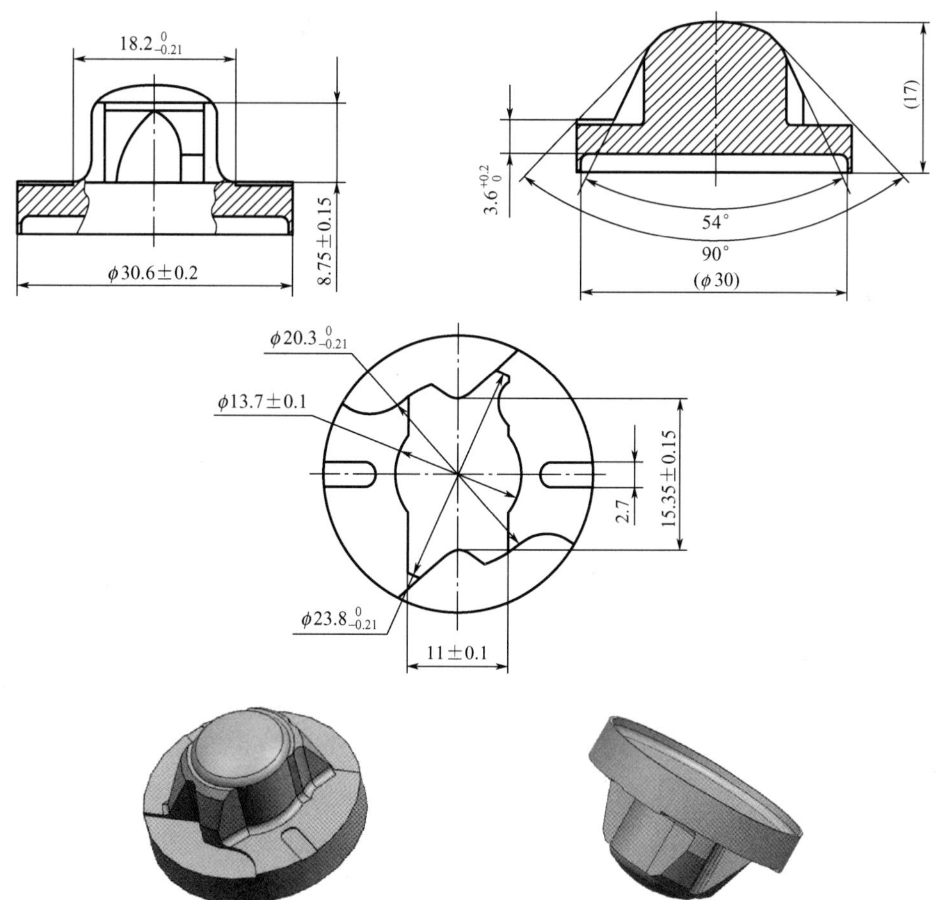

图5-4 制坯件简图

在温挤压制坯过程中，润滑模具的方法是用毛刷将猪油均匀地涂抹在冲头下端面和凹模的内孔型腔中。

（4）钻孔。在 Z4116 台式钻床上将温挤压制坯的制坯件钻出直径为 ϕ8mm 的通孔。钻孔坯件如图 5－5 所示。

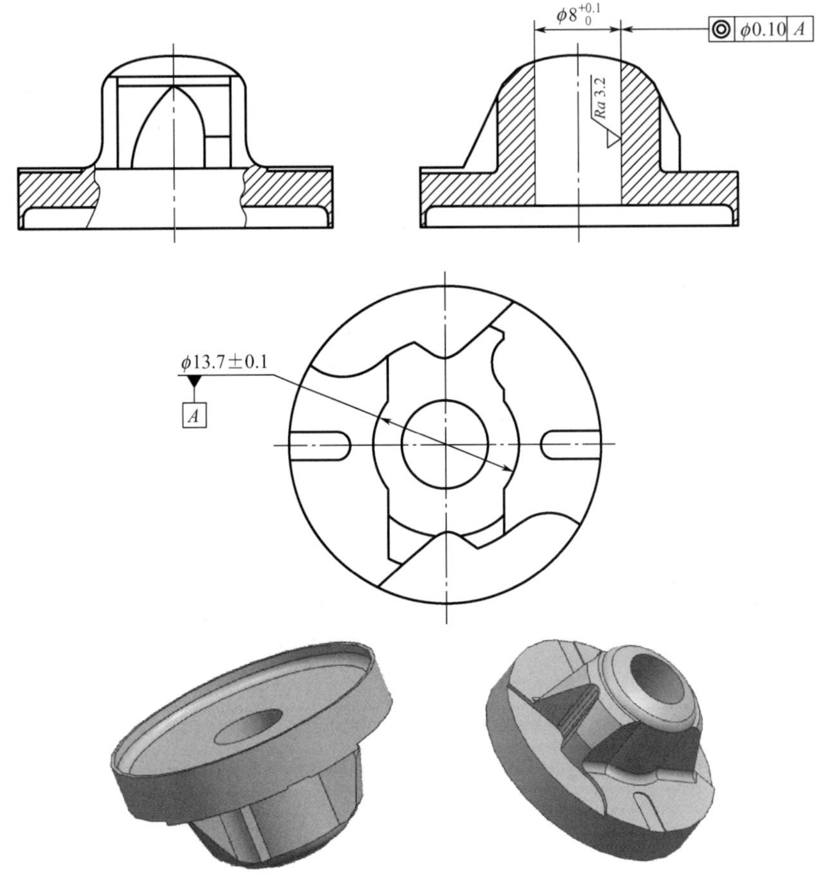

图 5－5　钻孔坯件

（5）钻孔坯件加热。将钻孔后的钻孔坯件放在 RX3－30－9 箱式电阻炉中加热，加热温度规范如下：加热温度为 400℃±20℃，保温时间为 25～30min，采用 XCT－101 温控仪控制温度。

（6）温冲压成形。将加热到 400℃±20℃并保温的钻孔坯件放入安装在 J23－63 冲床上的温冲压模具凹模内孔型腔进行温冲压成形，得到图 5－2 所示的精锻件。

在温冲压成形过程中，润滑钻孔坯件的方法是从 RX3－30－9 箱式电阻炉中取出加热到 380～420℃并保温一段时间的钻孔坯件并立即浸入猪油，然后快速将钻孔坯件放入温挤压凹模的内孔型腔。润滑模具的方法是用毛刷将猪油均匀地涂抹在冲头的下端面和外表面以及凹模的内孔型腔中。

图 5－6 所示为 2A12 铝合金异形壳体精锻件实物。

图 5-6 2A12 铝合金异形壳体精锻件实物

5.1.2 异形壳体精密锻造成形模具设计

1. 温挤压制坯模具结构

图 5-7 所示为 2A12 铝合金异形壳体温挤压制坯模具结构。

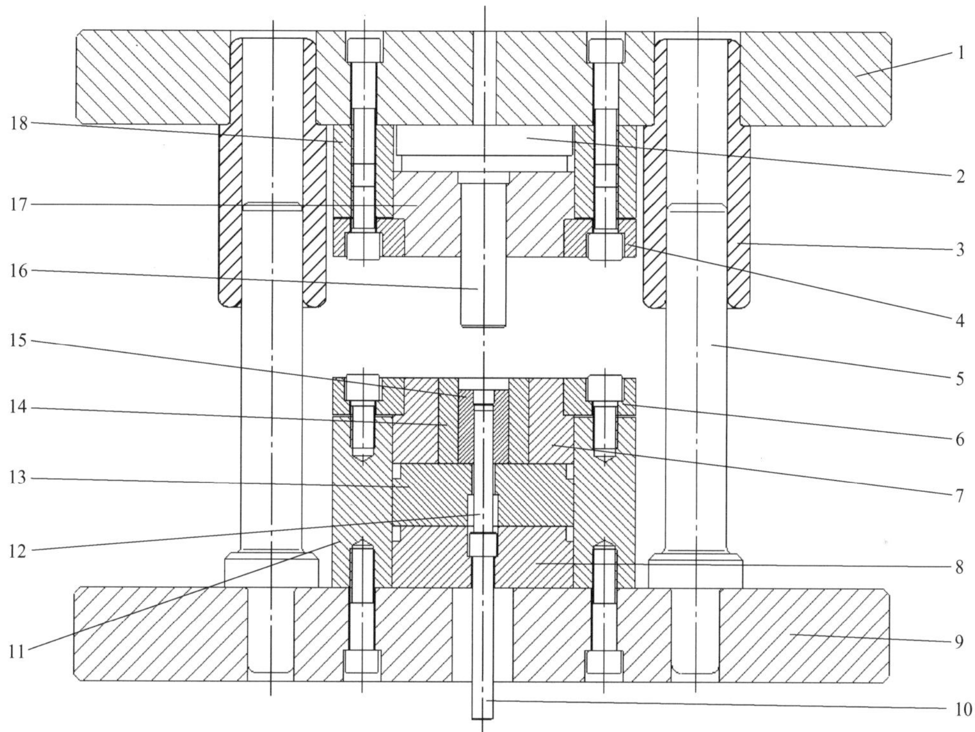

1—上模板；2—冲头垫块；3—导套；4—上模压板；5—导柱；6—下模压板；7—凹模外套；8—下模垫板；9—下模板；10—顶杆；11—下模座；12—顶料杆；13—下模垫块；14—凹模芯；15—凹模芯垫；16—冲头；17—冲头固定套；18—上模座。

图 5-7 2A12 铝合金异形壳体温挤压制坯模具结构

该模具具有如下特点。

(1) 采用四柱式导柱、导套导向及定位的模架结构，保证凹模芯 14 的型腔和冲头 16 的对中性良好。

(2) 采用组合凹模结构，凹模芯 14 与凹模芯垫 15 之间为圆柱面过盈配合，凹模芯 14 与凹模外套 7 之间为圆锥面过盈配合，靠凹模芯 14 与凹模外套 7 之间过盈配合产生的预紧力将凹模芯垫 15 与凹模芯 14 紧紧地联系在一起，不仅使凹模芯垫 15 制造容易、更换方便，从而缩短了生产周期、降低了制造成本，还消除了凹模芯 14 中异形型腔尖角的应力集中，使凹模芯 14 的承载条件得到改善，从而提高了凹模的使用寿命。

2. 温冲压成形模具结构

图 5-8 所示为 2A12 铝合金温冲压成形模具结构[22]。该模具是一种能产生较大“背压力”的顶出机构的闭式挤压模具，将其安装在公称压力为 63t 的 J23-63 型冲床上进行温冲压成形。在温冲压成形过程中，将加热并涂抹猪油的钻孔坯件放入下模 7 中的异形型腔，随着冲床滑块向下移动，卸料板 15 在压簧 5 的弹簧力作用下，将钻孔坯件的法兰盘部分紧紧压住，顶料杆 13 紧紧顶住钻孔坯件的下端面；随着冲床滑块继续向下移动，冲头 6 与钻孔坯件接触并逐渐挤入钻孔坯件，形成温锻件的内孔型腔；同时，顶料杆 13 受到挤压力的作用向下移动。温冲压成形完成后，在冲床滑块回程中，顶料杆 13 在橡胶垫 11 的弹力作用下顶出温锻件。

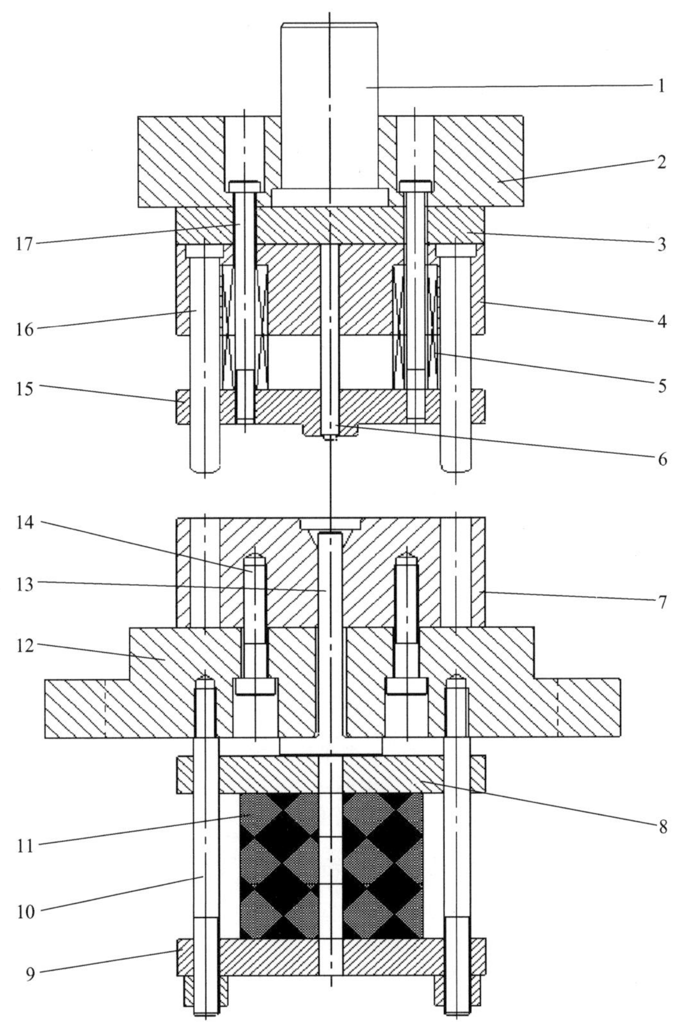

1—模柄；2—上模座；3—上垫板；4—上模；5—压簧；6—冲头；7—下模；8—橡胶垫上压板；9—橡胶垫下压板；10—双头螺杆；11—橡胶垫；12—下模板；13—顶料杆；14—紧固螺钉；15—卸料板；16—导柱；17—拉杆螺钉。

图 5-8　2A12 铝合金温冲压成形模具结构

5.1.3 异形壳体精密锻造成形过程的工艺规程

1. 下料工序

下料工序如下。

<table>
<tr><td colspan="6">10</td><td colspan="3">下料工艺规程</td></tr>
<tr><td colspan="6">工具</td><td colspan="3" rowspan="10">见图 5-3</td></tr>
<tr><td colspan="2">序号</td><td colspan="2">名称</td><td colspan="2">代号</td></tr>
<tr><td colspan="2">1</td><td colspan="2">带锯条</td><td colspan="2"></td></tr>
<tr><td colspan="2">2</td><td colspan="2">扳手</td><td colspan="2"></td></tr>
<tr><td colspan="2">3</td><td colspan="2">夹钳</td><td colspan="2"></td></tr>
<tr><td colspan="6">设备</td></tr>
<tr><td colspan="3">名称</td><td colspan="3">主要参数</td></tr>
<tr><td colspan="3">带锯床</td><td colspan="3">GB4025</td></tr>
<tr><td colspan="3"></td><td colspan="3"></td></tr>
<tr><td colspan="6">辅料</td></tr>
<tr><td colspan="2">名称</td><td colspan="2">规格</td><td colspan="2">标准代号</td><td colspan="3">量具</td></tr>
<tr><td colspan="2">手套</td><td colspan="2"></td><td colspan="2"></td><td>序号</td><td>名称</td><td>公称尺寸</td></tr>
<tr><td colspan="2">棉纱</td><td colspan="2"></td><td colspan="2"></td><td>1</td><td>游标卡尺</td><td>0～150mm</td></tr>
<tr><td colspan="2"></td><td colspan="2"></td><td colspan="2"></td><td>2</td><td>卷尺</td><td>0～2000mm</td></tr>
</table>

1. 技术条件

(1) 材料应是进厂检验合格、符合 GB/T 3190—2020《变形铝及铝合金化学成分》的直径为 ϕ28mm 的 2A12 铝合金长棒料。

(2) 操作人员和检验人员应有操作、检验合格证方可上岗工作。

(3) GB4025 带锯床应经鉴定合格后方可使用，工作现场应符合安全操作要求。

2. 操作方法

(1) 工作前按规定检查、调整带锯床、带锯条、夹具、量具。

(2) 将材料夹持固定后方可下料。

(3) 下料长度为 7mm，锯口应平整、端正。

(4) 锯下的材料应整齐摆放，编批交验。

3. 检验规定

(1) 检查坯料的外观，端面应圆整、平齐，不可有歪斜、飞刺等疵病。

(2) 按图 5-3 检查外径应符合 ϕ28mm 要求，长度应符合 7mm 要求。

(3) 做好原始记录。

					批准	
					标审	
					审查	
					校核	
标记	处数	更改文件号	签字	日期	编制	

2. 坯料加热工序

坯料加热工序如下。

<table>
<tr><td colspan="3">20</td><td colspan="3">坯料加热工艺规程</td></tr>
<tr><td colspan="3">工具</td><td colspan="3" rowspan="8"> 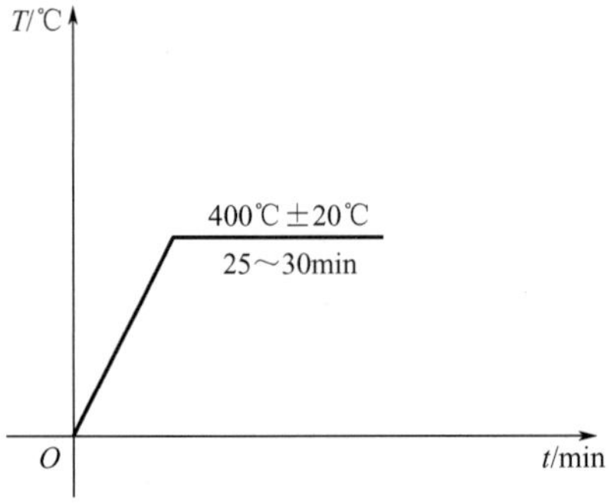T/℃
400℃±20℃
25～30min
O
t/min</td></tr>
<tr><td>序号</td><td>名称</td><td>代号</td></tr>
<tr><td>1</td><td>钳子</td><td></td></tr>
<tr><td>2</td><td>铁钩</td><td></td></tr>
<tr><td colspan="3">设备</td></tr>
<tr><td colspan="2">名称</td><td>主要参数</td></tr>
<tr><td colspan="2">箱式电阻炉</td><td>RX3－30－9</td></tr>
<tr><td colspan="3">辅料</td></tr>
<tr><td>名称</td><td>规格</td><td>标准代号</td><td colspan="3">量具</td></tr>
<tr><td>手套</td><td></td><td></td><td>序号</td><td>名称</td><td>测量范围</td></tr>
<tr><td></td><td></td><td></td><td>1</td><td>热电偶</td><td></td></tr>
<tr><td></td><td></td><td></td><td>2</td><td>温控仪</td><td>0～900℃</td></tr>
</table>

1. 技术条件

(1) 坯料应是经下料、检验合格的直径为 ϕ28mm 的 2A12 铝合金坯料。

(2) 操作人员和检验人员应有操作、检验合格证方可上岗工作。

(3) RX3－30－9 箱式电阻炉应经鉴定合格后方可使用，工作现场应符合安全操作要求。

2. 操作方法

(1) 工作前按规定检查、调整 RX3－30－9 箱式电阻炉、热电偶、温控仪。

(2) 将坯料整齐地放入 RX3－30－9 箱式电阻炉，用矿渣棉将炉门堵严，盖好炉门，确保炉温均匀一致。

(3) 按坯料加热工艺规范进行加热。

3. 检验规定

做好原始记录。

<table>
<tr><td></td><td></td><td></td><td></td><td></td><td>批准</td><td></td></tr>
<tr><td></td><td></td><td></td><td></td><td></td><td>标审</td><td></td></tr>
<tr><td></td><td></td><td></td><td></td><td></td><td>审查</td><td></td></tr>
<tr><td></td><td></td><td></td><td></td><td></td><td>校核</td><td></td></tr>
<tr><td>标记</td><td>处数</td><td>更改文件号</td><td>签字</td><td>日期</td><td>编制</td><td></td></tr>
</table>

3. 温挤压制坯工序

温挤压制坯工序如下。

<table>
<tr><td colspan="3">30</td><td colspan="3">温挤压制坯工艺规程</td></tr>
<tr><td colspan="3">工具</td><td colspan="3" rowspan="8">见图 5 - 4</td></tr>
<tr><td>序号</td><td>名称</td><td>代号</td></tr>
<tr><td>1</td><td>温挤压制坯模具</td><td></td></tr>
<tr><td>2</td><td>夹钳</td><td></td></tr>
<tr><td colspan="3">设备</td></tr>
<tr><td>名称</td><td colspan="2">主要参数</td></tr>
<tr><td>液压机</td><td colspan="2">YA32 - 200</td></tr>
<tr><td colspan="3">辅料</td></tr>
<tr><td>名称</td><td>规格</td><td>标准代号</td><td colspan="3">量具</td></tr>
<tr><td>棉布</td><td></td><td></td><td>序号</td><td>名称</td><td>公称尺寸</td></tr>
<tr><td>猪油</td><td></td><td></td><td>1</td><td>游标尺</td><td>0～150mm</td></tr>
<tr><td>不锈钢桶</td><td></td><td></td><td></td><td></td><td></td></tr>
</table>

1. 技术条件

(1) 经加热、保温的坯料方可投入温挤压制坯工序作业。

(2) 操作人员和检验人员应有操作、检验合格证方可上岗工作。

(3) YA32 - 200 液压机应经鉴定合格后方可使用，工作现场应符合安全操作要求。

2. 操作方法

(1) 工作前按规定检查、调整液压机、温挤压制坯模具和量具。

(2) 调整液压机滑块行程的上、下死点位置，调整 YA32 - 200 液压机的系统压力为 24MPa、压制的保压时间为 1.5s。

(3) 用夹钳从箱式电阻炉中取出加热、保温后的坯料，并放入温挤压制坯凹模的内孔型腔；按下 YA32 - 200 液压机的压制按钮，使滑块下降，其冲头下端面与热的坯料上端面刚刚接触，以烘烤温挤压制坯模具凹模的内孔型腔和冲头的下端面；重复多次该过程，直到温挤压制坯凹模的内孔型腔和冲头的下端面温度约为 150℃。

(4) 用洁净的、浸有猪油的纱布在温挤压制坯模具的冲头下端面和凹模的内孔型腔中均匀地涂抹一层猪油。

(5) 用夹钳从箱式电阻炉内快速取出加热、保温后的坯料，并迅速浸入盛有猪油的不锈钢桶，再从不锈钢桶中快速取出涂覆猪油的坯料，并放入温挤压制坯模具的凹模内孔型腔进行温挤压制坯。

(6) 将温挤压制坯的制坯件放入清洁的箱中编批交验。

3. 检验规定

(1) 按图 5 - 4 抽检，着重检测各个外形尺寸。

(2) 检测制坯件的表面，不得有裂纹、折叠、毛刺、凹陷、塌角等缺陷。

(3) 做好原始记录。

<table>
<tr><td></td><td></td><td></td><td></td><td></td><td>批准</td><td></td></tr>
<tr><td></td><td></td><td></td><td></td><td></td><td>标审</td><td></td></tr>
<tr><td></td><td></td><td></td><td></td><td></td><td>审查</td><td></td></tr>
<tr><td></td><td></td><td></td><td></td><td></td><td>校核</td><td></td></tr>
<tr><td>标记</td><td>处数</td><td>更改文件号</td><td>签字</td><td>日期</td><td>编制</td><td></td></tr>
</table>

4. 钻孔工序

钻孔工序如下。

<table>
<tr><td colspan="6">40</td><td colspan="3">钻孔工艺规程</td></tr>
<tr><td colspan="6">工具</td><td colspan="3" rowspan="10">见图 5－5</td></tr>
<tr><td>序号</td><td colspan="4">名称</td><td>代号</td></tr>
<tr><td>1</td><td colspan="4">钻头</td><td>ϕ8mm</td></tr>
<tr><td>2</td><td colspan="4">扳手</td><td></td></tr>
<tr><td>3</td><td colspan="4">钻孔工装</td><td></td></tr>
<tr><td colspan="6">设备</td></tr>
<tr><td colspan="3">名称</td><td colspan="3">主要参数</td></tr>
<tr><td colspan="3">台式钻床</td><td colspan="3">Z4116</td></tr>
<tr><td colspan="3"></td><td colspan="3"></td></tr>
<tr><td colspan="6">辅料</td></tr>
<tr><td colspan="2">名称</td><td colspan="2">规格</td><td colspan="2">标准代号</td><td colspan="3">量具</td></tr>
<tr><td colspan="2">手套</td><td colspan="2"></td><td colspan="2"></td><td>序号</td><td>名称</td><td>公称尺寸</td></tr>
<tr><td colspan="2">棉纱</td><td colspan="2"></td><td colspan="2"></td><td>1</td><td>游标卡尺</td><td>0～150mm</td></tr>
</table>

1. 技术条件

(1) 经温挤压制坯、检验合格的制坯件方可投入钻孔工序作业。

(2) 操作人员和检验人员应有操作、检验合格证方可上岗工作。

(3) Z4116 台式钻床应经鉴定合格后方可使用，工作现场应符合安全操作要求。

2. 操作方法

(1) 钻孔前按规定检查、调整台式钻床、钻孔工装、量具。

(2) 将制坯件夹持固定后方可钻孔。

(3) 钻孔后的孔径为 $\phi8 \sim \phi8.1$mm。

(4) 钻孔后的钻孔坯件应整齐摆放，编批交验。

3. 检验规定

(1) 检查钻孔坯件的通孔应圆整、平齐，不可有歪斜、飞刺等缺陷。

(2) 按图 5－5 检查孔径应符合 ϕ8mm 要求。

(3) 做好原始记录。

<table>
<tr><td></td><td></td><td></td><td></td><td></td><td>批准</td><td></td></tr>
<tr><td></td><td></td><td></td><td></td><td></td><td>标审</td><td></td></tr>
<tr><td></td><td></td><td></td><td></td><td></td><td>审查</td><td></td></tr>
<tr><td></td><td></td><td></td><td></td><td></td><td>校核</td><td></td></tr>
<tr><td>标记</td><td>处数</td><td>更改文件号</td><td>签字</td><td>日期</td><td>编制</td><td></td></tr>
</table>

5. 钻孔坯件加热工序

钻孔坯件加热工序如下。

<table>
<tr><td colspan="3">50</td><td colspan="3">钻孔坯件加热工艺规程</td></tr>
<tr><td colspan="3">工具</td><td colspan="3" rowspan="8">T/℃
400℃±20℃
25～30min
O
t/min</td></tr>
<tr><td>序号</td><td>名称</td><td>代号</td></tr>
<tr><td>1</td><td>钳子</td><td></td></tr>
<tr><td>2</td><td>铁钩</td><td></td></tr>
<tr><td colspan="3">设备</td></tr>
<tr><td colspan="2">名称</td><td>主要参数</td></tr>
<tr><td colspan="2">箱式电阻炉</td><td>RX3－30－9</td></tr>
<tr><td colspan="3">辅料</td></tr>
<tr><td>名称</td><td>规格</td><td>标准代号</td><td colspan="3">量具</td></tr>
<tr><td>手套</td><td></td><td></td><td>序号</td><td>名称</td><td>测量范围</td></tr>
<tr><td></td><td></td><td></td><td>1</td><td>热电偶</td><td></td></tr>
<tr><td></td><td></td><td></td><td>2</td><td>温控仪</td><td>0～900℃</td></tr>
</table>

1. 技术条件

(1) 坯件应是经钻孔、检验合格的钻孔坯件。

(2) 操作人员和检验人员应有操作、检验合格证方可上岗工作。

(3) RX3－30－9箱式电阻炉应经鉴定合格后方可使用，工作现场应符合安全操作要求。

2. 操作方法

(1) 工作前按规定检查、调整RX3－30－9箱式电阻炉、热电偶、温控仪。

(2) 将钻孔坯件整齐地放入RX3－30－9箱式电阻炉，用矿渣棉将炉门堵严，盖好炉门，确保炉温均匀一致。

(3) 按钻孔坯件加热工艺规范进行加热。

3. 检验规定

做好原始记录。

					批准	
					标审	
					审查	
					校核	
标记	处数	更改文件号	签字	日期	编制	

6. 温冲压成形工序

温冲压成形工序如下。

<table>
<tr><td colspan="6">60</td><td colspan="3">温冲压成形工艺规程</td></tr>
<tr><td colspan="6">工具</td><td colspan="3" rowspan="8">见图 5 - 2</td></tr>
<tr><td colspan="2">序号</td><td colspan="3">名称</td><td>代号</td></tr>
<tr><td colspan="2">1</td><td colspan="3">温冲压成形模具</td><td></td></tr>
<tr><td colspan="2">2</td><td colspan="3">夹钳</td><td></td></tr>
<tr><td colspan="6">设备</td></tr>
<tr><td colspan="3">名称</td><td colspan="3">主要参数</td></tr>
<tr><td colspan="3">冲床</td><td colspan="3">J23 - 63</td></tr>
<tr><td colspan="6">辅料</td></tr>
<tr><td colspan="2">名称</td><td colspan="2">规格</td><td colspan="2">标准代号</td><td colspan="3">量具</td></tr>
<tr><td colspan="2">棉布</td><td colspan="2"></td><td colspan="2"></td><td>序号</td><td>名称</td><td>公称尺寸</td></tr>
<tr><td colspan="2">猪油</td><td colspan="2"></td><td colspan="2"></td><td>1</td><td>游标尺</td><td>0～150mm</td></tr>
<tr><td colspan="2">不锈钢桶</td><td colspan="2"></td><td colspan="2"></td><td></td><td></td><td></td></tr>
</table>

1. 技术条件

(1) 经加热、保温后的钻孔坯件方可投入温冲压成形工序作业。

(2) 操作人员和检验人员应有操作、检验合格证方可上岗工作。

(3) J23 - 63 冲床应经鉴定合格后方可使用，工作现场应符合安全操作要求。

2. 操作方法

(1) 工作前按规定检查、调整冲床、模具和量具。

(2) 调整冲床滑块的下死点位置。

(3) 从箱式电阻炉中取出加热、保温后的钻孔坯件，并放入温冲压成形凹模的内孔型腔；调整冲床的滑块，使其缓慢下降，温冲压成形冲头的下端面与热的钻孔坯件上表面刚刚接触，以烘烤温冲压成形模具凹模的内孔型腔和冲头的下端面；重复多次该过程，直到温冲压成形凹模的内孔型腔和冲头的下端面温度约为 150℃。

(4) 用洁净的、浸有猪油的棉布在温冲压成形模具的冲头的下端面和外表面以及凹模的内孔型腔中均匀地涂抹一层猪油。

(5) 用夹钳从箱式电阻炉内快速取出加热、保温后的钻孔坯件，并迅速浸入盛有猪油的不锈钢桶，再从不锈钢桶中快速取出涂覆猪油的钻孔坯件，并放入温冲压成形模具的凹模内孔型腔进行温冲压成形。

(6) 将温冲压成形的精锻件放入清洁的箱中编批交验。

3. 检验规定

(1) 按图 5 - 2 抽检，着重检测外形尺寸和内孔型腔尺寸。

(2) 检测精锻件外观，不得有裂纹、折叠、毛刺、凹陷、塌角、拉伤等缺陷。

(3) 做好原始记录。

					批准	
					标审	
					审查	
					校核	
标记	处数	更改文件号	签字	日期	编制	

7. 最终检验工序

最终检验工序如下。

<table>
<tr><td colspan="3">70</td><td colspan="3">最终检验工艺规程</td></tr>
<tr><td colspan="3">工具</td><td colspan="3" rowspan="8">见图 5-2</td></tr>
<tr><td>序号</td><td>名称</td><td>代号</td></tr>
<tr><td>1</td><td>手钳</td><td></td></tr>
<tr><td>2</td><td>台钳</td><td></td></tr>
<tr><td colspan="3">设备</td></tr>
<tr><td colspan="2">名称</td><td>主要参数</td></tr>
<tr><td colspan="2">检验平台</td><td></td></tr>
<tr><td colspan="3">辅料</td></tr>
<tr><td>名称</td><td>规格</td><td>标准代号</td><td colspan="3">量具</td></tr>
<tr><td>棉纱</td><td></td><td></td><td>序号</td><td>名称</td><td>公称尺寸</td></tr>
<tr><td>砂纸</td><td></td><td></td><td>1</td><td>游标卡尺</td><td>0～150mm</td></tr>
<tr><td>手套</td><td></td><td></td><td>2</td><td>百分表</td><td>0～10mm</td></tr>
</table>

1. 技术条件

(1) 经温冲压成形合格的精锻件方可投入最终检验。

(2) 操作人员和检验人员应有操作、检验合格证方可上岗工作。

(3) 检验量具、设备符合鉴定要求后方可使用，检验现场应符合品质检测要求。

2. 操作方法

(1) 用砂纸砂光和棉纱擦净抽出精锻件的检测部位。

(2) 在检验平台按图 5-2 所示的精锻件简图进行检测。

3. 检验规定

(1) 每批抽检 1%，按图 5-2 所示的精锻件简图进行检测，并着重检测外形尺寸和内孔型腔的尺寸。

(2) 每批抽检 1%，检测精锻件外观，不得有裂纹、折叠、毛刺、凹陷、塌角、拉伤等缺陷。

(3) 每批抽 1 个精锻件进行探伤检测，应无裂纹。

(4) 做好原始记录。

					批准	
					标审	
					审查	
					校核	
标记	处数	更改文件号	签字	日期	编制	

5.2 2A12 铝合金管体的精密锻造成形

图 5-9 所示为 2A12 铝合金管体零件简图。该管体是某装备上的细长深盲孔薄壁件，主要由一个圆柱面、一个圆锥面和一个底部法兰组成，管壁很薄，属于薄壁台阶型零件；中部有一个直径为 ϕ19mm、孔深为 137mm 的细长深盲孔（长径比 $H/d\approx7$），而且孔底与孔壁交界处的圆角半径很小（R0.2mm）。

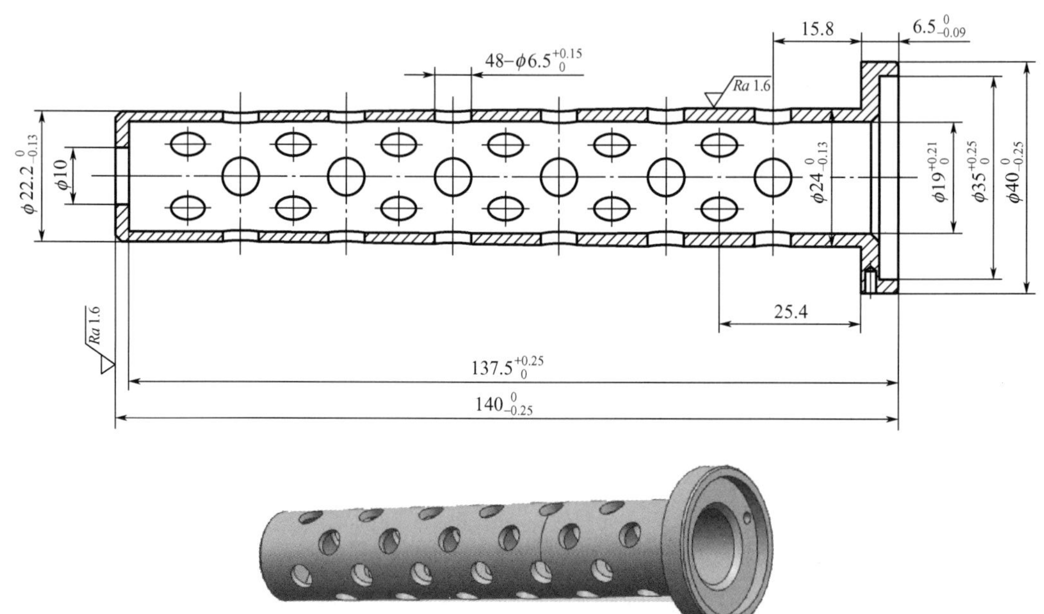

图 5-9 2A12 铝合金管体零件简图

对于图 5-9 所示的 2A12 铝合金管体，可以采用圆柱体坯料经过热镦粗制坯＋热反挤压成形的精密锻造成形加工工艺生产。精密锻造成形的 2A12 铝合金管体锻件，除其 ϕ19mm 的内孔直接精密锻造成形，达到图 5-9 所示的尺寸要求和表面质量要求，不留后续切削加工余量外，其余尺寸都留有适量的后续切削加工余量[23]。

图 5-10 所示为 2A12 铝合金管体精锻件简图。

5.2.1 管体精密锻造成形工艺流程

（1）下料。在 GB4025 带锯床上，将直径为 ϕ28mm 的 2A12 铝合金棒料下料成长度为 107mm 的坯料，坯料的形状与尺寸如图 5-11 所示。

（2）坯料加热。在 RX3-30-9 箱式电阻炉中加热坯料，其加热温度规范如下：加热温度为 420℃±20℃，保温时间为 60～90min，采用 XCT-101 温控仪控制温度。

（3）热镦粗制坯。从 RX3-30-9 箱式电阻炉中取出加热到 400～440℃并保温一段时间的坯料，立即浸入猪油，然后快速将坯料放入热镦粗制坯模具的内孔型腔进行热镦粗制坯，得到图 5-12 所示的制坯件。

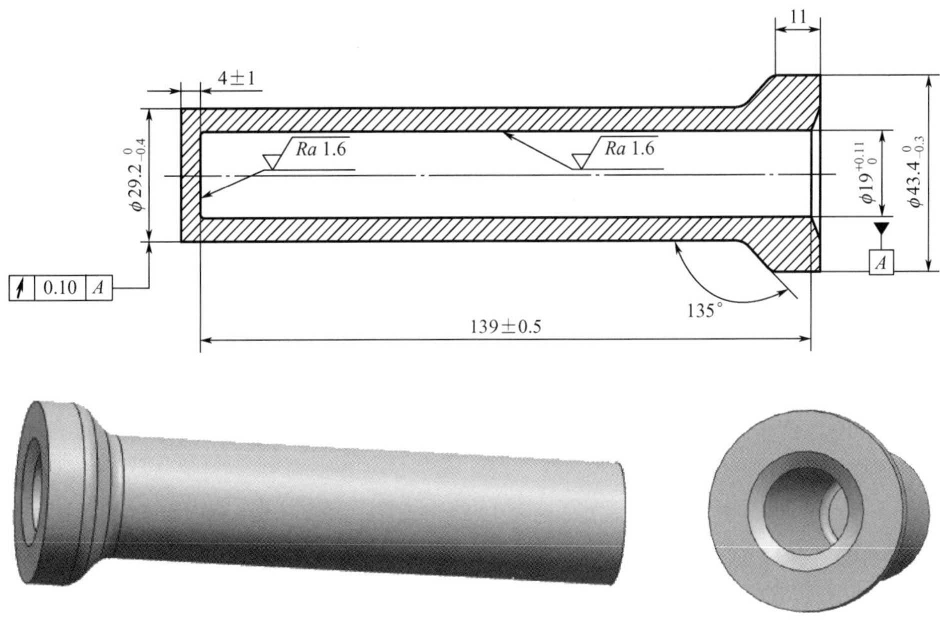

图 5-10 2A12 铝合金管体精锻件简图

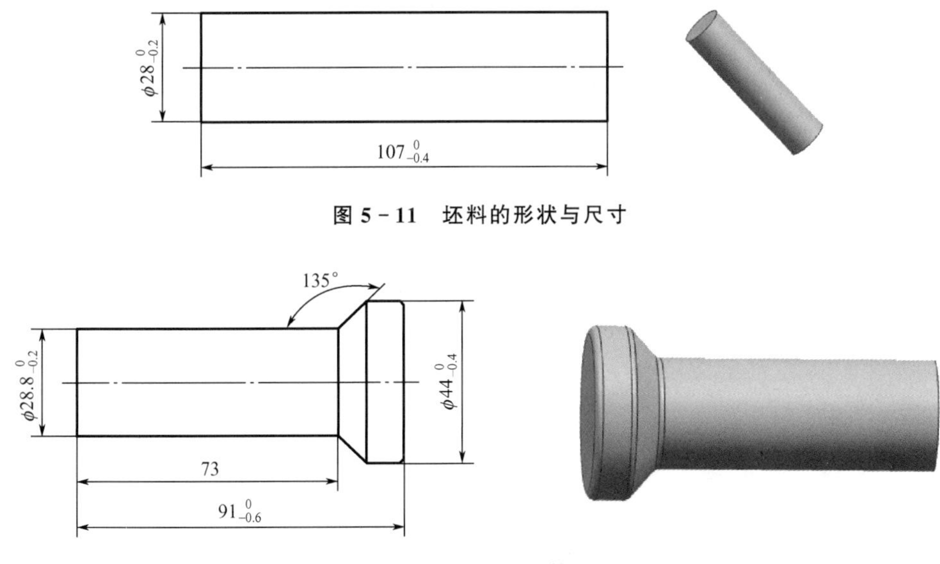

图 5-11 坯料的形状与尺寸

图 5-12 制坯件

在热镦粗制坯过程中，润滑模具的方法是用毛刷均匀地将猪油涂抹在冲头的下端面和凹模的内孔型腔。

（4）粗车大外圆。在 C616 车床上对热镦粗制坯的制坯件的大外圆进行粗车加工，粗车加工后的大外圆直径为 ϕ43mm，并保证粗车加工后的大外圆与直径为 ϕ28.8mm 的小外圆的同轴度小于 0.10mm，得到图 5-13 所示的粗车坯件。

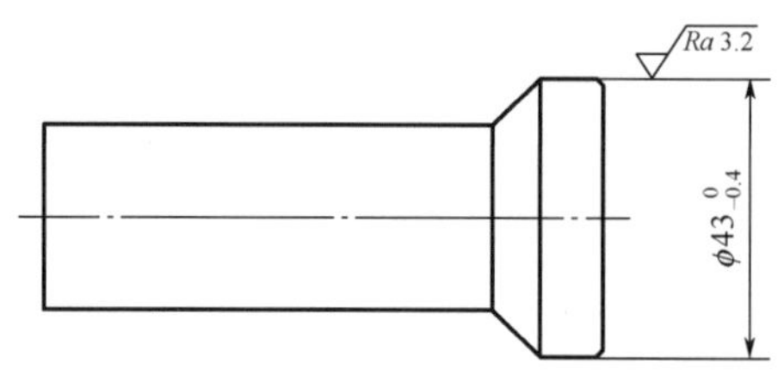

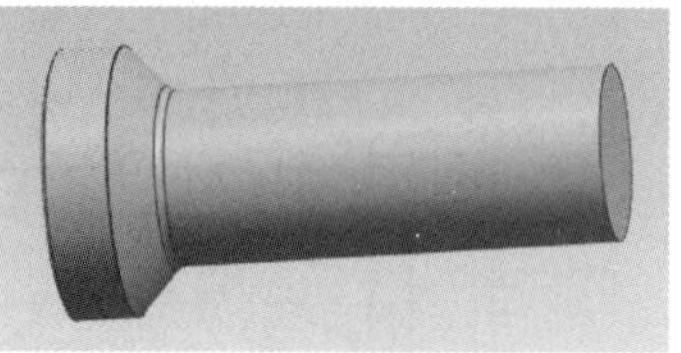

图 5-13　粗车坯件

(5) 粗车坯件加热。在 RX3-30-9 箱式电阻炉中加热粗车坯件，其加热温度规范如下：加热温度为 420℃±20℃，保温时间为 60～90min，采用 XCT-101 温控仪控制温度。

(6) 热反挤压成形。将加热到 400～440℃并保温的粗车坯件放入安装在 YA32-200 液压机上的热反挤压模具的凹模内孔型腔进行热反挤压成形，得到图 5-10 所示的精锻件。

在热反挤压成形过程中，润滑粗车坯件的方法是从 RX3-30-9 箱式电阻炉中取出加热到 400～440℃并保温一段时间的粗车坯件，立即浸入猪油，然后快速将粗车坯件放入热反挤压凹模的内孔型腔；将热反挤压冲头的工作部分浸入装有猪油+MoS_2 润滑剂的小盒并保持一段时间后取出，使润滑剂均匀地黏附在热反挤压冲头的工作带上。

图 5-14 所示为粗车坯件实物和精锻件实物。图 5-15 所示为坯料→热镦粗制坯→粗车大外圆→热反挤压成形的加工过程实物。

(a) 粗车坯件实物

(b) 精锻件实物

图 5-14　粗车坯件和精锻件实物

图 5-15　坯料→热镦粗制坯→粗车大外圆→热反挤压成形的加工过程实物

5.2.2 管体精密锻造成形模具设计

1. 模具设计原则

(1) 采用精密锻造通用模架，切换热镦粗制坯工序和热反挤压成形工序时，只需更换模具的模芯部分即可。

(2) 在热镦粗制坯工序和热反挤压成形工序中，模具应具有良好的导向性和对中性。

(3) 尽可能使热镦粗制坯工序和热反挤压成形工序的模具零件通用，其易损零件结构大同小异，便于加工。

(4) 模具结构应尽可能紧凑，模芯及易损零件更换快速、方便。

2. 精密锻造通用模架设计

精密锻造通用模架结构如图 5-16 所示。模架中的上模座 8 与下模座 7 的同心度是不可调整的，完全由模具的制造精度和装配精度保证。

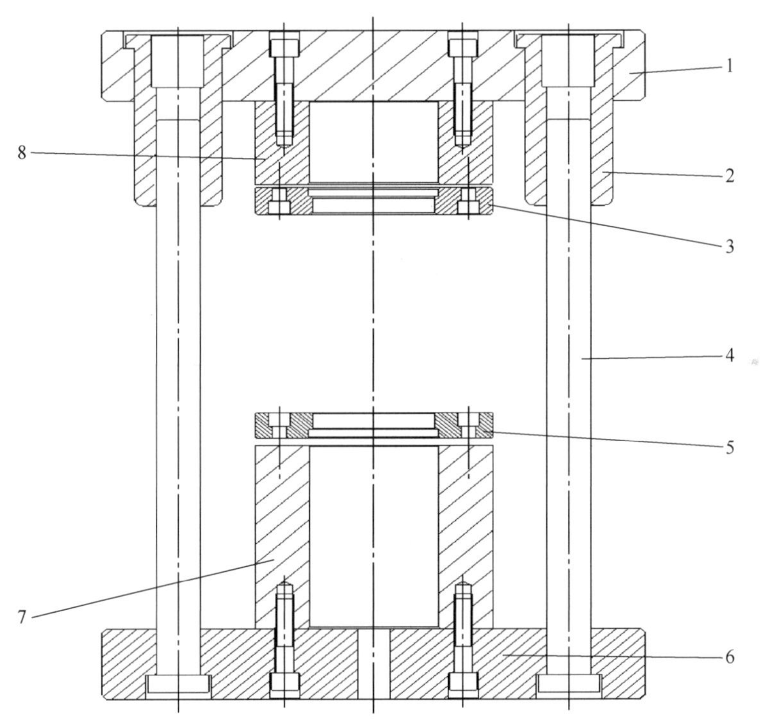

1—上模板；2—导套；3—上模压板；4—导柱；5—下模压板；6—下模板；7—下模座；8—上模座。

图 5-16 精密锻造通用模架结构

为了保证模架的导向精度和上模芯、凹模芯装配后的位置精度，设计模架时可采取如下措施。

(1) 为了提高导向性，模架采用四角分布的四根导柱的导向形式；同时，为了保证导柱 4、导套 2 的安装稳定性，导柱 4、导套 2 固定在上、下模板上的长度应不小于导柱直径的 1.5～2.0 倍。油槽设在导柱上，便于在成形过程中进行清洁处理。

（2）上模芯、凹模芯与上模座 8、下模座 7 采用 H7/g6 滑动配合；同时，上模芯、凹模芯在上模座 8、下模座 7 内的定位段应有足够长度。

（3）装配模架时，为了保证上、下模座的同轴度，设计了专用的装配芯轴。装配芯轴与上模座 8、下模座 7 的配合间隙为 0.01～0.03mm；同时，装配芯轴的两段配合面采用一次装夹磨削工艺，同轴度很高。

3. 下模结构

为了便于互换模具零件，热镦粗制坯工序和热反挤压成形工序的下模的结构相同。下模结构如图 5－17 所示，主要包括凹模芯 1、下模垫块 2、下模衬套 3、顶杆垫板 4、顶杆 5、顶料杆 6、凹模外套 7，其中下模垫块 2、下模衬套 3、顶杆垫板 4、顶杆 5、顶料杆 6 是通用的。

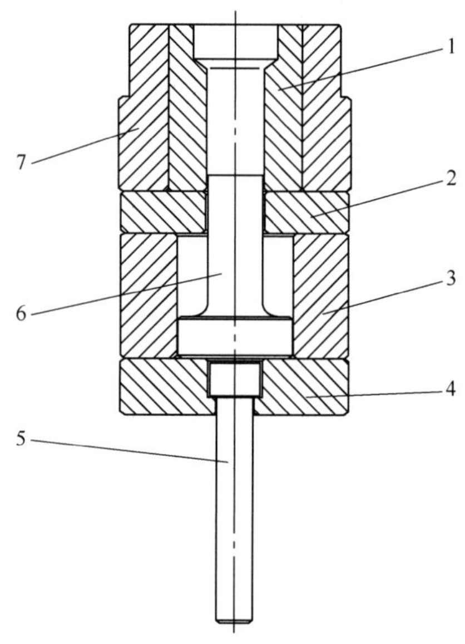

1—凹模芯；2—下模垫块；3—下模衬套；4—顶杆垫板；5—顶杆；6—顶料杆；7—凹模外套。

图 5－17　下模结构

设计凹模时，重点考虑如下因素。

（1）为了提高凹模芯 1 的强度、节省模具材料和便于加工，凹模采用单层预应力组合模具结构，其径向过盈量取 0.4mm。

（2）为了便于成形过程中坯料或粗车坯件的准确定位和装料方便，并考虑坯料或粗车坯件加热后的热膨胀，热镦粗制坯工序的凹模型腔尺寸应比坯料直径大 0.4mm，而热反挤压成形工序的凹模型腔尺寸应比粗车坯件直径大 0.2mm。

（3）为了防止在热反挤压成形过程中精锻件大端头部歪扭，保证热反挤压成形后精锻件有足够的机械加工余量，热反挤压成形的凹模芯比图 5－13 所示粗车坯件中 ϕ43mm 圆柱部分的高度对应部分高 15～25mm。

4. 上模结构

(1) 热镦粗制坯工序上模的设计。热镦粗制坯工序的上模结构比较简单，如图5-18所示，它包括上模芯、上模外套、上模垫块、上模垫块。

(2) 热反挤压成形工序上模的设计。热反挤压成形工序的上模结构如图5-19所示，包括冲头、上模芯（左）、上模芯（右）、上模外套、上模垫块、上模垫板，其中上模芯由上模芯（左）和上模芯（右）组成[24]。

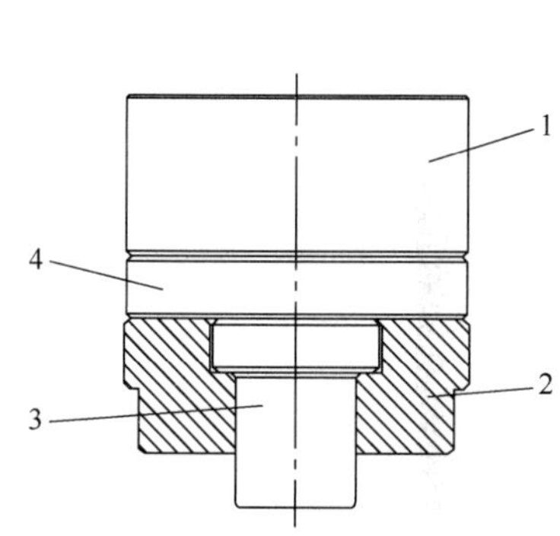

1—上模垫板；2—上模外套；
3—上模芯；4—上模垫块。

图5-18 热镦粗制坯工序的上模结构

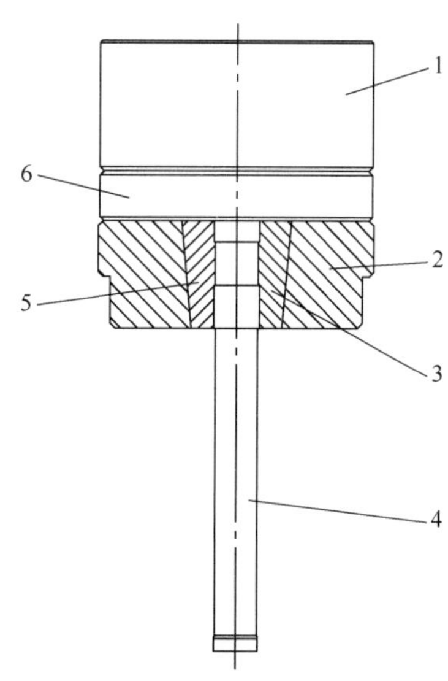

1—上模垫板；2—上模外套；3—上模芯（右）；
4—冲头；5—上模芯（左）；6—上模垫块。

图5-19 热反挤压成形工序的上模结构

上模与下模的对中性由冲头、上模芯和上模外套的加工精度保证。

在上模结构设计中，最关键的是热反挤压成形工序的冲头设计，由于该工序的冲头工作部分直径为ϕ19.2mm，长度接近150mm，长径比$H/d \geqslant 7$，致使热反挤压成形时冲头易弯曲或折断，因此应充分重视。

① 为了减小热反挤压成形工序的变形阻力、利于金属流动，冲头头部的工作带宽度应适宜，既不能太大又不能太小，本书取6～8mm。工作带以上部分直径减小0.3～0.4mm，以减小坯料与冲头的接触面积，从而减小摩擦力；同时，为了减小冲头不同直径过渡处的应力集中，冲头各直径应采用平缓过渡设计。

② 采用材料力学中压杆失稳的分析方法，分析热反挤压成形过程中冲头弯曲失稳的临界载荷。根据冲头弯曲失稳物理模型的假设条件及计算结果，如果冲头在挤压时存在较大偏心量，则其真实受力情况比较接近下限解的简化物理模型，弯曲失稳临界载荷仅是无偏心的1/8。可以认为，在热反挤压成形工序中，尽可能地消除或减小成形件的偏心量（壁厚差）是解决冲头弯曲折断的有效措施。

5.2.3 管体精密锻造成形过程的工艺规程

1. 下料工序

下料工序如下。

<table>
<tr><td colspan="3">10</td><td colspan="3">下料工艺规程</td></tr>
<tr><td colspan="3">工具</td><td colspan="3" rowspan="10">见图 5-11</td></tr>
<tr><td>序号</td><td>名称</td><td>代号</td></tr>
<tr><td>1</td><td>带锯条</td><td></td></tr>
<tr><td>2</td><td>扳手</td><td></td></tr>
<tr><td>3</td><td>夹钳</td><td></td></tr>
<tr><td colspan="3">设备</td></tr>
<tr><td>名称</td><td colspan="2">主要参数</td></tr>
<tr><td>带锯床</td><td colspan="2">GB4025</td></tr>
<tr><td></td><td colspan="2"></td></tr>
<tr><td colspan="3">辅料</td></tr>
<tr><td>名称</td><td>规格</td><td>标准代号</td><td colspan="3">量具</td></tr>
<tr><td>手套</td><td></td><td></td><td>序号</td><td>名称</td><td>公称尺寸</td></tr>
<tr><td>棉纱</td><td></td><td></td><td>1</td><td>游标卡尺</td><td>0～150mm</td></tr>
<tr><td></td><td></td><td></td><td>2</td><td>卷尺</td><td>0～2000mm</td></tr>
</table>

1. 技术条件

(1) 材料应是进厂检验合格、符合 GB/T 3190—2020《变形铝及铝合金化学成分》的直径为 ϕ28mm 的 2A12 铝合金长棒料。

(2) 操作人员和检验人员应有操作、检验合格证方可上岗工作。

(3) GB4025 带锯床应经鉴定合格后方可使用，工作现场应符合安全操作要求。

2. 操作方法

(1) 工作前按规定检查、调整带锯床、带锯条、夹具、量具。

(2) 将材料夹持固定后方可下料。

(3) 下料长度为 107mm，锯口应平整、端正。

(4) 锯下的材料应整齐摆放，编批交验。

3. 检验规定

(1) 检查坯料的端面应圆整、平齐，不可有歪斜、飞刺等缺陷。

(2) 按图 5-11 检查外径应符合 ϕ28mm 要求，长度应符合 107mm 要求。

(3) 做好原始记录。

					批准	
					标审	
					审查	
					校核	
标记	处数	更改文件号	签字	日期	编制	

2. 坯料加热工序

坯料加热工序如下。

<table>
<tr><td colspan="3">20</td><td colspan="3">坯料加热工艺规程</td></tr>
<tr><td colspan="3">工具</td><td colspan="3" rowspan="8">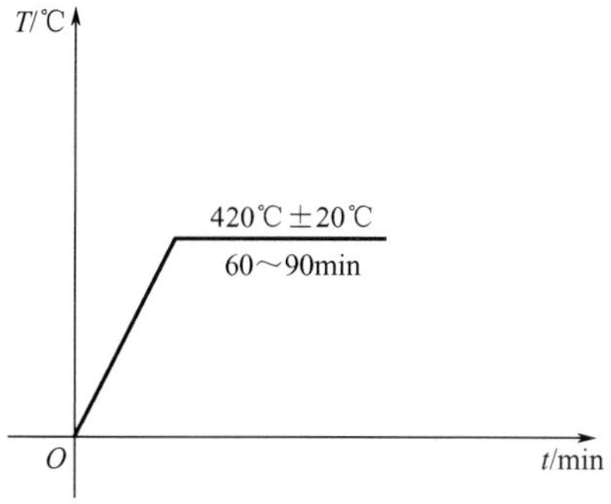
</td></tr>
<tr><td>序号</td><td>名称</td><td>代号</td></tr>
<tr><td>1</td><td>钳子</td><td></td></tr>
<tr><td>2</td><td>铁钩</td><td></td></tr>
<tr><td colspan="3">设备</td></tr>
<tr><td colspan="2">名称</td><td>主要参数</td></tr>
<tr><td colspan="2">箱式电阻炉</td><td>RX3－30－9</td></tr>
<tr><td colspan="3">辅料</td></tr>
<tr><td>名称</td><td>规格</td><td>标准代号</td><td colspan="3">量具</td></tr>
<tr><td>手套</td><td></td><td></td><td>序号</td><td>名称</td><td>测量范围</td></tr>
<tr><td></td><td></td><td></td><td>1</td><td>热电偶</td><td></td></tr>
<tr><td></td><td></td><td></td><td>2</td><td>温控仪</td><td>0～900℃</td></tr>
</table>

1. 技术条件

(1) 坯料应是经下料、检验合格的直径为 ϕ28mm 的 2A12 铝合金坯料。

(2) 操作人员和检验人员应有操作、检验合格证方可上岗工作。

(3) RX3－30－9 箱式电阻炉应经鉴定合格后方可使用，工作现场应符合安全操作要求。

2. 操作方法

(1) 工作前按规定检查、调整 RX3－30－9 箱式电阻炉、热电偶、温控仪。

(2) 将坯料整齐地放入 RX3－30－9 箱式电阻加热炉，用矿渣棉将炉门堵严，盖好炉门，确保炉温均匀一致。

(3) 按坯料加热工艺规范进行加热。

3. 检验规定

做好原始记录。

					批准	
					标审	
					审查	
					校核	
标记	处数	更改文件号	签字	日期	编制	

3. 热镦粗制坯工序

热镦粗制坯工序如下。

<table>
<tr><td colspan="3">30</td><td colspan="3">热镦粗制坯工艺规程</td></tr>
<tr><td colspan="3">工具</td><td colspan="3" rowspan="8">见图 5-12</td></tr>
<tr><td>序号</td><td>名称</td><td>代号</td></tr>
<tr><td>1</td><td>热镦粗制坯模具</td><td></td></tr>
<tr><td>2</td><td>夹钳</td><td></td></tr>
<tr><td colspan="3">设备</td></tr>
<tr><td>名称</td><td colspan="2">主要参数</td></tr>
<tr><td>液压机</td><td colspan="2">YH32-200</td></tr>
<tr><td colspan="3">辅料</td></tr>
<tr><td>名称</td><td>规格</td><td>标准代号</td><td colspan="3">量具</td></tr>
<tr><td>棉布</td><td></td><td></td><td>序号</td><td>名称</td><td>公称尺寸</td></tr>
<tr><td>猪油</td><td></td><td></td><td>1</td><td>游标尺</td><td>0～150mm</td></tr>
<tr><td>不锈钢桶</td><td></td><td></td><td></td><td></td><td></td></tr>
</table>

1. 技术条件

(1) 经加热、保温后的坯料方可投入热镦粗制坯工序作业。

(2) 操作人员和检验人员应有操作、检验合格证方可上岗工作。

(3) 液压机应经鉴定合格后方可使用，工作现场应符合安全操作要求。

2. 操作方法

(1) 工作前按规定检查、调整好液压机、热镦粗制坯模具和量具。

(2) 调整好液压机滑块行程的上、下死点位置，调整液压机的系统压力为 24MPa、压制的保压时间为 1.5s。

(3) 用夹钳从箱式电阻炉中取出加热、保温后的坯料，并放入热镦粗制坯凹模的内孔型腔；按下液压机的压制按钮，使液压机的滑块下降，其冲头下端面与热的坯料上表面刚刚接触，以烘烤热镦粗制坯模具的凹模内孔型腔和冲头的下端面；重复多次该过程，直到热镦粗制坯凹模的内孔型腔和冲头的下端面温度约为 200℃。

(4) 用洁净的、浸有猪油的纱布在热镦粗制坯模具的冲头下端面和凹模的内孔型腔均匀地涂抹一层猪油。

(5) 用夹钳从箱式电阻炉内快速取出加热、保温后的坯料，迅速浸入盛有猪油的不锈钢桶中，再从不锈钢桶中快速取出涂覆猪油的坯料，并放入热镦粗制坯模具的凹模内孔型腔进行镦粗制坯。

(6) 将热镦粗制坯的制坯件放入清洁的箱中编批交验。

3. 检验规定

(1) 按图 5-12 抽检，着重检测外形尺寸。

(2) 检测制坯件的表面，不得有裂纹、折叠、毛刺、凹陷、塌角等缺陷。

(3) 做好原始记录。

<table>
<tr><td></td><td></td><td></td><td></td><td></td><td>批准</td><td></td></tr>
<tr><td></td><td></td><td></td><td></td><td></td><td>标审</td><td></td></tr>
<tr><td></td><td></td><td></td><td></td><td></td><td>审查</td><td></td></tr>
<tr><td></td><td></td><td></td><td></td><td></td><td>校核</td><td></td></tr>
<tr><td>标记</td><td>处数</td><td>更改文件号</td><td>签字</td><td>日期</td><td>编制</td><td></td></tr>
</table>

4. 粗车大外圆工序

粗车大外圆工序如下。

<table>
<tr><td colspan="3">40</td><td colspan="3">粗车大外圆工艺规程</td></tr>
<tr><td colspan="3">工具</td><td colspan="3" rowspan="10">见图 5-13</td></tr>
<tr><td>序号</td><td>名称</td><td>代号</td></tr>
<tr><td>1</td><td>外圆车刀</td><td></td></tr>
<tr><td>2</td><td>扳手</td><td></td></tr>
<tr><td>3</td><td>粗车工装</td><td></td></tr>
<tr><td colspan="3">设备</td></tr>
<tr><td>名称</td><td colspan="2">主要参数</td></tr>
<tr><td>车床</td><td colspan="2">C616</td></tr>
<tr><td></td><td colspan="2"></td></tr>
<tr><td colspan="3">辅料</td></tr>
<tr><td>名称</td><td>规格</td><td>标准代号</td><td colspan="3">量具</td></tr>
<tr><td>手套</td><td></td><td></td><td>序号</td><td>名称</td><td>公称尺寸</td></tr>
<tr><td>棉纱</td><td></td><td></td><td>1</td><td>游标卡尺</td><td>0～150mm</td></tr>
</table>

1. 技术条件

(1) 经热镦粗制坯、检验合格的制坯件方可投入粗车大外圆工序作业。

(2) 操作人员和检验人员应有操作、检验合格证方可上岗工作。

(3) C616 车床应经鉴定合格后方可使用，工作现场应符合安全操作要求。

2. 操作方法

(1) 粗车加工前按规定检查、调整 C616 车床、粗车工装、量具。

(2) 在粗车工装上夹持固定制坯件后方可进行粗车加工。

(3) 粗车后的大外圆直径为 ϕ42.6～ϕ43mm。

(4) 粗车后的粗车坯件应整齐摆放，编批交验。

3. 检验规定

(1) 检查粗车坯件的大外圆应圆整、光滑，不可有歪斜、飞刺等缺陷。

(2) 按图 5-13 检查大外圆直径应符合 ϕ43mm 要求。

(3) 做好原始记录。

					批准	
					标审	
					审查	
					校核	
标记	处数	更改文件号	签字	日期	编制	

5. 粗车坯件加热工序

粗车坯件加热工序如下。

<table>
<tr><td colspan="3">50</td><td colspan="3">粗车坯件加热工艺规程</td></tr>
<tr><td colspan="3">工具</td><td colspan="3" rowspan="8">T/℃
420℃±20℃
60～90min
O
t/min</td></tr>
<tr><td>序号</td><td>名称</td><td>代号</td></tr>
<tr><td>1</td><td>钳子</td><td></td></tr>
<tr><td>2</td><td>铁钩</td><td></td></tr>
<tr><td colspan="3">设备</td></tr>
<tr><td colspan="2">名称</td><td>主要参数</td></tr>
<tr><td colspan="2">箱式电阻炉</td><td>RX3－30－9</td></tr>
<tr><td colspan="3">辅料</td></tr>
<tr><td>名称</td><td>规格</td><td>标准代号</td><td colspan="3">量具</td></tr>
<tr><td>手套</td><td></td><td></td><td>序号</td><td>名称</td><td>测量范围</td></tr>
<tr><td></td><td></td><td></td><td>1</td><td>热电偶</td><td></td></tr>
<tr><td></td><td></td><td></td><td>2</td><td>温控仪</td><td>0～900℃</td></tr>
</table>

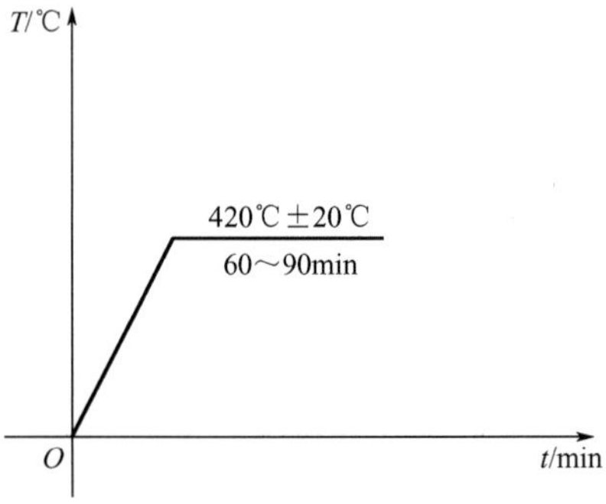

1. 技术条件

（1）坯件应是经粗车、检验合格的粗车坯件。

（2）操作人员和检验人员应有操作、检验合格证方可上岗工作。

（3）RX3－30－9 箱式电阻炉应经鉴定合格后方可使用，工作现场应符合安全操作要求。

2. 操作方法

（1）工作前按规定检查、调整 RX3－30－9 箱式电阻炉、热电偶、温控仪。

（2）将粗车坯件整齐地放入 RX3－30－9 箱式电阻炉，用矿渣棉将炉门堵严，盖好炉门，确保炉温均匀一致。

（3）按粗车坯件加热工艺规范进行加热。

3. 检验规定

做好原始记录。

					批准	
					标审	
					审查	
					校核	
标记	处数	更改文件号	签字	日期	编制	

6. 热反挤压成形工序

热反挤压成形工序如下。

<table>
<tr><td colspan="3">60</td><td colspan="3">热反挤压成形工艺规程</td></tr>
<tr><td colspan="3">工具</td><td colspan="3" rowspan="8">见图 5-10</td></tr>
<tr><td>序号</td><td>名称</td><td>代号</td></tr>
<tr><td>1</td><td>热反挤压成形模具</td><td></td></tr>
<tr><td>2</td><td>夹钳</td><td></td></tr>
<tr><td colspan="3">设备</td></tr>
<tr><td>名称</td><td colspan="2">主要参数</td></tr>
<tr><td>液压机</td><td colspan="2">YH32-200</td></tr>
<tr><td colspan="3">辅料</td></tr>
<tr><td>名称</td><td>规格</td><td>标准代号</td><td colspan="3">量具</td></tr>
<tr><td>棉布</td><td></td><td></td><td>序号</td><td>名称</td><td>公称尺寸</td></tr>
<tr><td>猪油</td><td></td><td></td><td>1</td><td>游标尺</td><td>0～200mm</td></tr>
<tr><td>不锈钢桶</td><td></td><td></td><td></td><td></td><td></td></tr>
</table>

1. 技术条件

(1) 经加热、保温后的粗车坯件方可投入热反挤压成形工序作业。

(2) 操作人员和检验人员应有操作、检验合格证方可上岗工作。

(3) YA32-200 液压机应经鉴定合格后方可使用，工作现场应符合安全操作要求。

2. 操作方法

(1) 工作前按规定检查、调整 YA32-200 液压机、热反挤压成形模具和量具。

(2) 调整 YA32-200 液压机滑块的上、下死点位置，系统压力为 24MPa，压制的保压时间为 1.5s。

(3) 从箱式电阻炉中取出加热、保温后的粗车坯件，并放入热反挤压成形凹模的内孔型腔；按下 YA32-200 液压机的压制按钮，使滑块下降，其冲头下端面与热的粗车坯件上表面刚刚接触，以烘烤热反挤压成形模具凹模的内孔型腔和冲头的下端面；重复多次该过程，直到热反挤压成形凹模的内孔型腔和冲头的下端面温度约为 200℃。

(4) 用洁净的、浸有猪油的棉布在热反挤压成形模具凹模的内孔型腔中均匀地涂抹一层猪油。

(5) 移动装有猪油＋MoS_2 润滑剂的小盒，使热反挤压冲头浸入装有猪油＋MoS_2 润滑剂的小盒并保持约 1s，然后快速移开装有猪油＋MoS_2 润滑剂的小盒，使润滑剂均匀地黏附在温度约为 150℃的热反挤压冲头的工作带上。

(6) 用夹钳从箱式电阻炉内快速取出加热、保温后的粗车坯件，并迅速浸入盛有猪油的不锈钢桶，再从不锈钢桶中快速取出涂覆猪油的粗车坯件，并放入热反挤压成形模具的凹模内孔型腔进行热反挤压成形。

(7) 将热反挤压成形的精锻件放入清洁的箱中编批交验。

3. 检验规定

(1) 按图 5-10 抽检，着重检测外形尺寸和内孔尺寸。

(2) 检测精锻件外观，不得有裂纹、折叠、毛刺、凹陷、塌角、拉伤等缺陷。

(3) 做好原始记录。

					批准	
					标审	
					审查	
					校核	
标记	处数	更改文件号	签字	日期	编制	

7. 最终检验工序

最终检验工序如下。

<table>
<tr><td colspan="3">70</td><td colspan="3">最终检验工艺规程</td></tr>
<tr><td colspan="3">工具</td><td colspan="3" rowspan="8">见图 5－10</td></tr>
<tr><td>序号</td><td>名称</td><td>代号</td></tr>
<tr><td>1</td><td>手钳</td><td></td></tr>
<tr><td>2</td><td>台钳</td><td></td></tr>
<tr><td colspan="3">设备</td></tr>
<tr><td colspan="2">名称</td><td>主要参数</td></tr>
<tr><td colspan="2">检验平台</td><td></td></tr>
<tr><td colspan="3">辅料</td></tr>
<tr><td>名称</td><td>规格</td><td>标准代号</td><td colspan="3">量具</td></tr>
<tr><td>棉纱</td><td></td><td></td><td>序号</td><td>名称</td><td>公称尺寸</td></tr>
<tr><td>砂纸</td><td></td><td></td><td>1</td><td>游标卡尺</td><td>0～200mm</td></tr>
<tr><td>手套</td><td></td><td></td><td>2</td><td>百分表</td><td>0～10mm</td></tr>
</table>

1. 技术条件

(1) 经热反挤压成形合格的精锻件方可投入最终检验。

(2) 操作人员和检验人员应有操作、检验合格证方可上岗工作。

(3) 检验量具、设备符合鉴定要求后方可使用，检验现场应符合品质检测要求。

2. 操作方法

(1) 用砂纸砂光和棉纱擦净抽出精锻件的检测部位。

(2) 在检验平台上按图 5－10 所示的精锻件简图进行检测。

3. 检验规定

(1) 每批抽检 1%，按图 5－10 所示的精锻件简图进行检测，并着重检测外形尺寸和内孔尺寸。

(2) 每批抽检 1%，检测精锻件外观，不得有裂纹、折叠、毛刺、凹陷、塌角、拉伤等缺陷。

(3) 每批抽 1 个精锻件进行探伤检测，应无裂纹。

(4) 做好原始记录。

					批准	
					标审	
					审查	
					校核	
标记	处数	更改文件号	签字	日期	编制	

5.3 2A12 铝合金浮筒的精密锻造成形

图 5-20 所示为 2A12 铝合金浮筒零件简图。该浮筒是一种具有较深内孔、内孔底面为圆球形的盲孔壳体类零件。

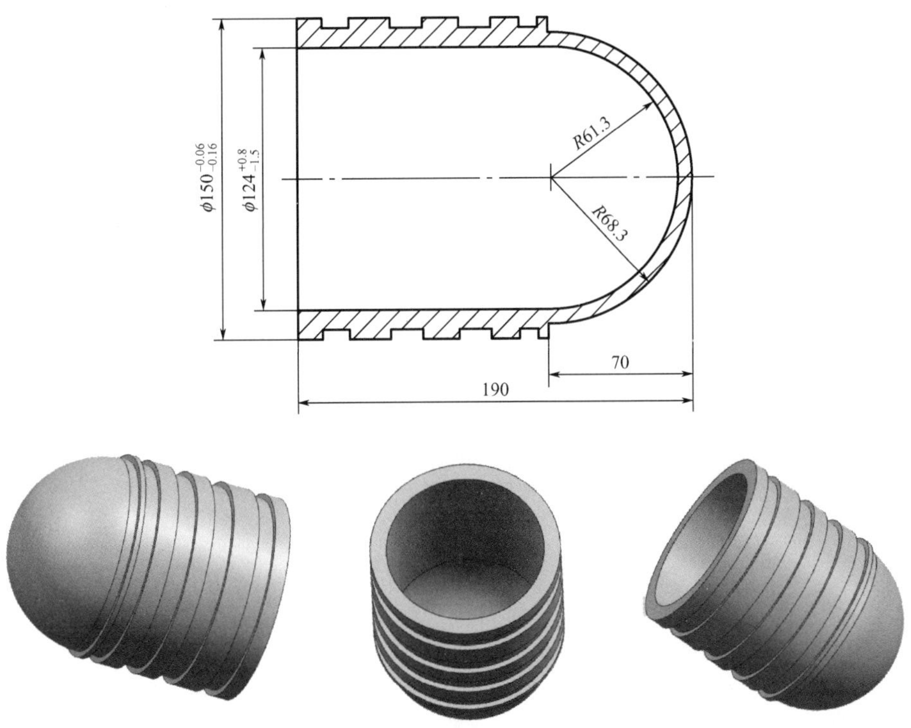

图 5-20 2A12 铝合金浮筒零件简图

为了减少材料消耗量、机械加工工时，提高生产效率和产品合格率，降低产品的制造成本，可以采用板厚为 15mm 的 2A12 铝合金板，在 YA32-1000 液压机上对图 5-20 所示的浮筒零件进行两次热拉伸制坯+一次热拉伸成形的精密锻造成形。

图 5-21 所示为 2A12 铝合金浮筒精锻件简图。除外形和筒端部留有适当的机械加工余量外，其内孔型腔不需要后续机械加工就能满足浮筒零件的设计要求。

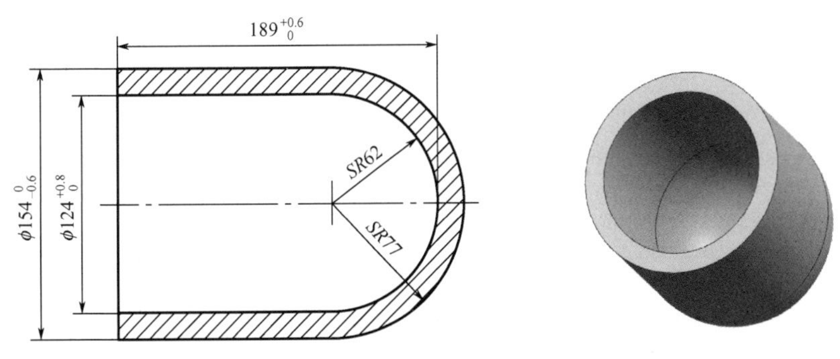

图 5-21 2A12 铝合金浮筒精锻件简图

5.3.1 浮筒精密锻造成形工序的尺寸计算

将图 5-21 所示的 2A12 铝合金浮筒精锻件展开，得到坯料的直径 $D_0=331\text{mm}$，精锻件的内径 $d_3=124\text{mm}$。

由于本次精密锻造成形工艺选用的坯料板厚 $H_0=15\text{mm}$，因此精锻件的外径

$$D_3=d_3+2\times H_0=124+2\times 15=154(\text{mm})$$

拉伸系数

$$M=\frac{D_3}{D_0}=\frac{154}{331}\approx 47\%$$

因为该工艺采用厚板进行热拉伸成形，其变形程度不宜过大；从拉伸系数来看，要想一次热拉伸成形较困难，所以采用两次热拉伸制坯＋一次热拉伸成形的精密锻造成形方法。

两次拉伸制坯的拉伸系数分别为 $M_1=0.68$、$M_2=0.84$。

由于拉伸系数 M_1、M_2 已定，因此有如下计算。

（1）第一次拉伸制坯的坯件外径

$$D_1=M_1\times D_0=0.68\times 302\approx 206(\text{mm})$$

（2）第二次拉伸制坯的坯件外径

$$D_2=M_2\times D_1=0.84\times 206\approx 173(\text{mm})$$

（3）拉伸成形的精锻件外径

$$D_3=154(\text{mm})$$

可计算如下。

（1）第一次拉伸制坯的坯件内径

$$d_1=D_1-2H_0Y=206-2\times 15\times 1.2=170(\text{mm})$$

式中：Y 为与拉伸次数和坯料厚度有关的系数，此处取 $Y=1.2$。

（2）第二次拉伸制坯的坯件内径

$$d_2=D_2-2H_0Y=173-2\times 15\times 1.15\approx 139(\text{mm})$$

式中：取 $Y=1.15$。

（3）拉伸成形的精锻件内径

$$d_3=124(\text{mm})$$

5.3.2 浮筒精密锻造成形工艺流程

（1）下料。在 G4020H 激光切割机上，将板厚为 15mm 的 2A12 铝合金宽厚板切割成直径为 $\phi 331\text{mm}$ 的坯料，如图 5-22 所示。

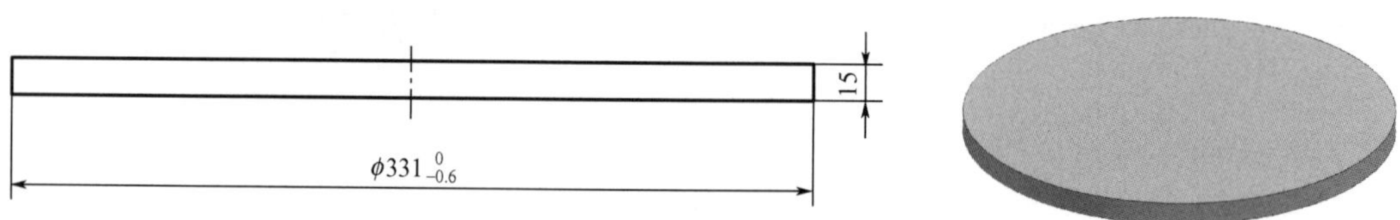

图 5-22 坯料的形状和尺寸

(2) 坯料加热。在 RX3－45－9 箱式电阻炉中加热坯料，其加热温度规范如下：加热温度为 420℃±20℃，保温时间为 60～90min，采用 XCT－101 温控仪控制温度。

(3) 第一次拉伸制坯。从 RX3－45－9 箱式电阻炉中取出加热到 400～440℃并保温一段时间的坯料，立即浸入猪油＋MoS_2 润滑剂，然后快速将坯料放入第一次拉伸制坯模具的内孔型腔进行第一次拉伸制坯，得到图 5－23 所示的一次拉伸坯件。

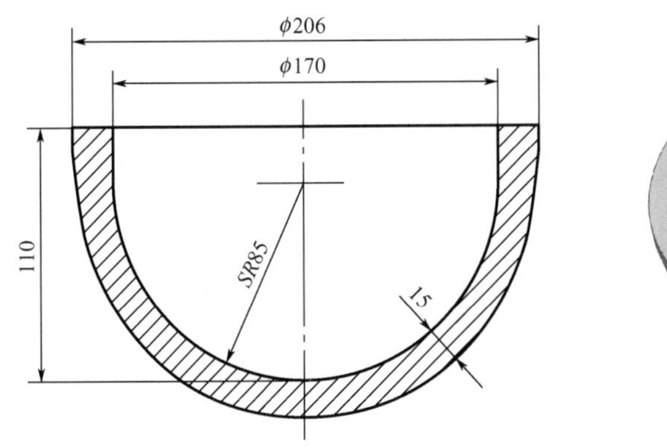

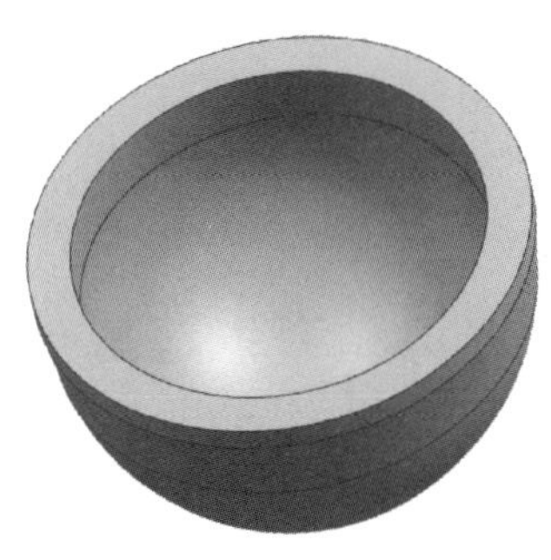

图 5－23　一次拉伸坯件

在第一次拉伸制坯过程中，润滑模具的方法是用毛刷将猪油＋MoS_2 润滑剂均匀地涂抹在第一次拉伸制坯冲头的工作表面和凹模的内孔型腔中。

(4) 一次拉伸坯件加热。在 RX3－45－9 箱式电阻炉中加热一次拉伸坯件，其加热温度规范如下：加热温度为 420℃±20℃，保温时间为 60～90min，采用 XCT－101 温控仪控制温度。

(5) 第二次拉伸制坯。从 RX3－45－9 箱式电阻炉中取出加热到 400～440℃并保温一段时间的一次拉伸坯件，立即浸入猪油＋MoS_2 润滑剂，然后快速将一次拉伸坯件放入第二次拉伸制坯模具的内孔型腔进行第二次拉伸制坯，得到图 5－24 所示的二次拉伸坯件。

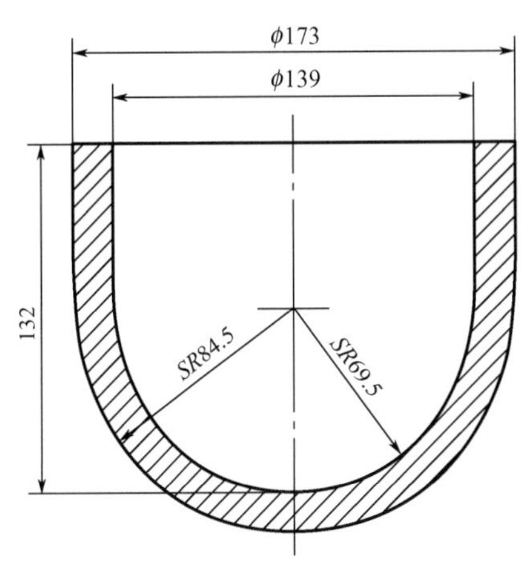

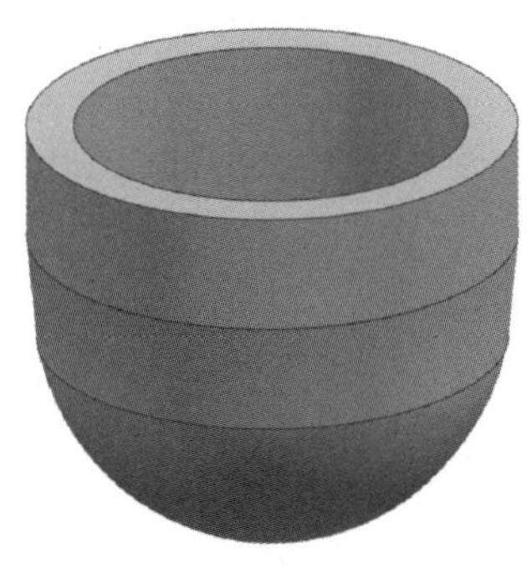

图 5－24　二次拉伸坯件

在第二次拉伸制坯过程中，润滑模具的方法是用毛刷将猪油＋MoS_2润滑剂均匀地涂抹在第二次拉伸制坯冲头的工作表面和凹模的内孔型腔中。

（6）二次拉伸坯件加热。在 RX3－45－9 箱式电阻炉中加热二次拉伸坯件，其加热温度规范如下：加热温度为 420℃±20℃，保温时间为 60～90min，采用 XCT－101 温控仪控制温度。

（7）拉伸成形。从 RX3－45－9 箱式电阻炉中取出加热到 400～440℃并保温一段时间的二次拉伸坯件，立即浸入猪油＋MoS_2润滑剂，然后快速将二次拉伸坯件放入拉伸成形模具的内孔型腔进行拉伸成形，得到图 5－21 所示的精锻件。

在拉伸成形过程中，润滑模具的方法是用毛刷将猪油＋MoS_2润滑剂均匀地涂抹在拉伸成形冲头的工作表面和凹模的内孔型腔中。

5.3.3 浮筒精密锻造成形模具结构

1. 第一次拉伸制坯模具结构

图 5－25 所示为第一次拉伸制坯模具结构。

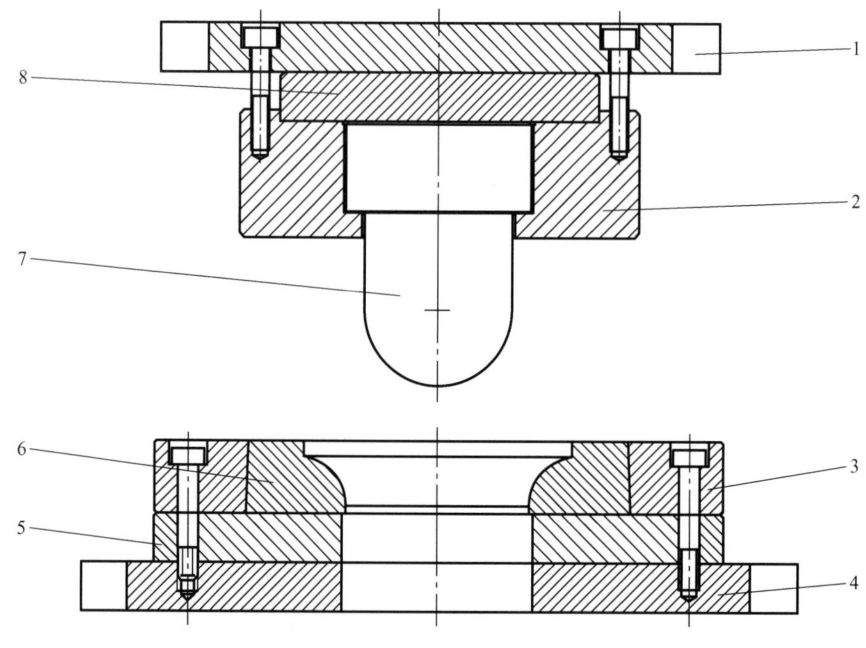

1—上模板；2—冲头固定套；3—凹模外套；4—下模板；5—下模垫板；6—凹模芯；7—冲头；8—冲头垫板。

图 5－25 第一次拉伸制坯模具结构

该模具具有如下特点。

（1）结构简单、模具更换容易，没有顶件机构或卸料机构。

（2）采用组合凹模结构，凹模芯 6 和凹模外套 3 之间为圆锥面过盈配合。不仅凹模芯 6 制造容易、更换方便，从而缩短了生产周期，降低了制造成本；而且凹模芯 6 的承载条件得到改善，从而延长了组合凹模的使用寿命。

(3) 对冲头 7 的工作部分进行镀铬处理和抛光，抛光后的冲头工作部分表面粗糙度达到 $Ra0.2 \sim Ra0.4\mu m$，使冲头 7 的工作部分表面达到“镜面”，以降低一次拉伸坯件紧紧“抱住”冲头工作部分的可能性，保证一次拉伸坯件顺利脱模。

图 5-26 所示为第一次拉伸制坯模具的主要模具零件图。表 5-1 所示为第一次拉伸制坯模具的主要模具零件材料及热处理硬度。

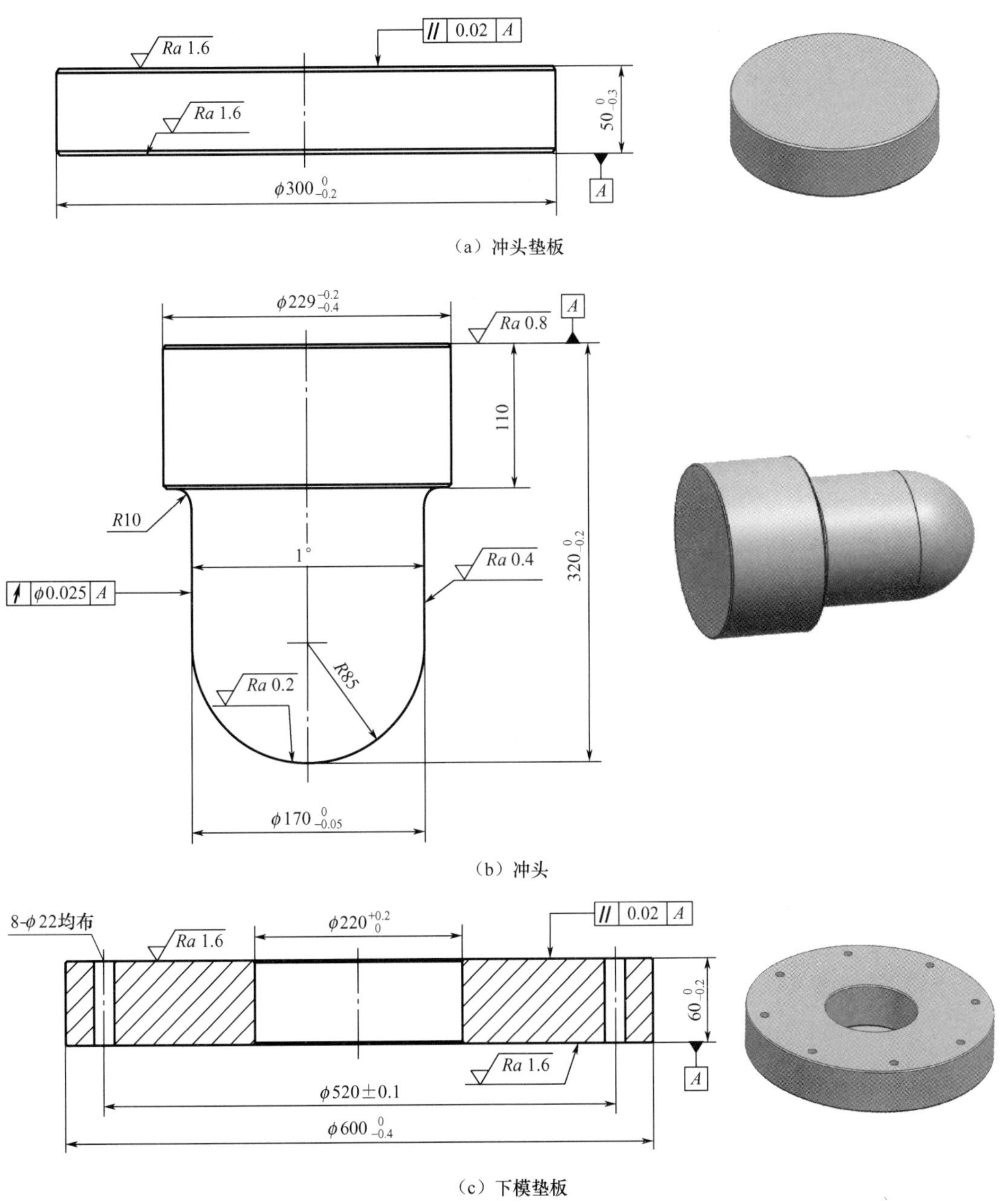

图 5-26　第一次拉伸制坯模具的主要模具零件图

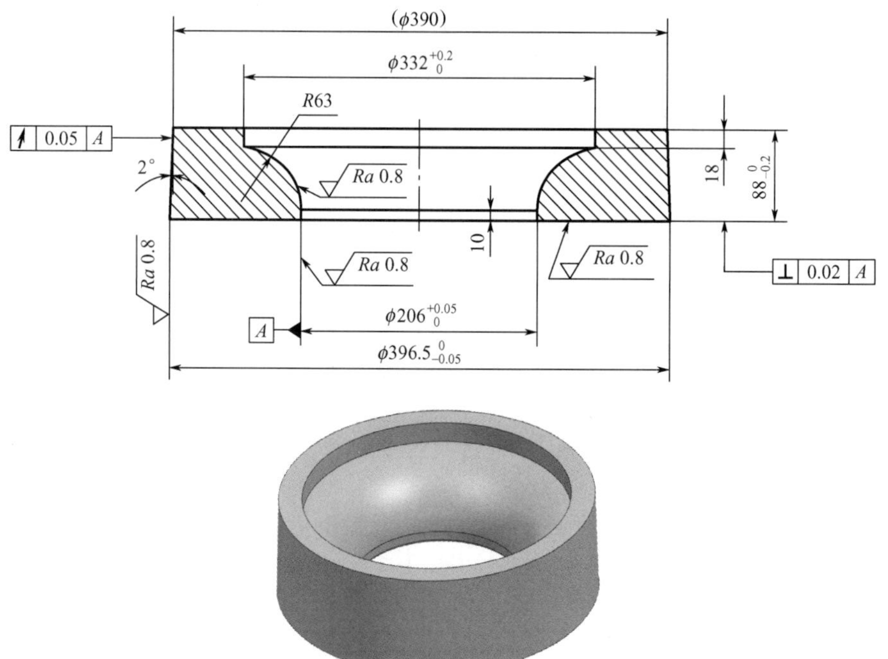

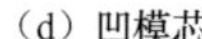

（d）凹模芯

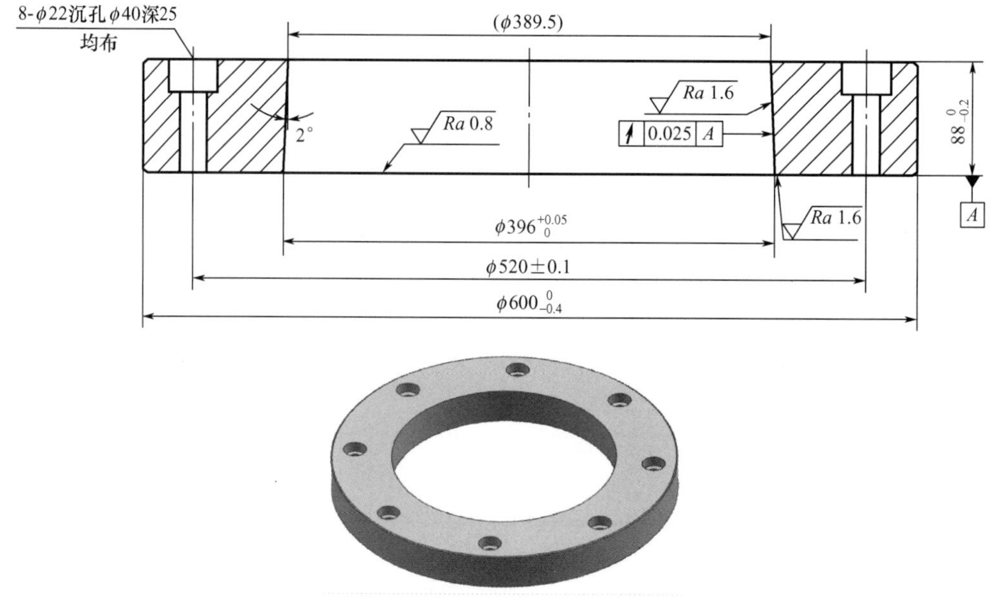

（e）凹模外套

图 5－26　第一次拉伸制坯模具的主要模具零件图（续）

表 5-1 第一次拉伸制坯模具的主要模具零件材料及热处理硬度

序号	模具零件	材料牌号	热处理硬度/HRC
1	冲头	Cr12MoV	56～60
2	凹模芯	Cr12MoV	54～58
3	凹模外套	45	38～42
4	下模垫板	H13	48～52
5	冲头垫板	H13	48～52

2. 第二次拉伸制坯模具结构

图 5-27 所示为第二次拉伸制坯模具结构，其与图 5-25 所示的第一次拉伸制坯模具结构相同。

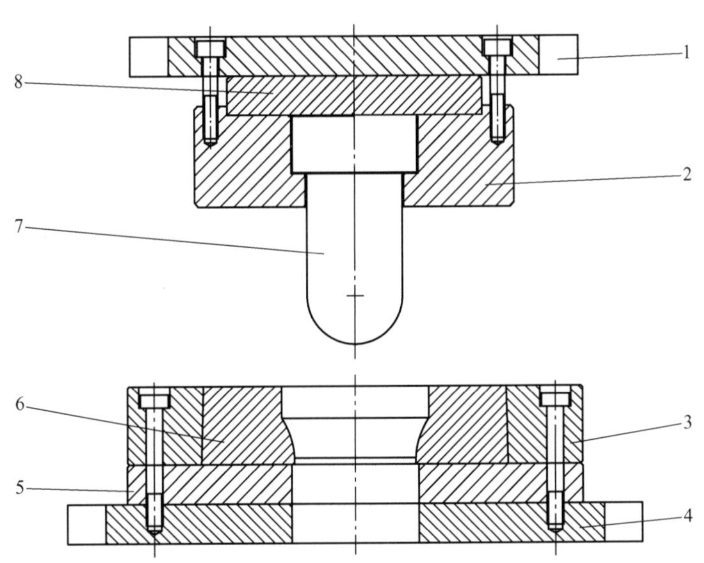

1—上模板；2—冲头固定套；3—凹模外套；4—下模板；5—下模垫板；6—凹模芯；7—冲头；8—冲头垫板。

图 5-27 第二次拉伸制坯模具结构

图 5-28 所示为第二次拉伸制坯模具的主要模具零件图。表 5-2 所示为第二次拉伸制坯模具的主要模具零件材料及热处理硬度。

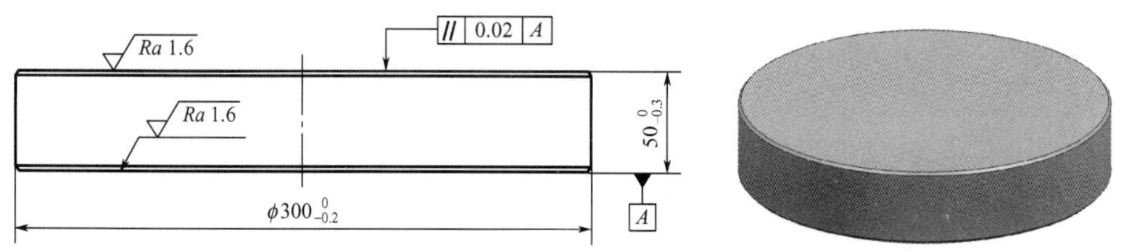

（a）冲头垫板

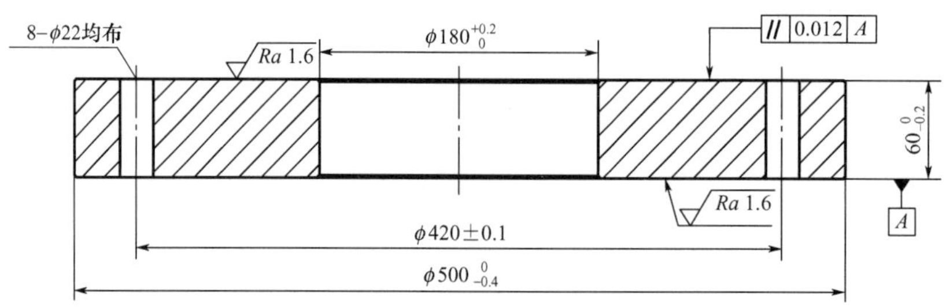

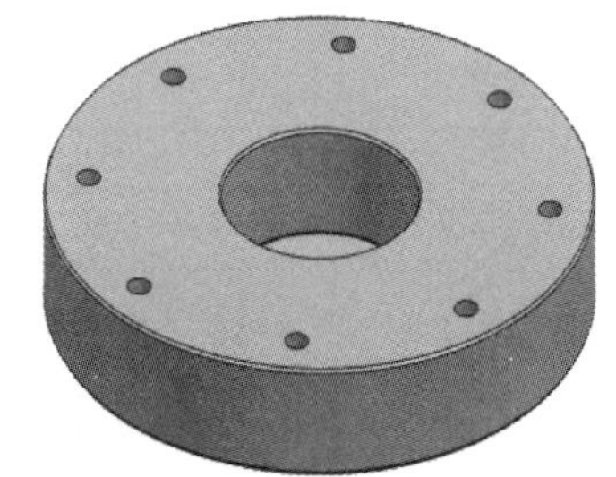

（b）下模垫板

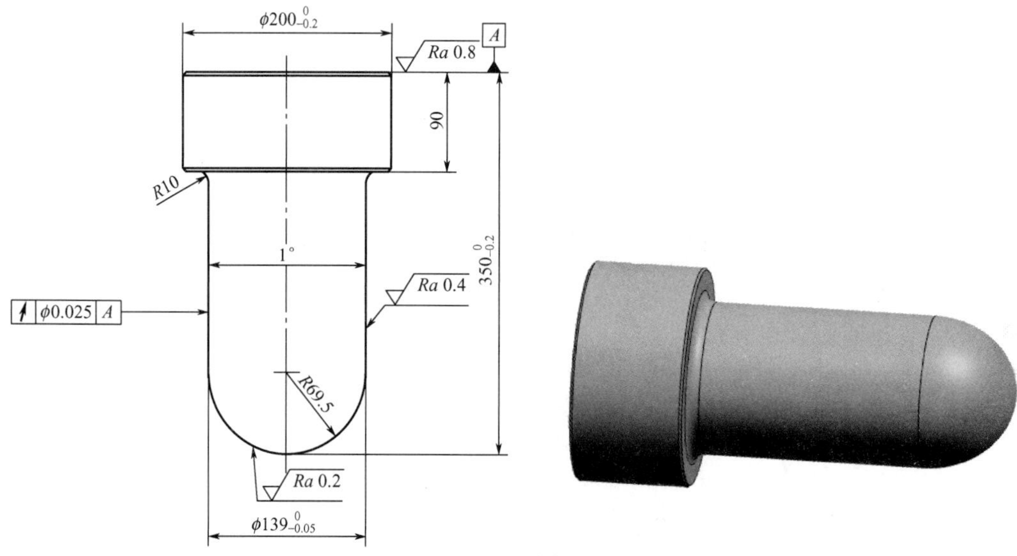

（c）冲头

图 5-28　第二次拉伸制坯模具的主要模具零件图

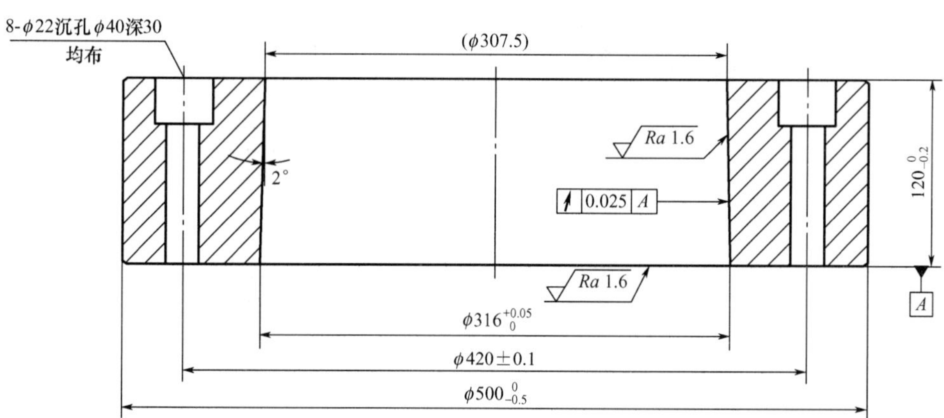

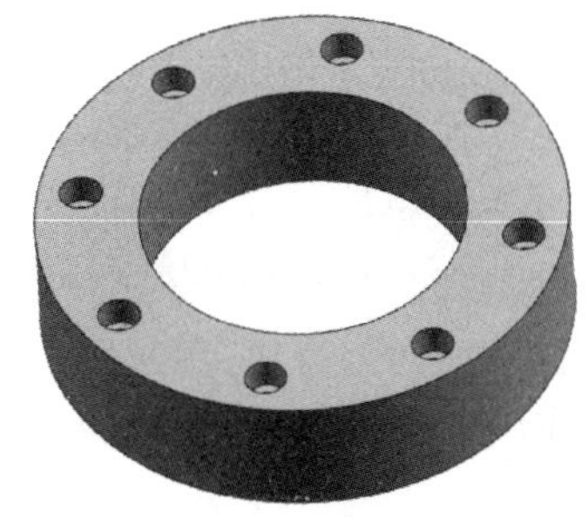

（d）凹模外套

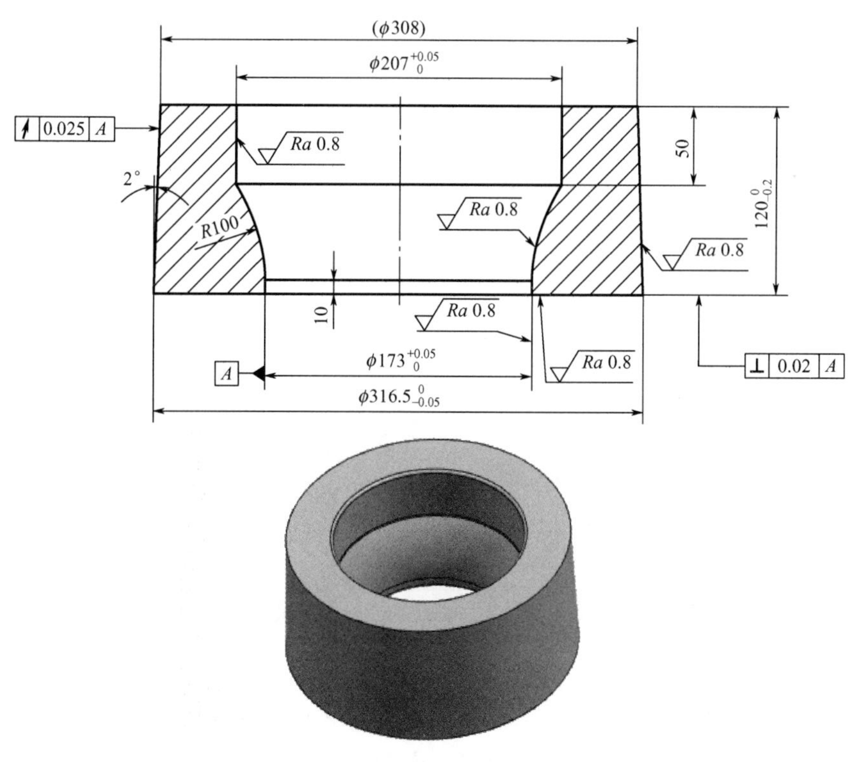

（e）凹模芯

图 5－28　第二次拉伸制坯模具的主要模具零件图（续）

表 5-2 第二次拉伸制坯模具的主要模具零件材料及热处理硬度

序号	模具零件	材料牌号	热处理硬度/HRC
1	冲头	Cr12MoV	56～60
2	凹模芯	Cr12MoV	54～58
3	凹模外套	45	38～42
4	下模垫板	H13	48～52
5	冲头垫板	H13	48～52

3. 拉伸成形模具结构

图 5-29 所示为拉伸成形模具结构。该模具采用与图 5-25 所示的第一次拉伸制坯模具相似的模具结构，但增设了一套卸料机构。该卸料机构由下模垫板、压簧、卸料块和凹模垫板组成，卸料块可在下模垫板和凹模垫板组成的空腔内向内、向外滑动。在拉伸成形过程中，随着液压机滑块向下移动，冲头也向下移动；在冲头向下移动的过程中，当拉伸成形件的球形下端面与卸料块接触时，拉伸成形件的球形下端面会推动卸料块向外滑动；当拉伸成形的拉伸成形件的外圆柱面与卸料块接触时，在压簧的弹簧压力作用下，卸料块一直抵在拉伸成形件的外圆柱面上；当拉伸成形结束时，随着冲头继续向下移动一段距离，卸料块在压簧弹性回复力的作用下向内滑动，抵住冲头的外圆柱面，卡在拉伸成形件的上端面上；液压机的滑块向上移动时，冲头也向上移动，卡在拉伸成形件上端面的卸料块将套在冲头上的拉伸成形件卸下来。

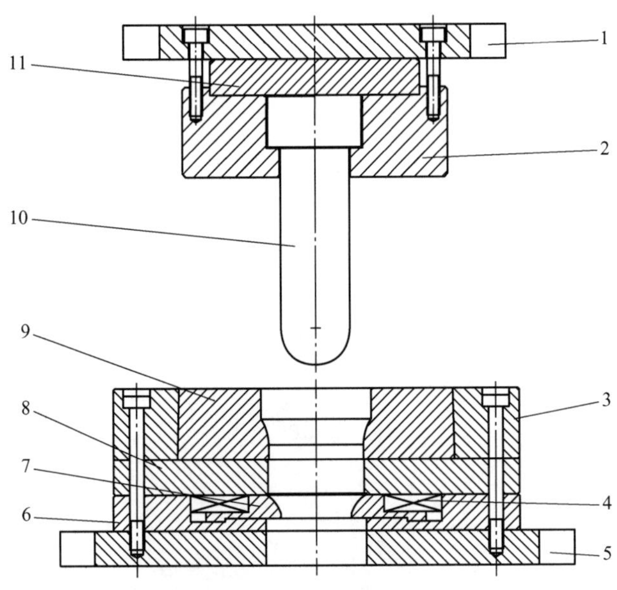

1—上模板；2—冲头固定套；3—凹模外套；4—压簧；5—下模板；6—下模垫板；7—卸料块；8—凹模垫板；9—凹模芯；10—冲头；11—冲头垫板。

图 5-29 拉伸成形模具结构

图 5－30 所示为拉伸成形模具的主要模具零件图。表 5－3 所示为拉伸成形模具的主要模具零件材料及热处理硬度。

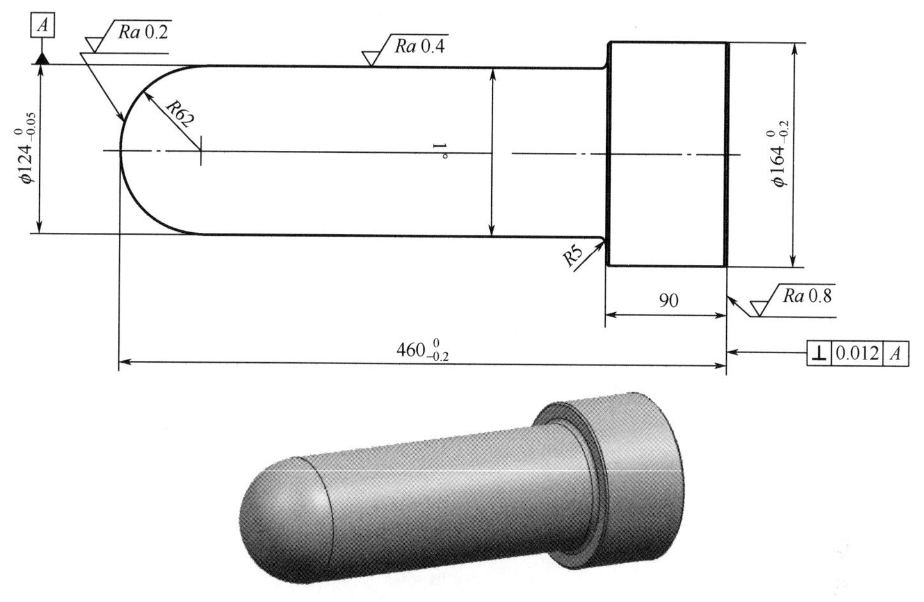

(a) 冲头

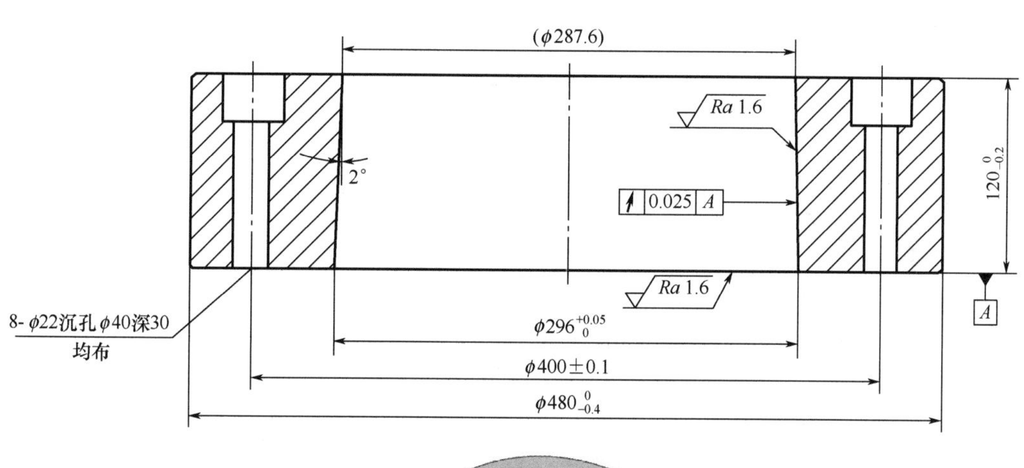

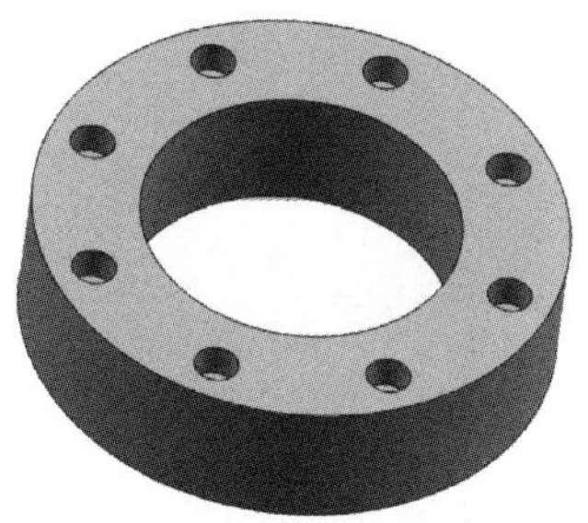

(b) 凹模外套

图 5－30　拉伸成形模具的主要模具零件图

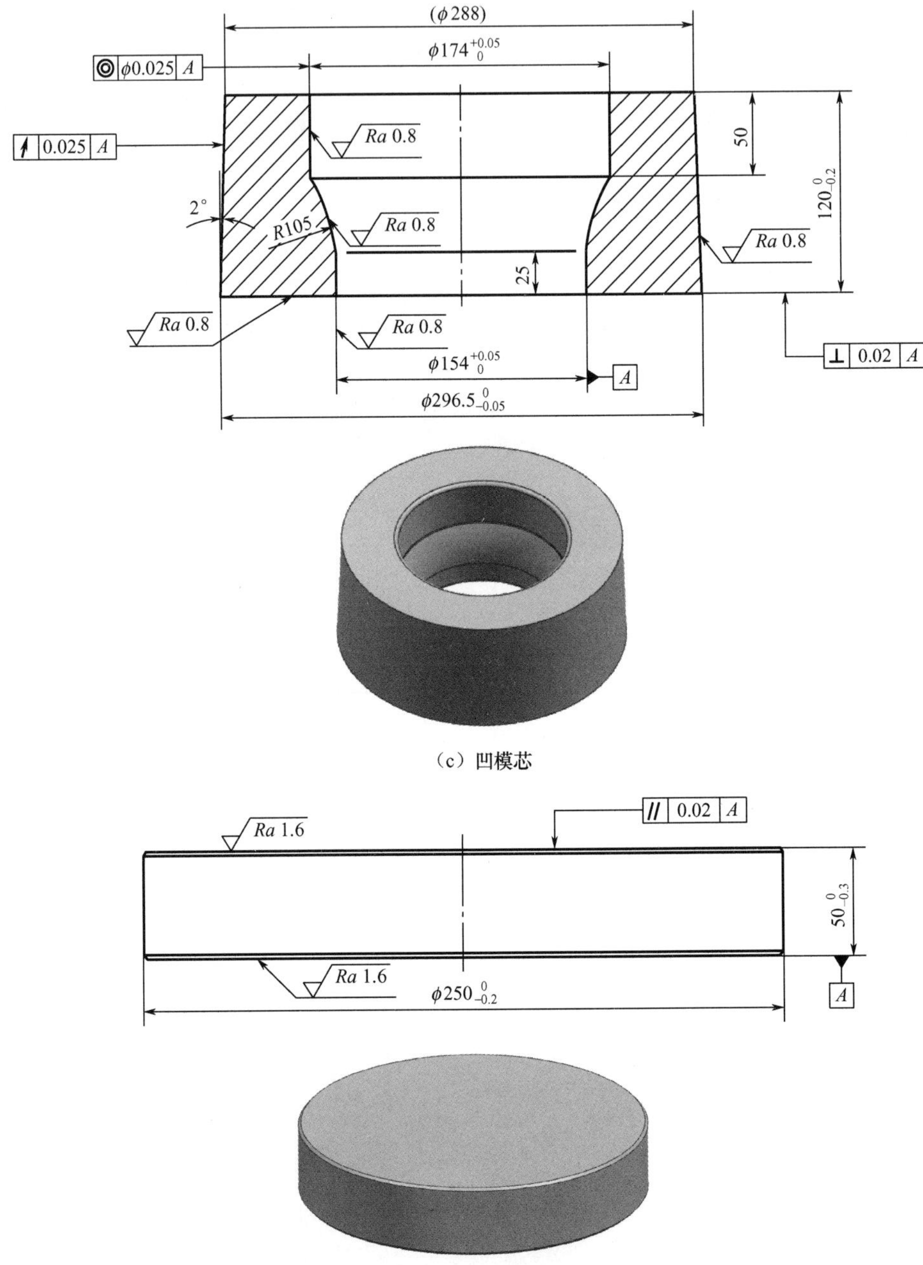

（c）凹模芯

（d）冲头垫板

图 5－30　拉伸成形模具的主要模具零件图（续）

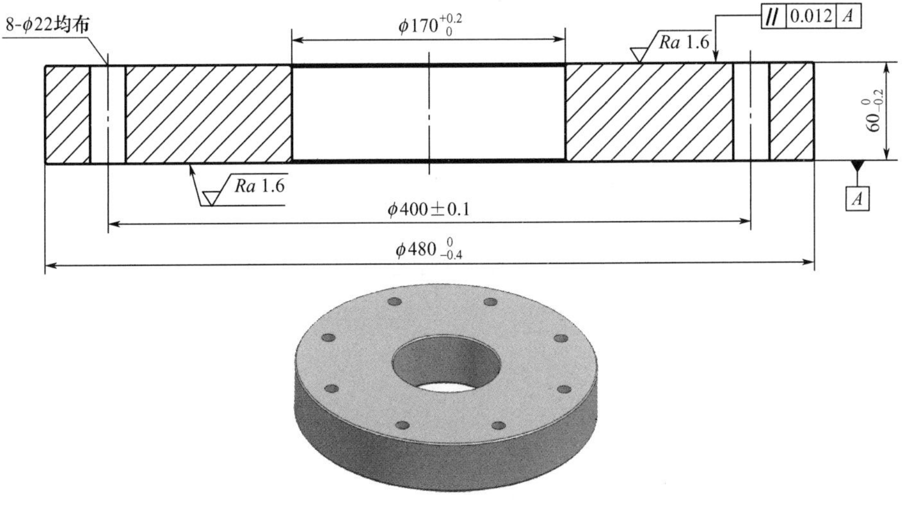

（e）凹模垫板

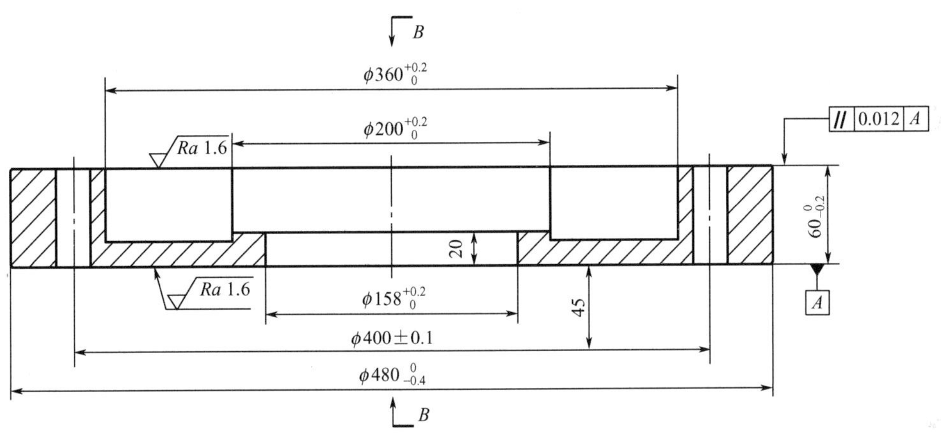

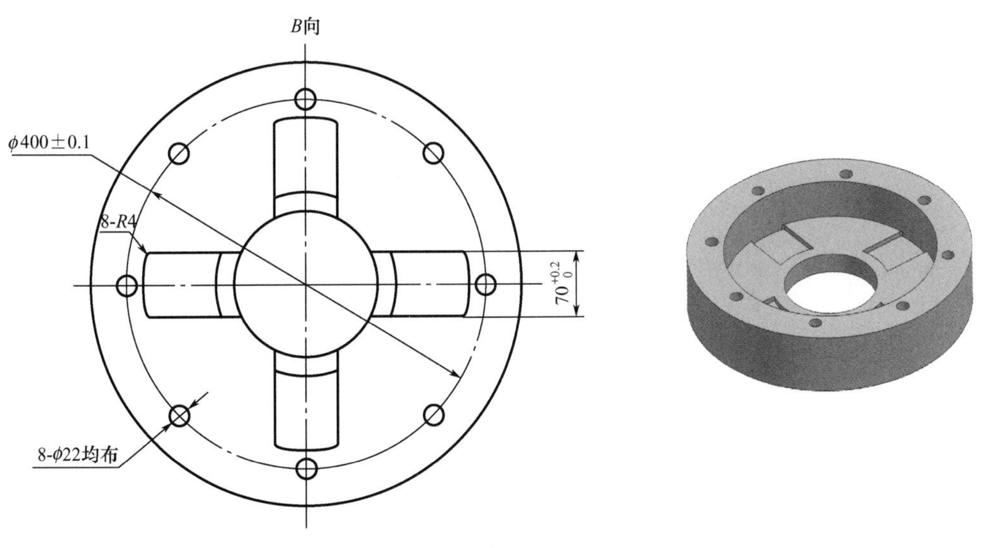

（f）下模垫板

图 5－30　拉伸成形模具的主要模具零件图（续）

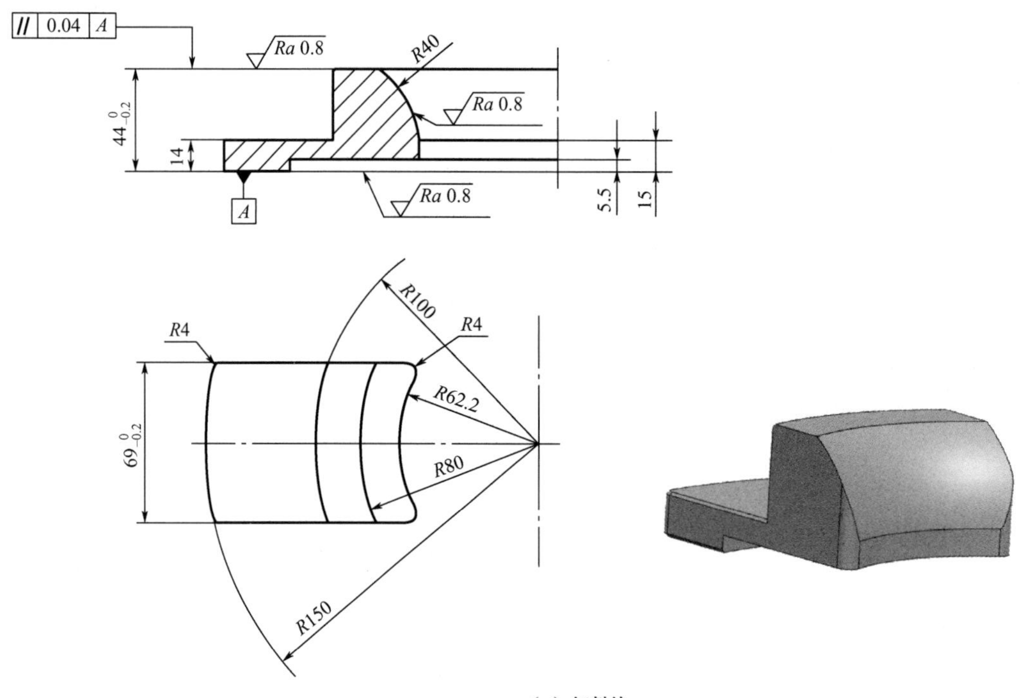

（g）卸料块

图 5－30　拉伸成形模具的主要模具零件图（续）

表 5－3　拉伸成形模具的主要模具零件材料及热处理硬度

序号	模具零件	材料	热处理硬度/HRC
1	冲头	Cr12MoV	56～60
2	凹模芯	Cr12MoV	54～58
3	凹模外套	45	38～42
4	下模垫板	45	38～42
5	卸料块	H13	44～48
6	凹模垫板	H13	48～52
7	冲头垫板	H13	48～52

5.3.4 浮筒精密锻造成形过程的工艺规程

1. 下料工序

下料工序如下。

<table>
<tr><td colspan="6">10</td><td colspan="3">下料工艺规程</td></tr>
<tr><td colspan="6">工具</td><td colspan="3" rowspan="10">见图 5－22</td></tr>
<tr><td colspan="2">序号</td><td colspan="2">名称</td><td colspan="2">代号</td></tr>
<tr><td colspan="2">1</td><td colspan="2">扳手</td><td colspan="2"></td></tr>
<tr><td colspan="2">2</td><td colspan="2">夹钳</td><td colspan="2"></td></tr>
<tr><td colspan="2"></td><td colspan="2"></td><td colspan="2"></td></tr>
<tr><td colspan="6">设备</td></tr>
<tr><td colspan="3">名称</td><td colspan="3">主要参数</td></tr>
<tr><td colspan="3">激光切割机</td><td colspan="3">G4020H</td></tr>
<tr><td colspan="3"></td><td colspan="3"></td></tr>
<tr><td colspan="6">辅料</td></tr>
<tr><td colspan="2">名称</td><td colspan="2">规格</td><td colspan="2">标准代号</td><td colspan="3">量具</td></tr>
<tr><td colspan="2">手套</td><td colspan="2"></td><td colspan="2"></td><td>序号</td><td>名称</td><td>公称尺寸</td></tr>
<tr><td colspan="2">棉纱</td><td colspan="2"></td><td colspan="2"></td><td>1</td><td>游标卡尺</td><td>0～500mm</td></tr>
<tr><td colspan="2"></td><td colspan="2"></td><td colspan="2"></td><td>2</td><td>卷尺</td><td>0～5000mm</td></tr>
</table>

1. 技术条件

(1) 材料应是进厂检验合格、符合 GB/T 3190—2020《变形铝及铝合金化学成分》、板厚为 15mm 的 2A12 铝合金板。

(2) 操作人员和检验人员应有操作、检验合格证方可上岗工作。

(3) G4020H 激光切割机应经鉴定合格后方可使用，工作现场应符合安全操作要求。

2. 操作方法

(1) 工作前按规定检查、调整 G4020H 激光切割机、量具。

(2) 夹持固定铝合金板后方可进行激光切割。

(3) 切割后坯料直径为 ϕ331mm，切割面应平整、光滑。

(4) 切割后的坯料应整齐摆放，编批交验。

3. 检验规定

(1) 检查坯料的外圆柱面应圆整、光滑，不可有歪斜、缺口等疵病。

(2) 按图 5－22 检查外径应符合 ϕ331mm 要求，厚度应符合 15mm 要求。

(3) 做好原始记录。

					批准	
					标审	
					审查	
					校核	
标记	处数	更改文件号	签字	日期	编制	

2. 坯料加热工序

坯料加热工序如下。

20	坯料加热工艺规程

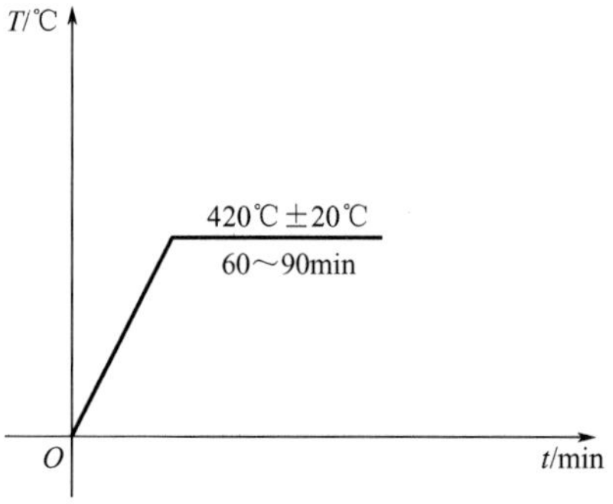

工具

序号	名称	代号
1	钳子	
2	铁钩	

设备

名称	主要参数
箱式电阻炉	RX3 - 45 - 9

辅料

名称	规格	标准代号
手套		

量具

序号	名称	测量范围
1	热电偶	
2	温控仪	0～900℃

1. 技术条件

(1) 坯料应是经下料、检验合格的直径为 ϕ331mm 的 2A12 铝合金坯料。

(2) 操作人员和检验人员应有操作、检验合格证方可上岗工作。

(3) RX3 - 45 - 9 箱式电阻炉应经鉴定合格后方可使用，工作现场应符合安全操作要求。

2. 操作方法

(1) 工作前按规定检查、调整 RX3 - 45 - 9 箱式电阻炉、热电偶、温控仪。

(2) 将坯料整齐地放入 RX3 - 45 - 9 箱式电阻炉，用矿渣棉将炉门堵严，盖好炉门，确保炉温均匀一致。

(3) 按坯料加热工艺规范进行加热。

3. 检验规定

做好原始记录。

					批准	
					标审	
					审查	
					校核	
标记	处数	更改文件号	签字	日期	编制	

3. 第一次拉伸制坯工序

第一次拉伸制坯工序如下。

<table>
<tr><td colspan="3">30</td><td colspan="3">第一次拉伸制坯工艺规程</td></tr>
<tr><td colspan="3">工具</td><td colspan="3" rowspan="9">见图 5－23</td></tr>
<tr><td>序号</td><td>名称</td><td>代号</td></tr>
<tr><td>1</td><td>第一次拉伸制坯模具</td><td></td></tr>
<tr><td>2</td><td>夹钳</td><td></td></tr>
<tr><td colspan="3">设备</td></tr>
<tr><td>名称</td><td colspan="2">主要参数</td></tr>
<tr><td>液压机</td><td colspan="2">YA32－1000</td></tr>
<tr><td colspan="3">辅料</td></tr>
<tr><td colspan="3"></td></tr>
<tr><td>名称</td><td>规格</td><td>标准代号</td><td colspan="3">量具</td></tr>
<tr><td>棉布</td><td></td><td></td><td>序号</td><td>名称</td><td>公称尺寸</td></tr>
<tr><td>猪油</td><td></td><td></td><td>1</td><td>游标尺</td><td>0～500mm</td></tr>
<tr><td>不锈钢桶</td><td></td><td></td><td></td><td></td><td></td></tr>
</table>

1. 技术条件

(1) 经加热、保温后的坯料方可投入第一次拉伸制坯工序作业。

(2) 操作人员和检验人员应有操作、检验合格证方可上岗工作。

(3) YA32－1000 液压机应经鉴定合格后方可使用，工作现场应符合安全操作要求。

2. 操作方法

(1) 工作前按规定检查、调整 YA32－1000 液压机、第一次拉伸制坯模具和量具。

(2) 调整 YA32－1000 液压机滑块行程的上、下死点位置，系统压力为 24MPa。

(3) 用夹钳从箱式电阻炉中取出加热和保温后的、与图 5－23 形状相似的专用烘烤模具坯料，并放入第一次拉伸制坯凹模的内孔型腔；按下压制按钮，使滑块下降，其冲头的工作部分进入专用烘烤模具坯料的内孔，以烘烤凹模内孔型腔和冲头工作部分；重复多次该过程，直到第一次拉伸制坯凹模的内孔型腔和冲头工作部分的温度约为 200℃。

(4) 用洁净的、浸有猪油＋MoS_2 润滑剂的纱布在第一次拉伸制坯模具的冲头工作部分和凹模的内孔型腔均匀地涂抹一层润滑剂。

(5) 用夹钳从 RX3－45－9 箱式电阻炉内快速取出加热并保温一段时间的坯料，迅速浸入盛有猪油＋MoS_2 润滑剂的不锈钢桶，再从不锈钢桶中快速取出涂覆猪油＋MoS_2 润滑剂的坯料，并放入第一次拉伸制坯模具的凹模内孔型腔进行第一次拉伸制坯。

(6) 将第一次拉伸制坯的一次拉伸坯件放入清洁的箱中编批交验。

3. 检验规定

(1) 按图 5－23 抽检，着重检测外形尺寸。

(2) 检测一次拉伸坯件的表面，不得有裂纹、拉伤、划痕等缺陷。

(3) 做好原始记录。

					批准	
					标审	
					审查	
					校核	
标记	处数	更改文件号	签字	日期	编制	

4．一次拉伸坯件加热工序

一次拉伸坯件加热工序如下。

40	一次拉伸坯件加热工艺规程

工具		
序号	名称	代号
1	钳子	
2	铁钩	

设备	
名称	主要参数
箱式电阻炉	RX3－45－9

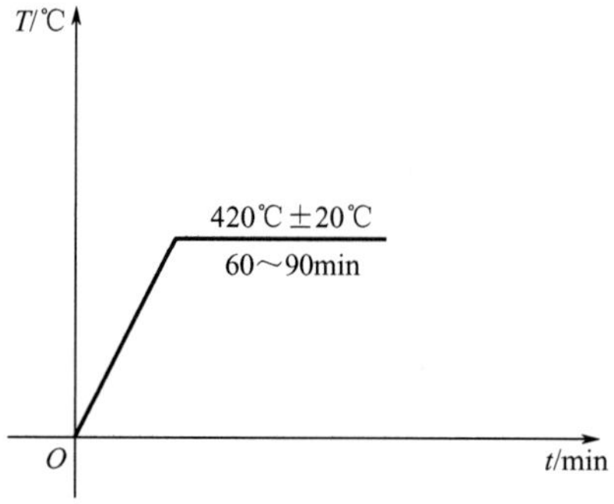

T/℃

420℃±20℃

60～90min

O

t/min

辅料		
名称	规格	标准代号
手套		

量具		
序号	名称	测量范围
1	热电偶	
2	温控仪	0～900℃

1．技术条件

（1）坯件应是经第一次拉伸制坯、检验合格的一次拉伸坯件。

（2）操作人员和检验人员应有操作、检验合格证方可上岗工作。

（3）RX3－45－9箱式电阻炉应经鉴定合格后方可使用，工作现场应符合安全操作要求。

2．操作方法

（1）工作前按规定检查、调整RX3－45－9箱式电阻炉、热电偶、温控仪。

（2）将一次拉伸坯件整齐地放入RX3－45－9箱式电阻炉，用矿渣棉将炉门堵严，盖好炉门，确保炉温均匀一致。

（3）按一次拉伸坯件加热工艺规范进行加热。

3．检验规定

做好原始记录。

					批准	
					标审	
					审查	
					校核	
标记	处数	更改文件号	签字	日期	编制	

5. 第二次拉伸制坯工序

第二次拉伸制坯工序如下。

50			第二次拉伸制坯工艺规程		
工具			见图 5-24		
序号	名称	代号			
1	第二次拉伸制坯模具				
2	夹钳				
设备					
名称	主要参数				
液压机	YA32-1000				
辅料					
名称	规格	标准代号	量具		
棉布			序号	名称	公称尺寸
猪油			1	游标尺	0～300mm
不锈钢桶					

1. 技术条件

(1) 经加热、保温后的一次拉伸坯件方可投入第二次拉伸制坯工序作业。

(2) 操作人员和检验人员应有操作、检验合格证方可上岗工作。

(3) YA32-1000 液压机应经鉴定合格后方可使用，工作现场应符合安全操作要求。

2. 操作方法

(1) 工作前按规定检查、调整 YA32-1000 液压机、第二次拉伸制坯模具和量具。

(2) 调整 YA32-1000 液压机滑块行程的上、下死点位置，系统压力为 24MPa。

(3) 用夹钳从箱式电阻炉中取出加热和保温后的、与图 5-24 形状相似的专用烘烤模具坯料，并放入第二次拉伸制坯凹模的内孔型腔；按下压制按钮，使滑块下降，其冲头的工作部分进入专用烘烤模具坯料的内孔，以烘烤凹模内孔型腔和冲头工作部分；重复多次该过程，直到第二次拉伸制坯凹模的内孔型腔和冲头工作部分的温度约为 200℃。

(4) 用洁净的、浸有猪油＋MoS_2润滑剂的纱布在第二次拉伸制坯模具的冲头工作部分和凹模的内孔型腔均匀地涂抹一层润滑剂。

(5) 用夹钳从 RX3-45-9 箱式电阻炉内快速取出加热和保温后的一次拉伸坯件，并迅速浸入盛有猪油＋MoS_2润滑剂的不锈钢桶中，再从不锈钢桶中快速取出涂覆猪油＋MoS_2润滑剂的一次拉伸坯件，并放入第二次拉伸制坯模具的凹模内孔型腔进行第二次拉伸制坯。

(6) 将第二次拉伸制坯的二次拉伸坯件放入清洁的箱中编批交验。

3. 检验规定

(1) 按图 5-24 抽检，要着重检测外形尺寸。

(2) 检测二次拉伸坯件的表面，不得有裂纹、拉伤、划痕等缺陷。

(3) 做好原始记录。

					批准	
					标审	
					审查	
					校核	
标记	处数	更改文件号	签字	日期	编制	

6. 二次拉伸坯件加热工序

二次拉伸坯件加热工序如下。

<table>
<tr><td colspan="3">60</td><td colspan="3">二次拉伸坯件加热工艺规程</td></tr>
<tr><td colspan="3">工具</td><td colspan="3" rowspan="8"> 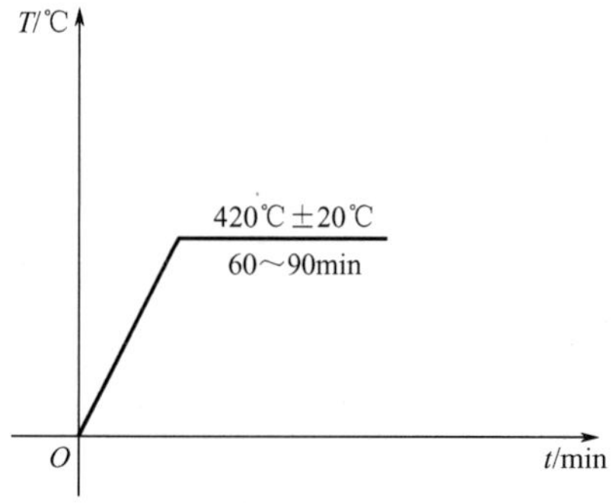T/℃
420℃±20℃
60～90min
O
t/min</td></tr>
<tr><td>序号</td><td>名称</td><td>代号</td></tr>
<tr><td>1</td><td>钳子</td><td></td></tr>
<tr><td>2</td><td>铁钩</td><td></td></tr>
<tr><td colspan="3">设备</td></tr>
<tr><td colspan="2">名称</td><td>主要参数</td></tr>
<tr><td colspan="2">箱式电阻炉</td><td>RX3－45－9</td></tr>
<tr><td colspan="3">辅料</td></tr>
<tr><td>名称</td><td>规格</td><td>标准代号</td><td colspan="3">量具</td></tr>
<tr><td>手套</td><td></td><td></td><td>序号</td><td>名称</td><td>测量范围</td></tr>
<tr><td></td><td></td><td></td><td>1</td><td>热电偶</td><td></td></tr>
<tr><td></td><td></td><td></td><td>2</td><td>温控仪</td><td>0～900℃</td></tr>
</table>

1. 技术条件

(1) 坯件应是经第二次拉伸制坯、检验合格的二次拉伸坯件。

(2) 操作人员和检验人员应有操作、检验合格证方可上岗工作。

(3) RX3－45－9箱式电阻炉应经鉴定合格后方可使用，工作现场应符合安全操作要求。

2. 操作方法

(1) 工作前按规定检查、调整RX3－45－9箱式电阻炉、热电偶、温控仪。

(2) 将二次拉伸坯件整齐地放入RX3－45－9箱式电阻炉，用矿渣棉将炉门堵严，盖好炉门，确保炉温均匀一致。

(3) 按二次拉伸坯件加热工艺规范进行加热。

3. 检验规定

做好原始记录。

					批准	
					标审	
					审查	
					校核	
标记	处数	更改文件号	签字	日期	编制	

7. 拉伸成形工序

拉伸成形工序如下。

70			拉伸成形工艺规程		
工具			见图 5－21		
序号	名称	代号			
1	拉伸成形模具				
2	夹钳				
设备					
名称	主要参数				
液压机	YA32－1000				
辅料					
名称	规格	标准代号	量具		
棉布			序号	名称	公称尺寸
猪油			1	游标尺	0～300mm
不锈钢桶					

1. 技术条件

(1) 经加热、保温后的二次拉伸坯件方可投入拉伸成形工序作业。

(2) 操作人员和检验人员应有操作、检验合格证方可上岗工作。

(3) YA32－1000 液压机应经鉴定合格后方可使用，工作现场应符合安全操作要求。

2. 操作方法

(1) 工作前按规定检查、调整 YA32－1000 液压机、拉伸成形模具和量具。

(2) 调整 YA32－1000 液压机滑块行程的上、下死点位置，系统压力为 24MPa。

(3) 用夹钳从箱式电阻炉中取出加热和保温后的、与图 5－21 形状相似的专用烘烤模具坯料，并放入拉伸成形凹模的内孔型腔；按下压制按钮，使滑块下降，其冲头的工作部分进入专用烘烤模具坯料的内孔，以烘烤凹模内孔型腔和冲头工作部分；重复多次该过程，直到拉伸成形凹模的内孔型腔和冲头工作部分的温度约为 200℃。

(4) 用洁净的、浸有猪油＋MoS_2润滑剂的纱布在拉伸成形模具的冲头工作部分和凹模的内孔型腔均匀地涂抹一层润滑剂。

(5) 用夹钳从 RX3－45－9 箱式电阻炉内快速取出加热和保温后的二次拉伸坯件，并迅速浸入盛有猪油＋MoS_2润滑剂的不锈钢桶，再从不锈钢桶中快速取出涂覆猪油＋MoS_2润滑剂的二次拉伸坯件，并放入拉伸成形模具的凹模内孔型腔进行拉伸成形。

(6) 将拉伸成形的精锻件放入清洁的箱中编批交验。

3. 检验规定

(1) 按图 5－21 抽检，着重检测外形尺寸。

(2) 检测精锻件的表面，不得有裂纹、拉伤、划痕等缺陷。

(3) 做好原始记录。

					批准	
					标审	
					审查	
					校核	
标记	处数	更改文件号	签字	日期	编制	

8. 最终检验工序

最终检验工序如下。

<table>
<tr><td colspan="3">80</td><td colspan="3">最终检验工艺规程</td></tr>
<tr><td colspan="3">工具</td><td colspan="3" rowspan="8">见图 5－21</td></tr>
<tr><td>序号</td><td>名称</td><td>代号</td></tr>
<tr><td>1</td><td>手钳</td><td></td></tr>
<tr><td>2</td><td>台钳</td><td></td></tr>
<tr><td colspan="3">设备</td></tr>
<tr><td colspan="2">名称</td><td>主要参数</td></tr>
<tr><td colspan="2">检验平台</td><td></td></tr>
<tr><td colspan="3">辅料</td></tr>
<tr><td>名称</td><td>规格</td><td>标准代号</td><td colspan="3">量具</td></tr>
<tr><td>棉纱</td><td></td><td></td><td>序号</td><td>名称</td><td>公称尺寸</td></tr>
<tr><td>砂纸</td><td></td><td></td><td>1</td><td>游标卡尺</td><td>0～300mm</td></tr>
<tr><td>手套</td><td></td><td></td><td>2</td><td>百分表</td><td>0～10mm</td></tr>
</table>

1. 技术条件

(1) 经拉伸成形合格的精锻件方可投入最终检验。

(2) 操作人员和检验人员应有操作、检验合格证方可上岗工作。

(3) 检验量具、设备应符合鉴定要求后方可使用，检验现场应符合品质检测要求。

2. 操作方法

(1) 用砂纸砂光和棉纱擦净抽出的精锻件的检测部位。

(2) 在检验平台按图 5－21 所示的精锻件简图进行检测。

3. 检验规定

(1) 每批抽检 1%，按图 5－21 所示的精锻件简图进行检测，并着重检测外形尺寸和内孔尺寸。

(2) 每批抽检 1%，检测精锻件外观，不得有裂纹、拉伤、划痕等缺陷。

(3) 每批抽 1 个精锻件作探伤检测，应无裂纹。

(4) 做好原始记录。

					批准	
					标审	
					审查	
					校核	
标记	处数	更改文件号	签字	日期	编制	

5.4 2A12 铝合金炬壳的精密锻造成形

图 5－31 所示 2A12 铝合金炬壳零件简图。该炬壳是一种薄壁、深盲孔壳体类零件，

长径比 $L/D>4$，且截面直径变化大，截面收缩率超过 75%，内孔有一定的形状要求。

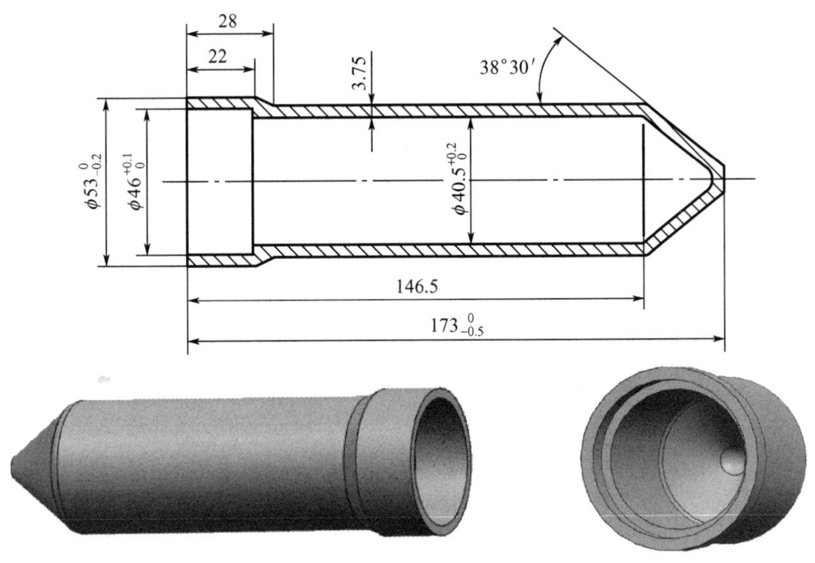

图 5-31 2A12 铝合金炬壳零件简图

对于图 5-31 所示的炬壳零件，可以采用圆柱体坯料经一次热反挤压的精密锻造成形方法进行生产。

5.4.1 精锻件图的制订

由图 5-31 可知，炬壳的内孔型腔中 ϕ40.5mm 部分及孔底锥形部分的尺寸精度和表面质量要求不高，不需要留后续机械加工余量；内孔型腔中 ϕ46mm 部分的尺寸精度要求较高，需要留后续机械加工余量；其底厚度很小（仅为 3.75mm），必须留较多加工余量。

由于图 5-31 所示的炬壳是深盲孔、长筒形壳零件，当在热挤压成形过程中存在下料的坯料端面歪斜、挤压模具中冲头的轴线和凹模的型腔同轴度较差、成形设备的精度较差、坯料内各部分的温度不均匀、润滑不均匀等情况时，会引起热挤压成形的挤压件壁厚不均匀。因此，在炬壳的内孔型腔中 ϕ40.5mm 部分及孔底锥形部分不留后续机械加工余量的情况下，其外形必须留有足够的机械加工余量[25]。

图 5-32 所示为炬壳精锻件简图。

5.4.2 炬壳精密锻造成形工艺流程

(1) 下料。在 GB4025 带锯床上，将直径为 ϕ55mm 的 2A12 铝合金圆棒料下料成长度为 120mm 的坯料，如图 5-33 所示。

(2) 坯料加热。在 RX3-45-9 箱式电阻炉中加热坯料，其加热温度规范如下：加热温度为 420℃±20℃，保温时间为 120～150min，采用 XCT-101 温控仪控制温度。

(3) 热反挤压成形。从箱式电阻炉中取出加热到 400～440℃并保温一段时间的坯料，立即浸入猪油+MoS_2润滑剂，然后快速将坯料放入热反挤压成形模具的内孔型腔进行热反挤压成形，得到图 5-32 所示的炬壳精锻件。

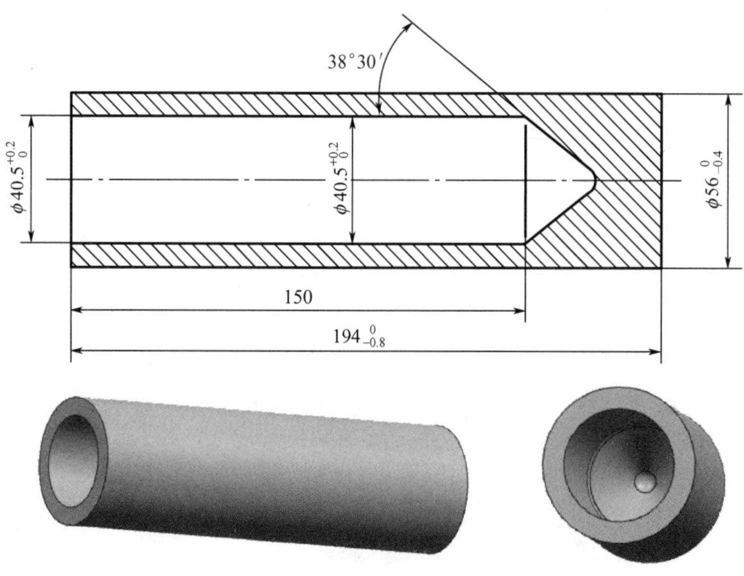

图 5－32　炬壳精锻件简图

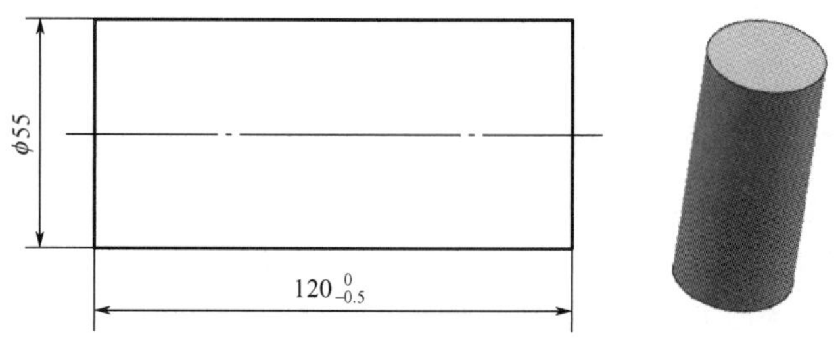

图 5－33　坯料的形状和尺寸

在热反挤压成形过程中，润滑模具的方法是用毛刷将猪油＋MoS_2润滑剂均匀地涂抹在热反挤压冲头的工作表面和凹模的内孔型腔中。

图 5－34 所示为热反挤压成形的精锻件实物。

图 5－34　热反挤压成形的精锻件实物

5.4.3 炬壳精密锻造成形模具结构

图 5－35 所示为炬壳精密锻造成形模具结构。

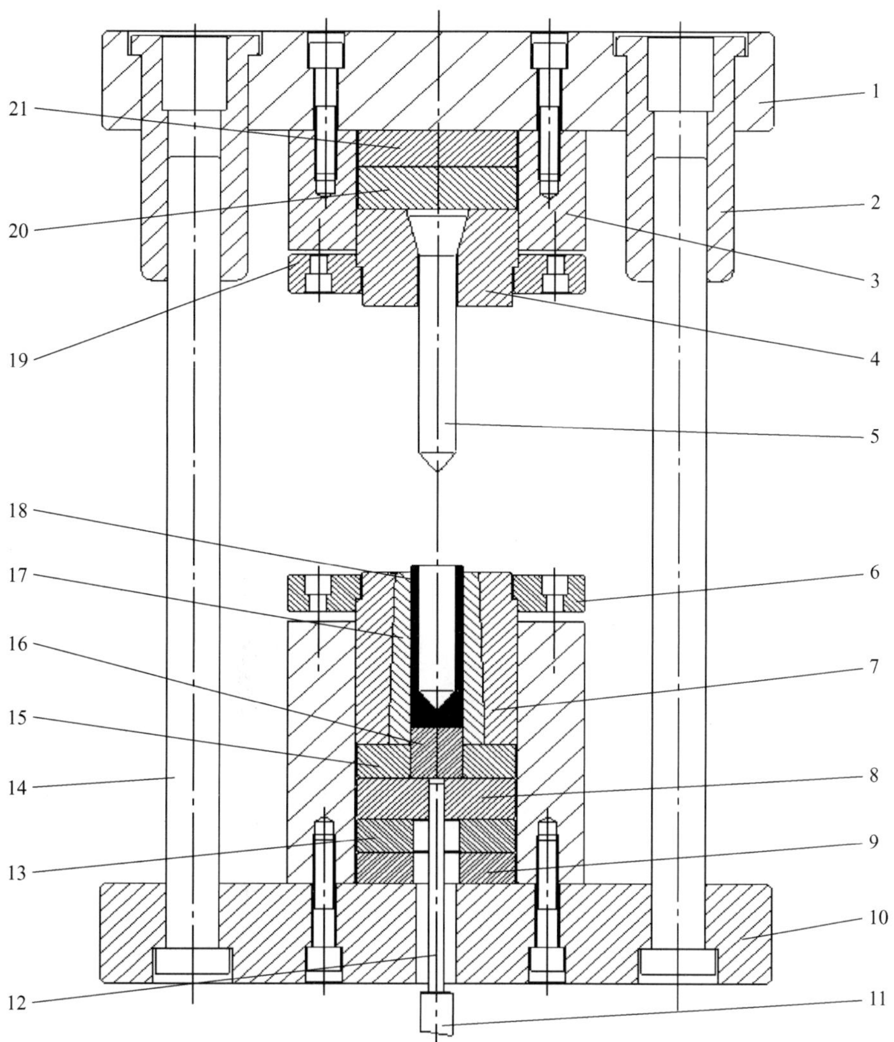

1—上模板；2—导套；3—上模座；4—冲头固定套；5—冲头；6—下模压板；7—下模外套；8—下模承载垫；9—下垫板；10—下模板；11—顶出缸活塞杆；12—顶杆；13—下模衬垫；14—导柱；15—下模芯垫套；16—下模芯垫；17—下模芯；18—精锻件；19—上模压板；20—冲头垫块；21—冲头垫板。

图 5－35　精密锻造成形模具结构

该模具是一种反挤压模具，具有如下特点。

（1）为了保证精锻件的壁厚差符合技术要求，设计了导柱、导套导向机构；同时，在热挤压成形过程中，冲头与坯料接触前，导柱必须进入导套内一定长度。导柱与导套之间的配合为滑动配合，其间隙为 0.15～0.20mm。

（2）为了保证精锻件在冲头回程时留在下模芯的内孔型腔内，省去较复杂的脱模器装置，要求下模芯的内孔型腔深度足够大，保证在冲头回程时冲头表面与精锻件内孔表面之间的摩擦力小于精锻件外表面与下模芯内孔型腔表面之间的摩擦力。该模具的下模芯型腔深度为 140mm。

（3）精锻件的脱模过程如下：成形设备的顶出系统→推动下顶杆→推动顶料杆→推动下模芯垫→精锻件。

图 5-36 所示为炬壳精密锻造成形模具的主要模具零件图。表 5-4 所示为炬壳精密锻造成形模具的主要模具零件材料及热处理硬度。

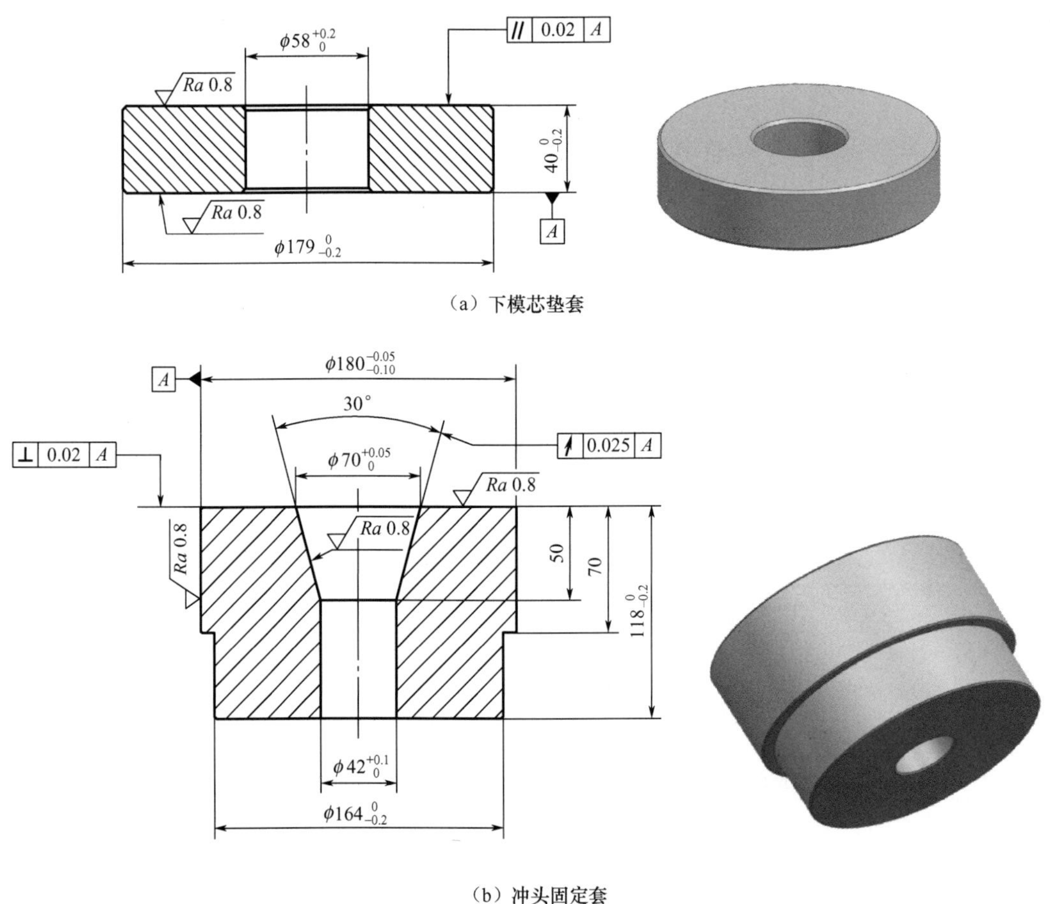

图 5-36 炬壳精密锻造成形模具的主要模具零件图

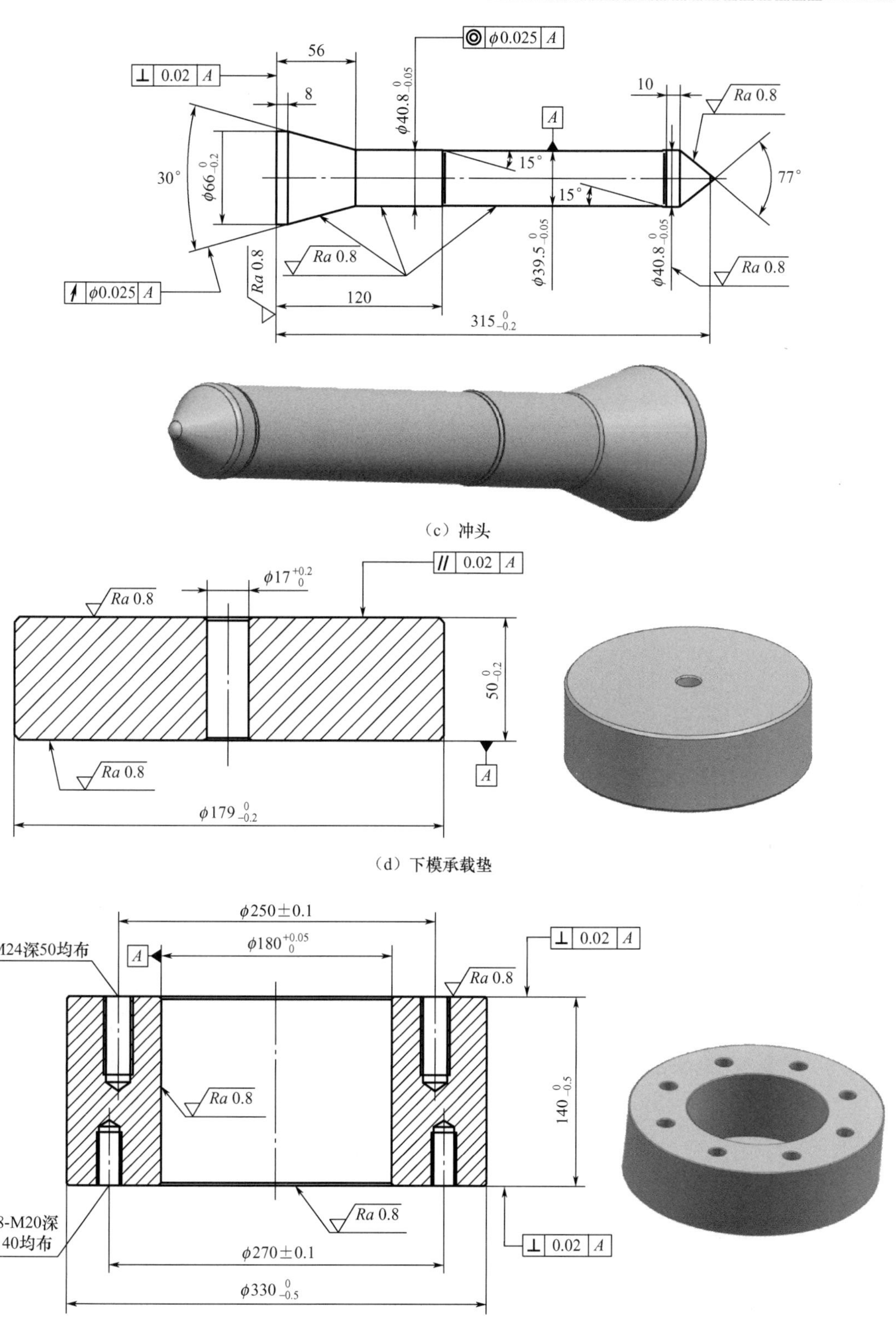

（c）冲头

（d）下模承载垫

（e）上模座

图 5－36　炬壳精密锻造成形模具的主要模具零件图（续）

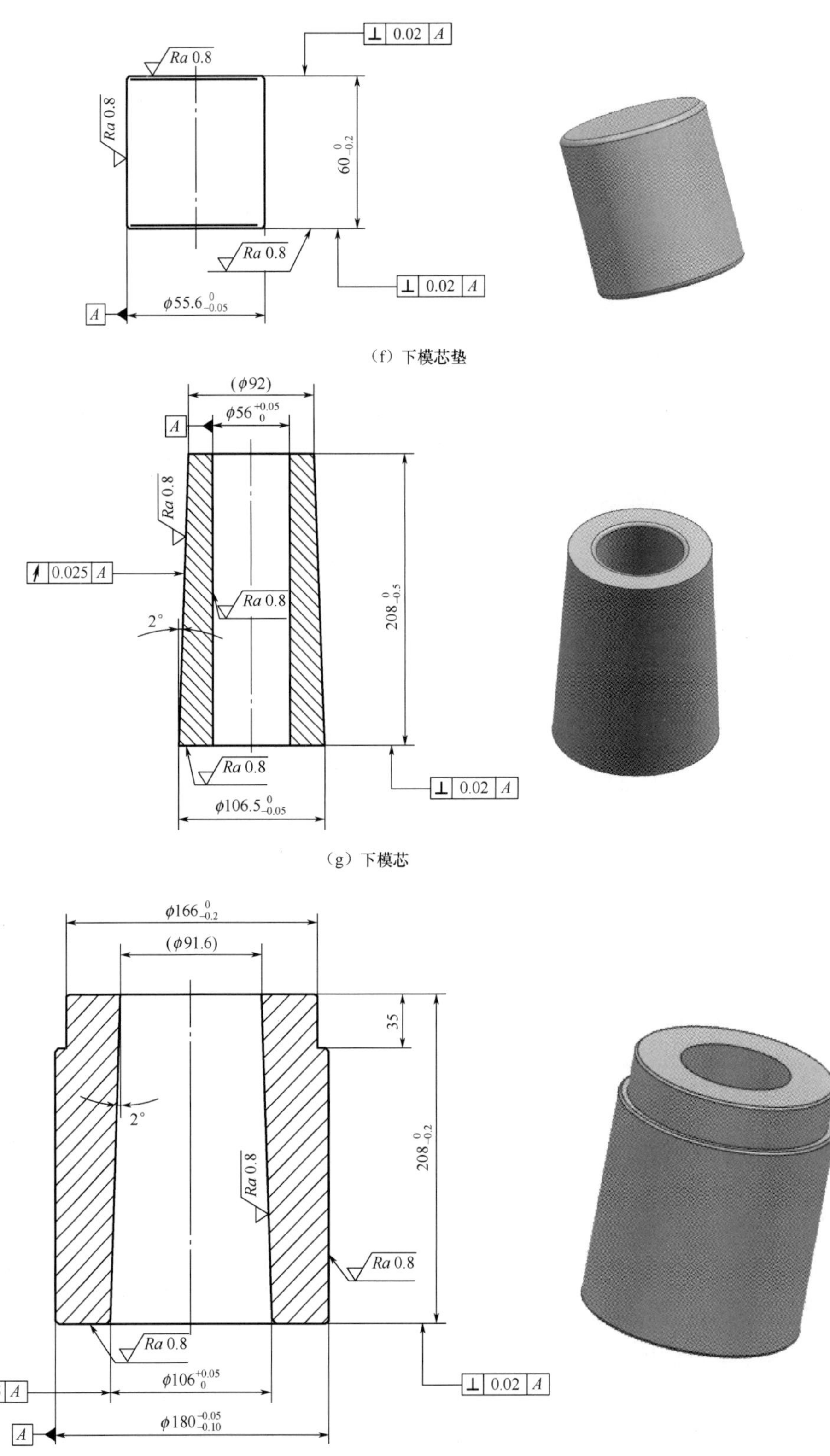

（f）下模芯垫

（g）下模芯

（h）下模外套

图 5－36　炬壳精密锻造成形模具的主要模具零件图（续）

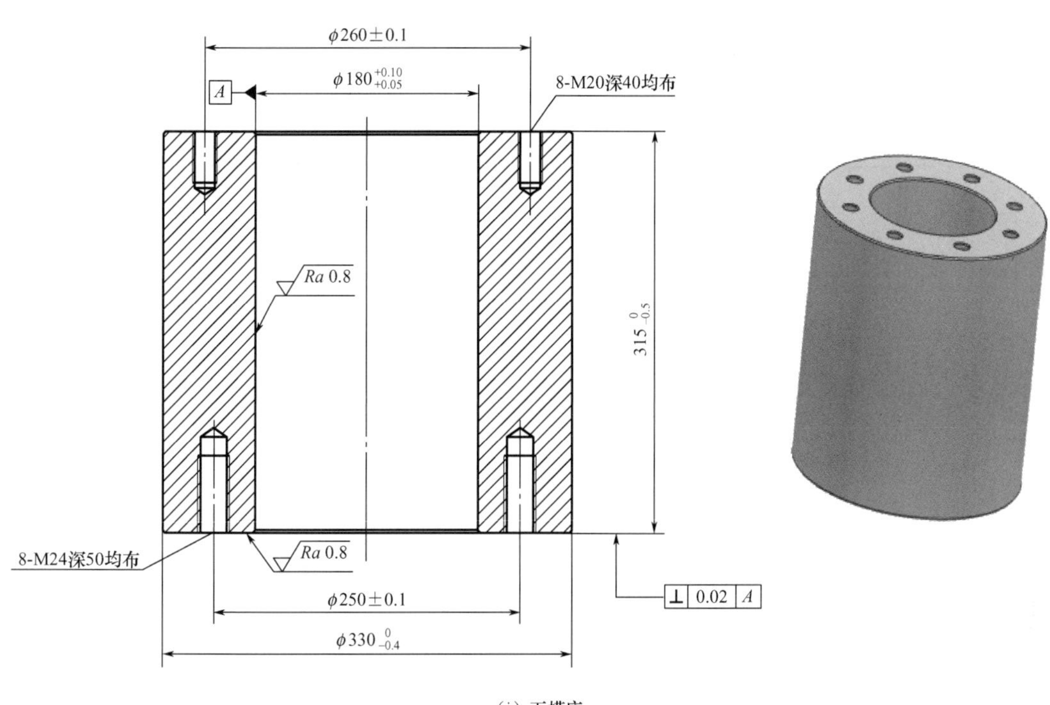

(i) 下模座

图 5-36 炬壳精密锻造成形模具的主要模具零件图（续）

表 5-4 炬壳精密锻造成形模具的主要模具零件材料及热处理硬度

序号	模具零件	材料	热处理硬度/HRC
1	冲头	Cr12MoV	56～60
2	下模芯垫	H13	48～52
3	下模承载垫	H13	48～52
4	下模芯垫套	45	38～45
5	下模座	45	38～42
6	下模外套	45	28～32
7	下模芯	Cr12MoV	54～58
8	上模座	45	38～42
9	冲头固定套	45	38～42

5.4.4 炬壳精密锻造成形过程的工艺规程

1. 下料工序

下料工序如下。

<table>
<tr><td colspan="3">10</td><td colspan="3">下料工艺规程</td></tr>
<tr><td colspan="3">工具</td><td colspan="3" rowspan="10">见图 5－33</td></tr>
<tr><td>序号</td><td>名称</td><td>代号</td></tr>
<tr><td>1</td><td>扳手</td><td></td></tr>
<tr><td>2</td><td>夹钳</td><td></td></tr>
<tr><td>3</td><td>带锯条</td><td></td></tr>
<tr><td colspan="3">设备</td></tr>
<tr><td colspan="2">名称</td><td>主要参数</td></tr>
<tr><td colspan="2">带锯床</td><td>GB4025</td></tr>
<tr><td colspan="2"></td><td></td></tr>
<tr><td colspan="3">辅料</td></tr>
<tr><td>名称</td><td>规格</td><td>标准代号</td><td colspan="3">量具</td></tr>
<tr><td>手套</td><td></td><td></td><td>序号</td><td>名称</td><td>公称尺寸</td></tr>
<tr><td>棉纱</td><td></td><td></td><td>1</td><td>游标卡尺</td><td>0～200mm</td></tr>
<tr><td></td><td></td><td></td><td>2</td><td>卷尺</td><td>0～5000mm</td></tr>
</table>

1. 技术条件

（1）材料应是进厂检验合格、符合 GB/T 3190—2020《变形铝及铝合金化学成分》的直径为 ϕ55mm 的 2A12 铝合金长棒料。

（2）操作人员和检验人员应有操作、检验合格证方可上岗工作。

（3）GB4025 带锯床应经鉴定合格后方可使用，工作现场应符合安全操作要求。

2. 操作方法

（1）工作前按规定检查、调整 GB4025 带锯床、量具。

（2）夹持固定铝合金长棒料后方可进行锯切下料加工。

（3）下料后坯料长度为 120mm，锯切端面应平整、光滑。

（4）下料后的坯料应整齐摆放，编批交验。

3. 检验规定

（1）检查坯料的外圆柱面、锯切端面应圆整、光滑，不可有歪斜、缺口、碰伤、划痕等缺陷。

（2）按图 5－33 检查外径应符合 ϕ55mm 要求，长度应符合 120mm 要求。

（3）做好原始记录。

					批准	
					标审	
					审查	
					校核	
标记	处数	更改文件号	签字	日期	编制	

2. 坯料加热工序

坯料加热工序如下。

20	坯料加热工艺规程

工具		
序号	名称	代号
1	钳子	
2	铁钩	

设备	
名称	主要参数
箱式电阻炉	RX3－45－9

T/℃
420℃±20℃
120～150min
O
t/min

辅料		
名称	规格	标准代号
手套		

量具		
序号	名称	测量范围
1	热电偶	
2	温控仪	0～900℃

1. 技术条件

(1) 坯料应是经下料、检验合格的直径为 ϕ55mm 的 2A12 铝合金坯料。

(2) 操作人员和检验人员应有操作、检验合格证方可上岗工作。

(3) RX3－45－9 箱式电阻炉应经鉴定合格后方可使用，工作现场应符合安全操作要求。

2. 操作方法

(1) 工作前按规定检查、调整 RX3－45－9 箱式电阻炉、热电偶、温控仪。

(2) 将坯料整齐地放入 RX3－45－9 箱式电阻炉，用矿渣棉将炉门堵严，盖好炉门，确保炉温均匀一致。

(3) 按坯料加热工艺规范进行加热。

3. 检验规定

做好原始记录。

					批准	
					标审	
					审查	
					校核	
标记	处数	更改文件号	签字	日期	编制	

3. 热反挤压成形工序

热反挤压成形工序如下。

<table>
<tr><td colspan="3">30</td><td colspan="3">热反挤压成形工艺规程</td></tr>
<tr><td colspan="3">工具</td><td colspan="3" rowspan="8">见图 5－32</td></tr>
<tr><td>序号</td><td>名称</td><td>代号</td></tr>
<tr><td>1</td><td>热反挤压成形模具</td><td></td></tr>
<tr><td>2</td><td>夹钳</td><td></td></tr>
<tr><td colspan="3">设备</td></tr>
<tr><td>名称</td><td colspan="2">主要参数</td></tr>
<tr><td>液压机</td><td colspan="2">YA32－1000</td></tr>
<tr><td colspan="3">辅料</td></tr>
<tr><td>名称</td><td>规格</td><td>标准代号</td><td colspan="3">量具</td></tr>
<tr><td>棉布</td><td></td><td></td><td>序号</td><td>名称</td><td>公称尺寸</td></tr>
<tr><td>猪油</td><td></td><td></td><td>1</td><td>游标尺</td><td>0～300mm</td></tr>
<tr><td>不锈钢桶</td><td></td><td></td><td></td><td></td><td></td></tr>
</table>

1. 技术条件

（1）经加热、保温后的坯料方可投入热反挤压成形工序作业。

（2）操作人员和检验人员应有操作、检验合格证方可上岗工作。

（3）YA32－1000 液压机应经鉴定合格后方可使用，工作现场应符合安全操作要求。

2. 操作方法

（1）工作前按规定检查、调整 YA32－1000 液压机、热反挤压成形模具和量具。

（2）调整 YA32－1000 液压机滑块行程的上、下死点位置，系统压力为 24MPa，保压时间为 1.5s。

（3）用夹钳从箱式电阻炉中取出加热和保温后的、与图 5－32 形状相似的专用烘烤模具坯料，并放入热反挤压成形凹模的内孔型腔；按下压制按钮，使滑块下降，其冲头的工作部分进入专用烘烤模具坯料的内孔，以烘烤凹模内孔型腔和冲头工作部分；重复多次该过程，直到热反挤压成形凹模的内孔型腔和冲头工作部分的温度约为 200℃。

（4）用洁净的、浸有猪油＋MoS_2 润滑剂的纱布在热反挤压成形模具的冲头工作部分和凹模的内孔型腔均匀地涂抹一层猪油。

（5）用夹钳从箱式电阻炉内快速取出加热、保温后的坯料，并迅速浸入盛有猪油的不锈钢桶，再从不锈钢桶中快速取出涂覆猪油的坯件，并放入热反挤压成形模具的凹模内孔型腔进行热反挤压成形加工。

（6）将热反挤压成形的精锻件放入清洁的箱中编批交验。

3. 检验规定

（1）按图 5－32 抽检，着重检测外形尺寸。

（2）检测精锻件的内、外表面，不得有裂纹、拉伤、划痕等缺陷。

（3）做好原始记录。

					批准	
					标审	
					审查	
					校核	
标记	处数	更改文件号	签字	日期	编制	

4. 最终检验工序

最终检验工序如下。

<table>
<tr><td colspan="3">40</td><td colspan="3">最终检验工艺规程</td></tr>
<tr><td colspan="3">工具</td><td colspan="3" rowspan="8">见图 5－32</td></tr>
<tr><td>序号</td><td>名称</td><td>代号</td></tr>
<tr><td>1</td><td>手钳</td><td></td></tr>
<tr><td>2</td><td>台钳</td><td></td></tr>
<tr><td colspan="3">设备</td></tr>
<tr><td colspan="2">名称</td><td>主要参数</td></tr>
<tr><td colspan="2">检验平台</td><td></td></tr>
<tr><td colspan="3">辅料</td></tr>
<tr><td>名称</td><td>规格</td><td>标准代号</td><td colspan="3">量具</td></tr>
<tr><td>棉纱</td><td></td><td></td><td>序号</td><td>名称</td><td>公称尺寸</td></tr>
<tr><td>砂纸</td><td></td><td></td><td>1</td><td>游标卡尺</td><td>0～300mm</td></tr>
<tr><td>手套</td><td></td><td></td><td>2</td><td>百分表</td><td>0～10mm</td></tr>
</table>

1. 技术条件

(1) 经热反挤压成形合格的精锻件方可投入最终检验。

(2) 操作人员和检验人员应有操作、检验合格证方可上岗工作。

(3) 检验量具、设备应符合鉴定要求后方可使用，检验现场应符合品质检测要求。

2. 操作方法

(1) 用砂纸砂光和棉纱擦净抽出的精锻件的检测部位。

(2) 在检验平台按图 5－32 所示的精锻件简图进行检测。

3. 检验规定

(1) 每批抽检 1%，按图 5－32 所示的精锻件简图进行检测，并着重检测外形尺寸和内孔尺寸。

(2) 每批抽检 1%，检测精锻件外观，不得有裂纹、拉伤、划痕等缺陷。

(3) 每批抽 1 个精锻件作探伤检测，应无裂纹。

(4) 做好原始记录。

					批准	
					标审	
					审查	
					校核	
标记	处数	更改文件号	签字	日期	编制	

5.5 2A12 铝合金矩形内腔壳体的精密锻造成形

图 5－37 所示为 2A12 铝合金矩形内腔壳体零件简图。对于这种具有矩形内腔的盲孔类零件，可采用圆柱体坯料经热冲孔成形的精密锻造成形方法对矩形内腔进行成形加工。

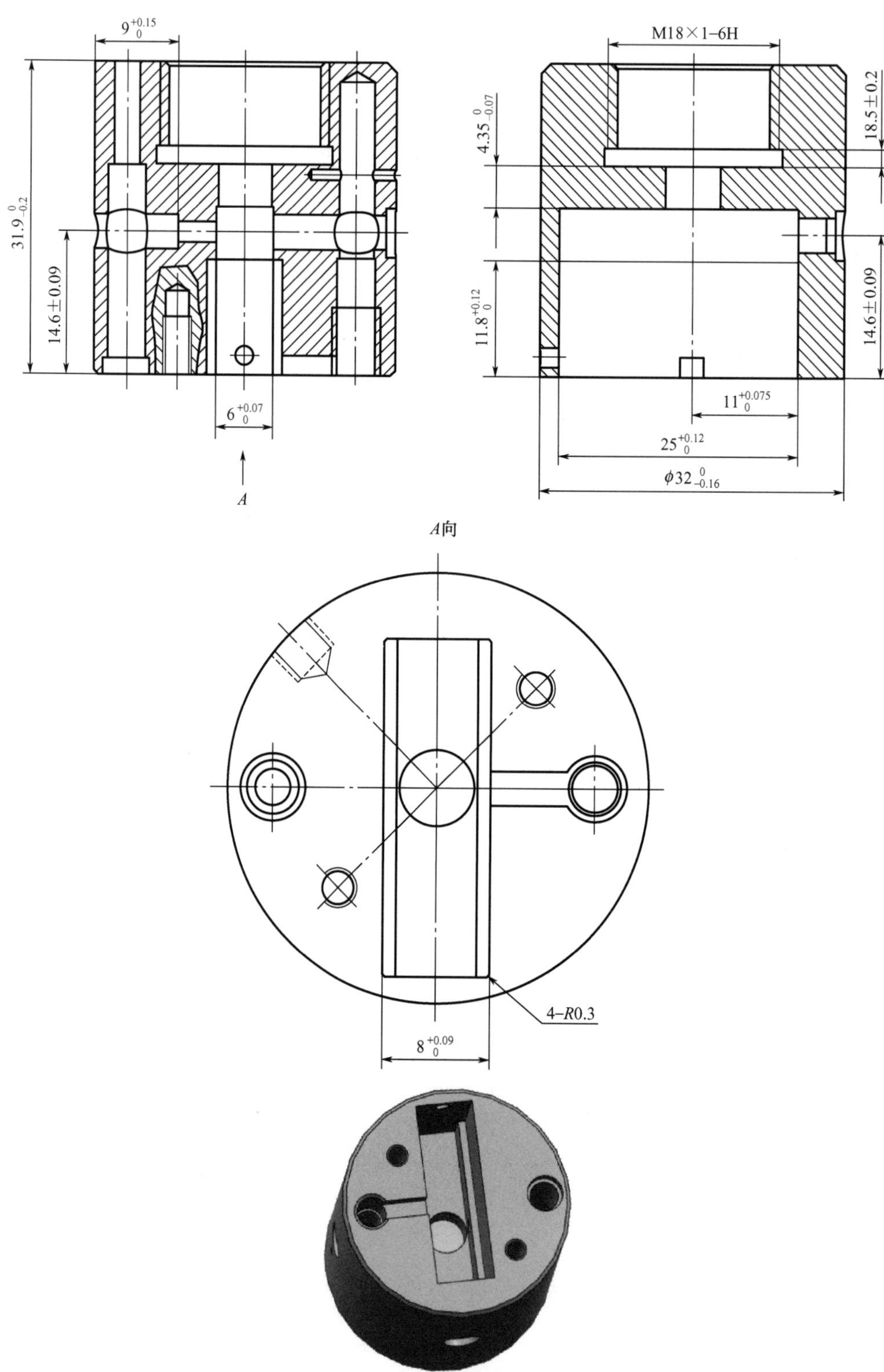

（a）大壳体

图 5 - 37　2A12 铝合金矩形内腔壳体零件简图

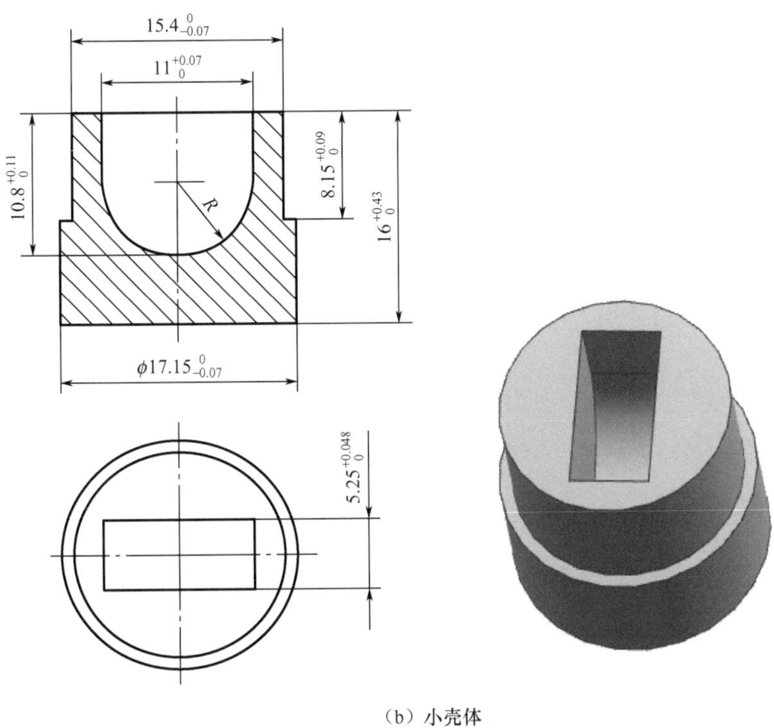

（b）小壳体

图 5－37　2A12 铝合金矩形内腔壳体零件简图（续）

图 5－38 所示为矩形内腔壳体精锻件简图。其中，除矩形内腔不需要后续机械加工余量就能满足矩形内腔壳体零件的设计要求外，其余部分均留有适当的后续机械加工余量。

5.5.1　矩形内腔壳体精密锻造成形工艺流程

（1）制坯。在 GB4025 带锯床上，将 2A12 铝合金圆棒料锯切成下料件，再在 C616 车床上车削加工下料件的两个端面，坯料的形状和尺寸如图 5－39 所示，保证端面的表面粗糙度小于 $Ra6.3\mu m$，并保证两端面与外形的垂直度小于 0.1mm。

（2）坯料加热。在 RX3－30－9 箱式电阻炉中加热坯料，其加热温度规范如下：加热温度为 450℃±20℃，保温时间为 30～45min，采用 XCT－101 温控仪控制温度。

（3）热冲孔成形。从 RX3－30－9 箱式电阻炉中取出加热到 430～470℃并保温一段时间的坯料，立即浸入猪油，然后快速将坯料放入热冲孔成形模具的内孔型腔进行热冲孔成形，得到图 5－38 所示的精锻件。

在热冲孔成形过程中，润滑模具的方法是用毛刷将猪油均匀地涂抹在热冲孔成形模具的冲头的工作表面和凹模的内孔型腔中。

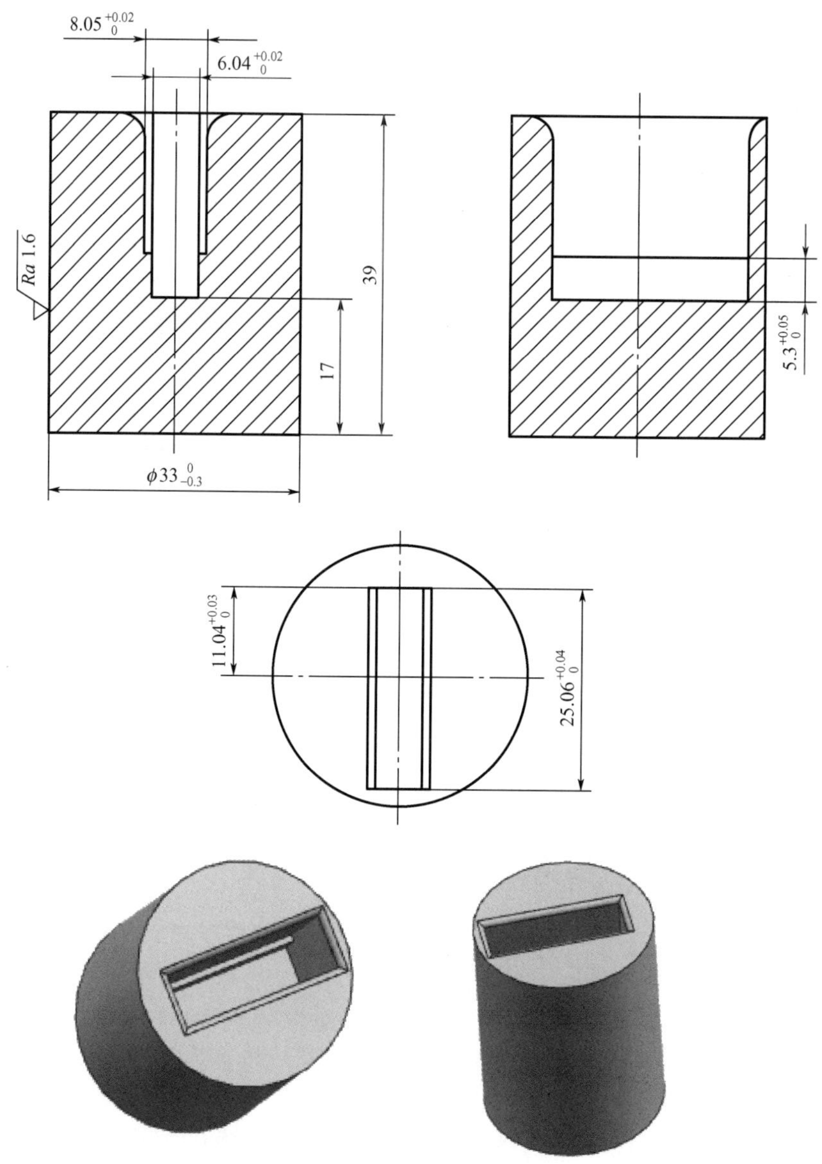

（a）大壳体精锻件图

图 5－38　矩形内腔壳体精锻件简图

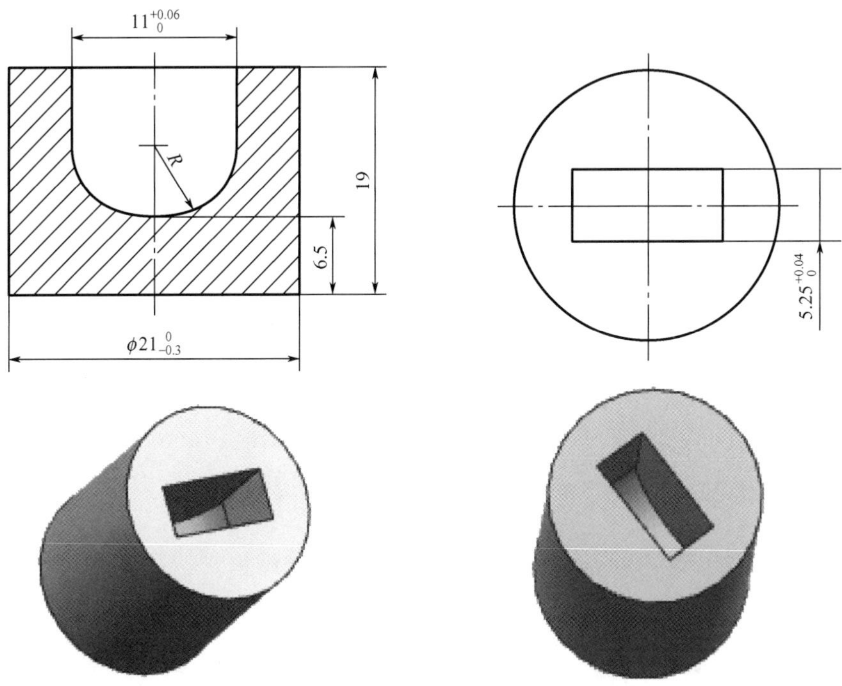

（b）小壳体精锻件图

图 5－38　矩形内腔壳体精锻件简图（续）

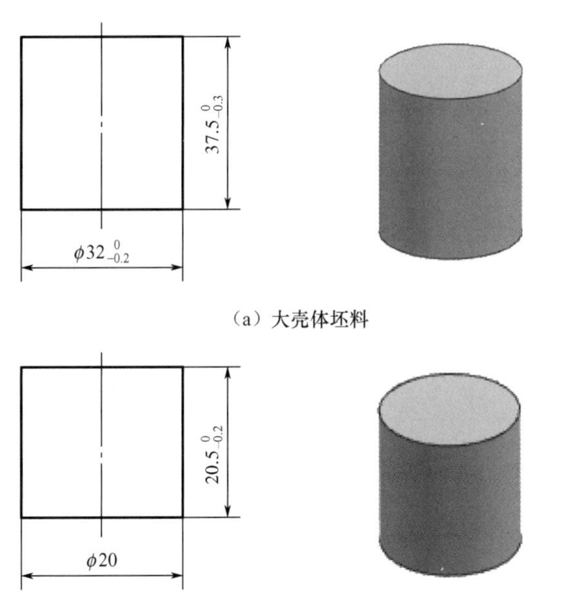

（b）小壳体坯料

图 5－39　坯料的形状和尺寸

图 5-40 所示为热冲孔成形的精锻件实物。

(a) 大壳体精锻件实物

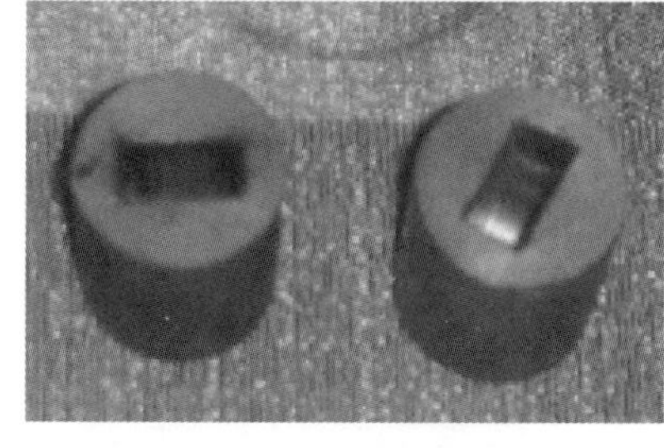

(b) 小壳体精锻件实物

图 5-40 热冲孔成形的精锻件实物

5.5.2 矩形内腔壳体精密锻造成形模具结构

图 5-41 所示为矩形内腔壳体精密锻造成形模具模架结构。

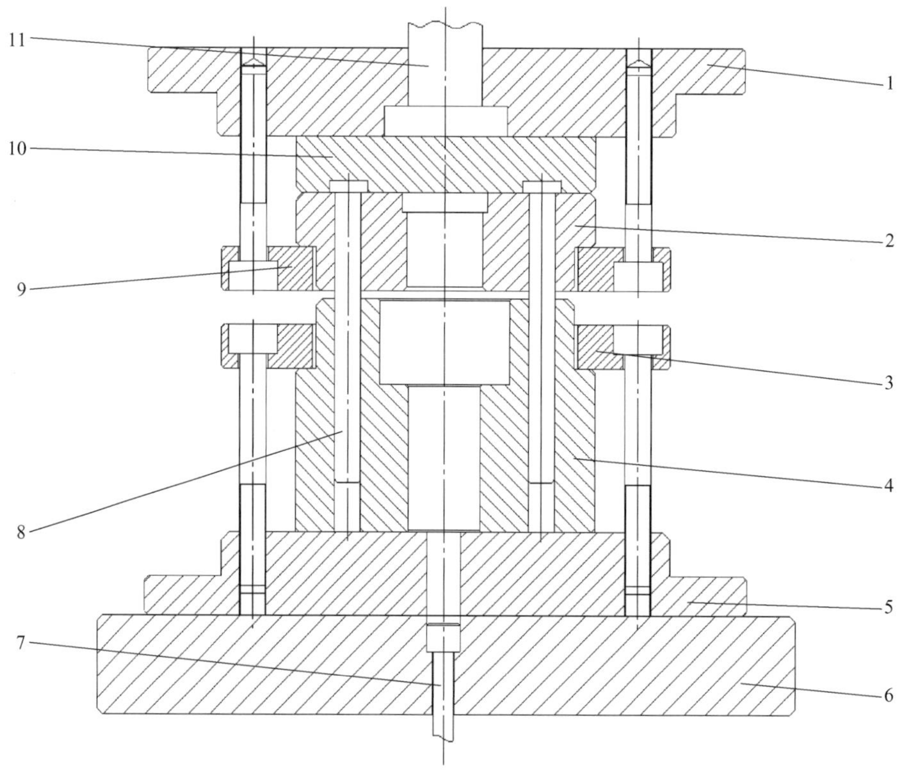

1—上模板；2—冲头固定套；3—下模压板；4—凹模外套；5—下模垫板；6—下模板；7—顶杆；8—小导柱；9—上模压板；10—上模垫板；11—模柄。

图 5-41 矩形内腔壳体精密锻造成形模具模架结构

若将图 5－42 所示大壳体热冲孔成形模具的凹模芯、顶料杆、冲头装入该模架，则可以进行图 5－38(a) 所示大壳体精锻件的热冲孔成形；若将图 5－43所示小壳体热冲孔成形模具的凹模芯、顶料杆、冲头装入该模架，则可以进行图 5－38(b) 所示小壳体精锻件的热冲孔成形。

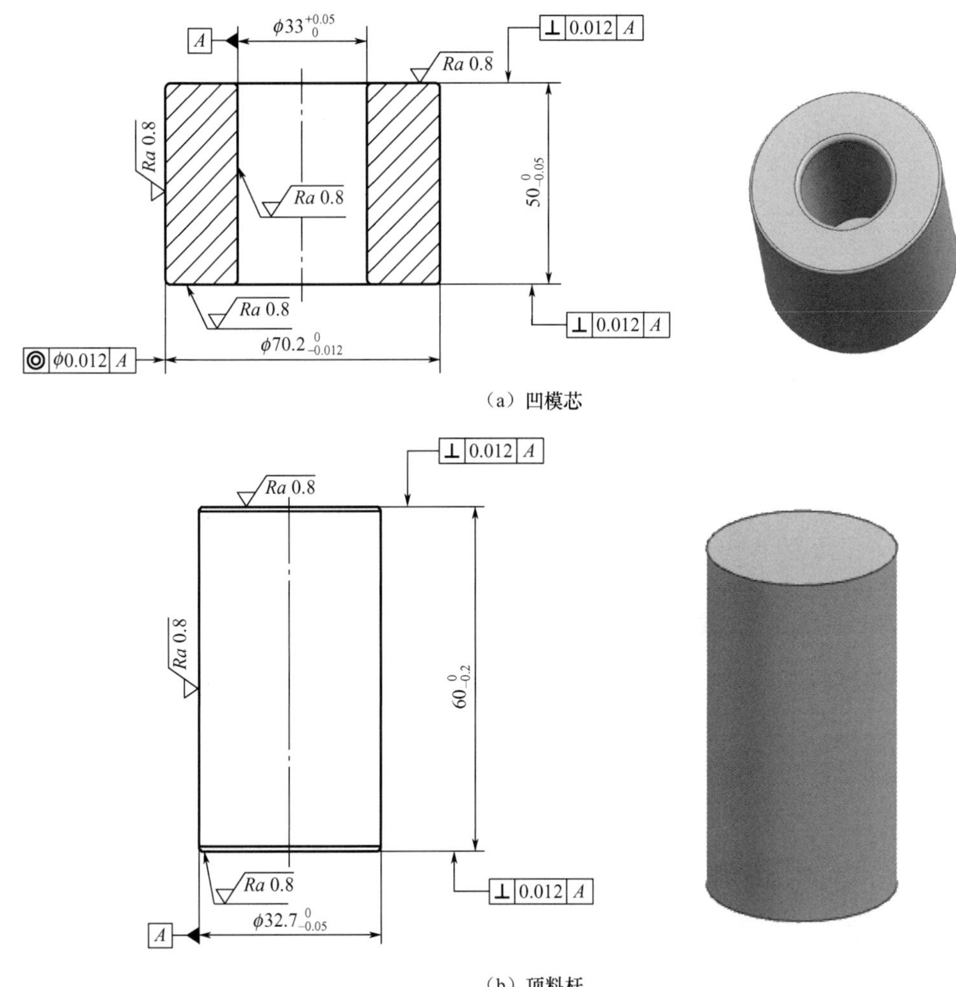

图 5－42 大壳体热冲孔成形模具凹模芯、顶料杆、冲头的零件图

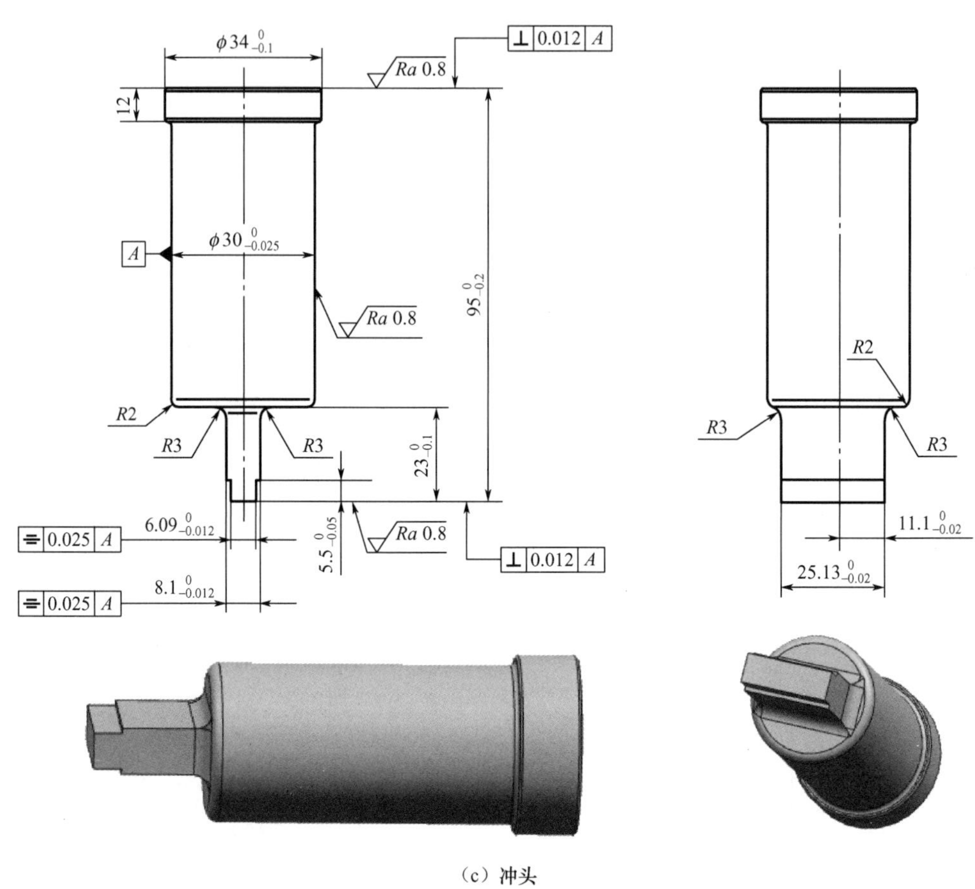

（c）冲头

图 5-42　大壳体热冲孔成形模具凹模芯、顶料杆、冲头的零件图（续）

该模具是一种热冲孔成形模具，其主要用于成形矩形内孔型腔，其挤压冲头工作部位的尺寸小、热冲孔成形力不大。

该模具具有如下特点[26]。

（1）采用预应力组合凹模结构，如图 5-44(a) 所示。该组合凹模由凹模芯、凹模外套组成，采用圆柱面热镶套的方式组装过盈配合的凹模芯和凹模外套。

（2）采用导向可靠、导向精度高的导柱、导孔的导向机构。在线切割机床上一次加工完成已经热镶套成预应力组合凹模的凹模外套［图 5-44(b)］中 2-φ12mm 的导孔与凹模芯中心的型腔孔，确保 2-φ12mm 的导孔与凹模芯中心的型腔孔之间有高的同轴度；在线切割机床上一次加工完成，冲头固定套［图 5-44(c)］中 2-φ12mm 的导柱孔与其中心的最小直径孔，确保 2-φ12mm 的导柱孔与其中心的最小直径孔之间有高的同轴度，确保在热冲孔成形过程中，冲头的轴心线和凹模芯的轴心线的同轴度小于 0.05mm。

（3）采用顶料杆承受热冲孔变形力的作用。由于热冲孔变形力不大，因此采用顶料杆直接承受热冲孔成形过程中的变形力作用；热冲孔成形完成后，在成形设备顶出系统的作用下，顶料杆顶出精锻件。

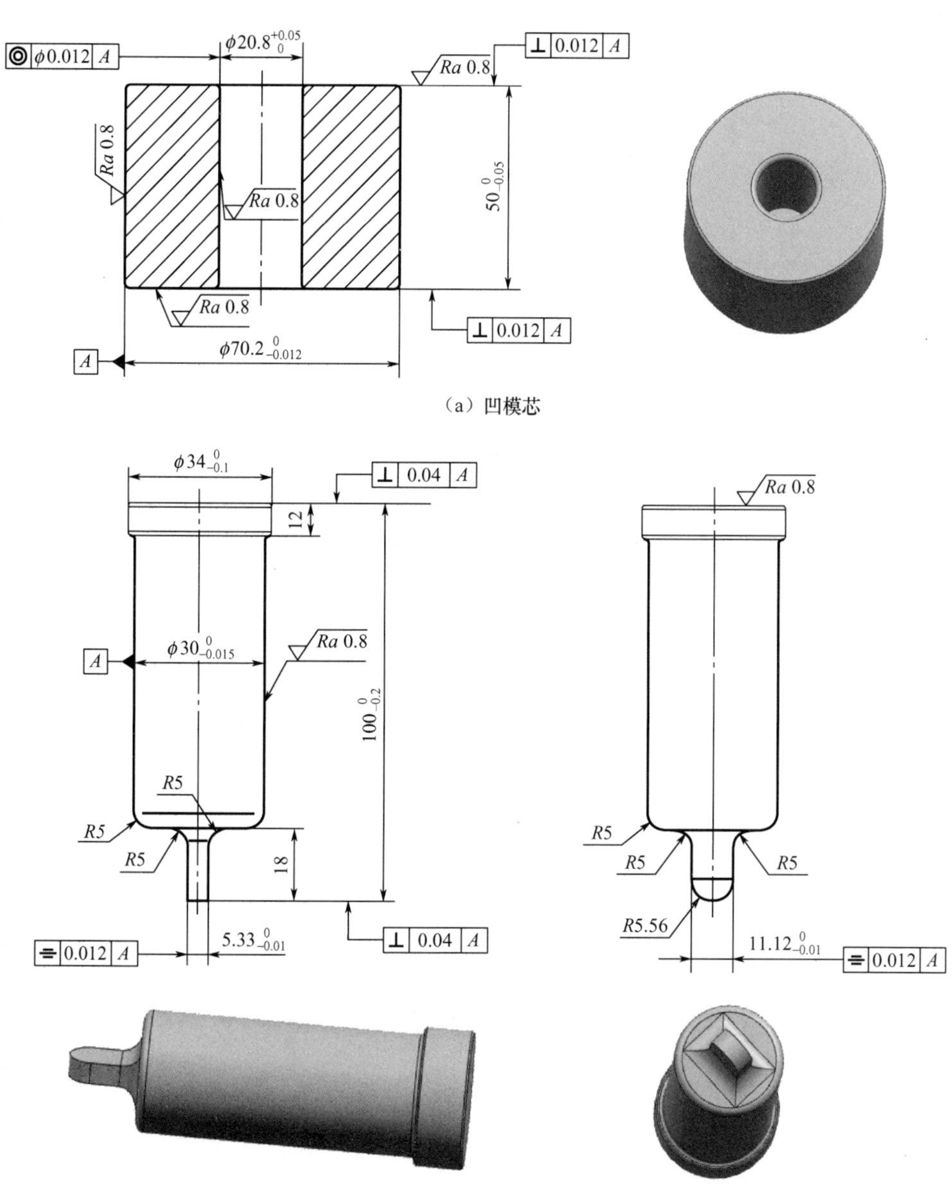

（a）凹模芯

（b）冲头

图5-43　小壳体热冲孔成形模具凹模芯、冲头、顶料杆的零件图

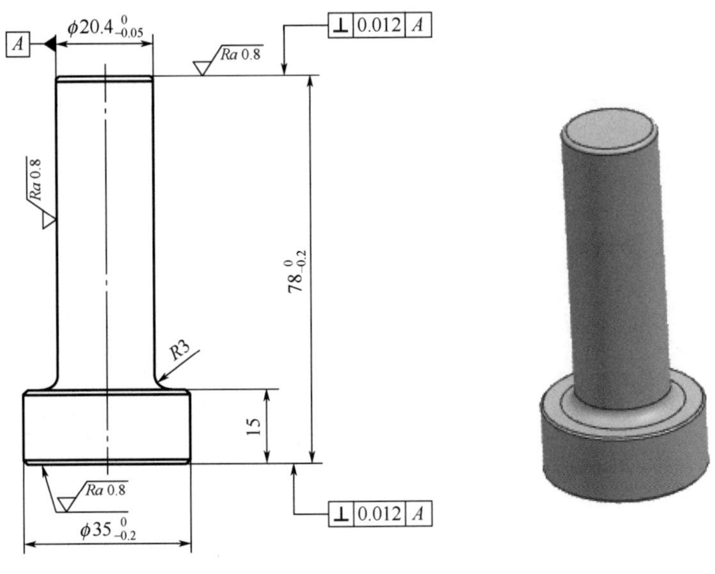

（c）顶料杆

图 5-43　小壳体热冲孔成形模具凹模芯、冲头、顶料杆的零件图（续）

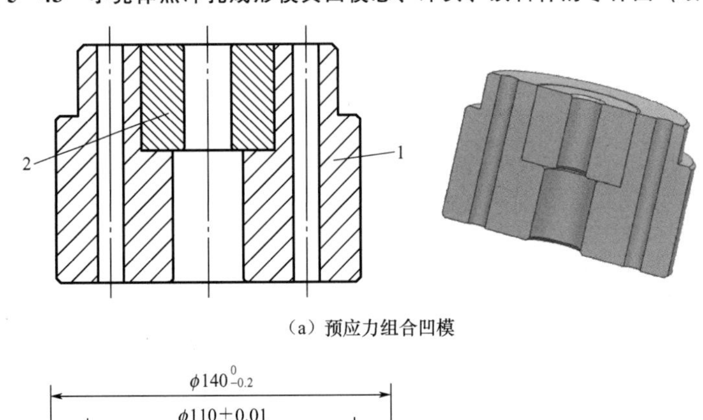

（a）预应力组合凹模

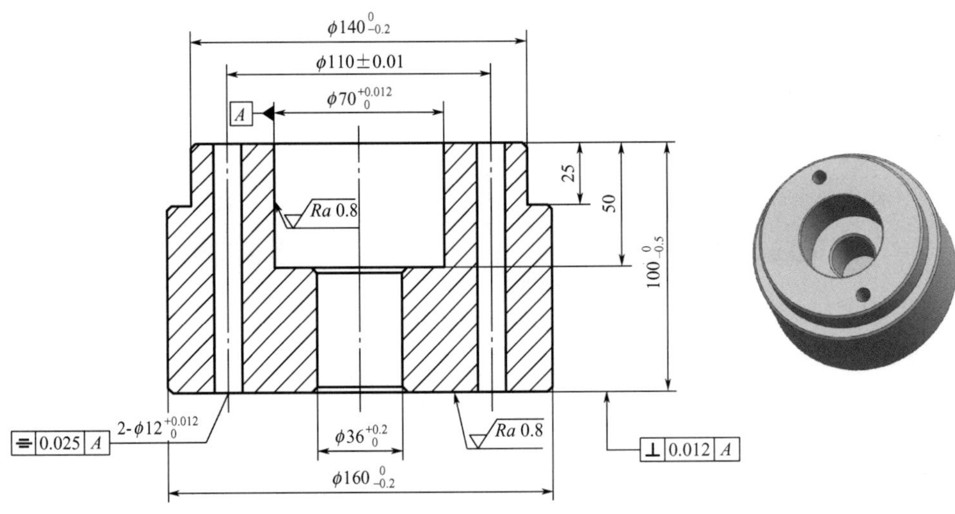

（b）凹模外套

1—凹模芯；2—凹模外套。

图 5-44　导向机构中凹模外套、冲头固定套零件图

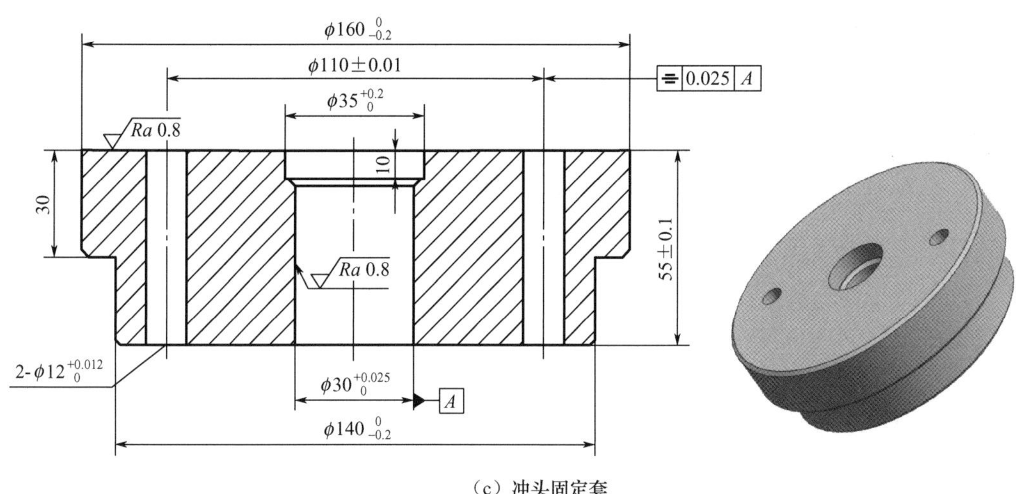

（c）冲头固定套

1—凹模芯；2—凹模外套。

图 5-44　导向机构中凹模外套、冲头固定套零件图（续）

表 5-5 所示为大壳体热冲孔成形模具的主要模具零件材料及热处理硬度，表 5-6 所示为小壳体热冲孔成形模具的主要模具零件材料及热处理硬度，表 5-7 所示为导向机构中凹模外套、冲头固定套的材料及热处理硬度。

表 5-5　大壳体热冲孔成形模具的主要模具零件材料及热处理硬度

序号	模具零件	材料	热处理硬度/HRC
1	冲头	LD	56～62
2	凹模芯	Cr12MoV	54～58
3	顶料杆	Cr12MoV	56～60

表 5-6　小壳体热冲孔成形模具的主要模具零件材料及热处理硬度

序号	模具零件	材料	热处理硬度/HRC
1	冲头	LD	56～62
2	凹模芯	Cr12MoV	54～58
3	顶料杆	Cr12MoV	56～60

表 5-7　导向机构中凹模外套、冲头固定套的材料及热处理硬度

序号	模具零件	材料	热处理硬度/HRC
1	冲头固定套	H13	44～48
2	凹模外套	45	38～42

5.5.3 矩形内腔壳体精密锻造成形过程的工艺规程

1. 大壳体

(1) 制坯工序。

制坯工序如下。

10	制坯工艺规程
工具	见图 5-39(a)

序号	名称	代号
1	扳手	
2	夹钳	
3	带锯条	
4	端面车刀	

设备	
名称	主要参数
带锯床	GB4025
车床	C616

辅料			量具		
名称	规格	标准代号			
手套			序号	名称	公称尺寸
棉纱			1	游标卡尺	0～150mm

1. 技术条件

(1) 材料应是进厂检验合格、符合 GB/T 3190—2020《变形铝及铝合金化学成分》的直径为 ϕ32mm 的 2A12 铝合金长棒料。

(2) 操作人员和检验人员应有操作、检验合格证方可上岗工作。

(3) GB4025 带锯床、车床应经鉴定合格后方可使用，工作现场应符合安全操作要求。

2. 操作方法

(1) 工作前按规定检查、调整 GB4025 带锯床、车床、量具。

(2) 夹持固定铝合金长棒料后方可进行锯切和车削加工。

(3) 制坯后的坯料长度为 37.5mm，保证车削加工后的端面平整、光滑、无毛刺。

(4) 制坯后的坯料应整齐摆放，编批交验。

3. 检验规定

(1) 检查坯料的外圆柱面、端面应圆整、光滑，不可有歪斜、缺口、碰伤、划痕、毛刺等缺陷。

(2) 按图 5-39(a) 检查外径应符合 ϕ32mm 要求，长度应符合 37.5mm 要求。

(3) 做好原始记录。

					批准	
					标审	
					审查	
					校核	
标记	处数	更改文件号	签字	日期	编制	

(2) 坯料加热工序。

坯料加热工序如下。

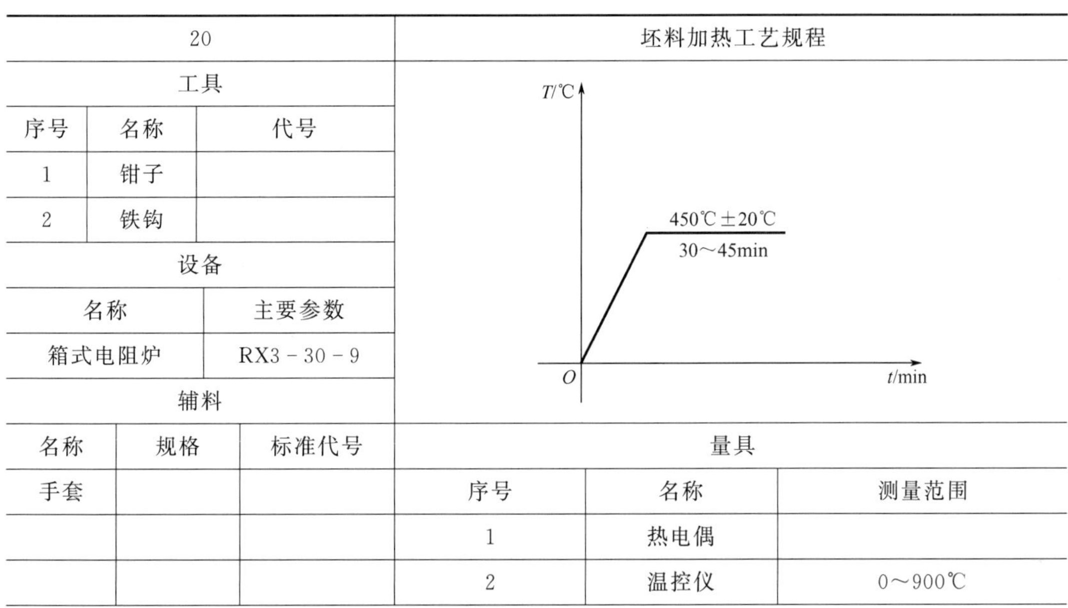

20			坯料加热工艺规程		
工具					
序号	名称	代号			
1	钳子				
2	铁钩				
设备					
名称		主要参数			
箱式电阻炉		RX3－30－9			
辅料					
名称	规格	标准代号	量具		
手套			序号	名称	测量范围
			1	热电偶	
			2	温控仪	0～900℃

1. 技术条件

(1) 坯料应是经下料、检验合格的直径为 ϕ32mm 的 2A12 铝合金坯料。

(2) 操作人员和检验人员应有操作、检验合格证方可上岗工作。

(3) RX3－30－9 箱式电阻炉应经鉴定合格后方可使用，工作现场应符合安全操作要求。

2. 操作方法

(1) 工作前按规定检查、调整 RX3－30－9 箱式电阻炉、热电偶、温控仪。

(2) 将坯料整齐地放入 RX3－30－9 箱式电阻炉，用矿渣棉将炉门堵严，盖好炉门，确保炉温均匀一致。

(3) 按坯料加热工艺规范进行加热。

3. 检验规定

做好原始记录。

					批准	
					标审	
					审查	
					校核	
标记	处数	更改文件号	签字	日期	编制	

（3）热冲孔成形工序。

热冲孔成形工序如下。

<table>
<tr><td colspan="3">30</td><td colspan="3">热冲孔成形工艺规程</td></tr>
<tr><td colspan="3">工具</td><td colspan="3" rowspan="8">见图 5-38（a）</td></tr>
<tr><td>序号</td><td>名称</td><td>代号</td></tr>
<tr><td>1</td><td>热冲孔成形模具</td><td></td></tr>
<tr><td>2</td><td>夹钳</td><td></td></tr>
<tr><td colspan="3">设备</td></tr>
<tr><td>名称</td><td colspan="2">主要参数</td></tr>
<tr><td>液压机</td><td colspan="2">YA32-100</td></tr>
<tr><td colspan="3">辅料</td></tr>
<tr><td>名称</td><td>规格</td><td>标准代号</td><td colspan="3">量具</td></tr>
<tr><td>棉布</td><td></td><td></td><td>序号</td><td>名称</td><td>公称尺寸</td></tr>
<tr><td>猪油</td><td></td><td></td><td>1</td><td>游标尺</td><td>0～150mm</td></tr>
<tr><td>不锈钢桶</td><td></td><td></td><td></td><td></td><td></td></tr>
</table>

1. 技术条件

（1）经加热、保温后的坯料方可投入热冲孔成形工序作业。

（2）操作人员和检验人员应有操作、检验合格证方可上岗工作。

（3）YA32-100 液压机应经鉴定合格后方可使用，工作现场应符合安全操作要求。

2. 操作方法

（1）工作前按规定检查、调整 YA32-100 液压机、热冲孔成形模具和量具。

（2）调整 YA32-100 液压机滑块行程的上、下死点位置，系统压力为 15MPa，保压时间为 1.5s。

（3）用夹钳从 RX3-30-9 箱式电阻炉中取出加热和保温后的坯料，并放入热冲孔成形凹模的内孔型腔；按下压制按钮，使滑块下降，其冲头的下端面与坯料接触，以烘烤凹模内孔型腔和冲头工作部分；重复多次该过程，直到热冲孔成形凹模的内孔型腔和冲头工作部分的温度约为 150℃。

（4）用洁净的、浸有猪油的纱布在热冲孔成形模具的冲头工作部分和凹模的内孔型腔均匀地涂抹一层猪油。

（5）用夹钳从 RX3-30-9 箱式电阻炉内快速取出加热、保温后的坯料，并迅速浸入盛有猪油的不锈钢桶，再从不锈钢桶中快速取出涂覆猪油的坯件，并放入热冲孔成形模具的凹模内孔型腔进行热冲孔成形加工。

（6）将热冲孔成形的精锻件放入清洁的箱中编批交验。

3. 检验规定

（1）按图 5-38(a) 抽检，着重检测外形尺寸。

（2）检测精锻件的内、外表面，不得有裂纹、拉伤、划痕等缺陷。

（3）做好原始记录。

					批准	
					标审	
					审查	
					校核	
标记	处数	更改文件号	签字	日期	编制	

(4) 最终检验工序。

最终检验工序如下。

<table>
<tr><td colspan="6">40</td><td colspan="3">最终检验工艺规程</td></tr>
<tr><td colspan="6">工具</td><td colspan="3" rowspan="8">见图 5-38(a)</td></tr>
<tr><td>序号</td><td colspan="2">名称</td><td colspan="3">代号</td></tr>
<tr><td>1</td><td colspan="2">手钳</td><td colspan="3"></td></tr>
<tr><td>2</td><td colspan="2">台钳</td><td colspan="3"></td></tr>
<tr><td colspan="6">设备</td></tr>
<tr><td colspan="4">名称</td><td colspan="2">主要参数</td></tr>
<tr><td colspan="4">检验平台</td><td colspan="2"></td></tr>
<tr><td colspan="6">辅料</td></tr>
<tr><td colspan="2">名称</td><td colspan="3">规格</td><td>标准代号</td><td colspan="3">量具</td></tr>
<tr><td colspan="2">棉纱</td><td colspan="3"></td><td></td><td>序号</td><td>名称</td><td>公称尺寸</td></tr>
<tr><td colspan="2">砂纸</td><td colspan="3"></td><td></td><td>1</td><td>游标卡尺</td><td>0～150mm</td></tr>
<tr><td colspan="2">手套</td><td colspan="3"></td><td></td><td></td><td></td><td></td></tr>
</table>

1. 技术条件

(1) 经热冲孔成形合格的精锻件方可投入最终检验。

(2) 操作人员和检验人员应有操作、检验合格证方可上岗工作。

(3) 检验量具、设备应符合鉴定要求后方可使用，检验现场应符合品质检测要求。

2. 操作方法

(1) 用砂纸砂光和棉纱擦净抽出的精锻件的检测部位。

(2) 在检验平台按图 5-38(a) 所示的精锻件简图进行检测。

3. 检验规定

(1) 每批抽检 1%，按图 5-38(a) 所示的精锻件简图进行检测，并着重检测内孔尺寸。

(2) 每批抽检 1%，检测精锻件外观，不得有裂纹、拉伤、划痕等缺陷。

(3) 每批抽 1 个精锻件作探伤检测，应无裂纹。

(4) 做好原始记录。

					批准	
					标审	
					审查	
					校核	
标记	处数	更改文件号	签字	日期	编制	

2. 小壳体

(1) 制坯工序。

制坯工序如下。

10	制坯工艺规程

工具

序号	名称	代号
1	扳手	
2	夹钳	
3	带锯条	
4	端面车刀	

见图 5-39(b)

设备

名称	主要参数
带锯床	GB4025
车床	C616

辅料

名称	规格	标准代号
手套		
棉纱		

量具

序号	名称	公称尺寸
1	游标卡尺	0～150mm

1. 技术条件

(1) 材料应是进厂检验合格、符合 GB/T 3190—2020《变形铝及铝合金化学成分》的直径为 ϕ20mm 的 2A12 铝合金长棒料。

(2) 操作人员和检验人员应有操作、检验合格证方可上岗工作。

(3) GB4025 带锯床、车床应经鉴定合格后方可使用，工作现场应符合安全操作要求。

2. 操作方法

(1) 工作前按规定检查、调整 GB4025 带锯床、车床、量具。

(2) 夹持固定铝合金长棒料后方可进行锯切和车削加工。

(3) 制坯后的坯料长度为 20.5mm，保证车削加工后的端面平整、光滑、无毛刺。

(4) 制坯后的坯料应整齐摆放，编批交验。

3. 检验规定

(1) 检查坯料的外圆柱面、端面应圆整、光滑，不可有歪斜、缺口、碰伤、划痕、毛刺等缺陷。

(2) 按图 5-39(b) 检查外径应符合 ϕ20mm 要求，长度应符合 20.5mm 要求。

(3) 做好原始记录。

					批准	
					标审	
					审查	
					校核	
标记	处数	更改文件号	签字	日期	编制	

（2）坯料加热工序。

坯料加热工序如下。

<table>
<tr><td colspan="3">20</td><td colspan="3">坯料加热工艺规程</td></tr>
<tr><td colspan="3">工具</td><td colspan="3" rowspan="8">T/℃
450℃±20℃
30～45min
O
t/min</td></tr>
<tr><td>序号</td><td>名称</td><td>代号</td></tr>
<tr><td>1</td><td>钳子</td><td></td></tr>
<tr><td>2</td><td>铁钩</td><td></td></tr>
<tr><td colspan="3">设备</td></tr>
<tr><td colspan="2">名称</td><td>主要参数</td></tr>
<tr><td colspan="2">箱式电阻炉</td><td>RX3－30－9</td></tr>
<tr><td colspan="3">辅料</td></tr>
<tr><td>名称</td><td>规格</td><td>标准代号</td><td colspan="3">量具</td></tr>
<tr><td>手套</td><td></td><td></td><td>序号</td><td>名称</td><td>测量范围</td></tr>
<tr><td></td><td></td><td></td><td>1</td><td>热电偶</td><td></td></tr>
<tr><td></td><td></td><td></td><td>2</td><td>温控仪</td><td>0～900℃</td></tr>
</table>

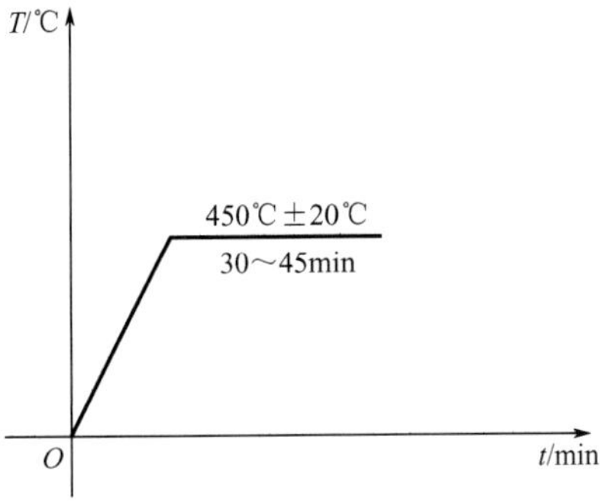

1. 技术条件

（1）坯料应是经下料、检验合格的直径为 ϕ20mm 的 2A12 铝合金坯料。

（2）操作人员和检验人员应有操作、检验合格证方可上岗工作。

（3）RX3－30－9 箱式电阻炉应经鉴定合格后方可使用，工作现场应符合安全操作要求。

2. 操作方法

（1）工作前按规定检查、调整 RX3－30－9 箱式电阻炉、热电偶、温控仪。

（2）将坯料整齐地放入 RX3－30－9 箱式电阻炉，用矿渣棉将炉门堵严，盖好炉门，确保炉温均匀一致。

（3）按坯料加热工艺规范进行加热。

3. 检验规定

做好原始记录。

					批准	
					标审	
					审查	
					校核	
标记	处数	更改文件号	签字	日期	编制	

（3）热冲孔成形工序。

热冲孔成形工序如下。

30			热冲孔成形工艺规程		
工具			见图 5－38(b)		
序号	名称	代号			
1	热冲孔成形模具				
2	夹钳				
设备					
名称	主要参数				
液压机	YA32－100				
辅料					
名称	规格	标准代号	量具		
棉布			序号	名称	公称尺寸
猪油			1	游标尺	0～150mm
不锈钢桶					

1. 技术条件

（1）经加热、保温后的坯料方可投入热冲孔成形工序作业。

（2）操作人员和检验人员应有操作、检验合格证方可上岗工作。

（3）YA32－100 液压机应经鉴定合格后方可使用，工作现场应符合安全操作要求。

2. 操作方法

（1）工作前按规定检查、调整 YA32－100 液压机、热冲孔成形模具和量具。

（2）调整 YA32－100 液压机滑块行程的上、下死点位置，系统压力为 15MPa，保压时间为 1.5s。

（3）用夹钳从 RX3－30－9 箱式电阻炉中取出加热和保温后的坯料，并放入热冲孔成形凹模的内孔型腔；按下压制按钮使滑块下降，其冲头的下端面与坯料接触，以烘烤凹模内孔型腔和冲头工作部分；重复多次该过程，直到热冲孔成形凹模的内孔型腔和冲头工作部分的温度约为 150℃。

（4）用洁净的、浸有猪油的纱布在热冲孔成形模具的冲头工作部分和凹模的内孔型腔均匀地涂抹一层猪油。

（5）用夹钳从箱式电阻炉内快速取出加热、保温后的坯料，并迅速浸入盛有猪油的不锈钢桶，再从不锈钢桶中快速取出涂覆猪油的坯件，并放入热冲孔成形模具的凹模内孔型腔进行热冲孔成形加工。

（6）将热冲孔成形的精锻件放入清洁的箱中编批交验。

3. 检验规定

（1）按图 5－38(b) 抽检，着重检测外形尺寸。

（2）检测精锻件的内、外表面，不得有裂纹、拉伤、划痕等缺陷。

（3）做好原始记录。

					批准	
					标审	
					审查	
					校核	
标记	处数	更改文件号	签字	日期	编制	

（4）最终检验工序。

最终检验工序如下。

<table>
<tr><td colspan="3">40</td><td colspan="3">最终检验工艺规程</td></tr>
<tr><td colspan="3">工具</td><td colspan="3" rowspan="8">见图 5-38(b)</td></tr>
<tr><td>序号</td><td>名称</td><td>代号</td></tr>
<tr><td>1</td><td>手钳</td><td></td></tr>
<tr><td>2</td><td>台钳</td><td></td></tr>
<tr><td colspan="3">设备</td></tr>
<tr><td colspan="2">名称</td><td>主要参数</td></tr>
<tr><td colspan="2">检验平台</td><td></td></tr>
<tr><td colspan="3">辅料</td></tr>
<tr><td>名称</td><td>规格</td><td>标准代号</td><td colspan="3">量具</td></tr>
<tr><td>棉纱</td><td></td><td></td><td>序号</td><td>名称</td><td>公称尺寸</td></tr>
<tr><td>砂纸</td><td></td><td></td><td>1</td><td>游标卡尺</td><td>0～150mm</td></tr>
<tr><td>手套</td><td></td><td></td><td></td><td></td><td></td></tr>
</table>

1. 技术条件

（1）经热冲孔成形合格的精锻件方可投入最终检验。

（2）操作人员和检验人员应有操作、检验合格证方可上岗工作。

（3）检验量具、设备应符合鉴定要求后方可使用，检验现场应符合品质检测要求。

2. 操作方法

（1）用砂纸砂光和棉纱擦净抽出的精锻件的检测部位。

（2）在检验平台按图 5-38(b) 所示的精锻件简图进行检测。

3. 检验规定

（1）每批抽检 1%，按图 5-38(b) 所示的精锻件简图进行检测，并着重检测内孔尺寸。

（2）每批抽检 1%，检测精锻件外观，不得有裂纹、拉伤、划痕等缺陷。

（3）每批抽 1 个精锻件作探伤检测，应无裂纹。

（4）做好原始记录。

					批准	
					标审	
					审查	
					校核	
标记	处数	更改文件号	签字	日期	编制	

5.6 2A12 铝合金锥形壳体的精密锻造成形

图 5-45 所示 2A12 铝合金锥形壳体零件简图。

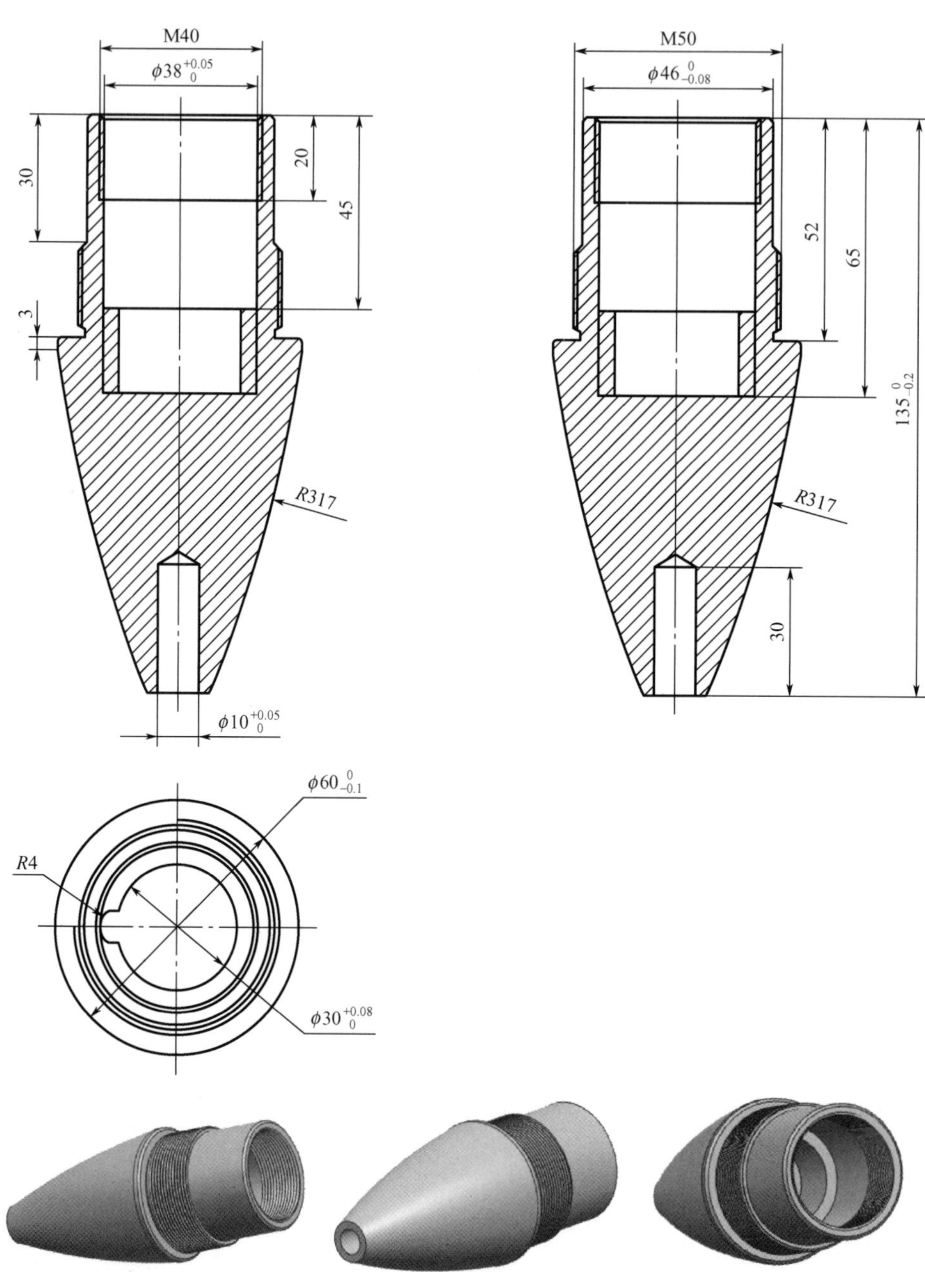

图 5-45　2A12 铝合金锥形壳体零件简图

对于这种具有阶梯内孔、阶梯外形的锥形零件，可采用圆柱体坯料经正挤压制坯＋复合挤压预成形＋镦挤成形的精密锻造成形方法生产。精密锻造成形的 2A12 铝合金锥形壳体锻件，其内、外表面和上、下端面均留有少量后续切削加工余量[27]。

图 5 - 46 所示为锥形壳体精锻件简图。

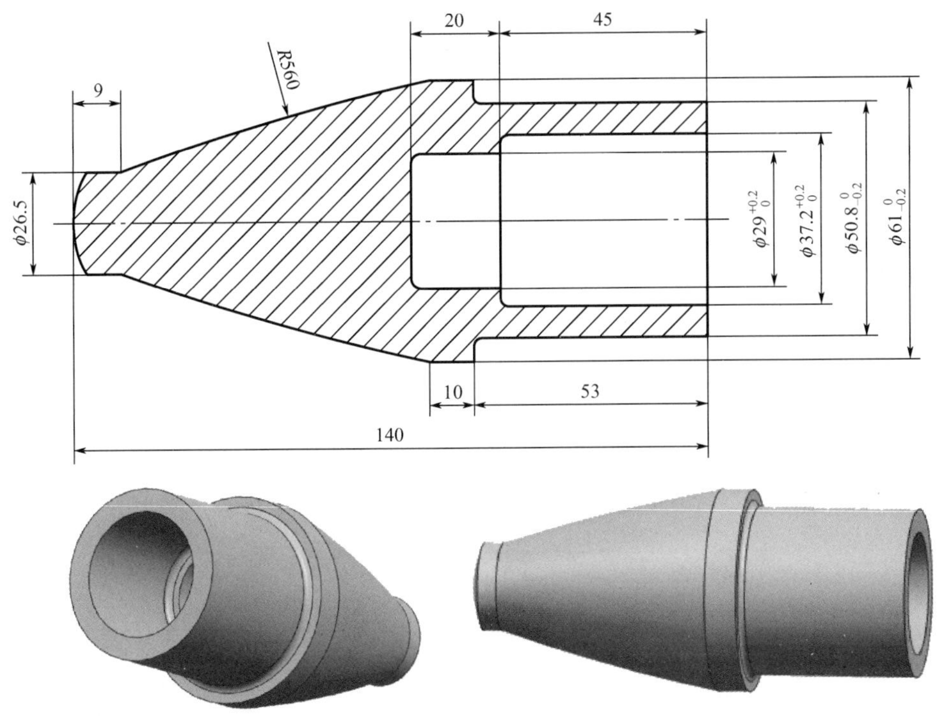

图 5 - 46 锥形壳体精锻件简图

5.6.1 锥形壳体精密锻造成形工艺流程

(1) 下料。在 GB4025 带锯床上，将直径为 φ50mm 的 2A12 铝合金圆棒料锯切成长度为 103mm 的坯料，如图 5 - 47 所示。

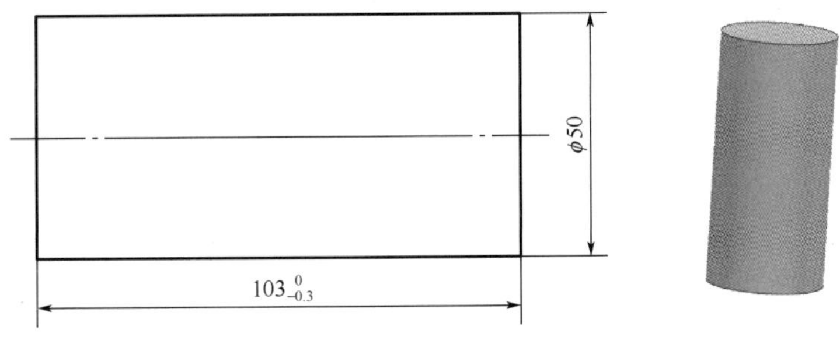

图 5 - 47 坯料形状和尺寸

(2) 粗车加工。在 C616 车床上，对坯料的两个端面进行车削加工，得到图 5 - 48 所示的粗车坯件，并保证粗车坯件的端面表面粗糙度小于 $Ra6.3\mu m$、两端面与外形的垂直度小于 0.10mm。

(3) 粗车坯件加热。在 RX3 - 45 - 9 箱式电阻炉中加热粗车坯件，其加热温度规范如下：加热温度为 450℃ ± 20℃，保温时间为 90～120min，采用 XCT - 101 温控仪控制温度。

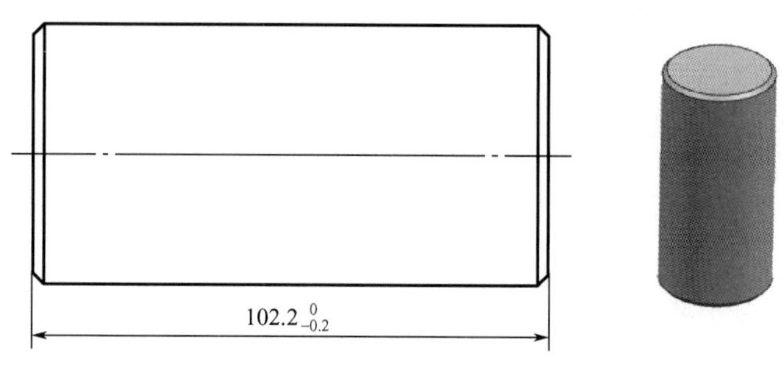

图 5-48　粗车坯件

（4）热正挤压制坯。从 RX3-45-9 箱式电阻炉中取出加热到 430～470℃并保温一段时间的粗车坯件，立即浸入猪油＋MoS_2 润滑剂，然后快速将粗车坯件放入热正挤压制坯模具的内孔型腔进行热正挤压制坯加工，得到图 5-49 所示的制坯件。

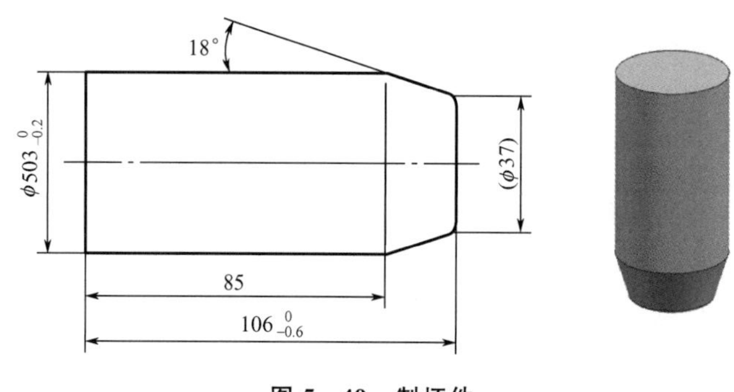

图 5-49　制坯件

在热正挤压制坯过程中，润滑模具的方法是用毛刷将猪油＋MoS_2 润滑剂均匀地涂抹在热正挤压制坯模具的冲头的下端面和凹模的内孔型腔中。

（5）制坯件加热。在 RX3-45-9 箱式电阻炉中加热制坯件，其加热温度规范如下：加热温度为 450℃±20℃，保温时间为 60～90min，采用 XCT-101 温控仪控制温度。

（6）热复合挤压预成形。从 RX3-45-9 箱式电阻炉中取出加热到 430～470℃并保温一段时间的制坯件，立即浸入猪油＋MoS_2 润滑剂，然后快速将制坯件放入热复合挤压预成形模具的内孔型腔进行热复合挤压预成形加工，得到图 5-50 所示的预成形件。

在热复合挤压预成形过程中，润滑模具的方法是用毛刷将猪油＋MoS_2 润滑剂均匀地涂抹在热复合挤压预成形模具冲头的工作表面和凹模的内孔型腔中。

（7）预成形件加热。在 RX3-45-9 箱式电阻炉中加热预成形件，其加热温度规范如下：加热温度为 450℃±20℃，保温时间为 60～90min，采用 XCT-101 温控仪控制温度。

（8）热镦挤成形。从 RX3-45-9 箱式电阻炉中取出加热到 430～470℃并保温后的预成形件，立即浸入猪油＋MoS_2 润滑剂，然后快速将预成形件放入热镦挤成形模具的内孔型腔进行热镦挤成形加工，得到图 5-46 所示的精锻件。

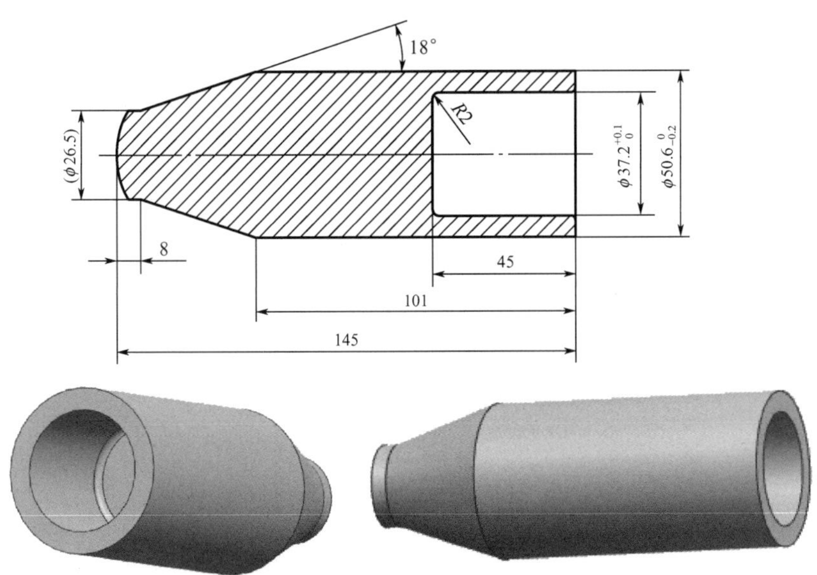

图 5－50 预成形件

在热镦挤成形过程中，润滑模具的方法是用毛刷将猪油＋MoS_2润滑剂均匀地涂抹在热镦挤成形模具冲头的工作表面和凹模的内孔型腔中。

图 5－51 所示为锥形壳体的制坯件、预成形件、精锻件、由精锻件加工而成的零件实物。

图 5－51 锥形壳体的制坯件、预成形件、精锻件、由精锻件加工而成的零件实物

5.6.2 锥形壳体精密锻造成形模具结构

图 5－52 所示为锥形壳体精密锻造成形模具的模架结构。该模架是一种具有四组导柱、导套组成导向机构的通用模架。图 5－53 所示为热正挤压制坯模具结构。图 5－54 所示为热复合挤压预成形模具结构。图 5－55 所示为热镦挤成形模具结构。

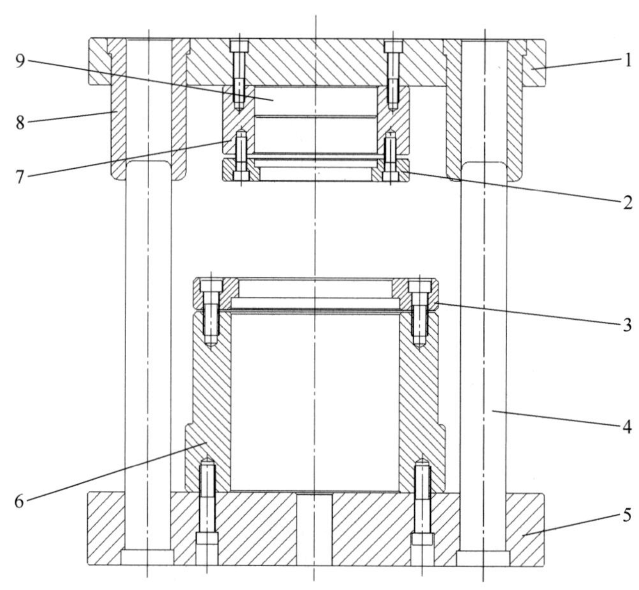

1—上模板；2—上模压板；3—下模压板；4—导柱；5—下模板；6—下模座；7—上模座；8—导套；9—上模垫块。

图 5-52 锥形壳体精密锻造成形模具的模架结构

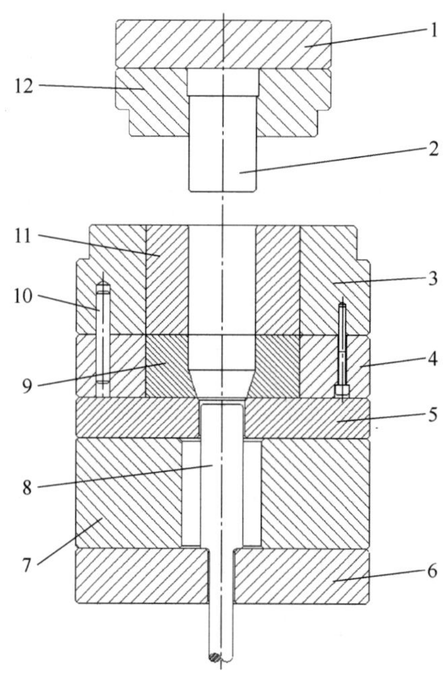

1—冲头垫板；2—冲头；3—上凹模外套；4—下凹模外套；5—下模垫板；6—顶杆垫板；7—下衬套；8—顶料杆；9—下凹模芯；10—圆柱销；11—上凹模芯；12—冲头外套。

图 5-53 热正挤压制坯模具结构

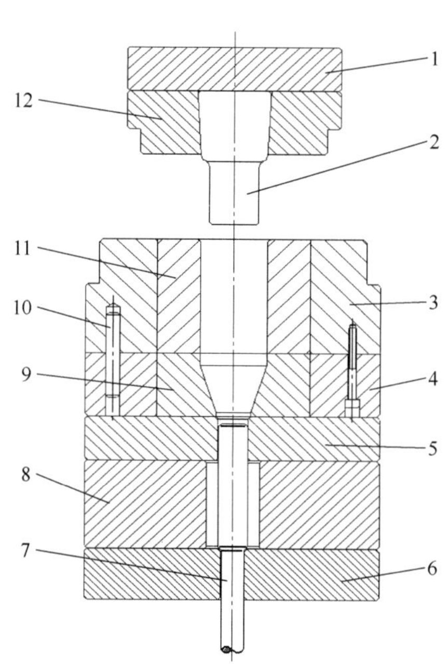

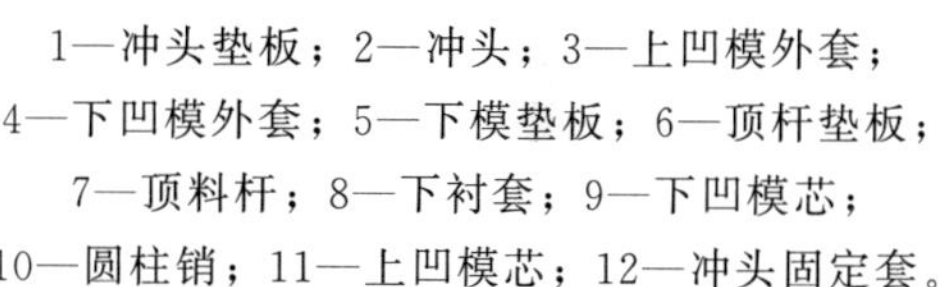
1—冲头垫板；2—冲头；3—上凹模外套；
4—下凹模外套；5—下模垫板；6—顶杆垫板；
7—顶料杆；8—下衬套；9—下凹模芯；
10—圆柱销；11—上凹模芯；12—冲头固定套。

图 5-54 热复合挤压预成形模具结构

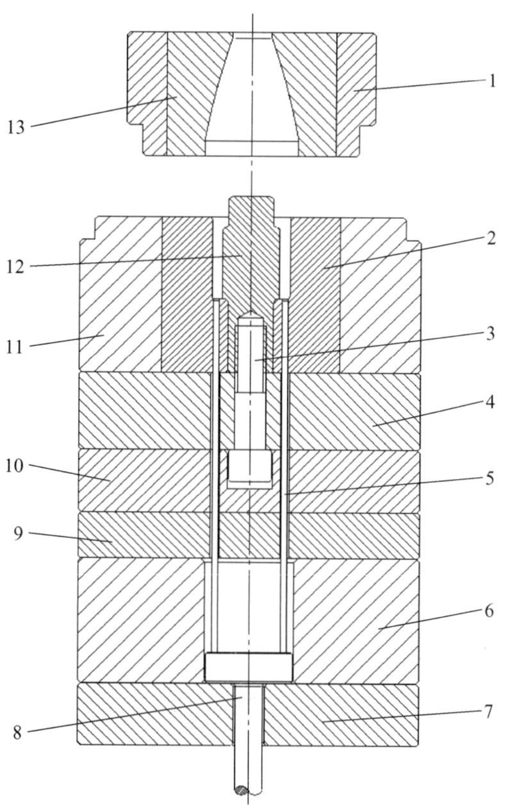

1—上模外套；2—凹模芯；3—紧固螺钉；
4—凹模垫板；5—顶料杆；6—下衬套；
7—顶杆垫板；8—顶杆；9—下模衬垫；
10—下模垫板；11—凹模外套；
12—凹模芯轴；13—上模芯。

图 5-55 热镦挤成形模具结构

若将图 5-53 所示热正挤压制坯模具的冲头垫板 1、冲头 2、上凹模外套 3、下凹模外套 4、下模垫板 5、顶杆垫板 6、下衬套 7、顶料杆 8、下凹模芯 9、圆柱销 10、上凹模芯 11、冲头外套 12 等模具零件装入该模架，则可以进行热正挤压制坯加工，得到图 5-49 所示的制坯件。

若将图 5-54 所示热复合挤压预成形模具的冲头垫板 1、冲头 2、上凹模外套 3、下凹模外套 4、下模垫板 5、顶杆垫板 6、顶料杆 7、下衬套 8、下凹模芯 9、圆柱销 10、上凹模芯 11、冲头固定套 12 等模具零件装入该模架，则可以进行热复合挤压预成形加工，得到图 5-50 所示的预成形件。

若将图 5-55 所示热镦挤成形模具的上模外套 1、凹模芯 2、紧固螺钉 3、凹模垫板 4、顶料杆 5、下衬套 6、顶杆垫板 7、顶杆 8、下模衬垫 9、下模垫板 10、凹模外套 11、凹模芯轴 12、上模芯 13 等模具零件装入该模架，则可以进行热镦挤成形加工，得到图 5-46 所示的精锻件。

5.6.3 锥形壳体精密锻造成形过程的工艺规程

1. 下料工序

下料工序如下。

<table>
<tr><td colspan="3">10</td><td colspan="3">下料工艺规程</td></tr>
<tr><td colspan="3">工具</td><td colspan="3" rowspan="10">见图 5 - 47</td></tr>
<tr><td>序号</td><td>名称</td><td>代号</td></tr>
<tr><td>1</td><td>扳手</td><td></td></tr>
<tr><td>2</td><td>夹钳</td><td></td></tr>
<tr><td>3</td><td>带锯条</td><td></td></tr>
<tr><td colspan="3">设备</td></tr>
<tr><td colspan="2">名称</td><td>主要参数</td></tr>
<tr><td colspan="2">带锯床</td><td>GB4025</td></tr>
<tr><td colspan="2"></td><td></td></tr>
<tr><td colspan="3">辅料</td></tr>
<tr><td>名称</td><td>规格</td><td>标准代号</td><td colspan="3">量具</td></tr>
<tr><td>手套</td><td></td><td></td><td>序号</td><td>名称</td><td>公称尺寸</td></tr>
<tr><td>棉纱</td><td></td><td></td><td>1</td><td>游标卡尺</td><td>0～150mm</td></tr>
<tr><td></td><td></td><td></td><td>2</td><td>卷尺</td><td>0～5000mm</td></tr>
</table>

1. 技术条件

(1) 材料应是进厂检验合格、符合 GB/T 3190—2020《变形铝及铝合金化学成分》的直径为 ϕ50mm 的 2A12 铝合金圆棒料。

(2) 操作人员和检验人员应有操作、检验合格证方可上岗工作。

(3) GB4025 带锯床应经鉴定合格后方可使用，工作现场应符合安全操作要求。

2. 操作方法

(1) 工作前按规定检查、调整 GB4025 带锯床、量具。

(2) 夹持固定铝合金圆棒料后方可进行锯切下料。

(3) 锯切后坯料长度为 103mm，锯切端面应平整、光滑。

(4) 锯切后的坯料应整齐摆放，编批交验。

3. 检验规定

(1) 检查坯料的锯切端面应圆整、光滑，不可有歪斜、缺口等缺陷。

(2) 按图 5 - 47 检查外径应符合 ϕ50mm 要求，长度应符合 103mm 要求。

(3) 做好原始记录。

<table>
<tr><td></td><td></td><td></td><td></td><td></td><td>批准</td><td></td></tr>
<tr><td></td><td></td><td></td><td></td><td></td><td>标审</td><td></td></tr>
<tr><td></td><td></td><td></td><td></td><td></td><td>审查</td><td></td></tr>
<tr><td></td><td></td><td></td><td></td><td></td><td>校核</td><td></td></tr>
<tr><td>标记</td><td>处数</td><td>更改文件号</td><td>签字</td><td>日期</td><td>编制</td><td></td></tr>
</table>

2. 粗车加工工序

粗车加工工序如下。

<table>
<tr><td colspan="6">20</td><td colspan="3">粗车加工工艺规程</td></tr>
<tr><td colspan="6">工具</td><td colspan="3" rowspan="10">见图 5－48</td></tr>
<tr><td>序号</td><td colspan="3">名称</td><td colspan="2">代号</td></tr>
<tr><td>1</td><td colspan="3">扳手</td><td colspan="2"></td></tr>
<tr><td>2</td><td colspan="3">夹钳</td><td colspan="2"></td></tr>
<tr><td>3</td><td colspan="3">端面车刀</td><td colspan="2"></td></tr>
<tr><td colspan="6">设备</td></tr>
<tr><td colspan="3">名称</td><td colspan="3">主要参数</td></tr>
<tr><td colspan="3">车床</td><td colspan="3">C616</td></tr>
<tr><td colspan="3"></td><td colspan="3"></td></tr>
<tr><td colspan="6">辅料</td></tr>
<tr><td colspan="2">名称</td><td colspan="3">规格</td><td>标准代号</td><td colspan="3">量具</td></tr>
<tr><td colspan="2">手套</td><td colspan="3"></td><td></td><td>序号</td><td>名称</td><td>公称尺寸</td></tr>
<tr><td colspan="2">棉纱</td><td colspan="3"></td><td></td><td>1</td><td>游标卡尺</td><td>0～150mm</td></tr>
<tr><td colspan="2"></td><td colspan="3"></td><td></td><td></td><td></td><td></td></tr>
</table>

1. 技术条件

（1）坯料应是经下料和检验合格的、直径为 ϕ50mm 的 2A12 铝合金坯料。

（2）操作人员和检验人员应有操作、检验合格证方可上岗工作。

（3）C616 车床应经鉴定合格后方可使用，工作现场应符合安全操作要求。

2. 操作方法

（1）工作前按规定检查、调整 C616 车床、量具。

（2）夹持固定坯料后方可进行车削加工。

（3）车削加工后粗车坯件长度为 102.2mm，车削加工的端面应平整、光滑、无毛刺。

（4）车削加工后的粗车坯件应整齐摆放，编批交验。

3. 检验规定

（1）检查粗车坯件的车加工端面应圆整、光滑，不可有歪斜、缺口、毛刺等缺陷。

（2）按图 5－48 检查外径应符合 ϕ50mm 要求，长度应符合 102.2mm 要求。

（3）做好原始记录。

					批准	
					标审	
					审查	
					校核	
标记	处数	更改文件号	签字	日期	编制	

3. 粗车坯件加热工序

粗车坯件加热工序如下。

<table>
<tr><td colspan="3">30</td><td colspan="3">粗车坯件加热工艺规程</td></tr>
<tr><td colspan="3">工具</td><td colspan="3" rowspan="8">T/℃
450℃±20℃
90～120min
O
t/min</td></tr>
<tr><td>序号</td><td>名称</td><td>代号</td></tr>
<tr><td>1</td><td>钳子</td><td></td></tr>
<tr><td>2</td><td>铁钩</td><td></td></tr>
<tr><td colspan="3">设备</td></tr>
<tr><td>名称</td><td colspan="2">主要参数</td></tr>
<tr><td>箱式电阻炉</td><td colspan="2">RX3－45－9</td></tr>
<tr><td colspan="3">辅料</td></tr>
<tr><td>名称</td><td>规格</td><td>标准代号</td><td colspan="3">量具</td></tr>
<tr><td>手套</td><td></td><td></td><td>序号</td><td>名称</td><td>测量范围</td></tr>
<tr><td></td><td></td><td></td><td>1</td><td>热电偶</td><td></td></tr>
<tr><td></td><td></td><td></td><td>2</td><td>温控仪</td><td>0～900℃</td></tr>
</table>

1. 技术条件

(1) 坯件应是经粗车加工、检验合格的直径为 ϕ50mm 的粗车坯件。

(2) 操作人员和检验人员应有操作、检验合格证方可上岗工作。

(3) RX3－45－9 箱式电阻炉应经鉴定合格后方可使用，工作现场应符合安全操作要求。

2. 操作方法

(1) 工作前按规定检查、调整 RX3－45－9 箱式电阻炉、热电偶、温控仪。

(2) 将粗车坯件整齐地放入 RX3－45－9 箱式电阻炉，用矿渣棉将炉门堵严，盖好炉门，确保炉温均匀一致。

(3) 按粗车坯件加热工艺规范进行加热。

3. 检验规定

做好原始记录。

					批准	
					标审	
					审查	
					校核	
标记	处数	更改文件号	签字	日期	编制	

4. 热正挤压制坯工序

热正挤压制坯工序如下。

<table>
<tr><td colspan="3">40</td><td colspan="3">热正挤压制坯工艺规程</td></tr>
<tr><td colspan="3">工具</td><td colspan="3" rowspan="8">见图 5 - 49</td></tr>
<tr><td>序号</td><td>名称</td><td>代号</td></tr>
<tr><td>1</td><td>热正挤压制坯模具</td><td></td></tr>
<tr><td>2</td><td>夹钳</td><td></td></tr>
<tr><td colspan="3">设备</td></tr>
<tr><td>名称</td><td colspan="2">主要参数</td></tr>
<tr><td>液压机</td><td colspan="2">YA32 - 500</td></tr>
<tr><td colspan="3">辅料</td></tr>
<tr><td>名称</td><td>规格</td><td>标准代号</td><td colspan="3">量具</td></tr>
<tr><td>棉布</td><td></td><td></td><td>序号</td><td>名称</td><td>公称尺寸</td></tr>
<tr><td>猪油</td><td></td><td></td><td>1</td><td>游标尺</td><td>0～150mm</td></tr>
<tr><td>MoS_2</td><td></td><td></td><td></td><td></td><td></td></tr>
<tr><td>不锈钢桶</td><td></td><td></td><td></td><td></td><td></td></tr>
</table>

1. 技术条件

（1）经加热、保温后的粗车坯件方可投入热正挤压制坯工序作业。

（2）操作人员和检验人员应有操作、检验合格证方可上岗工作。

（3）YA32 - 500 液压机应经鉴定合格后方可使用，工作现场应符合安全操作要求。

2. 操作方法

（1）工作前按规定检查、调整 YA32 - 500 液压机、热正挤压制坯模具和量具。

（2）调整 YA32 - 500 液压机滑块行程的上、下死点位置，系统压力为 24MPa，保压时间为 1.5s。

（3）用夹钳从 RX3 - 45 - 9 箱式电阻炉中取出加热和保温后的粗车坯件，并放入热正挤压制坯凹模的内孔型腔；按下压制按钮，使滑块下降，其冲头的下端面与粗车坯件接触，以烘烤凹模内孔型腔和冲头工作部分；重复多次该过程，直到热正挤压制坯凹模的内孔型腔和冲头工作部分的温度约为 150℃。

（4）用洁净的、浸有猪油＋MoS_2 润滑剂的纱布在热正挤压制坯模具的冲头工作部分和凹模的内孔型腔均匀地涂抹一层润滑剂。

（5）用夹钳从 RX3 - 45 - 9 箱式电阻炉内快速取出加热和保温后的粗车坯件，并迅速浸入盛有猪油＋MoS_2 润滑剂的不锈钢桶，再从不锈钢桶中快速取出涂覆猪油＋MoS_2 润滑剂的粗车坯件，并放入热正挤压制坯模具的凹模内孔型腔进行热正挤压制坯加工。

（6）将热正挤压制坯加工的制坯件放入清洁的箱中编批交验。

3. 检验规定

（1）按图 5 - 49 抽检，着重检测外形尺寸。

（2）检测制坯件的表面，不得有裂纹、拉伤、划痕等缺陷。

（3）做好原始记录。

					批准	
					标审	
					审查	
					校核	
标记	处数	更改文件号	签字	日期	编制	

5. 制坯件加热工序

制坯件加热工序如下。

<table>
<tr><td colspan="5">50</td><td colspan="3">制坯件加热工艺规程</td></tr>
<tr><td colspan="5">工具</td><td colspan="3" rowspan="8">T/℃
450℃±20℃
60～90min
O
t/min</td></tr>
<tr><td>序号</td><td colspan="2">名称</td><td colspan="2">代号</td></tr>
<tr><td>1</td><td colspan="2">钳子</td><td colspan="2"></td></tr>
<tr><td>2</td><td colspan="2">铁钩</td><td colspan="2"></td></tr>
<tr><td colspan="5">设备</td></tr>
<tr><td colspan="3">名称</td><td colspan="2">主要参数</td></tr>
<tr><td colspan="3">箱式电阻炉</td><td colspan="2">RX3-45-9</td></tr>
<tr><td colspan="5">辅料</td></tr>
<tr><td colspan="2">名称</td><td colspan="2">规格</td><td>标准代号</td><td colspan="3">量具</td></tr>
<tr><td colspan="2">手套</td><td colspan="2"></td><td></td><td>序号</td><td>名称</td><td>测量范围</td></tr>
<tr><td colspan="2"></td><td colspan="2"></td><td></td><td>1</td><td>热电偶</td><td></td></tr>
<tr><td colspan="2"></td><td colspan="2"></td><td></td><td>2</td><td>温控仪</td><td>0～900℃</td></tr>
</table>

1. 技术条件

(1) 坯件应是经热正挤压制坯、检验合格的制坯件。

(2) 操作人员和检验人员应有操作、检验合格证方可上岗工作。

(3) RX3-45-9箱式电阻炉应经鉴定合格后方可使用，工作现场应符合安全操作要求。

2. 操作方法

(1) 工作前按规定检查、调整RX3-45-9箱式电阻炉、热电偶、温控仪。

(2) 将制坯件整齐地放入RX3-45-9箱式电阻炉，用矿渣棉将炉门堵严，盖好炉门，确保炉温均匀一致。

(3) 按制坯件加热工艺规范进行加热。

3. 检验规定

做好原始记录。

<table>
<tr><td></td><td></td><td></td><td></td><td></td><td>批准</td><td></td></tr>
<tr><td></td><td></td><td></td><td></td><td></td><td>标审</td><td></td></tr>
<tr><td></td><td></td><td></td><td></td><td></td><td>审查</td><td></td></tr>
<tr><td></td><td></td><td></td><td></td><td></td><td>校核</td><td></td></tr>
<tr><td>标记</td><td>处数</td><td>更改文件号</td><td>签字</td><td>日期</td><td>编制</td><td></td></tr>
</table>

6. 热复合挤压预成形工序

热复合挤压预成形工序如下。

<table>
<tr><td colspan="4">60</td><td colspan="3">热复合挤压预成形工艺规程</td></tr>
<tr><td colspan="4">工具</td><td colspan="3" rowspan="8">见图 5 - 50</td></tr>
<tr><td>序号</td><td colspan="2">名称</td><td>代号</td></tr>
<tr><td>1</td><td colspan="2">热复合挤压预成形模具</td><td></td></tr>
<tr><td>2</td><td colspan="2">夹钳</td><td></td></tr>
<tr><td colspan="4">设备</td></tr>
<tr><td>名称</td><td colspan="3">主要参数</td></tr>
<tr><td>液压机</td><td colspan="3">YA32 - 500</td></tr>
<tr><td colspan="4">辅料</td></tr>
<tr><td>名称</td><td>规格</td><td colspan="2">标准代号</td><td colspan="3">量具</td></tr>
<tr><td>棉布</td><td></td><td colspan="2"></td><td>序号</td><td>名称</td><td>公称尺寸</td></tr>
<tr><td>猪油</td><td></td><td colspan="2"></td><td>1</td><td>游标尺</td><td>0～300mm</td></tr>
<tr><td>MoS_2</td><td></td><td colspan="2"></td><td></td><td></td><td></td></tr>
<tr><td>不锈钢桶</td><td></td><td colspan="2"></td><td></td><td></td><td></td></tr>
</table>

1. 技术条件

(1) 经加热、保温后的制坯件方可投入热复合挤压预成形工序作业。

(2) 操作人员和检验人员应有操作、检验合格证方可上岗工作。

(3) YA32 - 500 液压机应经鉴定合格后方可使用，工作现场应符合安全操作要求。

2. 操作方法

(1) 工作前按规定检查、调整 YA32 - 500 液压机、热复合挤压预成形模具和量具。

(2) 调整 YA32 - 500 液压机滑块行程的上、下死点位置，系统压力为 24MPa，保压时间为 1.5s。

(3) 用夹钳从 RX3 - 45 - 9 箱式电阻炉中取出加热和保温后的制坯件，并放入热复合挤压预成形凹模的内孔型腔；按下压制按钮，使滑块下降，其冲头的下端面与制坯件接触，以烘烤凹模内孔型腔和冲头工作部分；重复多次该过程，直到热复合挤压预成形凹模的内孔型腔和冲头工作部分的温度约为 150℃。

(4) 用洁净的、浸有猪油＋MoS_2 润滑剂的纱布在热复合挤压预成形模具冲头的工作部分和凹模的内孔型腔均匀地涂抹一层润滑剂。

(5) 用夹钳从 RX3 - 45 - 9 箱式电阻炉内快速取出加热和保温后的制坯件，并迅速浸入盛有猪油＋MoS_2 润滑剂的不锈钢桶，再从不锈钢桶中快速取出涂覆猪油＋MoS_2 润滑剂的制坯件，并放入热复合挤压预成形模具的凹模内孔型腔进行热复合挤压预成形加工。

(6) 将热复合挤压预成形加工的预成形件放入清洁的箱中编批交验。

3. 检验规定

(1) 按图 5 - 50 抽检，着重检测外形尺寸和内孔尺寸。

(2) 检测预成形件的表面，不得有裂纹、折叠、拉伤、划痕等缺陷。

(3) 做好原始记录。

<table>
<tr><td></td><td></td><td></td><td></td><td></td><td>批准</td><td></td></tr>
<tr><td></td><td></td><td></td><td></td><td></td><td>标审</td><td></td></tr>
<tr><td></td><td></td><td></td><td></td><td></td><td>审查</td><td></td></tr>
<tr><td></td><td></td><td></td><td></td><td></td><td>校核</td><td></td></tr>
<tr><td>标记</td><td>处数</td><td>更改文件号</td><td>签字</td><td>日期</td><td>编制</td><td></td></tr>
</table>

7. 预成形件加热工序

预成形件加热工序如下。

70	预成形件加热工艺规程

工具

序号	名称	代号
1	钳子	
2	铁钩	

设备

名称	主要参数
箱式电阻炉	RX3－45－9

辅料

名称	规格	标准代号
手套		

T/℃

450℃±20℃

60～90min

O

t/min

量具

序号	名称	测量范围
1	热电偶	
2	温控仪	0～900℃

1. 技术条件

(1) 预成形件应是经热复合挤压预成形、检验合格的。

(2) 操作人员和检验人员应有操作、检验合格证方可上岗工作。

(3) RX3－45－9 箱式电阻炉应经鉴定合格后方可使用，工作现场应符合安全操作要求。

2. 操作方法

(1) 工作前按规定检查、调整 RX3－45－9 箱式电阻炉、热电偶、温控仪。

(2) 将预成形件整齐地放入 RX3－45－9 箱式电阻炉，用矿渣棉将炉门堵严，盖好炉门，确保炉温均匀一致。

(3) 按预成形件加热工艺规范进行加热。

3. 检验规定

做好原始记录。

					批准	
					标审	
					审查	
					校核	
标记	处数	更改文件号	签字	日期	编制	

8. 热镦挤成形工序

热镦挤成形工序如下。

80			热镦挤成形工艺规程		
工具			见图 5-46		
序号	名称	代号			
1	热镦挤成形模具				
2	夹钳				
设备					
名称	主要参数				
液压机	YA32-500				
辅料					
名称	规格	标准代号	量具		
棉布			序号	名称	公称尺寸
猪油			1	游标尺	0～300mm
MoS_2					
不锈钢桶					

1. 技术条件

(1) 经加热、保温后的预成形件方可投入热镦挤成形工序作业。

(2) 操作人员和检验人员应有操作、检验合格证方可上岗工作。

(3) YA32-500 液压机应经鉴定合格后方可使用，工作现场应符合安全操作要求。

2. 操作方法

(1) 工作前按规定检查、调整 YA32-500 液压机、热镦挤成形模具和量具。

(2) 调整 YA32-500 液压机滑块行程的上、下死点位置，系统压力为 24MPa，保压时间为 1.5s。

(3) 用夹钳从 RX3-45-9 箱式电阻炉中取出加热和保温后的预成形件，并放入热镦挤成形凹模的内孔型腔；按下压制按钮，使滑块下降，其冲头的下端面与预成形件接触，以烘烤凹模内孔型腔和冲头工作部分；重复多次该过程，直到热镦挤成形凹模的内孔型腔和冲头工作部分的温度约为 150℃。

(4) 用洁净的、浸有猪油＋MoS_2 润滑剂的纱布在热镦挤成形模具冲头的工作部分和凹模的内孔型腔均匀地涂抹一层润滑剂。

(5) 用夹钳从 RX3-45-9 箱式电阻炉内快速取出加热和保温后的预成形件，并迅速浸入盛有猪油＋MoS_2 润滑剂的不锈钢桶，再从不锈钢桶中快速取出涂覆猪油＋MoS_2 润滑剂的预成形件，并放入热镦挤成形模具的凹模内孔型腔进行热镦挤成形加工。

(6) 将热镦挤成形加工的精锻件放入清洁的箱中编批交验。

3. 检验规定

(1) 按图 5-46 抽检，着重检测外形尺寸和内孔尺寸。

(2) 检测精锻件的表面，不得有裂纹、折叠、拉伤、划痕等缺陷。

(3) 做好原始记录。

					批准	
					标审	
					审查	
					校核	
标记	处数	更改文件号	签字	日期	编制	

9. 最终检验工序

最终检验工序如下。

<table>
<tr><td colspan="3">90</td><td colspan="3">最终检验工艺规程</td></tr>
<tr><td colspan="3">工具</td><td colspan="3" rowspan="8">见图 5 - 46</td></tr>
<tr><td>序号</td><td>名称</td><td>代号</td></tr>
<tr><td>1</td><td>手钳</td><td></td></tr>
<tr><td>2</td><td>台钳</td><td></td></tr>
<tr><td colspan="3">设备</td></tr>
<tr><td colspan="2">名称</td><td>主要参数</td></tr>
<tr><td colspan="2">检验平台</td><td></td></tr>
<tr><td colspan="3">辅料</td></tr>
<tr><td>名称</td><td>规格</td><td>标准代号</td><td colspan="3">量具</td></tr>
<tr><td>棉纱</td><td></td><td></td><td>序号</td><td>名称</td><td>公称尺寸</td></tr>
<tr><td>砂纸</td><td></td><td></td><td>1</td><td>游标卡尺</td><td>0～300mm</td></tr>
<tr><td>手套</td><td></td><td></td><td>2</td><td>百分表</td><td>0～10mm</td></tr>
</table>

1. 技术条件

(1) 经热镦挤成形合格的精锻件方可投入最终检验。

(2) 操作人员和检验人员应有操作、检验合格证方可上岗工作。

(3) 检验量具、设备应符合鉴定要求后方可使用，检验现场应符合品质检测要求。

2. 操作方法

(1) 用砂纸砂光和棉纱擦净抽出的精锻件的检测部位。

(2) 在检验平台按图 5 - 46 所示的精锻件简图进行检测。

3. 检验规定

(1) 每批抽检 1%，按图 5 - 46 所示的精锻件简图进行检测，并着重检测外形尺寸和内孔尺寸。

(2) 每批抽检 1%，检测精锻件外观，不得有裂纹、折叠、拉伤、划痕等缺陷。

(3) 每批抽 1 个精锻件作探伤检测，应无裂纹。

(4) 做好原始记录。

<table>
<tr><td></td><td></td><td></td><td></td><td></td><td>批准</td><td></td></tr>
<tr><td></td><td></td><td></td><td></td><td></td><td>标审</td><td></td></tr>
<tr><td></td><td></td><td></td><td></td><td></td><td>审查</td><td></td></tr>
<tr><td></td><td></td><td></td><td></td><td></td><td>校核</td><td></td></tr>
<tr><td>标记</td><td>处数</td><td>更改文件号</td><td>签字</td><td>日期</td><td>编制</td><td></td></tr>
</table>

5.7 2A12铝合金阀体的精密锻造成形

图 5－56 所示为阀体零件简图，该阀体的材质为 2A12 铝合金。

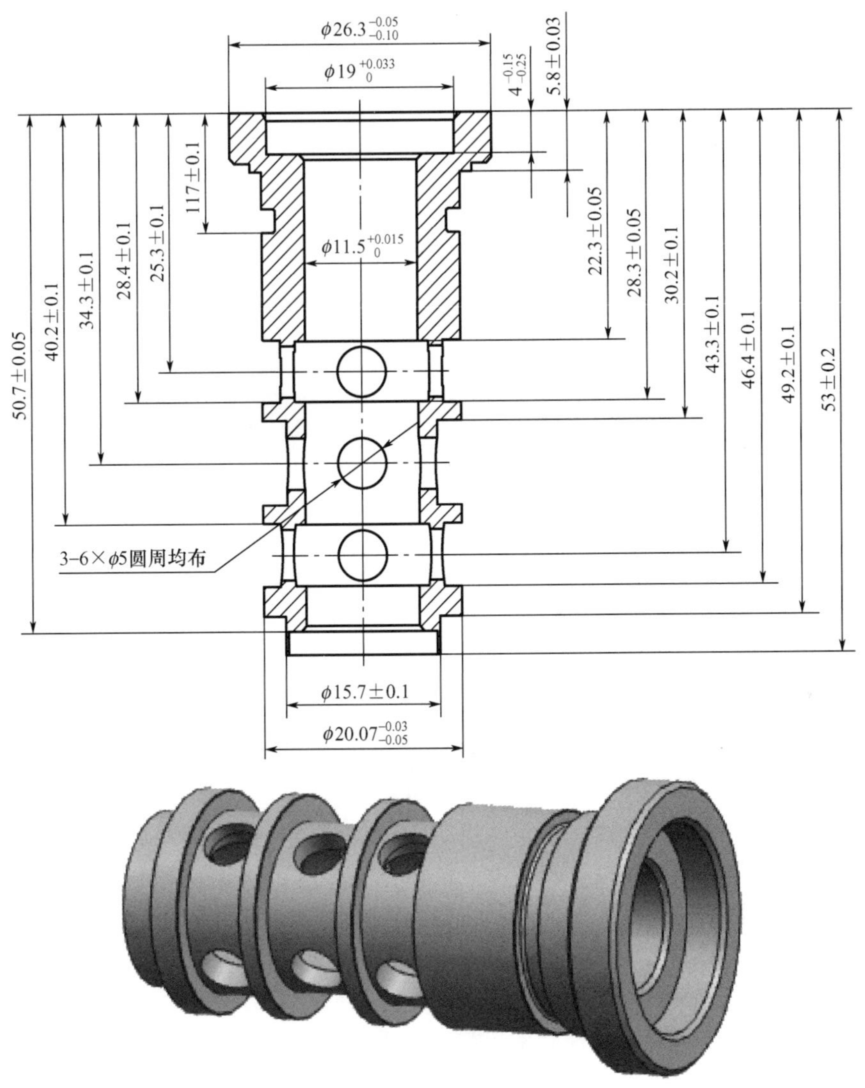

图 5－56 阀体零件简图

对于这种具有通孔的阶梯轴类零件，可采用圆柱体坯料经热镦挤制坯＋热反挤压成形的方法生产。图 5－57 所示为阀体精锻件简图。

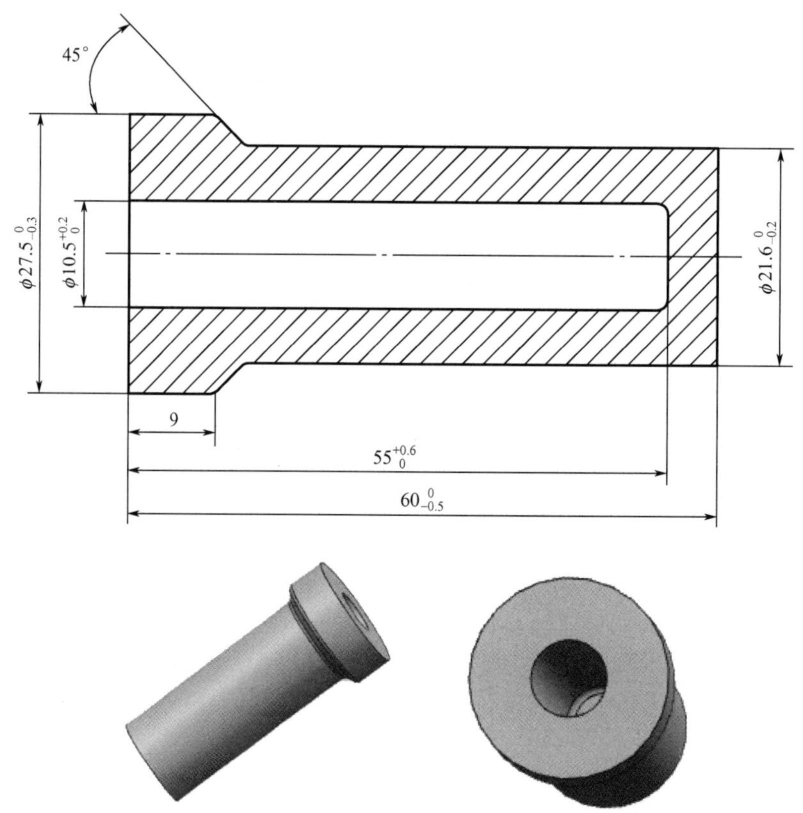

图 5-57 阀体精锻件简图

5.7.1 阀体精密锻造成形工艺流程

(1) 下料。在 GB4025 带锯床上，将直径为 ϕ20mm 的 2A12 铝合金棒料下料成长度为 56mm 的坯料。坯料的形状和尺寸如图 5-58 所示。

(2) 坯料加热。在 RX3-30-9 箱式电阻炉中加热坯料，其加热温度规范如下：加热温度为 450℃±20℃，保温时间为 30～45min，采用 XCT-101 温控仪控制温度。

(3) 热镦挤制坯。从 RX3-30-9 箱式电阻炉中取出加热到 430～470℃并保温一段时间的坯料，立即浸入猪油，然后快速将坯料放入热镦挤制坯模具的内孔型腔进行热镦挤制坯加工，得到图 5-59 所示的制坯件。

在热镦挤制坯过程中，润滑模具的方法是用毛刷将猪油均匀地涂抹在冲头的下端面和凹模的内孔型腔中。

(4) 制坯件加热。在 RX3-30-9 箱式电阻炉中加热制坯件，其加热温度规范如下：加热温度为 450℃±20℃，保温时间为 30～45min，采用 XCT-101 温控仪控制温度。

(5) 热反挤压成形。将加热到 430～470℃并保温一段时间的制坯件放入安装在 YH32-200 液压机上的热反挤压模具凹模内孔型腔中进行热反挤压成形加工，得到图 5-57所示的精锻件。

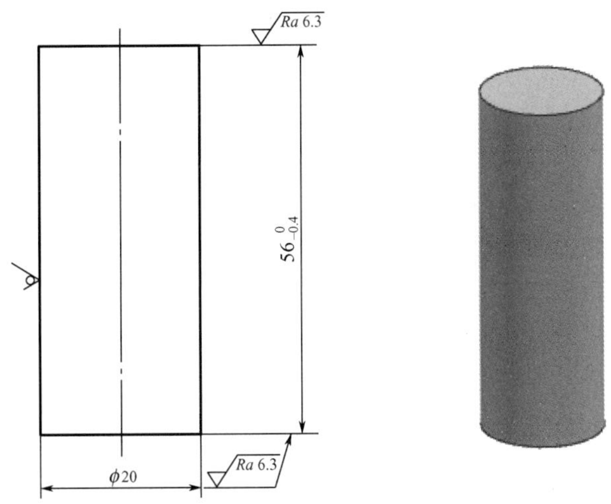

图 5-58 坯料的形状和尺寸

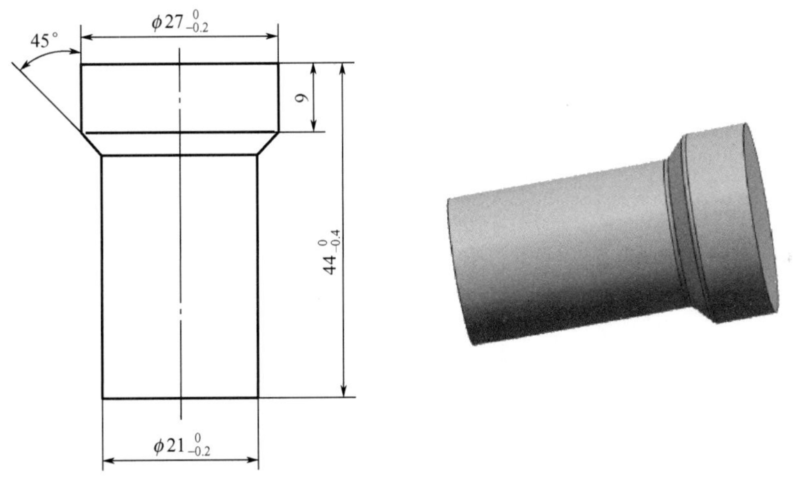

图 5-59 制坯件

在热反挤压成形过程中，润滑制坯件的方法，从 RX3-30-9 箱式电阻炉中取出加热到 430～470℃并保温一段时间的制坯件，立即浸入猪油，然后快速将制坯件放入热反挤压凹模的内孔型腔；润滑热反挤压冲头的方法是将冲头工作部分浸入装有猪油＋MoS_2润滑剂的小盒，并保持一段时间后取出，使润滑剂均匀地黏附在热反挤压冲头的工作带上。

5.7.2 阀体精密锻造成形模具的设计

对于图 5-57 所示的精锻件，其热反挤压成形工序主要用于挤压出直径为 ϕ10.5mm、孔深度为 55mm 的内孔，其冲头工作部位的直径为 ϕ10.4mm、长度需要达到 65mm，因此其长径比 $H/D \approx 6$。

为了避免因热反挤压成形模具的冲头轴心线与凹模芯的轴心线不同轴而引起细长冲头的弯曲和断裂，要求热反挤压成形模具具有高的、可靠的导向精度。

图 5-60 所示为热反挤压成形模具结构。

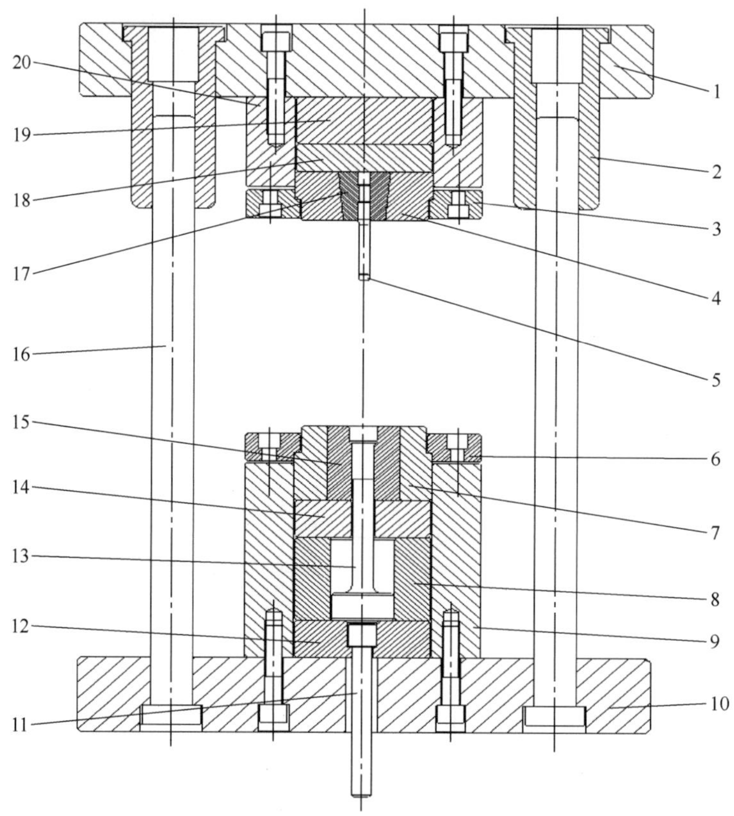

1—上模板；2—导套；3—冲头压板；4—冲头外套；5—冲头；6—凹模压板；7—凹模外套；8—下衬套；9—下模座；10—下模板；11—顶杆；12—顶杆垫板；13—顶料杆；14—凹模垫板；15—凹模芯；16—导柱；17—冲头夹套；18—冲头垫块；19—上模垫；20—上模座。

图 5-60 热反挤压成形模具结构

5.7.3 阀体精密锻造成形过程的工艺规程

1. 下料工序

下料工序如下。

<table>
<tr><td colspan="3">10</td><td colspan="3">下料工艺规程</td></tr>
<tr><td colspan="3">工具</td><td colspan="3" rowspan="10">见图 5-58</td></tr>
<tr><td>序号</td><td>名称</td><td>代号</td></tr>
<tr><td>1</td><td>带锯条</td><td></td></tr>
<tr><td>2</td><td>扳手</td><td></td></tr>
<tr><td>3</td><td>夹钳</td><td></td></tr>
<tr><td colspan="3">设备</td></tr>
<tr><td colspan="2">名称</td><td>主要参数</td></tr>
<tr><td colspan="2">带锯床</td><td>GB4025</td></tr>
<tr><td colspan="2"></td><td></td></tr>
<tr><td colspan="3">辅料</td></tr>
<tr><td>名称</td><td>规格</td><td>标准代号</td><td colspan="3">量具</td></tr>
<tr><td>手套</td><td></td><td></td><td>序号</td><td>名称</td><td>公称尺寸</td></tr>
<tr><td>棉纱</td><td></td><td></td><td>1</td><td>游标卡尺</td><td>0～150mm</td></tr>
<tr><td></td><td></td><td></td><td>2</td><td>卷尺</td><td>0～2000mm</td></tr>
</table>

1. 技术条件

(1) 材料应是进厂检验合格、符合 GB/T 3190—2020《变形铝及铝合金化学成分》的直径为 ϕ20mm 的 2A12 铝合金长棒料。

(2) 操作人员和检验人员应有操作、检验合格证方可上岗工作。

(3) GB4025 带锯床应经鉴定合格后方可使用，工作现场应符合安全操作要求。

2. 操作方法

(1) 工作前按规定检查、调整 GB4025 带锯床、带锯条、夹具、量具。

(2) 夹持固定坯料后方可下料。

(3) 下料长度为 56mm，锯口应平整、端正。

(4) 锯下的坯料应整齐摆放，编批交验。

3. 检验规定

(1) 检查坯料的端面应圆整、平齐，不可有歪斜、飞刺等缺陷。

(2) 按图 5-58 检查外径应符合 ϕ20mm 要求，长度应符合 56mm 要求。

(3) 做好原始记录。

<table>
<tr><td></td><td></td><td></td><td></td><td></td><td>批准</td><td></td></tr>
<tr><td></td><td></td><td></td><td></td><td></td><td>标审</td><td></td></tr>
<tr><td></td><td></td><td></td><td></td><td></td><td>审查</td><td></td></tr>
<tr><td></td><td></td><td></td><td></td><td></td><td>校核</td><td></td></tr>
<tr><td>标记</td><td>处数</td><td>更改文件号</td><td>签字</td><td>日期</td><td>编制</td><td></td></tr>
</table>

2. 坯料加热工序

坯料加热工序如下。

20	坯料加热工艺规程

工具

序号	名称	代号
1	钳子	
2	铁钩	

设备

名称	主要参数
箱式电阻炉	RX3－30－9

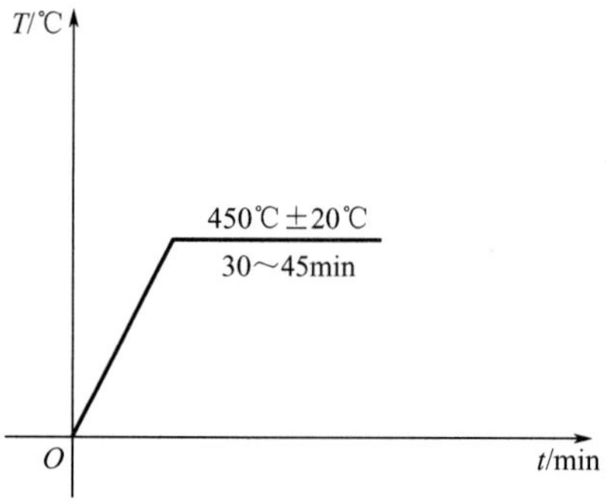

辅料

名称	规格	标准代号
手套		

T/℃

450℃±20℃

30～45min

O

t/min

量具

序号	名称	测量范围
1	热电偶	
2	温控仪	0～900℃

1. 技术条件

（1）坯料应是经下料、检验合格的直径为 ϕ20mm 的 2A12 铝合金坯料。

（2）操作人员和检验人员应有操作、检验合格证方可上岗工作。

（3）RX3－30－9 箱式电阻炉应经鉴定合格后方可使用，工作现场应符合安全操作要求。

2. 操作方法

（1）工作前按规定检查、调整 RX3－30－9 箱式电阻炉、热电偶、温控仪。

（2）将坯料整齐地放入 RX3－30－9 箱式电阻炉，用矿渣棉将炉门堵严，盖好炉门，确保炉温均匀一致。

（3）按坯料加热工艺规范进行加热。

3. 检验规定

做好原始记录。

					批准	
					标审	
					审查	
					校核	
标记	处数	更改文件号	签字	日期	编制	

3. 热镦挤制坯工序

热镦挤制坯工序如下。

30			热镦挤制坯工艺规程		
工具			见图 5-59		
序号	名称	代号			
1	热镦挤制坯模具				
2	夹钳				
设备					
名称	主要参数				
液压机	YH32-200				
辅料					
名称	规格	标准代号	量具		
棉布			序号	名称	公称尺寸
猪油			1	游标尺	0～150mm
不锈钢桶					

1. 技术条件

(1) 经加热、保温后的坯料方可投入热镦挤制坯工序作业。

(2) 操作人员和检验人员应有操作、检验合格证方可上岗工作。

(3) YH32-200 液压机应经鉴定合格后方可使用，工作现场应符合安全操作要求。

2. 操作方法

(1) 工作前按规定检查、调整 YH32-200 液压机、热镦挤制坯模具和量具。

(2) 调整 YH32-200 液压机滑块行程的上、下死点位置，系统压力为 24MPa，压制的保压时间为 1.5s。

(3) 用夹钳从 RX3-30-9 箱式电阻炉中取出加热和保温后的坯料，并放入热镦挤制坯凹模的内孔型腔；按下压制按钮，使滑块下降，其冲头下端面与热的坯料上表面刚刚接触，以烘烤热镦挤制坯模具的凹模内孔型腔和冲头的下端面；重复多次该过程，直到热镦粗制坯凹模的内孔型腔和冲头的下端面温度约为 150℃。

(4) 用洁净的、浸有猪油的纱布在热镦挤制坯模具冲头的下端面和凹模的内孔型腔均匀地涂抹一层猪油。

(5) 用夹钳从 RX3-30-9 箱式电阻炉内快速取出加热和保温后的坯料，并迅速浸入盛有猪油的不锈钢桶，再从不锈钢桶中快速取出涂覆猪油的坯料，并放入热镦挤制坯模具的凹模内孔型腔进行热镦挤制坯加工。

(6) 将热镦挤制坯加工的制坯件放入清洁的箱中编批交验。

3. 检验规定

(1) 按图 5-59 抽检，着重检测外形尺寸。

(2) 检测制坯件的表面，不得有裂纹、折叠、毛刺、凹陷、塌角等缺陷。

(3) 做好原始记录。

					批准	
					标审	
					审查	
					校核	
标记	处数	更改文件号	签字	日期	编制	

4. 制坯件加热工序

制坯件加热工序如下。

<table>
<tr><td colspan="5">40</td><td colspan="3">制坯件加热工艺规程</td></tr>
<tr><td colspan="5">工具</td><td colspan="3" rowspan="8"> 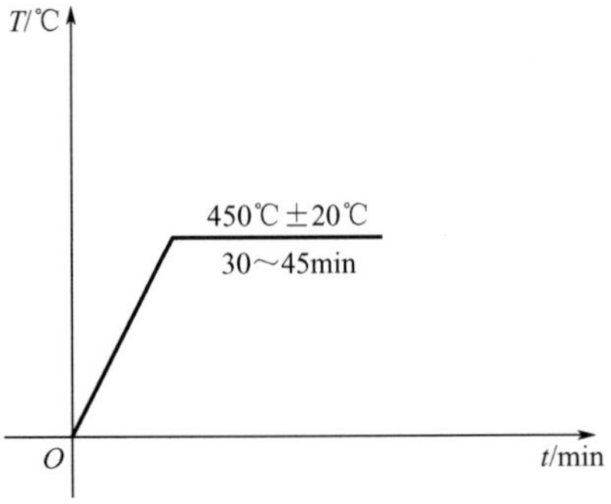T/℃
450℃±20℃
30～45min
O
t/min</td></tr>
<tr><td>序号</td><td colspan="2">名称</td><td colspan="2">代号</td></tr>
<tr><td>1</td><td colspan="2">钳子</td><td colspan="2"></td></tr>
<tr><td>2</td><td colspan="2">铁钩</td><td colspan="2"></td></tr>
<tr><td colspan="5">设备</td></tr>
<tr><td colspan="3">名称</td><td colspan="2">主要参数</td></tr>
<tr><td colspan="3">箱式电阻炉</td><td colspan="2">RX3-30-9</td></tr>
<tr><td colspan="5">辅料</td></tr>
<tr><td colspan="2">名称</td><td colspan="2">规格</td><td>标准代号</td><td colspan="3">量具</td></tr>
<tr><td colspan="2">手套</td><td colspan="2"></td><td></td><td>序号</td><td>名称</td><td>测量范围</td></tr>
<tr><td colspan="2"></td><td colspan="2"></td><td></td><td>1</td><td>热电偶</td><td></td></tr>
<tr><td colspan="2"></td><td colspan="2"></td><td></td><td>2</td><td>温控仪</td><td>0～900℃</td></tr>
</table>

1. 技术条件

(1) 坯件应是经热镦挤制坯、检验合格的制坯件。

(2) 操作人员和检验人员应有操作、检验合格证方可上岗工作。

(3) RX3-30-9 箱式电阻炉应经鉴定合格后方可使用，工作现场应符合安全操作要求。

2. 操作方法

(1) 工作前按规定检查、调整 RX3-30-9 箱式电阻炉、热电偶、温控仪。

(2) 将制坯件整齐地放入 RX3-30-9 箱式电阻炉，用矿渣棉将炉门堵严，盖好炉门，确保炉温均匀一致。

(3) 按制坯件加热工艺规范进行加热。

3. 检验规定

做好原始记录。

					批准	
					标审	
					审查	
					校核	
标记	处数	更改文件号	签字	日期	编制	

5. 热反挤压成形工序

热反挤压成形工序如下。

<table>
<tr><td colspan="5">50</td><td colspan="3">热反挤压成形工艺规程</td></tr>
<tr><td colspan="5">工具</td><td colspan="3" rowspan="8">见图 5－57</td></tr>
<tr><td>序号</td><td colspan="3">名称</td><td>代号</td></tr>
<tr><td>1</td><td colspan="3">热反挤压成形模具</td><td></td></tr>
<tr><td>2</td><td colspan="3">夹钳</td><td></td></tr>
<tr><td colspan="5">设备</td></tr>
<tr><td colspan="2">名称</td><td colspan="3">主要参数</td></tr>
<tr><td colspan="2">液压机</td><td colspan="3">YH32－200</td></tr>
<tr><td colspan="5">辅料</td></tr>
<tr><td colspan="2">名称</td><td colspan="2">规格</td><td>标准代号</td><td colspan="3">量具</td></tr>
<tr><td colspan="2">棉布</td><td colspan="2"></td><td></td><td>序号</td><td>名称</td><td>公称尺寸</td></tr>
<tr><td colspan="2">猪油</td><td colspan="2"></td><td></td><td>1</td><td>游标尺</td><td>0～150mm</td></tr>
<tr><td colspan="2">不锈钢桶</td><td colspan="2"></td><td></td><td></td><td></td><td></td></tr>
</table>

1. 技术条件

(1) 经加热、保温后的制坯件方可投入热反挤压成形工序作业。

(2) 操作人员和检验人员应有操作、检验合格证方可上岗工作。

(3) YH32－200 液压机应经鉴定合格后方可使用，工作现场应符合安全操作要求。

2. 操作方法

(1) 工作前按规定检查、调整 YH32－200 液压机、热反挤压成形模具和量具。

(2) 调整 YH32－200 液压机滑块的上、下死点位置，系统压力为 24MPa，压制的保压时间为 1.5s。

(3) 从 RX3－30－9 箱式电阻炉中取出加热和保温后的制坯件，并放入热反挤压成形凹模的内孔型腔；按下压制按钮，使滑块下降，其冲头下端面与热的制坯件上表面刚刚接触，以烘烤热反挤压成形模具的凹模内孔型腔和冲头的下端面；重复多次该过程，直到热反挤压成形凹模的内孔型腔和冲头的下端面温度约为 200℃。

(4) 用洁净的、浸有猪油的棉布在热反挤压成形模具的凹模内孔型腔均匀地涂抹一层猪油。

(5) 移动装有猪油＋MoS_2 润滑剂的小盒，使热反挤压冲头浸入装有猪油＋MoS_2 润滑剂的小盒并保持约 1s，然后快速移开装有猪油＋MoS_2 润滑剂的小盒，使润滑剂均匀地黏附在温度约为 150℃ 的热反挤压冲头的工作带上。

(6) 用夹钳从 RX3－30－9 箱式电阻炉内快速取出加热和保温后的制坯件，并迅速浸入盛有猪油的不锈钢桶，再从不锈钢桶中快速取出涂覆猪油的制坯件，并放入热反挤压成形模具的凹模内孔型腔进行热反挤压成形加工。

(7) 将热反挤压成形加工的精锻件放入清洁的箱中编批交验。

3. 检验规定

(1) 按图 5－57 抽检，着重检测外形尺寸和内孔尺寸。

(2) 检测精锻件外观，不得有裂纹、折叠、毛刺、凹陷、塌角、拉伤等缺陷。

(3) 做好原始记录。

					批准	
					标审	
					审查	
					校核	
标记	处数	更改文件号	签字	日期	编制	

6. 最终检验工序

最终检验工序如下。

<table>
<tr><td colspan="3">60</td><td colspan="3">最终检验工艺规程</td></tr>
<tr><td colspan="3">工具</td><td colspan="3" rowspan="8">见图 5 - 57</td></tr>
<tr><td>序号</td><td>名称</td><td>代号</td></tr>
<tr><td>1</td><td>手钳</td><td></td></tr>
<tr><td>2</td><td>台钳</td><td></td></tr>
<tr><td colspan="3">设备</td></tr>
<tr><td colspan="2">名称</td><td>主要参数</td></tr>
<tr><td colspan="2">检验平台</td><td></td></tr>
<tr><td colspan="3">辅料</td></tr>
<tr><td>名称</td><td>规格</td><td>标准代号</td><td colspan="3">量具</td></tr>
<tr><td>棉纱</td><td></td><td></td><td>序号</td><td>名称</td><td>公称尺寸</td></tr>
<tr><td>砂纸</td><td></td><td></td><td>1</td><td>游标卡尺</td><td>0～200mm</td></tr>
<tr><td>手套</td><td></td><td></td><td>2</td><td>百分表</td><td>0～10mm</td></tr>
</table>

1. 技术条件

(1) 经热反挤压成形合格的精锻件方可投入最终检验。

(2) 操作人员和检验人员应有操作、检验合格证方可上岗工作。

(3) 检验量具、设备应符合鉴定要求后方可使用，检验现场应符合品质检测要求。

2. 操作方法

(1) 用砂纸砂光和棉纱擦净抽出的精锻件的检测部位。

(2) 在检验平台按图 5 - 57 所示的精锻件简图进行检测。

3. 检验规定

(1) 每批抽检 1%，按图 5 - 57 所示的精锻件简图进行检测，并着重检测外形尺寸和内孔的尺寸。

(2) 每批抽检 1%，检测精锻件外观，不得有裂纹、折叠、毛刺、凹陷、塌角、拉伤等缺陷。

(3) 每批抽 1 个精锻件作探伤检测，应无裂纹。

(4) 做好原始记录。

					批准	
					标审	
					审查	
					校核	
标记	处数	更改文件号	签字	日期	编制	

5.8 2A12铝合金带轮的精密锻造成形

图 5 - 61 所示是带轮零件简图，该零件的材质为 2A12 铝合金。

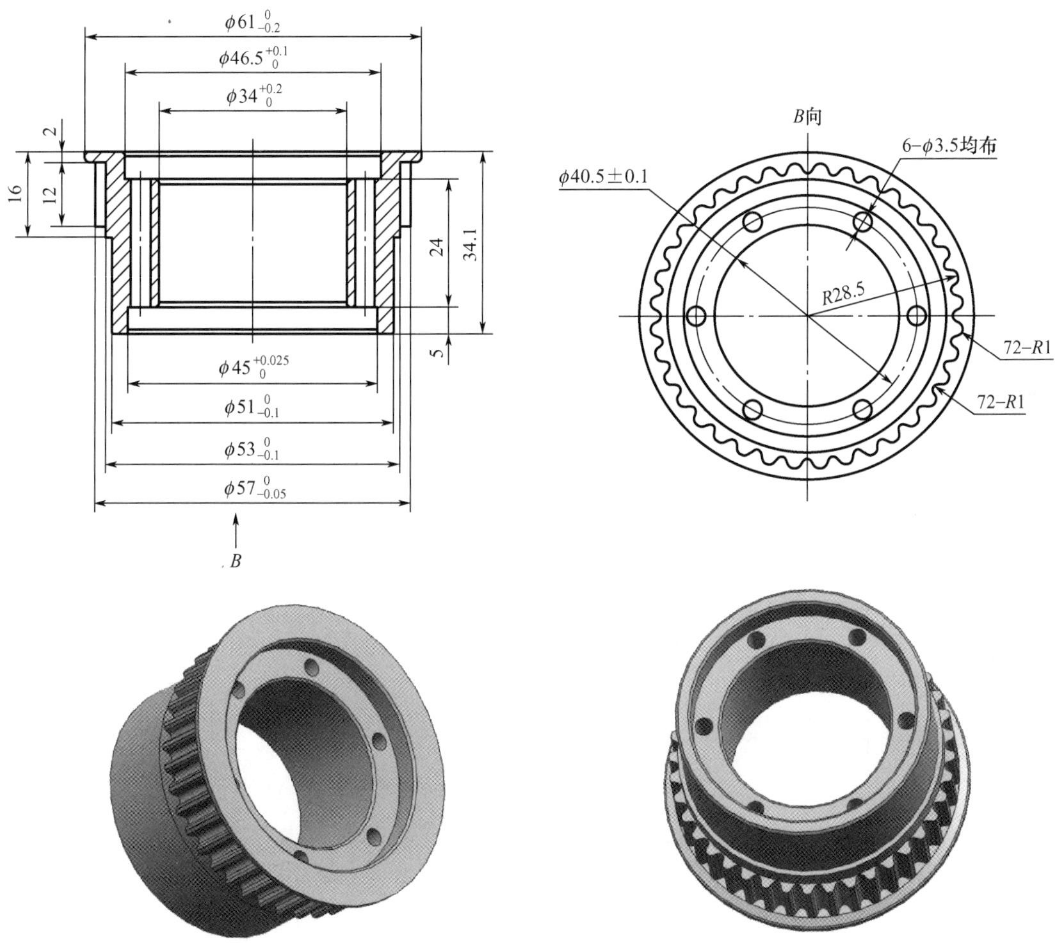

图 5 - 61 带轮零件简图

对于这种具有外齿形的空心类法兰盘零件，可采用圆柱体坯料经热反挤压制坯＋热镦挤成形的方法生产。图 5 - 62 所示为带轮精锻件简图。

5.8.1 带轮精密锻造成形工艺流程

（1）下料。在 GB4025 带锯床上，将直径为 φ55mm 的 2A12 铝合金棒料下料成长度为 28mm 的坯料。坯料的形状和尺寸如图 5 - 63 所示。

（2）坯料加热。在 RX3 - 30 - 9 箱式电阻炉中加热坯料，其加热温度规范如下：加热温度为 450℃±20℃，保温时间为 60～90min，采用 XCT - 101 温控仪控制温度。

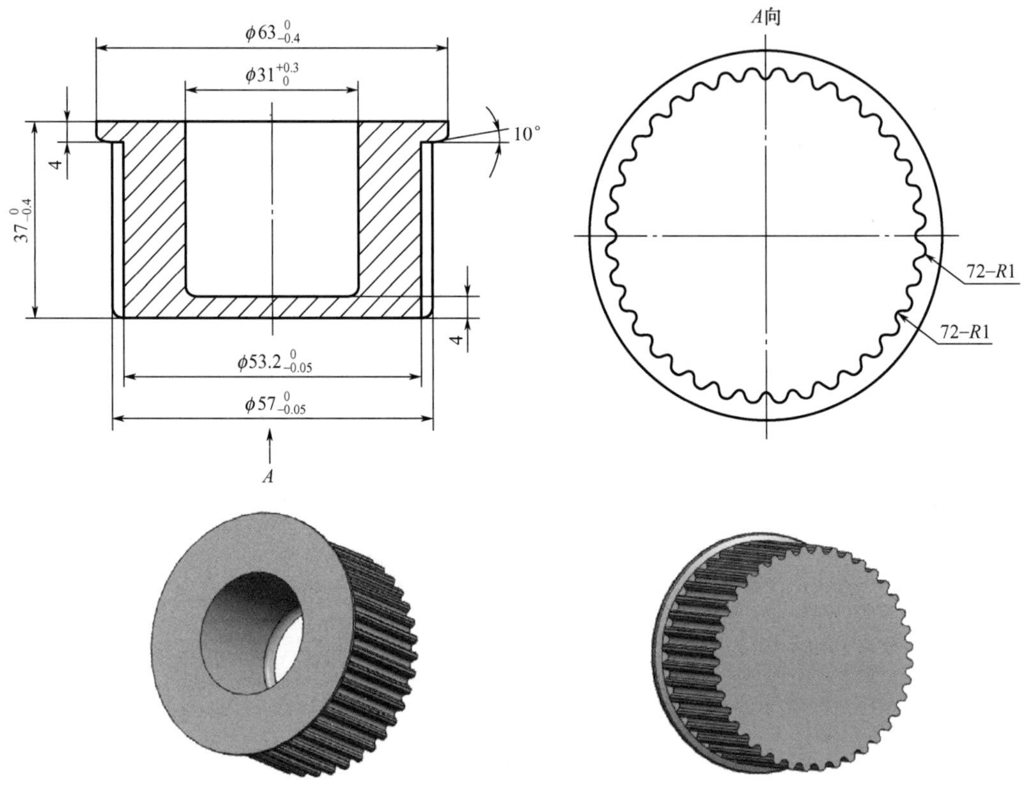

图 5-62　带轮精锻件简图

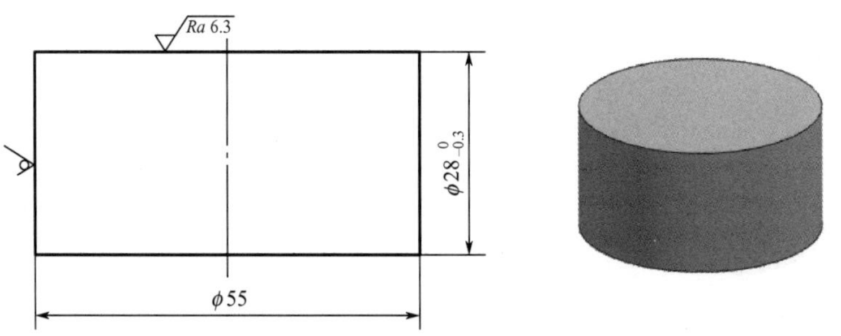

图 5-63　坯料的形状和尺寸

(3) 热反挤压制坯。从 RX3-30-9 箱式电阻炉中取出加热到 430～470℃并保温一段时间的坯料，立即浸入猪油，然后快速将坯料放入热反挤压制坯模具的内孔型腔进行热反挤压制坯加工，得到图 5-64 所示的制坯件。

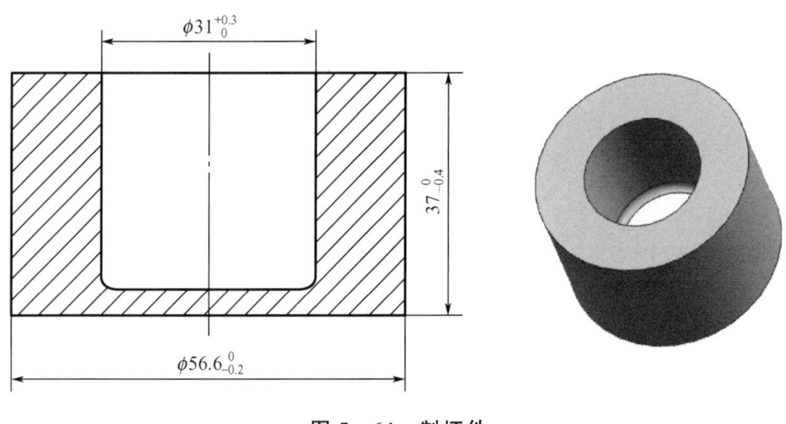

图 5－64　制坯件

在热反挤压制坯过程中，润滑模具的方法是用毛刷将猪油＋MoS_2润滑剂均匀地涂抹在冲头的工作表面和凹模的内孔型腔中。

(4) 制坯件加热。在 RX3－30－9 箱式电阻炉中加热制坯件，其加热温度规范如下：加热温度为 450℃±20℃，保温时间为 30～45min，采用 XCT－101 温控仪控制温度。

(5) 热镦挤成形。将加热到 430～470℃并保温后的制坯件放入安装在 YH32－200 液压机上的热镦挤成形模具凹模内孔型腔中进行热镦挤成形加工，得到图 5－62 所示的精锻件。

在热镦挤成形过程中，润滑制坯件的方法是从 RX3－30－9 箱式电阻炉中取出加热到 430～470℃并保温一段时间的制坯件，立即浸入猪油，然后快速将制坯件放入热镦挤成形凹模的内孔型腔；润滑热镦挤成形冲头的方法是将冲头工作部分浸入装有猪油＋MoS_2润滑剂的小盒，并保持一段时间后取出，使润滑剂均匀地黏附在热镦挤成形冲头的工作带上；润滑热镦挤成形凹模的方法是用毛刷将猪油＋MoS_2润滑剂均匀地涂抹在凹模的内孔型腔中。

图 5－65 所示为热镦挤成形的精锻件实物。

图 5－65　热镦挤成形的精锻件实物

5.8.2 热镦挤成形模具结构

对于图 5－62 所示的精锻件，其热镦挤成形主要用于挤压成形外齿形部分和镦粗成形直径为 ϕ63mm、高度为 4mm 的法兰盘部分。

图 5－66 所示为热镦挤成形模具结构。

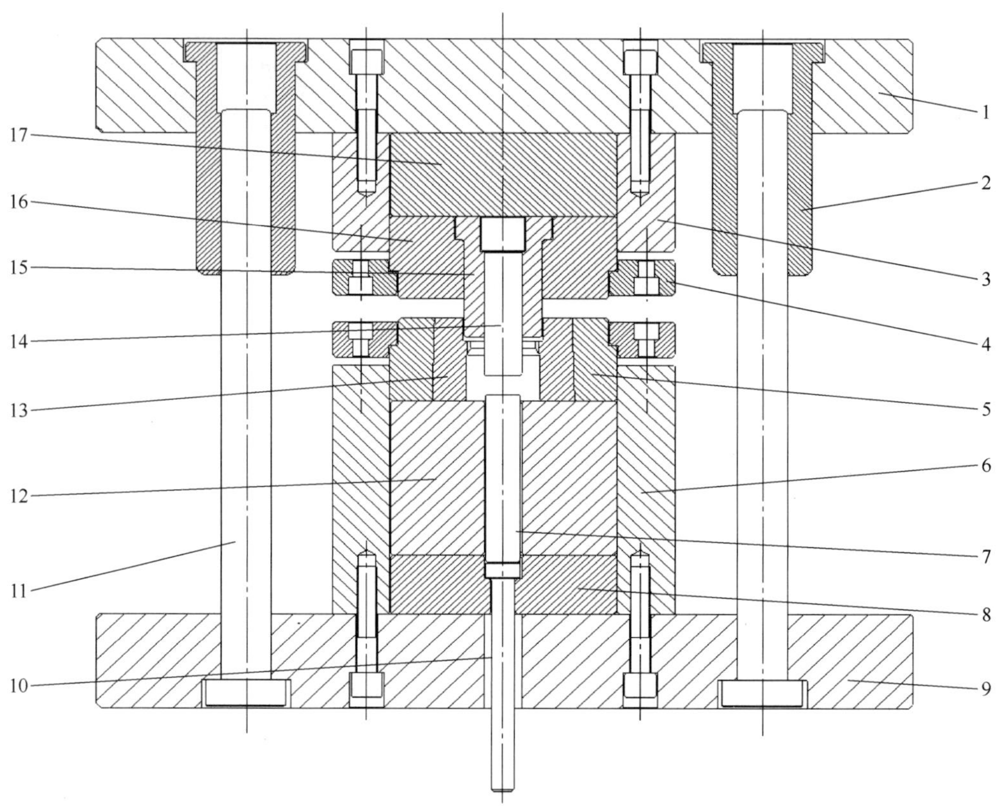

1—上模板；2—导套；3—上模座；4—上模压板；5—凹模外套；6—下模座；7—顶料杆；8—顶杆垫板；9—下模板；10—顶杆；11—导柱；12—凹模垫板；13—凹模芯；14—冲头芯轴；15—冲套；16—上模外套；17—上模垫块。

图 5－66 热镦挤成形模具结构

5.8.3 带轮精密锻造成形过程的工艺规程

1. 下料工序

下料工序如下。

<table>
<tr><td colspan="3">10</td><td colspan="3">下料工艺规程</td></tr>
<tr><td colspan="3">工具</td><td colspan="3" rowspan="11">见图 5-63</td></tr>
<tr><td>序号</td><td>名称</td><td>代号</td></tr>
<tr><td>1</td><td>带锯条</td><td></td></tr>
<tr><td>2</td><td>扳手</td><td></td></tr>
<tr><td>3</td><td>夹钳</td><td></td></tr>
<tr><td colspan="3">设备</td></tr>
<tr><td colspan="2">名称</td><td>主要参数</td></tr>
<tr><td colspan="2">带锯床</td><td>GB4025</td></tr>
<tr><td colspan="2"></td><td></td></tr>
<tr><td colspan="3">辅料</td></tr>
<tr><td>名称</td><td>规格</td><td>标准代号</td></tr>
<tr><td>手套</td><td></td><td></td><td colspan="3">量具</td></tr>
<tr><td>棉纱</td><td></td><td></td><td>序号</td><td>名称</td><td>公称尺寸</td></tr>
<tr><td></td><td></td><td></td><td>1</td><td>游标卡尺</td><td>0～150mm</td></tr>
<tr><td></td><td></td><td></td><td>2</td><td>卷尺</td><td>0～2000mm</td></tr>
</table>

1. 技术条件

(1) 材料应是进厂检验合格、符合 GB/T 3190—2020《变形铝及铝合金化学成分》的直径为 ϕ55mm 的 2A12 铝合金长棒料。

(2) 操作人员和检验人员应有操作、检验合格证方可上岗工作。

(3) GB4025 带锯床应经鉴定合格后方可使用，工作现场应符合安全操作要求。

2. 操作方法

(1) 工作前按规定检查、调整 GB4025 带锯床、带锯条、夹具、量具。

(2) 夹持固定坯料后方可下料。

(3) 下料长度为 28mm，锯口应平整、端正。

(4) 锯下的坯料应整齐摆放，编批交验。

3. 检验规定

(1) 检查坯料的端面应圆整、平齐，不可有歪斜、飞刺等缺陷。

(2) 按图 5-63 检查外径应符合 ϕ55mm 要求，长度应符合 28mm 要求。

(3) 做好原始记录。

					批准	
					标审	
					审查	
					校核	
标记	处数	更改文件号	签字	日期	编制	

2. 坯料加热工序

坯料加热工序如下。

20			坯料加热工艺规程		
工具			T/℃; 450℃±20℃; 30～45min; O; t/min		
序号	名称	代号			
1	钳子				
2	铁钩				
设备					
名称		主要参数			
箱式电阻炉		RX3－30－9			
辅料					
名称	规格	标准代号	量具		
手套			序号	名称	测量范围
			1	热电偶	
			2	温控仪	0～900℃

1. 技术条件

(1) 坯料应是经下料、检验合格的直径为 ϕ55mm 的 2A12 铝合金坯料。

(2) 操作人员和检验人员应有操作、检验合格证方可上岗工作。

(3) RX3－30－9 箱式电阻炉应经鉴定合格后方可使用，工作现场应符合安全操作要求。

2. 操作方法

(1) 工作前按规定检查、调整 RX3－30－9 箱式电阻炉、热电偶、温控仪。

(2) 将坯料整齐地放入 RX3－30－9 箱式电阻炉，用矿渣棉将炉门堵严，盖好炉门，确保炉温均匀一致。

(3) 按坯料加热工艺规范进行加热。

3. 检验规定

做好原始记录。

					批准	
					标审	
					审查	
					校核	
标记	处数	更改文件号	签字	日期	编制	

3. 热反挤压制坯工序

热反挤压制坯工序如下。

<table>
<tr><td colspan="3">30</td><td colspan="3">热反挤压制坯工艺规程</td></tr>
<tr><td colspan="3">工具</td><td colspan="3" rowspan="8">见图 5 - 64</td></tr>
<tr><td>序号</td><td>名称</td><td>代号</td></tr>
<tr><td>1</td><td>热反挤压制坯模具</td><td></td></tr>
<tr><td>2</td><td>夹钳</td><td></td></tr>
<tr><td colspan="3">设备</td></tr>
<tr><td>名称</td><td colspan="2">主要参数</td></tr>
<tr><td>液压机</td><td colspan="2">YH32 - 200</td></tr>
<tr><td colspan="3">辅料</td></tr>
<tr><td>名称</td><td>规格</td><td>标准代号</td><td colspan="3">量具</td></tr>
<tr><td>棉布</td><td></td><td></td><td>序号</td><td>名称</td><td>公称尺寸</td></tr>
<tr><td>猪油</td><td></td><td></td><td>1</td><td>游标尺</td><td>0～150mm</td></tr>
<tr><td>不锈钢桶</td><td></td><td></td><td></td><td></td><td></td></tr>
</table>

1. 技术条件

(1) 经加热、保温后的坯料方可投入热反挤压制坯工序作业。

(2) 操作人员和检验人员应有操作、检验合格证方可上岗工作。

(3) YH32 - 200 液压机应经鉴定合格后方可使用，工作现场应符合安全操作要求。

2. 操作方法

(1) 工作前按规定检查、调整 YA32 - 200 液压机、热反挤压制坯模具和量具。

(2) 调整 YH32 - 200 液压机滑块行程的上、下死点位置，系统压力为 24MPa，压制的保压时间为 1.5s。

(3) 用夹钳从 RX3 - 30 - 9 箱式电阻炉中取出加热和保温后的坯料，并放入热反挤压制坯凹模的内孔型腔；按下压制按钮，使滑块下降，其冲头下端面与热的坯料上表面刚刚接触，以烘烤热反挤压制坯模具的凹模内孔型腔和冲头的下端面；重复多次该过程，直到热反挤压制坯凹模的内孔型腔和冲头的下端面温度约为 150℃。

(4) 用洁净的、浸有猪油的纱布在热反挤压制坯模具的冲头下端面和凹模的内孔型腔均匀地涂抹一层猪油。

(5) 用夹钳从 RX3 - 30 - 9 箱式电阻炉内快速取出加热和保温后的坯料，并迅速浸入盛有猪油的不锈钢桶，再从不锈钢桶中快速取出涂覆猪油的坯料，并放入热反挤压制坯模具的凹模内孔型腔进行热反挤压制坯加工。

(6) 将热反挤压制坯加工的制坯件放入清洁的箱中编批交验。

3. 检验规定

(1) 按图 5 - 64 抽检，着重检测外形尺寸。

(2) 检测制坯件的表面，不得有裂纹、折叠、毛刺、凹陷、塌角等缺陷。

(3) 做好原始记录。

					批准	
					标审	
					审查	
					校核	
标记	处数	更改文件号	签字	日期	编制	

4. 制坯件加热工序

制坯件加热工序如下。

<table>
<tr><td colspan="3">40</td><td colspan="3">制坯件加热工艺规程</td></tr>
<tr><td colspan="3">工具</td><td colspan="3" rowspan="8">T/℃
450℃±20℃
30～45min
O
t/min</td></tr>
<tr><td>序号</td><td>名称</td><td>代号</td></tr>
<tr><td>1</td><td>钳子</td><td></td></tr>
<tr><td>2</td><td>铁钩</td><td></td></tr>
<tr><td colspan="3">设备</td></tr>
<tr><td colspan="2">名称</td><td>主要参数</td></tr>
<tr><td colspan="2">箱式电阻炉</td><td>RX3－30－9</td></tr>
<tr><td colspan="3">辅料</td></tr>
<tr><td>名称</td><td>规格</td><td>标准代号</td><td colspan="3">量具</td></tr>
<tr><td>手套</td><td></td><td></td><td>序号</td><td>名称</td><td>测量范围</td></tr>
<tr><td></td><td></td><td></td><td>1</td><td>热电偶</td><td></td></tr>
<tr><td></td><td></td><td></td><td>2</td><td>温控仪</td><td>0～900℃</td></tr>
</table>

1. 技术条件

(1) 坯件应是经热反挤压制坯、检验合格的制坯件。

(2) 操作人员和检验人员应有操作、检验合格证方可上岗工作。

(3) RX3－30－9箱式电阻炉应经鉴定合格后方可使用，工作现场应符合安全操作要求。

2. 操作方法

(1) 工作前按规定检查、调整RX3－30－9箱式电阻炉、热电偶、温控仪。

(2) 将制坯件整齐地放入RX3－30－9箱式电阻炉，用矿渣棉将炉门堵严，盖好炉门，确保炉温均匀一致。

(3) 按制坯件加热工艺规范进行加热。

3. 检验规定

做好原始记录。

					批准	
					标审	
					审查	
					校核	
标记	处数	更改文件号	签字	日期	编制	

5. 热镦挤成形工序

热镦挤成形工序如下。

50			热镦挤成形工艺规程		
工具			见图 5-62		
序号	名称	代号			
1	热镦挤成形模具				
2	夹钳				
设备					
名称	主要参数				
液压机	YH32-200				
辅料					
名称	规格	标准代号	量具		
棉布			序号	名称	公称尺寸
猪油			1	游标尺	0～150mm
不锈钢桶					

1. 技术条件

(1) 经加热、保温后的制坯件方可投入热镦挤成形工序作业。

(2) 操作人员和检验人员应有操作、检验合格证方可上岗工作。

(3) YH32-200 液压机应经鉴定合格后方可使用，工作现场应符合安全操作要求。

2. 操作方法

(1) 工作前按规定检查、调整 YH32-200 液压机、热镦挤成形模具和量具。

(2) 调整 YH32-200 液压机滑块的上、下死点位置，系统压力为 24MPa，压制的保压时间为 1.5s。

(3) 从 RX3-30-9 箱式电阻炉中取出加热和保温后的制坯件，并放入热镦挤成形凹模的内孔型腔；按下压制按钮，使滑块下降，其冲头下端面与热的制坯件上表面刚刚接触，以烘烤热镦挤成形模具的凹模内孔型腔和冲头的下端面；重复多次该过程，直到热镦挤成形凹模的内孔型腔和冲头的下端面温度约为 200℃。

(4) 用洁净的、浸有猪油的棉布在热镦挤成形模具的凹模内孔型腔均匀地涂抹一层猪油。

(5) 移动装有猪油＋MoS_2 润滑剂的小盒，使冲头芯轴和冲套下端面浸入装有猪油＋MoS_2 润滑剂的小盒并保持约 1s，然后快速移开装有猪油＋MoS_2 润滑剂的小盒，使润滑剂均匀地黏附在温度约为 150℃的冲头芯轴外表面和冲套下端面。

(6) 用夹钳从 RX3-30-9 箱式电阻加热炉内快速取出加热和保温后的制坯件，并迅速浸入盛有猪油的不锈钢桶，再从不锈钢桶中快速取出涂覆猪油的制坯件，并放入热镦挤成形模具的凹模内孔型腔进行热镦挤成形加工。

(7) 将热镦挤成形加工的精锻件放入清洁的箱中编批交验。

3. 检验规定

(1) 按图 5-62 抽检，着重检测外形尺寸和内孔尺寸。

(2) 检测精锻件外观，不得有裂纹、折叠、毛刺、凹陷、塌角、拉伤等缺陷。

(3) 做好原始记录。

					批准	
					标审	
					审查	
					校核	
标记	处数	更改文件号	签字	日期	编制	

6. 最终检验工序

最终检验工序如下。

<table>
<tr><td colspan="3">60</td><td colspan="3">最终检验工艺规程</td></tr>
<tr><td colspan="3">工具</td><td colspan="3" rowspan="8">见图 5 - 62</td></tr>
<tr><td>序号</td><td>名称</td><td>代号</td></tr>
<tr><td>1</td><td>手钳</td><td></td></tr>
<tr><td>2</td><td>台钳</td><td></td></tr>
<tr><td colspan="3">设备</td></tr>
<tr><td colspan="2">名称</td><td>主要参数</td></tr>
<tr><td colspan="2">检验平台</td><td></td></tr>
<tr><td colspan="3">辅料</td></tr>
<tr><td>名称</td><td>规格</td><td>标准代号</td><td colspan="3">量具</td></tr>
<tr><td>棉纱</td><td></td><td></td><td>序号</td><td>名称</td><td>公称尺寸</td></tr>
<tr><td>砂纸</td><td></td><td></td><td>1</td><td>游标卡尺</td><td>0～200mm</td></tr>
<tr><td>手套</td><td></td><td></td><td>2</td><td>百分表</td><td>0～10mm</td></tr>
</table>

1. 技术条件

(1) 经热镦挤成形合格的精锻件方可投入最终检验。

(2) 操作人员和检验人员应有操作、检验合格证方可上岗工作。

(3) 检验量具、设备应符合鉴定要求后方可使用，检验现场应符合品质检测要求。

2. 操作方法

(1) 用砂纸砂光和棉纱擦净抽出的精锻件的检测部位。

(2) 在检验平台按图 5 - 62 所示的精锻件简图进行检测。

3. 检验规定

(1) 每批抽检 1%，按图 5 - 62 所示的精锻件简图进行检测，并着重检测外形尺寸和齿形尺寸。

(2) 每批抽检 1%，检测精锻件外观，不得有裂纹、折叠、毛刺、凹陷、塌角、拉伤等缺陷。

(3) 每批抽 1 个精锻件作探伤检测，应无裂纹。

(4) 做好原始记录。

					批准	
					标审	
					审查	
					校核	
标记	处数	更改文件号	签字	日期	编制	

5.9 2A12 铝合金鼓形壳体的精密锻造成形

图 5 - 67 所示为鼓形壳体零件简图，该零件的材质为 2A12 铝合金。

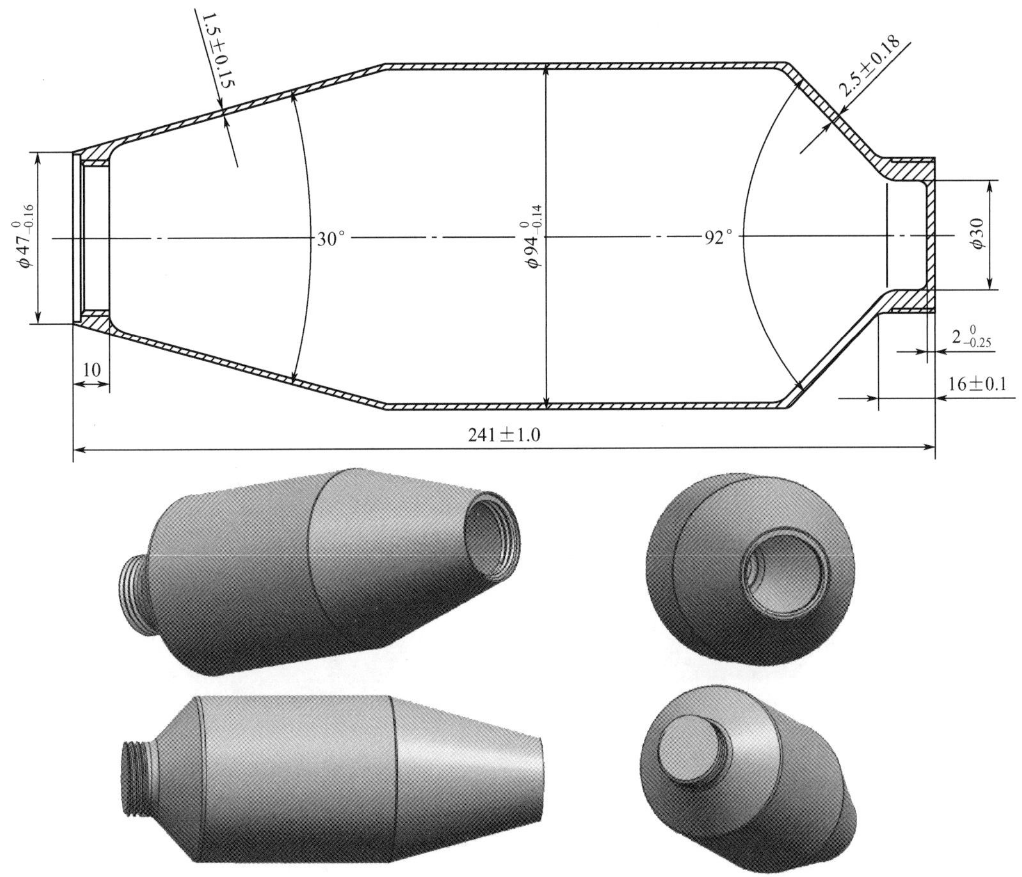

图 5-67 鼓形壳体零件简图

对于两端小、中间大的鼓形壳体类零件，可采用圆柱体坯料经热反挤压制坯＋热正挤压预成形＋四次冷缩口成形的方法生产。图 5-68 所示为鼓形壳体精锻件简图。

5.9.1 鼓形壳体精密锻造成形工艺流程

(1) 下料。在 GB4025 带锯床上，将直径为 ϕ100mm 的 2A12 铝合金棒料下料成长度为 80mm 的坯料。坯料的形状和尺寸如图 5-69 所示。

(2) 坯料加热。在 RX3-45-9 箱式电阻炉中加热坯料，其加热温度规范如下：加热温度为 450℃±20℃，保温时间为 180～210min，采用 XCT-101 温控仪控制温度。

(3) 热反挤压制坯。从 RX3-45-9 箱式电阻炉中取出加热到 430～470℃并保温一段时间的坯料，立即浸入猪油＋MoS_2 润滑剂，然后快速将坯料放入热反挤压制坯模具的内孔型腔进行热反挤压制坯加工，得到图 5-70 所示的制坯件。

润滑热反挤压制坯冲头的方法是将冲头工作部分浸入装有猪油＋MoS_2 润滑剂的小盒，并保持一段时间后取出，使润滑剂均匀地黏附在热反挤压制坯冲头的工作带上；润滑热反挤压制坯凹模的方法是用毛刷将猪油＋MoS_2 润滑剂均匀地涂抹在凹模的内孔型腔中。

(4) 制坯件加热。在 RX3-45-9 箱式电阻炉中加热制坯件，其加热温度规范如下：加热温度为 450℃±20℃，保温时间为 90～120min，采用 XCT-101 温控仪控制温度。

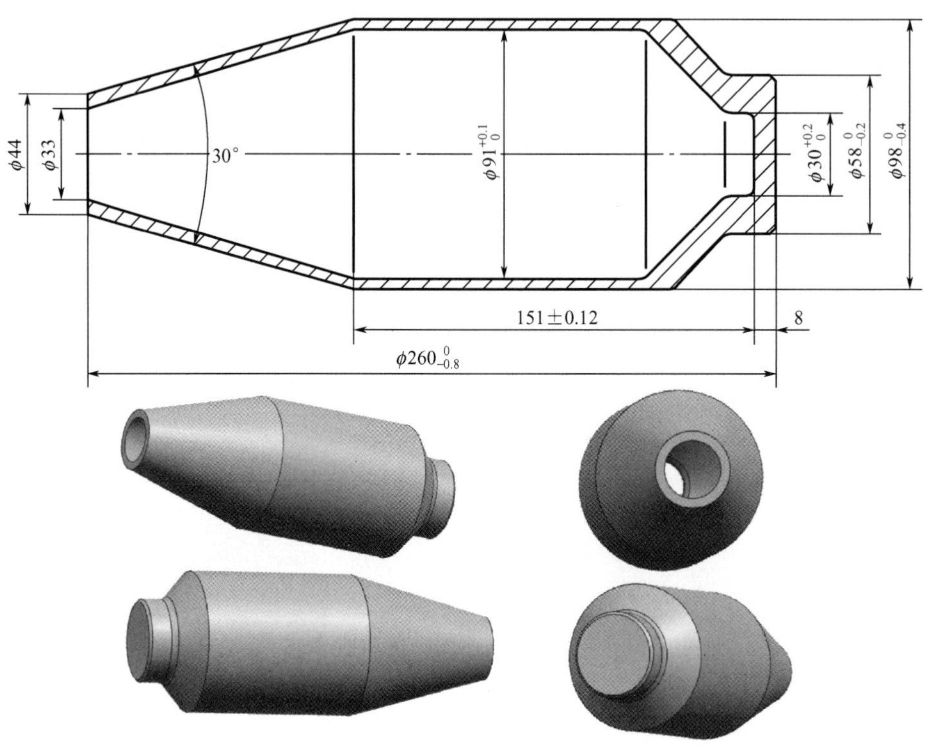

图 5-68　鼓形壳体精锻件简图

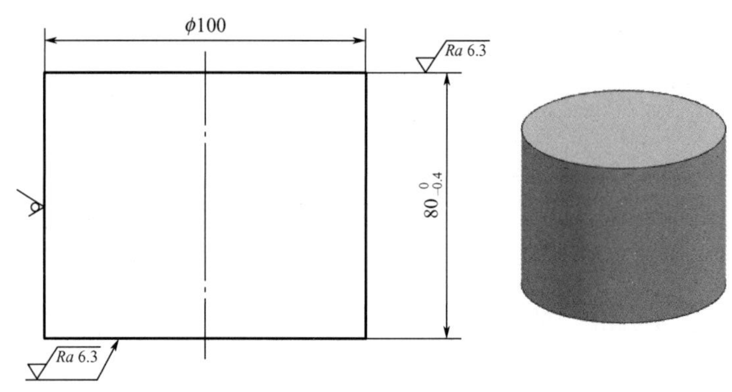

图 5-69　坯料的形状和尺寸

（5）热正挤压预成形。将加热到 430～470℃并保温后的制坯件放入安装在 YH32-2000 液压机上的热正挤压预成形模具凹模内孔型腔中进行热正挤压预成形加工，得到图 5-71 所示的预成形件。

在热正挤压预成形过程中，润滑制坯件的方法是从 RX3-45-9 箱式电阻炉中取出加热到 430～470℃并保温一段时间的制坯件，立即浸入猪油＋MoS_2 润滑剂，然后快速将制坯件放入热正挤压预成形凹模的内孔型腔；润滑热正挤压预成形冲头的方法是将冲头工作部分浸入装有猪油＋MoS_2 润滑剂的小盒，并保持一段时间后取出，使润滑剂均匀地黏附在热正挤压预成形冲头的工作带上；润滑热正挤压预成形凹模的方法是用毛刷将猪油＋MoS_2 润滑剂均匀地涂抹在凹模的内孔型腔中。

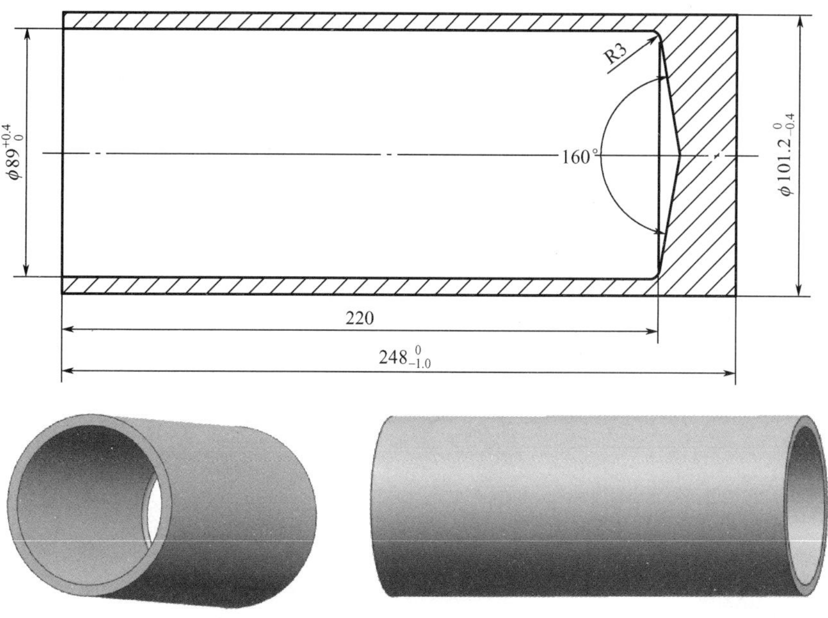

图 5-70 制坯件

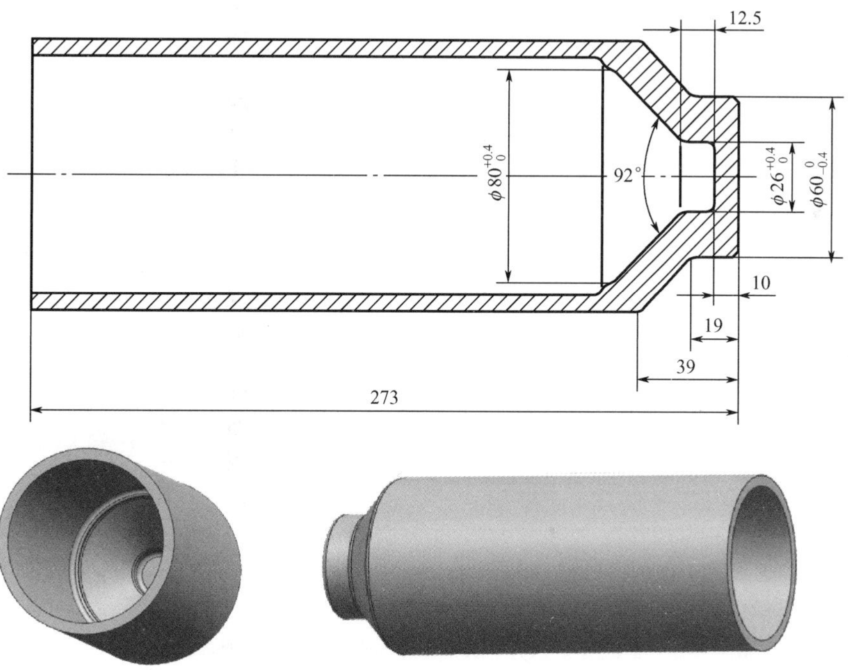

图 5-71 预成形件

(6) 粗车加工。在 CK6136 数控车床上对预成形件进行粗车加工，得到图 5-72 所示的粗车坯件。

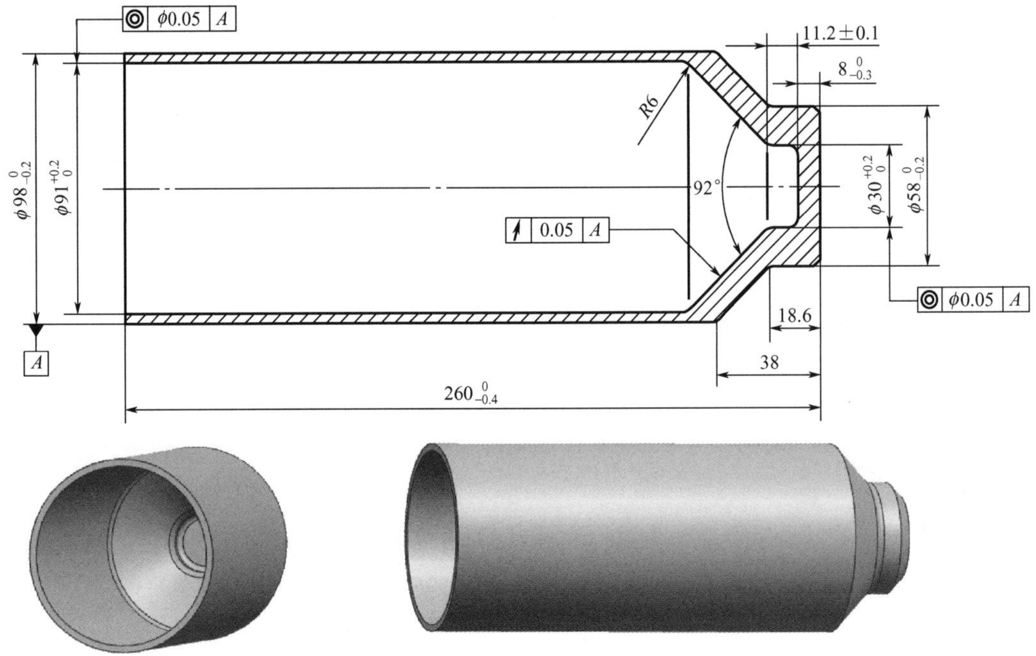

图 5-72 粗车坯件

(7) 粗车坯件退火处理。在 RX3-45-9 箱式电阻炉中对粗车坯件进行退火处理，其退火处理工艺规范如下：加热温度为 420℃±20℃，保温时间为 90～120min，采用 XCT-101 温控仪控制温度，随炉冷却。

(8) 第一次冷缩口成形。将退火处理后的粗车坯件放入安装在 YH32-200 液压机上的第一次冷缩口成形模具凹模内孔型腔，进行第一次冷缩口成形加工，得到图 5-73 所示的第一次冷缩口成形件。

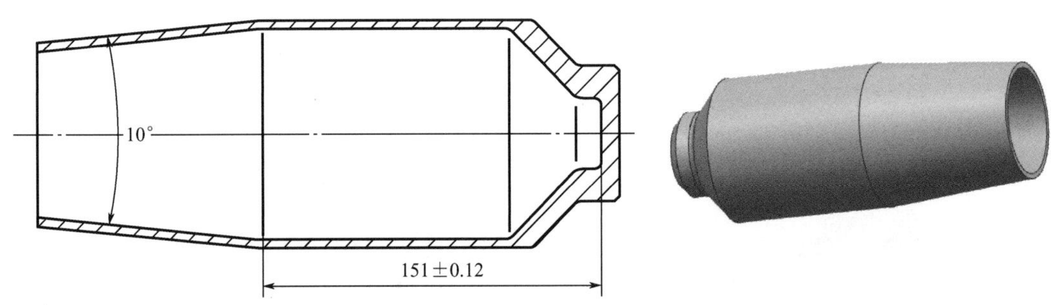

图 5-73 第一次冷缩口成形件

在第一次冷缩口成形过程中，润滑粗车坯件的方法是将硬脂酸锌润滑剂均匀地涂抹在粗车坯件的外表面；润滑第一次冷缩口成形上凹模和下凹模的方法是用毛刷将 MoS_2 润滑剂均匀地涂抹在上凹模和下凹模的内孔型腔中。

(9) 第二次冷缩口成形。将第一次冷缩口成形件放入安装在 YH32-200 液压机上的第二次冷缩口成形模具凹模内孔型腔中，进行第二次冷缩口成形加工，得到图 5-74 所示的第二次冷缩口成形件。

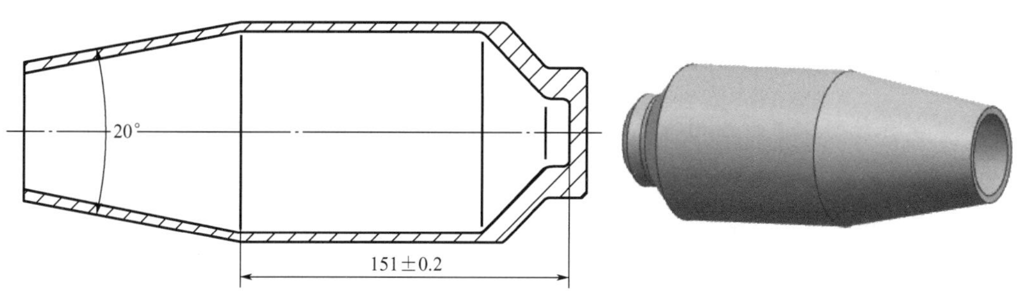

图 5-74　第二次冷缩口成形件

在第二次冷缩口成形过程中，润滑第一次冷缩口成形件的方法是将硬脂酸锌润滑剂均匀地涂抹在第一次冷缩口成形件的外表面；润滑第二次冷缩口成形上凹模和下凹模的方法是用毛刷将 MoS_2 润滑剂均匀地涂抹在上凹模和下凹模的内孔型腔中。

(10) 第三次冷缩口成形。将第二次冷缩口成形件放入安装在 YH32-200 液压机上的第三次冷缩口成形模具凹模内孔型腔中，进行第三次冷缩口成形加工，得到图 5-75 所示的第三次冷缩口成形件。

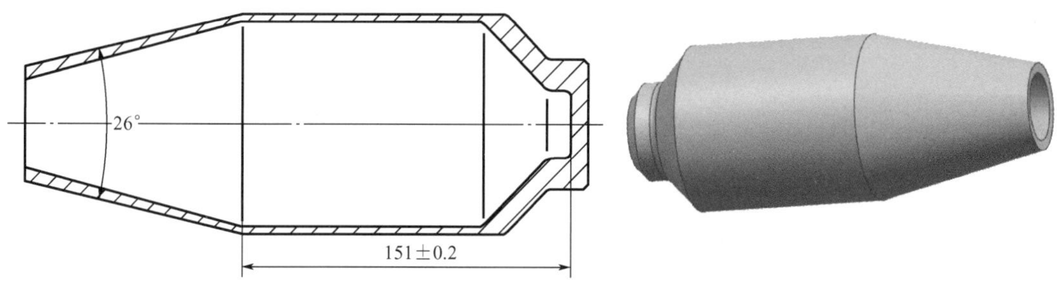

图 5-75　第三次冷缩口成形件

在第三次冷缩口成形过程中，润滑第二次冷缩口成形件的方法是将硬脂酸锌润滑剂均匀地涂抹在第二次冷缩口成形件的外表面；润滑第三次冷缩口成形上凹模和下凹模的方法是用毛刷将 MoS_2 润滑剂均匀地涂抹在上凹模和下凹模的内孔型腔中。

(11) 最后冷缩口成形。将第三次冷缩口成形件放入安装在 YH32-200 液压机上的最后冷缩口成形模具凹模内孔型腔中，进行最后冷缩口成形加工，得到图 5-68 所示的精锻件。

在最后冷缩口成形过程中，润滑第三次冷缩口成形件的方法是将硬脂酸锌润滑剂均匀地涂抹在第三次冷缩口成形件的外表面；润滑最后冷缩口成形上凹模和下凹模的方法是用毛刷将 MoS_2 润滑剂均匀地涂抹在上凹模和下凹模的内孔型腔中。

图 5-76 所示为鼓形壳体的制坯件、精锻件、零件及零件剖切件实物。

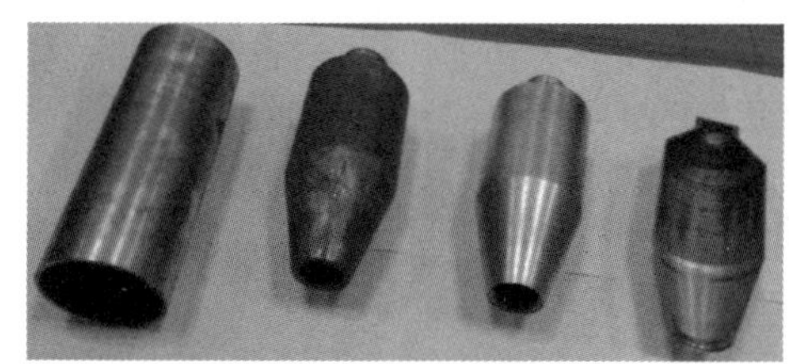
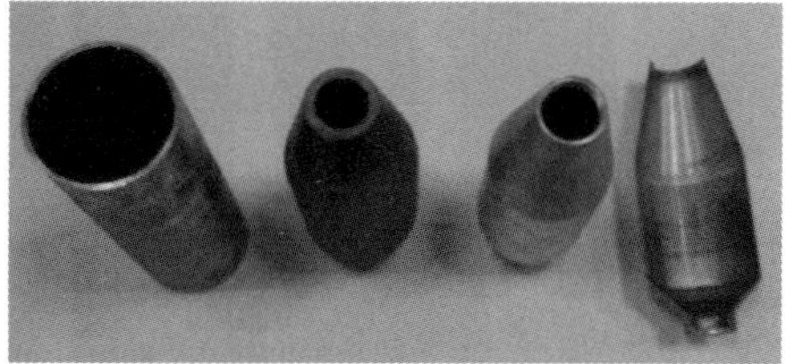

图 5-76　鼓形壳体的制坯件、精锻件、零件及零件剖切件实物

5.9.2 鼓形壳体精密锻造成形模具结构

1. 热反挤压制坯模具结构

热反挤压制坯的目的是利用反挤压成形方法得到图 5－68 所示精锻件的薄壁筒体部分，如图 5－70 所示。热反挤压制坯模具结构如图 5－77 所示。

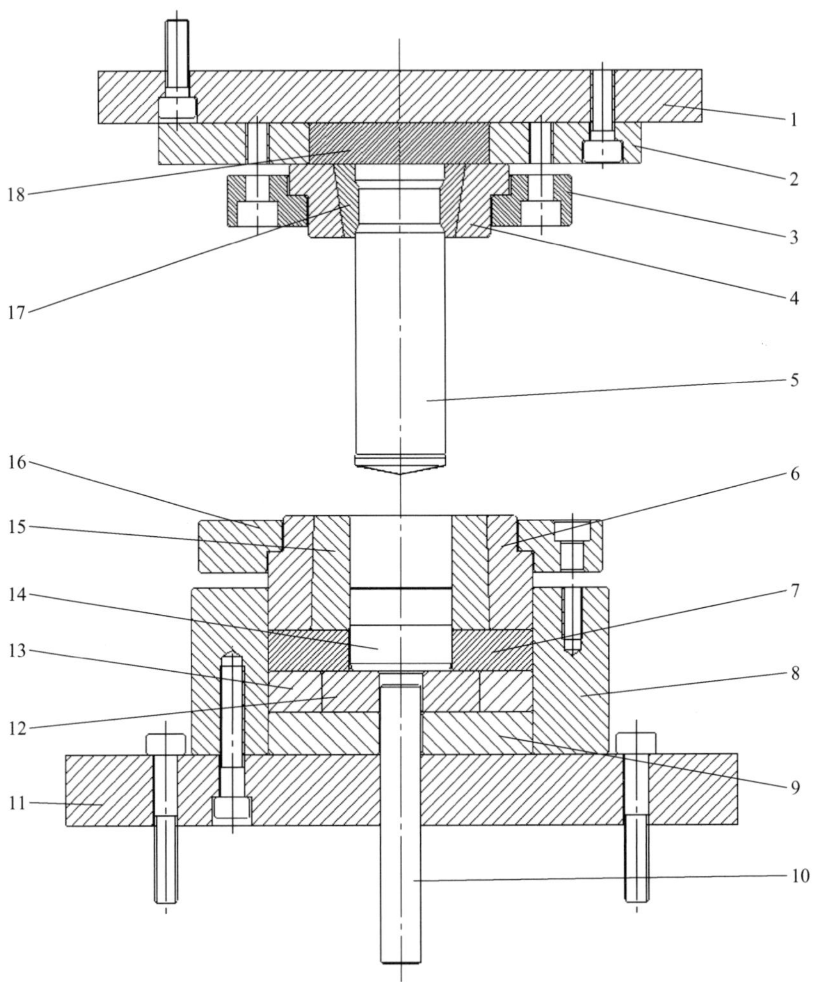

1—上模板；2—上模垫套；3—上模压板；4—上模外套；5—冲头；6—凹模外套；
7—下模衬垫；8—下模座；9—下模垫板；10—顶杆；11—下模板；
12—下模承载垫；13—下模承载垫套；14—凹模芯垫；15—凹模芯；
14—下模压板；17—冲头夹头；18—上模垫块。

图 5－77 热反挤压制坯模具结构

图 5－78 所示为热反挤压制坯模具的主要模具零件图，表 5－8 所示为热反挤压制坯模具的主要模具零件的材料及热处理硬度。

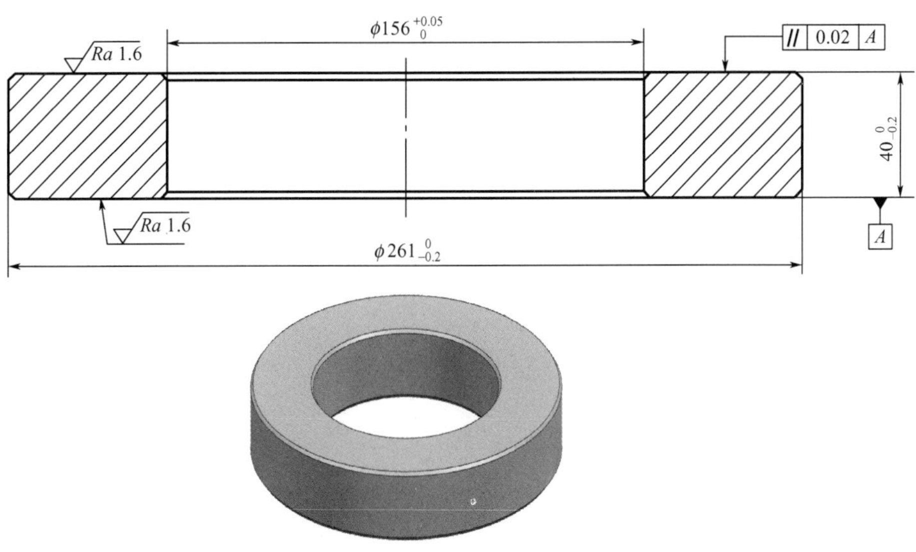

（a）下模承载垫套

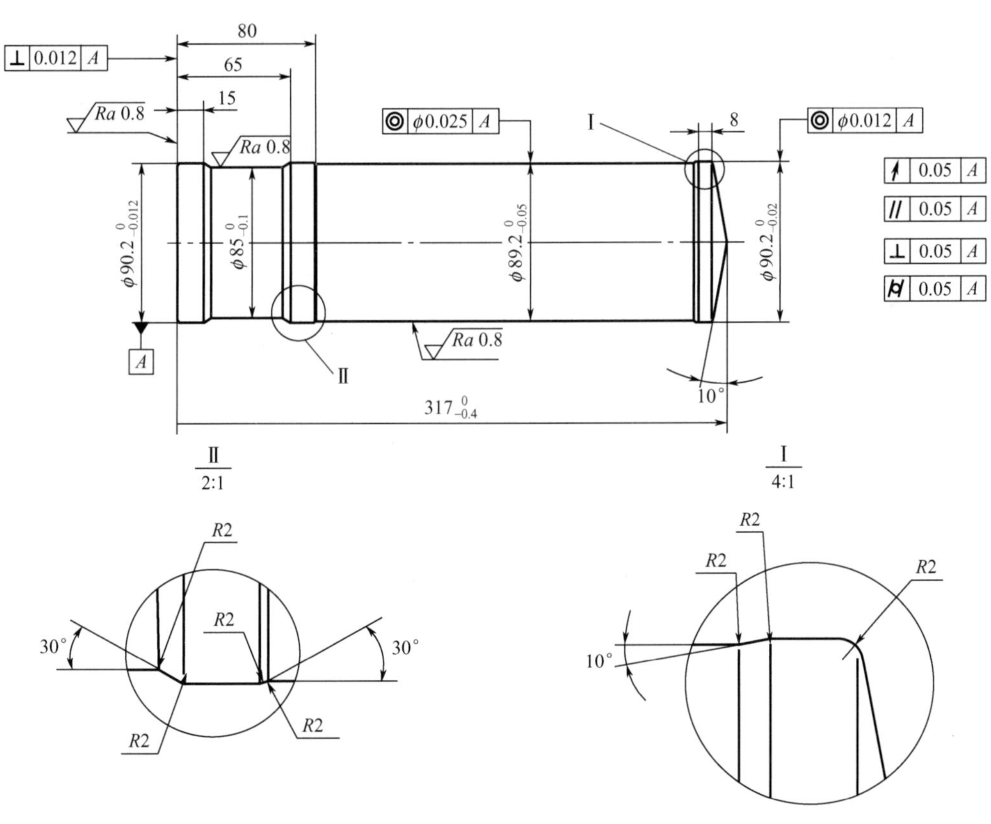

（b）冲头

图5-78 热反挤压制坯模具的主要模具零件图

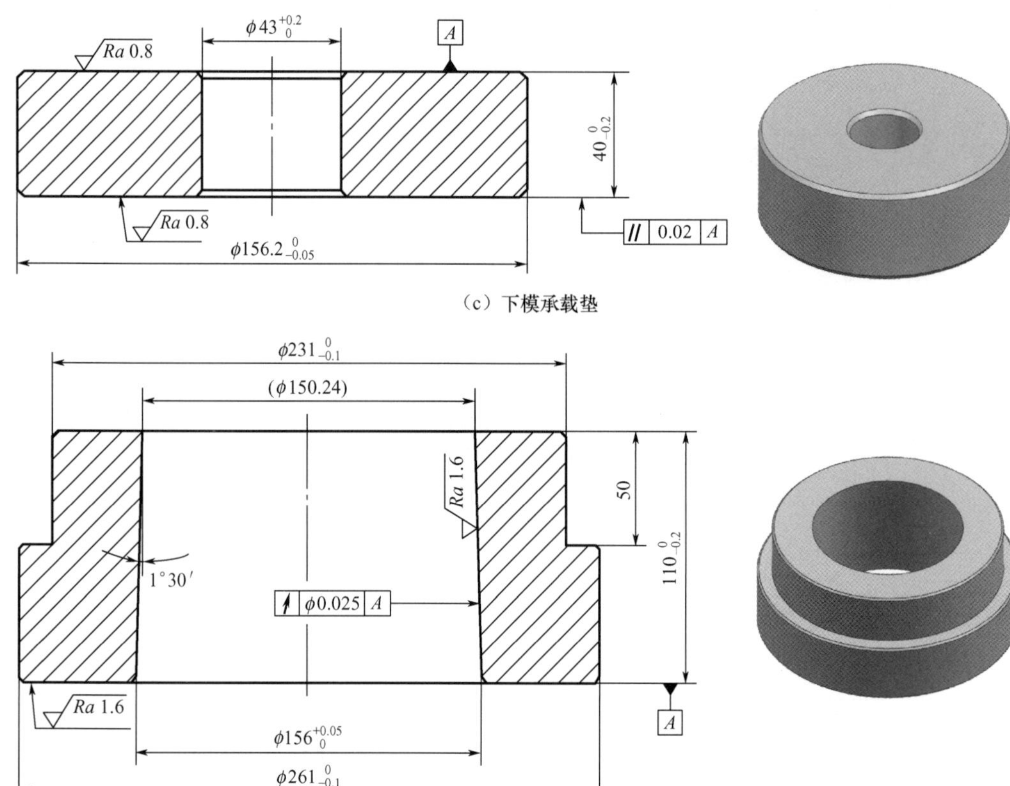

（c）下模承载垫

（d）凹模外套

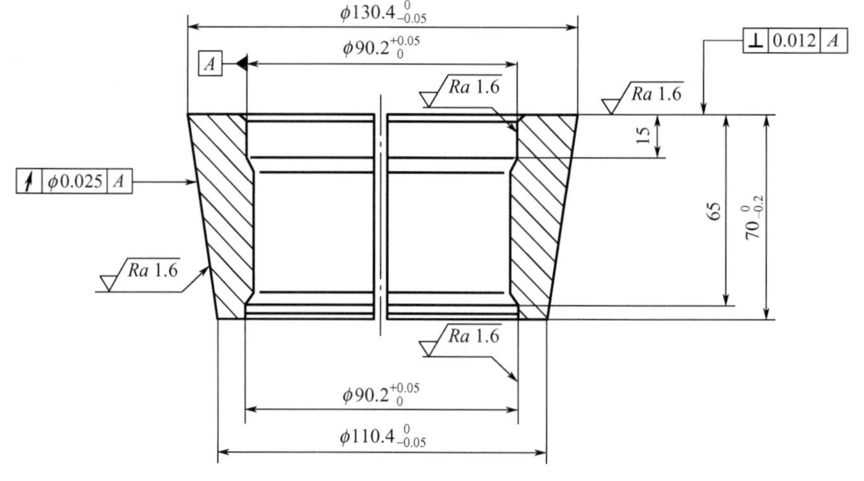

图 5－78　热反挤压制坯模具的主要模具零件图（续）

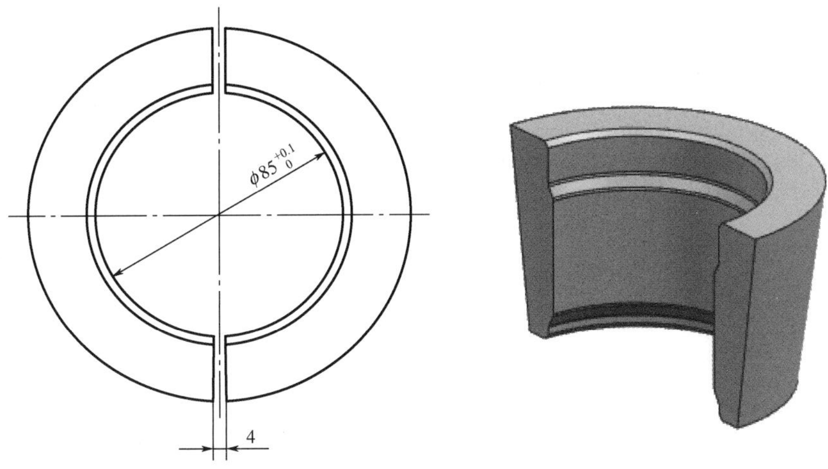

（e）冲头夹头(左、右)

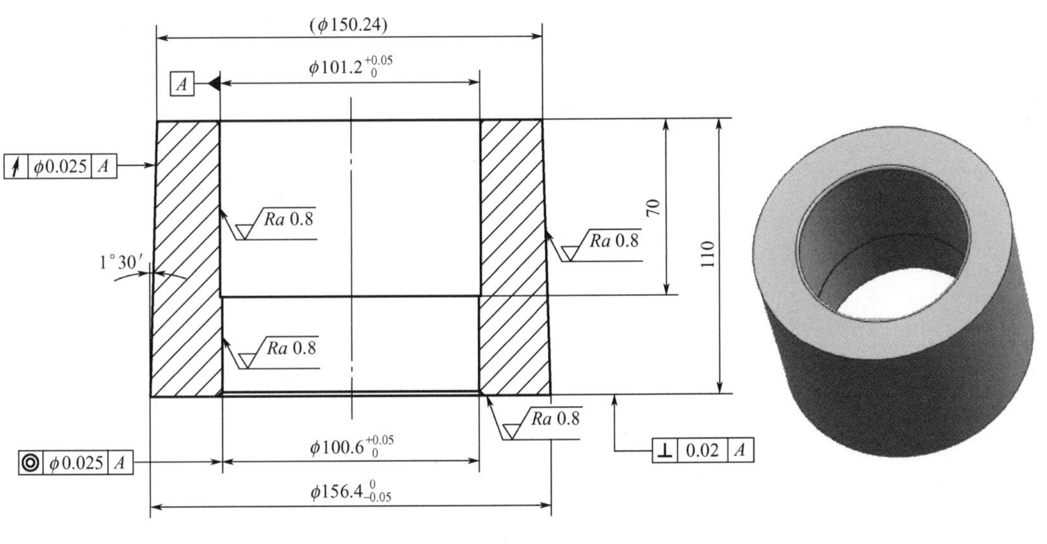

（f）凹模芯

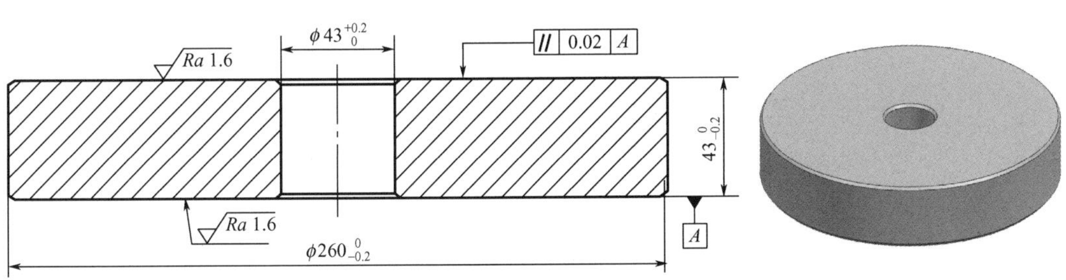

（g）下模垫板

图 5-78 热反挤压制坯模具的主要模具零件图（续）

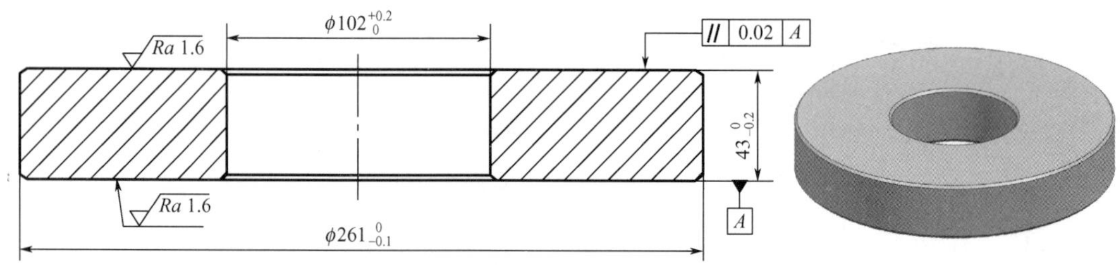

（h）下模衬垫

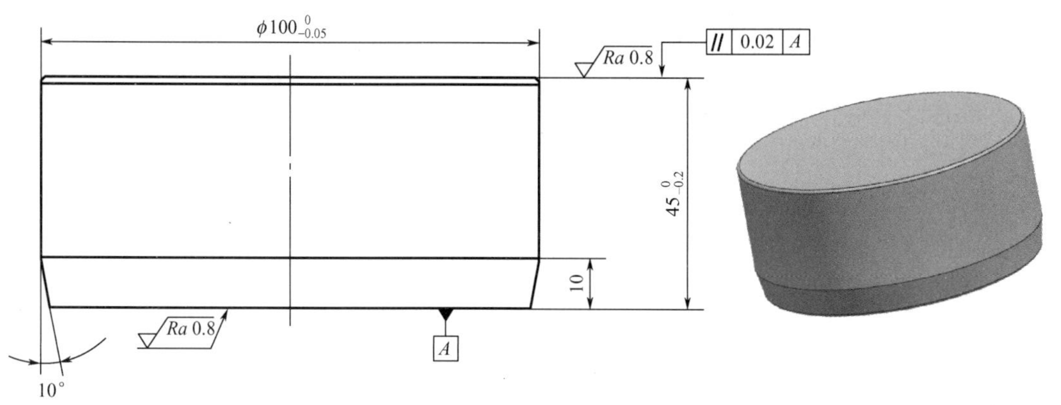

（i）凹模芯垫

图 5－78　热反挤压制坯模具的主要模具零件图（续）

表 5－8　热反挤压制坯模具的主要模具零件的材料及热处理硬度

序号	模具零件	材料	热处理硬度/HRC
1	冲头	Cr12MoV	56～60
2	凹模芯垫	H13	48～52
3	下模衬垫	45	38～45
4	下模垫板	45	38～45
5	下模承载垫套	45	28～32
6	下模承载垫	H13	48～52
7	凹模芯	H13	50～52
8	凹模外套	45	38～42
9	冲头夹头	45	38～42

2. 热正挤压预成形模具结构

热正挤压预成形的目的是利用正挤压成形方法得到图 5－64 所示精锻件的内锥度为 92°的锥台形底部部分，如图 5－71 所示。热正挤压预成形模具结构如图 5－79 所示。

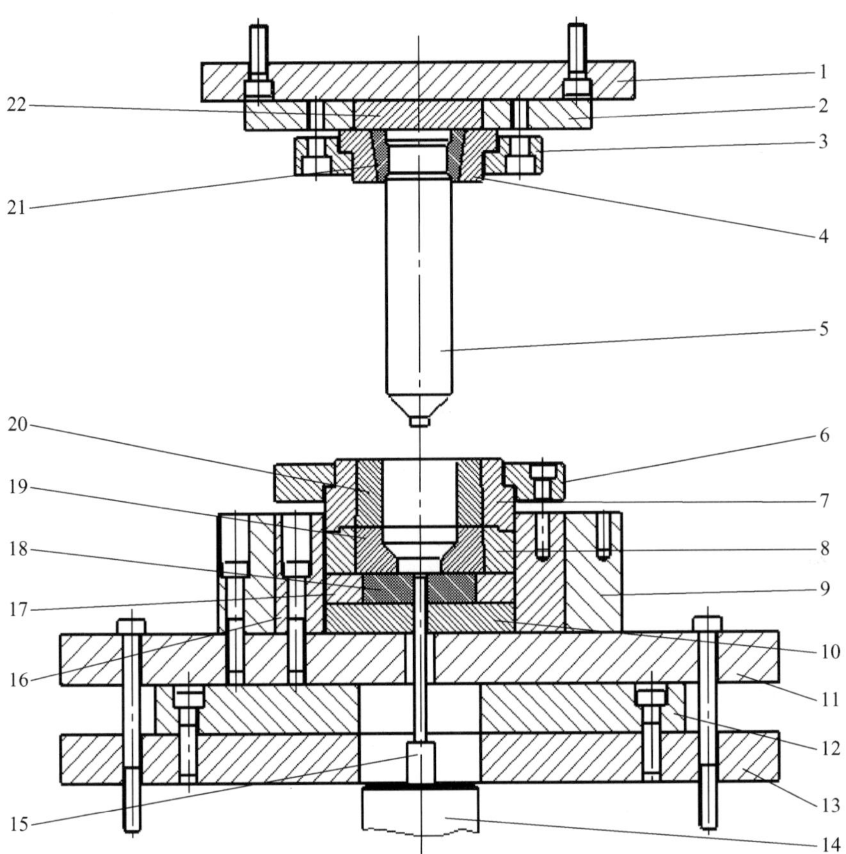

1—上模板；2—上模垫套；3—上模压板；4—上模外套；5—冲头；6—凹模压板；
7—凹模上外套；8—凹模下外套；9—下模座；10—下模承载板；11—下模板；
12—下模垫板；13—下模座板；14—顶出缸活塞；15—顶料杆；
16—下模座套；17—下模垫套；18—下模垫芯；19—凹模下芯；
20—凹模上芯；21—冲头夹头；22—上模垫块。

图 5-79　热正挤压预成形模具结构

3. 冷缩口成形模具结构

冷缩口成形的目的是将图 5-72 所示粗车坯件上端的圆环部分变成中空的锥台部分，得到图 5-68 所示精锻件的外形锥度为 30°的锥台形筒体部分。第三次冷缩口成形模具结构如图 5-80 所示。

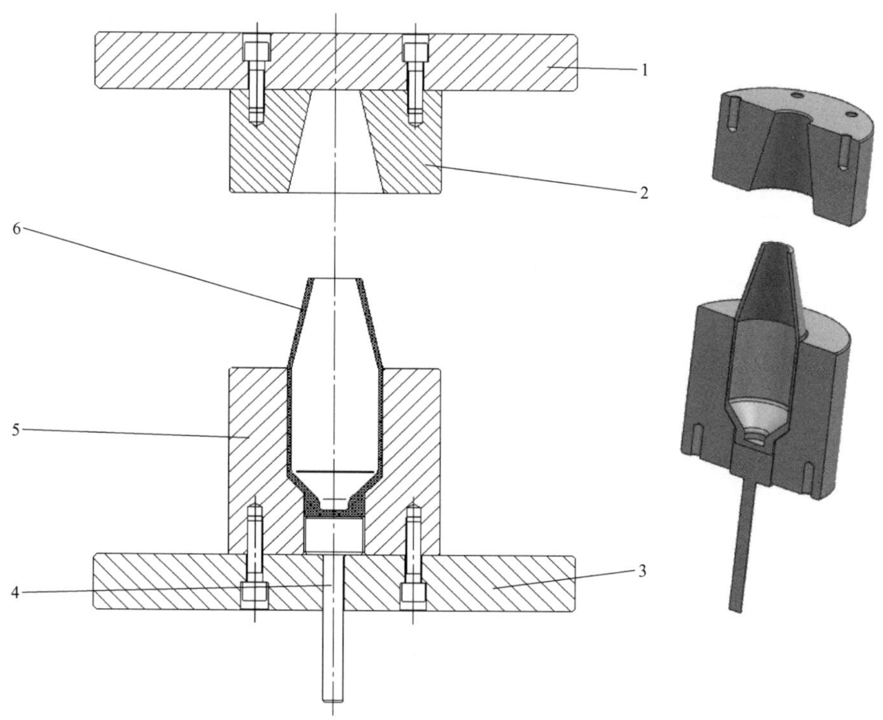

1—上模板；2—上模；3—下模板；4—顶料杆；5—下模；6—第三次冷缩口成形件。

图 5－80　第三次冷缩口成形模具结构

图 5－81 所示为第三次冷缩口成形模具上模、下模和顶料杆的零件图。第三次冷缩口成形模具上模、下模、顶料杆的材料及热处理硬度见表 5－9。

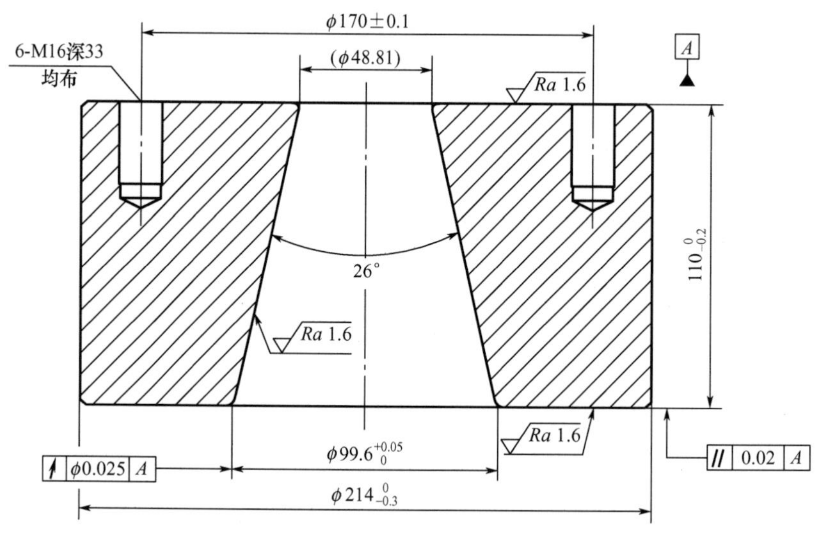

（a）上模

图 5－81　第三次冷缩口成形模具上模、下模、顶料杆的零件图

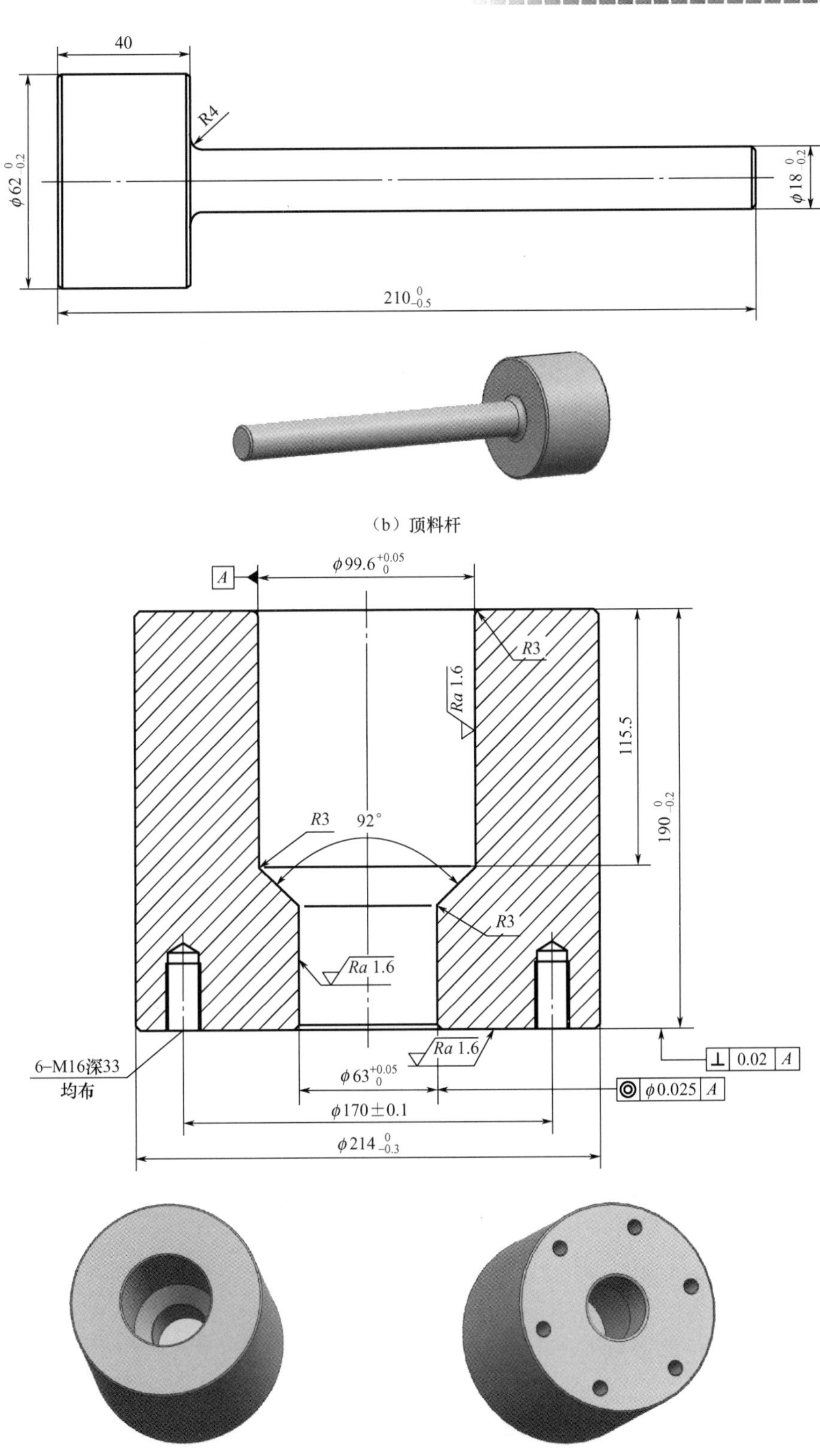

（b）顶料杆

（c）下模

图 5-81　第三次冷缩口成形模具上模、下模、顶料杆的零件图（续）

表 5-9　第三次冷缩口成形模具上模、下模、顶料杆的材料及热处理硬度

序号	模具零件	材料	热处理硬度/HRC
1	上模	H13	42～48
2	下模	H13	42～48
3	顶料杆	Cr12	54～58

5.9.3　鼓形壳体精密锻造成形过程的工艺规程

1. 下料工序

下料工序如下。

<table>
<tr><td colspan="6">10</td><td colspan="3">下料工艺规程</td></tr>
<tr><td colspan="6">工具</td><td colspan="3" rowspan="9">见图 5-69</td></tr>
<tr><td>序号</td><td colspan="3">名称</td><td colspan="2">代号</td></tr>
<tr><td>1</td><td colspan="3">带锯条</td><td colspan="2"></td></tr>
<tr><td>2</td><td colspan="3">扳手</td><td colspan="2"></td></tr>
<tr><td>3</td><td colspan="3">夹钳</td><td colspan="2"></td></tr>
<tr><td colspan="6">设备</td></tr>
<tr><td colspan="3">名称</td><td colspan="3">主要参数</td></tr>
<tr><td colspan="3">带锯床</td><td colspan="3">GB4025</td></tr>
<tr><td colspan="6">辅料</td></tr>
<tr><td colspan="2">名称</td><td colspan="3">规格</td><td>标准代号</td><td colspan="3">量具</td></tr>
<tr><td colspan="2">手套</td><td colspan="3"></td><td></td><td>序号</td><td>名称</td><td>公称尺寸</td></tr>
<tr><td colspan="2">棉纱</td><td colspan="3"></td><td></td><td>1</td><td>游标卡尺</td><td>0～200mm</td></tr>
<tr><td colspan="2"></td><td colspan="3"></td><td></td><td>2</td><td>卷尺</td><td>0～2000mm</td></tr>
</table>

1. 技术条件

(1) 材料应是进厂检验合格、符合 GB/T 3190—2020《变形铝及铝合金化学成分》的直径为 ϕ100mm 的 2A12 铝合金长棒料。

(2) 操作人员和检验人员应有操作、检验合格证方可上岗工作。

(3) GB4025 带锯床应经鉴定合格后方可使用，工作现场应符合安全操作要求。

2. 操作方法

(1) 工作前按规定检查、调整 GB4025 带锯床、带锯条、夹具、量具。

(2) 夹持固定坯料后方可下料。

(3) 下料长度为 80mm，锯口应平整、端正。

(4) 锯下的材料应整齐摆放，编批交验。

3. 检验规定

(1) 检查坯料的端面应圆整、平齐，不可有歪斜、飞刺等缺陷。

(2) 按图 5-69 检查外径应符合 ϕ100mm 要求，长度应符合 80mm 要求。

(3) 做好原始记录。

					批准	
					标审	
					审查	
					校核	
标记	处数	更改文件号	签字	日期	编制	

2. 坯料加热工序

坯料加热工序如下。

20	坯料加热工艺规程

工具		
序号	名称	代号
1	钳子	
2	铁钩	

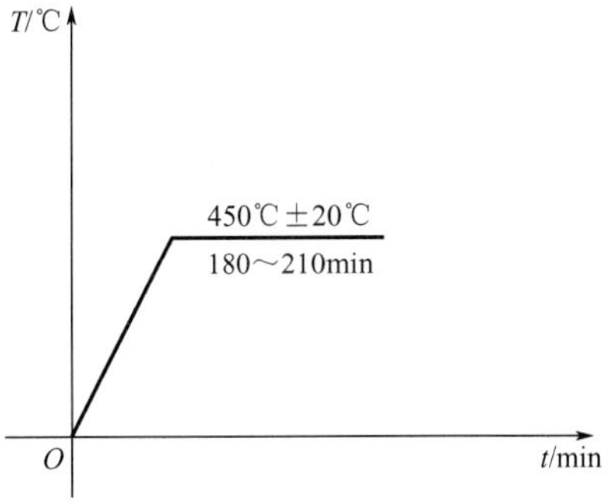

设备	
名称	主要参数
箱式电阻炉	RX3－45－9

T/℃
450℃±20℃
180～210min
O
t/min

辅料		
名称	规格	标准代号
手套		

量具		
序号	名称	测量范围
1	热电偶	
2	温控仪	0～900℃

1. 技术条件

(1) 坯料应是经下料、检验合格的直径为 ϕ100mm 的 2A12 铝合金坯料。

(2) 操作人员和检验人员应有操作、检验合格证方可上岗工作。

(3) RX3－45－9 箱式电阻炉应经鉴定合格后方可使用，工作现场应符合安全操作要求。

2. 操作方法

(1) 工作前按规定检查、调整 RX3－45－9 箱式电阻炉、热电偶、温控仪。

(2) 将坯料整齐地放入 RX3－45－9 箱式电阻炉，用矿渣棉将炉门堵严，盖好炉门，确保炉温均匀一致。

(3) 按坯料加热工艺规范进行加热。

3. 检验规定

做好原始记录。

					批准	
					标审	
					审查	
					校核	
标记	处数	更改文件号	签字	日期	编制	

3. 热反挤压制坯工序

热反挤压制坯工序如下。

<table>
<tr><td colspan="3">30</td><td colspan="3">热反挤压制坯工艺规程</td></tr>
<tr><td colspan="3">工具</td><td colspan="3" rowspan="8">见图 5-70</td></tr>
<tr><td>序号</td><td>名称</td><td>代号</td></tr>
<tr><td>1</td><td>热反挤压制坯模具</td><td></td></tr>
<tr><td>2</td><td>夹钳</td><td></td></tr>
<tr><td colspan="3">设备</td></tr>
<tr><td>名称</td><td colspan="2">主要参数</td></tr>
<tr><td>液压机</td><td colspan="2">YH32-2000</td></tr>
<tr><td colspan="3">辅料</td></tr>
<tr><td>名称</td><td>规格</td><td>标准代号</td><td colspan="3">量具</td></tr>
<tr><td>毛刷</td><td></td><td></td><td>序号</td><td>名称</td><td>公称尺寸</td></tr>
<tr><td>猪油</td><td></td><td></td><td>1</td><td>游标尺</td><td>0～300mm</td></tr>
<tr><td>MoS_2</td><td></td><td></td><td></td><td></td><td></td></tr>
<tr><td>不锈钢桶</td><td></td><td></td><td></td><td></td><td></td></tr>
</table>

1. 技术条件

(1) 经加热、保温后的坯料方可投入热反挤压制坯工序作业。

(2) 操作人员和检验人员应有操作、检验合格证方可上岗工作。

(3) YH32-2000 液压机应经鉴定合格后方可使用，工作现场应符合安全操作要求。

2. 操作方法

(1) 工作前按规定检查、调整 YH32-2000 液压机、热反挤压制坯模具和量具。

(2) 调整 YH32-2000 液压机滑块行程的上、下死点位置，系统压力为 24MPa，压制的保压时间为 1.5s。

(3) 用夹钳从 RX3-45-9 箱式电阻炉中取出加热和保温后的、与图 5-70 所示制坯件形状相似的专用烘烤零件，并放入热反挤压制坯凹模的内孔型腔；按下压制按钮，使滑块下降，其冲头的工作部分插入专用烘烤零件的内孔，以烘烤热反挤压制坯模具的凹模内孔型腔和冲头的工作部分；重复多次该过程，直到热反挤压制坯凹模的内孔型腔和冲头的工作部分温度约为 200℃。

(4) 用毛刷将猪油＋MoS_2 润滑剂均匀地涂抹在热反挤压制坯凹模的内孔型腔中。

(5) 移动装有猪油＋MoS_2 润滑剂的小盒，使热反挤压制坯模具的冲头浸入装有猪油＋MoS_2 润滑剂的小盒并保持约 1s，然后快速移开装有猪油＋MoS_2 润滑剂的小盒，使润滑剂均匀地黏附在温度约为 150℃的热反挤压冲头的工作带上。

(6) 从 RX3-45-9 箱式电阻炉中取出加热和保温后的坯料，立即浸入猪油＋MoS_2 润滑剂，然后快速将坯料放入热反挤压制坯模具的内孔型腔进行热反挤压制坯加工，得到图 5-70 所示的制坯件。

(7) 将热反挤压制坯加工的制坯件放入清洁的箱中编批交验。

3. 检验规定

(1) 按图 5-70 抽检，着重检测外形尺寸和内孔尺寸。

(2) 检测制坯件的表面，不得有裂纹、折叠、毛刺、拉伤、塌角等缺陷。

(3) 做好原始记录。

<table>
<tr><td></td><td></td><td></td><td></td><td></td><td>批准</td><td></td></tr>
<tr><td></td><td></td><td></td><td></td><td></td><td>标审</td><td></td></tr>
<tr><td></td><td></td><td></td><td></td><td></td><td>审查</td><td></td></tr>
<tr><td></td><td></td><td></td><td></td><td></td><td>校核</td><td></td></tr>
<tr><td>标记</td><td>处数</td><td>更改文件号</td><td>签字</td><td>日期</td><td>编制</td><td></td></tr>
</table>

4. 制坯件加热工序

制坯件加热工序如下。

<table>
<tr><td colspan="3">40</td><td colspan="3">制坯件加热工艺规程</td></tr>
<tr><td colspan="3">工具</td><td colspan="3" rowspan="8">T/℃
450℃±20℃
90～120min
O
t/min</td></tr>
<tr><td>序号</td><td>名称</td><td>代号</td></tr>
<tr><td>1</td><td>钳子</td><td></td></tr>
<tr><td>2</td><td>铁钩</td><td></td></tr>
<tr><td colspan="3">设备</td></tr>
<tr><td colspan="2">名称</td><td>主要参数</td></tr>
<tr><td colspan="2">箱式电阻炉</td><td>RX3－45－9</td></tr>
<tr><td colspan="3">辅料</td></tr>
<tr><td>名称</td><td>规格</td><td>标准代号</td><td colspan="3">量具</td></tr>
<tr><td>手套</td><td></td><td></td><td>序号</td><td>名称</td><td>测量范围</td></tr>
<tr><td></td><td></td><td></td><td>1</td><td>热电偶</td><td></td></tr>
<tr><td></td><td></td><td></td><td>2</td><td>温控仪</td><td>0～900℃</td></tr>
</table>

1. 技术条件

(1) 坯件应是经热反挤压制坯、检验合格的制坯件。

(2) 操作人员和检验人员应有操作、检验合格证方可上岗工作。

(3) RX3－45－9 箱式电阻炉应经鉴定合格后方可使用，工作现场应符合安全操作要求。

2. 操作方法

(1) 工作前按规定检查、调整 RX3－45－9 箱式电阻炉、热电偶、温控仪。

(2) 将制坯件整齐地放入 RX3－45－9 箱式电阻炉，用矿渣棉将炉门堵严，盖好炉门，确保炉温均匀一致。

(3) 按制坯件加热工艺规范进行加热。

3. 检验规定

做好原始记录。

					批准	
					标审	
					审查	
					校核	
标记	处数	更改文件号	签字	日期	编制	

5．热正挤压预成形工序

热正挤压预成形工序如下 。

<table>
<tr><td colspan="5">50</td><td colspan="3">热正挤压预成形工艺规程</td></tr>
<tr><td colspan="5">工具</td><td colspan="3" rowspan="8">见图 5－71</td></tr>
<tr><td>序号</td><td colspan="3">名称</td><td>代号</td></tr>
<tr><td>1</td><td colspan="3">热正挤压预成形模具</td><td></td></tr>
<tr><td>2</td><td colspan="3">夹钳</td><td></td></tr>
<tr><td colspan="5">设备</td></tr>
<tr><td colspan="2">名称</td><td colspan="3">主要参数</td></tr>
<tr><td colspan="2">液压机</td><td colspan="3">YH32－2000</td></tr>
<tr><td colspan="5">辅料</td></tr>
<tr><td colspan="2">名称</td><td colspan="2">规格</td><td>标准代号</td><td colspan="3">量具</td></tr>
<tr><td colspan="2">棉布</td><td colspan="2"></td><td></td><td>序号</td><td>名称</td><td>公称尺寸</td></tr>
<tr><td colspan="2">猪油、MoS_2</td><td colspan="2"></td><td></td><td>1</td><td>游标尺</td><td>0～300mm</td></tr>
</table>

1．技术条件

（1）经加热、保温后的制坯件方可投入热正挤压预成形工序作业。

（2）操作人员和检验人员应有操作、检验合格证方可上岗工作。

（3）YH32－2000 液压机应经鉴定合格后方可使用，工作现场应符合安全操作要求。

2．操作方法

（1）工作前按规定检查、调整 YH32－2000 液压机、热正挤压预成形模具和量具。

（2）调整 YH32－2000 液压机滑块的上、下死点位置，系统压力为 24MPa，压制的保压时间为 1.5s。

（3）从 RX3－45－9 箱式电阻炉中取出加热和保温后的制坯件，并放入热正挤压预成形凹模的内孔型腔；按下压制按钮，使滑块下降，其冲头的工作部分进入热的制坯件内孔，以烘烤热正挤压预成形模具的凹模内孔型腔和冲头的工作部分；重复多次该过程，直到热正挤压预成形凹模的内孔型腔和冲头的工作部分温度约为 200℃。

（4）用洁净的、浸有猪油＋MoS_2 润滑剂的棉布在热正挤压预成形模具的凹模内孔型腔均匀地涂抹一层猪油＋MoS_2 润滑剂。

（5）移动装有猪油＋MoS_2 润滑剂的小盒，使热正挤压预成形冲头浸入装有猪油＋MoS_2 润滑剂的小盒并保持约 1s，然后快速移开装有猪油＋MoS_2 润滑剂的小盒，使润滑剂均匀地黏附在温度约为 200℃的热正挤压预成形冲头的工作带上。

（6）用夹钳从 RX3－45－9 箱式电阻炉内快速取出加热和保温后的制坯件，并迅速浸入盛有猪油＋MoS_2 润滑剂的不锈钢桶，再从不锈钢桶中快速取出涂覆猪油＋MoS_2 润滑剂的制坯件，并放入热正挤压预成形模具的凹模内孔型腔进行热正挤压预成形加工；将热正挤压预成形加工的预成形件放入清洁的箱中编批交验。

3．检验规定

（1）按图 5－71 抽检，着重检测外形尺寸和内孔尺寸。

（2）检测预成形件外观，不得有裂纹、折叠、毛刺、凹陷、塌角、拉伤等缺陷。

（3）做好原始记录。

					批准	
					标审	
					审查	
					校核	
标记	处数	更改文件号	签字	日期	编制	

6. 粗车加工工序

粗车加工工序如下。

<table>
<tr><td colspan="3">60</td><td colspan="3">粗车加工工艺规程</td></tr>
<tr><td colspan="3">工具</td><td colspan="3" rowspan="10">见图 5 - 72</td></tr>
<tr><td>序号</td><td>名称</td><td>代号</td></tr>
<tr><td>1</td><td>车刀</td><td></td></tr>
<tr><td>2</td><td>扳手</td><td></td></tr>
<tr><td>3</td><td>工装</td><td></td></tr>
<tr><td colspan="3">设备</td></tr>
<tr><td colspan="2">名称</td><td>主要参数</td></tr>
<tr><td colspan="2">数控车床</td><td>CK6136</td></tr>
<tr><td colspan="2"></td><td></td></tr>
<tr><td colspan="3">辅料</td></tr>
<tr><td>名称</td><td>规格</td><td>标准代号</td><td colspan="3">量具</td></tr>
<tr><td>手套</td><td></td><td></td><td>序号</td><td>名称</td><td>公称尺寸</td></tr>
<tr><td>棉纱</td><td></td><td></td><td>1</td><td>游标卡尺</td><td>0～300mm</td></tr>
</table>

1. 技术条件

(1) 坯件应是经热正挤压预成形后、检验合格的预成形件。

(2) 操作人员和检验人员应有操作、检验合格证方可上岗工作。

(3) CK6136 数控车床应经鉴定合格后方可使用，工作现场应符合安全操作要求。

2. 操作方法

(1) 工作前按规定检查、调整 CK6136 数控车床、外圆车刀和端面车刀、工装、量具。

(2) 夹持固定预成形件后方可进行数控车加工。

(3) 按图 5 - 72 所示尺寸进行数控车加工，粗车加工后的外端面应平整、端正、光滑。

(4) 粗车加工后的粗车坯件应整齐摆放，编批交验。

3. 检验规定

(1) 检查粗车坯件的端面、外圆表面应圆整、平齐，不可有歪斜、飞刺等缺陷。

(2) 按图 5 - 72 所示的尺寸要求进行检查。

(3) 做好原始记录。

					批准	
					标审	
					审查	
					校核	
标记	处数	更改文件号	签字	日期	编制	

7. 粗车坯件退火处理工序

粗车坯件退火处理工序如下。

70			粗车坯件退火处理工艺规程		
工具			T/℃ 420℃±20℃ 90～120min 随炉冷却 O t/min		
序号	名称	代号			
1	钳子				
2	铁钩				
设备					
名称	主要参数				
箱式电阻炉	RX3－45－9				
辅料					
名称	规格	标准代号	量具		
手套			序号	名称	测量范围
			1	热电偶	
			2	温控仪	0～900℃

1. 技术条件

(1) 坯件应是经粗车加工后、检验合格的粗车坯件。

(2) 操作人员和检验人员应有操作、检验合格证方可上岗工作。

(3) RX3－45－9 箱式电阻炉应经鉴定合格后方可使用，工作现场应符合安全操作要求。

2. 操作方法

(1) 工作前按规定检查、调整 RX3－45－9 箱式电阻炉、热电偶、温控仪。

(2) 将粗车坯件整齐地放入 RX3－45－9 箱式电阻炉，用矿渣棉将炉门堵严，盖好炉门，确保炉温均匀一致。

(3) 按粗车坯件退火处理工艺规范进行退火处理。

3. 检验规定

做好原始记录。

					批准	
					标审	
					审查	
					校核	
标记	处数	更改文件号	签字	日期	编制	

8. 第一次冷缩口成形工序

第一次冷缩口成形工序如下。

80				第一次冷缩口成形工艺规程	
工具				见图 5-73	
序号	名称		代号		
1	第一次冷缩口成形模具				
2	夹钳				
设备					
名称		主要参数			
液压机		YH32-200			
螺旋振动研磨机		GSJ-100			
辅料					
名称	规格	标准代号		量具	
毛刷			序号	名称	公称尺寸
硬脂酸锌			1	游标尺	0～300mm
MoS_2			2	万能角度尺	0°～320°

1. 技术条件

(1) 经退火处理后的粗车坯件方可投入第一次冷缩口成形工序作业。

(2) 操作人员和检验人员应有操作、检验合格证方可上岗工作。

(3) YH32-200 液压机应经鉴定合格后方可使用，工作现场应符合安全操作要求。

2. 操作方法

(1) 工作前按规定检查、调整 YH32-200 液压机、GSJ-100 螺旋振动研磨机、第一次冷缩口成形模具和量具。

(2) 调整 YH32-200 液压机滑块的上、下死点位置，系统压力为 24MPa，压制的保压时间为 1.5s。

(3) 将退火处理后的粗车坯件倒入盛有硬脂酸锌润滑剂的 GSJ-100 螺旋振动研磨机进行振动加工，使其表面涂覆一层均匀的硬脂酸锌润滑层。

(4) 用毛刷将 MoS_2 润滑剂均匀地涂抹在第一次冷缩口成形模具的下模和上模内孔型腔表面。

(5) 将涂覆硬脂酸锌润滑剂的粗车坯件放入第一次冷缩口成形模具的下模型腔，进行第一次冷缩口成形加工。

(6) 将第一次冷缩口成形加工的第一次冷缩口成形件放入清洁的箱中编批交验。

3. 检验规定

(1) 按图 5-73 抽检，着重检测锥度为 10°的角度值。

(2) 检测图 5-73 所示第一次冷缩口成形件的外观，不得有折叠、凹陷、拉伤等缺陷。

(3) 做好原始记录。

					批准	
					标审	
					审查	
					校核	
标记	处数	更改文件号	签字	日期	编制	

9. 第二次冷缩口成形工序

第二次冷缩口成形工序如下。

<table>
<tr><td colspan="4">90</td><td colspan="3">第二次冷缩口成形工艺规程</td></tr>
<tr><td colspan="4">工具</td><td colspan="3" rowspan="9">见图 5－74</td></tr>
<tr><td>序号</td><td colspan="2">名称</td><td>代号</td></tr>
<tr><td>1</td><td colspan="2">第二次冷缩口成形模具</td><td></td></tr>
<tr><td>2</td><td colspan="2">夹钳</td><td></td></tr>
<tr><td colspan="4">设备</td></tr>
<tr><td colspan="2">名称</td><td colspan="2">主要参数</td></tr>
<tr><td colspan="2">液压机</td><td colspan="2">YH32－200</td></tr>
<tr><td colspan="2">螺旋振动研磨机</td><td colspan="2">GSJ－100</td></tr>
<tr><td colspan="4">辅料</td></tr>
<tr><td>名称</td><td>规格</td><td colspan="2">标准代号</td><td colspan="3">量具</td></tr>
<tr><td>毛刷</td><td></td><td colspan="2"></td><td>序号</td><td>名称</td><td>公称尺寸</td></tr>
<tr><td>硬脂酸锌</td><td></td><td colspan="2"></td><td>1</td><td>游标尺</td><td>0～300mm</td></tr>
<tr><td>MoS_2</td><td></td><td colspan="2"></td><td>2</td><td>万能角度尺</td><td>0°～320°</td></tr>
</table>

1. 技术条件

(1) 经第一次冷缩口成形加工后的第一次冷缩口成形件方可投入第二次冷缩口成形工序作业。

(2) 操作人员和检验人员应有操作、检验合格证方可上岗工作。

(3) YH32－200 液压机应经鉴定合格后方可使用，工作现场应符合安全操作要求。

2. 操作方法

(1) 工作前按规定检查、调整 YH32－200 液压机、GSJ－100 螺旋振动研磨机、第二次冷缩口成形模具和量具。

(2) 调整 YH32－200 液压机滑块的上、下死点位置，系统压力为 24MPa，压制的保压时间为 1.5s。

(3) 将第一次冷缩口成形件倒入盛有硬脂酸锌润滑剂的 GSJ－100 螺旋振动研磨机进行振动加工，使其表面涂覆一层均匀的硬脂酸锌润滑层。

(4) 用毛刷将 MoS_2 润滑剂均匀地涂抹在第二次冷缩口成形模具的下模和上模内孔型腔表面。

(5) 将涂覆硬脂酸锌润滑剂的第一次冷缩口成形件放入第二次冷缩口成形模具的下模型腔，进行第二次冷缩口成形加工。

(6) 将第二次冷缩口成形加工的第二次冷缩口成形件放入清洁的箱中编批交验。

3. 检验规定

(1) 按图 5－74 抽检，着重检测锥度为 20°的角度值。

(2) 检测第二次冷缩口成形件外观，不得有折叠、凹陷、拉伤等缺陷。

(3) 做好原始记录。

					批准	
					标审	
					审查	
					校核	
标记	处数	更改文件号	签字	日期	编制	

10. 第三次冷缩口成形工序

第三次冷缩口成形工序如下。

100					第三次冷缩口成形工艺规程		
工具					见图 5-75		
序号	名称			代号			
1	第三次冷缩口成形模具						
2	夹钳						
设备							
名称		主要参数					
液压机		YH32-200					
螺旋振动研磨机		GSJ-100					
辅料							
名称	规格		标准代号		量具		
毛刷					序号	名称	公称尺寸
硬脂酸锌					1	游标尺	0～300mm
MoS_2					2	万能角度尺	0°～320°

1. 技术条件

(1) 经第二次冷缩口成形加工后的第二次冷缩口成形件方可投入第三次冷缩口成形工序作业。

(2) 操作人员和检验人员应有操作、检验合格证方可上岗工作。

(3) YH32-200 液压机应经鉴定合格后方可使用，工作现场应符合安全操作要求。

2. 操作方法

(1) 工作前按规定检查、调整 YH32-200 液压机、GSJ-100 螺旋振动研磨机、第三次冷缩口成形模具和量具。

(2) 调整 YH32-200 液压机滑块的上、下死点位置，系统压力为 24MPa，压制的保压时间为 1.5s。

(3) 将第二次冷缩口成形件倒入盛有硬脂酸锌润滑剂的 GSJ-100 螺旋振动研磨机进行振动加工，使其表面涂覆一层均匀的硬脂酸锌润滑层。

(4) 用毛刷将 MoS_2 润滑剂均匀地涂抹在第三次冷缩口成形模具的下模和上模内孔型腔表面。

(5) 将涂覆硬脂酸锌润滑剂的第二次冷缩口成形件放入第三次冷缩口成形模具的下模型腔，进行第三次冷缩口成形加工。

(6) 将第三次冷缩口成形加工的第三次冷缩口成形件放入清洁的箱中编批交验。

3. 检验规定

(1) 按图 5-75 抽检，着重检测锥度为 26°的角度值。

(2) 检测第三次冷缩口成形件外观，不得有折叠、凹陷、拉伤等缺陷。

(3) 做好原始记录。

					批准	
					标审	
					审查	
					校核	
标记	处数	更改文件号	签字	日期	编制	

11. 最后冷缩口成形工序

最后冷缩口成形工序如下。

110				最后冷缩口成形工艺规程	
工具				见图 5 - 68	
序号	名称		代号		
1	最后冷缩口成形模具				
2	夹钳				
设备					
名称		主要参数			
液压机		YH32 - 200			
螺旋振动研磨机		GSJ - 100			
辅料					
名称	规格	标准代号	量具		
毛刷			序号	名称	公称尺寸
硬脂酸锌			1	游标尺	0～300mm
MoS_2			2	万能角度尺	0°～320°

1. 技术条件

(1) 经第三次冷缩口成形加工后的第三次冷缩口成形件方可投入最后冷缩口成形工序作业。

(2) 操作人员和检验人员应有操作、检验合格证方可上岗工作。

(3) YH32 - 200 液压机应经鉴定合格后方可使用，工作现场应符合安全操作要求。

2. 操作方法

(1) 工作前按规定检查、调整 YH32 - 200 液压机、GSJ - 100 螺旋振动研磨机、最后冷缩口成形模具和量具。

(2) 调整 YH32 - 200 液压机滑块的上、下死点位置，系统压力为 24MPa，压制的保压时间为 1.5s。

(3) 将第三次冷缩口成形件倒入盛有硬脂酸锌润滑剂的 GSJ - 100 螺旋振动研磨机进行振动加工，使其表面涂覆一层均匀的硬脂酸锌润滑层。

(4) 用毛刷将 MoS_2 润滑剂均匀地涂抹在最后冷缩口成形模具的下模和上模内孔型腔表面。

(5) 将涂覆硬脂酸锌润滑剂的第三次冷缩口成形件放入最后冷缩口成形模具的下模型腔，进行最后冷缩口成形加工。

(6) 将最后冷缩口成形加工的精锻件放入清洁的箱中编批交验。

3. 检验规定

(1) 按图 5 - 68 抽检，着重检测锥度为 30°的角度值。

(2) 检测精锻件外观，不得有折叠、凹陷、拉伤等缺陷。

(3) 做好原始记录。

					批准	
					标审	
					审查	
					校核	
标记	处数	更改文件号	签字	日期	编制	

12. 最终检验工序

最终检验工序如下。

<table>
<tr><td colspan="3">120</td><td colspan="3">最终检验工艺规程</td></tr>
<tr><td colspan="3">工具</td><td colspan="3" rowspan="8">见图 5-68</td></tr>
<tr><td>序号</td><td>名称</td><td>代号</td></tr>
<tr><td>1</td><td>手钳</td><td></td></tr>
<tr><td>2</td><td>台钳</td><td></td></tr>
<tr><td colspan="3">设备</td></tr>
<tr><td colspan="2">名称</td><td>主要参数</td></tr>
<tr><td colspan="2">检验平台</td><td></td></tr>
<tr><td colspan="3">辅料</td></tr>
<tr><td>名称</td><td>规格</td><td>标准代号</td><td colspan="3">量具</td></tr>
<tr><td>棉纱</td><td></td><td></td><td>序号</td><td>名称</td><td>公称尺寸</td></tr>
<tr><td>砂纸</td><td></td><td></td><td>1</td><td>游标卡尺</td><td>0～300mm</td></tr>
<tr><td>手套</td><td></td><td></td><td>2</td><td>万能角度尺</td><td>0°～320°</td></tr>
<tr><td></td><td></td><td></td><td>3</td><td>百分表</td><td>0～10mm</td></tr>
</table>

1. 技术条件

(1) 经最后冷缩口成形加工合格的精锻件方可投入最终检验。

(2) 操作人员和检验人员应有操作、检验合格证方可上岗工作。

(3) 检验量具、设备应符合鉴定要求后方可使用，检验现场应符合品质检测要求。

2. 操作方法

(1) 用砂纸砂光和棉纱擦净抽出的精锻件的检测部位。

(2) 在检验平台按图 5-68 所示精锻件简图进行检测。

3. 检验规定

(1) 每批抽检 1%，按图 5-68 所示精锻件简图进行检测，并着重检测外形尺寸、内孔尺寸和角度值。

(2) 每批抽检 1%，检测精锻件外观，不得有裂纹、折叠、毛刺、凹陷、塌角、拉伤等缺陷。

(3) 每批抽 1 个精锻件作探伤检测，应无裂纹。

(4) 做好原始记录。

					批准	
					标审	
					审查	
					校核	
标记	处数	更改文件号	签字	日期	编制	

5.10 2A50铝合金滤套的精密锻造成形

图 5-82 所示的滤套锻件是一种具有较深盲孔的壳体类零件，其材质为 2A50 锻铝合金。

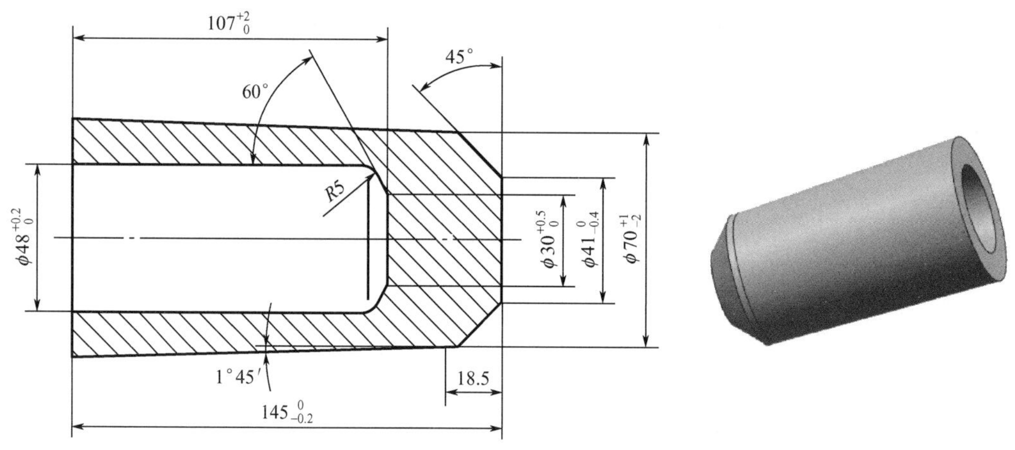

图 5-82 滤套锻件简图

对图 5-82 所示的滤套锻件，为了节省金属材料和机械加工工时降低产品成本，满足批量生产的工程需要，在 J53-300 型双盘摩擦压力机上对圆柱体坯料进行热镦挤制坯＋热反挤压成形的精密锻造成形加工方法生产。

5.10.1 滤套精密锻造成形工艺流程

（1）下料。在 GB4025 带锯床上，将直径为 ϕ70mm 的 2A50 铝合金棒料下料成长度为 92mm 的坯料。坯料的形状与尺寸如图 5-83 所示。

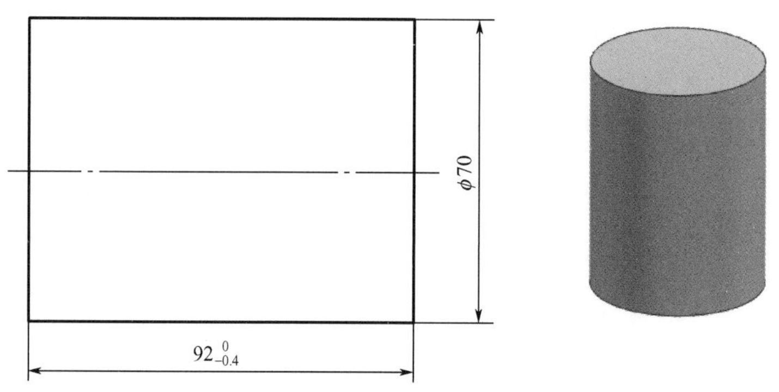

图 5-83 坯料的形状与尺寸

（2）坯料加热。在 RX3-45-9 箱式电阻炉中加热坯料，其加热温度规范如下：加热温度为 420℃±20℃，保温时间为 120～150min，采用 XCT-101 温控仪控制温度。

（3）热镦挤制坯。从 RX3－45－9 箱式电阻炉中取出加热到 400～440℃并保温一段时间的坯料，立即浸入猪油＋MoS_2 润滑剂，然后快速将坯料放入热镦挤制坯模具的内孔型腔进行热镦挤制坯加工，得到图 5－84 所示的制坯件。

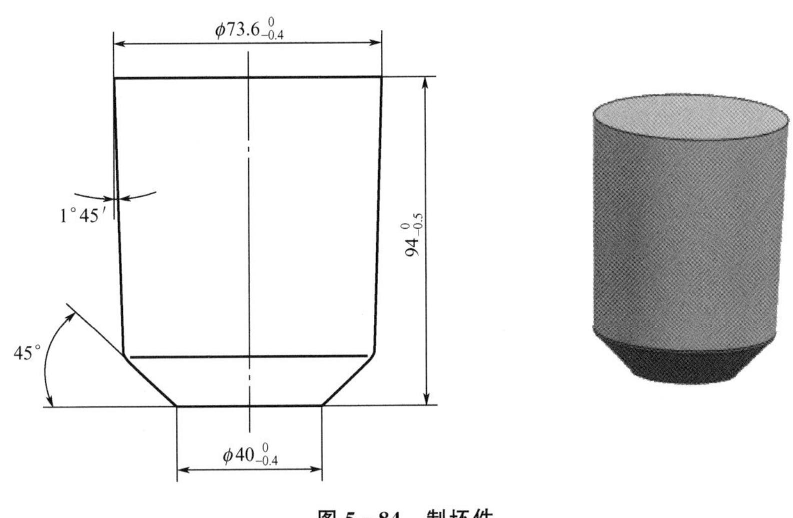

图 5－84　制坯件

润滑热镦挤制坯冲头和凹模的方法是用毛刷将猪油＋MoS_2 润滑剂均匀地涂抹在冲头的下端面和凹模的内孔型腔中。

（4）制坯件加热。在 RX3－45－9 箱式电阻炉中加热制坯件，其加热温度规范如下：加热温度为 420℃±20℃，保温时间为 120～150min，采用 XCT－101 温控仪控制温度。

（5）热反挤压成形。将加热到 400～440℃并保温一段时间的制坯件放入安装在 J53－300 双盘摩擦压力机上的热反挤压成形模具凹模的内孔型腔，进行热反挤压成形加工，得到图 5－82 所示的滤套锻件。

在热反挤压成形过程中，润滑制坯件的方法是从 RX3－45－9 箱式电阻炉中取出加热到 400～440℃并保温一段时间的制坯件，立即浸入猪油＋MoS_2 润滑剂，然后快速将制坯件放入热反挤压成形凹模的内孔型腔；润滑热反挤压成形冲头的方法是将冲头工作部分浸入装有猪油＋MoS_2 润滑剂的小盒并保持一段时间后取出，使润滑剂均匀地黏附在热反挤压成形冲头的工作带上；润滑热反挤压成形凹模的方法是用毛刷将猪油＋MoS_2 润滑剂均匀地涂抹在凹模的内孔型腔中。

5.10.2　滤套精密锻造成形模具设计

图 5－85 所示为滤套热反挤压成形模具结构。

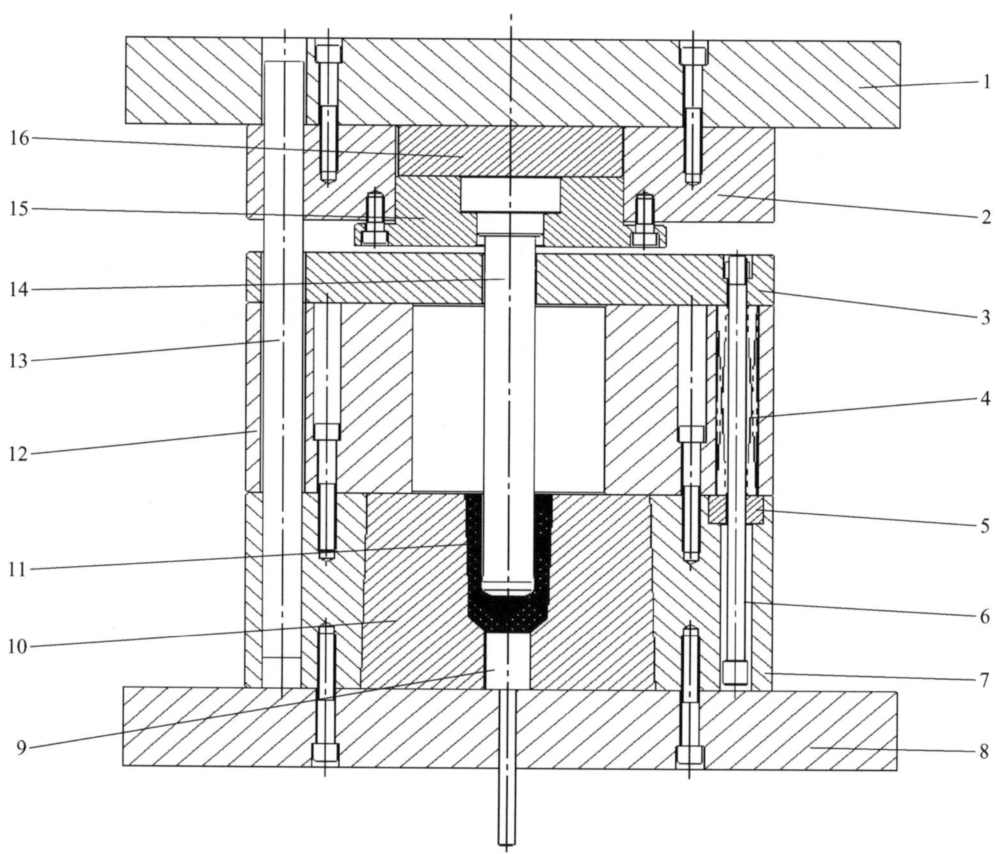

1—上模板；2—上模座；3—卸料板；4—压缩弹簧；5—镶块；6—拉杆；7—下模外套；8—下模板；9—顶料杆；10—下模芯；11—热挤压件；12—衬套；13—导柱；14—冲头；15—冲头固定套；16—冲头垫块。

图 5-85　滤套热反挤压成形模具结构

图 5-86 所示为热反挤压成形模具的主要模具零件图。表 5-10 所示为热反挤压成形模具主要模具零件的材料及热处理硬度。

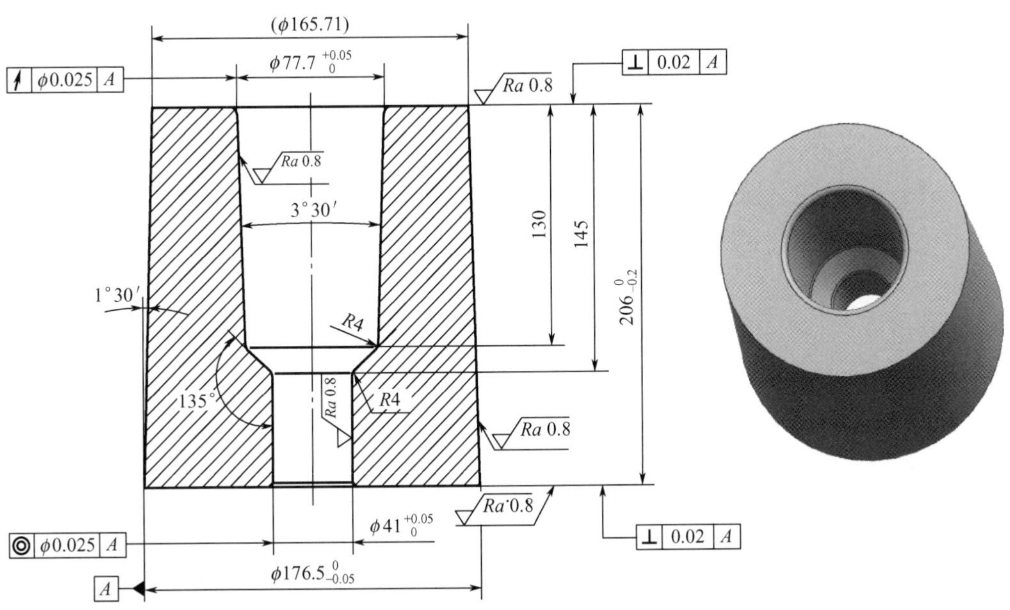

（a）下模芯

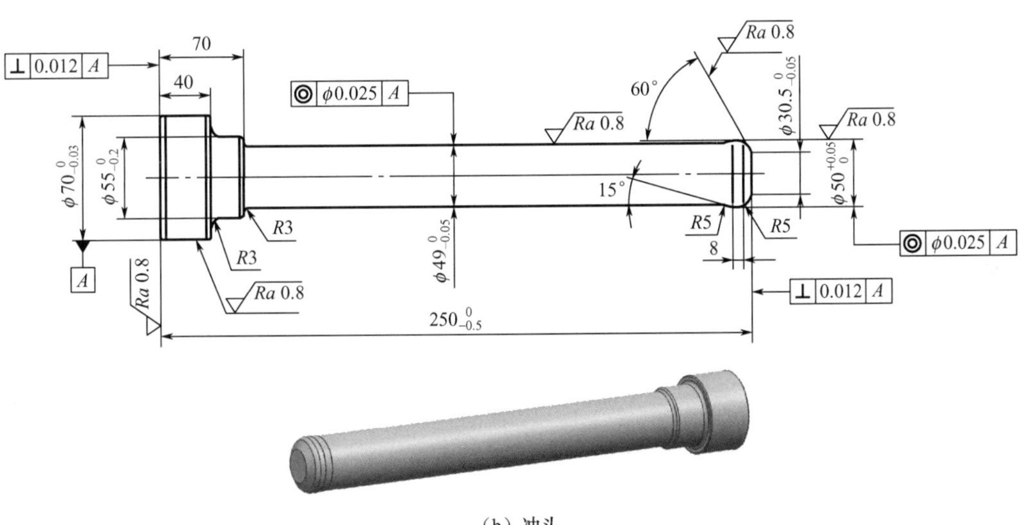

（b）冲头

图 5-86　热反挤压成形模具的主要模具零件图

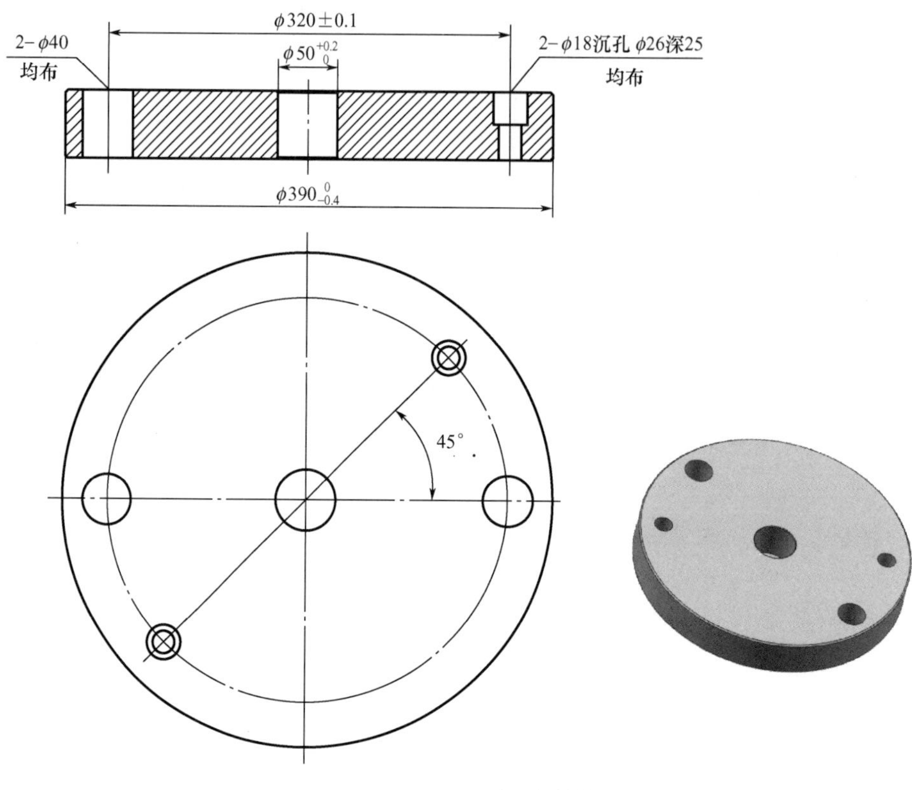

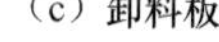

（c）卸料板

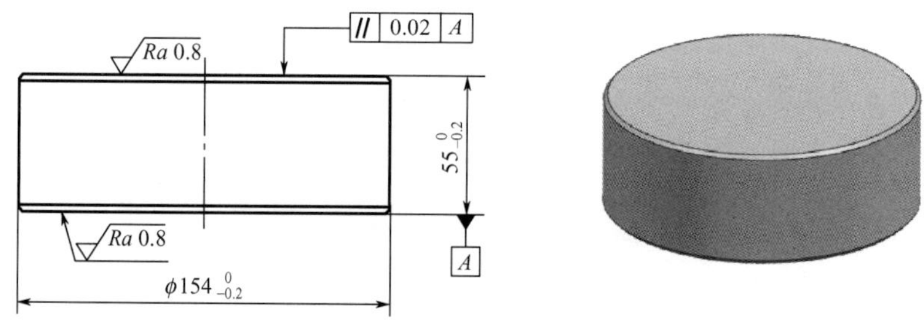

（d）冲头垫块

图 5-86　热反挤压成形模具的主要模具零件图（续）

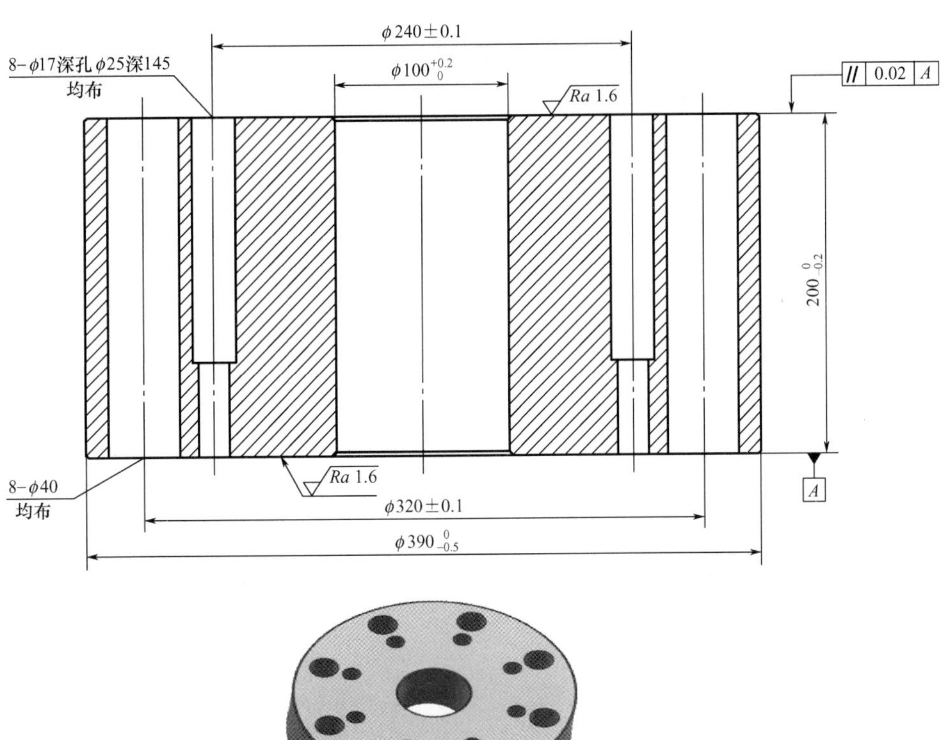

(e) 衬套

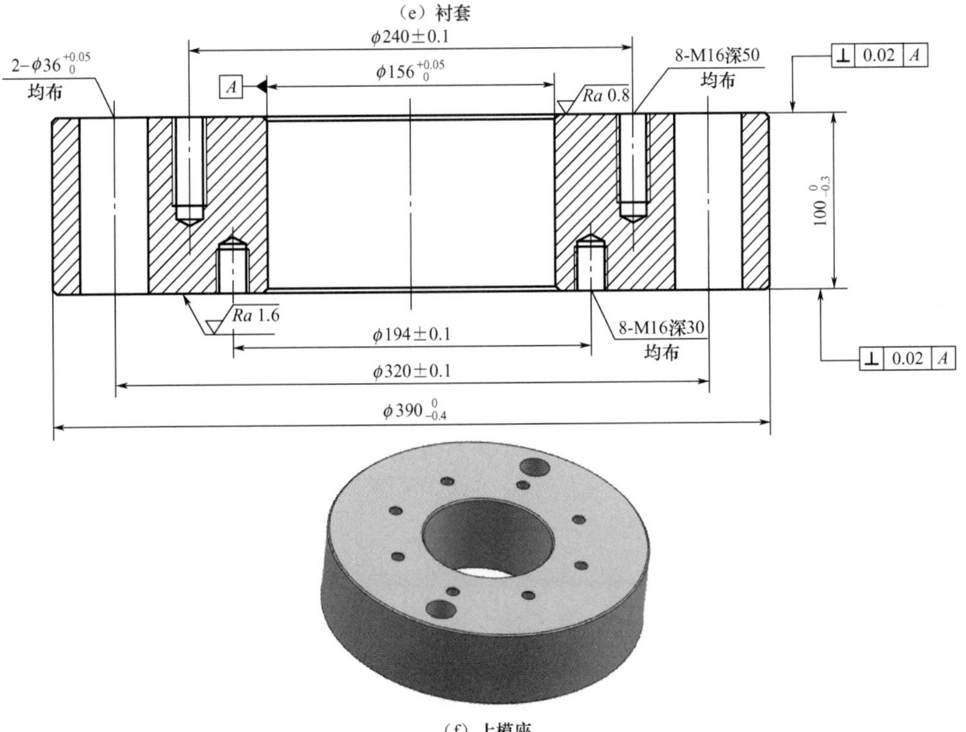

(f) 上模座

图 5-86 热反挤压成形模具的主要模具零件图（续）

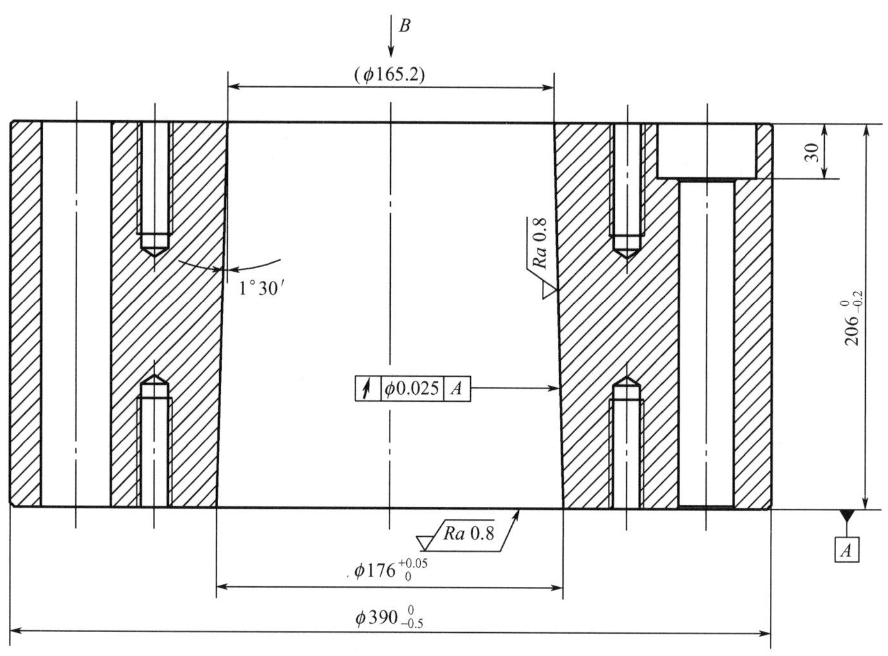

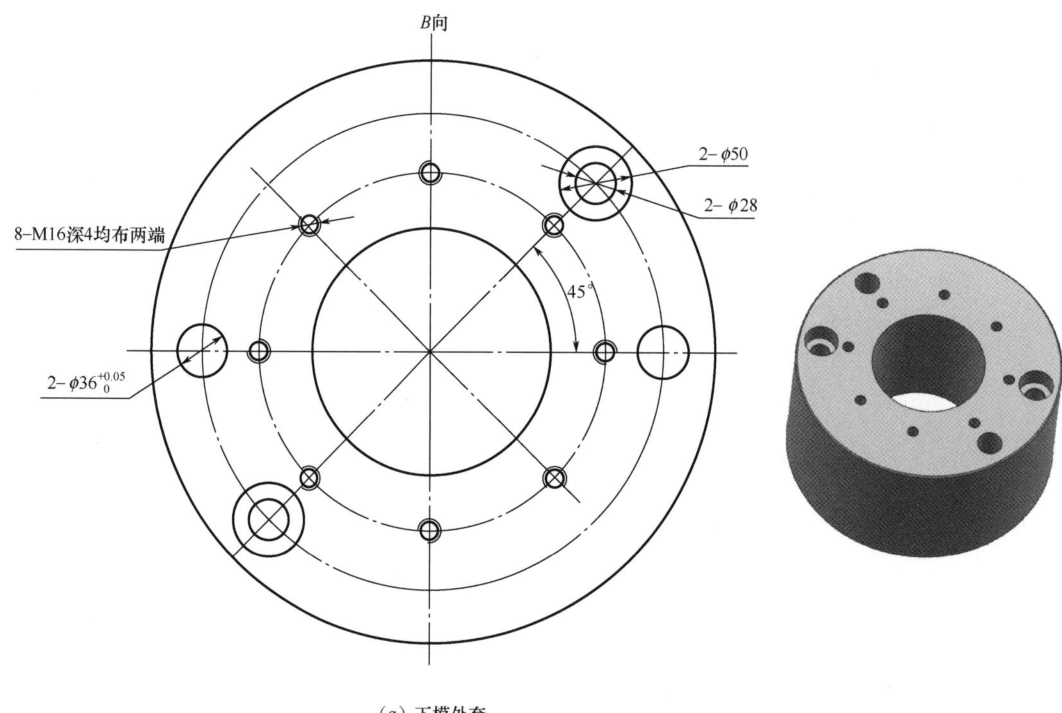

（g）下模外套

图 5－86　热反挤压成形模具的主要模具零件图（续）

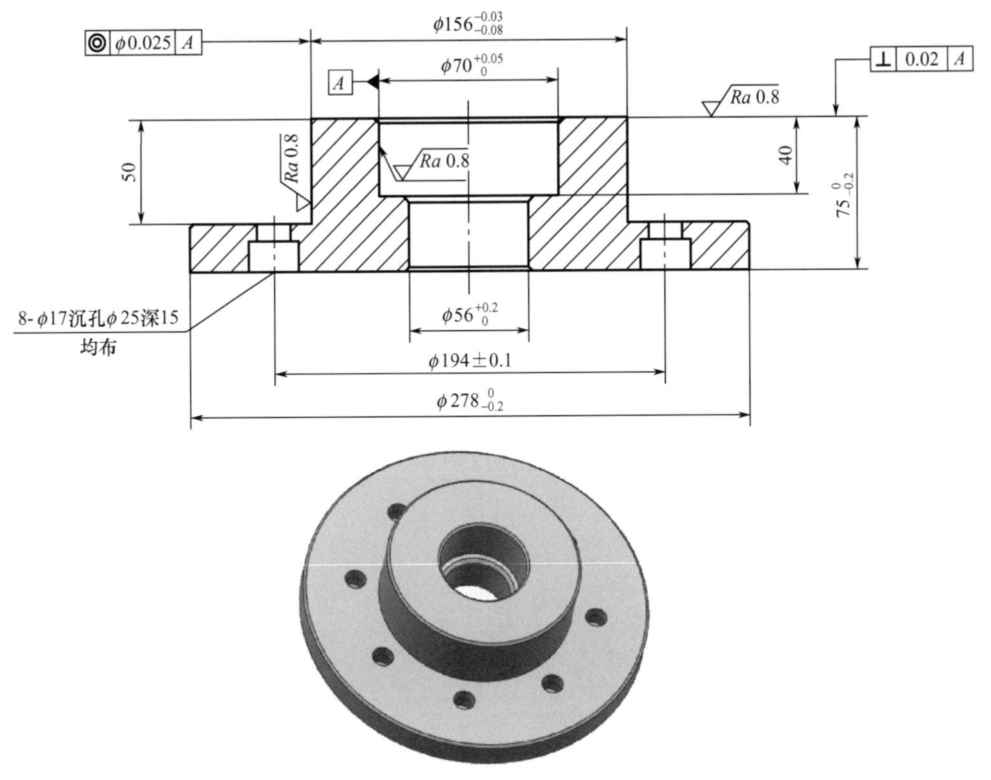

（h）冲头固定套

图 5-86　热反挤压成形模具的主要模具零件图（续）

表 5-10　热反挤压成形模具主要模具零件的材料及热处理硬度

序号	模具零件	材料	热处理硬度/HRC
1	冲头	Cr12MoV	56～60
2	下模芯	Cr12MoV	54～58
3	下模外套	45	38～42
4	衬套	45	28～32
5	卸料板	45	28～32
6	上模座	45	28～32
7	冲头固定套	45	38～42
8	冲头垫块	H13	48～52

该模具具有如下特点。

(1) 在保证精锻件顺利取出的前提下，尽量减小模具的闭合高度，以减小热反挤压成形冲头的长度，利于提高热反挤压成形冲头的刚性，延长其使用寿命。

(2) 采用卸料装置。

(3) 冲头的工作部分为图 5-86(a) 所示的圆弧形，其表面粗糙度小于 $Ra0.8\mu m$，以避免由冲头工作部分的圆角半径太小或表面粗糙度太高引起精锻件的内壁接近圆角处产生裂纹；冲头其他部分的转角均为圆弧，以避免应力集中，防止冲头折断。

5.10.3 滤套精密锻造成形过程的工艺规程

1. 下料工序

下料工序如下。

10			下料工艺规程
工具			见图 5－83
序号	名称	代号	
1	带锯条		
2	扳手		
3	夹钳		

设备	
名称	主要参数
带锯床	GB4025

辅料			量具		
名称	规格	标准代号			
手套			序号	名称	公称尺寸
棉纱			1	游标卡尺	0～200mm
			2	卷尺	0～2000mm

1. 技术条件

（1）材料应是进厂检验合格、符合 GB/T 3190—2020《变形铝及铝合金化学成分》的直径为 ϕ70mm 的 2A50 铝合金长棒料。

（2）操作人员和检验人员应有操作、检验合格证方可上岗工作。

（3）GB4025 带锯床应经鉴定合格后方可使用，工作现场应符合安全操作要求。

2. 操作方法

（1）工作前按规定检查、调整 GB4025 带锯床、带锯条、夹具、量具。

（2）夹持固定坯料后方可下料。

（3）下料长度为 92mm，锯口应平整、端正。

（4）锯下的材料应整齐摆放，编批交验。

3. 检验规定

（1）检查坯料的端面应圆整、平齐，不可有歪斜、飞刺等缺陷。

（2）按图 5－83 检查外径应符合 ϕ70mm 要求，长度应符合 92mm 要求。

（3）做好原始记录。

					批准	
					标审	
					审查	
					校核	
标记	处数	更改文件号	签字	日期	编制	

2. 坯料加热工序

坯料加热工序如下。

<table>
<tr><td colspan="3">20</td><td colspan="3">坯料加热工艺规程</td></tr>
<tr><td colspan="3">工具</td><td colspan="3" rowspan="8">T/℃
420℃±20℃
120～150min
O
t/min</td></tr>
<tr><td>序号</td><td>名称</td><td>代号</td></tr>
<tr><td>1</td><td>钳子</td><td></td></tr>
<tr><td>2</td><td>铁钩</td><td></td></tr>
<tr><td colspan="3">设备</td></tr>
<tr><td colspan="2">名称</td><td>主要参数</td></tr>
<tr><td colspan="2">箱式电阻炉</td><td>RX3-45-9</td></tr>
<tr><td colspan="3">辅料</td></tr>
<tr><td>名称</td><td>规格</td><td>标准代号</td><td colspan="3">量具</td></tr>
<tr><td>手套</td><td></td><td></td><td>序号</td><td>名称</td><td>测量范围</td></tr>
<tr><td></td><td></td><td></td><td>1</td><td>热电偶</td><td></td></tr>
<tr><td></td><td></td><td></td><td>2</td><td>温控仪</td><td>0～900℃</td></tr>
</table>

1. 技术条件

(1) 坯料应是经下料、检验合格的直径为 ϕ70mm 的 2A12 铝合金坯料。

(2) 操作人员和检验人员应有操作、检验合格证方可上岗工作。

(3) RX3-45-9 箱式电阻炉应经鉴定合格后方可使用，工作现场应符合安全操作要求。

2. 操作方法

(1) 工作前按规定检查、调整 RX3-45-9 箱式电阻炉、热电偶、温控仪。

(2) 将坯料整齐地放入 RX3-45-9 箱式电阻炉，用矿渣棉将炉门堵严，盖好炉门，确保炉温均匀一致。

(3) 按坯料加热工艺规范进行加热。

3. 检验规定

做好原始记录。

					批准	
					标审	
					审查	
					校核	
标记	处数	更改文件号	签字	日期	编制	

3. 热镦挤制坯工序

热镦挤制坯工序如下。

<table>
<tr><td colspan="3">30</td><td colspan="3">热镦挤制坯工艺规程</td></tr>
<tr><td colspan="3">工具</td><td colspan="3" rowspan="8">见图 5-84</td></tr>
<tr><td>序号</td><td>名称</td><td>代号</td></tr>
<tr><td>1</td><td>热镦挤制坯模具</td><td></td></tr>
<tr><td>2</td><td>夹钳</td><td></td></tr>
<tr><td colspan="3">设备</td></tr>
<tr><td>名称</td><td colspan="2">主要参数</td></tr>
<tr><td>双盘摩擦压力机</td><td colspan="2">J53-300</td></tr>
<tr><td colspan="3">辅料</td></tr>
<tr><td>名称</td><td>规格</td><td>标准代号</td><td colspan="3">量具</td></tr>
<tr><td>毛刷</td><td></td><td></td><td>序号</td><td>名称</td><td>公称尺寸</td></tr>
<tr><td>猪油</td><td></td><td></td><td>1</td><td>游标尺</td><td>0～200mm</td></tr>
<tr><td>MoS_2</td><td></td><td></td><td></td><td></td><td></td></tr>
<tr><td>不锈钢桶</td><td></td><td></td><td></td><td></td><td></td></tr>
</table>

1. 技术条件

（1）经加热、保温后的坯料方可投入热镦挤制坯工序作业。

（2）操作人员和检验人员应有操作、检验合格证方可上岗工作。

（3）J53-300 双盘摩擦压力机应经鉴定合格后方可使用，工作现场应符合安全操作要求。

2. 操作方法

（1）工作前按规定检查、调整 J53-300 双盘摩擦压力机、热镦挤制坯模具和量具。

（2）用夹钳从 RX3-45-9 箱式电阻炉中取出加热和保温后的坯料，并放入热镦挤制坯凹模的内孔型腔；操纵 J53-300 双盘摩擦压力机，使其锤头下降，使安装在锤头下端面的热镦挤制坯模具的冲头下端面与热的坯料上表面接触，以烘烤热镦挤制坯模具的凹模内孔型腔和冲头的下端面；重复多次该过程，直到热镦粗制坯凹模的内孔型腔和冲头的下端面温度约为 150℃。

（3）用毛刷将猪油＋MoS_2润滑剂均匀地涂抹在热镦挤制坯模具的冲头下端面和凹模的内孔型腔中。

（4）用夹钳从 RX3-45-9 箱式电阻炉内快速取出加热和保温后的坯料，并迅速浸入盛有猪油＋MoS_2润滑剂的不锈钢桶，再从不锈钢桶中快速取出涂覆猪油＋MoS_2润滑剂的坯料，并放入热镦挤制坯模具凹模的内孔型腔进行热镦挤制坯加工。

（5）将热镦挤制坯加工的制坯件放入清洁的箱中编批交验。

3. 检验规定

（1）按图 5-84 抽检，着重检测外形尺寸。

（2）检测制坯件的表面，不得有裂纹、折叠、毛刺、凹陷、塌角等缺陷。

（3）做好原始记录。

					批准	
					标审	
					审查	
					校核	
标记	处数	更改文件号	签字	日期	编制	

4. 制坯件加热工序

制坯件加热工序如下。

<table>
<tr><td colspan="5">40</td><td colspan="3">制坯件加热工艺规程</td></tr>
<tr><td colspan="5">工具</td><td colspan="3" rowspan="8">T/℃
420℃±20℃
120～150min
O
t/min</td></tr>
<tr><td>序号</td><td colspan="2">名称</td><td colspan="2">代号</td></tr>
<tr><td>1</td><td colspan="2">钳子</td><td colspan="2"></td></tr>
<tr><td>2</td><td colspan="2">铁钩</td><td colspan="2"></td></tr>
<tr><td colspan="5">设备</td></tr>
<tr><td colspan="3">名称</td><td colspan="2">主要参数</td></tr>
<tr><td colspan="3">箱式电阻炉</td><td colspan="2">RX3-45-9</td></tr>
<tr><td colspan="5">辅料</td></tr>
<tr><td colspan="2">名称</td><td colspan="2">规格</td><td>标准代号</td><td colspan="3">量具</td></tr>
<tr><td colspan="2">手套</td><td colspan="2"></td><td></td><td>序号</td><td>名称</td><td>测量范围</td></tr>
<tr><td colspan="2"></td><td colspan="2"></td><td></td><td>1</td><td>热电偶</td><td></td></tr>
<tr><td colspan="2"></td><td colspan="2"></td><td></td><td>2</td><td>温控仪</td><td>0～900℃</td></tr>
</table>

1. 技术条件

（1）坯件应是经热镦挤制坯、检验合格的制坯件。

（2）操作人员和检验人员应有操作、检验合格证方可上岗工作。

（3）RX3-45-9箱式电阻炉应经鉴定合格后方可使用，工作现场应符合安全操作要求。

2. 操作方法

（1）工作前按规定检查、调整RX3-45-9箱式电阻炉、热电偶、温控仪。

（2）将制坯件整齐地放入RX3-45-9箱式电阻炉，用矿渣棉将炉门堵严，盖好炉门，确保炉温均匀一致。

（3）按制坯件加热工艺规范进行加热。

3. 检验规定

做好原始记录。

					批准	
					标审	
					审查	
					校核	
标记	处数	更改文件号	签字	日期	编制	

5. 热反挤压成形工序

热反挤压成形工序如下。

<table>
<tr><td colspan="6">50</td><td colspan="3">热反挤压成形工艺规程</td></tr>
<tr><td colspan="6">工具</td><td colspan="3" rowspan="8">见图 5 - 82</td></tr>
<tr><td>序号</td><td colspan="3">名称</td><td colspan="2">代号</td></tr>
<tr><td>1</td><td colspan="3">热反挤压成形模具</td><td colspan="2"></td></tr>
<tr><td>2</td><td colspan="3">夹钳</td><td colspan="2"></td></tr>
<tr><td colspan="6">设备</td></tr>
<tr><td colspan="3">名称</td><td colspan="3">主要参数</td></tr>
<tr><td colspan="3">双盘摩擦压力机</td><td colspan="3">J53 - 300</td></tr>
<tr><td colspan="6">辅料</td></tr>
<tr><td>名称</td><td colspan="2">规格</td><td colspan="3">标准代号</td><td colspan="3">量具</td></tr>
<tr><td>毛刷</td><td colspan="2"></td><td colspan="3"></td><td>序号</td><td>名称</td><td>公称尺寸</td></tr>
<tr><td>猪油</td><td colspan="2"></td><td colspan="3"></td><td>1</td><td>游标尺</td><td>0～200mm</td></tr>
<tr><td>MoS_2</td><td colspan="2"></td><td colspan="3"></td><td></td><td></td><td></td></tr>
<tr><td>不锈钢桶</td><td colspan="2"></td><td colspan="3"></td><td></td><td></td><td></td></tr>
</table>

1. 技术条件

(1) 经加热、保温后的制坯件方可投入热反挤压成形工序作业。

(2) 操作人员和检验人员应有操作、检验合格证方可上岗工作。

(3) J53 - 300 双盘摩擦压力机应经鉴定合格后方可使用，工作现场应符合安全操作要求。

2. 操作方法

(1) 工作前按规定检查、调整 J53 - 300 双盘摩擦压力机、热反挤压成形模具和量具。

(2) 从 RX3 - 45 - 9 箱式电阻炉中取出加热和保温后的、与图 5 - 82 所示锻件相似的专用烘烤坯件，并放入热反挤压成形凹模的内孔型腔；使压力机的锤头下降，使安装在锤头下端面上的热反挤压成形模具的冲头工作部分进入热的专用烘烤坯件的内孔，以烘烤热反挤压成形模具的凹模内孔型腔和冲头的工作部分；重复多次该过程，直到热反挤压成形凹模的内孔型腔和冲头工作部分温度约为 200℃。

(3) 用毛刷将猪油＋MoS_2 润滑剂均匀地涂抹在热反挤压成形模具的凹模内孔型腔中。

(4) 移动装有猪油＋MoS_2 润滑剂的小盒，使热反挤压成形模具的冲头工作部分浸入装有猪油＋MoS_2 润滑剂的小盒并保持约 1s，然后快速移开装有猪油＋MoS_2 润滑剂的小盒，使润滑剂能均匀地黏附在温度约为 200℃的热反挤压冲头的工作带上。

(5) 用夹钳从 RX3 - 45 - 9 箱式电阻加热炉内快速取出加热和保温后的制坯件，并迅速浸入盛有猪油＋MoS_2 润滑剂的不锈钢桶，再从不锈钢桶中快速取出涂覆猪油＋MoS_2 润滑剂的制坯件，并放入热反挤压成形模具的凹模内孔型腔进行热反挤压成形加工。

(6) 将热反挤压成形加工的锻件放入清洁的箱中编批交验。

3. 检验规定

(1) 按图 5 - 82 抽检，着重检测外形尺寸和内孔尺寸。

(2) 检测图 5 - 82 所示锻件外观，不得有裂纹、折叠、毛刺、凹陷、塌角、拉伤等缺陷。

(3) 做好原始记录。

					批准	
					标审	
					审查	
					校核	
标记	处数	更改文件号	签字	日期	编制	

6. 最终检验工序

最终检验工序如下。

60			最终检验工艺规程		
工具			见图 5-82		
序号	名称	代号			
1	手钳				
2	台钳				
设备					
名称		主要参数			
检验平台					
辅料					
名称	规格	标准代号	量具		
棉纱			序号	名称	公称尺寸
砂纸			1	游标卡尺	0～200mm
手套			2	百分表	0～10mm

1. 技术条件

(1) 经热反挤压成形合格的锻件方可投入最终检验。

(2) 操作人员和检验人员应有操作、检验合格证方可上岗工作。

(3) 检验量具、设备应符合鉴定要求后方可使用，检验现场应符合品质检测要求。

2. 操作方法

(1) 用砂纸砂光和棉纱擦净抽出的锻件的检测部位。

(2) 在检验平台按图 5-82 所示的锻件简图进行检测。

3. 检验规定

(1) 每批抽检 1%，按图 5-82 所示的锻件简图进行检测，并着重检测外形尺寸和内孔尺寸。

(2) 每批抽检 1%，检测图 5-82 所示锻件外观，不得有裂纹、折叠、毛刺、凹陷、塌角、拉伤等缺陷。

(3) 每批抽 1 个锻件作探伤检测，应无裂纹。

(4) 做好原始记录。

					批准	
					标审	
					审查	
					校核	
标记	处数	更改文件号	签字	日期	编制	

第6章 3×××系列变形铝合金的精密锻造成形

6.1 3A21铝合金压板接头的精密锻造成形

图 6－1 所示为 3A21 铝合金压板接头零件图。该零件是一个具有异型外形的、多台阶法兰的薄盘类零件，可以采用圆柱体坯料经过冷压扁制坯＋热摆辗成形的精密锻造成形加工工艺生产[28]。图 6－2 所示为压板接头精锻件简图。

6.1.1 压板接头精密锻造成形工艺流程

（1）下料。在 GB4025 带锯床上，将直径为 ϕ40mm 的 3A21 铝合金棒料下料成长度为 45mm 的坯料。坯料的形状与尺寸如图 6－3 所示。

（2）坯料退火处理。在 RX3－30－9 箱式电阻炉中对坯料进行退火处理，其退火处理工艺规范如下：加热温度为 450℃±20℃，保温时间为 60～90min，随炉冷至室温出炉，采用 XCT－101 温控仪控制温度。

（3）冷压扁制坯。将退火处理后的坯料浸入猪油，然后放入冷压扁制坯模具的孔型腔进行冷压扁制坯，得到图 6－4 所示的制坯件。

在冷压扁制坯过程中，润滑模具的方法是用毛刷将猪油均匀地涂抹在冲头的下端面和凹模的内孔型腔中。

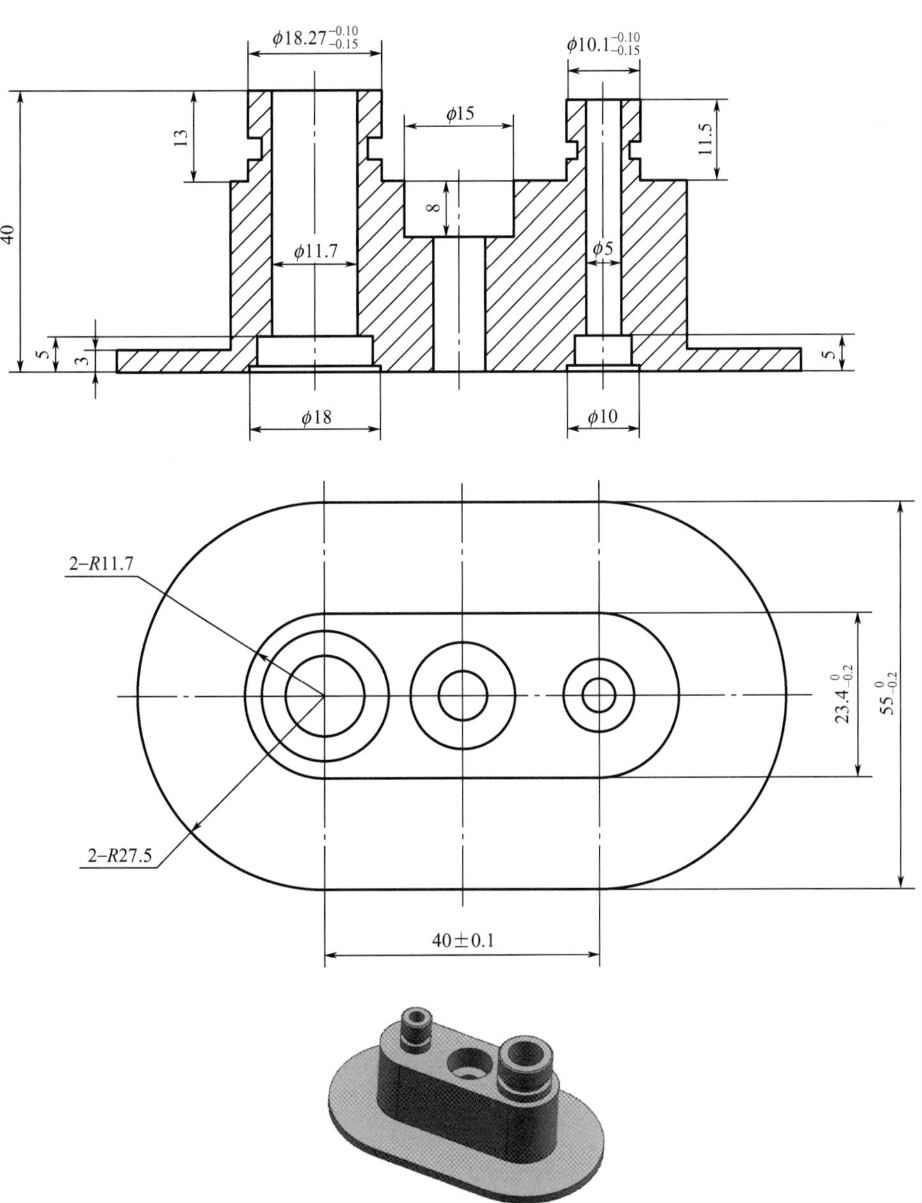

图 6-1 3A21 铝合金压板接头零件图

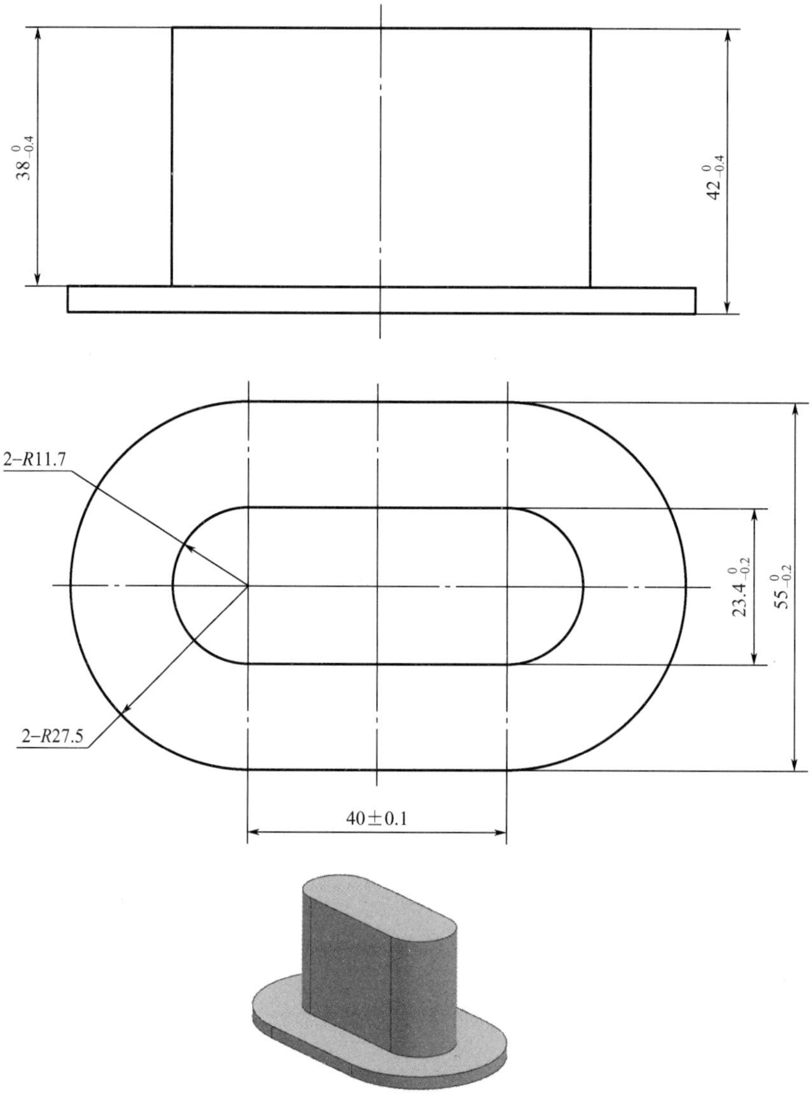

图 6-2　压板接头精锻件简图

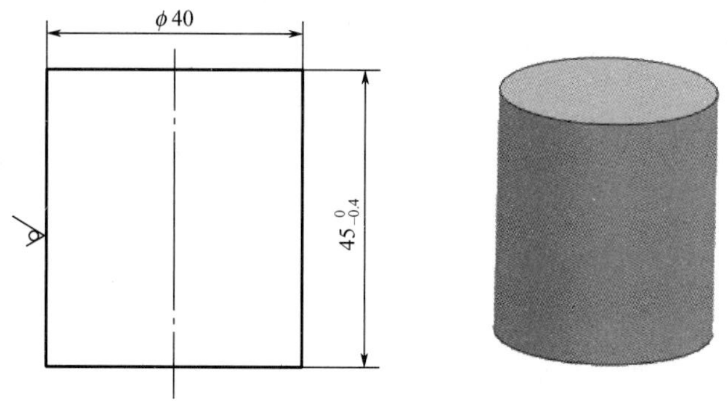

图 6-3　坯料的形状与尺寸

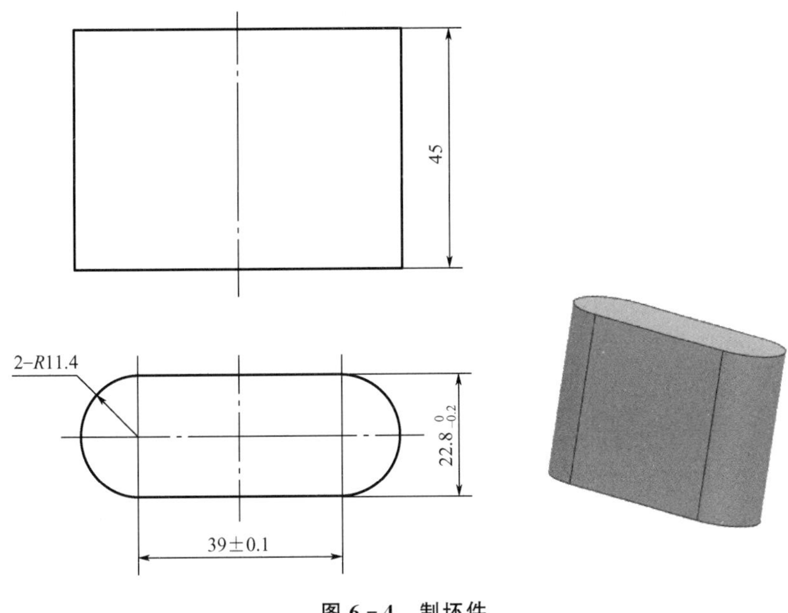

图 6-4 制坯件

(4) 制坯件加热。在 RX3-30-9 箱式电阻炉中加热制坯件，其加热温度规范如下：加热温度为 450℃±20℃，保温时间为 45～60min，采用 XCT-101 温控仪控制温度。

(5) 热摆辗成形。将加热到 430～470℃并保温一段时间的制坯件放入安装在 BY-260 立式热摆辗机上的热摆辗成形模具凹模的内孔型腔进行热摆辗成形，得到图 6-2 所示的精锻件。

在热摆辗成形过程中，润滑制坯件的方法是从 RX3-30-9 箱式电阻炉中取出加热到 430～470℃并保温一段时间的制坯件，立即浸入猪油，然后快速将制坯件放入热摆辗成形凹模的内孔型腔；润滑模具的方法是用毛刷将猪油均匀地涂抹在摆头的下端面及凹模的内孔型腔中。

图 6-5 所示为 3A21 铝合金压板接头精锻件实物。

图6-5 3A21 铝合金压板接头精锻件实物

6.1.2 压板接头精密锻造成形模具设计

图 6-6 所示为压板接头热摆辗成形模具结构[29]。

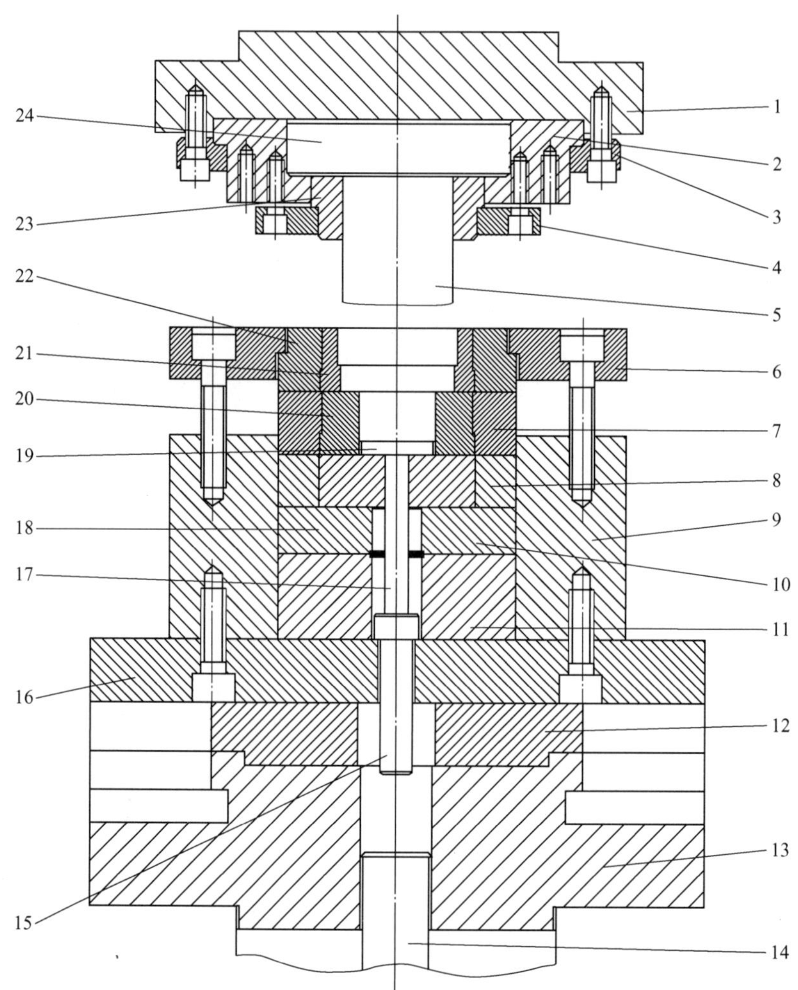

1—摆头座；2—摆头套；3—摆头紧固套；4—摆头压板；5—摆头；6—下模压板；7—下凹模外套；8—凹模垫块套；9—下模座；10—下模垫板；11—下模衬套；12—下模座板；13—摆辗机基座；14—摆辗机顶出缸活塞；15—下顶杆；16—下模板；17—上顶杆；18—凹模垫块；19—顶料块；20—下凹模芯；21—上凹模芯；22—上凹模外套；23—摆头外套；24—摆头垫块。

图 6-6 压板接头热摆辗成形模具结构

该模具具有如下特点。

(1) 上模由摆头 5、摆头外套 23、摆头垫块 24、摆头座 1、摆头套 2、摆头紧固套 3 和摆头压板 4 组成；摆头 5 与摆头外套 23 之间为过盈配合，并通过热镶套组合。

(2) 下模成形型腔由上凹模芯 21、下凹模芯 20 和顶料块 19 组成，上凹模芯 21 和上凹模外套 22 组成预应力组合上凹模，下凹模芯 20 和下凹模外套 7 组成预应力组合下凹模，上凹模芯 21 和上凹模外套 22 之间、下凹模芯 20 和下凹模外套 7 之间均为锥度过盈配合。

(3) 预应力组合上凹模和预应力组合下凹模之间通过 9 个 M10 螺钉和 3 个 ϕ10mm 圆柱销连接，并保证上凹模芯 21 内孔型腔和下凹模芯 20 内孔型腔的相对位置关系符合要求。

(4) 上模的轴心线与上凹模芯的内孔型腔的轴心线之间有 2°摆角。在热摆辗成形过程中，为了避免摆头 5 与上凹模芯 21 碰撞，需要将上凹模芯 21 中的内孔型腔上半部分设计成具有 10°斜度的锥孔，将摆头 5 中的下端面设计成具有 176°的圆锥面。

(5) 摆头 5 呈异型形状，上凹模芯 21 的内孔型腔也呈异型形状，为了避免在热摆辗成形过程中摆头 5 与上凹模芯 21 碰撞，在立式热摆辗机上安装该模具时，必须保证摆头 5 和上凹模芯 21 之间的相对位置关系符合要求。

图 6－7 所示为压板接头热摆辗成形模具的主要模具零件图。表 6－1 所示为压板接头热摆辗成形模具的主要模具零件材料及其热处理硬度。

表 6－1 压板接头热摆辗成形模具的主要模具零件材料及其热处理硬度

序号	模具零件	材料	热处理硬度/HRC
1	下凹模芯	Cr12MoV	56～60
2	上凹模芯	Cr12MoV	54～58
3	下凹模外套	45	38～42
4	上凹模外套	45	38～42
5	下模垫板	45	38～42
6	凹模垫块	H13	48～52
7	凹模垫块套	45	28～32
8	下模衬套	45	38～42
9	摆头压板	45	28～32
10	顶料块	H13	48～52
11	下顶杆	Cr12MoV	54～58
12	摆头	Cr12MoV	54～58
13	摆头套	45	28～32

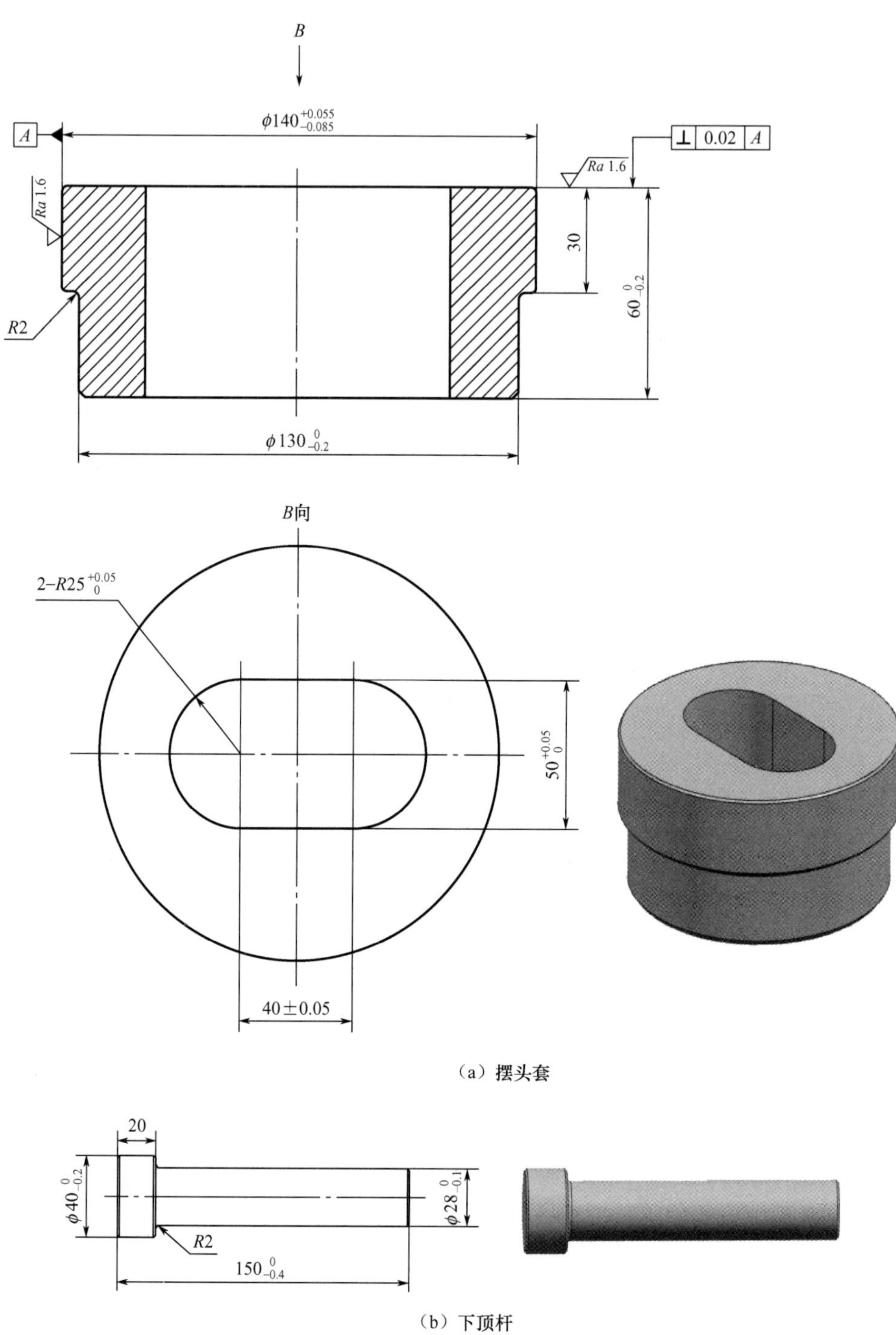

（a）摆头套

（b）下顶杆

图 6－7　压板接头热摆辗成形模具的主要模具零件图

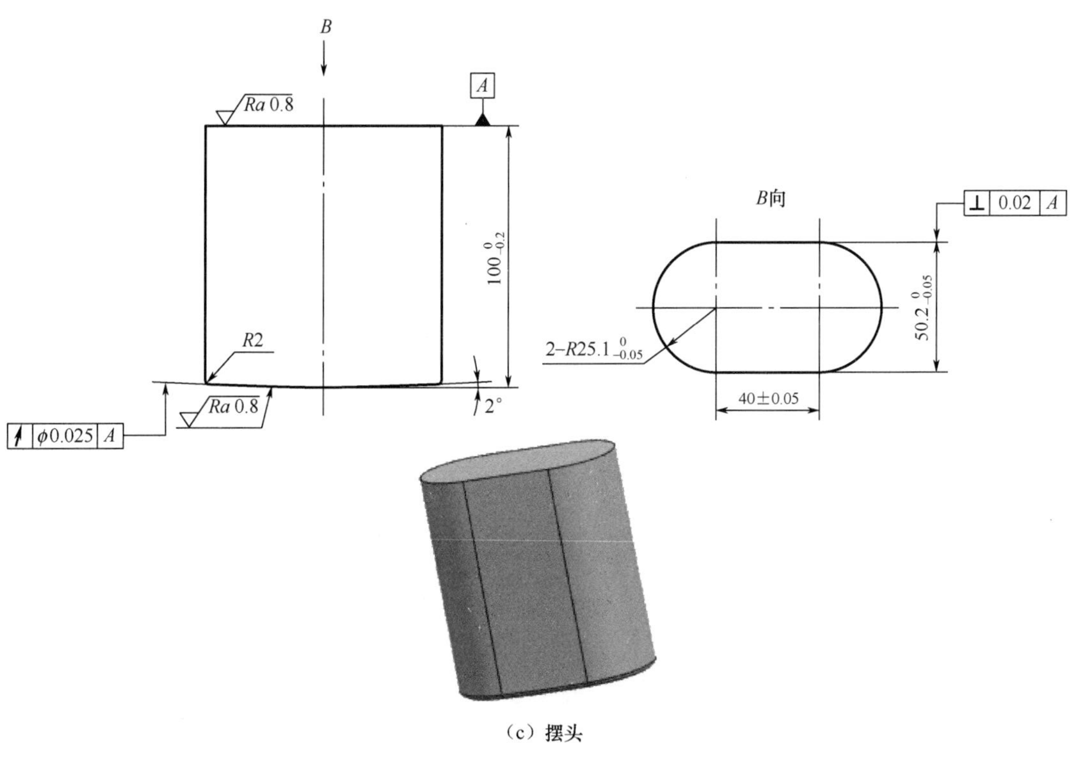

(c) 摆头

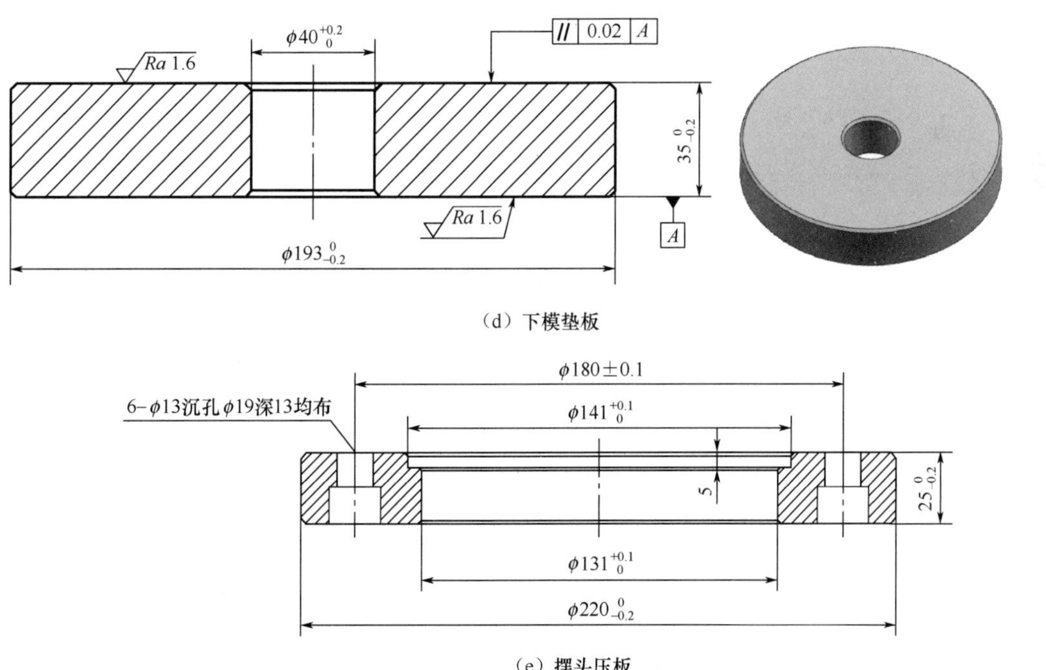

(d) 下模垫板

(e) 摆头压板

图 6-7 压板接头热摆辗成形模具的主要模具零件图（续）

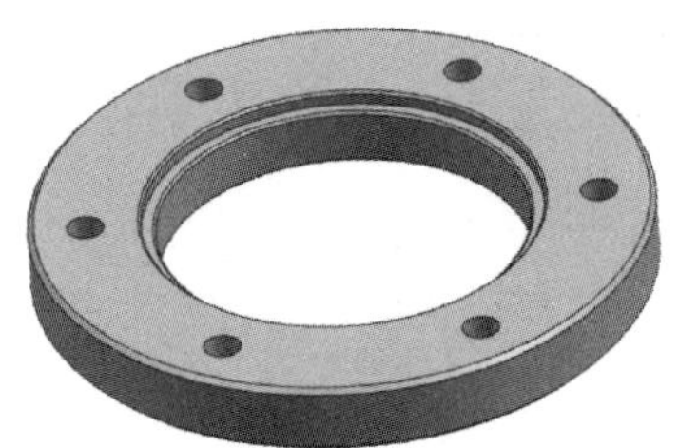

（e）摆头压板

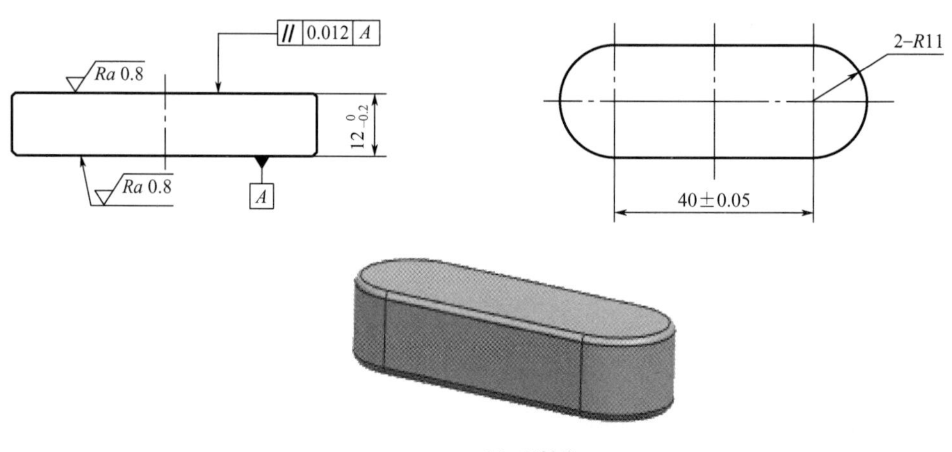

（f）顶料块

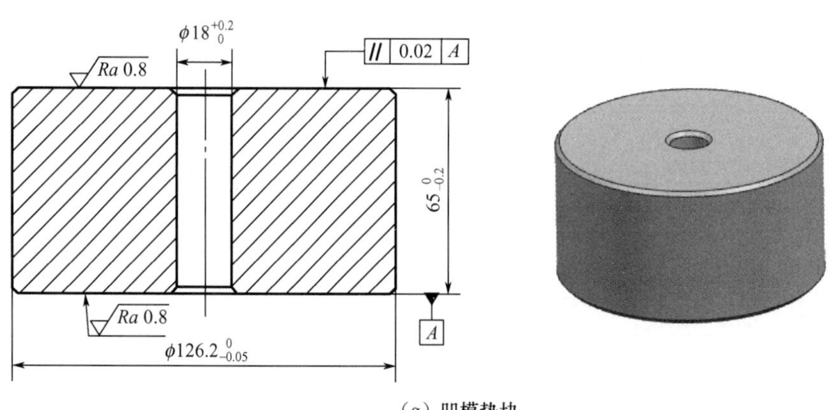

（g）凹模垫块

图 6－7　压板接头热摆辗成形模具的主要模具零件图（续）

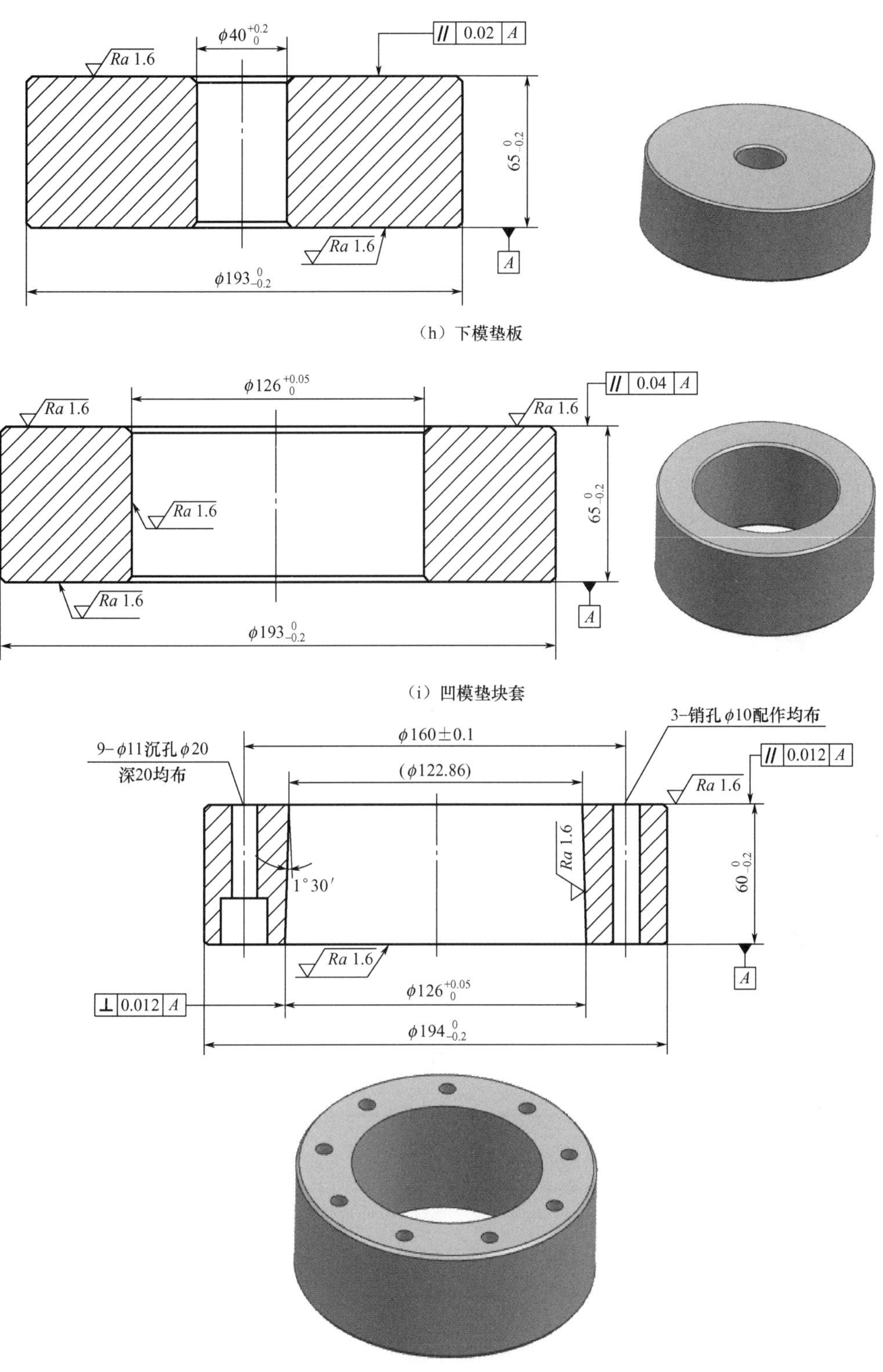

（h）下模垫板

（i）凹模垫块套

（j）下凹模外套

图6-7 压板接头热摆辗成形模具的主要模具零件图（续）

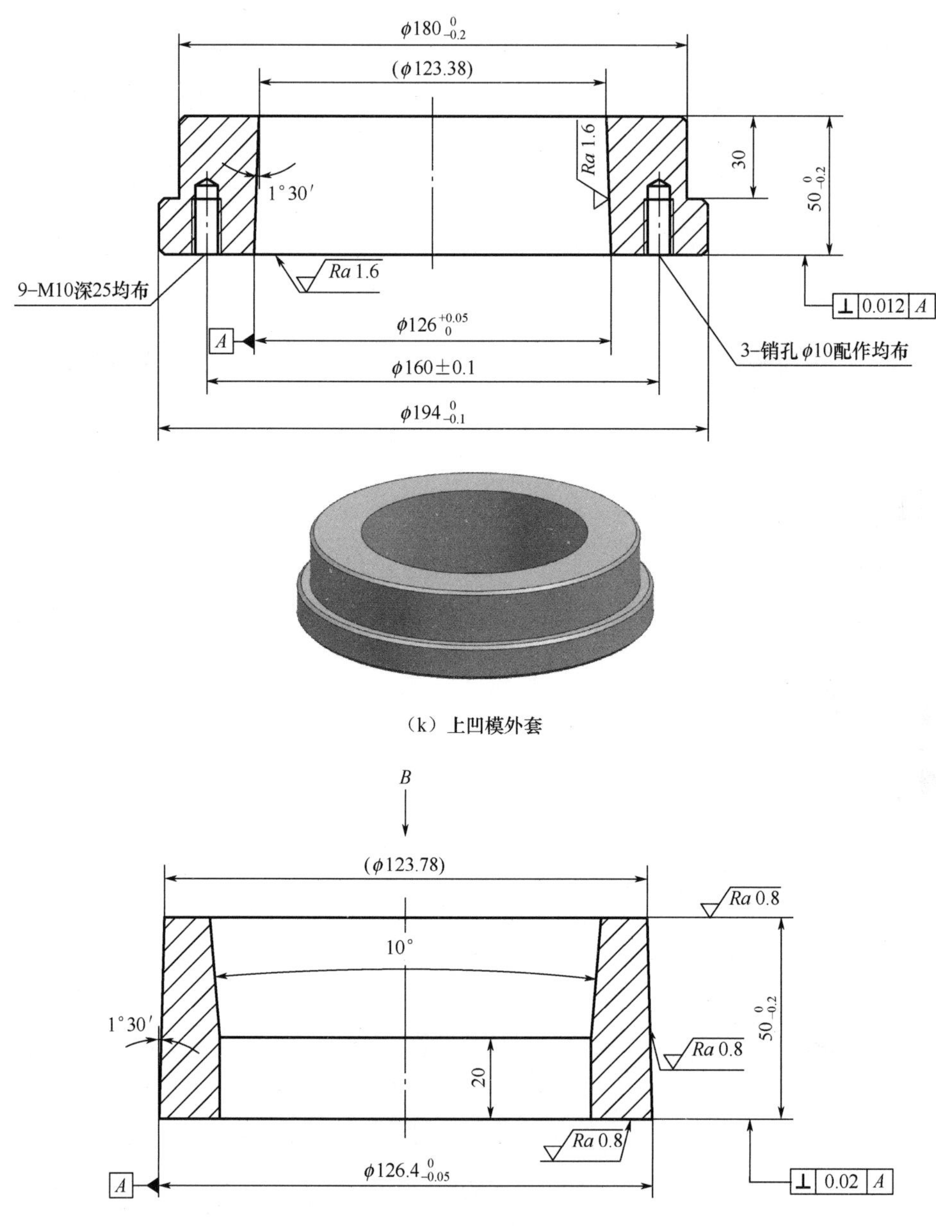

（k）上凹模外套

（l）上凹模芯

图 6-7　压板接头热摆辗成形模具的主要模具零件图（续）

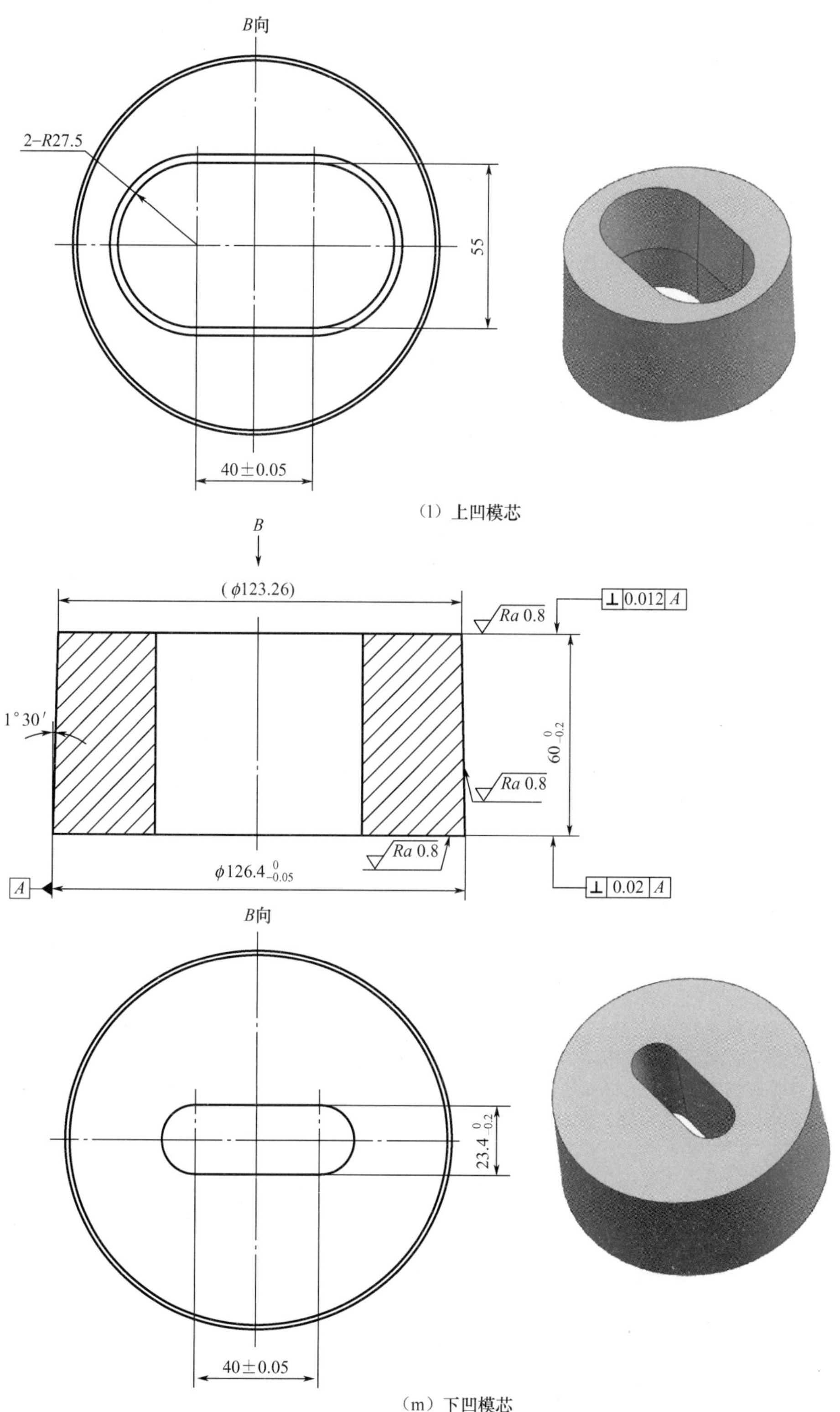

(l) 上凹模芯

(m) 下凹模芯

图 6-7　压板接头热摆辗成形模具的主要模具零件图（续）

6.1.3 压板接头精密锻造成形过程的工艺规程

1. 下料工序

下料工序如下。

<table>
<tr><td colspan="3">10</td><td colspan="3">下料工艺规程</td></tr>
<tr><td colspan="3">工具</td><td colspan="3" rowspan="10">见图 6－3</td></tr>
<tr><td>序号</td><td>名称</td><td>代号</td></tr>
<tr><td>1</td><td>带锯条</td><td></td></tr>
<tr><td>2</td><td>扳手</td><td></td></tr>
<tr><td>3</td><td>夹钳</td><td></td></tr>
<tr><td colspan="3">设备</td></tr>
<tr><td>名称</td><td colspan="2">主要参数</td></tr>
<tr><td>带锯床</td><td colspan="2">GB4025</td></tr>
<tr><td></td><td colspan="2"></td></tr>
<tr><td colspan="3">辅料</td></tr>
<tr><td>名称</td><td>规格</td><td>标准代号</td><td colspan="3">量具</td></tr>
<tr><td>手套</td><td></td><td></td><td>序号</td><td>名称</td><td>公称尺寸</td></tr>
<tr><td>棉纱</td><td></td><td></td><td>1</td><td>游标卡尺</td><td>0～150mm</td></tr>
<tr><td></td><td></td><td></td><td>2</td><td>卷尺</td><td>0～2000mm</td></tr>
</table>

1. 技术条件

（1）材料应是进厂检验合格、符合 GB/T 3190—2020《变形铝及铝合金化学成分》的直径为 ϕ40mm 的 3A21 铝合金长棒料。

（2）操作人员和检验人员应有操作、检验合格证方可上岗工作。

（3）GB4025 带锯床应经鉴定合格后方可使用，工作现场应符合安全操作要求。

2. 操作方法

（1）工作前按规定检查、调整 GB4025 带锯床、带锯条、夹具、量具。

（2）夹持固定坯料后方可下料。

（3）下料长度为 45mm，锯口应平整、端正。

（4）锯下的材料应整齐摆放，编批交验。

3. 检验规定

（1）检查坯料的端面应圆整、平齐，不可有歪斜、飞刺等缺陷。

（2）按图 6－3 检查外径应符合 ϕ40mm 要求，长度应符合 45mm 要求。

（3）做好原始记录。

					批准	
					标审	
					审查	
					校核	
标记	处数	更改文件号	签字	日期	编制	

2. 坯料退火处理工序

坯料退火处理工序如下。

<table>
<tr><td colspan="3">20</td><td colspan="3">坯料退火处理工艺规程</td></tr>
<tr><td colspan="3">工具</td><td colspan="3" rowspan="8">T/℃
450℃±20℃
60～90min
随炉冷却
至室温
O
t/min</td></tr>
<tr><td>序号</td><td>名称</td><td>代号</td></tr>
<tr><td>1</td><td>钳子</td><td></td></tr>
<tr><td>2</td><td>铁钩</td><td></td></tr>
<tr><td colspan="3">设备</td></tr>
<tr><td colspan="2">名称</td><td>主要参数</td></tr>
<tr><td colspan="2">箱式电阻炉</td><td>RX3-30-9</td></tr>
<tr><td colspan="3">辅料</td></tr>
<tr><td>名称</td><td>规格</td><td>标准代号</td><td colspan="3">量具</td></tr>
<tr><td>手套</td><td></td><td></td><td>序号</td><td>名称</td><td>测量范围</td></tr>
<tr><td></td><td></td><td></td><td>1</td><td>热电偶</td><td></td></tr>
<tr><td></td><td></td><td></td><td>2</td><td>温控仪</td><td>0～900℃</td></tr>
</table>

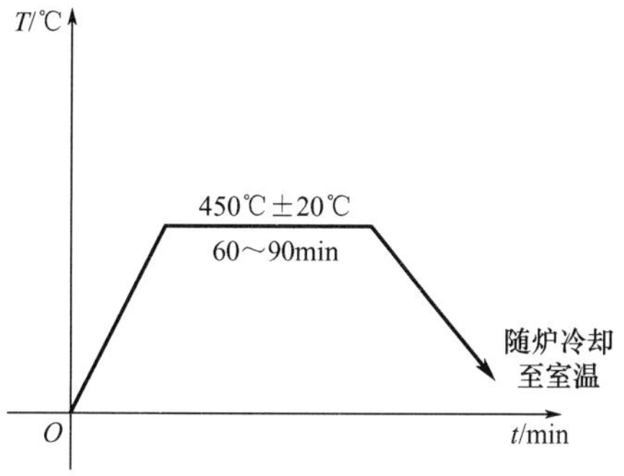

1. 技术条件

(1) 坯料应是经下料、检验合格的直径为 ϕ40mm 的 3A21 铝合金坯料。

(2) 操作人员和检验人员应有操作、检验合格证方可上岗工作。

(3) RX3-30-9 箱式电阻炉应经鉴定合格后方可使用，工作现场应符合安全操作要求。

2. 操作方法

(1) 工作前按规定检查、调整 RX3-30-9 箱式电阻炉、热电偶、温控仪。

(2) 将坯料整齐地放入 RX3-30-9 箱式电阻炉，用矿渣棉将炉门堵严，盖好炉门，确保炉温均匀一致。

(3) 按坯料退火处理工艺规范进行退火处理。

3. 检验规定

(1) 做好原始记录。

(2) 控制退火后坯料的硬度为 50～60HB。

					批准	
					标审	
					审查	
					校核	
标记	处数	更改文件号	签字	日期	编制	

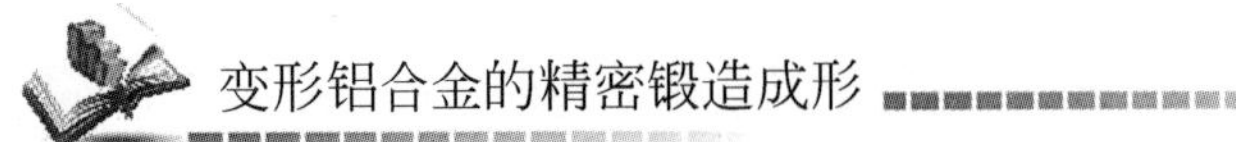

3. 冷压扁制坯工序

冷压扁制坯工序如下。

<table>
<tr><td colspan="3">30</td><td colspan="3">冷压扁制坯工艺规程</td></tr>
<tr><td colspan="3">工具</td><td colspan="3" rowspan="8">见图 6 - 4</td></tr>
<tr><td>序号</td><td>名称</td><td>代号</td></tr>
<tr><td>1</td><td>冷压扁制坯模具</td><td></td></tr>
<tr><td>2</td><td>夹钳</td><td></td></tr>
<tr><td colspan="3">设备</td></tr>
<tr><td>名称</td><td colspan="2">主要参数</td></tr>
<tr><td>液压机</td><td colspan="2">YA32 - 200</td></tr>
<tr><td colspan="3">辅料</td></tr>
<tr><td>名称</td><td>规格</td><td>标准代号</td><td colspan="3">量具</td></tr>
<tr><td>棉布</td><td></td><td></td><td>序号</td><td>名称</td><td>公称尺寸</td></tr>
<tr><td>猪油</td><td></td><td></td><td>1</td><td>游标尺</td><td>0～150mm</td></tr>
<tr><td>不锈钢桶</td><td></td><td></td><td></td><td></td><td></td></tr>
</table>

1. 技术条件

(1) 经退火处理的坯料方可投入冷压扁制坯工序作业。

(2) 操作人员和检验人员应有操作、检验合格证方可上岗工作。

(3) YA32 - 200 液压机应经鉴定合格后方可使用，工作现场应符合安全操作要求。

2. 操作方法

(1) 工作前按规定检查、调整 YA32 - 200 液压机、冷压扁制坯模具和量具。

(2) 调整 YA32 - 200 液压机滑块行程的上、下死点位置，系统压力为 24MPa，压制的保压时间为 1.5s。

(3) 在冷压扁制坯模具摆头的下端面和凹模的内孔型腔用洁净的、浸有猪油的纱布均匀地涂抹一层猪油。

(4) 用夹钳将退火处理后的坯料浸入盛有猪油的不锈钢桶，再从不锈钢桶中取出涂覆猪油的坯料，并放入冷压扁制坯模具凹模的内孔型腔进行冷压扁制坯。

(5) 将冷压扁制坯的制坯件放入清洁的箱中编批交验。

3. 检验规定

(1) 按图 6 - 4 抽检，着重检测外形尺寸。

(2) 检测制坯件的表面，不得有裂纹、折叠、毛刺、凹陷、塌角等缺陷。

(3) 做好原始记录。

					批准	
					标审	
					审查	
					校核	
标记	处数	更改文件号	签字	日期	编制	

4. 制坯件加热工序

制坯件加热工序如下。

40	制坯件加热工艺规程

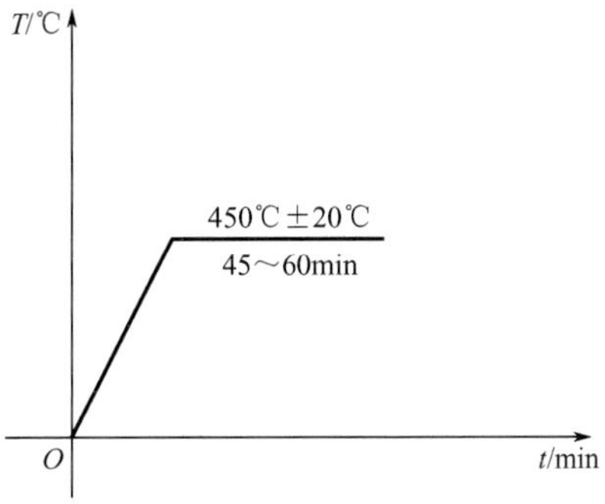

工具		
序号	名称	代号
1	钳子	
2	铁钩	

设备	
名称	主要参数
箱式电阻炉	RX3－30－9

T/℃

450℃±20℃

45～60min

O

t/min

辅料		
名称	规格	标准代号
手套		

量具		
序号	名称	测量范围
1	热电偶	
2	温控仪	0～900℃

1. 技术条件

(1) 坯件应是经冷压扁、检验合格的制坯件。

(2) 操作人员和检验人员应有操作、检验合格证方可上岗工作。

(3) RX3－30－9 箱式电阻炉应经鉴定合格后方可使用，工作现场应符合安全操作要求。

2. 操作方法

(1) 工作前按规定检查、调整 RX3－30－9 箱式电阻炉、热电偶、温控仪。

(2) 将制坯件整齐地放入 RX3－30－9 箱式电阻炉，用矿渣棉将炉门堵严，盖好炉门，确保炉温均匀一致。

(3) 按制坯件加热工艺规范进行加热。

3. 检验规定

做好原始记录。

					批准	
					标审	
					审查	
					校核	
标记	处数	更改文件号	签字	日期	编制	

5. 热摆辗成形工序

热摆辗成形工序如下。

<table>
<tr><td colspan="6">50</td><td colspan="3">热摆辗成形工艺规程</td></tr>
<tr><td colspan="6">工具</td><td colspan="3" rowspan="8">见图 6-2</td></tr>
<tr><td>序号</td><td colspan="4">名称</td><td>代号</td></tr>
<tr><td>1</td><td colspan="4">热摆辗成形模具</td><td></td></tr>
<tr><td>2</td><td colspan="4">夹钳</td><td></td></tr>
<tr><td colspan="6">设备</td></tr>
<tr><td colspan="3">名称</td><td colspan="3">主要参数</td></tr>
<tr><td colspan="3">立式热摆辗机</td><td colspan="3">BY-260</td></tr>
<tr><td colspan="6">辅料</td></tr>
<tr><td colspan="2">名称</td><td colspan="2">规格</td><td colspan="2">标准代号</td><td colspan="3">量具</td></tr>
<tr><td colspan="2">棉布</td><td colspan="2"></td><td colspan="2"></td><td>序号</td><td>名称</td><td>公称尺寸</td></tr>
<tr><td colspan="2">猪油</td><td colspan="2"></td><td colspan="2"></td><td>1</td><td>游标尺</td><td>0～150mm</td></tr>
<tr><td colspan="2">不锈钢桶</td><td colspan="2"></td><td colspan="2"></td><td></td><td></td><td></td></tr>
</table>

1. 技术条件

(1) 经加热、保温后的制坯件方可投入热摆辗成形工序作业。

(2) 操作人员和检验人员应有操作、检验合格证方可上岗工作。

(3) BY-260 立式热摆辗机应经鉴定合格后方可使用，工作现场应符合安全操作要求。

2. 操作方法

(1) 工作前按规定检查、调整 BY-260 立式热摆辗机、热摆辗成形模具和量具。

(2) 调整 BY-260 立式热摆辗机滑块的上死点位置。

(3) 从 RX3-30-9 箱式电阻炉中取出加热和保温后的制坯件，并放入热摆辗成形凹模的内孔型腔；调整 BY-260 立式热摆辗机的滑块，使其缓慢下降，使热摆辗成形模具摆头的下端面与热的制坯件上表面刚刚接触，以烘烤热摆辗成形模具凹模的内孔型腔和摆头的下端面；重复多次该过程，直到热摆辗成形凹模的内孔型腔和摆头的下端面温度约为 150℃。

(4) 用洁净的、浸有猪油的棉布在热摆辗成形模具的摆头下端面和凹模的内孔型腔均匀地涂抹一层猪油。

(5) 用夹钳从 RX3-30-9 箱式电阻炉内快速取出加热和保温后的制坯件，并迅速浸入盛有猪油的不锈钢桶，再从不锈钢桶中快速取出涂覆猪油的制坯件，并放入热摆辗成形模具凹模的内孔型腔进行热摆辗成形。

(6) 将热摆辗成形的精锻件放入清洁的箱中编批交验。

3. 检验规定

(1) 按图 6-2 抽检，着重检测外形尺寸。

(2) 检测精锻件外观，不得有裂纹、折叠、毛刺、凹陷、塌角、拉伤等缺陷。

(3) 做好原始记录。

					批准	
					标审	
					审查	
					校核	
标记	处数	更改文件号	签字	日期	编制	

6. 最终检验工序

最终检验工序如下。

<table>
<tr><td colspan="3">60</td><td colspan="3">最终检验工艺规程</td></tr>
<tr><td colspan="3">工具</td><td colspan="3" rowspan="9">见图 6－2</td></tr>
<tr><td>序号</td><td>名称</td><td>代号</td></tr>
<tr><td>1</td><td>手钳</td><td></td></tr>
<tr><td>2</td><td>台钳</td><td></td></tr>
<tr><td colspan="3">设备</td></tr>
<tr><td colspan="2">名称</td><td>主要参数</td></tr>
<tr><td colspan="2">检验平台</td><td></td></tr>
<tr><td colspan="3">辅料</td></tr>
<tr><td>名称</td><td>规格</td><td>标准代号</td></tr>
<tr><td>名称</td><td>规格</td><td>标准代号</td><td colspan="3">量具</td></tr>
<tr><td>棉纱</td><td></td><td></td><td>序号</td><td>名称</td><td>公称尺寸</td></tr>
<tr><td>砂纸</td><td></td><td></td><td>1</td><td>游标卡尺</td><td>0～150mm</td></tr>
<tr><td>手套</td><td></td><td></td><td>2</td><td>百分表</td><td>0～10mm</td></tr>
</table>

1. 技术条件

(1) 经热摆辗成形合格的精锻件方可投入最终检验。

(2) 操作人员和检验人员应有检验合格证方可上岗工作。

(3) 检验量具、设备应符合鉴定要求后方可使用，检验现场应符合品质检测要求。

2. 操作方法

(1) 用砂纸砂光和棉纱擦净抽出的精锻件的检测部位。

(2) 在检验平台按图 6－2 所示的精锻件简图要求进行检测。

3. 检验规定

(1) 每批抽检 1%，按图 6－2 所示的精锻件简图进行检测，并着重检测外形尺寸。

(2) 每批抽检 1%，检测精锻件外观，不得有裂纹、折叠、毛刺、凹陷、塌角、拉伤等缺陷。

(3) 每批抽 1 个精锻件作探伤检测，应无裂纹。

(4) 做好原始记录。

					批准	
					标审	
					审查	
					校核	
标记	处数	更改文件号	签字	日期	编制	

6.2 3003 铝合金管接头的精密锻造成形

图 6－8 所示为管接头零件简图，该零件的材质为 3003 铝合金。它是一个具有异型外形的台阶法兰类盘形件。

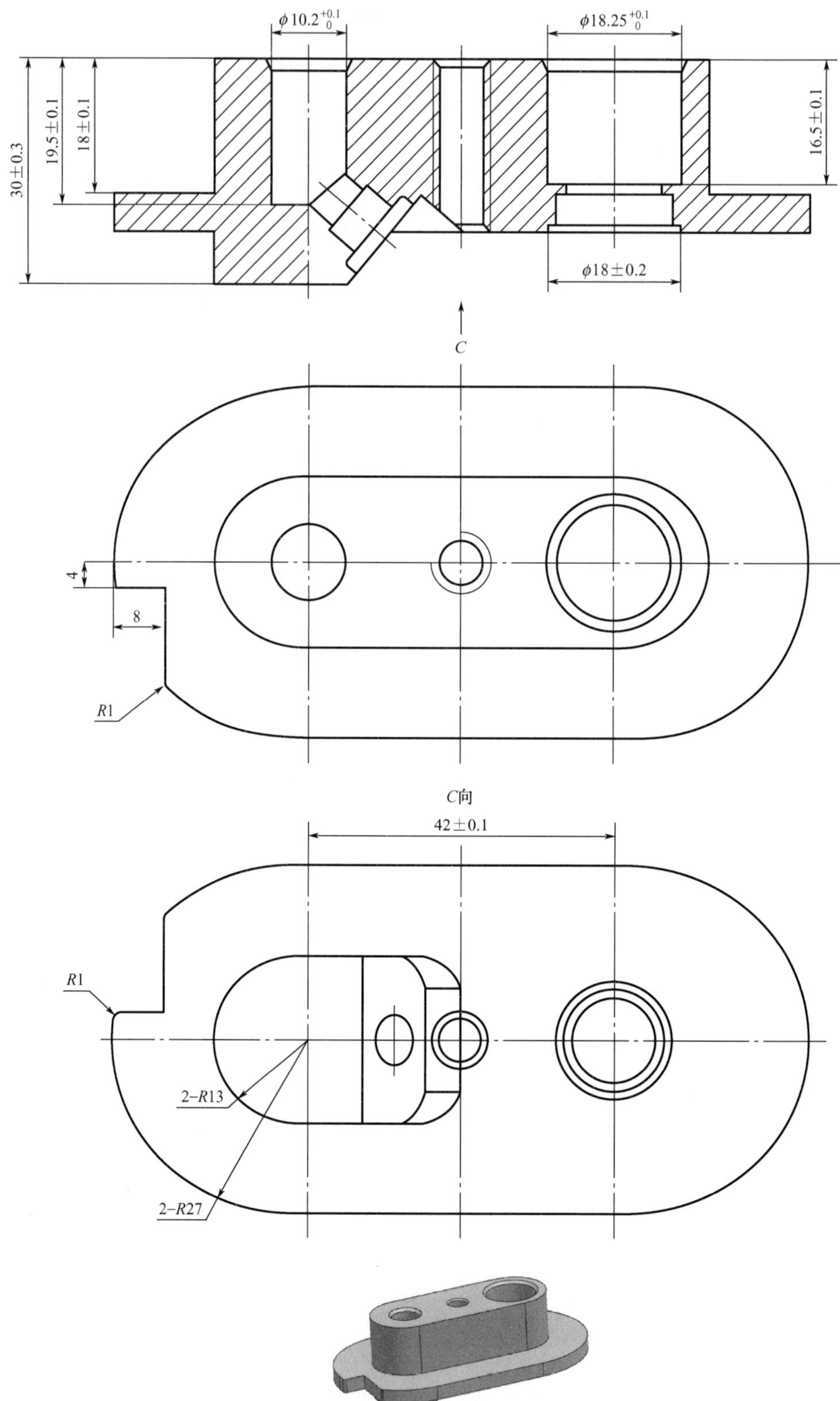
φ10.2 +0.1 0
φ18.25 +0.1 0
30±0.3
19.5±0.1
18±0.1
16.5±0.1
φ18±0.2
C
4
8
R1
C向
42±0.1
R1
2-R13
2-R27

图 6-8 管接头零件简图

对于图 6-8 所示管接头零件，可以采用圆柱体坯料经过冷压扁制坯＋热摆辗成形的精密锻造成形加工工艺生产[28]。

图 6-9 所示为管接头精锻件简图。

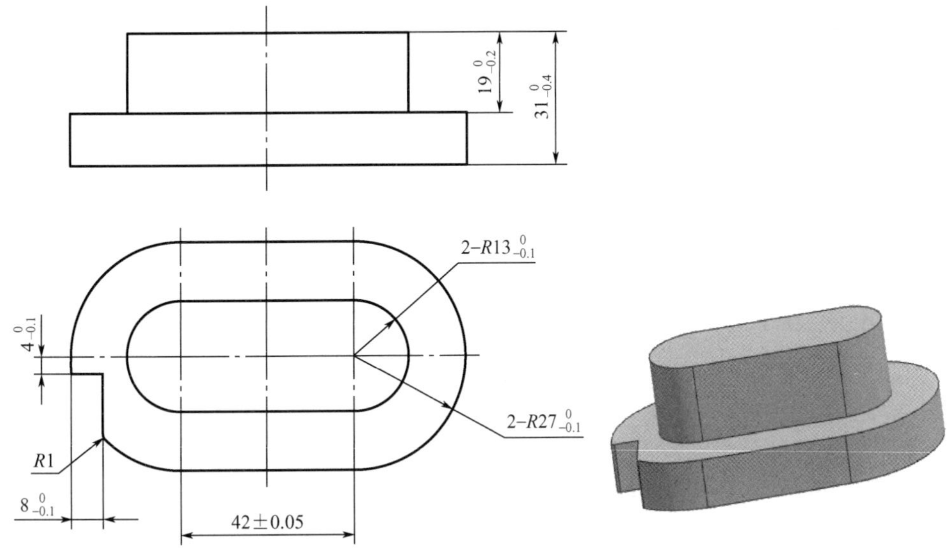

图 6-9 管接头精锻件简图

6.2.1 管接头精密锻造成形工艺流程

(1) 下料。在 GB4025 带锯床上，将直径为 ϕ42mm 的 3003 铝合金棒料下料成长度为 56mm 的坯料。坯料的形状与尺寸如图 6-10 所示。

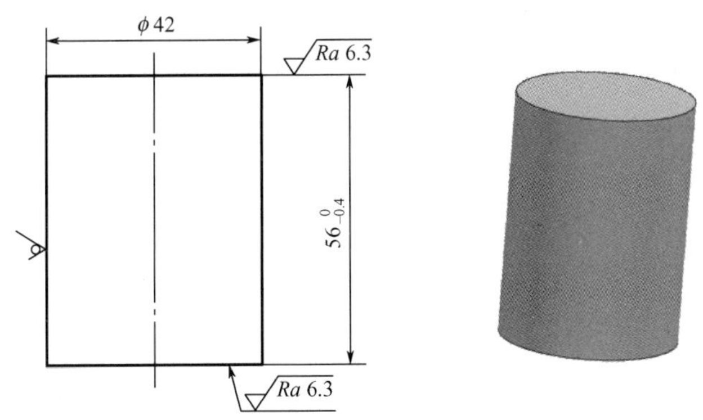

图 6-10 坯料的形状与尺寸

(2) 坯料退火处理。在 RX3-30-9 箱式电阻炉中对坯料进行退火处理，其退火处理工艺规范如下：加热温度为 420℃±20℃，保温时间为 60～90min，随炉冷却至室温出炉，采用 XCT-101 温控仪控制温度。

(3) 冷压扁制坯。将退火处理后的坯料浸入猪油，然后将坯料放入冷压扁制坯模具的内孔型腔进行冷压扁制坯，得到图 6-11 所示的制坯件。

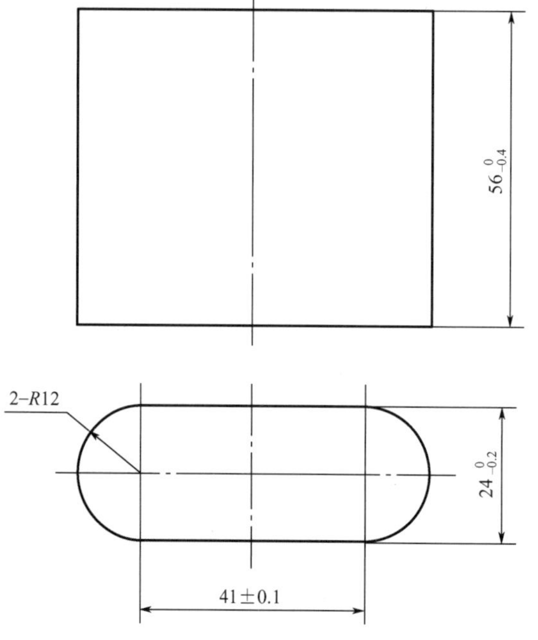

图 6-11 制坯件

在冷压扁制坯过程中，润滑模具的方法是用毛刷将猪油均匀地涂抹在冲头的下端面和凹模的内孔型腔中。

（4）制坯件加热。在 RX3-30-9 箱式电阻炉中加热制坯件，其加热温度规范如下：加热温度为 420℃±20℃，保温时间为 45～60min，采用 XCT-101 温控仪控制温度。

（5）热摆辗成形。将加热到 400～440℃并保温一段时间的制坯件放入安装在 BY-260 立式热摆辗机上的热摆辗成形模具凹模的内孔型腔进行热摆辗成形，得到图 6-9 所示的精锻件。

在热摆辗成形过程中，润滑制坯件的方法是从 RX3-30-9 箱式电阻炉中取出加热到 400～440℃并保温一段时间的制坯件，立即浸入猪油，然后快速将制坯件放入热摆辗成形模具凹模的内孔型腔。

润滑热摆辗成形模具的方法如下：使用在装有猪油＋MoS_2 润滑剂的不锈钢桶中浸泡后的棉纱均匀地涂抹在摆头的下端面和凹模的内孔型腔中，使摆头的下端面和凹模的内孔型腔表面覆盖一层猪油＋MoS_2 润滑剂。

图 6-12 所示为管接头精锻件实物。

图 6-12 管接头精锻件实物

6.2.2 管接头精密锻造成形模具设计

图 6-13 所示为管接头热摆辗成形模具结构，其与图 6-6 所示的压板接头热摆辗成形模具结构完全相同，除摆头 5、摆头外套 23、上凹模外套 22、上凹模芯 21、下凹模外套 7、下凹模芯 20、顶料块 19 与图 6-6 所示相应零件不同外，其余模具零件的形状与尺寸均与图 6-6 所示相应零件相同。

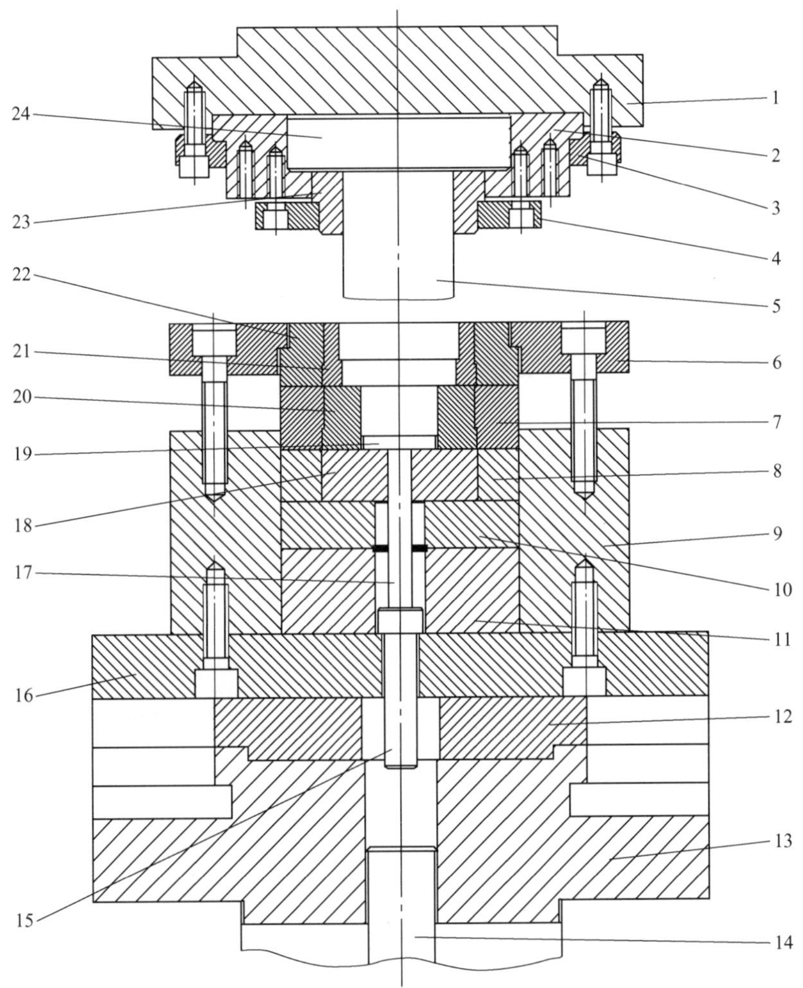

1—摆头座；2—摆头套；3—摆头紧固套；4—摆头压板；5—摆头；6—下模压板；7—下凹模外套；8—凹模垫块套；9—下模座；10—下模垫板；11—下模衬套；12—下模座板；13—摆辗机基座；14—摆辗机顶出缸活塞；15—下顶杆；16—下模板；17—上顶杆；18—凹模垫块；19—顶料块；20—下凹模芯；21—上凹模芯；22—上凹模外套；23—摆头外套；24—摆头垫块。

图 6-13 管接头热摆辗成形模具结构

图 6－14 所示为管接头热摆辗成形模具中摆头套、摆头、上凹模外套、上凹模芯、下凹模芯、下凹模外套、顶料块的零件图。表 6－2 所示为管接头热摆辗成形模具中摆头套、摆头、上凹模外套、上凹模芯、下凹模芯、下凹模外套、顶料块的材料及其热处理硬度。

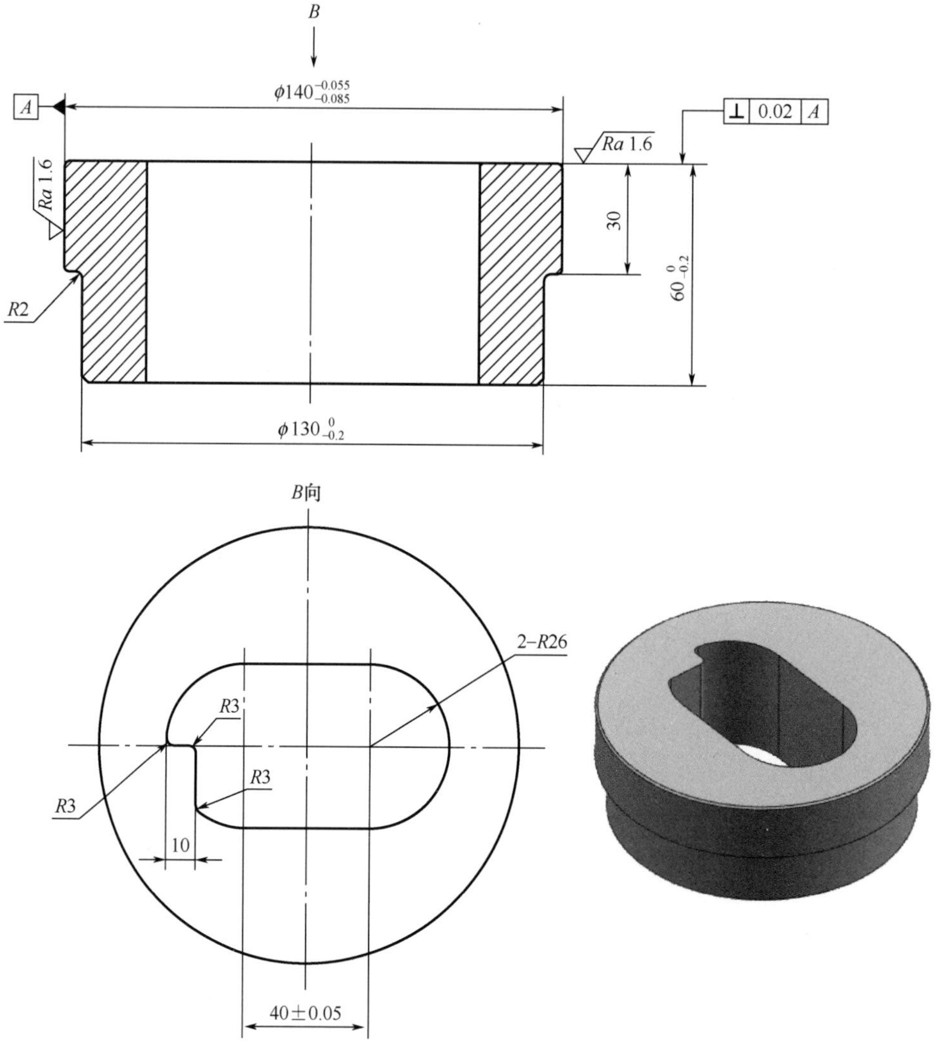

（a）摆头套

图 6－14　管接头热摆辗成形模具中摆头套、摆头、上凹模外套、上凹模芯、下凹模芯、下凹模外套、顶料块的零件图

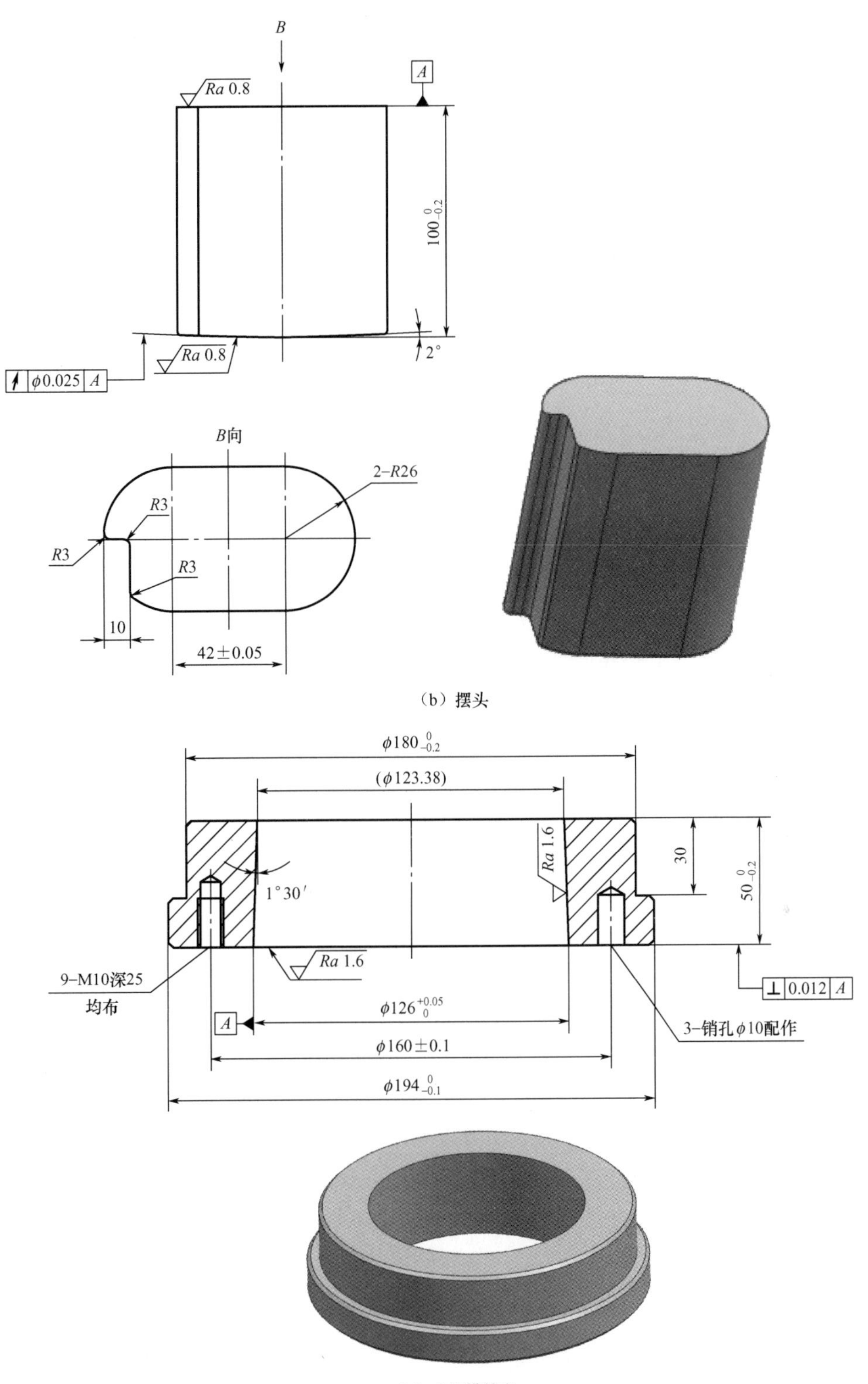

（b）摆头

（c）上凹模外套

图 6-14　管接头热摆辗成形模具中摆头套、摆头、上凹模外套、上凹模芯、下凹模芯、下凹模外套、顶料块的零件图（续）

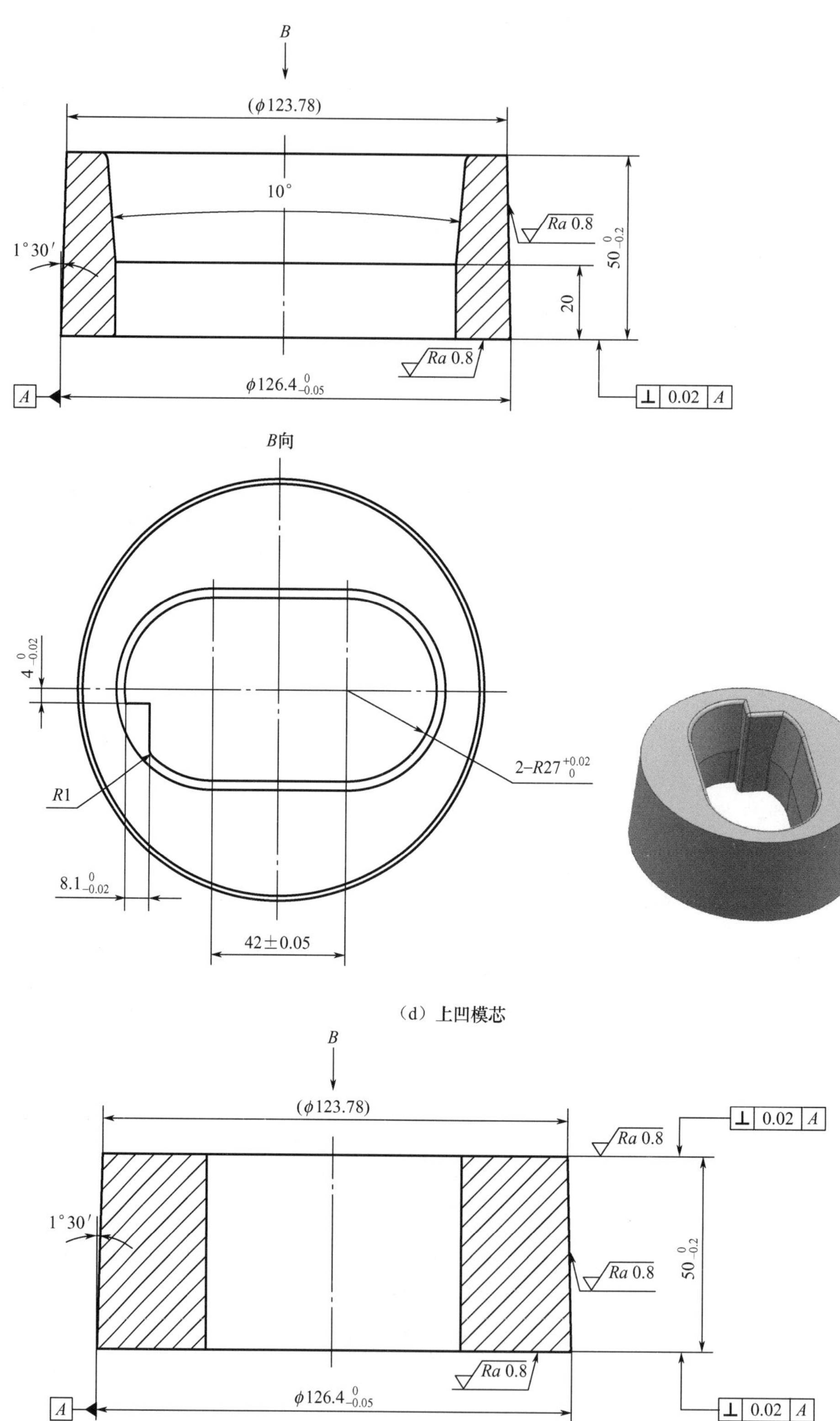

（d）上凹模芯

图 6－14　管接头热摆辗成形模具中摆头套、摆头、上凹模外套、上凹模芯、下凹模芯、下凹模外套、顶料块的零件图（续）

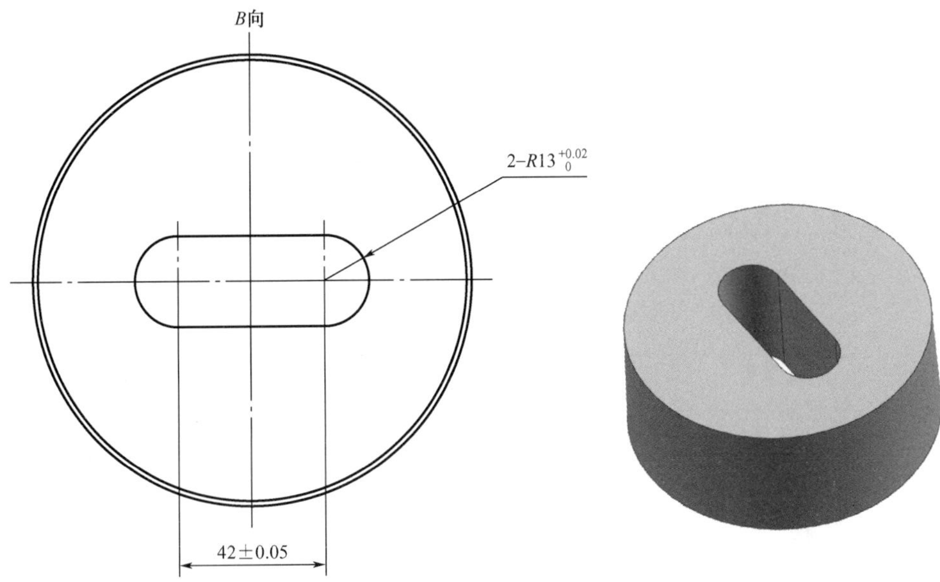

（e）下凹模芯

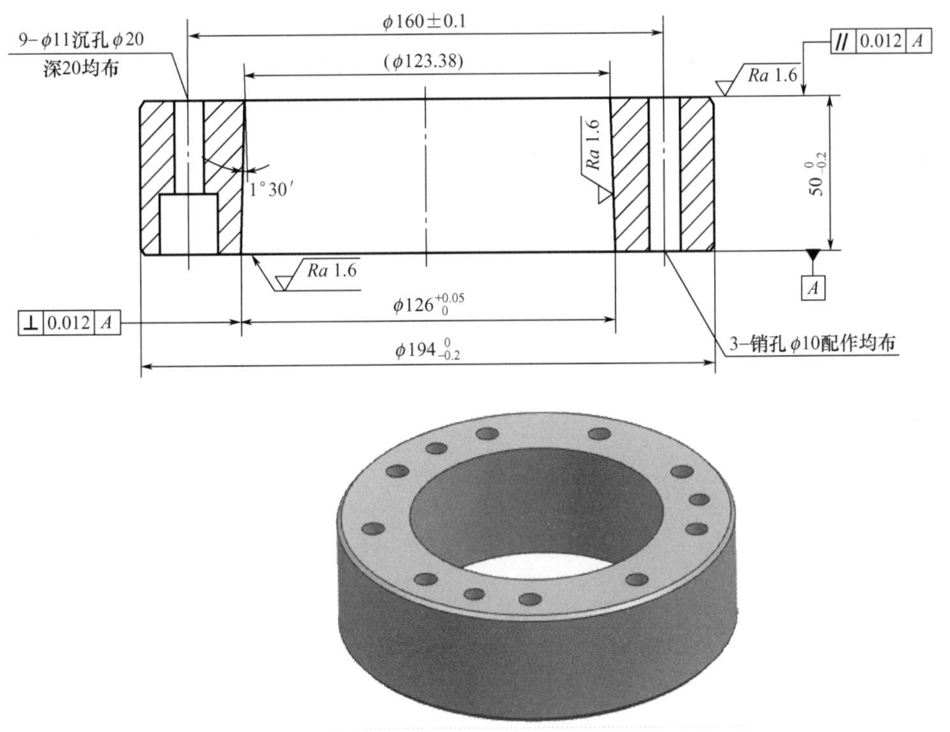

（f）下凹模外套

图 6－14　管接头热摆辗成形模具中摆头套、摆头、上凹模外套、上凹模芯、下凹模芯、下凹模外套、顶料块的零件图（续）

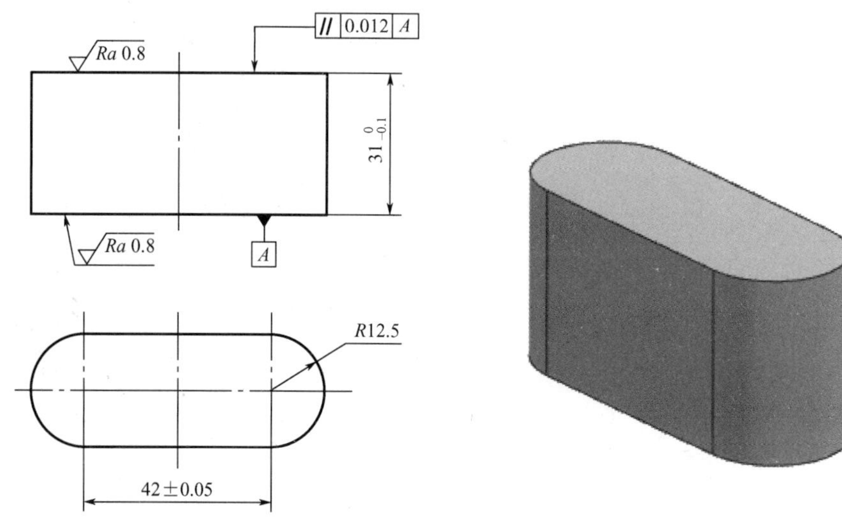

（g）顶料块

图 6-14 管接头热摆辗成形模具中摆头套、摆头、上凹模外套、上凹模芯、下凹模芯、下凹模外套、顶料块的零件图（续）

表 6-2 管接头热摆辗成形模具中摆头套、摆头、上凹模外套、上凹模芯、下凹模芯、下凹模外套、顶料块的材料及其热处理硬度

序号	模具零件	材料	热处理硬度/HRC
1	下凹模芯	Cr12MoV	56～60
2	上凹模芯	Cr12MoV	54～58
3	下凹模外套	45	38～42
4	上凹模外套	45	38～42
5	摆头外套	45	38～42
6	摆头	Cr12MoV	56～60
7	顶料块	H13	48～52

6.2.3 管接头精密锻造成形过程的工艺规程

1. 下料工序

下料工序如下。

<table>
<tr><td colspan="3">10</td><td colspan="3">下料工艺规程</td></tr>
<tr><td colspan="3">工具</td><td colspan="3" rowspan="10">见图 6 - 10</td></tr>
<tr><td>序号</td><td>名称</td><td>代号</td></tr>
<tr><td>1</td><td>带锯条</td><td></td></tr>
<tr><td>2</td><td>扳手</td><td></td></tr>
<tr><td>3</td><td>夹钳</td><td></td></tr>
<tr><td colspan="3">设备</td></tr>
<tr><td colspan="2">名称</td><td>主要参数</td></tr>
<tr><td colspan="2">带锯床</td><td>GB4025</td></tr>
<tr><td colspan="2"></td><td></td></tr>
<tr><td colspan="3">辅料</td></tr>
<tr><td>名称</td><td>规格</td><td>标准代号</td><td colspan="3">量具</td></tr>
<tr><td>手套</td><td></td><td></td><td>序号</td><td>名称</td><td>公称尺寸</td></tr>
<tr><td>棉纱</td><td></td><td></td><td>1</td><td>游标卡尺</td><td>0～150mm</td></tr>
<tr><td></td><td></td><td></td><td>2</td><td>卷尺</td><td>0～2000mm</td></tr>
</table>

1. 技术条件

(1) 材料应是进厂检验合格、符合 GB/T 3190—2020《变形铝及铝合金化学成分》的直径为 ϕ42mm 的 3003 铝合金长棒料。

(2) 操作人员和检验人员应有操作、检验合格证方可上岗工作。

(3) GB4025 带锯床应经鉴定合格后方可使用，工作现场应符合安全操作要求。

2. 操作方法

(1) 工作前按规定检查、调整 GB4025 带锯床、带锯条、夹具、量具。

(2) 夹持固定坯料后方可下料。

(3) 下料长度为 56mm，锯口应平整、端正。

(4) 锯下的材料应整齐摆放，编批交验。

3. 检验规定

(1) 检查坯料的端面应圆整、平齐，不可有歪斜、飞刺等缺陷。

(2) 按图 6 - 10 检查外径应符合 ϕ42mm 要求，长度应符合 56mm 要求。

(3) 做好原始记录。

<table>
<tr><td></td><td></td><td></td><td></td><td></td><td>批准</td><td></td></tr>
<tr><td></td><td></td><td></td><td></td><td></td><td>标审</td><td></td></tr>
<tr><td></td><td></td><td></td><td></td><td></td><td>审查</td><td></td></tr>
<tr><td></td><td></td><td></td><td></td><td></td><td>校核</td><td></td></tr>
<tr><td>标记</td><td>处数</td><td>更改文件号</td><td>签字</td><td>日期</td><td>编制</td><td></td></tr>
</table>

2. 坯料退火处理工序

坯料退火处理工序如下。

20	坯料退火处理工艺规程

工具

序号	名称	代号
1	钳子	
2	铁钩	

设备

名称	主要参数
箱式电阻炉	RX3－30－9

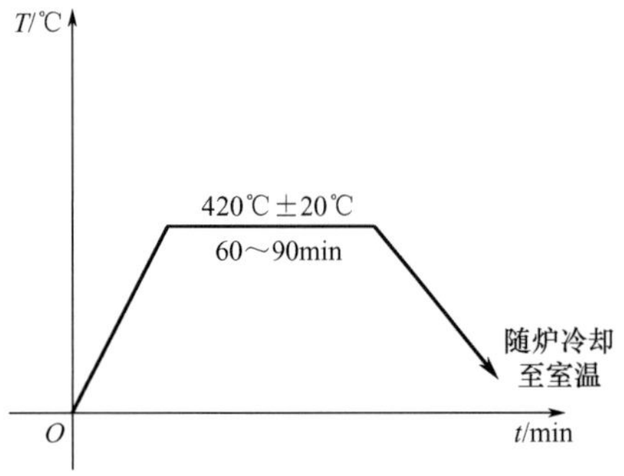

T/℃
420℃±20℃
60～90min
随炉冷却
至室温
O
t/min

辅料		
名称	规格	标准代号
手套		

量具

序号	名称	测量范围
1	热电偶	
2	温控仪	0～900℃

1. 技术条件

(1) 坯料应是经下料、检验合格的直径为 ϕ42mm 的 3003 铝合金坯料。

(2) 操作人员和检验人员应有操作、检验合格证方可上岗工作。

(3) RX3－30－9 箱式电阻炉应经鉴定合格后方可使用，工作现场应符合安全操作要求。

2. 操作方法

(1) 工作前按规定检查、调整 RX3－30－9 箱式电阻炉、热电偶、温控仪。

(2) 将坯料整齐地放入 RX3－30－9 箱式电阻炉，用矿渣棉将炉门堵严，盖好炉门，确保炉温均匀一致。

(3) 按坯料退火处理工艺规范进行退火处理。

3. 检验规定

(1) 做好原始记录。

(2) 退火处理后坯料的硬度为 50～60HB。

					批准	
					标审	
					审查	
					校核	
标记	处数	更改文件号	签字	日期	编制	

3. 冷压扁制坯工序

冷压扁制坯工序如下。

<table>
<tr><td colspan="4">30</td><td colspan="3">冷压扁制坯工艺规程</td></tr>
<tr><td colspan="4">工具</td><td colspan="3" rowspan="8">见图 6-11</td></tr>
<tr><td>序号</td><td colspan="2">名称</td><td>代号</td></tr>
<tr><td>1</td><td colspan="2">冷压扁制坯模具</td><td></td></tr>
<tr><td>2</td><td colspan="2">夹钳</td><td></td></tr>
<tr><td colspan="4">设备</td></tr>
<tr><td>名称</td><td colspan="3">主要参数</td></tr>
<tr><td>液压机</td><td colspan="3">YH32-200</td></tr>
<tr><td colspan="4">辅料</td></tr>
<tr><td>名称</td><td>规格</td><td colspan="2">标准代号</td><td colspan="3">量具</td></tr>
<tr><td>棉布</td><td></td><td colspan="2"></td><td>序号</td><td>名称</td><td>公称尺寸</td></tr>
<tr><td>猪油</td><td></td><td colspan="2"></td><td>1</td><td>游标尺</td><td>0～150mm</td></tr>
<tr><td>不锈钢桶</td><td></td><td colspan="2"></td><td></td><td></td><td></td></tr>
</table>

1. 技术条件

(1) 经退火处理后的坯料方可投入冷压扁制坯工序作业。

(2) 操作人员和检验人员应有操作、检验合格证方可上岗工作。

(3) YH32-200 液压机应经鉴定合格后方可使用，工作现场应符合安全操作要求。

2. 操作方法

(1) 工作前按规定检查、调整 YH32-200 液压机、冷压扁制坯模具和量具。

(2) 调整 YH32-200 液压机滑块行程的上、下死点位置，系统压力为 24MPa，压制的保压时间为 1.5s。

(3) 用洁净的、浸有猪油的纱布在冷压扁制坯模具冲头的下端面和凹模的内孔型腔均匀地涂抹一层猪油。

(4) 用夹钳将退火处理后的坯料浸入盛有猪油的不锈钢桶，再从不锈钢桶中取出涂覆猪油的坯料，并放入冷压扁制坯模具凹模的内孔型腔进行冷压扁制坯加工。

(5) 将冷压扁制坯加工后的制坯件放入清洁的箱中编批交验。

3. 检验规定

(1) 按图 6-11 抽检，着重检测外形尺寸。

(2) 检测制坯件的表面，不得有裂纹、折叠、毛刺、凹陷、塌角等缺陷。

(3) 做好原始记录。

					批准	
					标审	
					审查	
					校核	
标记	处数	更改文件号	签字	日期	编制	

4. 制坯件加热工序

制坯件加热工序如下。

<table>
<tr><td colspan="3">50</td><td colspan="3">制坯件加热工艺规程</td></tr>
<tr><td colspan="3">工具</td><td colspan="3" rowspan="8"> 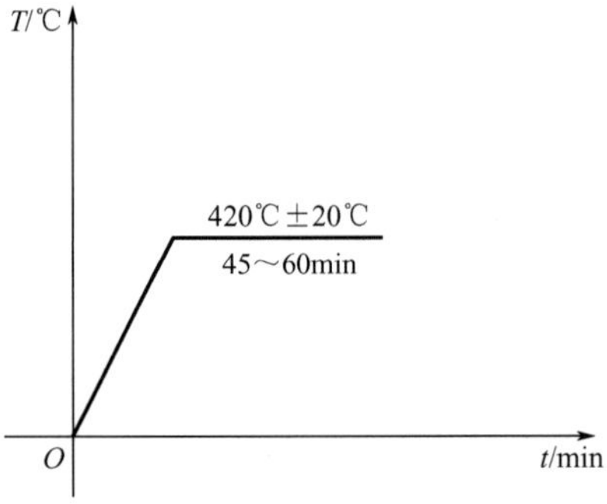T/℃
420℃±20℃
45～60min
O
t/min</td></tr>
<tr><td>序号</td><td>名称</td><td>代号</td></tr>
<tr><td>1</td><td>钳子</td><td></td></tr>
<tr><td>2</td><td>铁钩</td><td></td></tr>
<tr><td colspan="3">设备</td></tr>
<tr><td colspan="2">名称</td><td>主要参数</td></tr>
<tr><td colspan="2">箱式电阻炉</td><td>RX3-30-9</td></tr>
<tr><td colspan="3">辅料</td></tr>
<tr><td>名称</td><td>规格</td><td>标准代号</td><td colspan="3">量具</td></tr>
<tr><td>手套</td><td></td><td></td><td>序号</td><td>名称</td><td>测量范围</td></tr>
<tr><td></td><td></td><td></td><td>1</td><td>热电偶</td><td></td></tr>
<tr><td></td><td></td><td></td><td>2</td><td>温控仪</td><td>0～900℃</td></tr>
</table>

1. 技术条件

(1) 坯件应是经冷压扁制坯、检验合格的制坯件。

(2) 操作人员和检验人员应有操作、检验合格证方可上岗工作。

(3) RX3-30-9 箱式电阻炉应经鉴定合格后方可使用，工作现场应符合安全操作要求。

2. 操作方法

(1) 工作前按规定检查、调整 RX3-30-9 箱式电阻炉、热电偶、温控仪。

(2) 将制坯件整齐地放入 RX3-30-9 箱式电阻炉，用矿渣棉将炉门堵严，盖好炉门，确保炉温均匀一致。

(3) 按制坯件加热工艺规范进行加热。

3. 检验规定

做好原始记录。

					批准	
					标审	
					审查	
					校核	
标记	处数	更改文件号	签字	日期	编制	

5. 热摆辗成形工序

热摆辗成形工序如下。

50			热摆辗成形工艺规程		
工具			见图 6-9		
序号	名称	代号			
1	热摆辗成形模具				
2	夹钳				
设备					
名称	主要参数				
立式热摆辗机	BY-260				
辅料					
名称	规格	标准代号	量具		
棉布			序号	名称	公称尺寸
猪油			1	游标尺	0～200mm
不锈钢桶					

1. 技术条件

(1) 经加热、保温后的制坯件方可投入热摆辗成形工序作业。

(2) 操作人员和检验人员应有操作、检验合格证方可上岗工作。

(3) BY-260 立式热摆辗机应经鉴定合格后方可使用，工作现场应符合安全操作要求。

2. 操作方法

(1) 工作前按规定检查、调整 BY-260 立式热摆辗机、热摆辗成形模具和量具。

(2) 调整 BY-260 立式热摆辗机滑块的上死点位置，系统压力为 24MPa，摆辗的保压时间为 1.5s。

(3) 从 RX3-30-9 箱式电阻炉中取出加热和保温后的制坯件，并放入热摆辗成形凹模的内孔型腔；按下 BY-260 立式热摆辗机的压制按钮，使滑块上升，使摆头下端面与热的制坯件上表面刚刚接触，以烘烤热摆辗成形模具凹模的内孔型腔和摆头的下端面；重复多次该过程，直到热摆辗成形凹模的内孔型腔和摆头的下端面温度约为 200℃。

(4) 用洁净的、浸有猪油+MoS_2润滑剂的棉布在热摆辗成形模具凹模的内孔型腔和摆头的下端面均匀地涂抹一层润滑剂。

(5) 用夹钳从 RX3-30-9 箱式电阻加热炉内快速取出加热和保温后的制坯件，并迅速浸入盛有猪油+MoS_2润滑剂的不锈钢桶，再从不锈钢桶中快速取出涂覆猪油+MoS_2润滑剂的制坯件，并放入热摆辗成形模具凹模的内孔型腔进行热摆辗成形。

(6) 将热摆辗成形的精锻件放入清洁的箱中编批交验。

3. 检验规定

(1) 按图 6-9 抽检，着重检测外形尺寸。

(2) 检测精锻件外观，不得有裂纹、折叠、毛刺、凹陷、塌角、拉伤等缺陷。

(3) 做好原始记录。

					批准	
					标审	
					审查	
					校核	
标记	处数	更改文件号	签字	日期	编制	

6. 最终检验工序

最终检验工序如下。

<table>
<tr><td colspan="3">70</td><td colspan="3">最终检验工艺规程</td></tr>
<tr><td colspan="3">工具</td><td colspan="3" rowspan="8">见图 6 - 9</td></tr>
<tr><td>序号</td><td>名称</td><td>代号</td></tr>
<tr><td>1</td><td>手钳</td><td></td></tr>
<tr><td>2</td><td>台钳</td><td></td></tr>
<tr><td colspan="3">设备</td></tr>
<tr><td colspan="2">名称</td><td>主要参数</td></tr>
<tr><td colspan="2">检验平台</td><td></td></tr>
<tr><td colspan="3">辅料</td></tr>
<tr><td>名称</td><td>规格</td><td>标准代号</td><td colspan="3">量具</td></tr>
<tr><td>棉纱</td><td></td><td></td><td>序号</td><td>名称</td><td>公称尺寸</td></tr>
<tr><td>砂纸</td><td></td><td></td><td>1</td><td>游标卡尺</td><td>0～200mm</td></tr>
<tr><td>手套</td><td></td><td></td><td>2</td><td>百分表</td><td>0～10mm</td></tr>
</table>

1. 技术条件

(1) 经热摆辗成形合格的精锻件方可投入最终检验。

(2) 操作人员和检验人员应有检验合格证方可上岗工作。

(3) 检验量具、设备应符合鉴定要求后方可使用，检验现场应符合品质检测要求。

2. 操作方法

(1) 用砂纸砂光和棉纱擦净抽出的精锻件的检测部位。

(2) 在检验平台按图 6 - 9 所示的精锻件简图进行检测。

3. 检验规定

(1) 每批抽检 1%，按图 6 - 9 所示的精锻件简图进行检测，并着重检测外形尺寸。

(2) 每批抽检 1%，检测精锻件外观，不得有裂纹、折叠、毛刺、凹陷、塌角、拉伤等缺陷。

(3) 每批抽 1 个精锻件作探伤检测，应无裂纹。

(4) 做好原始记录。

<table>
<tr><td></td><td></td><td></td><td></td><td></td><td>批准</td><td></td></tr>
<tr><td></td><td></td><td></td><td></td><td></td><td>标审</td><td></td></tr>
<tr><td></td><td></td><td></td><td></td><td></td><td>审查</td><td></td></tr>
<tr><td></td><td></td><td></td><td></td><td></td><td>校核</td><td></td></tr>
<tr><td>标记</td><td>处数</td><td>更改文件号</td><td>签字</td><td>日期</td><td>编制</td><td></td></tr>
</table>

6.3 3003铝合金壳体的精密锻造成形

图 6－15 所示壳体是一种等壁厚的盲孔类筒形零件，该零件的材质为 3003 铝合金。

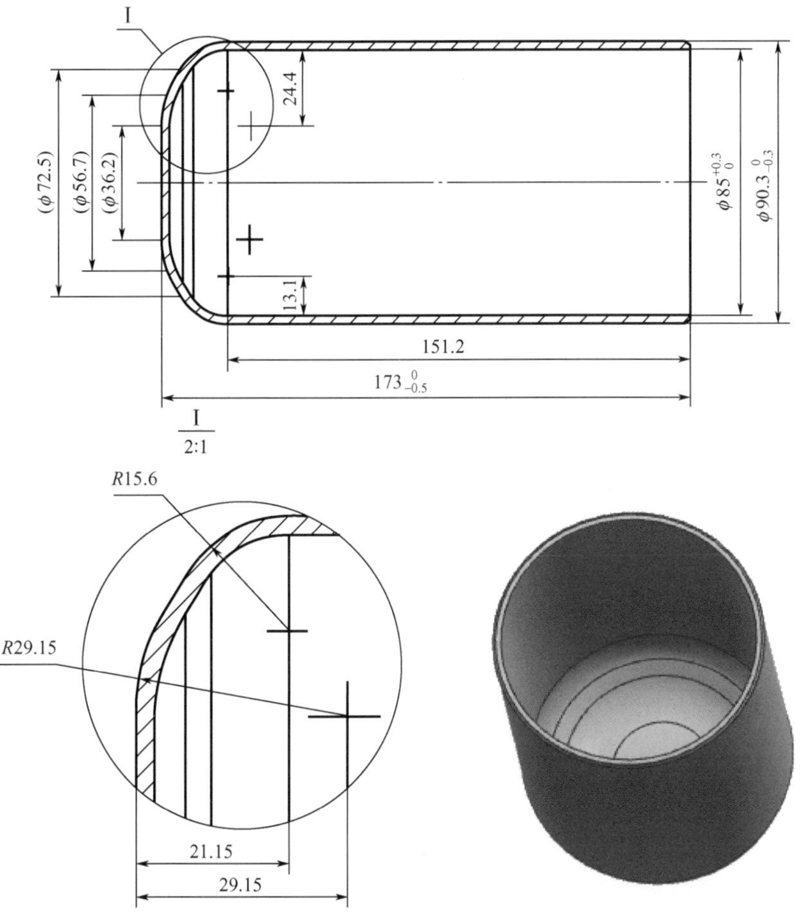

图 6－15 壳体零件简图

为了减少材料消耗量和机械加工工时、提高生产效率和产品合格率、降低产品的制造成本，对于图 6－15 所示壳体零件，可以采用板厚（H_0）为 2.5mm 的 3003 铝合金板在 YA32－200 液压机上进行两次冷拉伸制坯＋冷拉伸成形＋冷镦底成形的精密锻造成形方法生产。

图 6－16 所示为壳体精锻件图。除大端口部留有适当的机械加工余量外，其外形和内孔型腔均不需要后续机械加工就能满足壳体零件的设计要求。

6.3.1 壳体拉伸成形工序的尺寸计算

将图 6－16 所示壳体精锻件简图，可得坯料直径 D_0＝280mm，精锻件内径为 85mm，即冷拉伸成形工序的冷拉伸件内径 $d_3=85\text{mm}$。

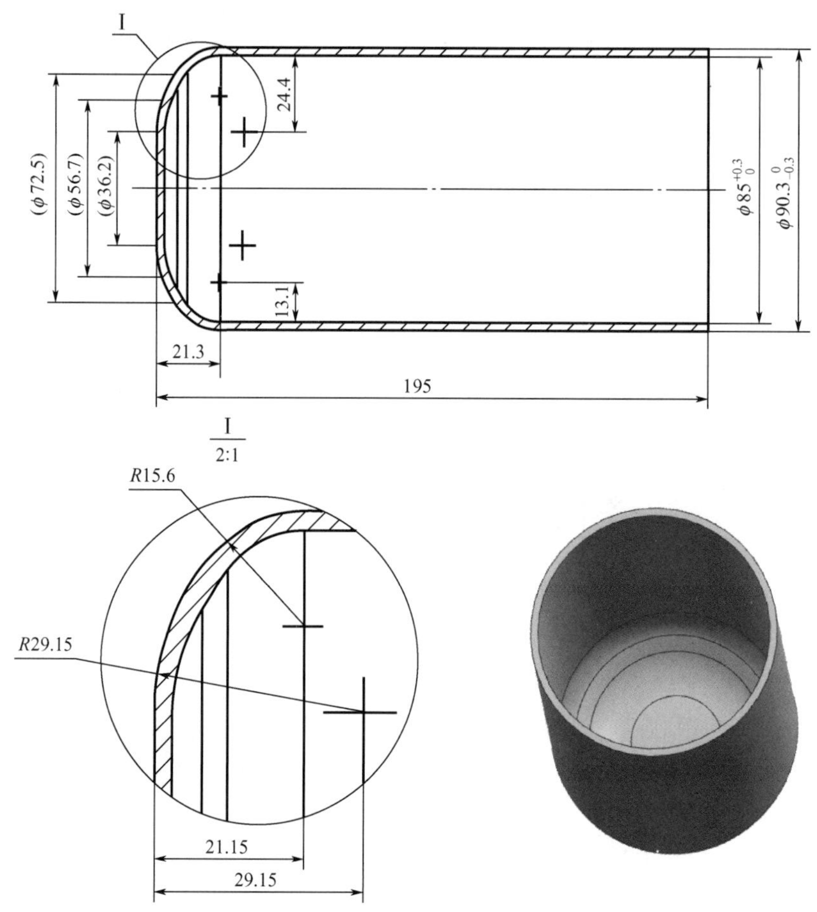

图 6-16　壳体精锻件简图

由于该精密锻造成形工艺使用的坯料板厚 $H_0=2.5\text{mm}$，因此冷拉伸成形的冷拉伸件外径

$$D_3=d_3+2\times H_0=85+2\times 2.5=90(\text{mm})$$

拉伸系数

$$M=\frac{D_3}{D_0}=\frac{90}{280}\approx 32\%$$

因为该工艺采用厚度为 2.5mm 的板料进行冷拉伸成形，所以变形程度不宜过大；从拉伸系数来看，要想一次冷拉伸成形图 6-16 所示的精锻件较困难，可选用两次冷拉伸制坯＋冷拉伸成形的拉伸成形工序。

两次冷拉伸制坯的拉伸系数分别为 $M_1=0.7$、$M_2=0.68$。

拉伸系数 M_1、M_2 已定，可计算如下。

（1）第一次冷拉伸制坯的一次拉伸坯件外径

$$D_1=M_1\times D_0=0.7\times 280=196(\text{mm})$$

（2）第二次冷拉伸制坯的二次拉伸坯件外径

$$D_2 = M_2 \times D_1 = 0.68 \times 196 \approx 133(\mathrm{mm})$$

（3）冷拉伸成形的冷拉伸件外径

$$D_3 = 90(\mathrm{mm})$$

由此可计算如下。

（1）第一次冷拉伸制坯的一次拉伸坯件内径

$$d_1 = D_1 - 2 \times H_0 \times Y = 196 - 2 \times 2.5 \times 1.2 = 190(\mathrm{mm})$$

式中：Y 为与拉伸次数和坯料厚度有关的系数，此处取 $Y=1.2$。

（2）第二次冷拉伸制坯的二次拉伸坯件内径

$$d_2 = D_2 - 2 \times H_0 \times Y = 133 - 2 \times 2.5 \times 1.15 \approx 127(\mathrm{mm})$$

式中：取 $Y=1.15$。

（3）冷拉伸成形的冷拉伸件内径

$$d_3 = 85(\mathrm{mm})$$

6.3.2 壳体精密锻造成形工艺流程

（1）下料。在 G4020H 激光切割机上，将板厚为 2.5mm 的 3003 铝合金宽板切割成直径为 ϕ280mm 的坯料。坯料的形状和尺寸如图 6-17 所示。

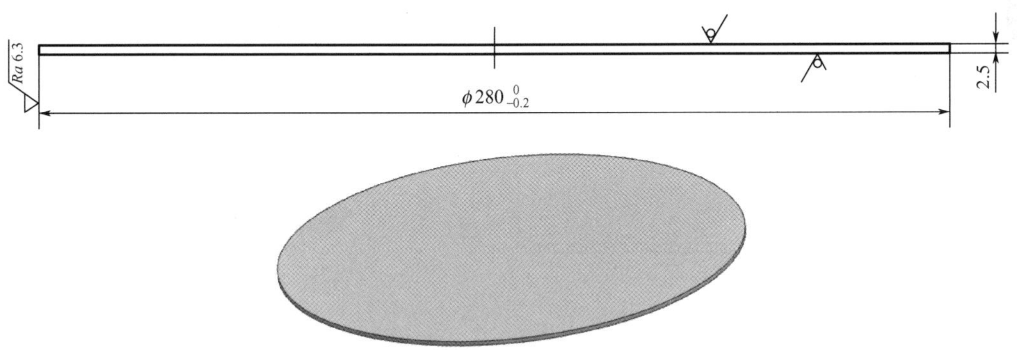

图 6-17 坯料的形状和尺寸

（2）坯料退火处理。在 RX3-45-9 箱式电阻炉中对坯料进行退火处理，其退火处理工艺规范如下：加热温度为 420℃±20℃，保温时间为 30～45min，随炉冷却至室温出炉，采用 XCT-101 温控仪控制温度。

（3）第一次冷拉伸制坯。将退火后的坯料浸入装有猪油+MoS_2 润滑剂的不锈钢桶，然后将坯料放入第一次冷拉伸制坯模具的内孔型腔进行第一次冷拉伸制坯，得到图 6-18 所示的一次拉伸坯件。

在第一次冷拉伸制坯过程中，润滑模具的方法是用毛刷将猪油+MoS_2 润滑剂均匀地涂抹在第一次冷拉伸制坯冲头的工作表面和凹模的内孔型腔中。

（4）第二次冷拉伸制坯。将一次拉伸坯件浸入装有猪油+MoS_2 润滑剂的不锈钢桶，然后放入第二次冷拉伸制坯模具的内孔型腔进行第二次冷拉伸制坯，得到图 6-19 所示的二次拉伸坯件。

在第二次冷拉伸制坯过程中，润滑模具的方法是用毛刷将猪油+MoS_2 润滑剂均匀地涂抹在第二次冷拉伸制坯冲头的工作表面和凹模的内孔型腔中。

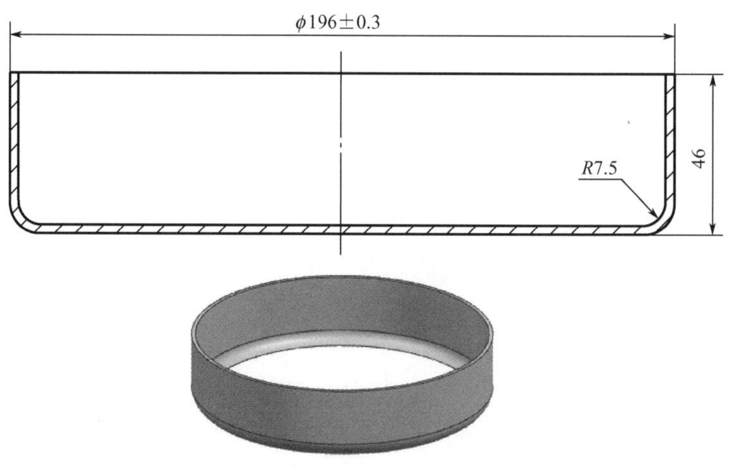

图 6-18　一次拉伸坯件

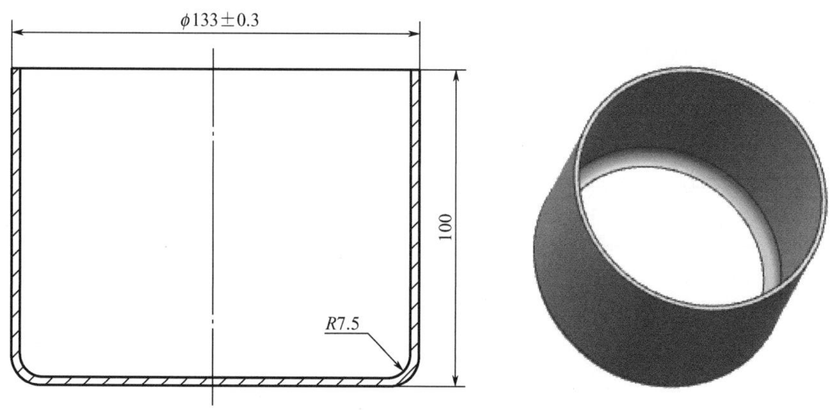

图 6-19　二次拉伸坯件

(5) 二次拉伸坯件退火处理。在 RX3-45-9 箱式电阻炉中对二次拉伸坯件进行退火处理，其退火处理工艺规范如下：加热温度为 420℃±20℃，保温时间为 30～45min，随炉冷却至室温出炉，采用 XCT-101 温控仪控制温度。

(6) 冷拉伸成形。将二次拉伸坯件浸入装有猪油+MoS_2 润滑剂的不锈钢桶，然后放入冷拉伸成形模具的内孔型腔进行冷拉伸成形，得到图 6-20 所示的冷拉伸件。

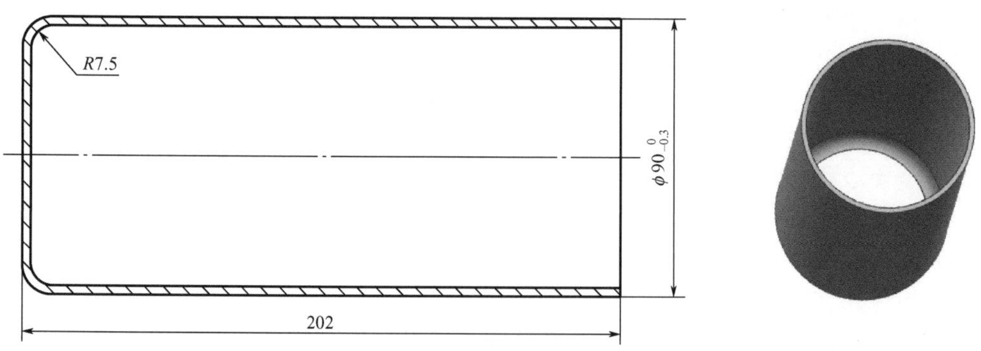

图 6-20　冷拉伸件

在冷拉伸成形过程中，润滑模具的方法是用毛刷将猪油＋MoS_2润滑剂均匀地涂抹在冷拉伸成形冲头的工作表面和凹模的内孔型腔中。

(7) 冷镦底成形。将冷拉伸件浸入装有猪油＋MoS_2润滑剂的不锈钢桶，然后放入冷镦底成形模具的内孔型腔进行冷镦底成形，得到图 6－16 所示的精锻件。

在冷镦底成形过程中，润滑模具的方法是用毛刷将猪油＋MoS_2润滑剂均匀地涂抹在冷镦底成形冲头的工作表面和凹模的内孔型腔中。

6.3.3 壳体精密锻造成形模具结构

1. 第一次冷拉伸制坯模具结构

图 6－21 所示为第一次冷拉伸制坯模具结构。

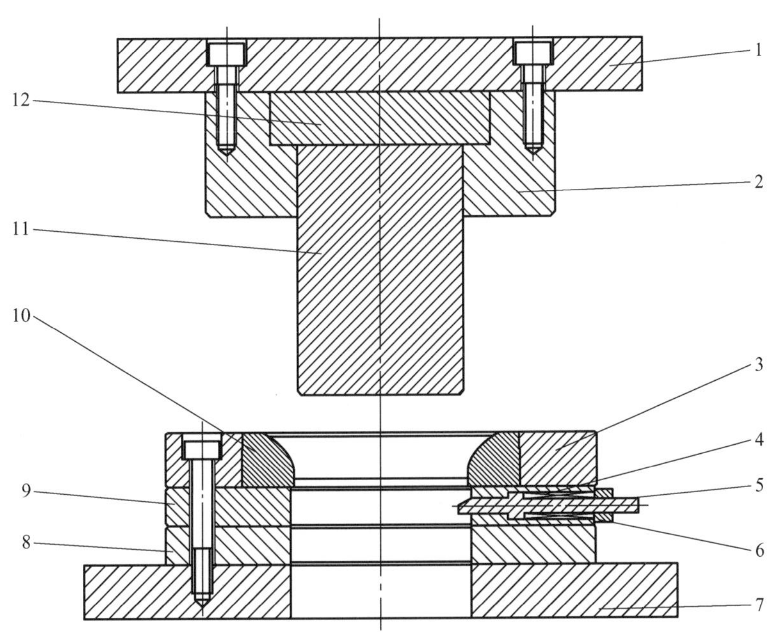

1—上模板；2—冲头固定套；3—凹模外套；4—压簧；5—卸料块；6—卸料块盖板；7—下模板；8—下模衬板；9—凹模垫板；10—凹模芯；11—冲头；12—冲头垫板。

图 6－21 第一次冷拉伸制坯模具结构

该模具具有如下特点。

(1) 结构简单，更换容易。

(2) 设有由凹模垫板 9、压簧 4、卸料块 5、卸料块盖板 6 组成的卸料机构。

(3) 采用组合凹模结构，凹模芯 10 与凹模外套 3 之间为圆锥面过盈配合，不仅使凹模芯 10 制造容易、更换方便，从而缩短了生产周期、降低了制造成本；而且使凹模芯 10 的承载条件得到改善，从而延长组合凹模的使用寿命。

(4) 冲头 11 与冲头固定套 2 之间为圆柱面过盈配合，采用热镶套的方法将冲头 11 与冲头固定套 2 紧固在一起。

(5) 对冲头 11 的工作部分进行镀铬处理并抛光，抛光后的冲头工作部分表面粗糙度

为 $Ra0.2 \sim Ra0.4\mu m$，成为“镜面”，以降低一次拉伸坯件紧紧“抱住”冲头工作部分的可能性，保证一次拉伸坯件顺利脱模。

图 6－22 所示为第一次冷拉伸制坯模具的主要模具零件图。表 6－3 所示为第一次冷拉伸制坯模具的主要模具零件材料及其热处理硬度。

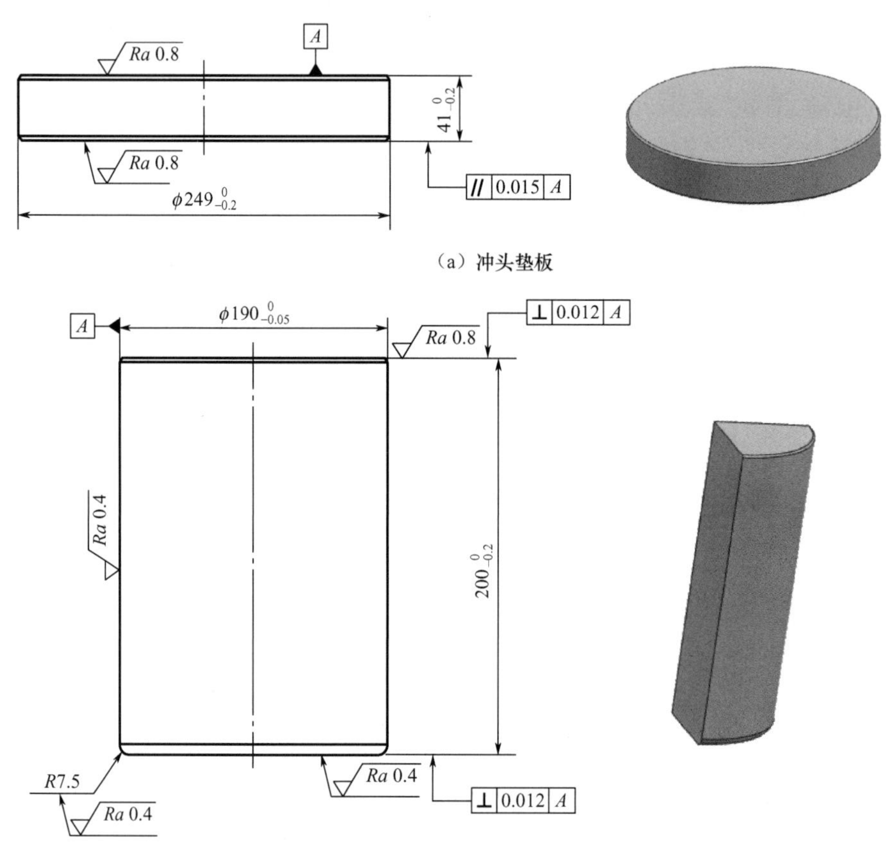

（a）冲头垫板

（b）冲头

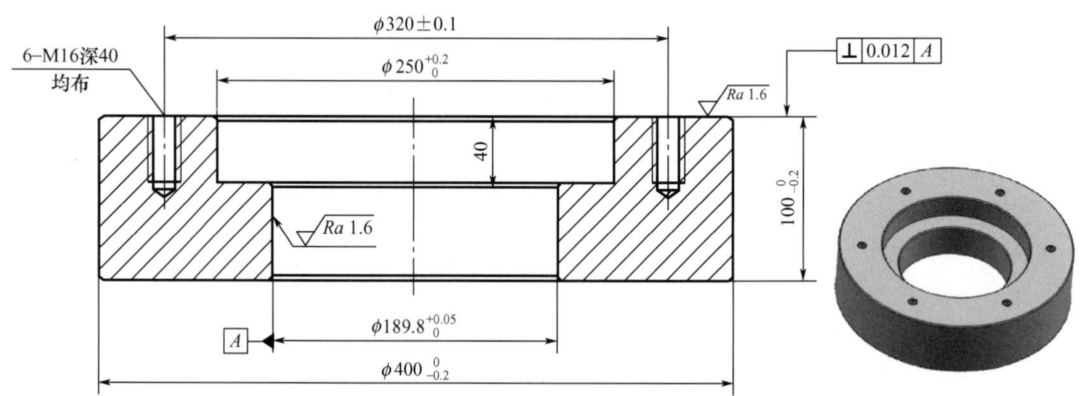

（c）冲头固定套

图 6－22　第一次冷拉伸制坯模具的主要模具零件图

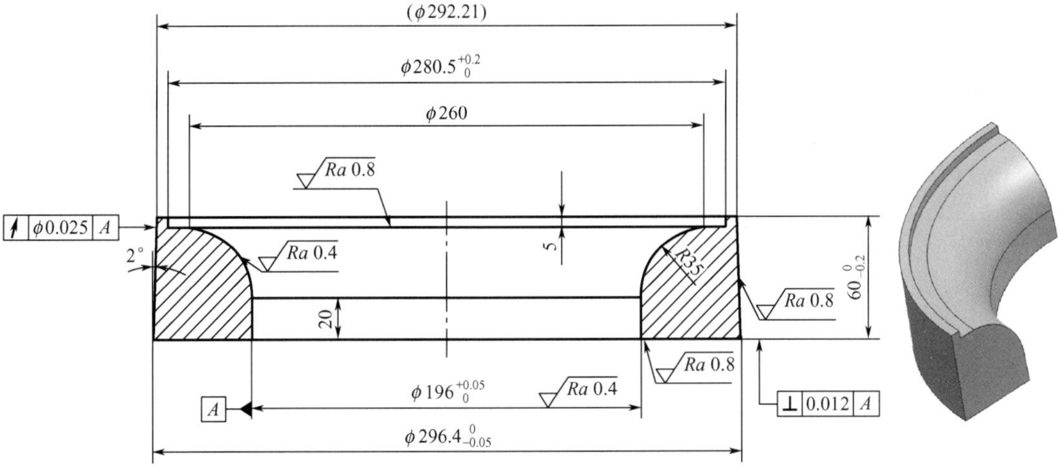

（d）凹模芯

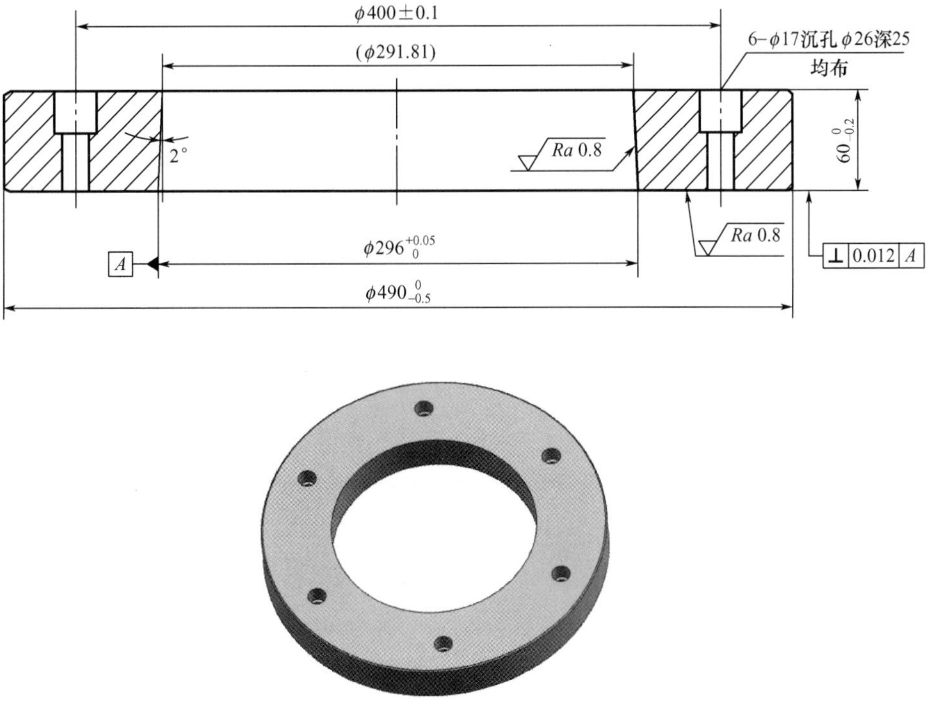

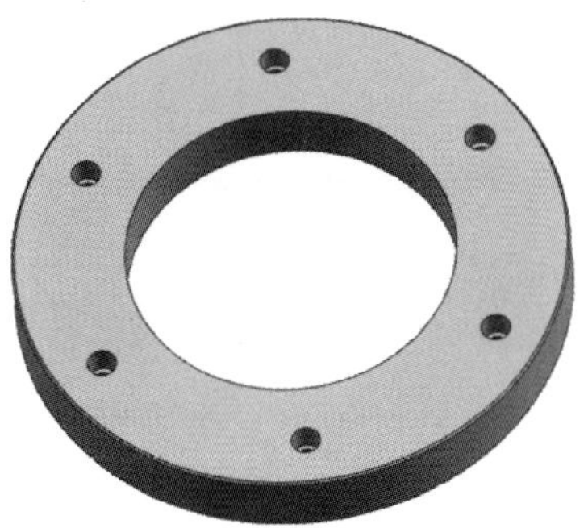

（e）凹模外套

图 6-22　第一次冷拉伸制坯模具的主要模具零件图（续）

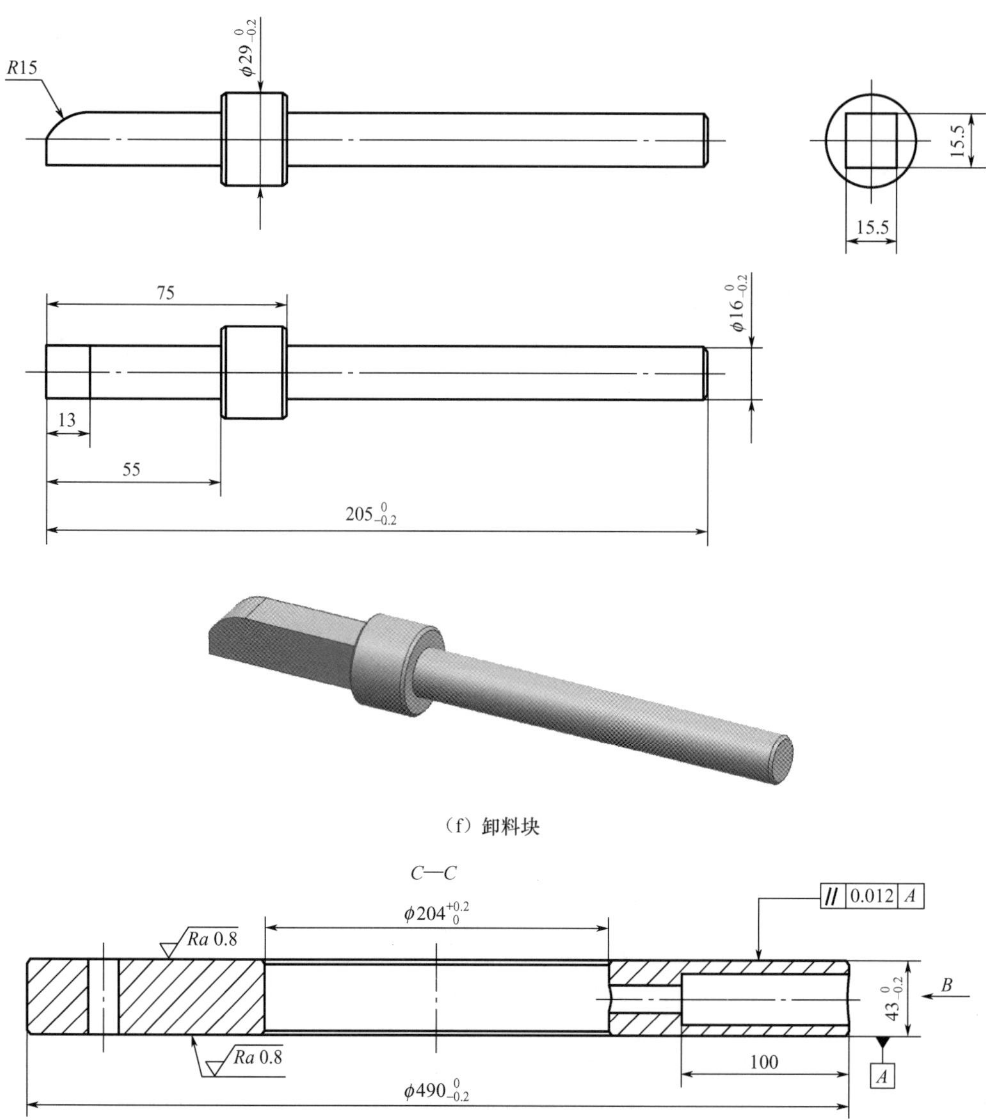

（f）卸料块

图 6-22 第一次冷拉伸制坯模具的主要模具零件图（续）

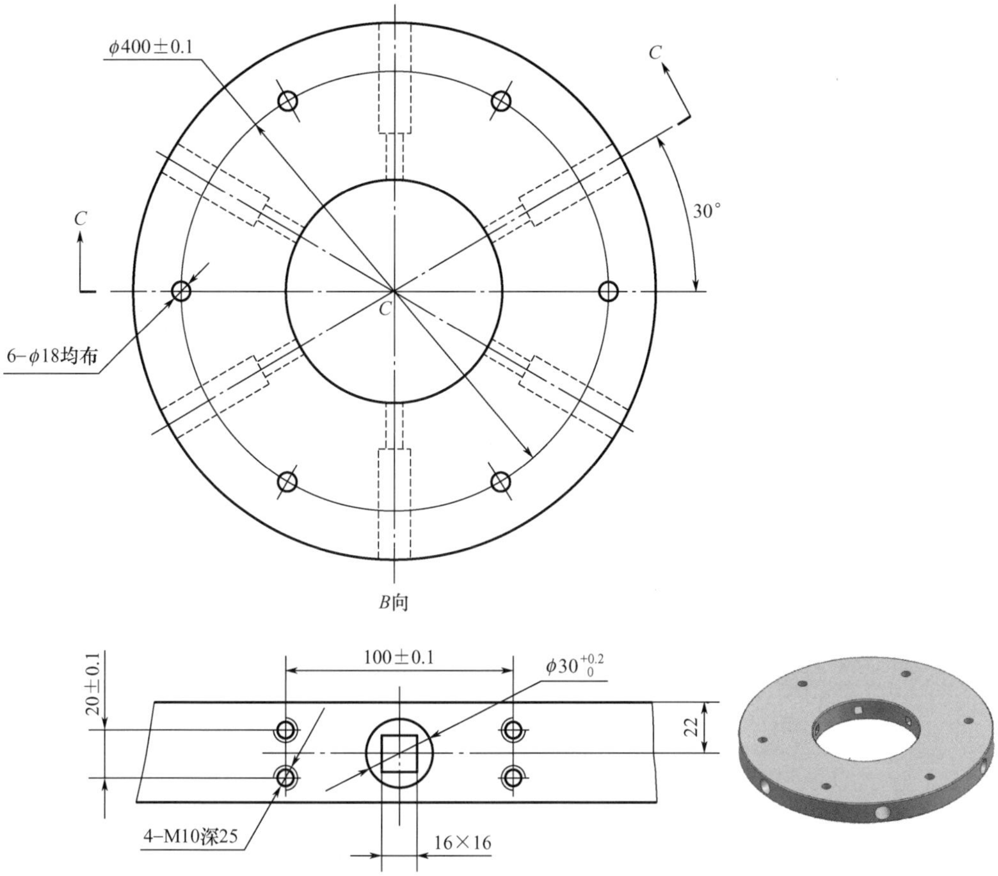

ϕ400±0.1
C
C
30°
C
6-ϕ18均布
B向
100±0.1
ϕ30 +0.2 0
20±0.1
22
4-M10深25
16×16

（g）凹模垫板

ϕ400±0.1
6-ϕ18均布
ϕ204 +0.2 0
// 0.012 A
Ra 0.8
Ra 0.8
40 0 -0.2
A
ϕ490 0 -0.2

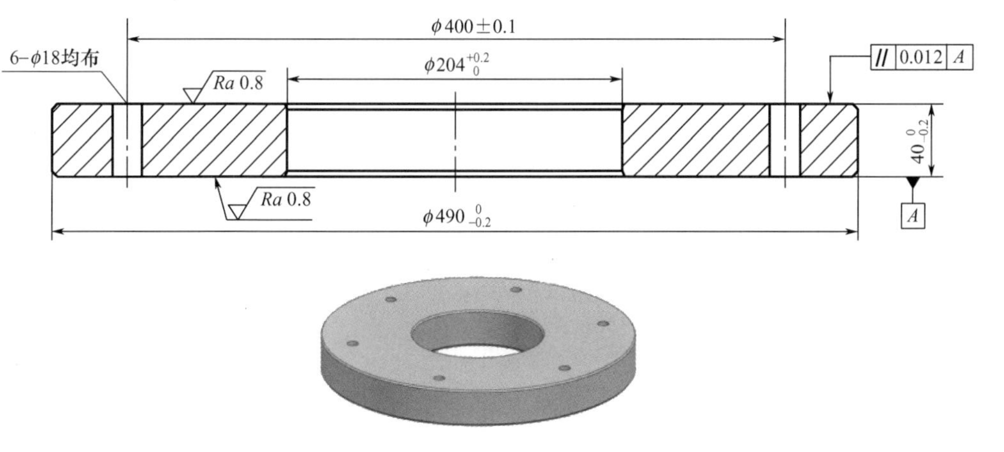

（h）下模衬板

图 6－22　第一次冷拉伸制坯模具的主要模具零件图（续）

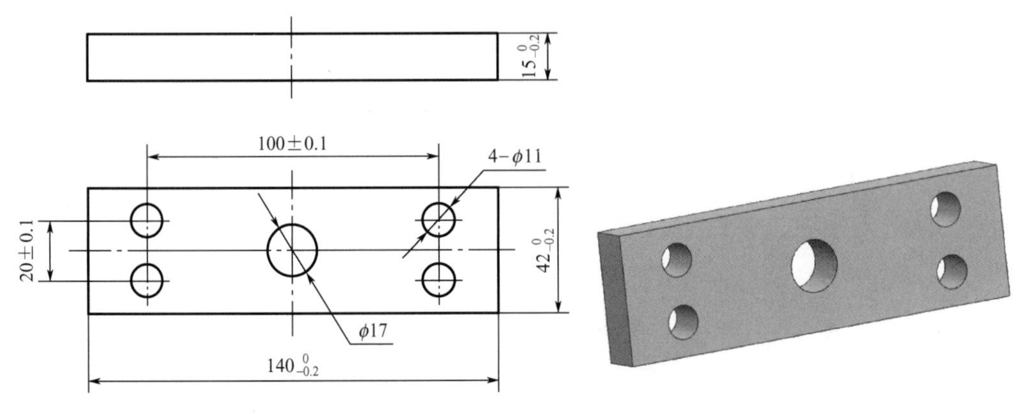

(i) 卸料块盖板

图 6-22　第一次冷拉伸制坯模具的主要模具零件图（续）

表 6-3　第一次冷拉伸制坯模具的主要模具零件材料及其热处理硬度

序号	模具零件	材料	热处理硬度/HRC
1	卸料块盖板	45	28～32
2	卸料块	H13	44～48
3	下模衬板	H13	48～52
4	凹模垫板	H13	48～52
5	凹模外套	45	28～32
6	凹模芯	Cr12MoV	56～60
7	冲头固定套	45	28～32
8	冲头垫板	H13	48～52
9	冲头	Cr12MoV	56～60

2. 第二次冷拉伸制坯模具结构

图 6-23 所示为第二次冷拉伸制坯模具结构，与图 6-21 所示的第一次冷拉伸制坯模具结构相同。

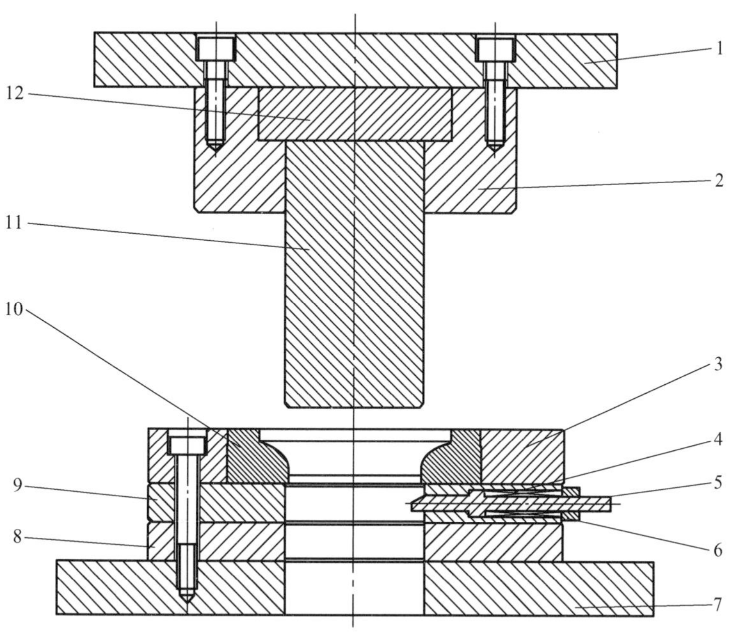

1—上模板；2—冲头固定套；3—凹模外套；4—压簧；5—卸料块；6—卸料块盖板；7—下模板；8—下模衬板；9—凹模垫板；10—凹模芯；11—冲头；12—冲头垫板。

图 6-23　第二次冷拉伸制坯模具结构

图 6-24 所示为第二次冷拉伸制坯模具的主要模具零件图。表 6-4 所示为第二次冷拉伸制坯模具的主要模具零件材料及其热处理硬度。

表 6-4　第二次冷拉伸制坯模具的主要模具零件材料及其热处理硬度

序号	模具零件	材料	热处理硬度/HRC
1	冲头	Cr12MoV	56～60
2	凹模芯	Cr12MoV	56～60
3	凹模外套	45	28～32
4	凹模垫板	H13	48～52
5	冲头垫板	H13	48～52
6	下模衬板	45	28～32
7	冲头固定套	45	28～32
8	卸料块	H13	48～52

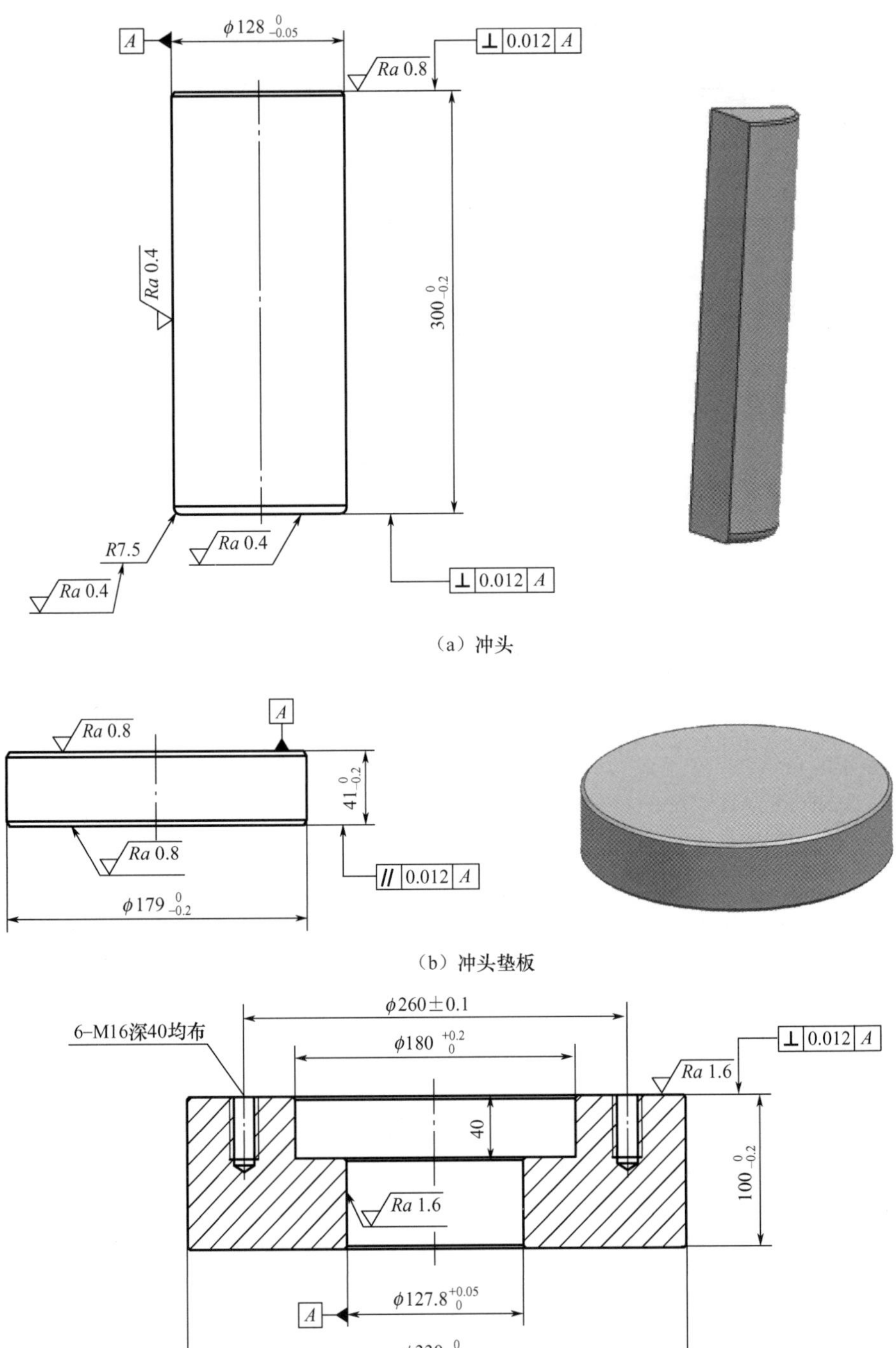

(a) 冲头

(b) 冲头垫板

图 6-24　第二次冷拉伸制坯模具的主要模具零件图

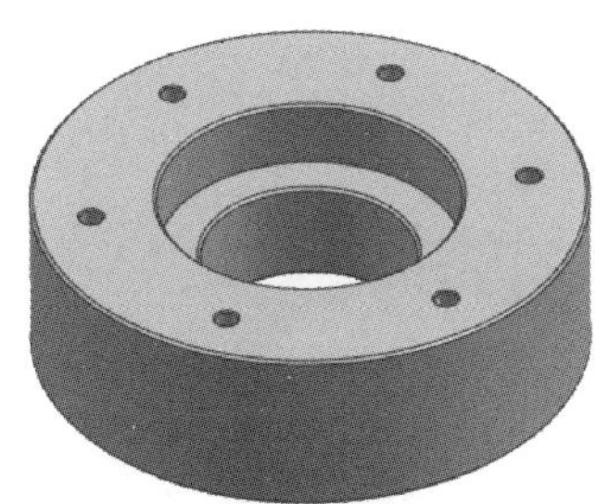

（c）冲头固定套

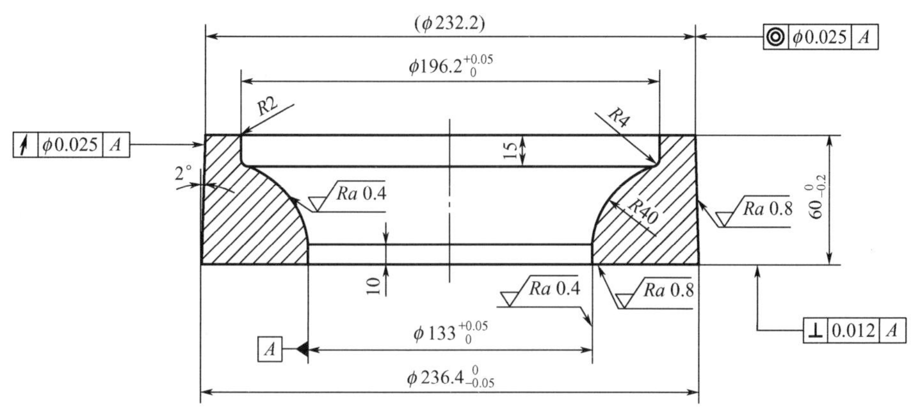

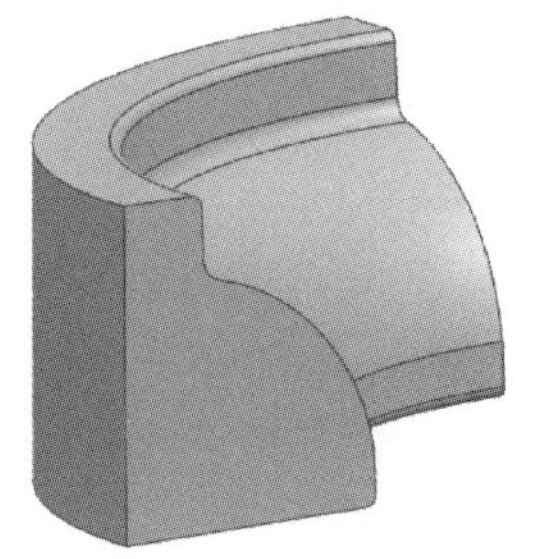

（d）凹模芯

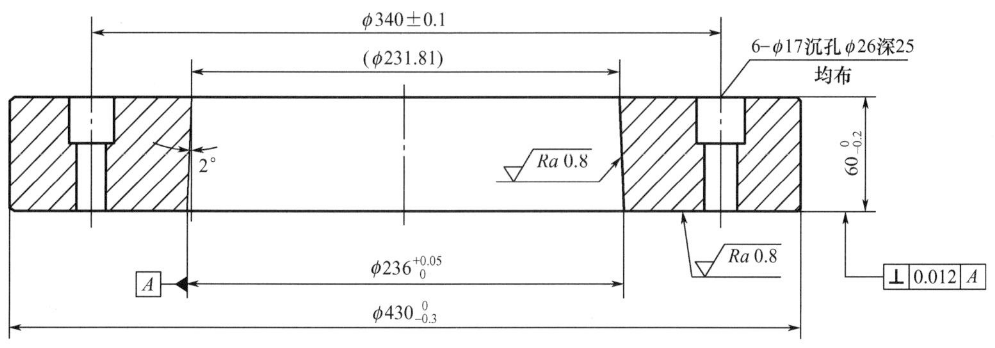

图6－24　第二次冷拉伸制坯模具的主要模具零件图（续）

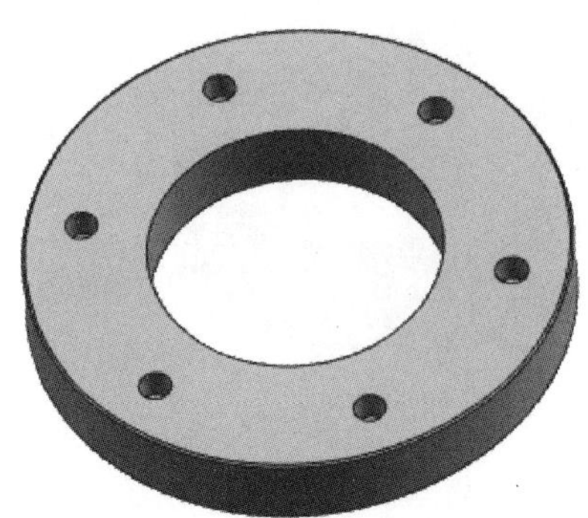

（e）凹模垫板

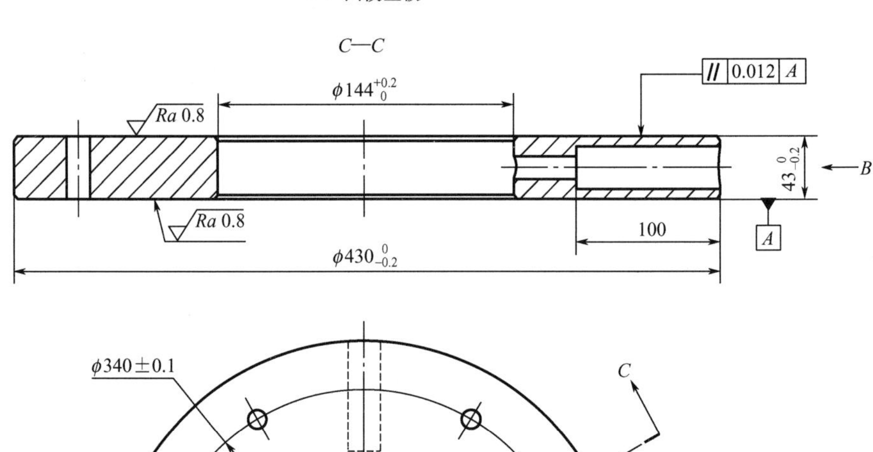

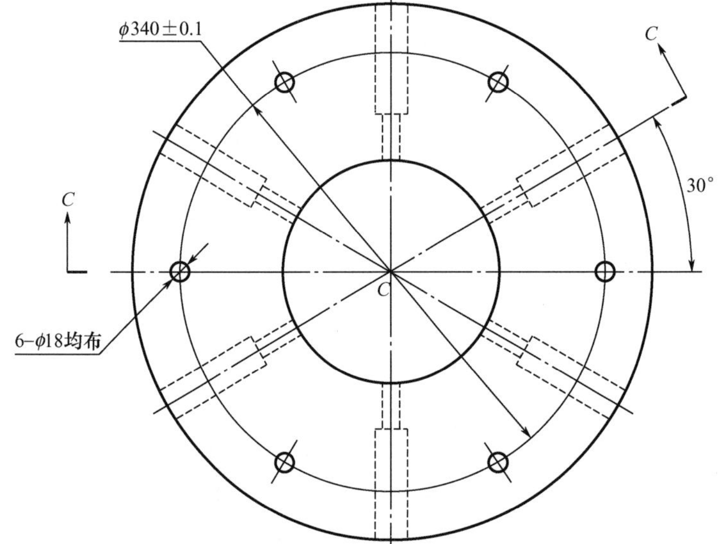

图 6-24　第二次冷拉伸制坯模具的主要模具零件图（续）

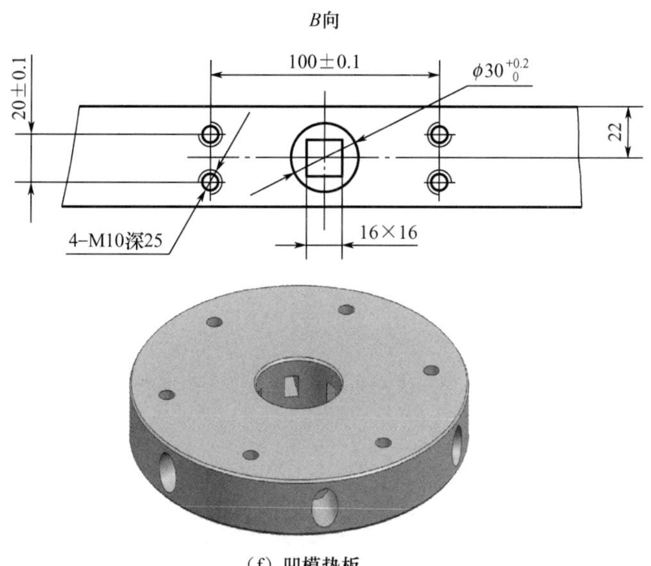

（f）凹模垫板

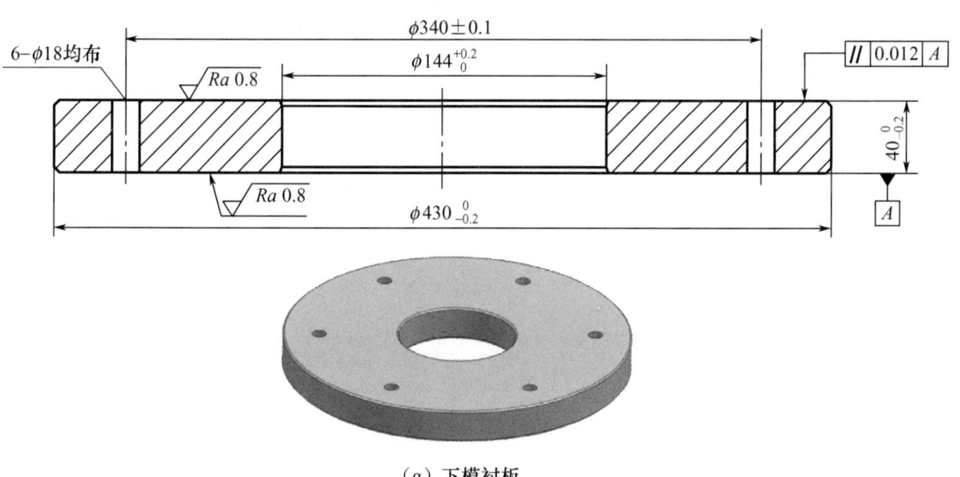

（g）下模衬板

图 6-24　第二次冷拉伸制坯模具的主要模具零件图（续）

3. 冷拉伸成形模具结构

图 6-25 所示为冷拉伸成形模具结构，与图 6-21 所示第一次冷拉伸制坯模具结构相同。

图 6-26 所示为冷拉伸成形模具的主要模具零件图。表 6-5 所示为冷拉伸成形模具的主要模具零件材料及其热处理硬度。

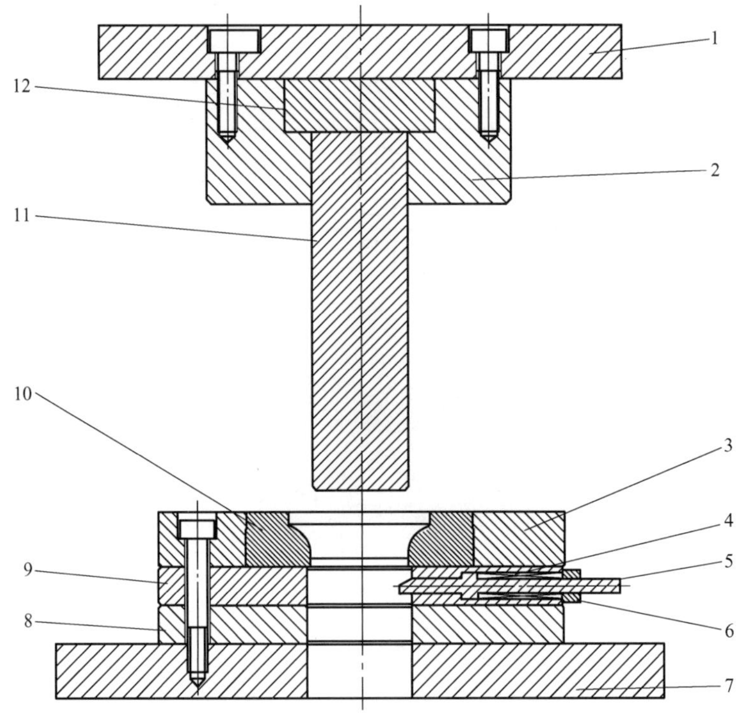

1—上模板；2—冲头固定套；3—凹模外套；4—压簧；5—卸料块；6—卸料块盖板；7—下模板；8—下模衬板；9—凹模垫板；10—凹模芯；11—冲头；12—冲头垫板。

图 6－25　冷拉伸成形模具结构

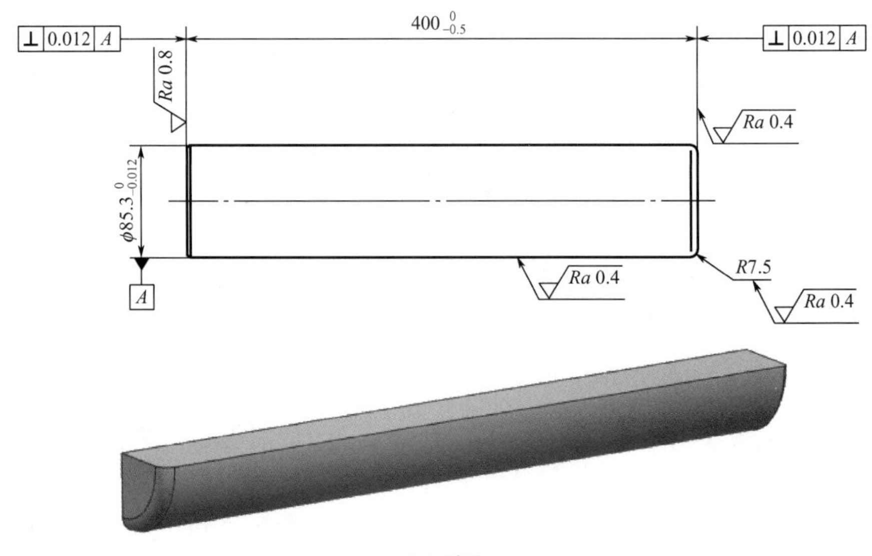

(a) 冲头

图 6－26　冷拉伸成形模具的主要模具零件图

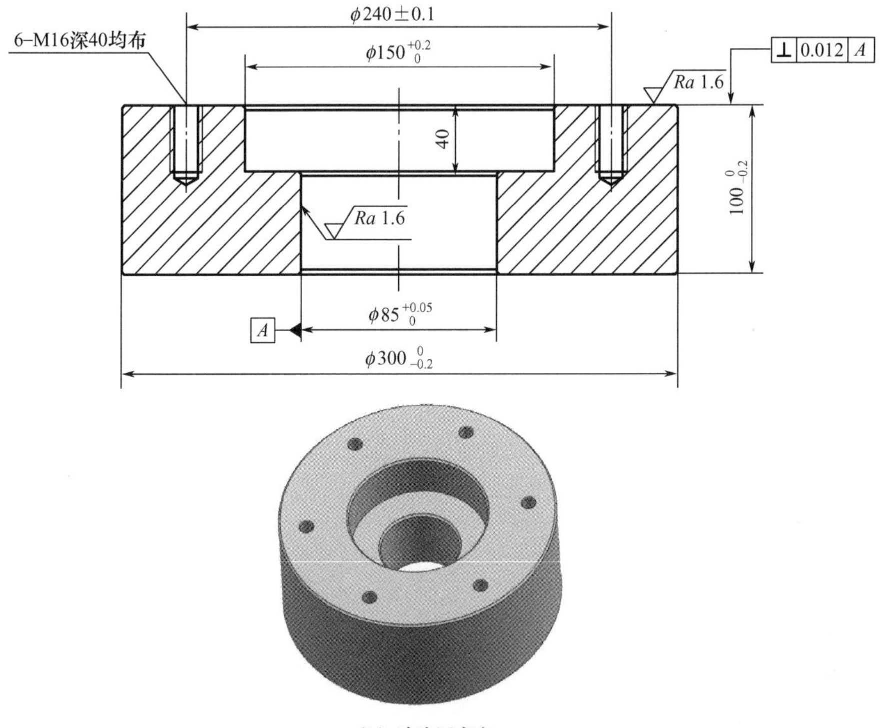

（b）冲头固定套

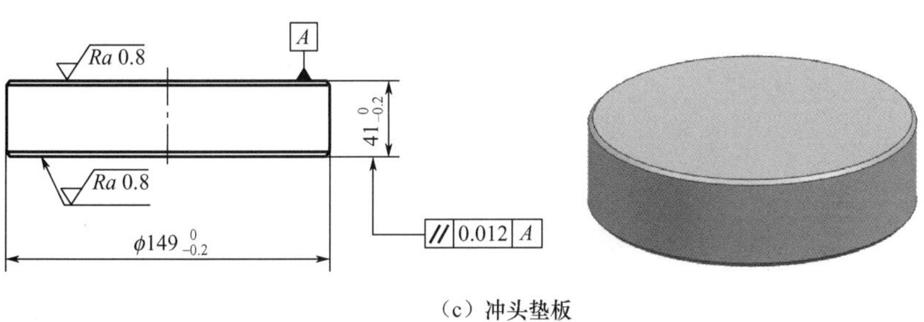

（c）冲头垫板

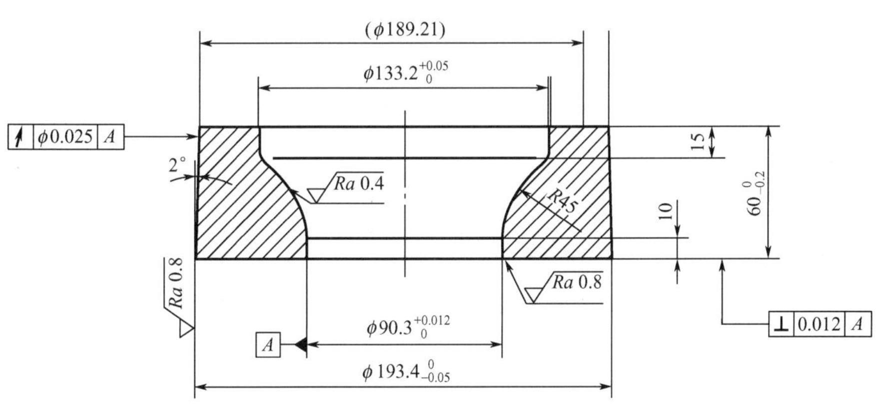

图 6－26　冷拉伸成形模具的主要模具零件图（续）

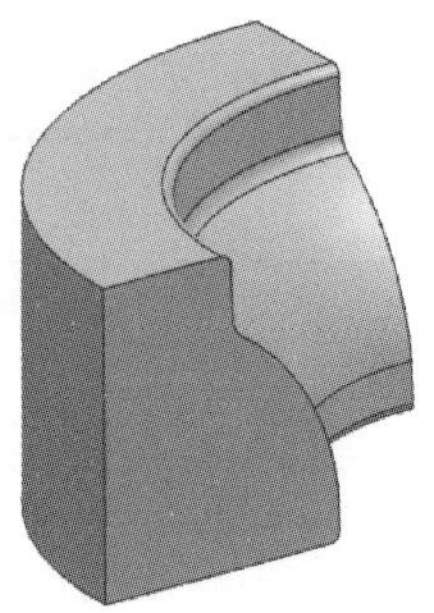

（d）凹模芯

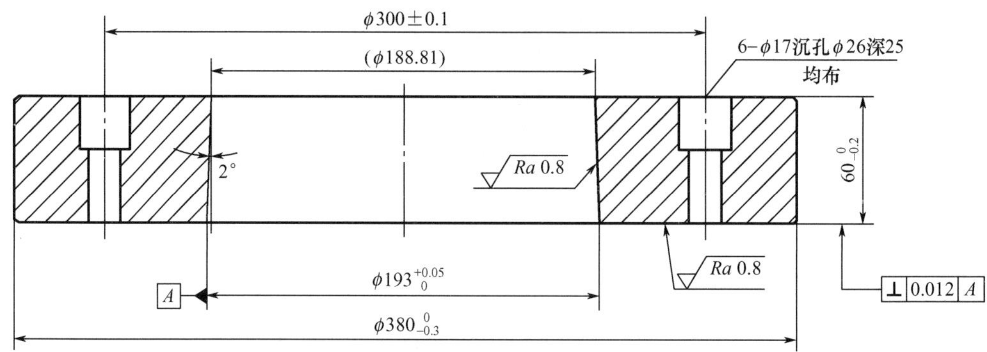

（e）凹模外套

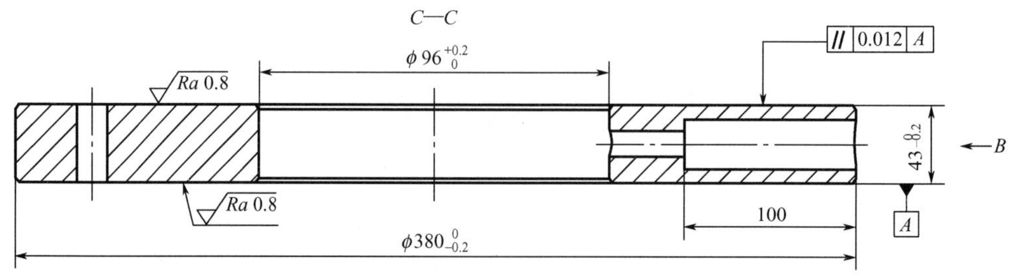

图 6-26 冷拉伸成形模具的主要模具零件图（续）

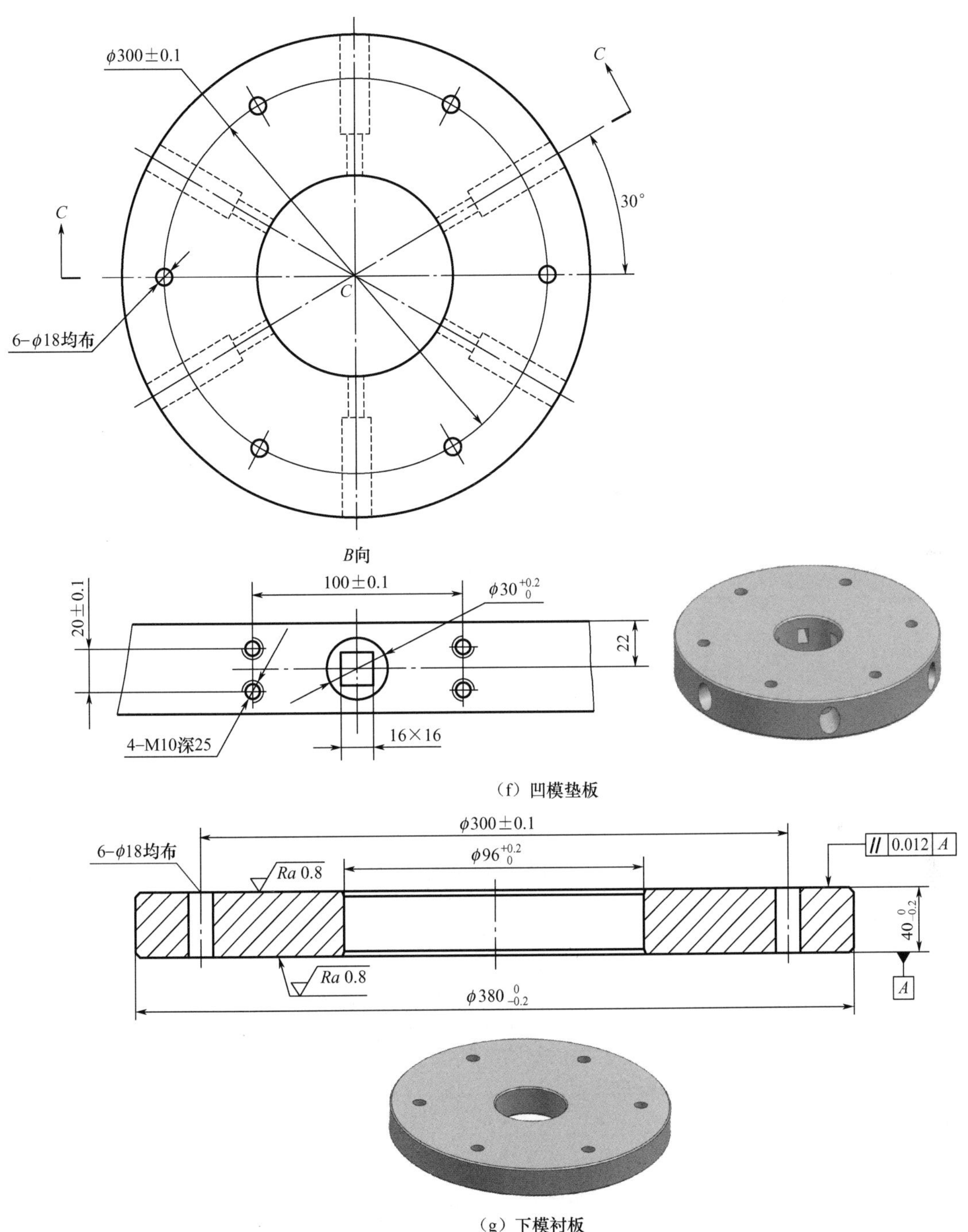

（f）凹模垫板

（g）下模衬板

图 6－26　冷拉伸成形模具的主要模具零件图（续）

表 6-5　冷拉伸成形模具的主要模具零件材料及其热处理硬度

序号	模具零件	材料	热处理硬度/HRC
1	冲头	Cr12MoV	56～60
2	凹模芯	Cr12MoV	54～58
3	凹模外套	45	28～32
4	下模垫板	45	38～42
5	卸料块	H13	44～48
6	凹模垫板	H13	48～52
7	冲头垫板	H13	48～52
8	冲头固定套	45	28～32

4. 冷镦底成形模具结构

图 6-27 所示为冷镦底成形模具结构。

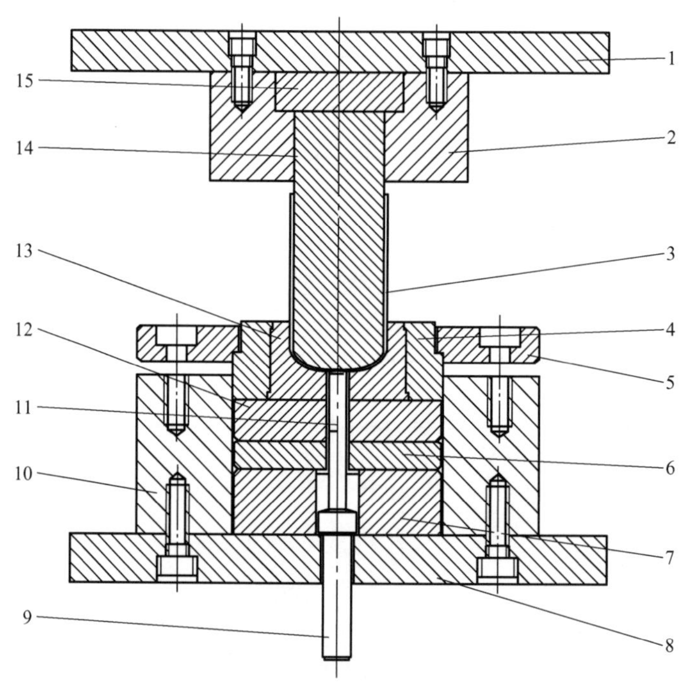

1—上模板；2—冲头固定套；3—精锻件；4—凹模外套；5—下模压板；6—下模衬垫；7—顶杆垫块；8—下模板；9—下顶杆；10—下模座；11—顶料杆；12—凹模垫块；13—凹模芯；14—冲头；15—冲头垫块。

图 6-27　冷镦底成形模具结构

图 6－28 所示为冷镦底成形模具的主要模具零件图。表 6－6 所示为冷拉伸成形模具的主要模具零件材料及其热处理硬度。

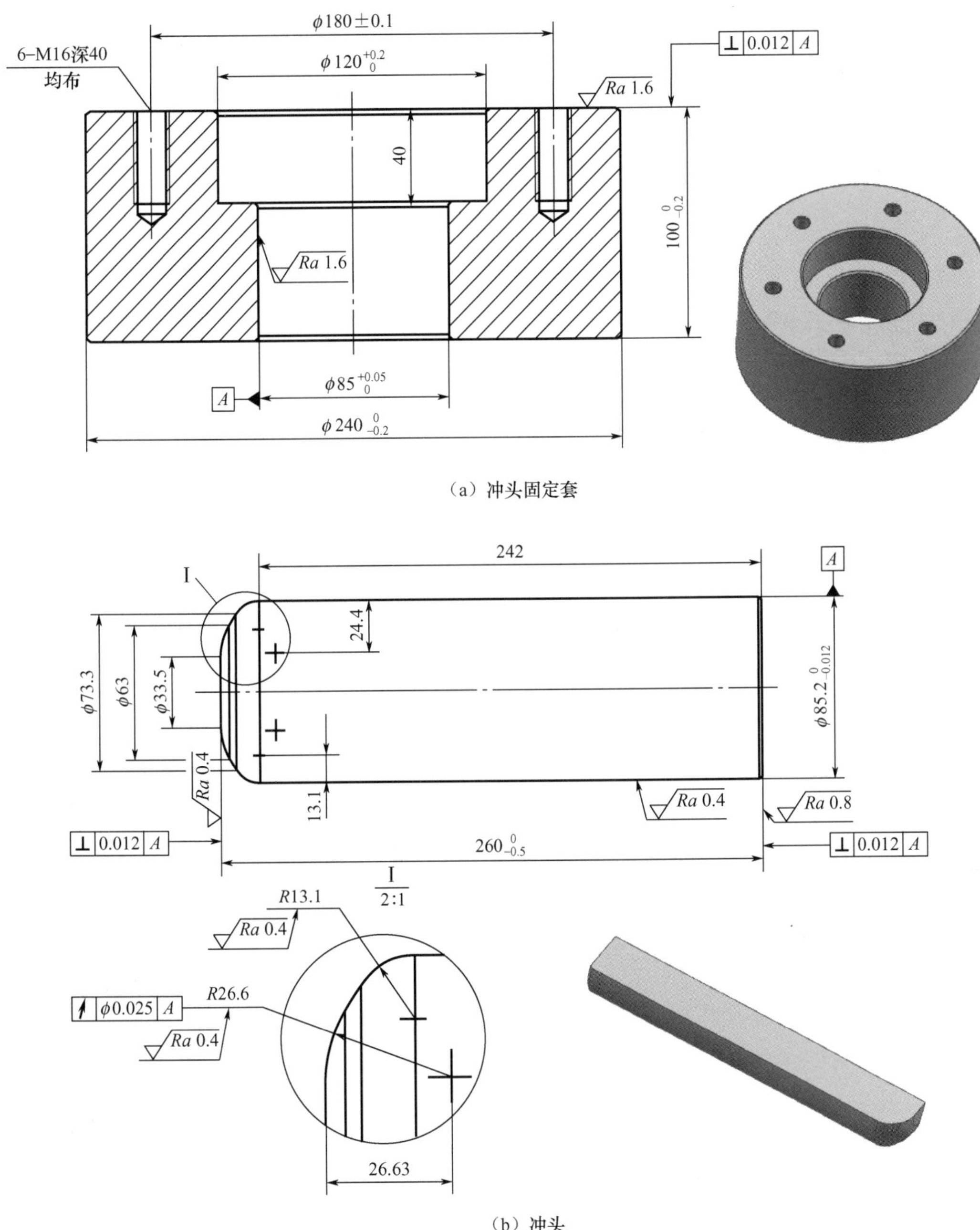

图 6－28　冷镦底成形模具中的主要模具零件图

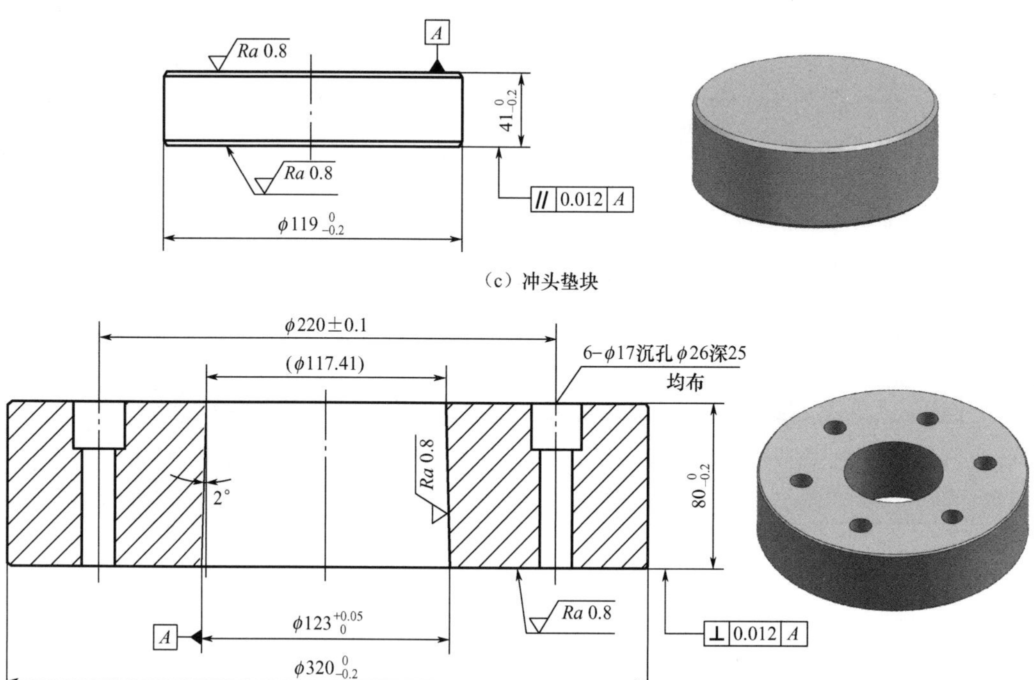

（c）冲头垫块

（d）凹模外套

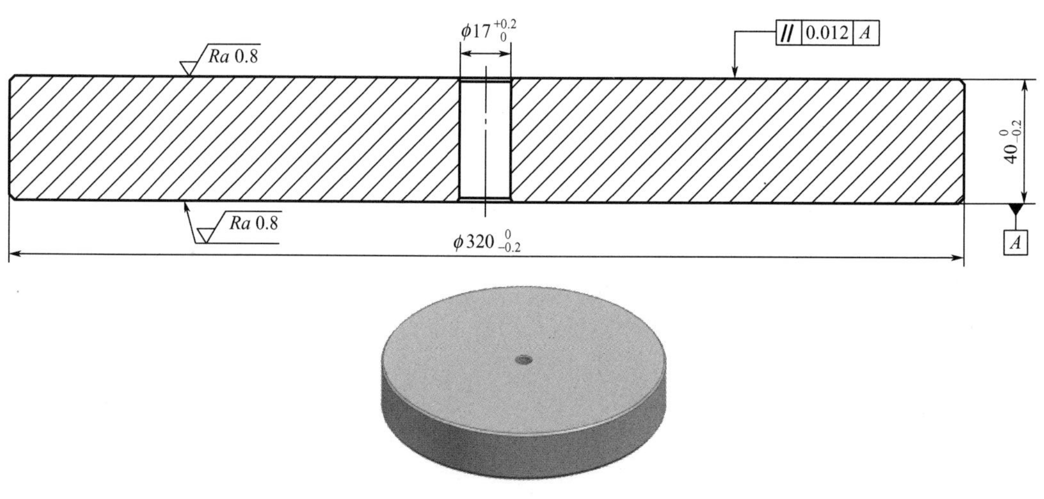

（e）凹模垫块

图 6－28　冷镦底成形模具中的主要模具零件图（续）

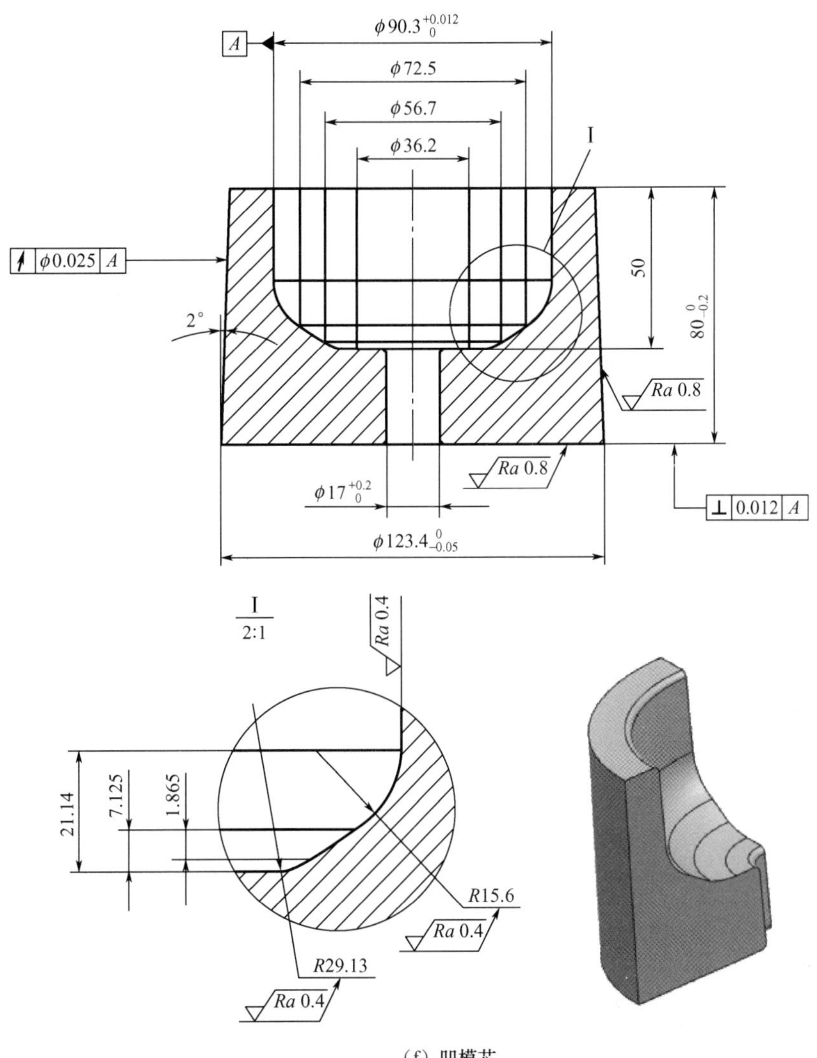

(f) 凹模芯

图 6-28 冷镦底成形模具中的主要模具零件图（续）

表 6-6 冷镦底成形模具的主要模具零件材料及其热处理硬度

序号	模具零件	材料	热处理硬度/HRC
1	冲头	Cr12MoV	56～60
2	凹模芯	Cr12MoV	54～58
3	凹模外套	45	28～32
4	凹模垫块	H13	48～52
5	冲头固定套	45	28～32
6	冲头垫块	H13	48～52

6.3.4 壳体精密锻造成形过程的工艺规程

1. 下料工序

下料工序如下。

<table>
<tr><td colspan="3">10</td><td colspan="3">下料工艺规程</td></tr>
<tr><td colspan="3">工具</td><td colspan="3" rowspan="10">见图 6 - 17</td></tr>
<tr><td>序号</td><td>名称</td><td>代号</td></tr>
<tr><td>1</td><td>扳手</td><td></td></tr>
<tr><td>2</td><td>夹钳</td><td></td></tr>
<tr><td></td><td></td><td></td></tr>
<tr><td colspan="3">设备</td></tr>
<tr><td>名称</td><td colspan="2">主要参数</td></tr>
<tr><td>激光切割机</td><td colspan="2">G4020H</td></tr>
<tr><td></td><td colspan="2"></td></tr>
<tr><td colspan="3">辅料</td></tr>
<tr><td>名称</td><td>规格</td><td>标准代号</td><td colspan="3">量具</td></tr>
<tr><td>手套</td><td></td><td></td><td>序号</td><td>名称</td><td>公称尺寸</td></tr>
<tr><td>棉纱</td><td></td><td></td><td>1</td><td>游标卡尺</td><td>0～500mm</td></tr>
<tr><td></td><td></td><td></td><td>2</td><td>卷尺</td><td>0～5000mm</td></tr>
</table>

1. 技术条件

(1) 材料应是进厂检验合格、符合 GB/T 3190—2020《变形铝及铝合金化学成分》的板厚为 2.5mm 的 3003 铝合金宽长板。

(2) 操作人员和检验人员应有操作、检验合格证方可上岗工作。

(3) G4020H 激光切割机应经鉴定合格后方可使用，工作现场应符合安全操作要求。

2. 操作方法

(1) 工作前按规定检查、调整 G4020H 激光切割机、量具。

(2) 夹持固定宽长板后方可进行激光切割。

(3) 切割后坯料直径为 ϕ280mm，切割面应平整、光滑。

(4) 切割后的坯料应整齐摆放，编批交验。

3. 检验规定

(1) 检查坯料的外圆柱面应圆整、光滑，不可有歪斜、缺口等缺陷。

(2) 按图 6 - 17 检查外径应符合 ϕ280mm 要求，厚度应符合 2.5mm 要求。

(3) 做好原始记录。

					批准	
					标审	
					审查	
					校核	
标记	处数	更改文件号	签字	日期	编制	

2. 坯料退火处理工序

坯料退火处理工序如下。

20	坯料退火处理工艺规程

工具

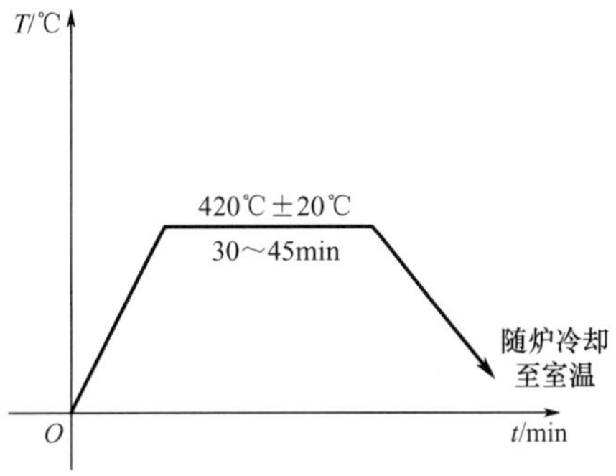

序号	名称	代号
1	钳子	
2	铁钩	

设备

名称	主要参数
箱式电阻炉	RX3－45－9

T/℃
420℃±20℃
30～45min
随炉冷却至室温
O
t/min

辅料			量具		
名称	规格	标准代号	序号	名称	测量范围
手套					
			1	热电偶	
			2	温控仪	0～900℃

1. 技术条件

(1) 坯料应是经下料、检验合格的直径为 ϕ280mm 的 3003 铝合金坯料。

(2) 操作人员和检验人员应有操作、检验合格证方可上岗工作。

(3) RX3－45－9 箱式电阻炉应经鉴定合格后方可使用，工作现场应符合安全操作要求。

2. 操作方法

(1) 工作前按规定检查、调整 RX3－45－9 箱式电阻炉、热电偶、温控仪。

(2) 将坯料整齐地放入 RX3－45－9 箱式电阻炉，用矿渣棉将炉门堵严，盖好炉门，确保炉温均匀一致。

(3) 按坯料退火处理工艺规范进行退火。

3. 检验规定

(1) 做好原始记录。

(2) 退火后的坯料硬度为 50～60HB。

					批准	
					标审	
					审查	
					校核	
标记	处数	更改文件号	签字	日期	编制	

3. 第一次冷拉伸制坯工序

第一次冷拉伸制坯工序如下。

<table>
<tr><td colspan="3">30</td><td colspan="3">第一次冷拉伸制坯工艺规程</td></tr>
<tr><td colspan="3">工具</td><td colspan="3" rowspan="8">见图 6-18</td></tr>
<tr><td>序号</td><td>名称</td><td>代号</td></tr>
<tr><td>1</td><td>第一次冷拉伸制坯模具</td><td></td></tr>
<tr><td>2</td><td>夹钳</td><td></td></tr>
<tr><td colspan="3">设备</td></tr>
<tr><td>名称</td><td colspan="2">主要参数</td></tr>
<tr><td>液压机</td><td colspan="2">YA32-200</td></tr>
<tr><td colspan="3">辅料</td></tr>
<tr><td>名称</td><td>规格</td><td>标准代号</td><td colspan="3">量具</td></tr>
<tr><td>棉布</td><td></td><td></td><td>序号</td><td>名称</td><td>公称尺寸</td></tr>
<tr><td>猪油</td><td></td><td></td><td>1</td><td>游标尺</td><td>0～300mm</td></tr>
<tr><td>不锈钢桶</td><td></td><td></td><td></td><td></td><td></td></tr>
</table>

1. 技术条件

(1) 经退火处理后的坯料方可投入第一次冷拉伸制坯工序作业。

(2) 操作人员和检验人员应有操作、检验合格证方可上岗工作。

(3) YA32-200 液压机应经鉴定合格后方可使用，工作现场应符合安全操作要求。

2. 操作方法

(1) 工作前按规定检查、调整 YA32-200 液压机、第一次冷拉伸制坯模具和量具。

(2) 调整 YA32-200 液压机滑块行程的上、下死点位置，系统压力为 24MPa。

(3) 用洁净的浸有猪油＋MoS_2 润滑剂的纱布在第一次冷拉伸制坯模具冲头的工作部分和凹模的内孔型腔均匀地涂抹一层润滑剂。

(4) 用夹钳将退火处理后的坯料浸入盛有猪油＋MoS_2 润滑剂的不锈钢桶，再从不锈钢桶中取出涂覆猪油＋MoS_2 润滑剂的坯料，并放入第一次冷拉伸制坯模具凹模的内孔型腔进行第一次冷拉伸制坯。

(5) 将第一次冷拉伸制坯的一次拉伸坯件放入清洁的箱中编批交验。

3. 检验规定

(1) 按图 6-18 抽检，着重检测外形尺寸。

(2) 检测一次拉伸坯件的表面，不得有裂纹、拉伤、划痕等缺陷。

(3) 做好原始记录。

					批准	
					标审	
					审查	
					校核	
标记	处数	更改文件号	签字	日期	编制	

4. 第二次冷拉伸制坯工序

第二次冷拉伸制坯工序如下。

40			第二次冷拉伸制坯工艺规程		
工具			见图 6-19		
序号	名称	代号			
1	第二次冷拉伸制坯模具				
2	夹钳				
设备					
名称	主要参数				
液压机	YA32-200				
辅料					
名称	规格	标准代号	量具		
棉布			序号	名称	公称尺寸
猪油			1	游标尺	0～300mm
不锈钢桶					

1. 技术条件

(1) 一次拉伸坯件方可投入第二次冷拉伸制坯工序作业。

(2) 操作人员和检验人员应有操作、检验合格证方可上岗工作。

(3) YA32-200 液压机应经鉴定合格后方可使用，工作现场应符合安全操作要求。

2. 操作方法

(1) 工作前按规定检查、调整 YA32-200 液压机、第二次冷拉伸制坯模具和量具。

(2) 调整 YA32-200 液压机滑块行程的上、下死点位置，系统压力为 24MPa。

(3) 用洁净的浸有猪油＋MoS_2 润滑剂的纱布在第二次冷拉伸制坯模具的冲头工作部分和凹模的内孔型腔均匀地涂抹一层润滑剂。

(4) 用夹钳将一次拉伸坯件浸入盛有猪油＋MoS_2 润滑剂的不锈钢桶，再从不锈钢桶中取出涂覆猪油＋MoS_2 润滑剂的一次拉伸坯件，并放入第二次冷拉伸制坯模具凹模的内孔型腔进行第二次冷拉伸制坯。

(5) 将第二次冷拉伸制坯的二次拉伸坯件放入清洁的箱中编批交验。

3. 检验规定

(1) 按图 6-19 抽检，着重检测外形尺寸。

(2) 检测二次拉伸坯件的表面，不得有裂纹、拉伤、划痕等缺陷。

(3) 做好原始记录。

					批准	
					标审	
					审查	
					校核	
标记	处数	更改文件号	签字	日期	编制	

5. 二次拉伸坯件退火处理工序

二次拉伸坯件退火处理工序如下。

<table>
<tr><td colspan="3">50</td><td colspan="3">二次拉伸坯件退火处理工艺规程</td></tr>
<tr><td colspan="3">工具</td><td colspan="3" rowspan="8">T/℃
420℃±20℃
30～45min
随炉冷却
至室温
O
t/min</td></tr>
<tr><td>序号</td><td>名称</td><td>代号</td></tr>
<tr><td>1</td><td>钳子</td><td></td></tr>
<tr><td>2</td><td>铁钩</td><td></td></tr>
<tr><td colspan="3">设备</td></tr>
<tr><td colspan="2">名称</td><td>主要参数</td></tr>
<tr><td colspan="2">箱式电阻炉</td><td>RX3－45－9</td></tr>
<tr><td colspan="3">辅料</td></tr>
<tr><td>名称</td><td>规格</td><td>标准代号</td><td colspan="3">量具</td></tr>
<tr><td>手套</td><td></td><td></td><td>序号</td><td>名称</td><td>测量范围</td></tr>
<tr><td></td><td></td><td></td><td>1</td><td>热电偶</td><td></td></tr>
<tr><td></td><td></td><td></td><td>2</td><td>温控仪</td><td>0～900℃</td></tr>
</table>

1. 技术条件

(1) 坯件应是经第二次拉伸制坯、检验合格的二次拉伸坯件。

(2) 操作人员和检验人员应有操作、检验合格证方可上岗工作。

(3) RX3－45－9 箱式电阻炉应经鉴定合格后方可使用，工作现场应符合安全操作要求。

2. 操作方法

(1) 工作前按规定检查、调整 RX3－45－9 箱式电阻炉、热电偶、温控仪。

(2) 将二次拉伸坯件整齐地放入 RX3－45－9 箱式电阻炉，用矿渣棉将炉门堵严，盖好炉门，确保炉温均匀一致。

(3) 按二次拉伸坯件退火处理工艺规范进行退火。

3. 检验规定

(1) 做好原始记录。

(2) 退火处理后坯件的硬度为 50～60HB。

					批准	
					标审	
					审查	
					校核	
标记	处数	更改文件号	签字	日期	编制	

6. 冷拉伸成形工序

冷拉伸成形工序如下。

60			冷拉伸成形工艺规程		
工具			见图 6－20		
序号	名称	代号			
1	冷拉伸成形模具				
2	夹钳				
设备					
名称	主要参数				
液压机	YA32－200				
辅料					
名称	规格	标准代号	量具		
棉布			序号	名称	公称尺寸
猪油			1	游标尺	0～300mm
不锈钢桶					

1. 技术条件

(1) 经退火处理后的二次拉伸坯件方可投入冷拉伸成形工序作业。

(2) 操作人员和检验人员应有操作、检验合格证方可上岗工作。

(3) YA32－200 液压机应经鉴定合格后方可使用，工作现场应符合安全操作要求。

2. 操作方法

(1) 工作前按规定检查、调整 YA32－200 液压机、冷拉伸成形模具和量具。

(2) 调整 YA32－200 液压机滑块行程的上、下死点位置，系统压力为 24MPa。

(3) 用洁净的浸有猪油＋MoS_2润滑剂的纱布在冷拉伸成形模具冲头的工作部分和凹模的内孔型腔均匀地涂抹一层润滑剂。

(4) 用夹钳将退火处理后的二次拉伸坯件浸入盛有猪油＋MoS_2润滑剂的不锈钢桶，再从不锈钢桶中取出涂覆猪油＋MoS_2润滑剂的二次拉伸坯件，并放入冷拉伸成形模具凹模的内孔型腔进行冷拉伸成形。

(5) 将冷拉伸成形的冷拉伸件放入清洁的箱中编批交验。

3. 检验规定

(1) 按图 6－20 抽检，着重检测外形尺寸。

(2) 检测冷拉伸件的表面，不得有裂纹、拉伤、划痕等缺陷。

(3) 做好原始记录。

					批准	
					标审	
					审查	
					校核	
标记	处数	更改文件号	签字	日期	编制	

7. 冷镦底成形工序

冷镦底成形工序如下。

70				冷镦底成形工艺规程	
工具				见图 6－16	
序号	名称	代号			
1	冷镦底成形模具				
2	夹钳				
设备					
名称	主要参数				
液压机	YA32－200				
辅料					

名称	规格	标准代号	量具		
棉布			序号	名称	公称尺寸
猪油			1	游标尺	0～300mm
不锈钢桶					

1. 技术条件

(1) 冷拉伸件方可投入冷镦底成形工序作业。

(2) 操作人员和检验人员应有操作、检验合格证方可上岗工作。

(3) YA32－200 液压机应经鉴定合格后方可使用，工作现场应符合安全操作要求。

2. 操作方法

(1) 工作前按规定检查、调整 YA32－200 液压机、冷镦底成形模具和量具。

(2) 调整 YA32－200 液压机滑块行程的上、下死点位置，系统压力为 24MPa。

(3) 用洁净的浸有猪油＋MoS_2 润滑剂的纱布在冷镦底成形模具冲头的工作部分和凹模的内孔型腔均匀地涂抹一层润滑剂。

(4) 用夹钳将冷拉伸件浸入盛有猪油＋MoS_2 润滑剂的不锈钢桶，再从不锈钢桶中取出涂覆猪油＋MoS_2 润滑剂的冷拉伸件，并放入冷镦底成形模具凹模的内孔型腔进行冷镦底成形。

(5) 将冷镦底成形的精锻件放入清洁的箱中编批交验。

3. 检验规定

(1) 按图 6－16 抽检，着重检测外形尺寸。

(2) 检测精锻件的表面，不得有裂纹、拉伤、划痕等缺陷。

(3) 做好原始记录。

					批准	
					标审	
					审查	
					校核	
标记	处数	更改文件号	签字	日期	编制	

8. 最终检验工序

最终检验工序如下。

<table>
<tr><td colspan="3">80</td><td colspan="3">最终检验工艺规程</td></tr>
<tr><td colspan="3">工具</td><td colspan="3" rowspan="8">见图 6－16</td></tr>
<tr><td>序号</td><td>名称</td><td>代号</td></tr>
<tr><td>1</td><td>手钳</td><td></td></tr>
<tr><td>2</td><td>台钳</td><td></td></tr>
<tr><td colspan="3">设备</td></tr>
<tr><td colspan="2">名称</td><td>主要参数</td></tr>
<tr><td colspan="2">检验平台</td><td></td></tr>
<tr><td colspan="3">辅料</td></tr>
<tr><td>名称</td><td>规格</td><td>标准代号</td><td colspan="3">量具</td></tr>
<tr><td>棉纱</td><td></td><td></td><td>序号</td><td>名称</td><td>公称尺寸</td></tr>
<tr><td>砂纸</td><td></td><td></td><td>1</td><td>游标卡尺</td><td>0～300mm</td></tr>
<tr><td>手套</td><td></td><td></td><td>2</td><td>百分表</td><td>0～10mm</td></tr>
</table>

1. 技术条件

(1) 经冷镦底成形合格的精锻件方可投入最终检验。

(2) 操作人员和检验人员应有检验合格证方可上岗工作。

(3) 检验量具、设备应符合鉴定要求后方可使用，检验现场应符合品质检测要求。

2. 操作方法

(1) 用砂纸砂光和棉纱擦净抽出的精锻件的检测部位。

(2) 在检验平台按图 6－16 所示的精锻件简图进行检测。

3. 检验规定

(1) 每批抽检 1%，按图 6－16 所示的精锻件简图进行检测，并着重检测外形尺寸和内孔尺寸。

(2) 每批抽检 1%，检测精锻件外观，不得有裂纹、拉伤、划痕等缺陷。

(3) 每批抽 1 个精锻件作探伤检测，应无裂纹。

(4) 做好原始记录。

<table>
<tr><td></td><td></td><td></td><td></td><td></td><td>批准</td><td></td></tr>
<tr><td></td><td></td><td></td><td></td><td></td><td>标审</td><td></td></tr>
<tr><td></td><td></td><td></td><td></td><td></td><td>审查</td><td></td></tr>
<tr><td></td><td></td><td></td><td></td><td></td><td>校核</td><td></td></tr>
<tr><td>标记</td><td>处数</td><td>更改文件号</td><td>签字</td><td>日期</td><td>编制</td><td></td></tr>
</table>

第7章 6×××系列变形铝合金的精密锻造成形

7.1 6061 铝合金矩形管体的精密锻造成形

图 7-1 所示为矩形管体零件图，该零件的材质为 6061 铝合金。

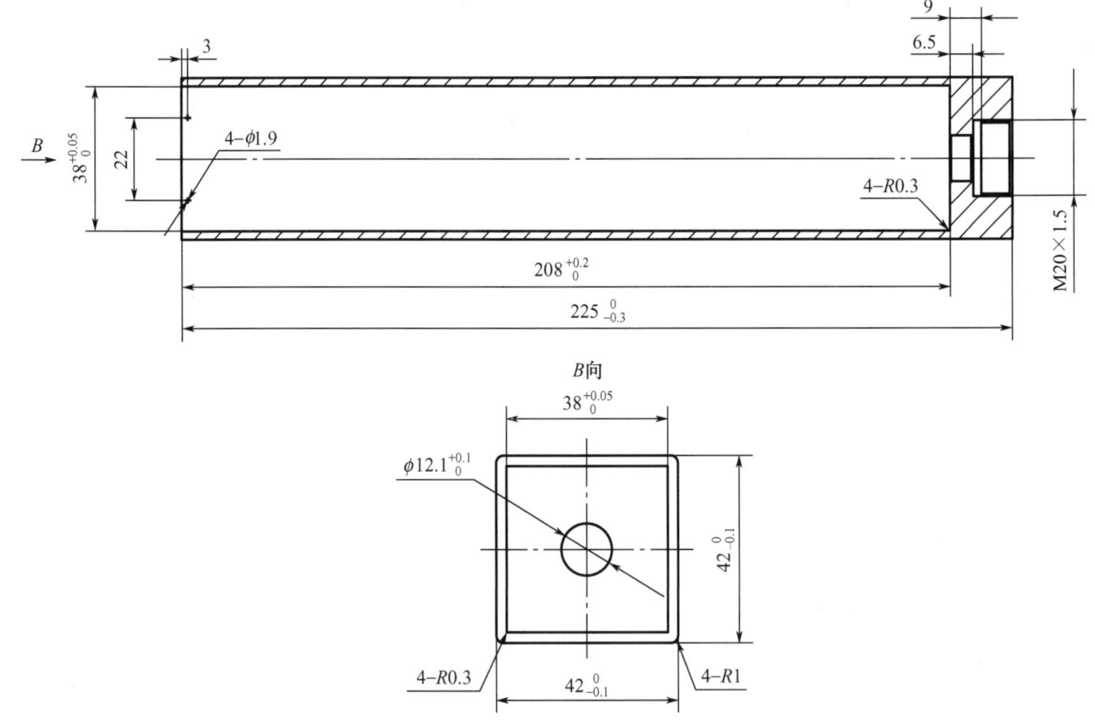

图 7-1 矩形管体零件图

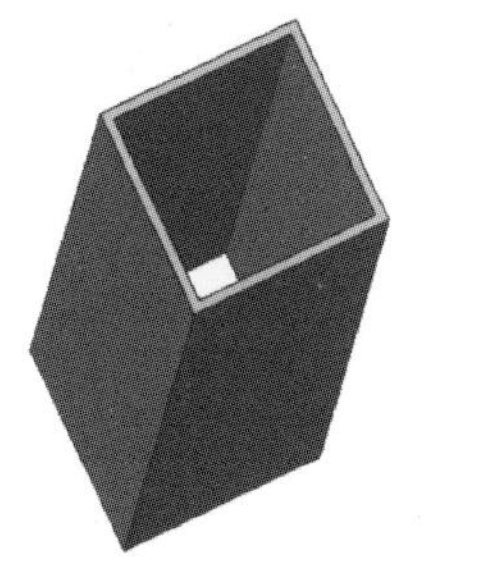

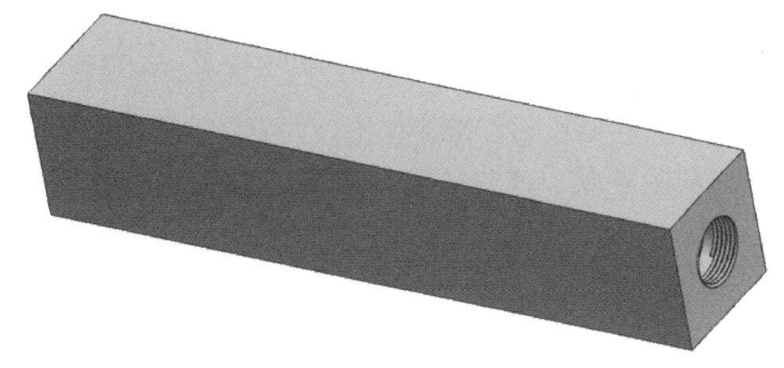

图 7-1　矩形管体零件图（续）

由图 7-1 可知，该零件是一个内孔为 38mm×38mm、外形为 42mm×42mm、孔深为 208mm 的深盲孔矩形管零件，可以采用正方形型材经冷反挤压成形的精密锻造成形方法生产。该零件上口部 4 个直径为 ϕ1.9mm 的孔、底部直径为 ϕ12.1mm 的孔和 M20mm×1.5mm 内螺纹必须采用切削机床进行后续加工；其口部留有 2mm 的加工余量，底面留有 1mm 的加工余量，其内孔 38mm×38mm、外形 42mm×42mm 可以直接挤压成形[30]。

图 7-2 所示为矩形管体精锻件简图。

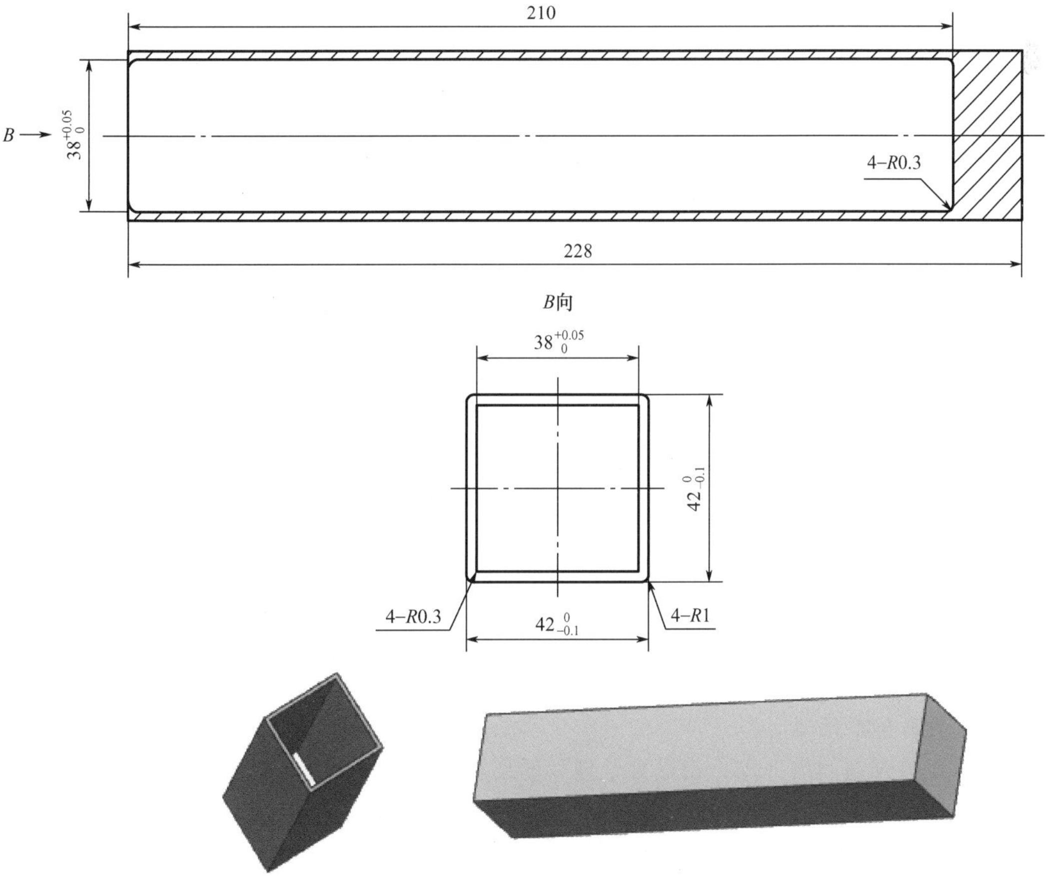

图 7-2　矩形管体精锻件简图

7.1.1 矩形管体精密锻造成形工艺流程

(1) 下料。在 GB4025 带锯床上，将截面形状如图 7-3 所的 6061 铝合金型材下料成厚度为 58mm 的坯料。坯料的形状与尺寸如图 7-4 所示。

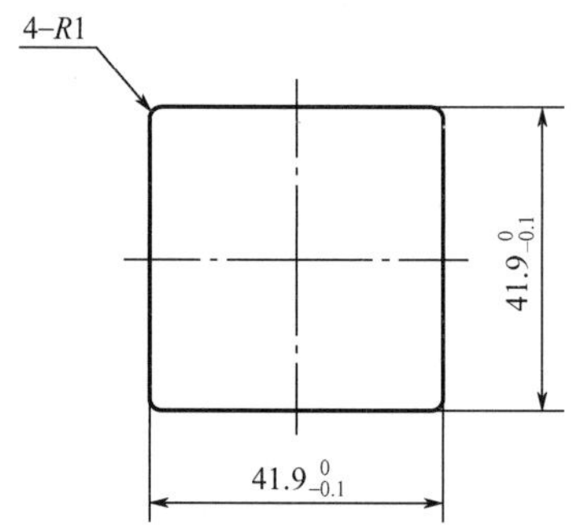

图 7-3 6061 铝合金型材的截面形状与尺寸

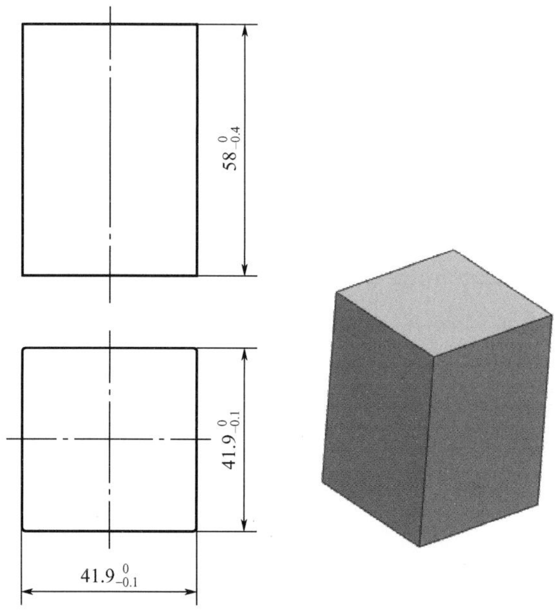

图 7-4 坯料的形状与尺寸

(2) 坯料退火处理。在 RX3-45-9 箱式电阻炉内对坯料进行退火处理，其退火处理工艺规范如下：加热温度为 450℃±20℃，保温时间为 90～120min，采用 XCT-101 温控仪控制温度，随炉冷却。

(3) 坯料表面润滑处理。将退火处理后的坯料放入装有硬脂酸锌粉末+少量猪油润滑剂的 ZDPA-200 螺旋振动研磨机振荡一定时间，使坯料的表面均匀地涂覆一层硬脂酸锌润滑剂。

(4) 冷反挤压成形。将涂覆硬脂酸锌润滑剂的坯料放入冷反挤压成形模具的内孔型腔进行冷反挤压成形加工，得到图 7-2 所示的精锻件。

在冷反挤压成形过程中，润滑模具的方法是用毛刷将猪油均匀地涂抹在冲头的工作表面和凹模的内孔型腔中。

图 7－5 所示为矩形管体精锻件实物。

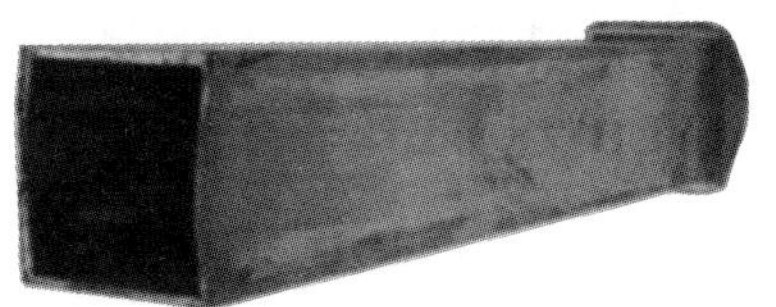

图 7－5 矩形管体精锻件实物

7.1.2 矩形管体精密锻造成形模具结构

图 7－6 所示为矩形管体精密锻造成形模具结构，它是一种反挤压模具[31]。

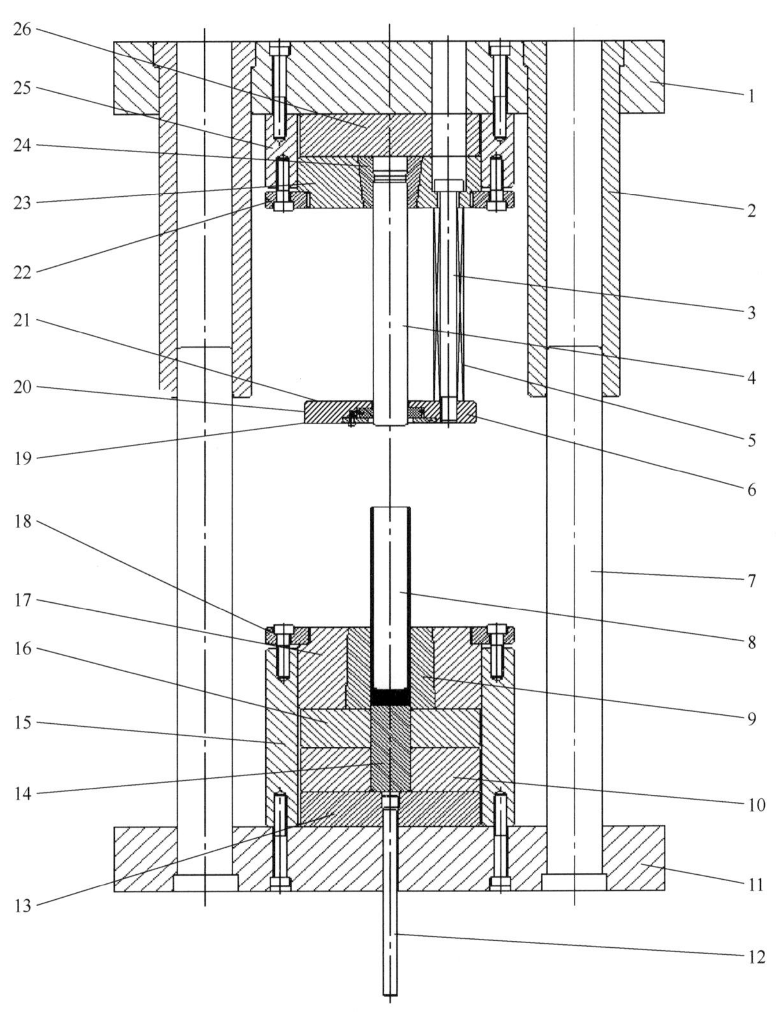

1—上模板；2—导套；3—拉杆；4—上冲头；5—压簧；6—退料压板；7—导柱；8—冷挤压件；9—下模芯；10—下模衬垫；11—下模板；12—顶杆；13—顶杆垫块；14—下冲垫；15—下模座；16—下模垫块；17—下模外套；18—下模压板；19—退料块；20—退料板；21—拉簧；22—上模压板；23—上冲头外套；24—上冲头夹套；25—上模座；26—上模垫块。

图 7－6 矩形管体精密锻造成形模具结构

该模具具有如下特点。

(1) 采用导柱、导套导向，具有较高的导向精度。

(2) 上、下模板采用 45 钢厚钢板制造，可保证模具具有较高的承载能力。

(3) 为了延长下模的使用寿命，由下模芯 9 和下模外套 17 组成的下模采用锥度过盈配合的预应力组合模具结构。

(4) 为了方便制造上冲头 4，采用由上冲头 4、上冲头夹套 24、上冲头外套 23 组成的镶拼式组合上模结构；上冲头夹套 24 有左、右两块，其内孔型腔为阶梯凸型结构，外圆为圆锥面；上冲头 4 中与上冲头夹套 24 内孔型腔的对应部分为阶梯凹型结构；上冲头外套 23 的内孔为圆锥面。靠左、右两块上冲头夹套 24 内孔中的阶梯凸型结构与上冲头 4 中的阶梯凹型结构的紧密配合夹紧上冲头 4，靠左、右两块上冲头夹套 24 外锥面与上冲头外套 23 内锥面之间的过盈配合，使上冲头 4 紧固在上冲头外套 23 中。

(5) 为了保证下冲垫 14 有足够的使用寿命，其高度至少为其边长的 1.5 倍；下冲垫 14 与下模芯 9 内孔型腔之间的间隙不能过大，以防止由铝合金挤入形成的毛刺或飞边造成顶出困难。

(6) 为了防止在上冲头 4 回程结束时冷挤压件 8 仍然留在其上，设计了一套退料机构。该退料机构由拉簧 21、退料块 19、退料板 20、退料压板 6、压簧 5、拉杆 3 组成，退料块 19 位于由退料板 20 和退料压板 6 组成的空腔内，并能自由滑动，它具有由三个镶块组成的镶拼结构，靠拉簧 21 将三个镶块组合在一起并紧紧地卡在上冲头 4 的外表面；在上冲头 4 的回程过程中，随着上冲头 4 向上运动，冷挤压件 8 的上端面与退料块 19 的下端面接触，退料块 19 阻止冷挤压件 8 继续随上冲头 4 向上运动，从而完成冷挤压件 8 的退料。

图 7-7 所示为矩形管体精密锻造成形模具的主要模具零件图。表 7-1 所示为矩形管体精密锻造成形模具的主要模具零件材料及其热处理硬度。

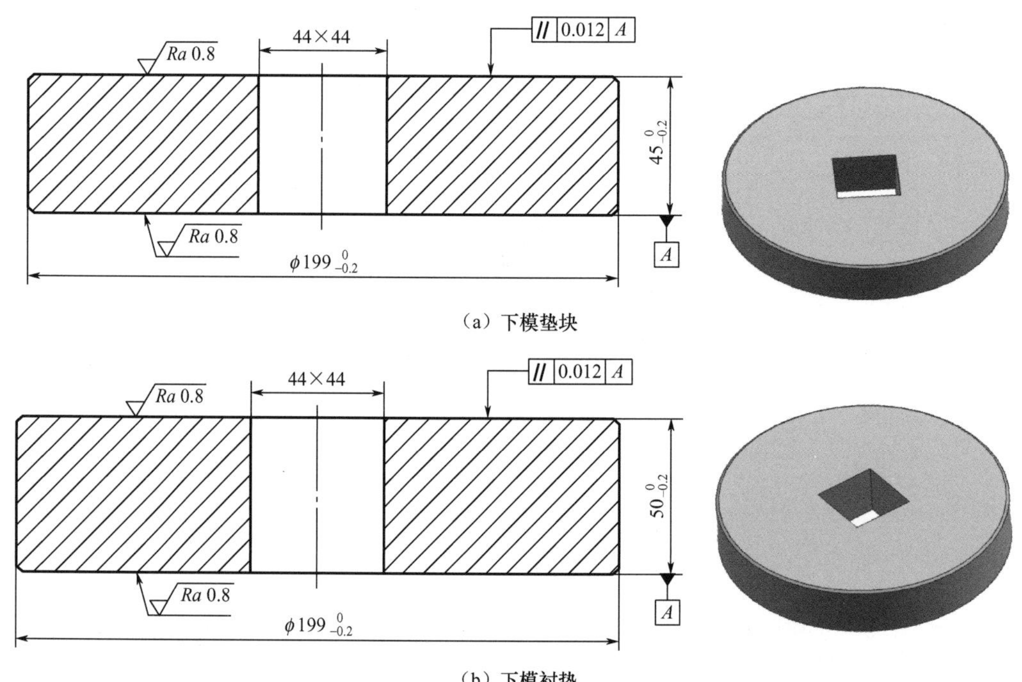

图 7-7 矩形管体精密锻造成形模具的主要模具零件图

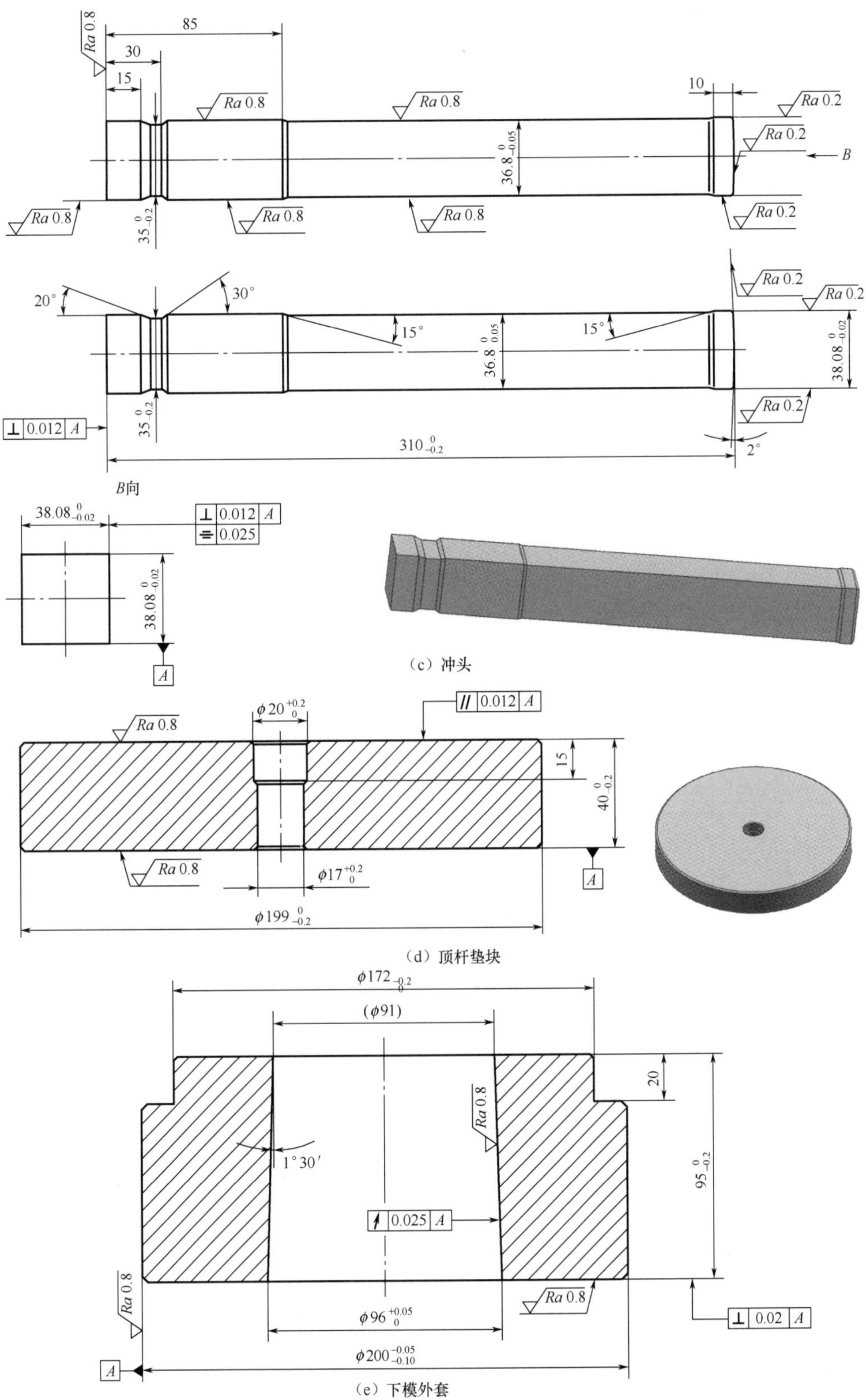

(c) 冲头

(d) 顶杆垫块

(e) 下模外套

图7-7 矩形管体精密锻造成形模具的主要模具零件图（续）

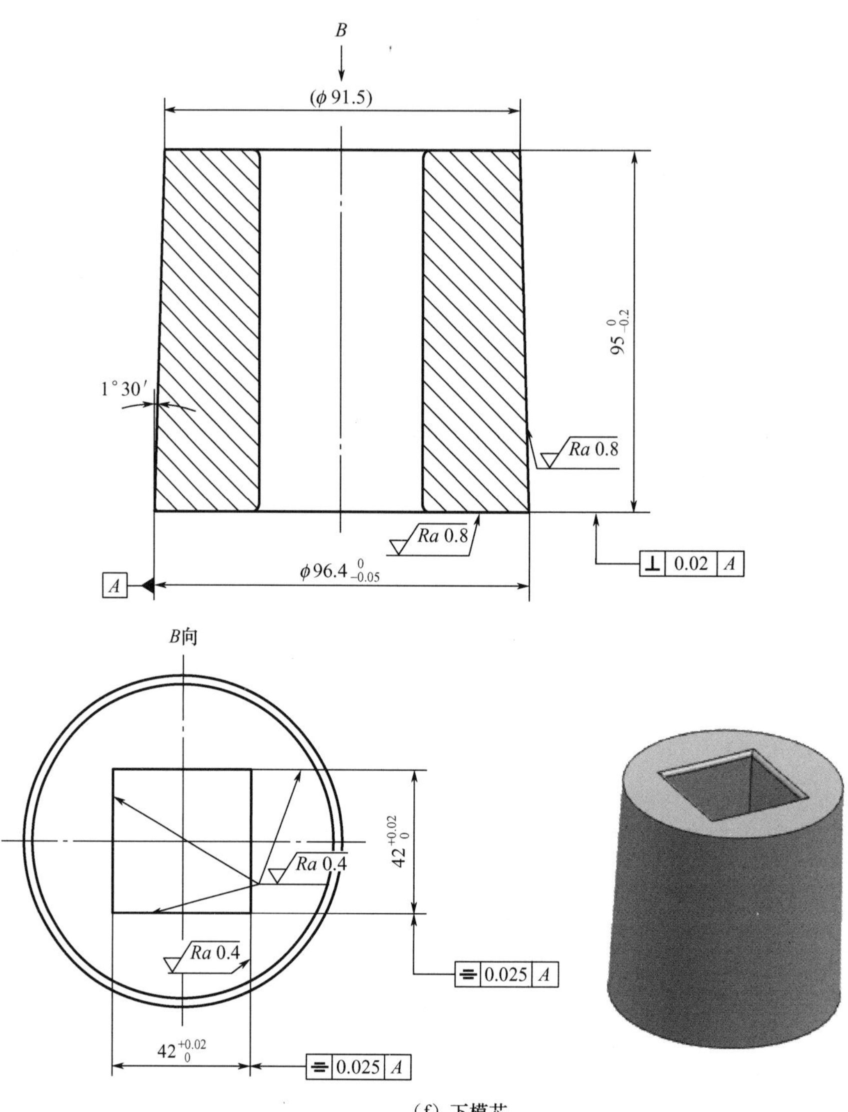

（f）下模芯

图 7－7　矩形管体精密锻造成形模具的主要模具零件图（续）

表 7－1　矩形管体精密锻造成形模具的主要模具零件材料及其热处理硬度

序号	模具零件	材料	热处理硬度/HRC
1	顶杆垫块	45	38～42
2	下模衬垫	45	38～42
3	下模垫块	H13	48～52
4	下模外套	45	28～32
5	下模芯	LD	56～60
6	冲头	LD	56～60

7.1.3 矩形管体精密锻造成形过程工艺卡片

（1）原材料检验。

WT	工序卡片	产品型号		零件图号	WT001	编号	WT001－Y1
		产品名称		零件名称	矩形管体	共5页	第1页

（简图：6000；41.9×41.9）	车间	工序号	工序名称	材料牌号
		10	原材料检验	6061
	毛坯种类	毛坯尺寸	每毛坯可制件数	每台件数
	购置铝材	41.9mm×41.9mm×6000mm		
	设备名称	设备型号	设备编号	同时加工件数
	夹具编号	夹具名称	工序工时	切削液

工步号	工步内容	工艺参数	主轴转速 r/min	切削速度 m/min	进给量 r/min	切削深度 mm	进给次数	工步工时	
11	规格	截面尺寸为41.9mm×41.9mm、长度为6000mm							
12	化学成分	按GB/T 3190—2020							
13	力学性能	按GB/T 3880.2—2012							
14	外观	无明显划痕等缺陷							

										编制	校对	批准	阶段标记		
标记	处数	更改文件号	签字	日期	标记	处数	更改文件号	签字	日期					A	

（2）下料。

WT	工序卡片	产品型号		零件图号	WT001	编号	WT001－Y2
		产品名称		零件名称	矩形管体	共 5 页	第 2 页

$58^{0}_{-0.4}$

$41.9^{0}_{-0.1}$

$41.9^{0}_{-0.1}$

车间	工序号	工序名称	材料牌号
	20	带锯下料	6061
毛坯种类	毛坯尺寸	每毛坯可制件数	每台件数
原始铝材	41.9mm×41.9mm×6000mm	100	
设备名称	设备型号	设备编号	同时加工件数
带锯床	GB4025		12
夹具编号	夹具名称	工序工时	切削液
			乳化液

工步号	工步内容	工艺参数	主轴转速 r/min	切削速度 m/min	进给量 r/min	切削深度 mm	进给次数	工步工时	
21	带锯下料	长度为 $58^{0}_{-0.4}$ mm							
22	外观	无毛刺、裂纹等缺陷							

										编制	校对	批准	阶段标记		
标记	处数	更改文件号	签字	日期	标记	处数	更改文件号	签字	日期						A

(3) 坯料退火处理。

WT	工序卡片	产品型号		零件图号	WT001	编号	WT001-Y3
		产品名称		零件名称	矩形管体	共5页	第3页

车间	工序号	工序名称	材料牌号
	30	坯料退火处理	6061
毛坯种类	毛坯尺寸	每毛坯可制件数	每台件数
坯料	41.9mm×41.9mm×58mm		
设备名称	设备型号	设备编号	同时加工件数
箱式电阻炉	RX3-45-9		
夹具编号	夹具名称	工序工时	切削液

$58_{-0.4}^{0}$

$41.9_{-0.1}^{0}$

$41.9_{-0.1}^{0}$

工步号	工步内容	工艺参数	主轴转速 r/min	切削速度 m/min	进给量 r/min	切削深度 mm	进给次数	工步工时	
31	退火处理	加热温度为450℃±20℃							
		保温时间为90～120min							
		随炉冷却至室温							
32	检验	布氏硬度为50～60HB							

										编制	校对	批准	阶段标记		
标记	处数	更改文件号	签字	日期	标记	处数	更改文件号	签字	日期					A	

（4）坯料表面润滑处理。

<table>
<tr><td rowspan="2">WT</td><td rowspan="2">工序卡片</td><td>产品型号</td><td></td><td>零件图号</td><td>WT001</td><td>编号</td><td colspan="2">WT001－Y4</td></tr>
<tr><td>产品名称</td><td></td><td>零件名称</td><td>矩形管体</td><td>共 5 页</td><td colspan="2">第 4 页</td></tr>
<tr><td colspan="2" rowspan="10">58 $^{0}_{-0.4}$
41.9 $^{0}_{-0.1}$
41.9 $^{0}_{-0.1}$</td><td>车间</td><td>工序号</td><td colspan="2">工序名称</td><td colspan="3">材料牌号</td></tr>
<tr><td></td><td>40</td><td colspan="2">坯料表面润滑处理</td><td colspan="3">6061</td></tr>
<tr><td>毛坯种类</td><td>毛坯尺寸</td><td colspan="2">每毛坯可制件数</td><td colspan="3">每台件数</td></tr>
<tr><td>坯料</td><td>41.9mm×41.9mm×58mm</td><td colspan="2"></td><td colspan="3"></td></tr>
<tr><td>设备名称</td><td>设备型号</td><td colspan="2">设备编号</td><td colspan="3">同时加工件数</td></tr>
<tr><td>螺旋振动研磨机</td><td>ZDPA－200</td><td colspan="2"></td><td colspan="3"></td></tr>
<tr><td>模具编号</td><td>模具名称</td><td colspan="2">工序工时</td><td colspan="3">润滑剂</td></tr>
<tr><td></td><td></td><td colspan="2"></td><td colspan="3">硬脂酸锌粉末98%＋猪油 2%</td></tr>
</table>

工步号	工步内容	工艺参数	主轴转速 r/min	切削速度 m/min	进给量 r/min	切削深度 mm	进给次数	工步工时	
41	表面润滑处理	振动时间为10～15min							
42	检验	表面覆盖一层硬脂酸锌润滑剂							

										编制	校对	批准	阶段标记
标记	处数	更改文件号	签字	日期	标记	处数	更改文件号	签字	日期				A

（5）冷反挤压成形。

WT	工序卡片	产品型号		零件图号	WT001	编号	WT001－Y5
		产品名称		零件名称	矩形管体	共 5 页	第 5 页

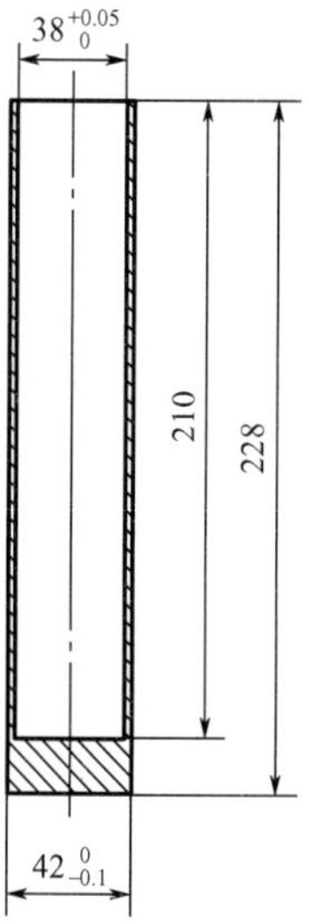

$38^{+0.05}_{0}$ 210 228 $42^{0}_{-0.1}$	车间	工序号	工序名称	材料牌号
		50	冷反挤压成形	6061
	毛坯种类	毛坯尺寸	每毛坯可制件数	每台件数
	坯料	41.9mm×41.9mm×58mm		
	设备名称	设备型号	设备编号	同时加工件数
	液压机	YH32－500		1
	模具编号	模具名称	工序工时	润滑剂
	WT001－LFJYM	冷反挤压模		猪油

工步号	工步内容	工艺参数	主轴转速 r/min	切削速度 m/min	进给量 r/min	切削深度 mm	进给次数	工步工时	
51	冷反挤压成形模具润滑	用棉纱将猪油涂抹在冷反挤压成形模具凹模的内孔型腔表面和冲头工作部分的表面							
52	冷反挤压成形	精锻件尺寸见图 7－2							
53	检验	精锻件尺寸见图 7－2							

										编制	校对	批准	阶段标记		
标记	处数	更改文件号	签字	日期	标记	处数	更改文件号	签字	日期						A

7.2 6061 铝合金集装箱转角的精密锻造成形

图 7－8 所示为集装箱转角零件图，该零件的材质为 6061 铝合金。它是一个上、下端面为异型形状的扁平类块形件，可以采用 6061 铝合金型材坯料经冷摆辗成形的精密锻造成形方法生产[28]。

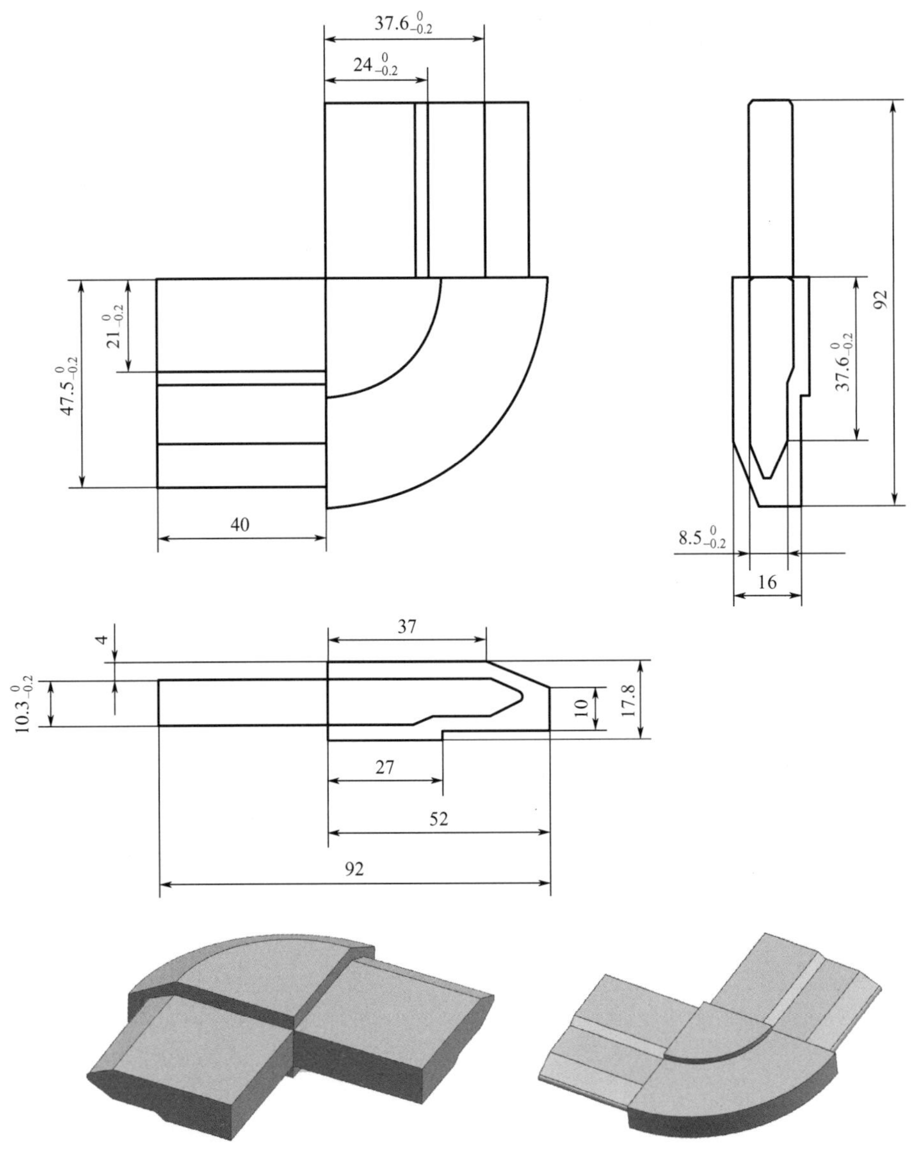

图 7－8　集装箱转角零件图

在图 7－8 中，圆弧转角处的小端直径为 ϕ37mm、大端直径为 ϕ52mm、高度为 7.8mm 的圆锥台部分冷摆辗成形比较困难，应改为圆柱面；尺寸为 37.6mm×47.5mm、长度为 40mm 的上端斜面冷摆辗成形比较困难，应改为平面。

除上述两处留有后续切削加工余量外，其余部分可以直接采用冷摆辗成形，不需要留加工余量就能达到尺寸精度和表面质量要求。

图 7－9 所示为集装箱转角精锻件简图。

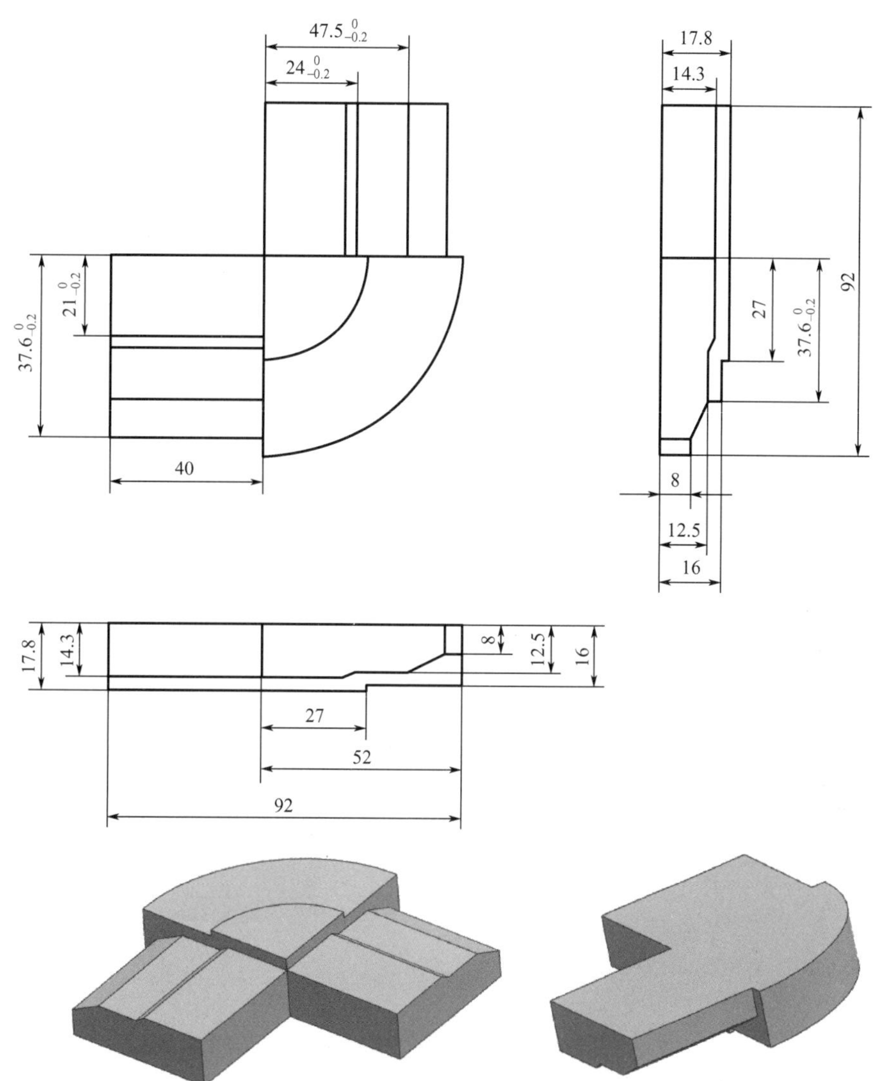

图 7－9　集装箱转角精锻件简图

7.2.1　集装箱转角精密锻造成形工艺流程

（1）下料。在 GB4025 带锯床上，将截面形状与尺寸如图 7－10 所示的 6061 铝合金型材下料成厚度为 21mm 的坯料。坯料的形状与尺寸如图 7－11 所示。

（2）坯料退火处理。在 RX3－45－9 箱式电阻炉内对坯料进行退火处理，其退火处理工艺规范如下：加热温度为 450℃±20℃，保温时间为 60～90min，采用 XCT－101 温控仪控制温度，随炉冷却。

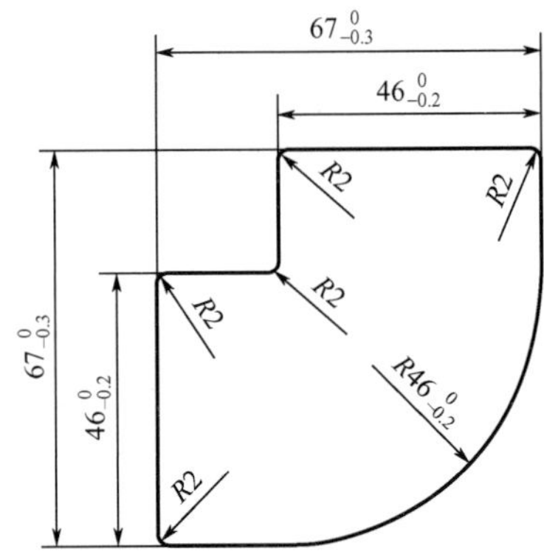

图 7－10　型材的截面形状与尺寸

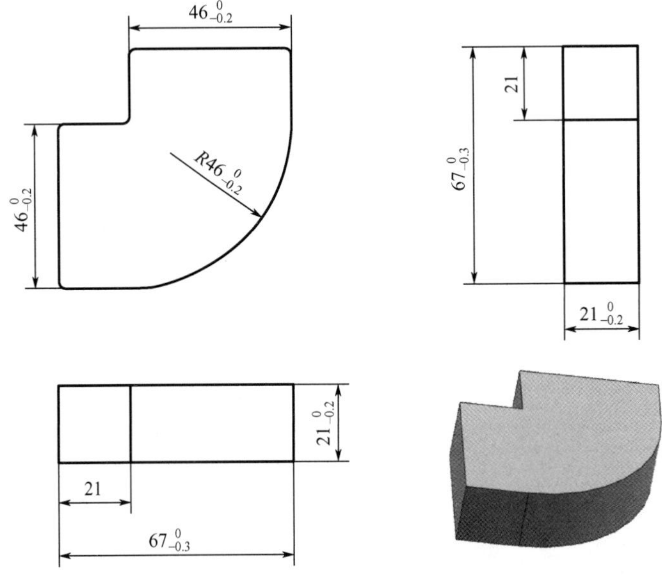

图 7－11　坯料的形状与尺寸

（3）坯料表面润滑处理。将退火处理后的坯料放入装有硬脂酸锌粉末＋少量猪油润滑剂的 ZDPA－200 螺旋振动研磨机振荡一定时间，使坯料表面均匀地涂覆一层硬脂酸锌润滑剂。

（4）冷摆辗成形。将涂覆硬脂酸锌润滑剂的坯料放入冷摆辗成形模具的内孔型腔进行冷摆辗成形加工，得到图 7－12 所示的冷摆辗成形件。

在冷摆辗成形过程中，润滑模具的方法是用毛刷将猪油均匀地涂抹在摆头的工作表面和凹模的内孔型腔中。

（5）切边。在公称压力为 100t 的 J23－100 冲床上对冷摆辗成形件进行切边，得到图 7－9 所示的精锻件。

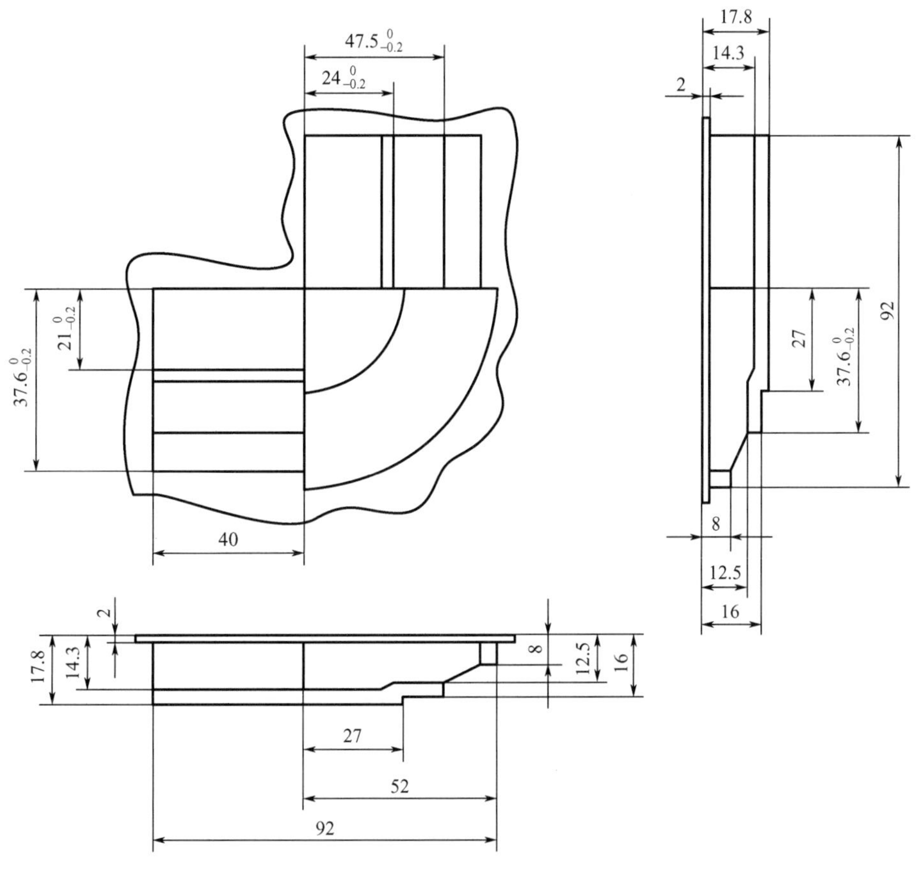

图 7-12　冷摆辗成形件

图 7-13 所示为集装箱转角精锻件经后续切削加工和喷砂后的实物。

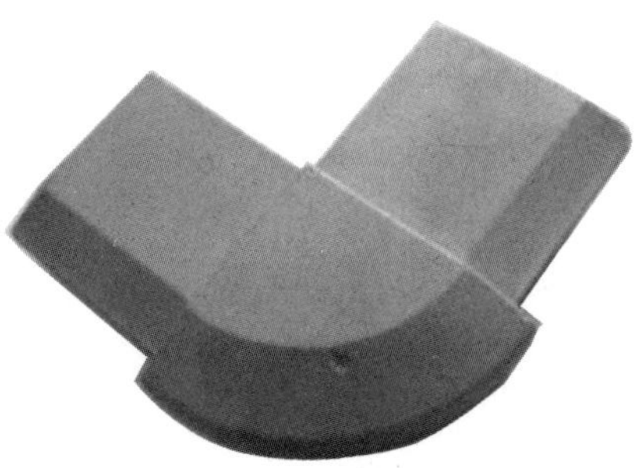

图 7-13　集装箱转角精锻件经后续切削加工和喷砂后的实物

7.2.2　集装箱转角精密锻造成形模具结构

集装箱转角冷摆辗成形模具结构如图 7-14 所示[28]。

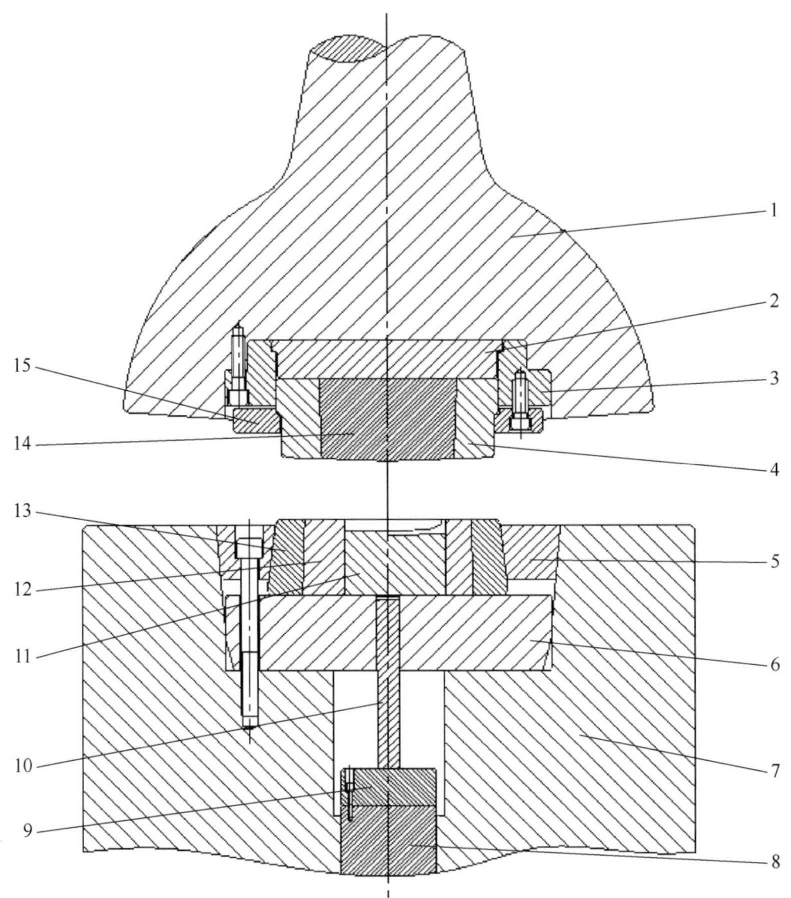

1—摆辗机球头；2—摆头垫块；3—摆头座；4—摆头外套；5—下模紧固板；6—下模垫板；7—摆辗机滑块；8—摆辗机顶出活塞；9—顶出垫块；10—顶杆；11—下模芯垫；12—下模芯；13—下模外套；14—摆头；15—摆头压板。

图 7-14 集装箱转角冷摆辗成形模具结构

该模具具有如下特点。

(1) 上模由摆头 14 和摆头外套 4 组成，在摆头 14 下端面的工作部分有异形型腔，为了延长摆头 14 的使用寿命，在摆头 14 外锥面上镶套摆头外套 4，摆头 14 和摆头外套 4 经锥度过盈、冷压配合组成预应力组合模具结构。

(2) 下模成形型腔由下模芯 12 和下模芯垫 11 组成，下模芯 12 和下模外套 13 组成的下模采用锥度过盈配合的预应力组合模具结构。

(3) 下模芯垫 11 的上端面有异形型腔，下模芯垫 11 既是组成下模成形型腔的模具零件，又作为顶料杆起顶料作用；下模芯垫 11 的外形与下模芯 12 的内孔间隙不能过大，以防止由铝合金挤入形成的毛刺或飞边造成顶出困难。

图 7-15 所示为集装箱转角冷摆辗成形模具的主要模具零件图。表 7-2 所示为集装箱转角冷摆辗成形模具的主要模具零件材料及热处理硬度。

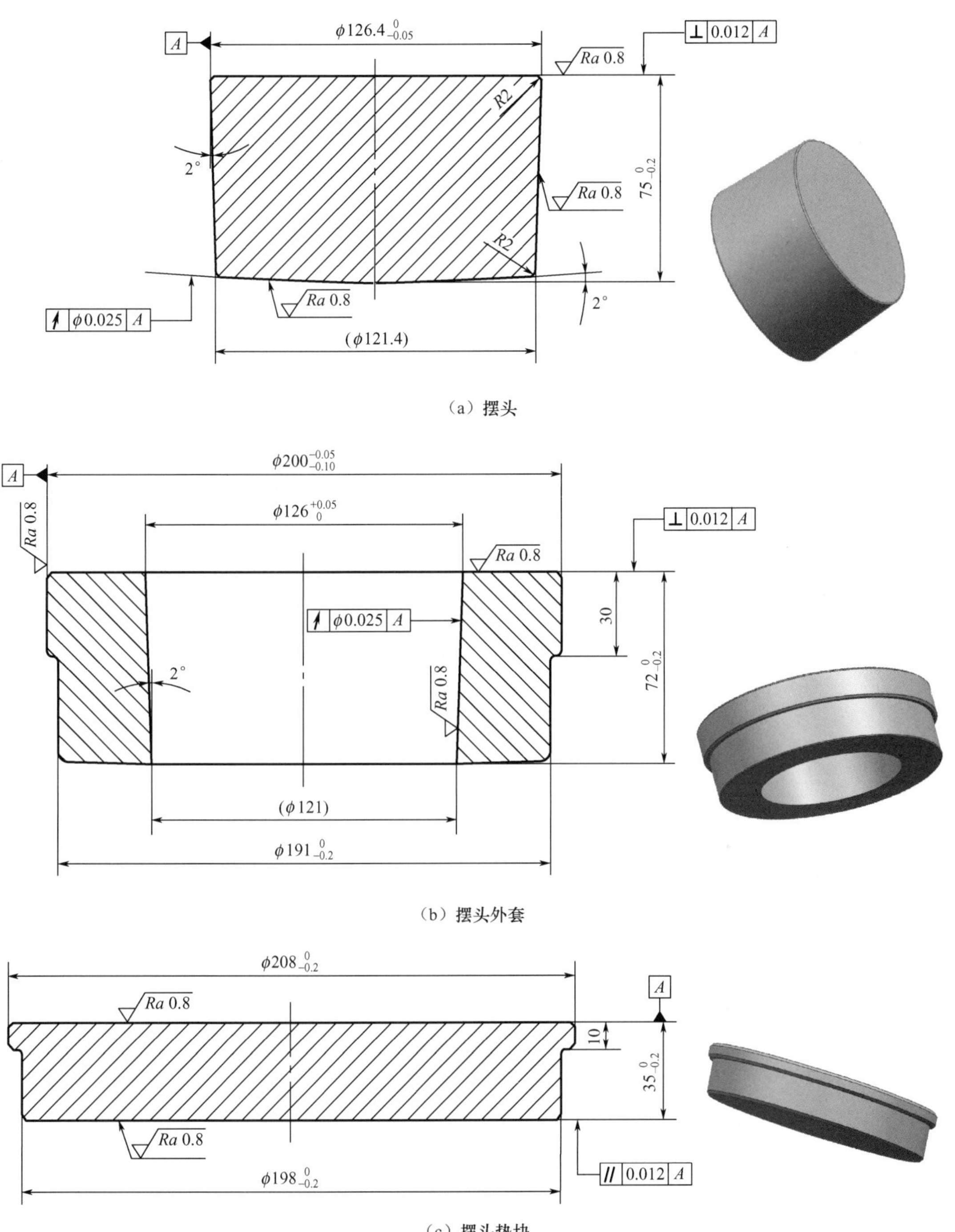

（a）摆头

（b）摆头外套

（c）摆头垫块

图 7－15　集装箱转角冷摆辗成形模具的主要模具零件图

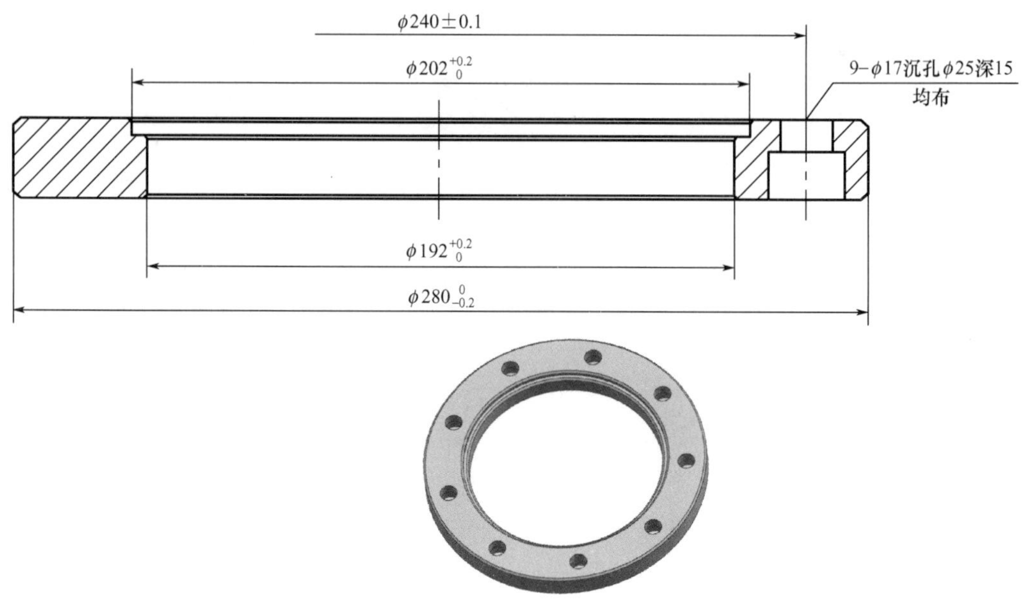

（d）摆头压板

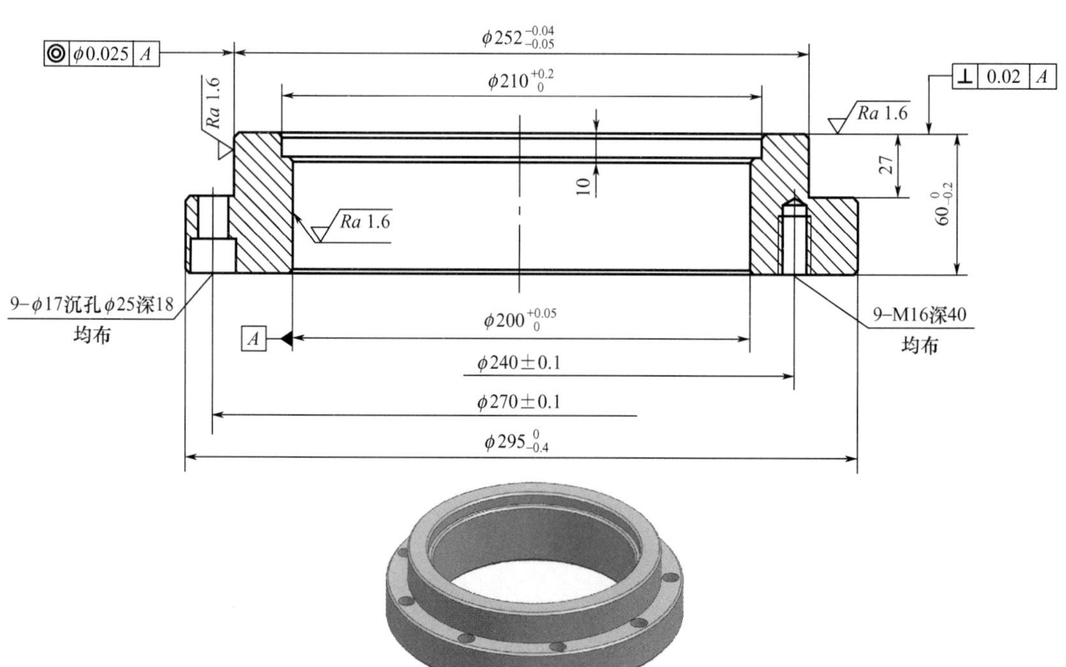

（e）摆头座

图 7-15　集装箱转角冷摆辗成形模具的主要模具零件图（续）

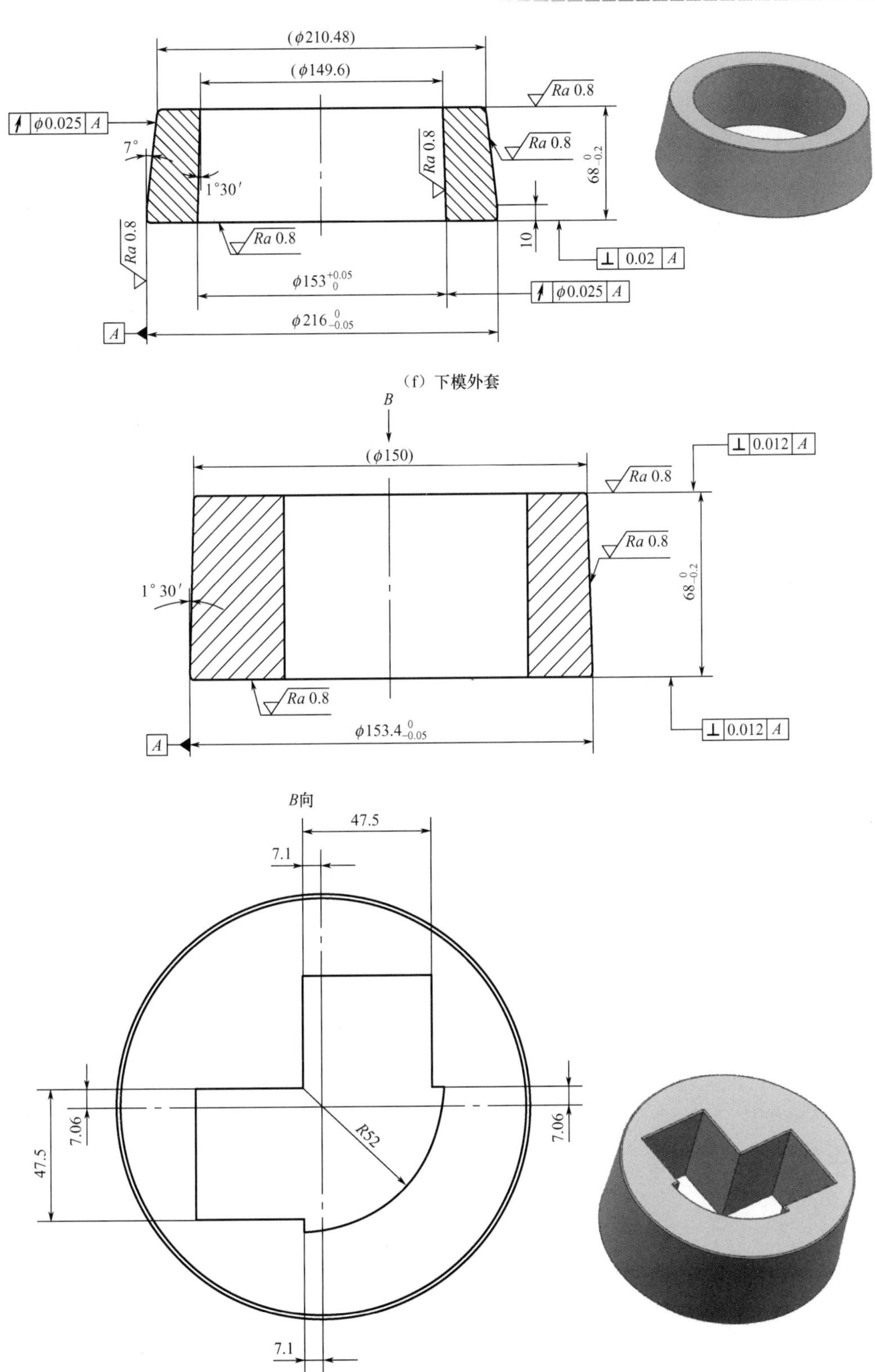

(g) 下模芯

图 7－15 集装箱转角冷摆辗成形模具的主要模具零件图（续）

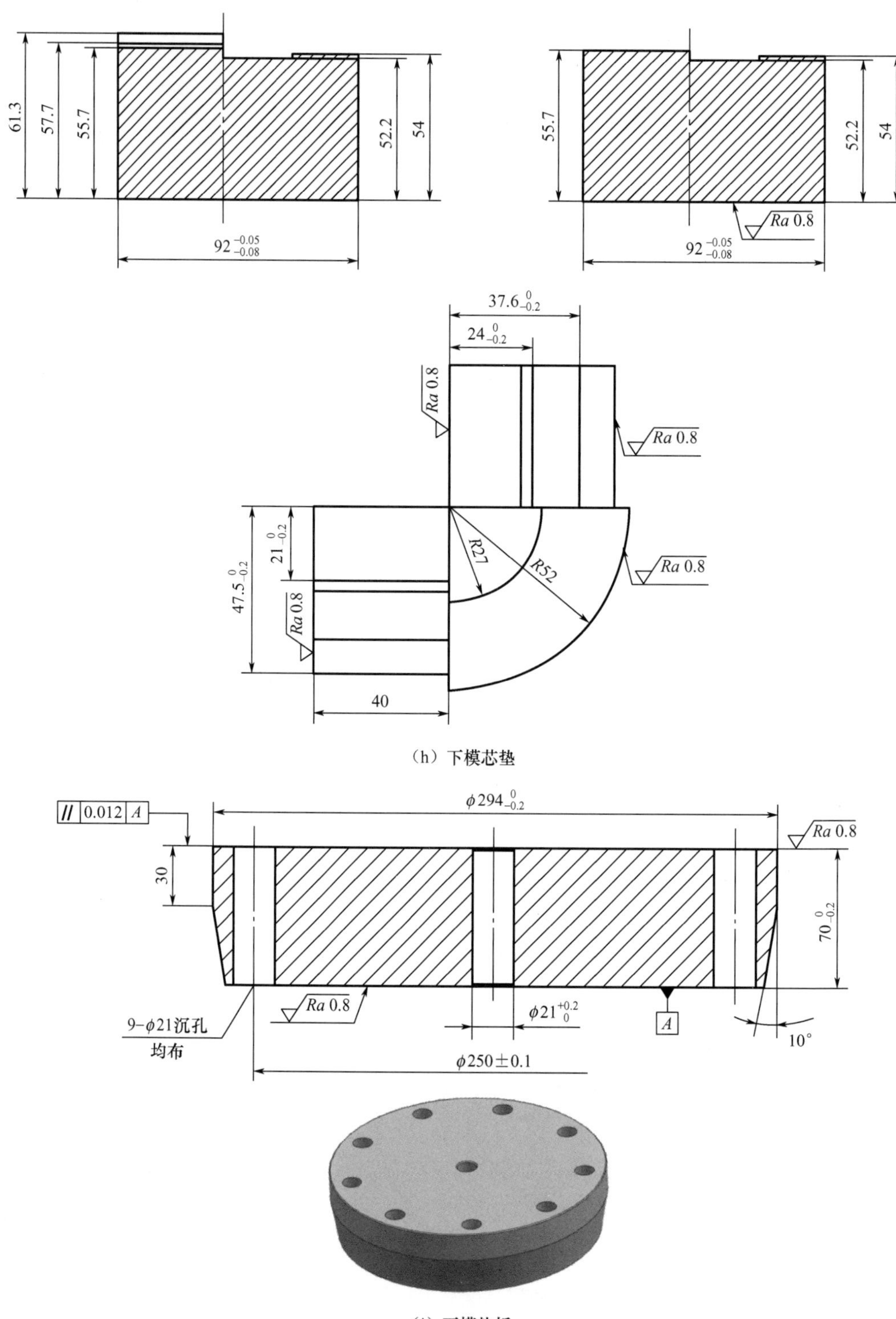

（h）下模芯垫

（i）下模垫板

图 7－15　集装箱转角冷摆辗成形模具的主要模具零件图（续）

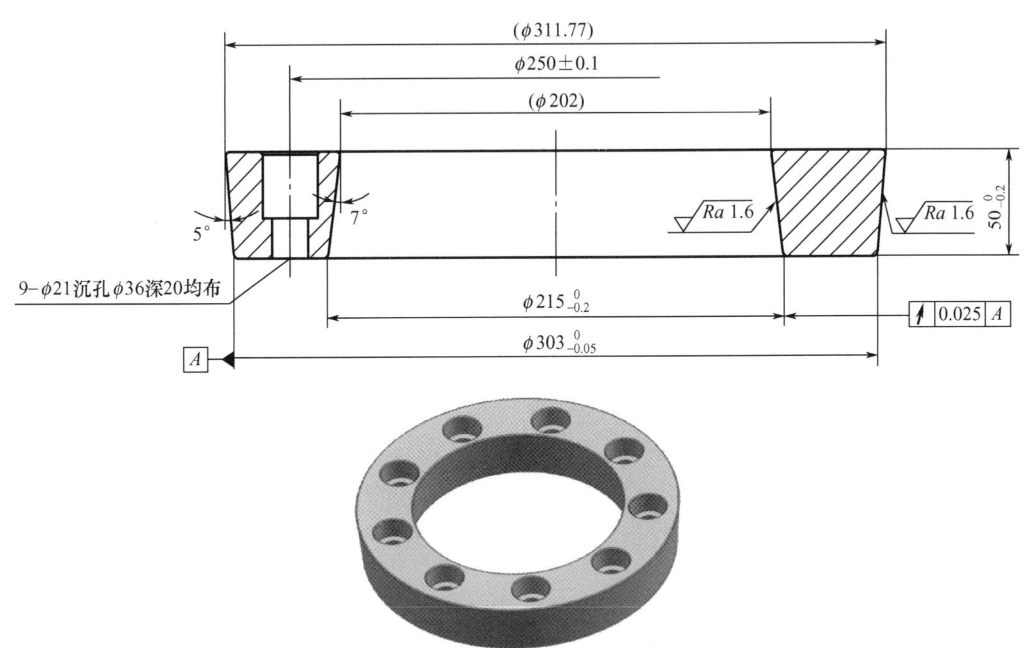

（j）下模紧固板

图 7-15　集装箱转角冷摆辗成形模具的主要模具零件图（续）

表 7-2　集装箱转角冷摆辗成形模具的主要模具零件材料及热处理硬度

序号	模具零件	材料	热处理硬度/HRC
1	下模芯垫	LD	56～60
2	下模紧固板	45	38～42
3	下模垫板	H13	48～52
4	下模外套	45	28～32
5	下模芯	LD	56～60
6	摆头外套	45	28～32
7	摆头座	45	38～42
8	摆头压板	45	28～32
9	摆头垫块	H13	48～52
10	摆头	LD	56～60

7.2.3 集装箱转角精密锻造成形过程工艺卡片

（1）原材料检验。

WT	工序卡片	产品型号		零件图号	WT002	编号	WT002－Y1
		产品名称		零件名称	集装箱转角	共 6 页	第 1 页

车间	工序号	工序名称	材料牌号
	10	原材料检验	6061
毛坯种类	毛坯尺寸	每毛坯可制件数	每台件数
购置铝材	67mm×67mm×6000mm		
设备名称	设备型号	设备编号	同时加工件数
夹具编号	夹具名称	工序工时	切削液

工步号	工步内容	工艺参数	主轴转速 r/min	切削速度 m/min	进给量 r/min	切削深度 mm	进给次数	工步工时	
11	规格	截面尺寸为67mm×67mm、长度为 6000mm							
12	化学成分	按 GB/T 3190—2020							
13	力学性能	按 GB/T 3880.2—2012							
14	外观	无明显划痕等缺陷							

										编制	校对	批准	阶段标记		
标记	处数	更改文件号	签字	日期	标记	处数	更改文件号	签字	日期						A

（2）下料。

WT	工序卡片	产品型号		零件图号	WT002	编号	WT002-Y2
		产品名称		零件名称	集装箱转角	共6页	第2页

车间	工序号	工序名称	材料牌号
	20	带锯下料	6061
毛坯种类	毛坯尺寸	每毛坯可制件数	每台件数
原始铝材	67mm×67mm×6000mm	260	
设备名称	设备型号	设备编号	同时加工件数
带锯床	GB4025		24
夹具编号	夹具名称	工序工时	切削液
			乳化液

工步号	工步内容	工艺参数	主轴转速 r/min	切削速度 m/min	进给量 r/min	切削深度 mm	进给次数	工步工时	
21	带锯下料	长度为$21_{-0.2}^{0}$mm							
22	外观	无毛刺、裂纹等缺陷							

										编制	校对	批准	阶段标记
标记	处数	更改文件号	签字	日期	标记	处数	更改文件号	签字	日期				A

(3) 坯料退火处理。

WT	工序卡片	产品型号		零件图号	WT002	编号	WT002－Y3
		产品名称		零件名称	集装箱转角	共 6 页	第 3 页

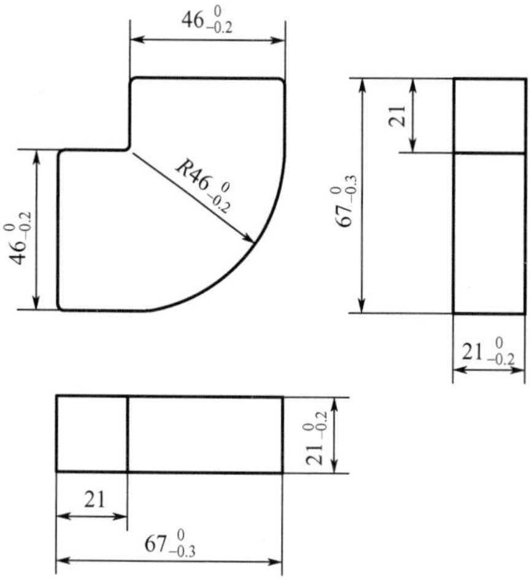

车间	工序号	工序名称	材料牌号
	30	坯料退火处理	6061
毛坯种类	毛坯尺寸	每毛坯可制件数	每台件数
下料坯件	67mm×67mm×21mm	1	
设备名称	设备型号	设备编号	同时加工件数
箱式电阻炉	RX3－45－9		1
夹具编号	夹具名称	工序工时	切削液

工步号	工步内容	工艺参数	主轴转速 r/min	切削速度 m/min	进给量 r/min	切削深度 mm	进给次数	工步工时	
31	退火处理	加热温度为450℃±20℃							
		保温时间为60～90min							
		随炉冷却至室温出炉							
32	检验	布氏硬度为50～60HB							

标记	处数	更改文件号	签字	日期	标记	处数	更改文件号	签字	日期	编制	校对	批准	阶段标记
													A

（4）坯料表面润滑处理。

WT	工序卡片	产品型号		零件图号	WT002	编号	WT002-Y4
		产品名称		零件名称	集装箱转角	共6页	第4页

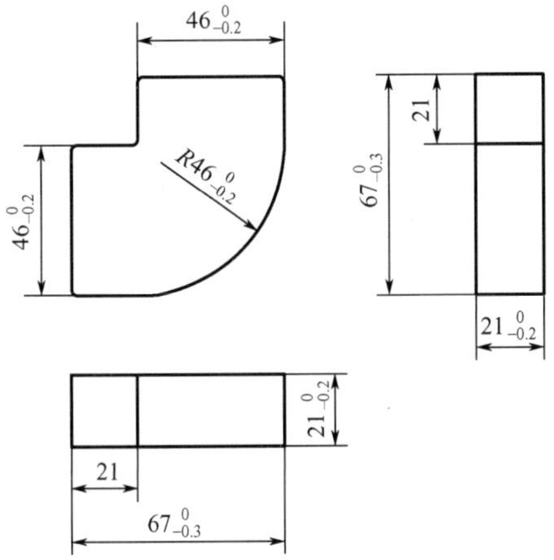

46 $^{0}_{-0.2}$　R46 $^{0}_{-0.2}$　46 $^{0}_{-0.2}$　21　67 $^{0}_{-0.3}$　21 $^{0}_{-0.2}$　21 $^{0}_{-0.2}$　21　67 $^{0}_{-0.3}$

车间	工序号	工序名称	材料牌号
	40	坯料表面润滑处理	6061
毛坯种类	毛坯尺寸	每毛坯可制件数	每台件数
退火坯件	67mm×67mm×21mm		
设备名称	设备型号	设备编号	同时加工件数
螺旋振动研磨机	ZDPA-200		
夹具编号	夹具名称	工序工时	润滑剂
			硬脂酸锌粉末98%+猪油2%

工步号	工步内容	工艺参数	主轴转速 r/min	切削速度 m/min	进给量 r/min	切削深度 mm	进给次数	工步工时	
41	表面润滑处理	振动时间为10～15min							
42	检验	表面覆盖一层硬脂酸锌润滑剂							

										编制	校对	批准	阶段标记		
标记	处数	更改文件号	签字	日期	标记	处数	更改文件号	签字	日期						A

（5）冷摆辗成形。

WT	工序卡片	产品型号		零件图号	WT002	编号	WT002－Y5
		产品名称		零件名称	集装箱转角	共6页	第5页

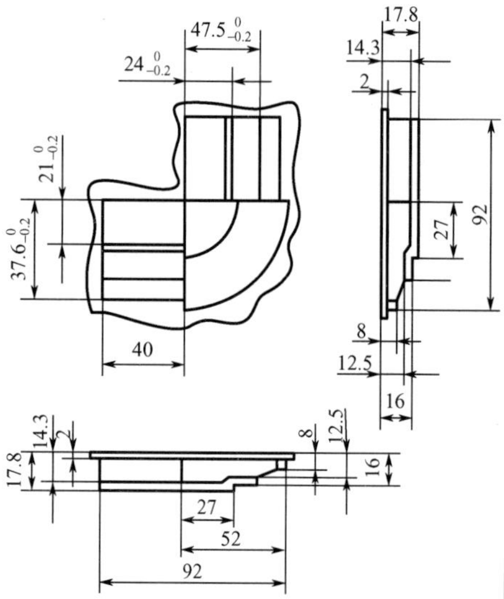

车间	工序号	工序名称	材料牌号
	50	冷摆辗成形	6061
毛坯种类	毛坯尺寸	每毛坯可制件数	每台件数
表面处理坯件	67mm×67mm×21mm		
设备名称	设备型号	设备编号	同时加工件数
立式摆辗机	BY－260		
模具编号	模具名称	工序工时	润滑剂
WT002－LBYM	冷摆辗成形模具		猪油

工步号	工步内容	工艺参数	主轴转速 r/min	切削速度 m/min	进给量 r/min	切削深度 mm	进给次数	工步工时	
51	冷摆辗成形模具润滑	用棉纱将猪油润滑剂涂抹在冷摆辗成形模具中的凹模内孔型腔表面和摆头工作部分的表面							
52	冷摆辗成形	冷摆辗成形件尺寸见图7－12							
53	检验	冷摆辗成形件尺寸见图7－12							

										编制	校对	批准	阶段标记		
标记	处数	更改文件号	签字	日期	标记	处数	更改文件号	签字	日期						A

（6）切边。

<table>
<tr><td rowspan="2">WT</td><td rowspan="2" colspan="3">工序卡片</td><td>产品型号</td><td></td><td>零件图号</td><td>WT002</td><td>编号</td><td colspan="2">WT002 - Y6</td></tr>
<tr><td>产品名称</td><td></td><td>零件名称</td><td>集装箱转角</td><td>共 6 页</td><td colspan="2">第 6 页</td></tr>
<tr><td rowspan="10" colspan="4"></td><td>车间</td><td>工序号</td><td colspan="2">工序名称</td><td colspan="3">材料牌号</td></tr>
<tr><td></td><td>60</td><td colspan="2">切边</td><td colspan="3">6061</td></tr>
<tr><td>毛坯种类</td><td>毛坯尺寸</td><td colspan="2">每毛坯可制件数</td><td colspan="3">每台件数</td></tr>
<tr><td>冷摆辗成形件</td><td>92mm×92mm×17.8mm</td><td colspan="2"></td><td colspan="3"></td></tr>
<tr><td>设备名称</td><td>设备型号</td><td colspan="2">设备编号</td><td colspan="3">同时加工件数</td></tr>
<tr><td>冲床</td><td>J23 - 100</td><td colspan="2"></td><td colspan="3"></td></tr>
<tr><td>模具编号</td><td>模具名称</td><td colspan="2">工序工时</td><td colspan="3">润滑剂</td></tr>
<tr><td>WT002 - QBM</td><td>切边模具</td><td colspan="2"></td><td colspan="3">猪油</td></tr>
</table>

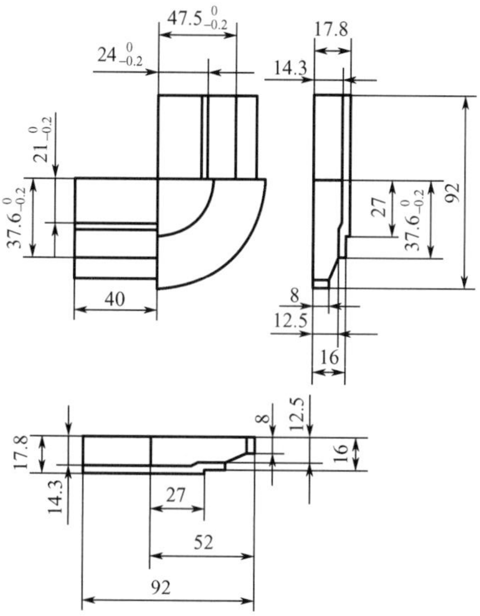

工步号	工步内容	工艺参数	主轴转速 r/min	切削速度 m/min	进给量 r/min	切削深度 mm	进给次数	工步工时	
61	切边	精锻件尺寸见图 7 - 9							
62	检验	精锻件尺寸见图 7 - 9							

										编制	校对	批准	阶段标记			
标记	处数	更改文件号	签字	日期	标记	处数	更改文件号	签字	日期							A

7.3 6061 铝合金循环器壳体的精密锻造成形

图 7 - 16 所示为循环器壳体零件简图，该零件的材质为 6061 铝合金。

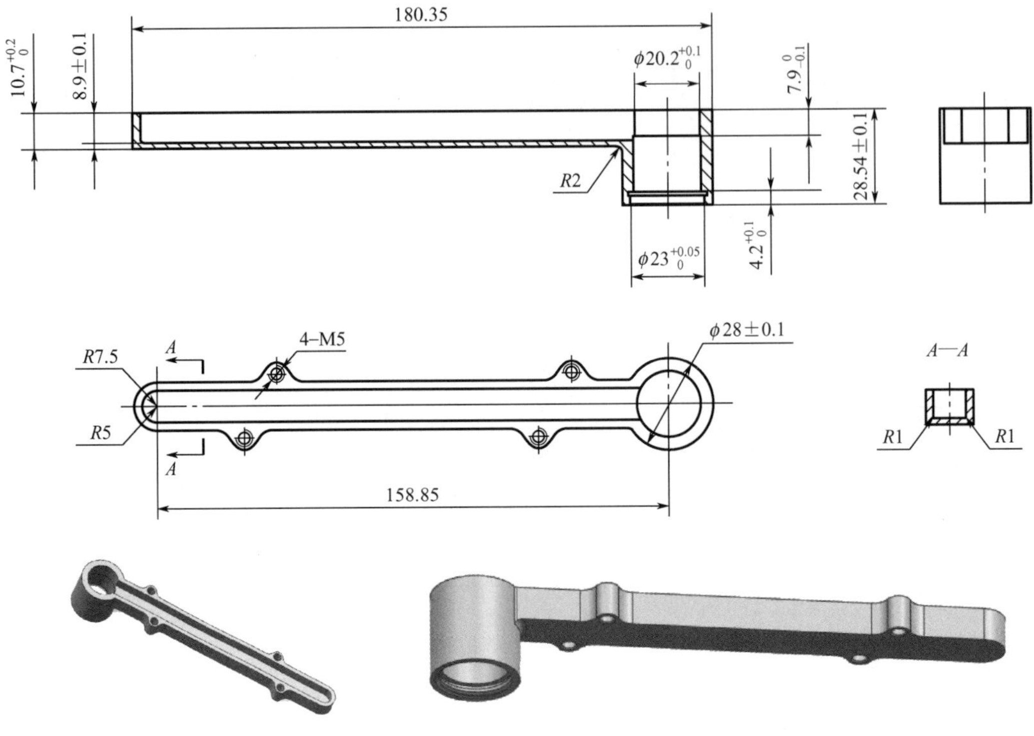

图 7-16　循环器壳体零件简图

由图 7-16 可知，该零件是一个具有长条形薄壁壳体的、变截面的杆类零件，其中直径为 ϕ28mm 的大端头部与截面为槽钢截面的杆部之间呈 90°，其尺寸精度和表面质量要求不高。对于这种零件，采用形状简单的坯料或型材进行一次锻造成形很难达到形状和尺寸要求，必须采用多道次锻造成形工序，也就是必须进行预制坯。

对于图 7-16 所示的零件，可以采用圆柱体坯料经冷正挤压制坯＋局部冷镦粗制坯＋锯切剖分＋冷镦挤制坯＋冷反挤压预成形＋冷闭式挤压的精密锻造成形方法生产。该零件杆部的四个 M5mm 螺纹孔、大端头部直径分别为 ϕ20.2mm 和 ϕ23mm 的台阶孔必须采用切削机床进行后续加工，其杆部的上端面至少留有 2.5mm 的加工余量，直径为 ϕ28mm 的大端头部上、下端面均留有 1.5mm 的加工余量；其余部分可以采用精密锻造成形方法直接锻造成形，无须留加工余量就能达到循环器壳体的设计要求[32]。

循环器壳体精锻件简图如图 7-17 所示。

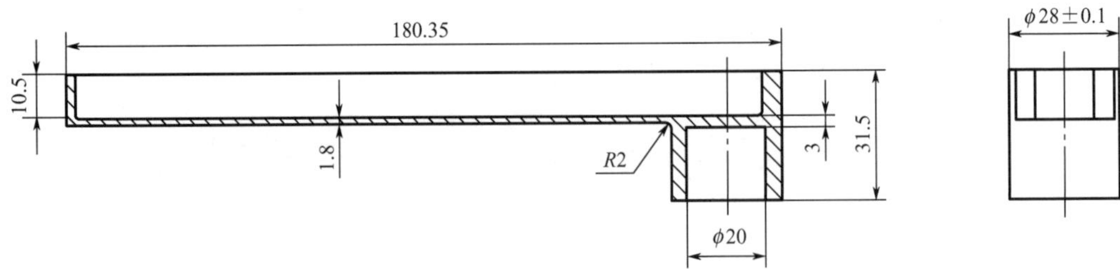

图 7-17　循环器壳体精锻件简图

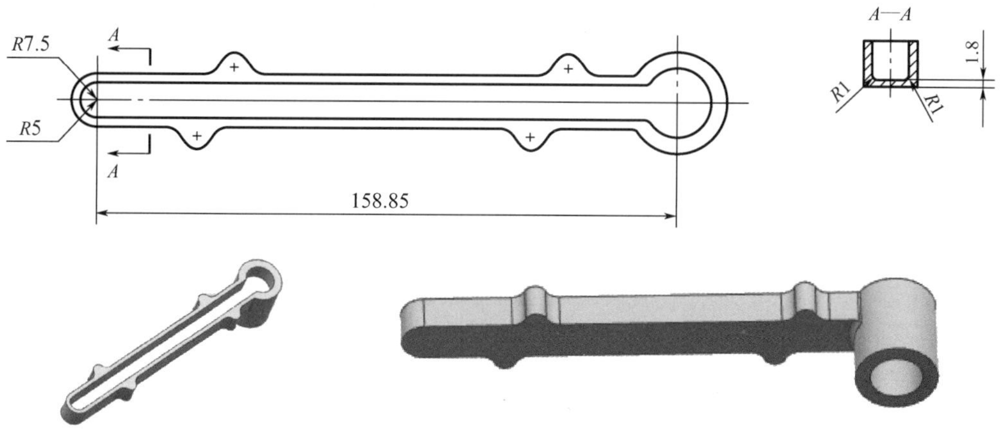

图 7-17 循环器壳体精锻件简图（续）

7.3.1 循环器壳体精密锻造成形工艺流程

（1）下料。在 GB4025 带锯床上将直径为 ϕ26mm 的 6061 铝合金圆棒料锯切成长度为 140mm 的坯料。坯料的形状与尺寸如图 7-18 所示。

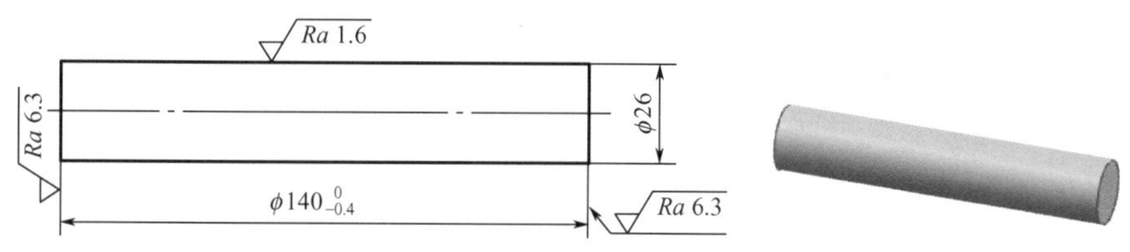

图 7-18 坯料的形状与尺寸

（2）坯料退火处理。在 RX3-45-9 箱式电阻炉内对坯料进行退火处理，其退火处理工艺规范如下：加热温度为 450℃±20℃，保温时间为 60～90min，采用 XCT-101 温控仪控制温度，随炉冷却。

（3）坯料表面润滑处理。将退火处理后的坯料放入装有硬脂酸锌粉末+少量猪油润滑剂的 ZDPA-200 螺旋振动研磨机振荡一定时间，使坯料的表面均匀地涂覆一层硬脂酸锌润滑剂。

（4）冷正挤压制坯。将涂覆硬脂酸锌润滑剂的坯料放入冷正挤压制坯模具的内孔型腔进行冷正挤压制坯加工，得到图 7-19 所示的正挤压坯件。

在冷正挤压制坯过程中，润滑模具的方法是用毛刷将猪油均匀地涂抹在冲头的工作表面和凹模的内孔型腔中。

（5）正挤压坯件表面润滑处理。将冷正挤压制坯后的正挤压坯件放入装有硬脂酸锌粉末+少量猪油润滑剂的 ZDPA-200 螺旋振动研磨机振荡一定时间，使正挤压坯件的表面均匀地涂覆一层硬脂酸锌润滑剂。

（6）局部冷镦粗制坯。将涂覆硬脂酸锌润滑剂的正挤压坯件放入局部冷镦粗制坯模具的内孔型腔进行局部冷镦粗制坯加工，得到图 7-20 所示的镦坯件。

在局部冷镦粗制坯过程中，润滑模具的方法是将猪油用毛刷均匀地涂抹在冲头的工作

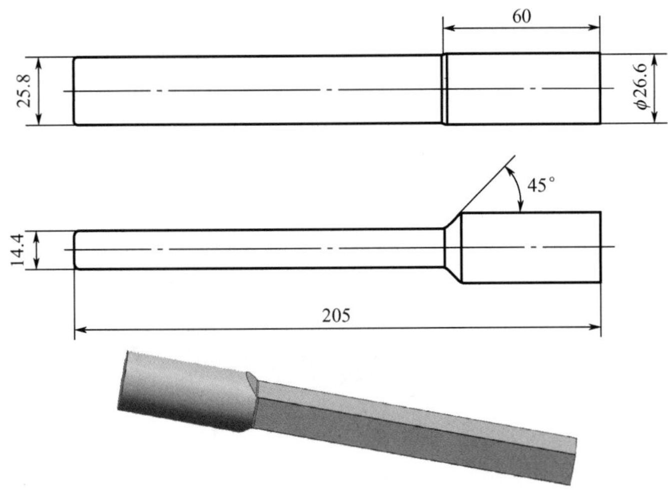

图 7-19　正挤压坯件

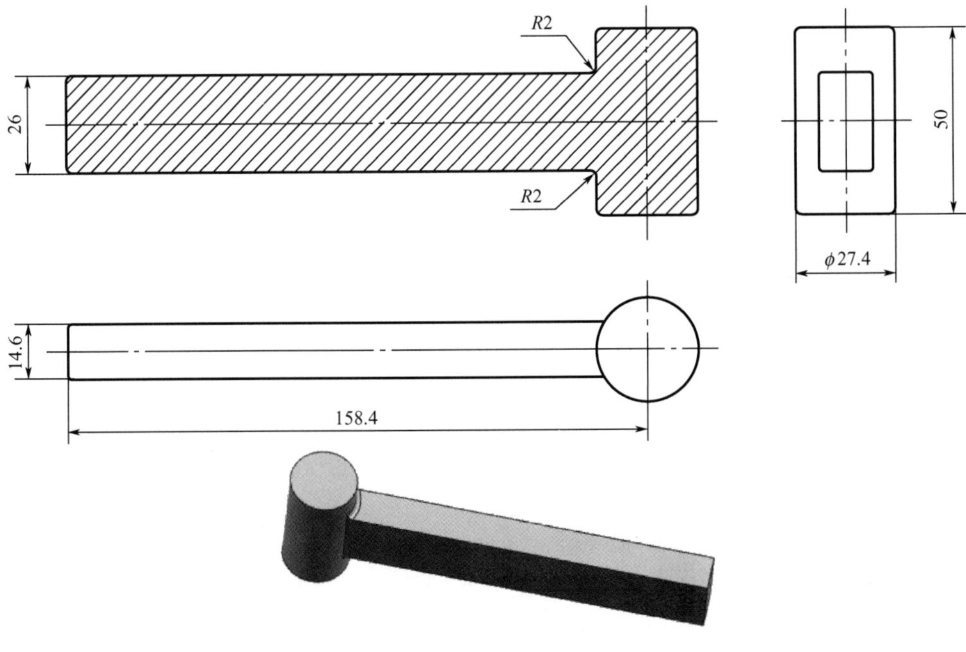

图 7-20　镦坯件

表面和凹模的内孔型腔中。

(7) 锯切剖分加工。在 MJ345 立式带锯床上锯切镦坯件，得到图 7-21 所示的剖分坯件。

(8) 剖分坯件表面润滑处理。将锯切剖分加工后的剖分坯件放入装有硬脂酸锌粉末+少量猪油润滑剂的 ZDPA-200 螺旋振动研磨机振荡一定时间，使剖分坯件的表面均匀地涂覆一层硬脂酸锌润滑剂。

(9) 冷镦挤制坯。将涂覆硬脂酸锌润滑剂的剖分坯件放入冷镦挤制坯模具的内孔型腔进行冷镦挤制坯加工，得到图 7-22 所示的镦挤坯件。

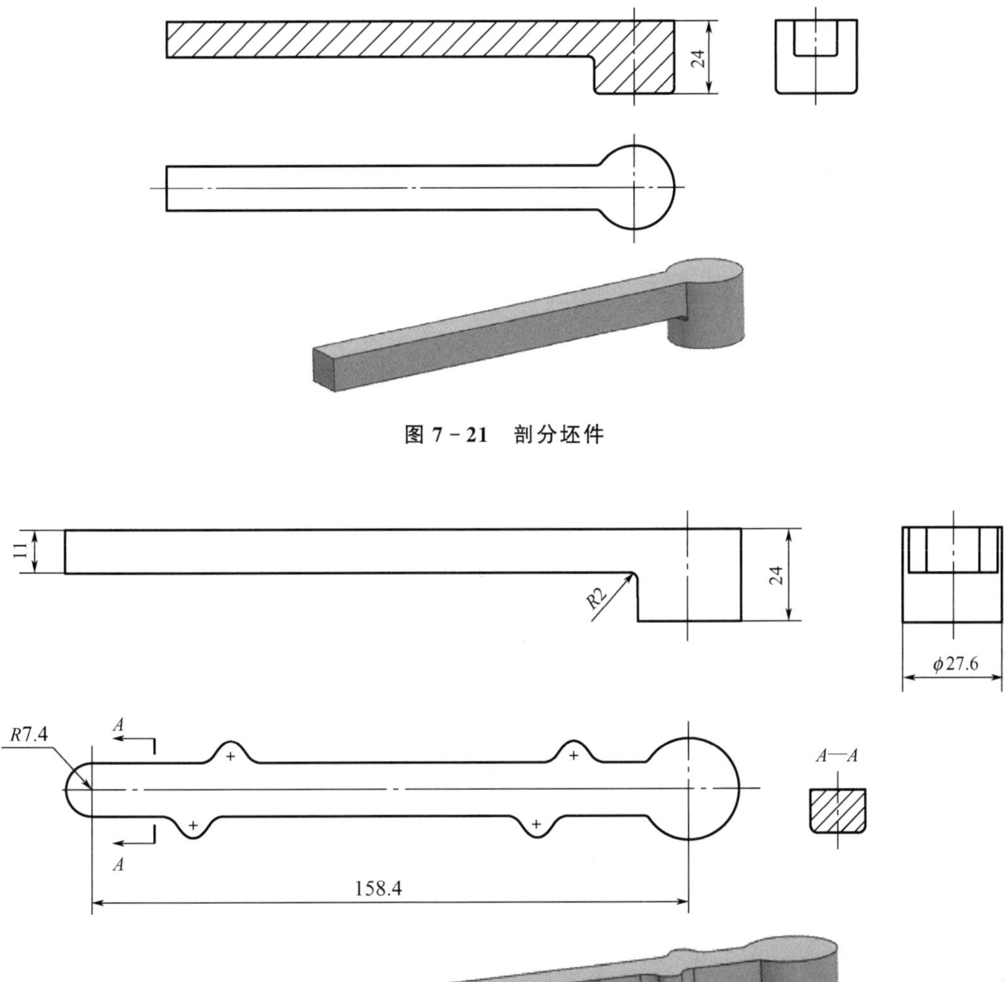

图 7-21 剖分坯件

图 7-22 镦挤坯件

在冷镦挤制坯过程中，润滑模具的方法是用毛刷将猪油均匀地涂抹在冲头的工作表面和凹模的内孔型腔中。

(10) 镦挤坯件表面润滑处理。将冷镦挤制坯后的镦挤坯件放入装有硬脂酸锌粉末+少量猪油润滑剂的 ZDPA-200 螺旋振动研磨机振荡一定时间，使镦挤坯件的表面均匀地涂覆一层硬脂酸锌润滑剂。

(11) 冷反挤压预成形。将涂覆硬脂酸锌润滑剂的镦挤坯件放入冷反挤压预成形模具的内孔型腔进行冷反挤压预成形加工，得到图 7-23 所示的预成形件。

在冷反挤压预成形过程中，润滑模具的方法是用毛刷将猪油均匀地涂抹在冲头的工作表面和凹模的内孔型腔中。

(12) 铣削加工。在 X5032 立式升降台铣床上，用端面铣刀对预成形件中高低不平的上端面进行铣削加工，得到图 7-24 所示的铣削加工件。

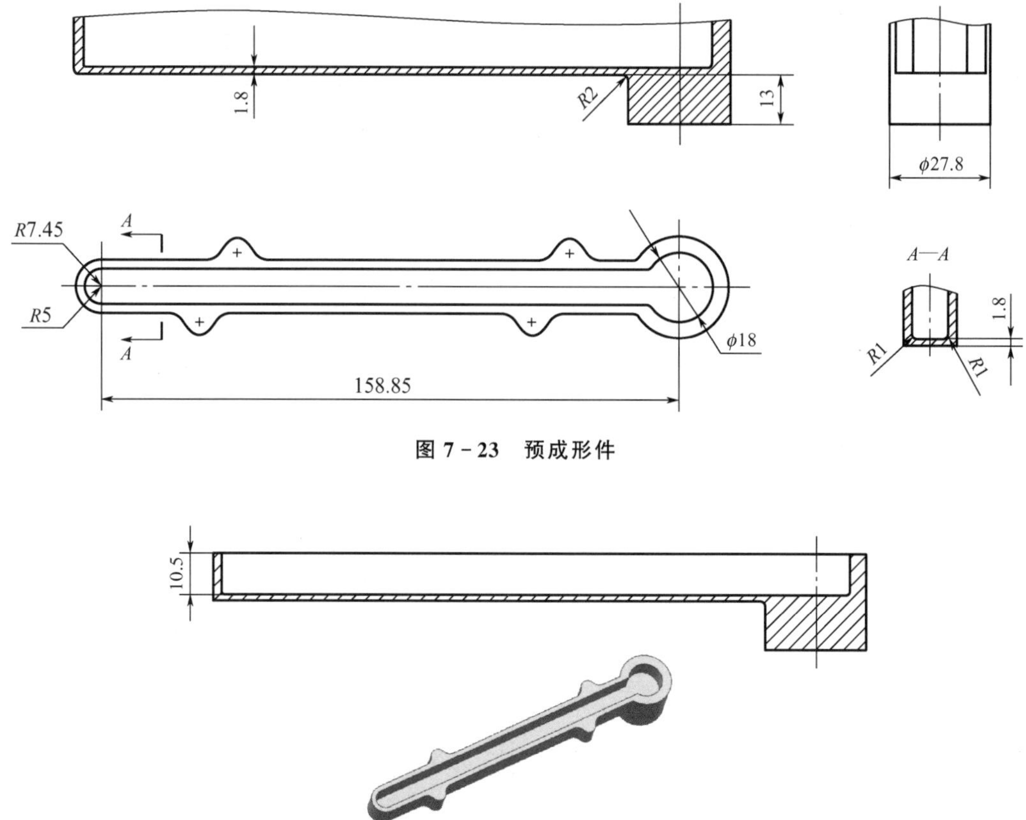

图 7－23　预成形件

图 7－24　铣削加工件

（13）铣削加工件表面润滑处理。将铣削加工后的铣削加工件放入装有硬脂酸锌粉末＋少量猪油润滑剂的 ZDPA－200 螺旋振动研磨机振荡一定时间，使铣削加工件的表面均匀地涂覆一层硬脂酸锌润滑剂。

（14）冷闭式挤压成形。将涂覆硬脂酸锌润滑剂的铣削加工件放入冷闭式挤压成形模具的内孔型腔进行冷闭式挤压成形加工，得到图 7－17 所示的精锻件。

在冷闭式挤压成形过程中，润滑模具的方法是用毛刷将猪油均匀地涂抹在冲头的工作表面和凹模的内孔型腔中。

7.3.2　循环器壳体精密锻造成形模具结构

1. 冷正挤压制坯模具结构

冷正挤压制坯模具结构如图 7－25 所示。

该模具具有如下特点。

（1）该模具为正挤压模具，用于将图 7－18 所示的圆柱体坯料正挤压成一端为 ϕ26.6mm×60mm 圆柱体、另一端为 25.8mm×14.4mm×145mm 矩形杆的正挤压坯件，如图 7－19 所示。该模具结构简单，模具零部件少，模具制作成本低，模具更换容易。

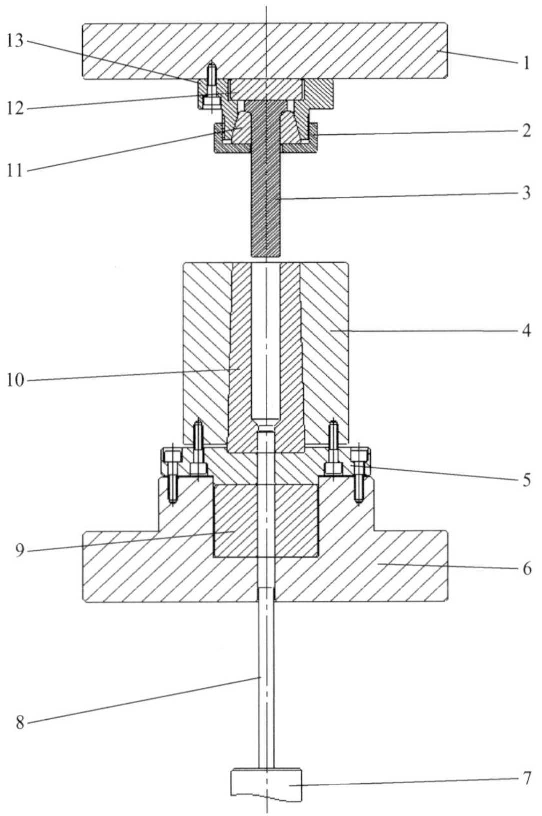

1—上模板；2—上模紧固螺母；3—冲头；4—凹模外套；5—凹模垫板；6—下模座；
7—下顶杆；8—顶料杆；9—下模衬垫；10—凹模芯；11—冲头夹头；
12—上模垫块；13—上模座。

图 7-25　冷正挤压制坯模具结构

（2）该模具无导向机构，靠凹模芯 10 和冲头 3 的模口导向。

（3）凹模芯 10 和凹模外套 4 组成的凹模采用锥度过盈配合的预应力组合模具结构。

图 7-26 所示为冷正挤压制坯模具的主要模具零件图。表 7-3 所示为冷正挤压制坯模具的主要模具零件材料及热处理硬度。

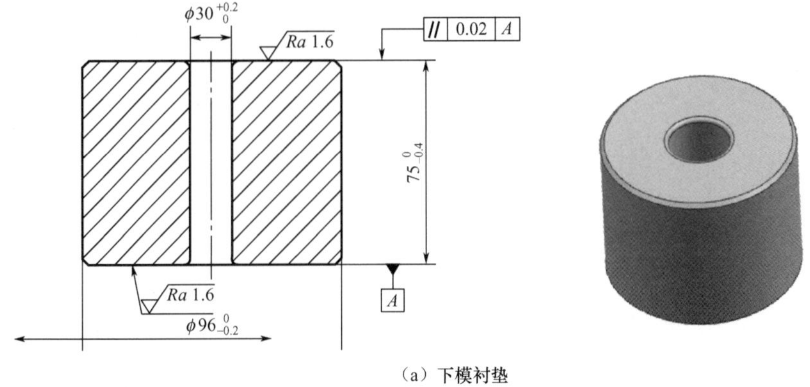

（a）下模衬垫

图 7-26　冷正挤压制坯模具的主要模具零件图

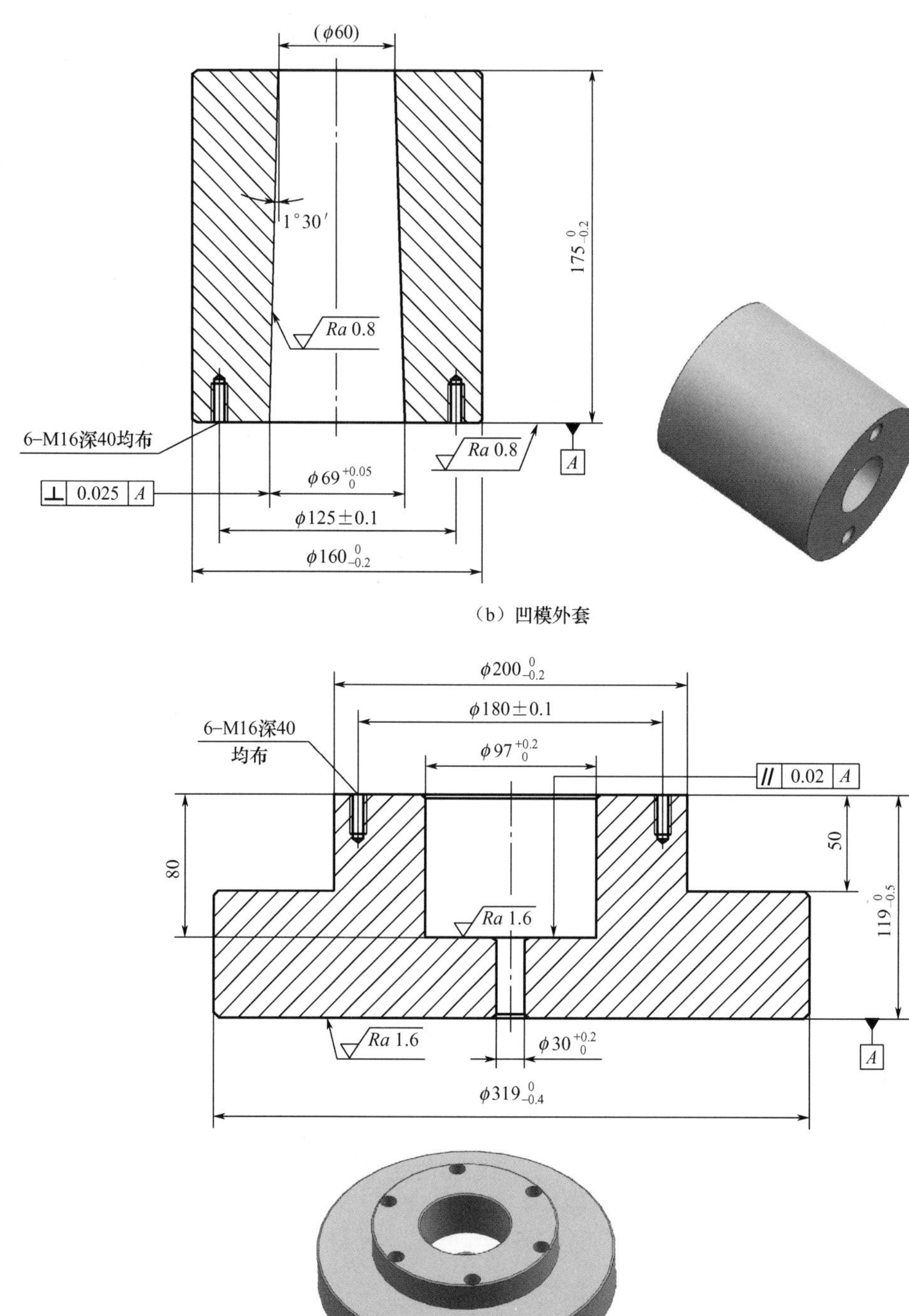

（b）凹模外套

（c）下模座

图 7－26　冷正挤压制坯模具的主要模具零件图（续）

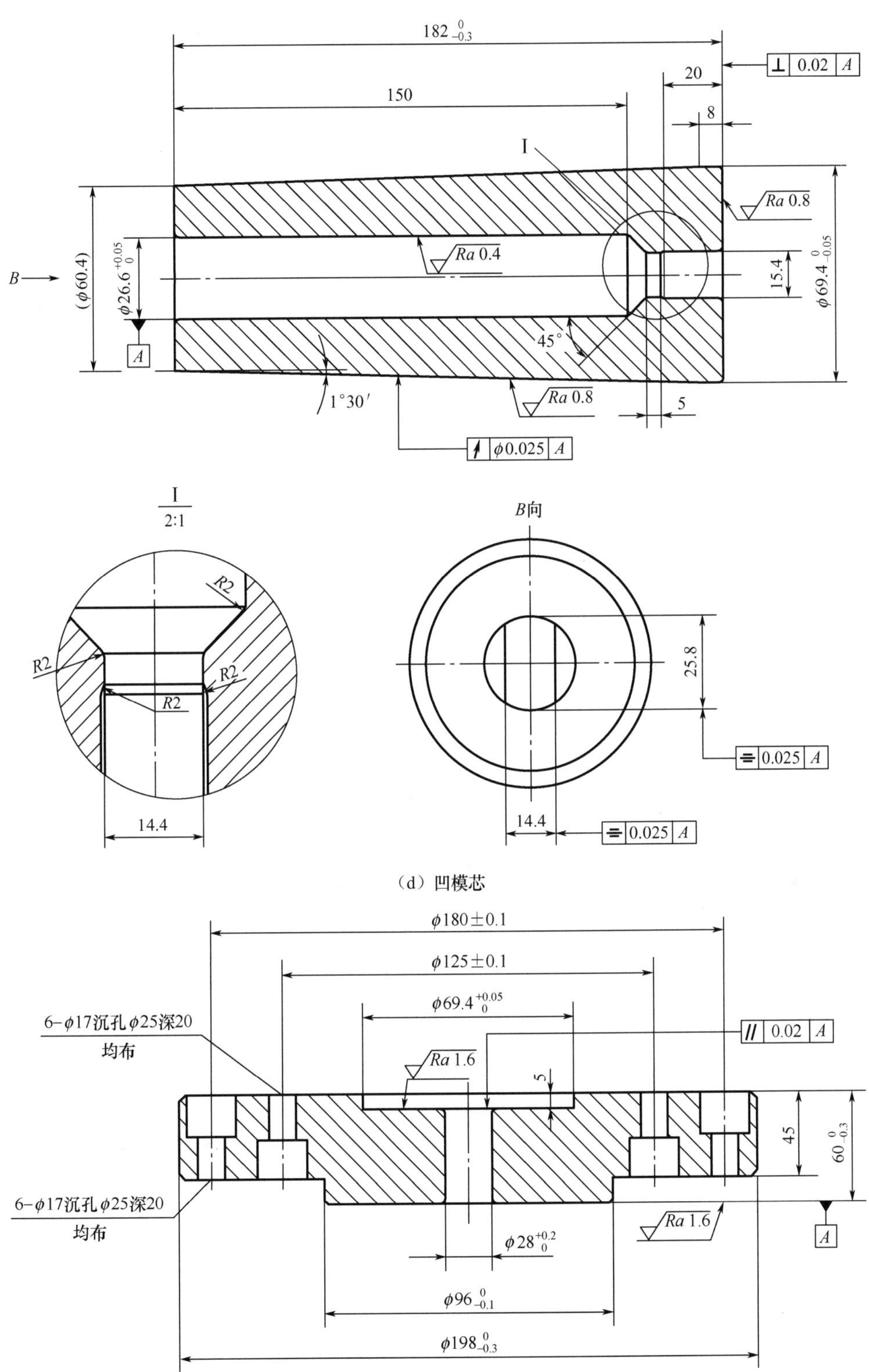

图 7 - 26　冷正挤压制坯模具的主要模具零件图（续）

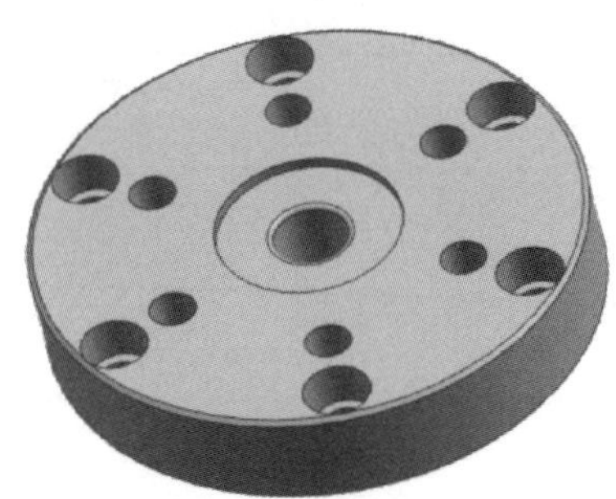

（e）凹模垫板

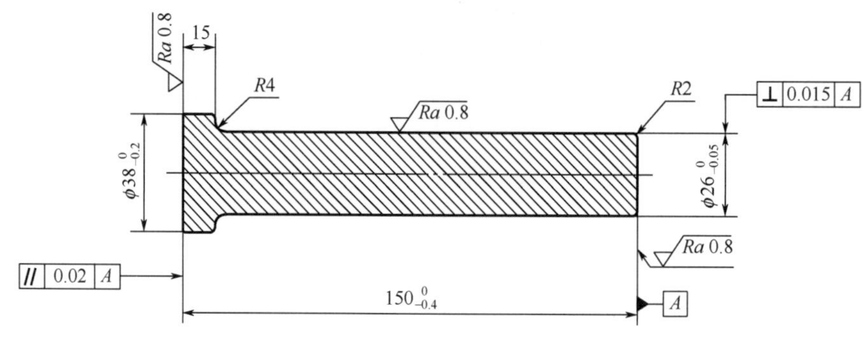

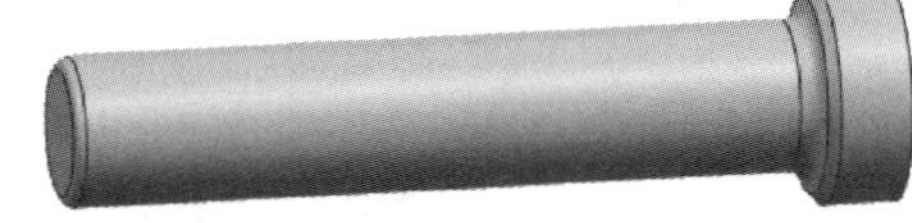

（f）冲头

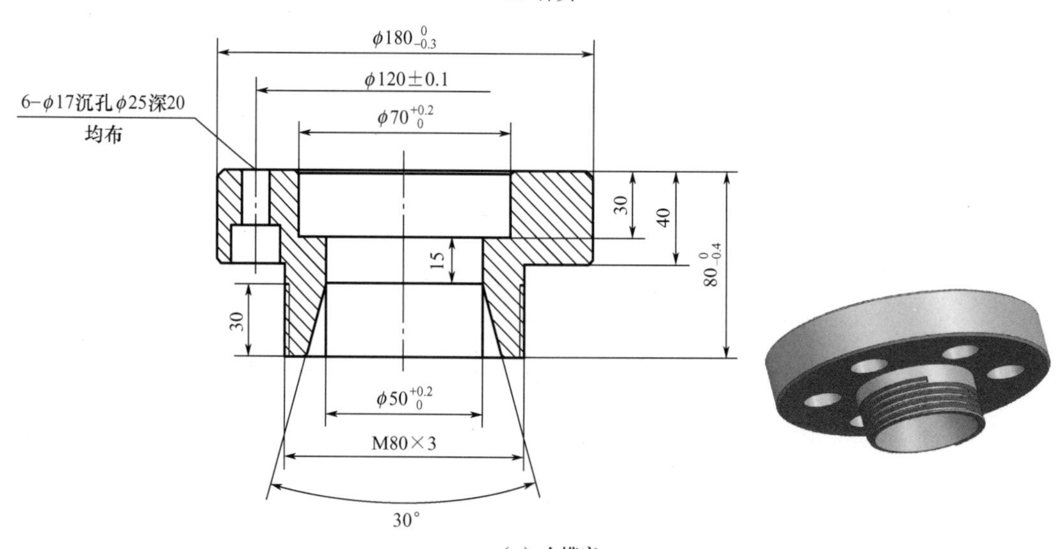

（g）上模座

图 7－26　冷正挤压制坯模具的主要模具零件图（续）

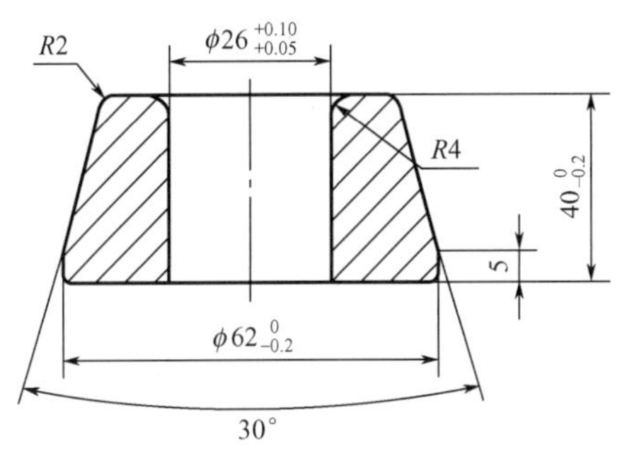

(h) 冲头夹头

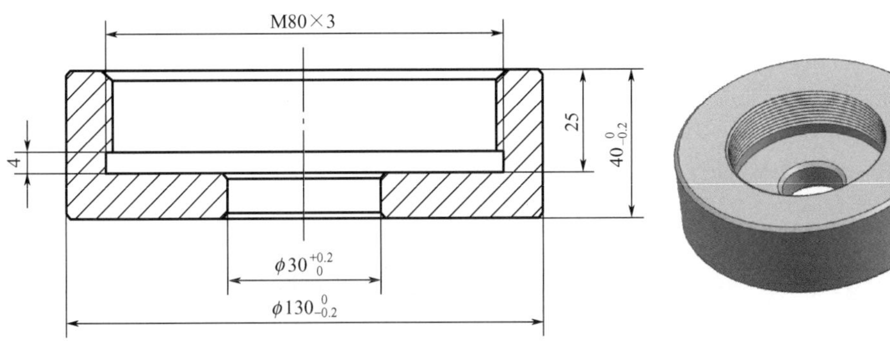

(i) 上模紧固螺母

图 7-26 冷正挤压制坯模具的主要模具零件图(续)

表 7-3 冷正挤压制坯模具的主要模具零件材料及热处理硬度

序号	模具零件	材料	热处理硬度/HRC
1	上模紧固螺母	45	28~32
2	冲头夹头	45	38~42
3	上模座	45	28~32
4	冲头	Cr12MoV	54~58
5	凹模垫板	H13	48~52
6	下模座	45	28~32
7	下模衬垫	45	38~42
8	凹模芯	LD	56~60
9	凹模外套	45	28~32

2. 局部冷镦粗制坯模具设计

图 7-27 所示为局部冷镦粗制坯模具结构。

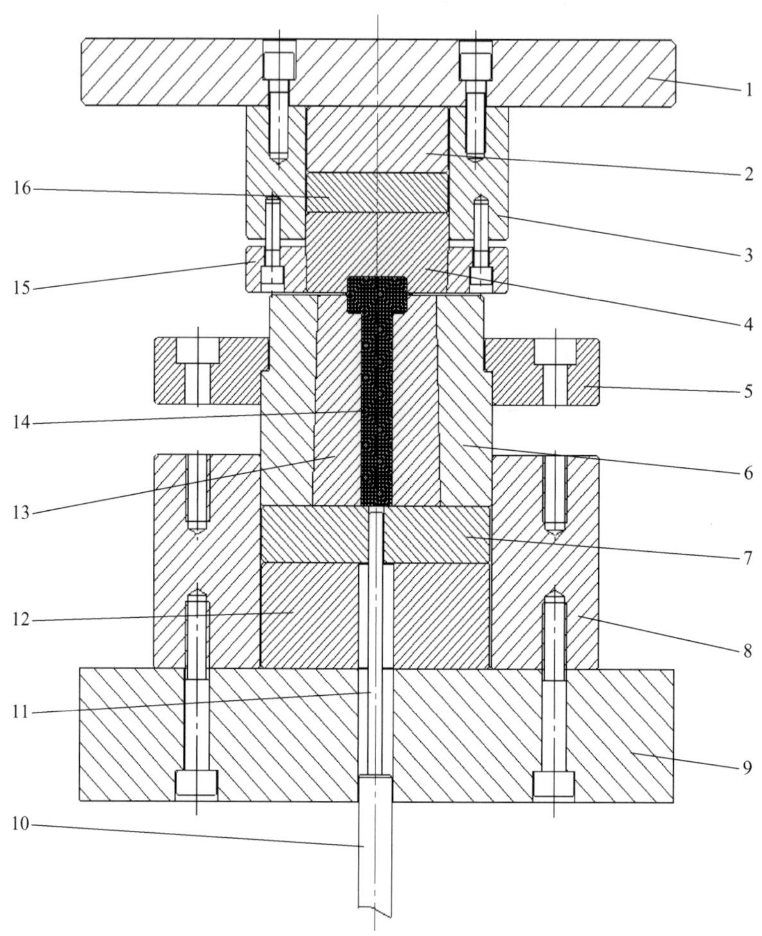

1—上模板；2—上模垫块；3—上模座；4—上凹模芯；5—下模压板；6—下凹模外套；7—下模垫块；8—下模座；9—下模板；10—下顶杆；11—顶料杆；12—下模衬垫；13—下凹模芯；14—镦坯件；15—上凹模外套；16—上模垫板。

图 7－27　局部冷镦粗制坯模具结构

该模具具有如下特点。

(1) 该模具为局部冷镦粗模具，用于将图 7－19 所示的正挤压坯件中 ϕ26.6mm×60mm 的圆柱体部分镦粗成 ϕ27.4mm×50mm 圆柱体的镦坯件，如图 7－20 所示。

(2) 上凹模由上凹模芯 4 和上凹模外套 15 组成，在上凹模芯 4 下端面的工作部分有异型型腔；上凹模芯 4 的外锥面上镶套上凹模外套 15，上凹模芯 4 和上凹模外套 15 经锥度过盈、冷压配合而成的预应力组合模具结构。

(3) 下凹模由下凹模芯 13 和下凹模外套 6 组成，下凹模芯 13 和下凹模外套 6 组成的下模采用锥度过盈配合的预应力组合模具结构。

图 7－28 所示为局部冷镦粗制坯模具的主要模具零件图。表 7－4 所示为局部冷镦粗制坯模具的主要模具零件材料及热处理硬度。

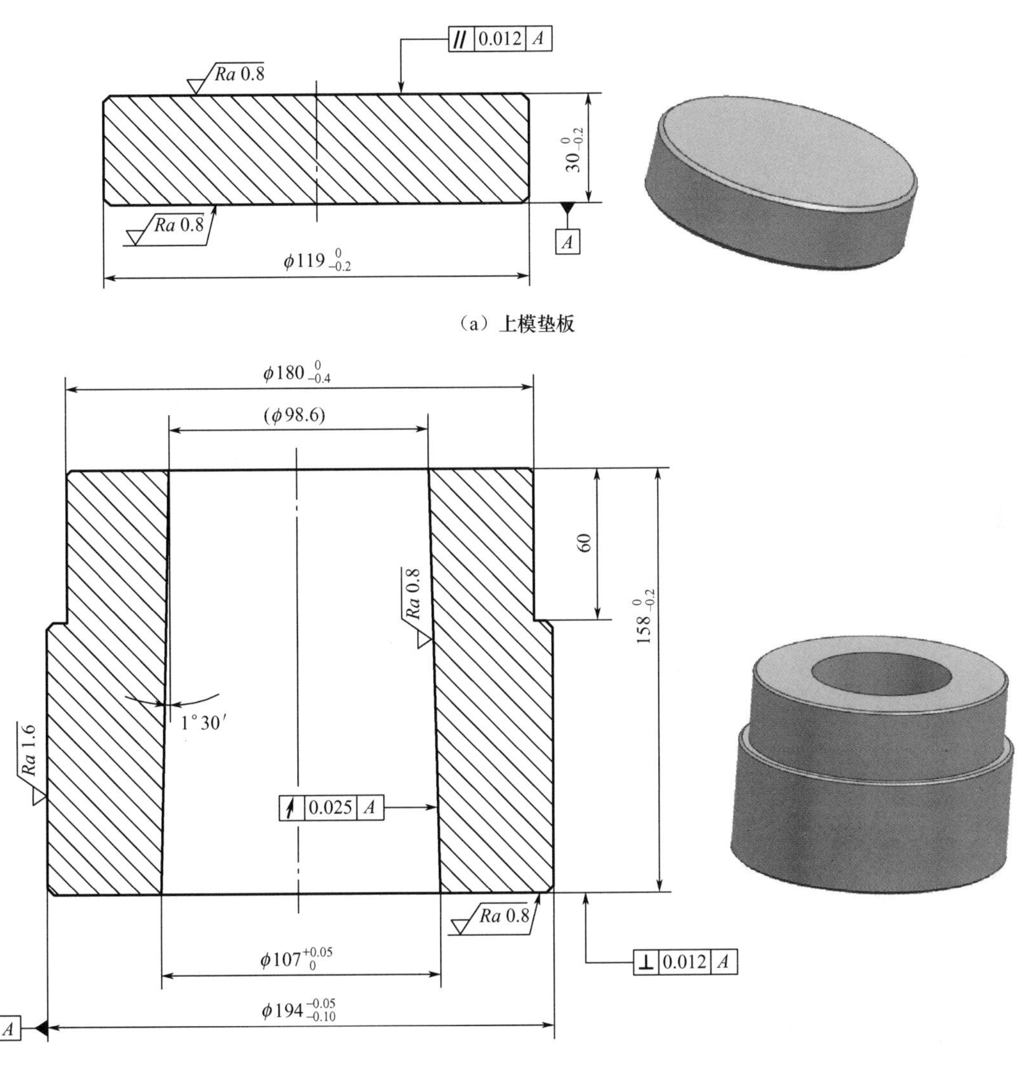

（a）上模垫板

（b）下凹模外套

图 7－28 局部冷镦粗制坯模具的主要模具零件图

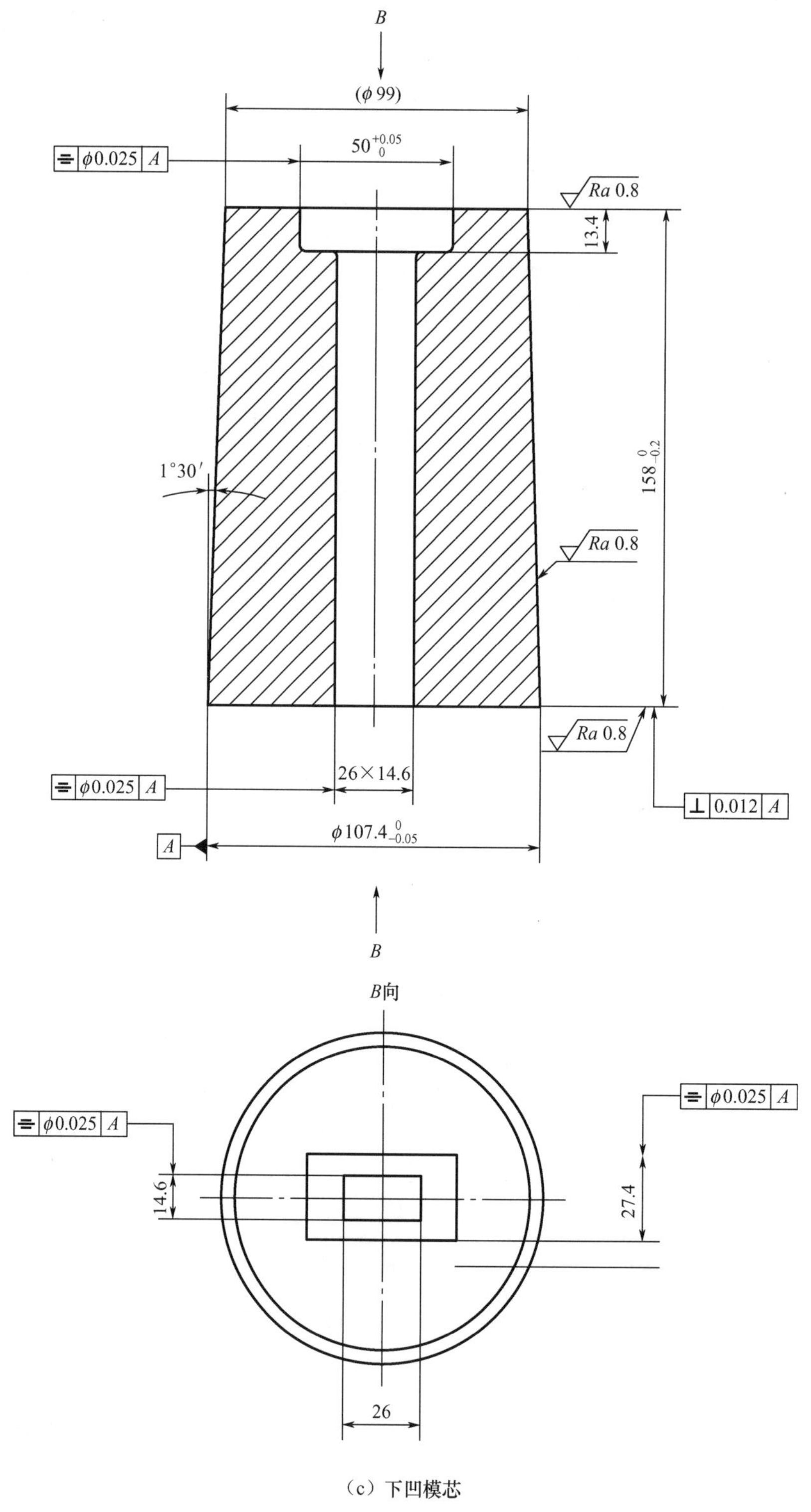

（c）下凹模芯

图 7-28　局部冷镦粗制坯模具的主要模具零件图（续）

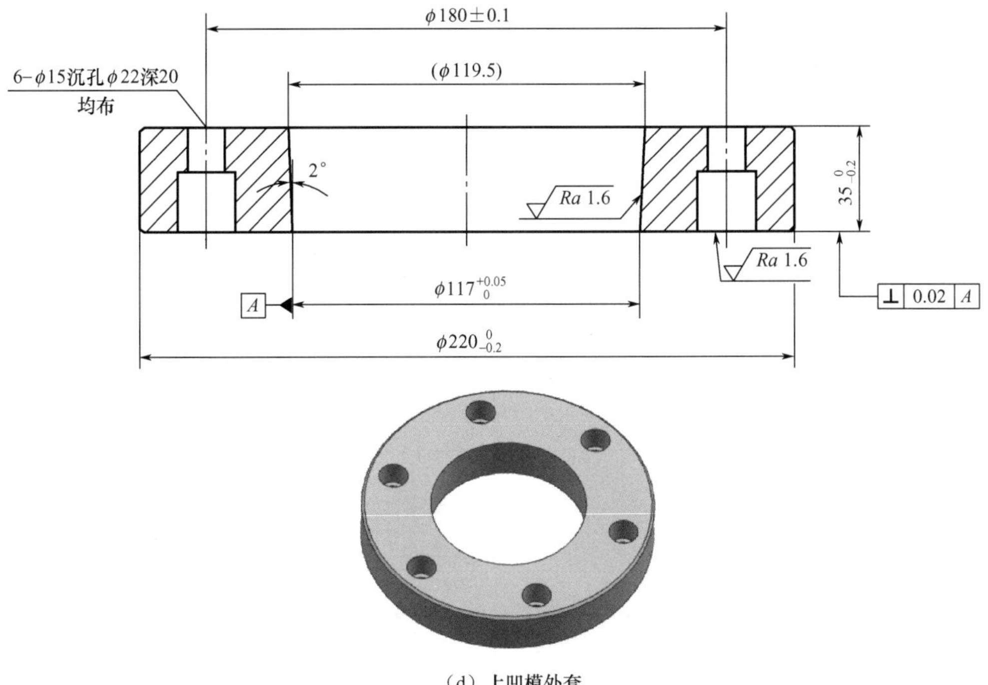

（d）上凹模外套

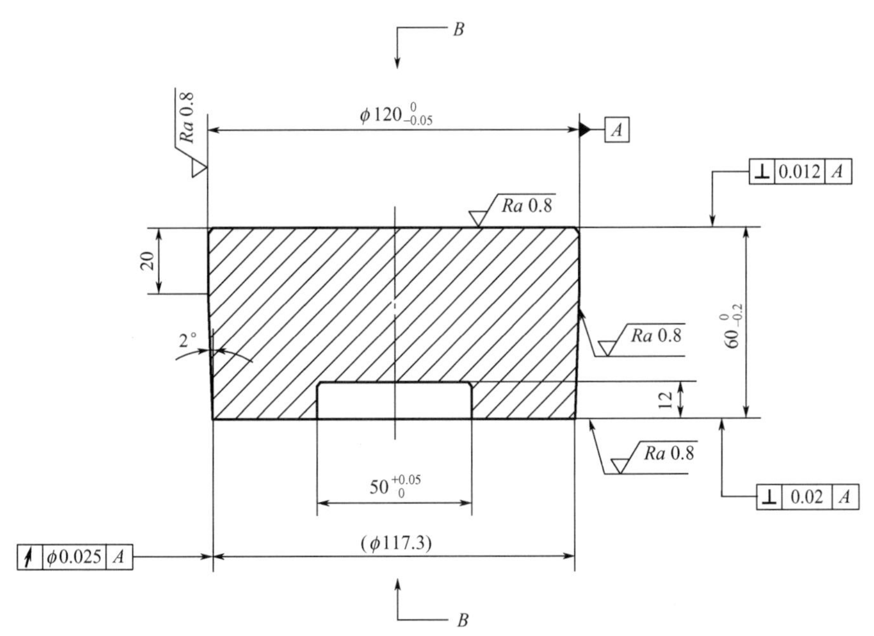

图 7－28　局部冷镦粗制坯模具的主要模具零件图（续）

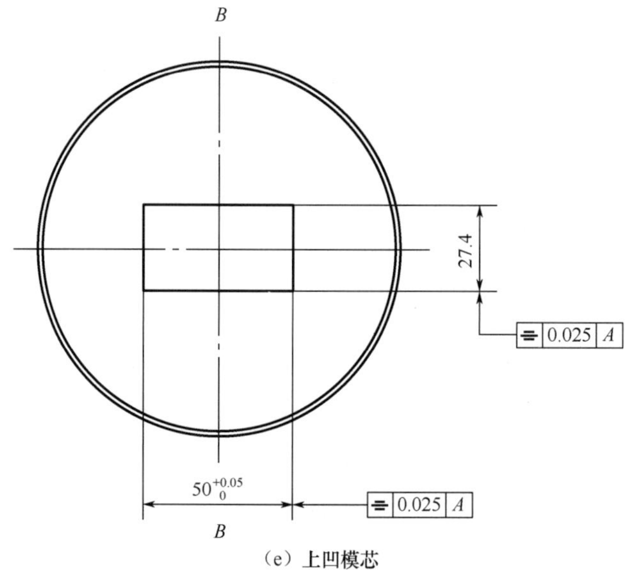

(e) 上凹模芯

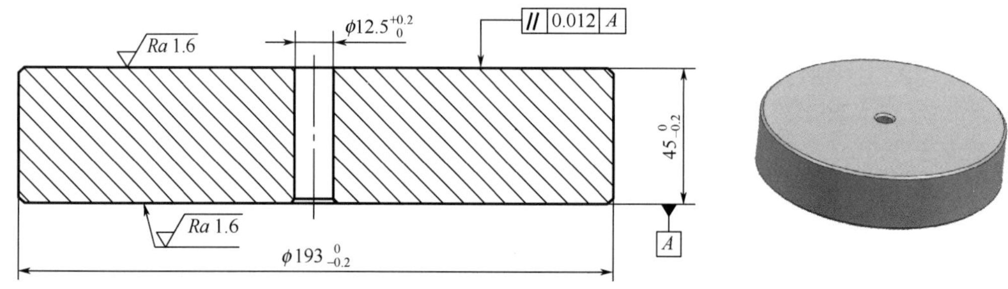

(f) 下模垫块

图 7－28　局部冷镦粗制坯模具的主要模具零件图（续）

表 7－4　局部冷镦粗制坯模具的主要模具零件材料及热处理硬度

序号	模具零件	材料	热处理硬度/HRC
1	下模垫块	H13	48～52
2	上凹模外套	45	28～32
3	上模垫板	H13	48～52
4	上凹模芯	Cr12MoV	54～58
5	下凹模芯	Cr12MoV	54～58
6	下凹模外套	45	28～32

3. 镦挤制坯模具设计

图 7－29 所示为镦挤制坯模具结构。

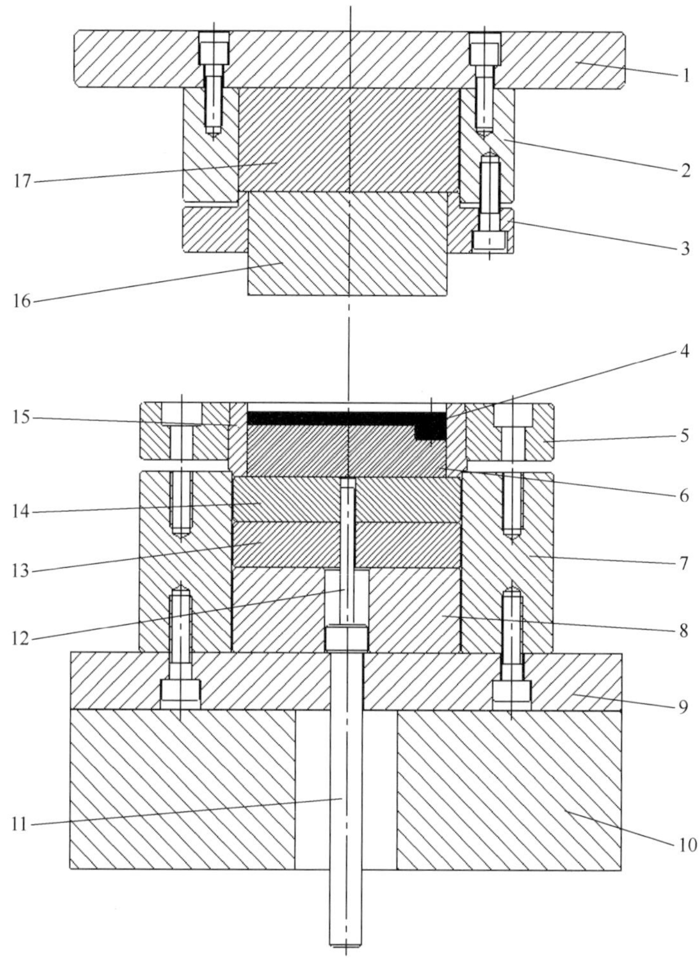

1—上模板；2—上模座；3—冲头固定板；4—镦挤坯件；5—凹模外套；6—凹模芯垫；7—下模座；8—顶杆垫板；9—下模板；10—下垫板；11—下顶杆；12—顶杆；13—凹模垫板；14—凹模承载垫；15—凹模芯；16—冲头；17—冲垫。

图 7－29　镦挤制坯模具结构

该模具具有如下特点。

(1) 该模具为镦粗模具，用于将图 7－21 所示剖分坯件中 26mm×14.6mm×145mm 的矩形杆镦挤成图 7－22 所示具有异形截面杆的镦挤坯件。

(2) 上模由冲头 16 和冲头固定板 3 组成，冲头 16 与冲头固定板 3 之间为过盈配合，其过盈量为单边 0.075mm，其配合方式为热镶套。

(3) 下模成形型腔由凹模芯 15 和凹模芯垫 6 组成，凹模芯 15 和凹模外套 5 组成的下模采用锥度过盈配合的预应力组合模具结构。

(4) 凹模芯垫 6 的上端面有异型型腔，凹模芯垫 6 既是组成下模成形型腔的模具零件，又作为顶料杆起顶料作用；凹模芯垫 6 外形与凹模芯 15 内孔之间的间隙不能过大，以防止由铝合金挤入形成的毛刺或飞边造成顶出困难。

图 7－30 所示为镦挤制坯模具的主要模具零件图。表 7－5 所示为镦挤制坯模具的主要模具零件材料及热处理硬度。

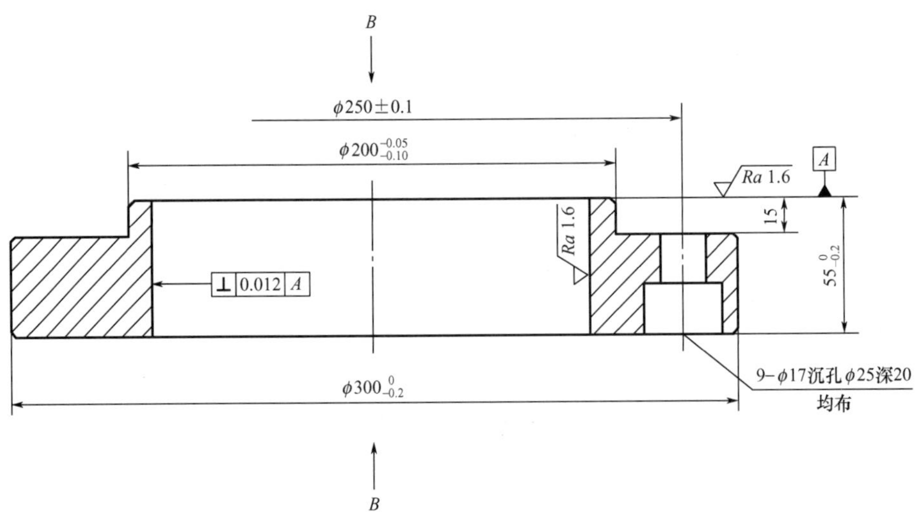

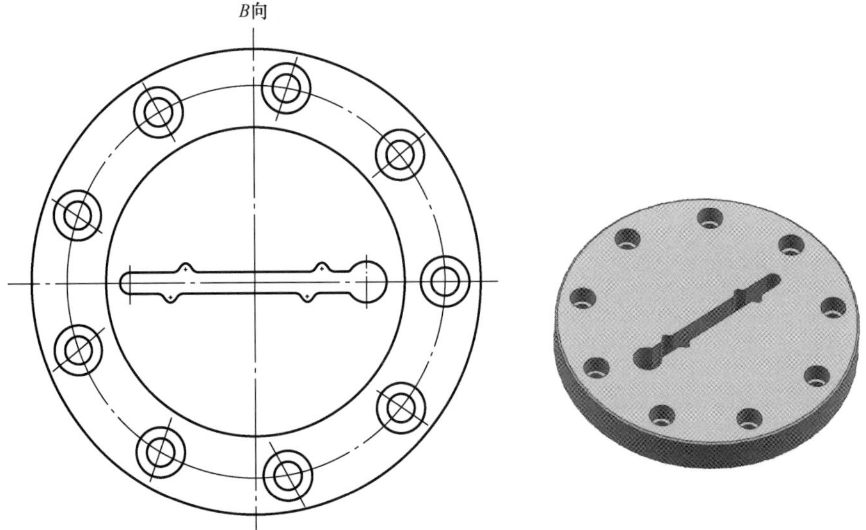

（a）冲头固定套

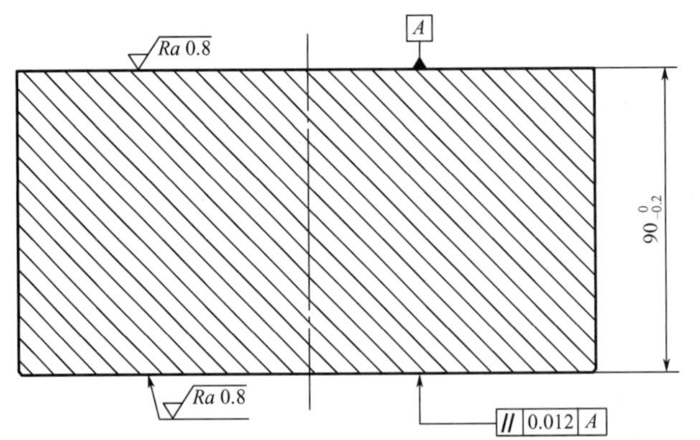

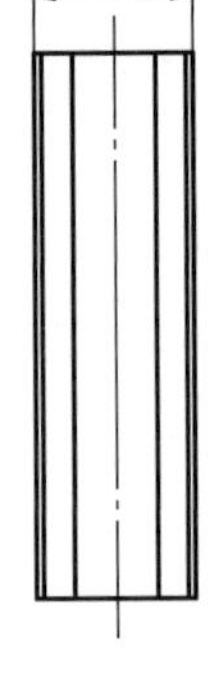

图 7－30　镦挤制坯模具的主要模具零件图

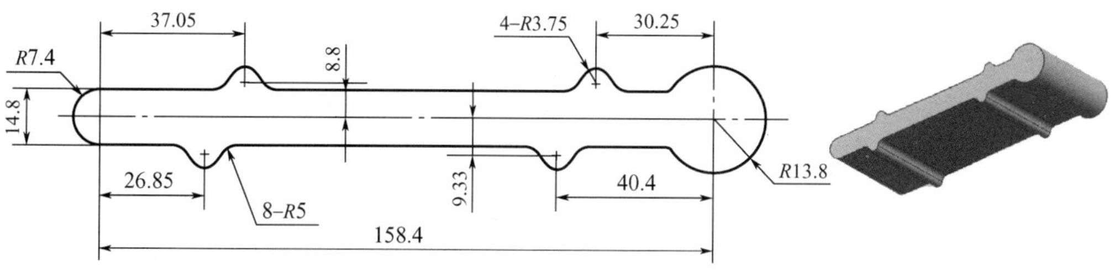

（b）冲头

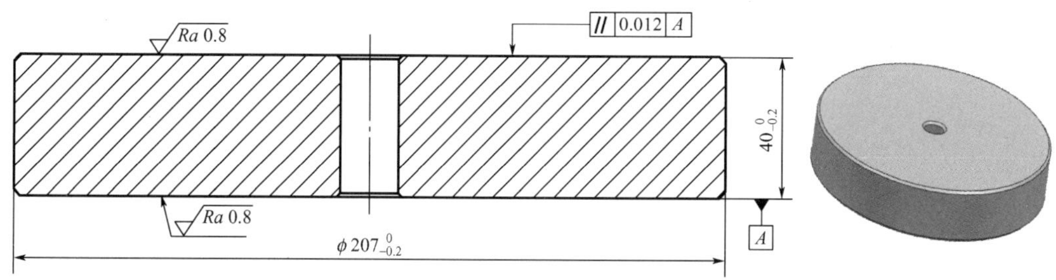

（c）凹模承载垫

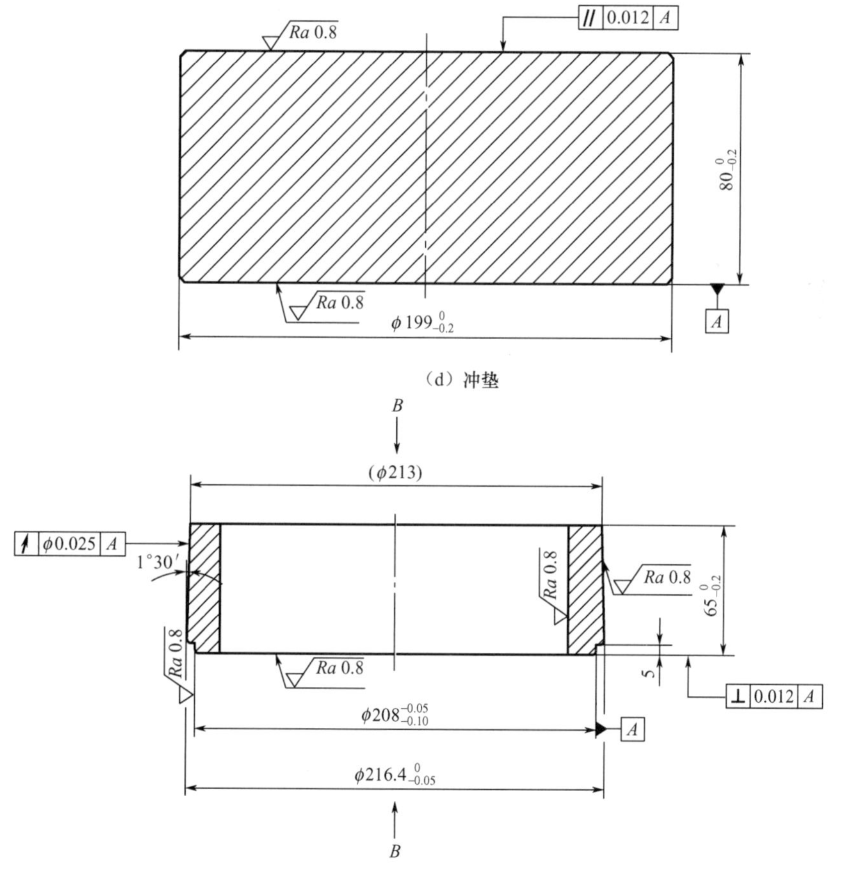

（d）冲垫

图 7-30 镦挤制坯模具的主要模具零件图（续）

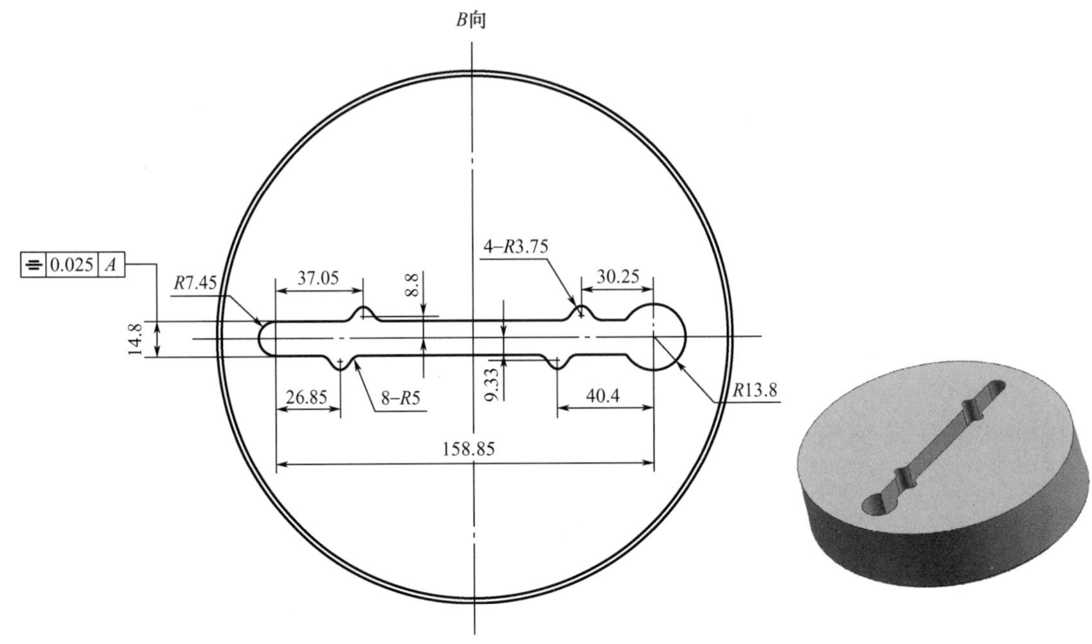

（e）凹模芯

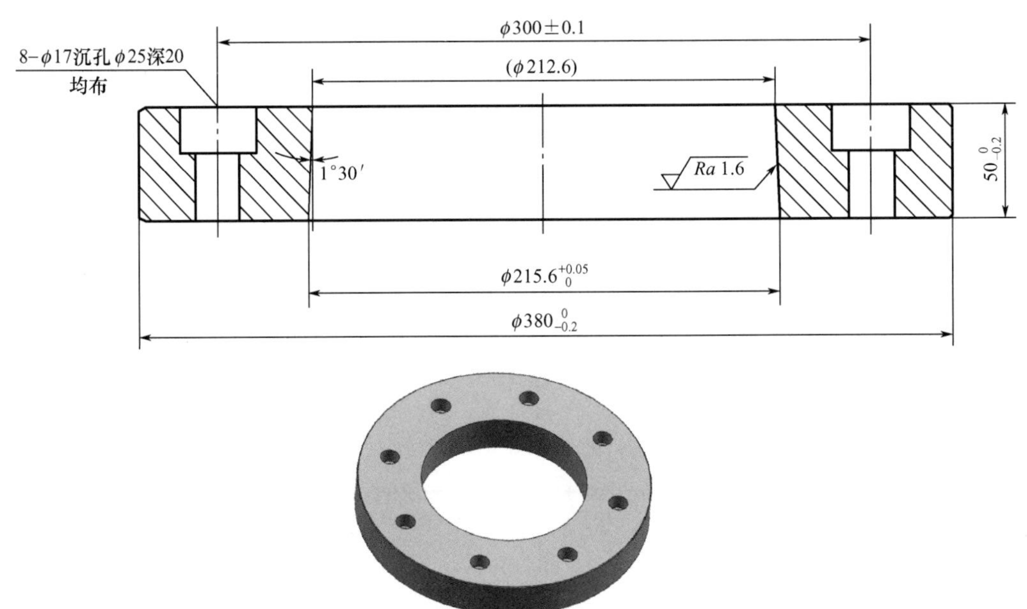

（f）凹模外套

图 7-30　镦挤制坯模具的主要模具零件图（续）

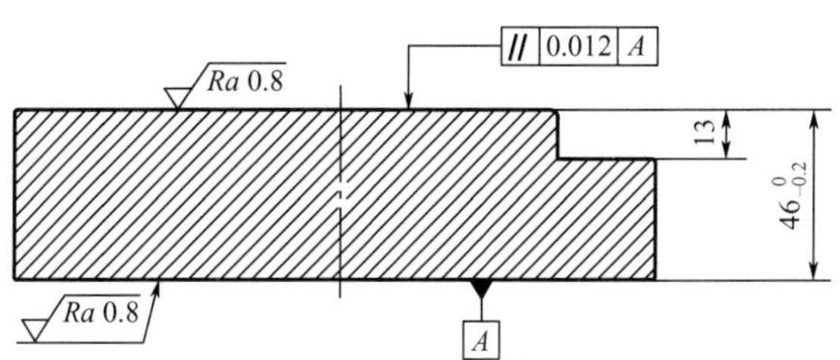

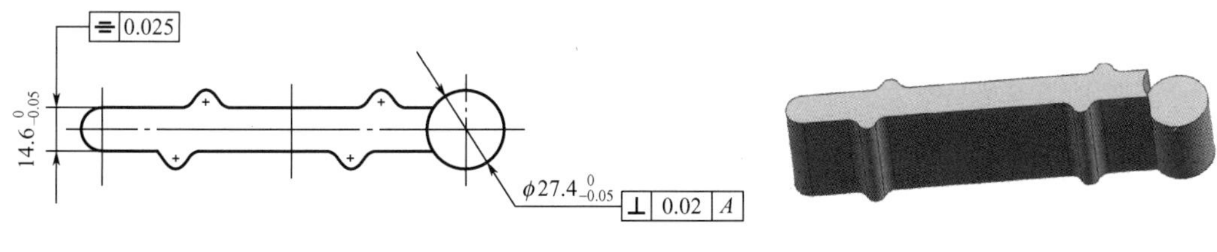

（g）凹模芯垫

图 7－30　镦挤制坯模具的主要模具零件图（续）

表 7－5　镦挤制坯模具的主要模具零件材料及热处理硬度

序号	模具零件	材料	热处理硬度/HRC
1	凹模承载垫	H13	48～52
2	凹模芯垫	LD	56～60
3	凹模外套	45	28～32
4	凹模芯	Cr12MoV	54～58
5	冲垫	H13	48～52
6	冲头固定套	45	28～32

4. 反挤压预成形模具设计

图 7－31 所示为反挤压预成形模具结构。

该模具具有如下特点。

（1）该模具为反挤压模具，用于将图 7－22 所示的镦挤坯件反挤压成图 7－23 所示具有“凹槽”形的预成形件；该模具结构与图 7－29 所示的镦挤制坯模具结构相似。

（2）上模由冲头 16 和冲头固定板 3 组成，冲头 16 与冲头固定板 3 之间为柱面过盈配合，其过盈量为单边 0.075mm，其配合方式为热镶套。

（3）下模成形型腔由凹模芯 15 和凹模芯垫 6 组成，凹模芯 15 和凹模外套 5 组成的下模采用锥度过盈配合的预应力组合模具结构。

（4）凹模芯垫 6 的上端面有异形型腔。凹模芯垫 6 既是组成下模成形型腔的模具零件，又作为顶料杆起顶料作用；凹模芯垫 6 外形与凹模芯 15 内孔之间的间隙不能过大，以防止由铝合金挤入形成的毛刺或飞边造成顶出困难。

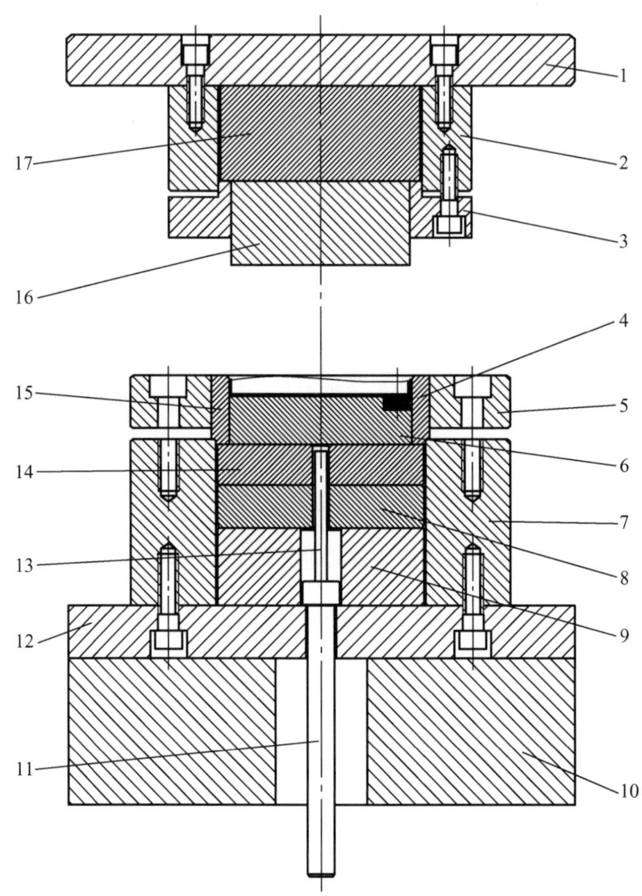

1—上模板；2—上模座；3—冲头固定板；4—预成形件；5—凹模外套；6—凹模芯垫；7—下模座；8—凹模垫板；9—顶杆垫块；10—下垫板；11—下顶杆；12—下模板；13—顶杆；14—凹模垫块；15—凹模芯；16—冲头；17—冲垫。

图 7－31　反挤压预成形模具结构

5. 冷闭式挤压成形模具设计

图 7－32 所示为冷闭式挤压成形模具结构。

该模具具有如下特点。

（1）该模具为冷闭式挤压模具，用于将图 7－24 所示的铣削加工件挤压成图 7－17 所示的精锻件。

（2）上模 17 的下端面凸起部分为工作部分，其形状与图 7－24 所示铣削加工件的内孔型腔（“凹槽”）相同；该工作部分高度方向的尺寸与图 7－24 所示铣削加工件的内孔型腔深度相同，其长度和宽度方向的尺寸比图 7－24 所示铣削加工件的内孔型腔小 0.05mm。

（3）下模成形型腔由凹模芯 16、凹模芯垫 15、冲孔冲头 5 组成，凹模芯 16 和凹模外套 4 组成的下模采用锥度过盈配合的预应力组合模具结构。

（4）凹模芯垫 15 的上端面有异型型腔。凹模芯垫 15 既是组成下模成形型腔的模具零件，又作为顶料杆起顶料作用；凹模芯垫 15 外形与凹模芯 16 内孔之间的间隙不能过

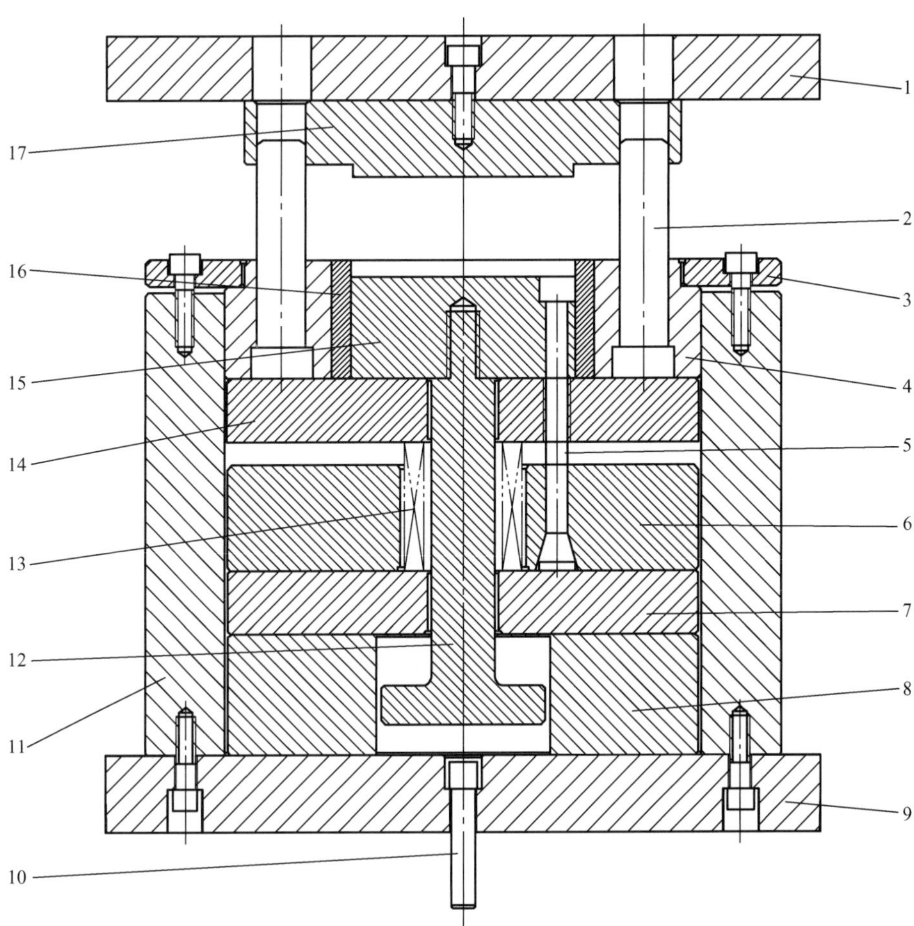

1—上模板；2—导柱；3—凹模压板；4—凹模外套；5—冲孔冲头；6—下模衬垫；7—下模垫板；8—顶杆垫块；9—下模板；10—下顶杆；11—下模座；12—顶料杆；13—压簧；14—凹模垫块；15—凹模芯垫；16—凹模芯；17—上模。

图 7-32 冷闭式挤压成形模具结构

大，以防止由铝合金挤入形成的毛刺或飞边造成凹模芯垫 15 上、下运动困难，影响顶料。

(5) 冲孔冲头 5 在凹模芯垫 15 的孔内。冲孔冲头 5 既是组成下模成形型腔的模具零件，又作为冲孔模具起冲孔作用；冲孔冲头 5 工作部分直径与凹模芯垫 15 内孔之间的间隙不能过大，以防止由铝合金挤入形成的毛刺或飞边造成凹模芯垫 15 上、下运动困难，影响顶料。

图 7-33 所示为冷闭式挤压成形模具的主要模具零件图。表 7-6 所示为冷闭式挤压成形模具的主要模具零件材料及热处理硬度。

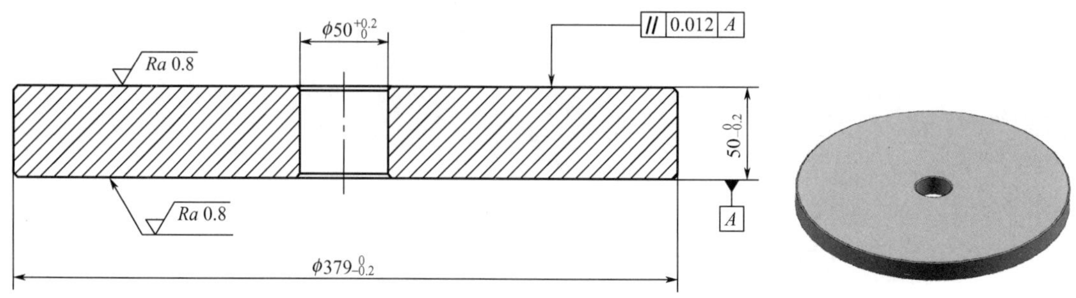

（a）下模垫板

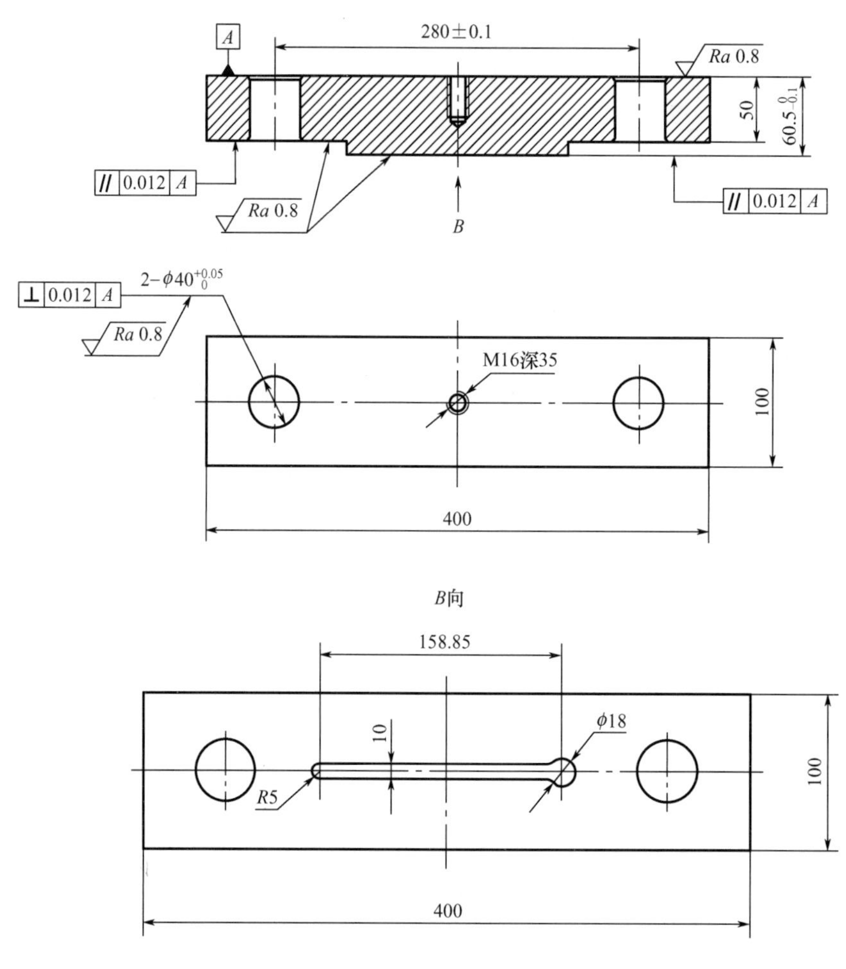

（b）上模

图 7-33　冷闭式挤压成形模具的主要模具零件图

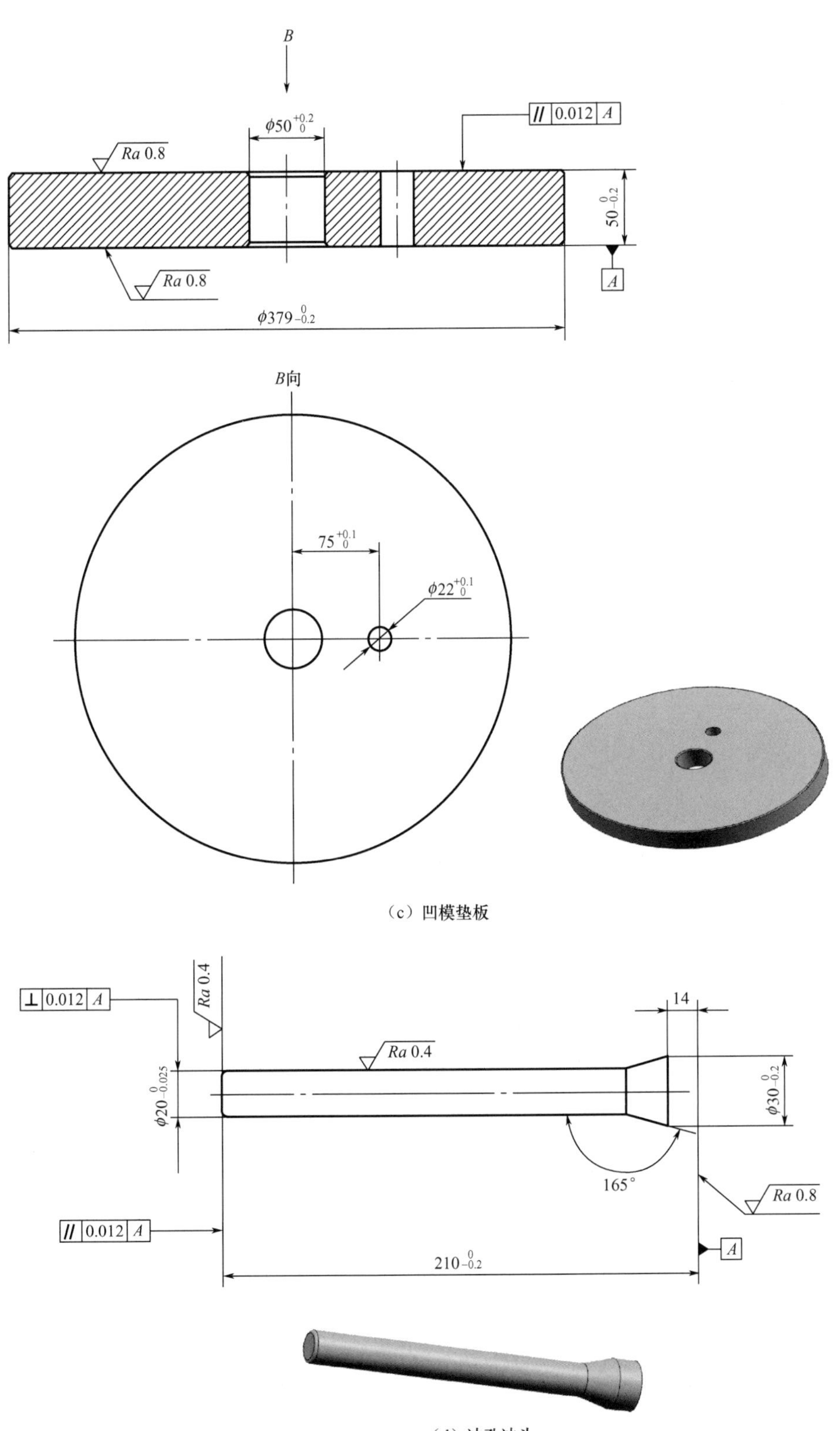

（c）凹模垫板

（d）冲孔冲头

图 7－33　冷闭式挤压成形模具的主要模具零件图（续）

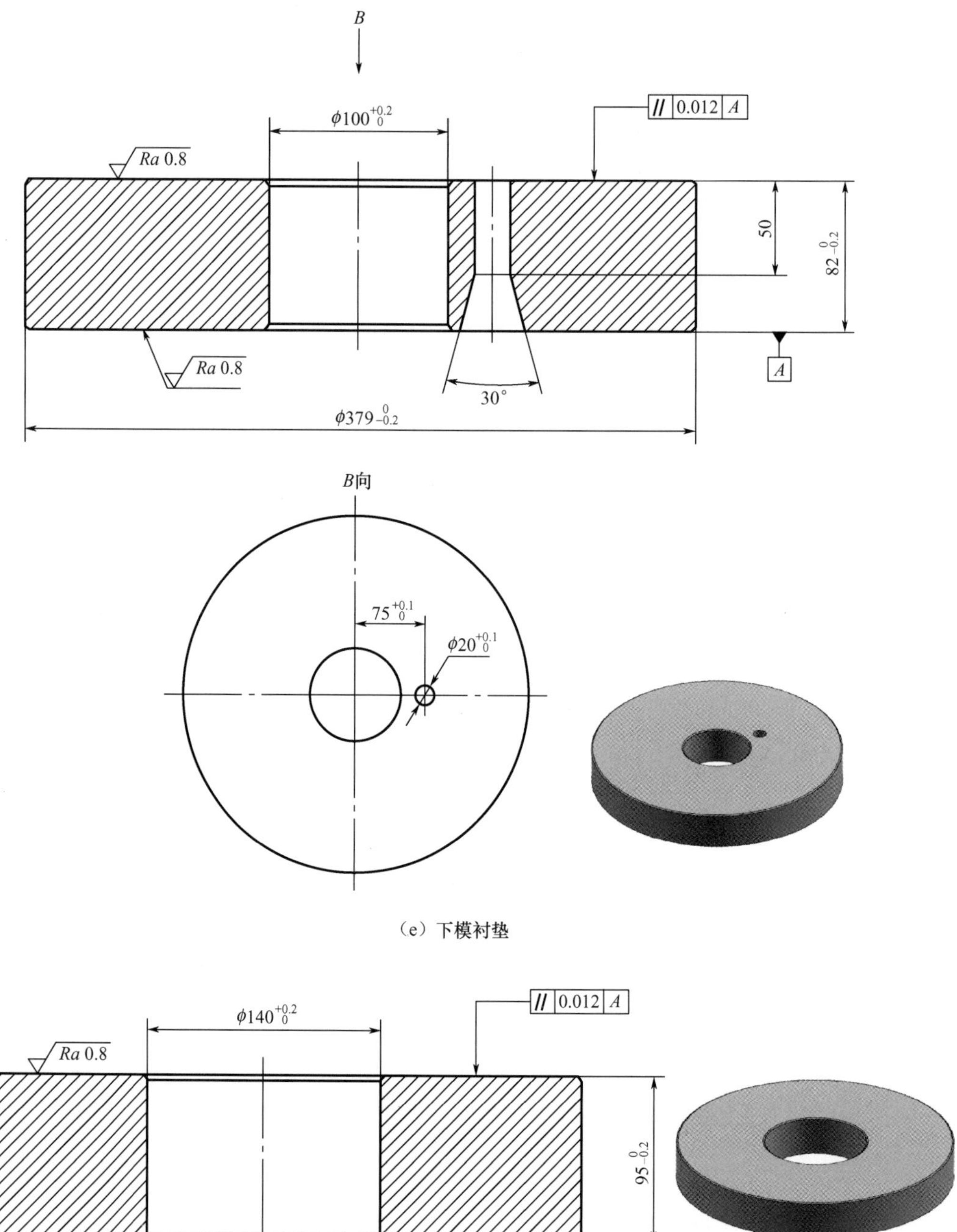

（e）下模衬垫

（f）顶杆垫块

图 7－33　冷闭式挤压成形模具的主要模具零件图（续）

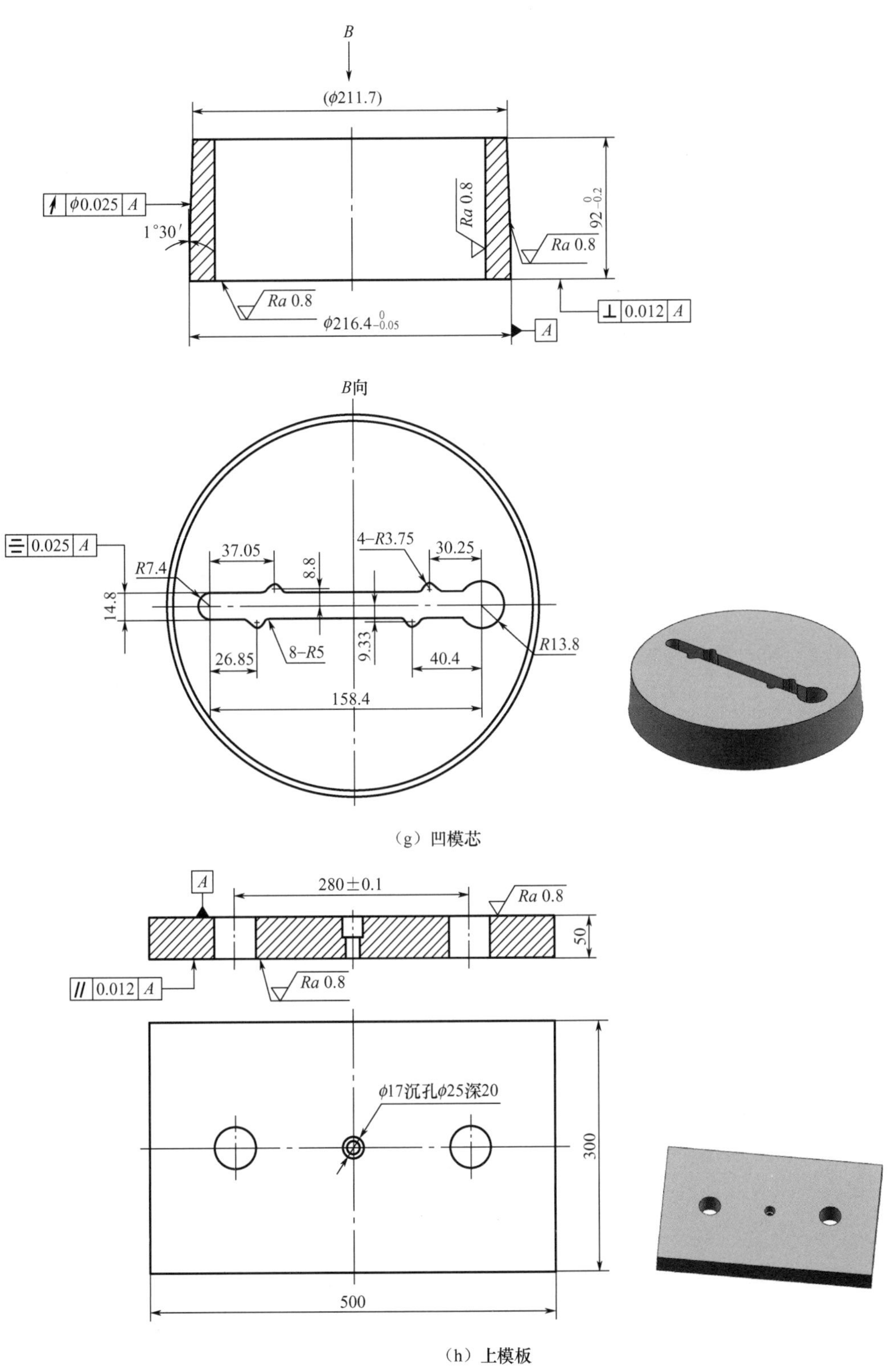

（g）凹模芯

（h）上模板

图 7－33　冷闭式挤压成形模具的主要模具零件图（续）

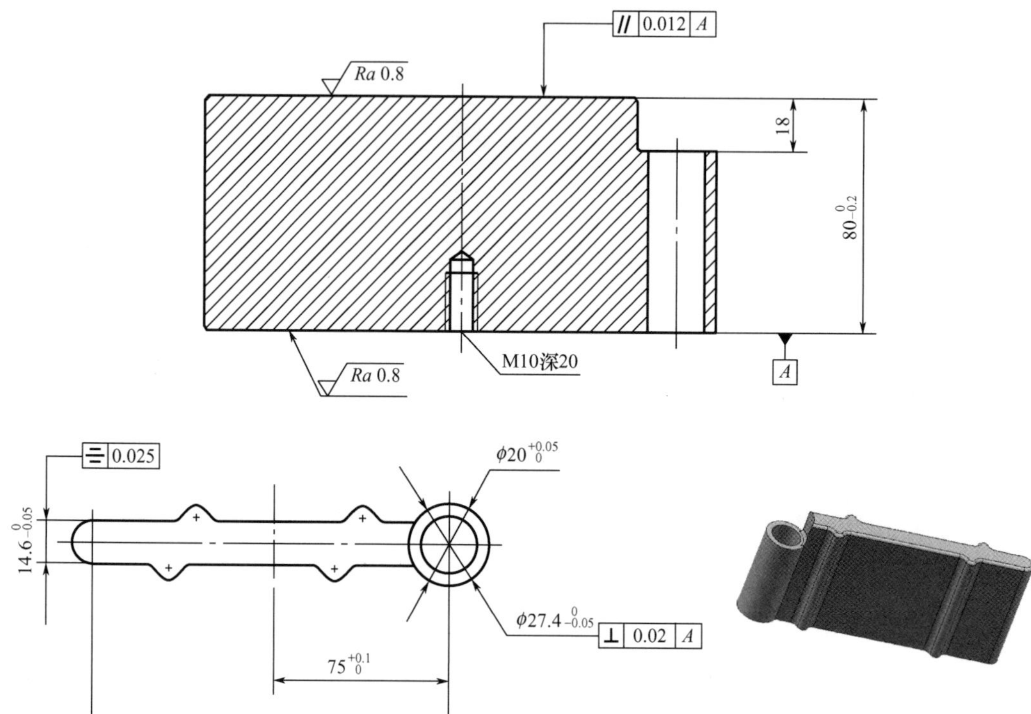

（i）凹模芯垫

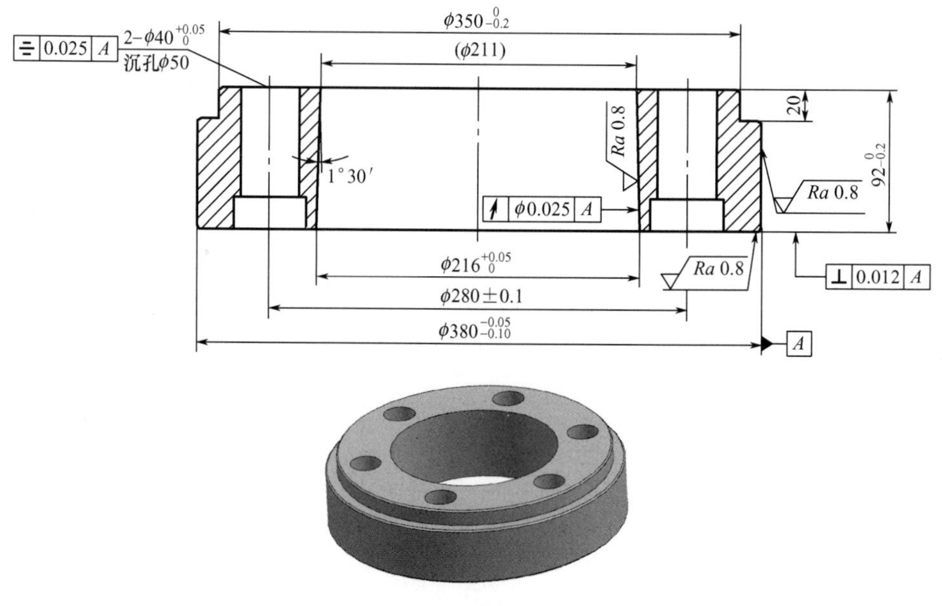

（j）凹模外套

图 7－33　冷闭式挤压成形模具的主要模具零件图（续）

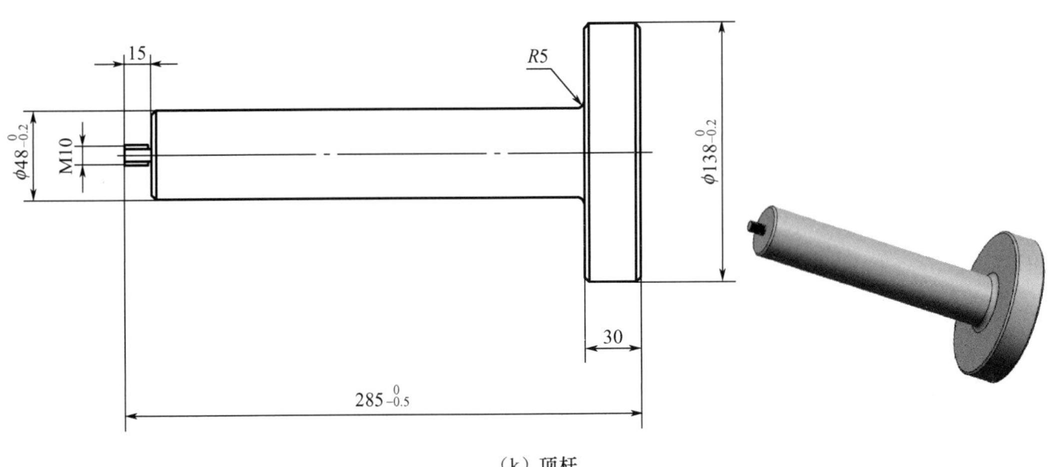

(k) 顶杆

图 7-33　冷闭式挤压成形模具的主要模具零件图（续）

表 7-6　冷闭式挤压成形模具的主要模具零件材料及热处理硬度

序号	模具零件	材料	热处理硬度/HRC
1	冲孔冲头	LD	56～60
2	顶杆	45	38～42
3	顶杆垫块	45	28～32
4	下模垫板	45	38～42
5	下模衬垫	45	38～42
6	凹模垫块	H13	48～52
7	凹模芯垫	LD	56～60
8	凹模外套	45	28～32
9	上模板	45	28～32
10	凹模芯	Cr12MoV	54～58
11	上模	Cr12MoV	54～58

7.3.3 循环器壳体精密锻造成形过程工艺卡片

（1）原材料检验。

WT	工序卡片	产品型号		零件图号	WT003	编号	WT003－Y1
		产品名称		零件名称	循环器壳体	共 15 页	第 1 页

6000

$\phi 26$

车间	工序号	工序名称	材料牌号
	10	原材料检验	6061
毛坯种类	毛坯尺寸	每毛坯可制件数	每台件数
购置铝材	ϕ26mm×6000mm		
设备名称	设备型号	设备编号	同时加工件数
夹具编号	夹具名称	工序工时	切削液

工步号	工步内容	工艺参数	主轴转速 r/min	切削速度 m/min	进给量 r/min	切削深度 mm	进给次数	工步工时	
11	规格	外径为 ϕ26mm、长度为 6000mm							
12	化学成分	按 GB/T 3190—2020							
13	力学性能	按 GB/T 3880.2—2012							
14	外观	无明显划痕等缺陷							

										编制	校对	批准	阶段标记		
标记	处数	更改文件号	签字	日期	标记	处数	更改文件号	签字	日期					A	

（2）下料。

WT	工序卡片	产品型号		零件图号	WT003	编号	WT003-Y2
		产品名称		零件名称	循环器壳体	共15页	第2页

Ra 1.6

$\phi 26$

Ra 6.3

$140_{-0.4}^{0}$

Ra 6.3

车间	工序号	工序名称	材料牌号
	20	带锯下料	6061
毛坯种类	毛坯尺寸	每毛坯可制件数	每台件数
原始铝材	ϕ26mm×6000mm	42	
设备名称	设备型号	设备编号	同时加工件数
带锯床	GB4025		24
夹具编号	夹具名称	工序工时	切削液
			乳化液

工步号	工步内容	工艺参数	主轴转速 r/min	切削速度 m/min	进给量 r/min	切削深度 mm	进给次数	工步工时	
21	带锯下料	长度为 $140_{-0.4}^{0}$ mm							
22	外观	无毛刺、裂纹等缺陷							

										编制	校对	批准	阶段标记		
标记	处数	更改文件号	签字	日期	标记	处数	更改文件号	签字	日期						A

(3) 坯料退火处理。

WT	工序卡片	产品型号		零件图号	WT003	编号	WT003－Y3
		产品名称		零件名称	循环器壳体	共 15 页	第 3 页

Ra 1.6　Ra 6.3　$\phi 26$　$140_{-0.4}^{0}$　Ra 6.3

车间	工序号	工序名称	材料牌号
	30	坯料退火处理	6061
毛坯种类	毛坯尺寸	每毛坯可制件数	每台件数
坯料	ϕ26mm×140mm		
设备名称	设备型号	设备编号	同时加工件数
箱式电阻炉	RX3－45－9		
夹具编号	夹具名称	工序工时	切削液

工步号	工步内容	工艺参数	主轴转速 r/min	切削速度 m/min	进给量 r/min	切削深度 mm	进给次数	工步工时	
31	退火处理	加热温度为450℃±20℃							
		保温时间为60～90min							
		随炉冷却至室温出炉							
32	检验	布氏硬度为50～60HB							

										编制	校对	批准	阶段标记		
标记	处数	更改文件号	签字	日期	标记	处数	更改文件号	签字	日期						A

（4）坯料表面润滑处理。

WT	工序卡片	产品型号		零件图号	WT003	编号	WT003－Y4
		产品名称		零件名称	循环器壳体	共 15 页	第 4 页

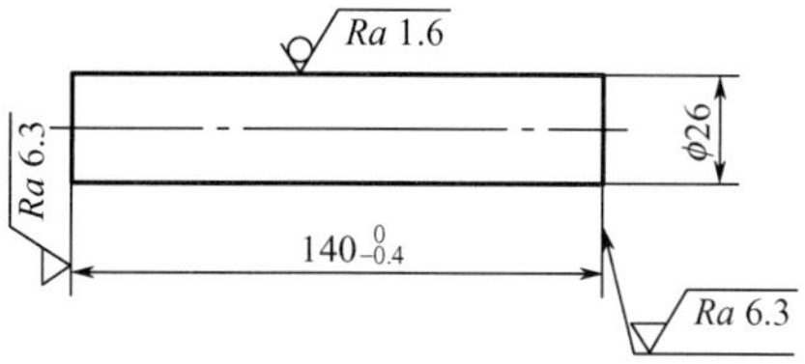

车间	工序号	工序名称	材料牌号
	40	坯料表面润滑处理	6061
毛坯种类	毛坯尺寸	每毛坯可制件数	每台件数
退火坯件	ϕ26mm×140mm		
设备名称	设备型号	设备编号	同时加工件数
螺旋振动研磨机	ZDPA－200		
模具编号	模具名称	工序工时	润滑剂
			硬脂酸锌粉末98%+猪油2%

工步号	工步内容	工艺参数	主轴转速 r/min	切削速度 m/min	进给量 r/min	切削深度 mm	进给次数	工步工时	
41	表面润滑处理	振动时间为10～15min							
42	检验	表面覆盖一层硬脂酸锌润滑剂							

										编制	校对	批准	阶段标记
标记	处数	更改文件号	签字	日期	标记	处数	更改文件号	签字	日期				A

（5）冷正挤压制坯。

WT	工序卡片	产品型号		零件图号	WT003	编号	WT003 - Y5
		产品名称		零件名称	循环器壳体	共 15 页	第 5 页

车间	工序号	工序名称	材料牌号
	50	冷正挤压制坯	6061
毛坯种类	毛坯尺寸	每毛坯可制件数	每台件数
润滑坯料	ϕ26mm×140mm		
设备名称	设备型号	设备编号	同时加工件数
液压机	YH32 - 200		
模具编号	模具名称	工序工时	润滑剂
WT003 - LZJYM	冷正挤压制坯模具		猪油

工步号	工步内容	工艺参数	主轴转速 r/min	切削速度 m/min	进给量 r/min	切削深度 mm	进给次数	工步工时	
51	冷正挤压制坯模具的润滑	用棉纱将猪油润滑剂均匀地涂抹在冷正挤压制坯模具凹模的内孔型腔中和冲头的工作表面							
52	冷正挤压制坯加工	正挤压坯件尺寸见图 7 - 19							
53	检验	正挤压坯件尺寸见图 7 - 19							

										编制	校对	批准	阶段标记		
标记	处数	更改文件号	签字	日期	标记	处数	更改文件号	签字	日期						A

（6）正挤压坯件表面润滑处理。

WT	工序卡片	产品型号		零件图号	WT003	编号	WT003 - Y6
		产品名称		零件名称	循环器壳体	共 15 页	第 6 页

60 25.8 φ26.6 45° 14.4 205

车间	工序号	工序名称	材料牌号
	60	正挤压坯件表面润滑处理	6061
毛坯种类	毛坯尺寸	每毛坯可制件数	每台件数
正挤压坯件	ϕ26.6mm×205mm		
设备名称	设备型号	设备编号	同时加工件数
螺旋振动研磨机	ZDPA - 200		
夹具编号	夹具名称	工序工时	润滑剂
			硬脂酸锌粉末98%+猪油2%

工步号	工步内容	工艺参数	主轴转速 r/min	切削速度 m/min	进给量 r/min	切削深度 mm	进给次数	工步工时	
61	表面润滑处理	振动时间为10～15min							
62	检验	表面覆盖一层硬脂酸锌润滑剂							

										编制	校对	批准	阶段标记		
标记	处数	更改文件号	签字	日期	标记	处数	更改文件号	签字	日期						A

（7）局部冷镦粗制坯。

WT	工序卡片	产品型号		零件图号	WT003	编号	WT003 - Y7
		产品名称		零件名称	循环器壳体	共 15 页	第 7 页

车间	工序号	工序名称	材料牌号
	70	局部冷镦粗制坯	6061
毛坯种类	毛坯尺寸	每毛坯可制件数	每台件数
正挤压坯件	ϕ26.6mm×205mm		
设备名称	设备型号	设备编号	同时加工件数
液压机	YH32 - 200		
模具编号	模具名称	工序工时	润滑剂
WT003 - JBLDCM	局部冷镦粗制坯模具		猪油

工步号	工步内容	工艺参数	主轴转速 r/min	切削速度 m/min	进给量 r/min	切削深度 mm	进给次数	工步工时	
71	局部冷镦粗制坯模具的润滑	用棉纱将猪油润滑剂均匀地涂抹在局部冷镦粗制坯模具凹模的内孔型腔中和冲头的工作表面							
72	局部冷镦粗制坯加工	镦坯件尺寸见图 7 - 20							
73	检验	镦坯件尺寸见图 7 - 20							

										编制	校对	批准	阶段标记		
标记	处数	更改文件号	签字	日期	标记	处数	更改文件号	签字	日期						A

（8）锯切剖分加工。

WT	工序卡片	产品型号		零件图号	WT003	编号	WT003－Y8
		产品名称		零件名称	循环器壳体	共15页	第8页

车间	工序号	工序名称	材料牌号
	80	锯切剖分加工	6061
毛坯种类	毛坯尺寸	每毛坯可制件数	每台件数
镦坯件	50mm×27.4mm×172mm		
设备名称	设备型号	设备编号	同时加工件数
立式带锯床	MJ345		
夹具编号	夹具名称	工序工时	切削液
			乳化液

工步号	工步内容	工艺参数	主轴转速 r/min	切削速度 m/min	进给量 r/min	切削深度 mm	进给次数	工步工时	
81	锯切	高度为24mm							
82	外观	无毛刺、裂纹等缺陷							
83	检验	剖分坯件尺寸见图7－21							

										编制	校对	批准	阶段标记		
标记	处数	更改文件号	签字	日期	标记	处数	更改文件号	签字	日期						A

(9) 剖分坯件表面润滑处理。

WT	工序卡片	产品型号		零件图号	WT003	编号	WT003-Y9
		产品名称		零件名称	循环器壳体	共 15 页	第 9 页

车间	工序号	工序名称	材料牌号
	90	剖分坯件表面润滑处理	6061
毛坯种类	毛坯尺寸	每毛坯可制件数	每台件数
剖分坯件	24mm×27.4mm×172mm		
设备名称	设备型号	设备编号	同时加工件数
螺旋振动研磨机	ZDPA-200		
夹具编号	夹具名称	工序工时	润滑剂
			硬脂酸锌粉末98%+猪油2%

工步号	工步内容	工艺参数	主轴转速 r/min	切削速度 m/min	进给量 r/min	切削深度 mm	进给次数	工步工时	
91	表面润滑处理	振动时间为10～15min							
92	检验	表面覆盖一层硬脂酸锌润滑剂							

										编制	校对	批准	阶段标记
标记	处数	更改文件号	签字	日期	标记	处数	更改文件号	签字	日期				A

（10）冷镦挤制坯。

WT	工序卡片	产品型号		零件图号	WT003	编号	WT003-Y10
		产品名称		零件名称	循环器壳体	共15页	第10页

车间	工序号	工序名称	材料牌号
	100	冷镦挤制坯	6061
毛坯种类	毛坯尺寸	每毛坯可制件数	每台件数
剖分坯件	24mm×27.4mm×172mm		
设备名称	设备型号	设备编号	同时加工件数
液压机	YH32-200		
模具编号	模具名称	工序工时	润滑剂
WT003-LDJM	冷镦挤制坯模具		猪油

工步号	工步内容	工艺参数	主轴转速 r/min	切削速度 m/min	进给量 r/min	切削深度 mm	进给次数	工步工时	
101	冷镦挤制坯润滑	用棉纱将猪油润滑剂均匀地涂抹在冷镦挤制坯模具凹模的内孔型腔中和冲头的工作表面							
102	冷镦挤制坯加工	镦挤坯件尺寸见图7-22							
103	检验	镦挤坯件尺寸见图7-22							

										编制	校对	批准	阶段标记		
标记	处数	更改文件号	签字	日期	标记	处数	更改文件号	签字	日期						A

（11）镦挤坯件表面润滑处理。

WT	工序卡片	产品型号		零件图号	WT003	编号	WT003－Y11
		产品名称		零件名称	循环器壳体	共15页	第11页

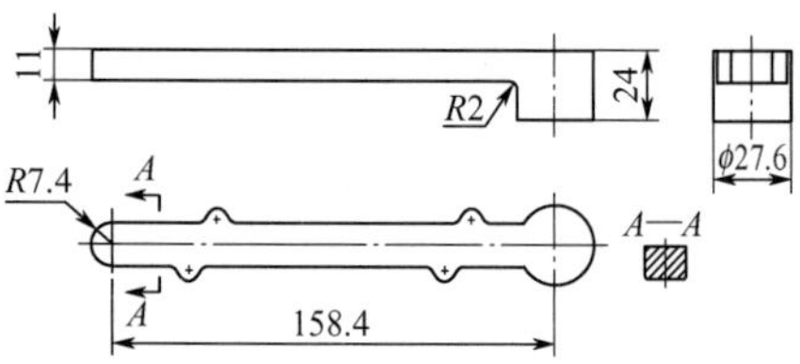

11
R2
24
ϕ27.6
R7.4
A
A
A—A
158.4

车间	工序号	工序名称	材料牌号
	110	镦挤坯件表面润滑处理	6061
毛坯种类	毛坯尺寸	每毛坯可制件数	每台件数
镦挤坯件	24mm×27.4mm×172mm		
设备名称	设备型号	设备编号	同时加工件数
螺旋振动研磨机	ZDPA－200		
夹具编号	夹具名称	工序工时	润滑剂
			硬脂酸锌粉末98%+猪油2%

工步号	工步内容	工艺参数	主轴转速 r/min	切削速度 m/min	进给量 r/min	切削深度 mm	进给次数	工步工时	
111	表面润滑处理	振动时间为10～15min							
112	检验	表面覆盖一层硬脂酸锌润滑剂							

										编制	校对	批准	阶段标记		
标记	处数	更改文件号	签字	日期	标记	处数	更改文件号	签字	日期					A	

（12）冷反挤压预成形。

WT	工序卡片	产品型号		零件图号	WT003	编号	WT003 - Y12
		产品名称		零件名称	循环器壳体	共 15 页	第 12 页

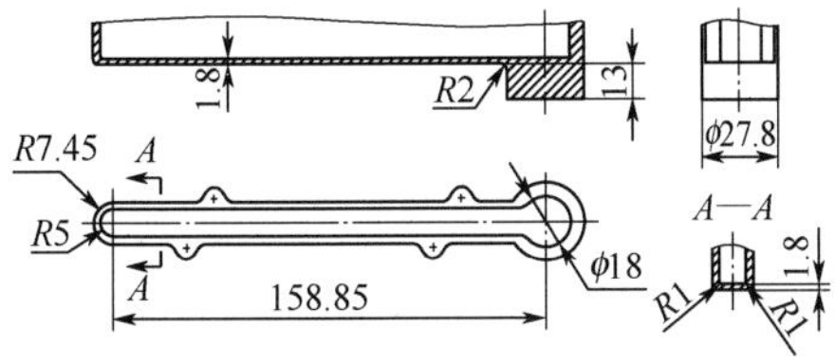

车间	工序号	工序名称	材料牌号
	120	冷反挤压预成形	6061
毛坯种类	毛坯尺寸	每毛坯可制件数	每台件数
镦挤坯件	24mm×27.4mm×172mm		
设备名称	设备型号	设备编号	同时加工件数
液压机	YH32 - 200		
模具编号	模具名称	工序工时	润滑剂
WT003 - LFJYM	冷反挤压预成形模具		猪油

工步号	工步内容	工艺参数	主轴转速 r/min	切削速度 m/min	进给量 r/min	切削深度 mm	进给次数	工步工时	
121	冷反挤压预成形润滑	用棉纱将猪油润滑剂均匀地涂抹在冷反挤压预成形模具凹模的内孔型腔中和冲头的工作表面							
122	冷反挤压预成形加工	预成形件尺寸见图 7 - 23							
123	检验	预成形件尺寸见图 7 - 23							

										编制	校对	批准	阶段标记		
标记	处数	更改文件号	签字	日期	标记	处数	更改文件号	签字	日期					A	

（13）铣削加工。

WT	工序卡片	产品型号		零件图号	WT003	编号	WT003 - Y13
		产品名称		零件名称	循环器壳体	共 15 页	第 13 页

	车间	工序号	工序名称	材料牌号
10.5		130	铣削加工	6061
	毛坯种类	毛坯尺寸	每毛坯可制件数	每台件数
	预成形件	28.5mm×27.8mm×172mm		
	设备名称	设备型号	设备编号	同时加工件数
	立式升降台铣床	X5032		
	夹具编号	夹具名称	工序工时	切削液
				乳化液

工步号	工步内容	工艺参数	主轴转速 r/min	切削速度 m/min	进给量 r/min	切削深度 mm	进给次数	工步工时	
131	铣平面	高度为 10.5mm							
132	外观	无毛刺							
133	检验	铣削加工件尺寸见图 7-24							

										编制	校对	批准	阶段标记		
标记	处数	更改文件号	签字	日期	标记	处数	更改文件号	签字	日期					A	

（14）铣削加工件表面润滑处理。

WT	工序卡片	产品型号		零件图号	WT003	编号	WT003－Y14
		产品名称		零件名称	循环器壳体	共15页	第14页

车间	工序号	工序名称	材料牌号
	110	铣削加工件表面润滑处理	6061
毛坯种类	毛坯尺寸	每毛坯可制件数	每台件数
铣削加工件	25.5mm×27.8mm×172mm		
设备名称	设备型号	设备编号	同时加工件数
螺旋振动研磨机	ZDPA－200		
夹具编号	夹具名称	工序工时	润滑剂
			硬脂酸锌粉末98%+猪油2%

工步号	工步内容	工艺参数	主轴转速 r/min	切削速度 m/min	进给量 r/min	切削深度 mm	进给次数	工步工时	
141	表面润滑处理	振动时间为10～15min							
142	检验	表面覆盖一层硬脂酸锌润滑剂							

										编制	校对	批准	阶段标记		
标记	处数	更改文件号	签字	日期	标记	处数	更改文件号	签字	日期						A

（15）冷闭式挤压成形。

WT	工序卡片	产品型号		零件图号	WT003	编号	WT003 - Y15
		产品名称		零件名称	循环器壳体	共 15 页	第 15 页

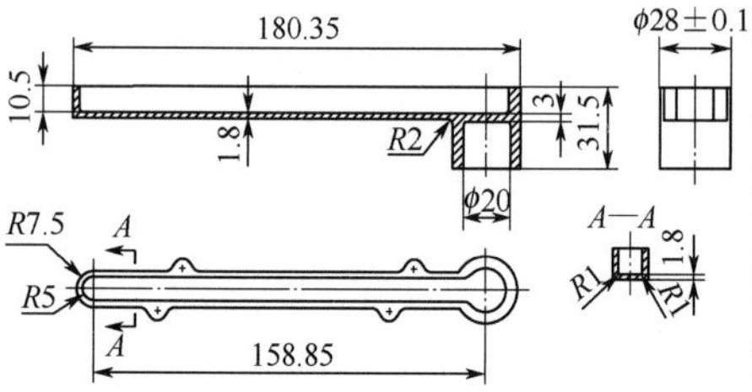

180.35
φ28±0.1
10.5
1.8
R2
3
31.5
φ20
R7.5
A
R5
A
158.85
A—A
1.8
R1
R1

车间	工序号	工序名称	材料牌号
	150	冷闭式挤压成形	6061
毛坯种类	毛坯尺寸	每毛坯可制件数	每台件数
铣削加工件	25.5mm×27.8mm×172mm		
设备名称	设备型号	设备编号	同时加工件数
液压机	YH32 - 200		
模具编号	模具名称	工序工时	润滑剂
WT003 - LBSJYM	冷闭式挤压成形模具		猪油

工步号	工步内容	工艺参数	主轴转速 r/min	切削速度 m/min	进给量 r/min	切削深度 mm	进给次数	工步工时	
151	冷闭式挤压成形模具润滑	用棉纱将猪油润滑剂均匀地涂抹在冷闭式挤压成形模具凹模的内孔型腔中和冲头的工作表面							
152	冷闭式挤压成形加工	精锻件尺寸见图 7 - 17							
153	检验	精锻件尺寸见图 7 - 17							

										编制	校对	批准	阶段标记		
标记	处数	更改文件号	签字	日期	标记	处数	更改文件号	签字	日期					A	

7.4 6061 铝合金外导体的热挤压成形

外导体是某微波通信器材上的关键构件，它是具有矩形盲孔的壳体类零件，其材质为6061 铝合金。

图 7-34 所示的外导体是一个高精度、高表面粗糙度的矩形盲孔壳体类零件。其内腔的表面粗糙度要求高（$Ra0.8\sim Ra1.6\mu m$），且不允许有砂眼、气孔、折叠等缺陷，以提高电信性能指标；内孔侧壁与底面的圆角很小，不允许超过 $R0.2mm$。

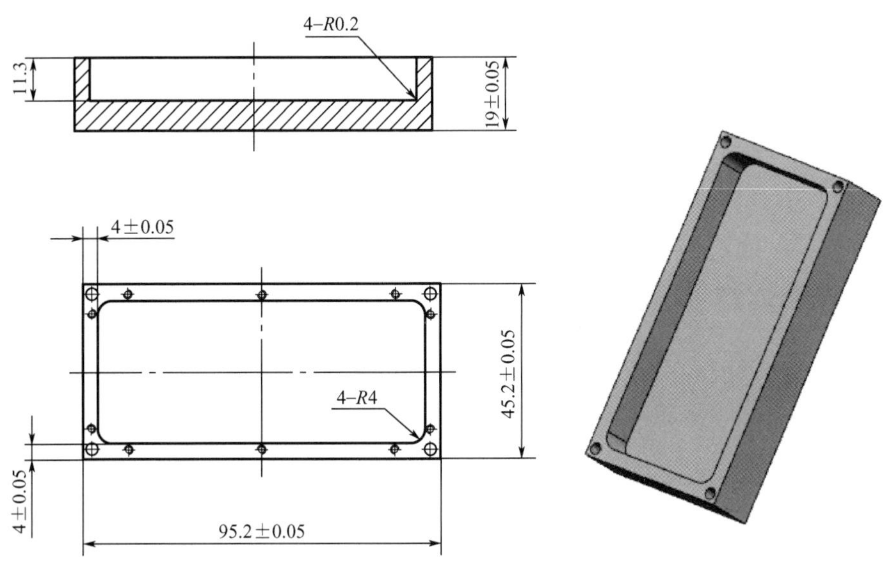

图 7-34 外导体零件简图

对于图 7-34 所示的外导体，采用热挤压成形工艺进行精密锻造成形加工是比较合适的[33]。

7.4.1 外导体热挤压件图的制定

图 7-34 所示的外导体是一个内腔圆角很小、内外形均为矩形的盲孔类壳形件。在热挤压成形过程中，为了防止因各部分变形的不均匀引起锻件筒壁高度参差不齐，要求采用闭式挤压成形方式；为了防止锻件顶出后因收缩不均匀引起壁厚不均匀，保证锻件冷却后的壁厚均匀一致，要求锻件的口部充填饱满。

图 7-35 所示为外导体热挤压件简图。

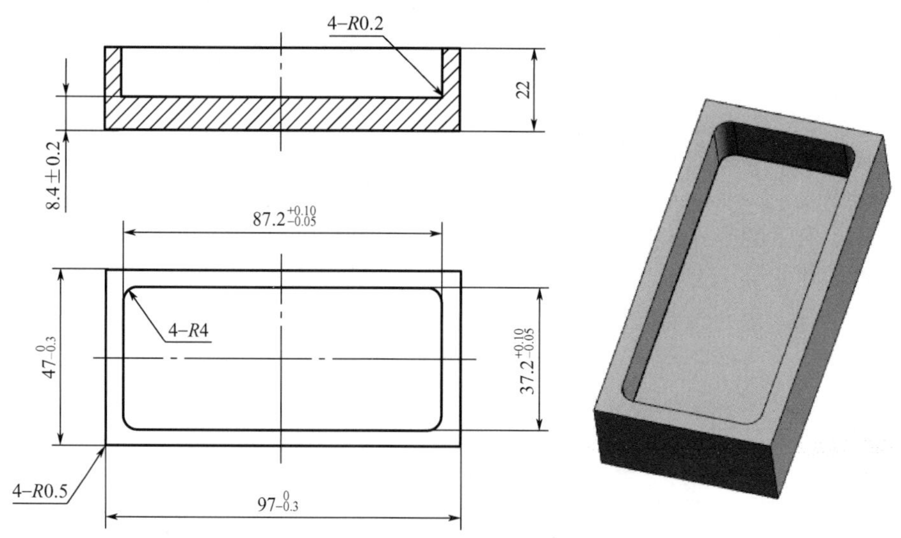

图 7-35　外导体热挤压件简图

7.4.2　外导体热挤压成形工艺流程

（1）下料。在 GB4025 带锯床上，将截面尺寸为 45.5mm×14.2mm 的 6061 铝合金型材锯切成长度为 95.5mm 的坯料。坯料的形状与尺寸如图 7-36 所示。

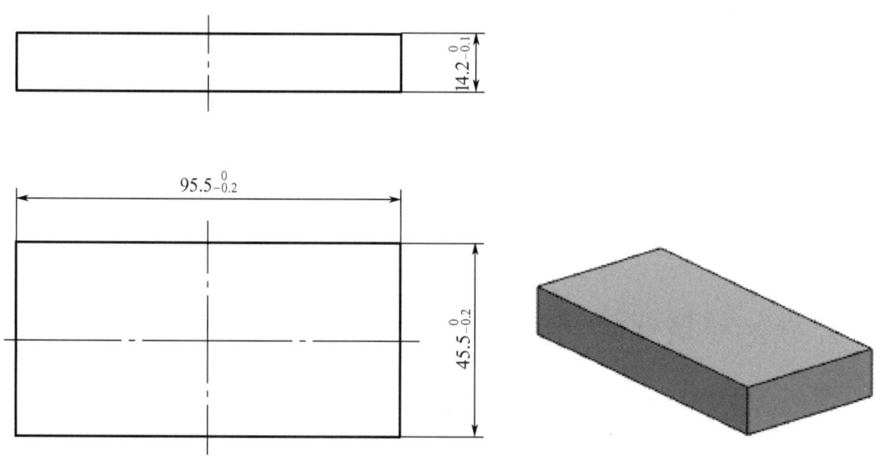

图 7-36　坯料的形状与尺寸

（2）坯料加热。首先，在 RX3-45-9 型箱式电阻炉中对坯料进行预热，其预热温度为 140℃±20℃，预热时间为 10～15min；其次，将预热和保温后的坯料浸入胶体水基石墨润滑剂，保持 10～20s 后取出，此时润滑剂与坯料表面牢固结合，形成润滑层；最后，将带有润滑层的坯料放入 RX3-45-9 箱式电阻炉中加热，其加热温度为 430℃±20℃，保温时间为 60～80min，采用 XCT-101 温控仪控制温度。

（3）热挤压成形。热挤压成形用设备为YH32－200液压机，在热挤压成形开始之前，要对热挤压成形模具进行预热，预热温度约为200℃，预热方式为用加热后的坯料预热，即将加热和保温后的坯料放入热挤压成形模具的凹模内孔型腔，烘烤凹模内孔型腔及冲头工作表面。

为了提高热挤压件的表面质量，保证热挤压成形时金属充填情况良好，减少模具的磨损和金属流动阻力，以及使热挤压件易从模具内脱出，需要对热挤压成形模具进行润滑处理，此处采用胶体水基石墨润滑剂对模具进行润滑。润滑模具的方法是用喷枪均匀地将水基石墨润滑剂喷涂在冲头的表面和凹模的型腔中。

从RX3－45－9箱式电阻炉中取出加热到410～450℃并保温60～80min的坯料，迅速放入热挤压成形模具进行热挤压成形。

图7－37所示为外导体热挤压件实物。

图7－37　外导体热挤压件实物

7.4.3　外导体热挤压成形模具结构

在热挤压成形过程中，模具的工作温度较高。为了保证热挤压成形加工动作灵活、生产效率高、模具使用寿命长，需要热挤压成形模具结构尽可能简单、可靠。此处采用的热挤压成形模具结构如图7－38所示。

该模具具有如下特点。

（1）凹模采用预应力组合模具结构，凹模外套与凹模芯之间为锥面过盈配合，模具型腔由凹模芯和凹模芯垫组成，凹模芯与凹模芯垫之间为间隙配合。

（2）凸模采用组合模具结构，凸模外套与凸模芯之间为锥面过盈配合；冲头与凸模芯之间为间隙配合，其间隙小于0.02mm；将冲头放入预压配过盈量为单边0.10mm的组合凸模的内孔型腔，再继续将凸模外套与凸模芯冷压配，保证凸模外套与凸模芯之间的过盈量达到单边0.25mm，凸模芯能紧紧地夹住冲头。

（3）为了保证凸、凹模的对中性，采用导孔、导柱导向机构，其中组合凹模的凹模外套上有两个导孔，导孔与凹模芯内孔型腔是在凹模外套和凹模芯冷压配后，在低速走丝线切割机床上一次加工而成的；组合凸模的凸模外套上装有两个导柱，导柱孔与凸模芯内孔型腔是在预压配过盈量为单边0.10mm的组合凸模中，在低速走丝线切割机床上一次加工而成的。

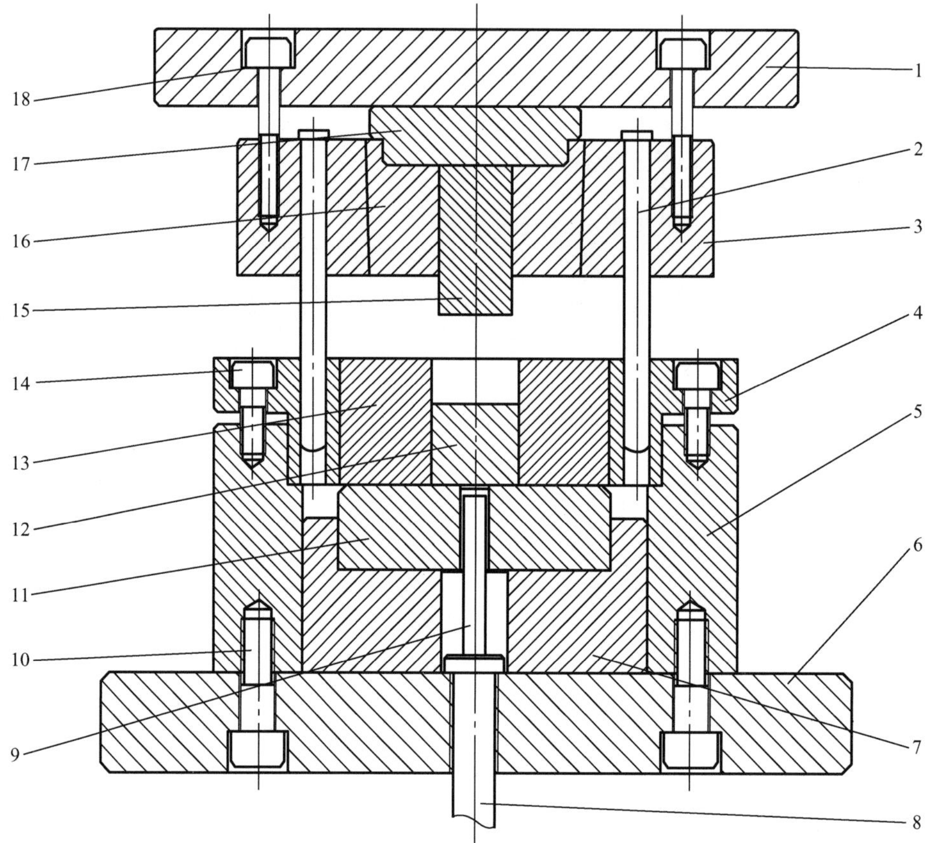

1—上模板；2—导柱；3—凸模外套；4—凹模外套；5—下模座；6—下模板；7—下模垫板；8—下顶杆；9—顶杆；10，14，18—紧固螺钉；11—凹模垫块；12—凹模芯垫；13—凹模芯；15—冲头；16—凸模芯；17—凸模垫板。

图 7－38　热挤压成形模具结构

7.4.4 外导体热挤压成形过程工艺卡片

（1）原材料检验。

WT	工序卡片	产品型号		零件图号	WT004	编号	WT004－Y1
		产品名称		零件名称	外导体	共 4 页	第 1 页

车间	工序号	工序名称	材料牌号
	10	原材料检验	6061
毛坯种类	毛坯尺寸	每毛坯可制件数	每台件数
购置铝材	45.5mm×14.2mm×6000mm		
设备名称	设备型号	设备编号	同时加工件数
夹具编号	夹具名称	工序工时	切削液

45.5×14.2

6000

工步号	工步内容	工艺参数	主轴转速 r/min	切削速度 m/min	进给量 r/min	切削深度 mm	进给次数	工步工时	
11	规格	截面尺寸为45.5mm×14.2mm、长度为6000mm							
12	化学成分	按GB/T 3190—2020							
13	力学性能	按GB/T 3880.2—2012							
14	外观	无明显划痕等缺陷							

										编制	校对	批准	阶段标记	
标记	处数	更改文件号	签字	日期	标记	处数	更改文件号	签字	日期					A

（2）下料。

WT	工序卡片	产品型号		零件图号	WT004	编号	WT004－Y2
		产品名称		零件名称	外导体	共 4 页	第 2 页

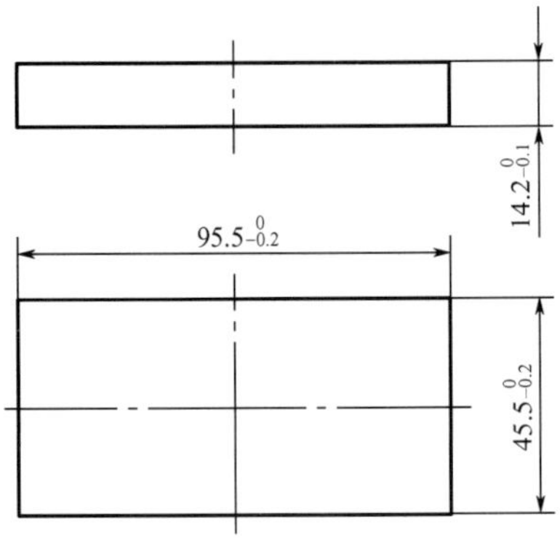

简图	车间	工序号	工序名称	材料牌号
$14.2_{-0.1}^{0}$ $95.5_{-0.2}^{0}$ $45.5_{-0.2}^{0}$		20	带锯下料	6061
	毛坯种类	毛坯尺寸	每毛坯可制件数	每台件数
	原始铝材	45.5mm×14.2mm×6000mm	60	
	设备名称	设备型号	设备编号	同时加工件数
	带锯床	GB4025		24
	夹具编号	夹具名称	工序工时	切削液
				乳化液

工步号	工步内容	工艺参数	主轴转速 r/min	切削速度 m/min	进给量 r/min	切削深度 mm	进给次数	工步工时	
21	带锯下料	长度为 $95.5_{-0.2}^{0}$mm							
22	外观	无毛刺、裂纹等缺陷							

										编制	校对	批准	阶段标记
标记	处数	更改文件号	签字	日期	标记	处数	更改文件号	签字	日期				A

（3）坯料加热。

WT	工序卡片	产品型号		零件图号	WT004	编号	WT004－Y3
		产品名称		零件名称	外导体	共4页	第3页

$95.5_{-0.2}^{0}$　$14.2_{-0.1}^{0}$　$45.5_{-0.2}^{0}$

车间	工序号	工序名称	材料牌号
	30	坯料加热	6061
毛坯种类	毛坯尺寸	每毛坯可制件数	每台件数
制坯件	45.5mm×14.2mm×95.5mm		
设备名称	设备型号	设备编号	同时加工件数
箱式电阻炉	RX3－45－9		
夹具编号	夹具名称	工序工时	切削液

工步号	工步内容	工艺参数	主轴转速 r/min	切削速度 m/min	进给量 r/min	切削深度 mm	进给次数	工步工时	
31	坯料预热	加热温度为140℃±20℃							
		保温时间为10～15min							
32	浸涂润滑剂	润滑剂为胶体水基石墨润滑剂							
		浸涂时间为10～20s							
33	坯料加热	加热温度为430℃±20℃							
		保温时间为60～80min							

										编制	校对	批准	阶段标记		
标记	处数	更改文件号	签字	日期	标记	处数	更改文件号	签字	日期						A

(4) 热挤压成形。

WT	工序卡片	产品型号		零件图号	WT004	编号	WT004-Y4
		产品名称		零件名称	外导体	共4页	第4页

车间	工序号	工序名称	材料牌号
	40	热挤压成形	6061
毛坯种类	毛坯尺寸	每毛坯可制件数	每台件数
坯料	45.5mm×14.2mm×95.5mm		
设备名称	设备型号	设备编号	同时加工件数
液压机	YH32-200		
模具编号	模具名称	工序工时	润滑剂
WT004-RJYM	热挤压成形模具		猪油

工步号	工步内容	工艺参数	主轴转速 r/min	切削速度 m/min	进给量 r/min	切削深度 mm	进给次数	工步工时	
41	热挤压成形模具预热	将加热和保温后的坯料放入热挤压成形模具凹模的内孔型腔，烘烤凹模的内孔型腔及冲头的工作表面							
42	热挤压成形模具润滑	用喷枪将胶体水基石墨润滑剂喷涂在预热后的热挤压成形模具凹模的内孔型腔表面和冲头工作部分的表面							
43	热挤压成形	热挤压件尺寸见图7-35							
44	检验	热挤压件尺寸见图7-35							

										编制	校对	批准	阶段标记
标记	处数	更改文件号	签字	日期	标记	处数	更改文件号	签字	日期				A

7.5 6063铝合金方形壳体的热挤压成形

图7-39所示的方形壳体是某功率放大器上的关键构件，它是具有方形盲孔的方形壳类零件，其材质为6063铝合金。

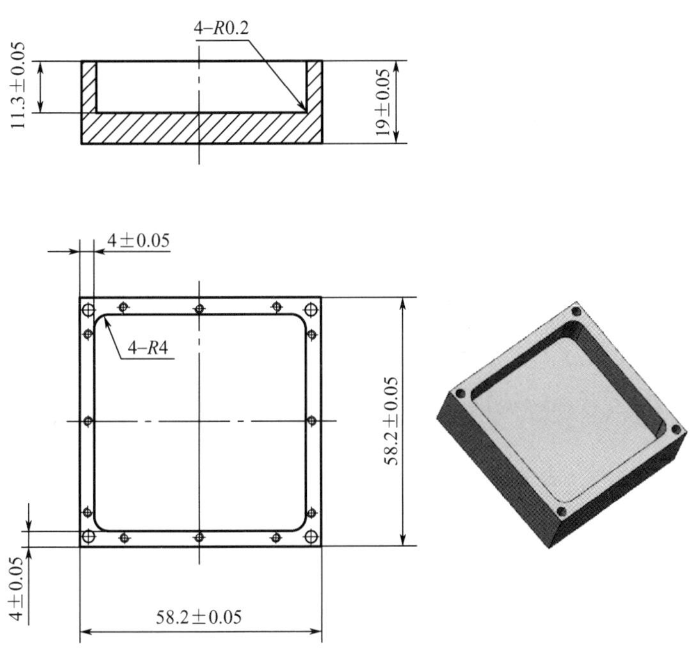

图7-39 方形壳体零件简图

图7-39所示方形壳体的内孔型腔底平面的平面度不大于0.10mm，内孔型腔的侧表面与底平面的圆角小于R0.2mm；同时，不允许有夹杂、微裂纹、折叠、凹坑、划痕等缺陷，其表面粗糙度小于Ra1.6μm。虽然其四边的筒壁厚度较小（4mm±0.05mm），但筒壁高度不高（11.3mm±0.05mm）。

7.5.1 方形壳体热挤压件图的制定

为了提高方形壳体的电信性能，保证内孔型腔底平面的平面度、内孔型腔的表面粗糙度要求，制定了图7-40所示的热挤压件简图。其中，除方形壳体的外形、底厚以及筒壁高度留有后续机械加工余量外，内孔型腔部分不需要后续机械加工就能达到方形壳体的设计要求；外形的加工余量通过后续铣削加工去除，底厚和筒壁高度上的加工余量通过后续车削加工完成[33]。

7.5.2 方形壳体热挤压成形工艺流程

(1) 下料。在GB4025带锯床上，将截面尺寸为58.5mm×14.2mm的6063铝合金型材锯切成长度为58.5mm的坯料，如图7-41所示。

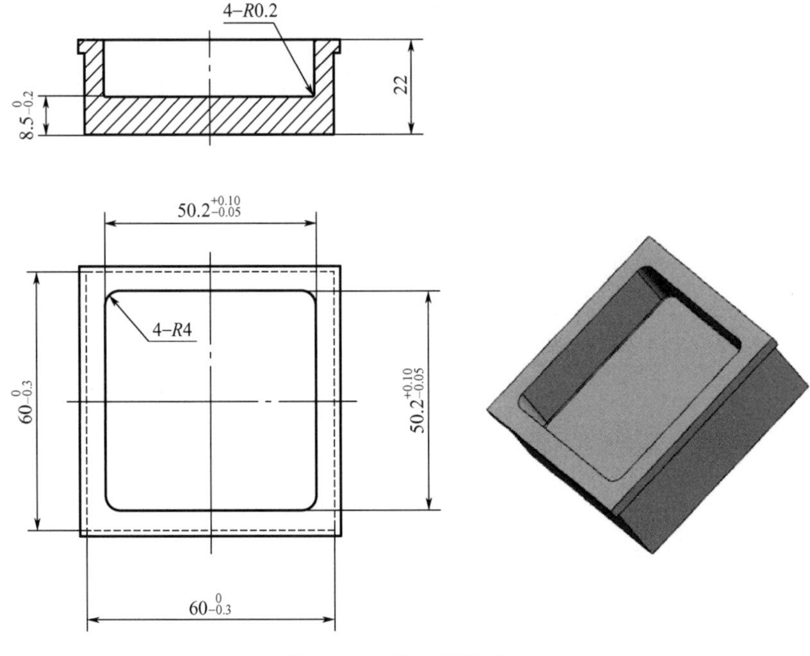

图 7-40 热挤压件简图

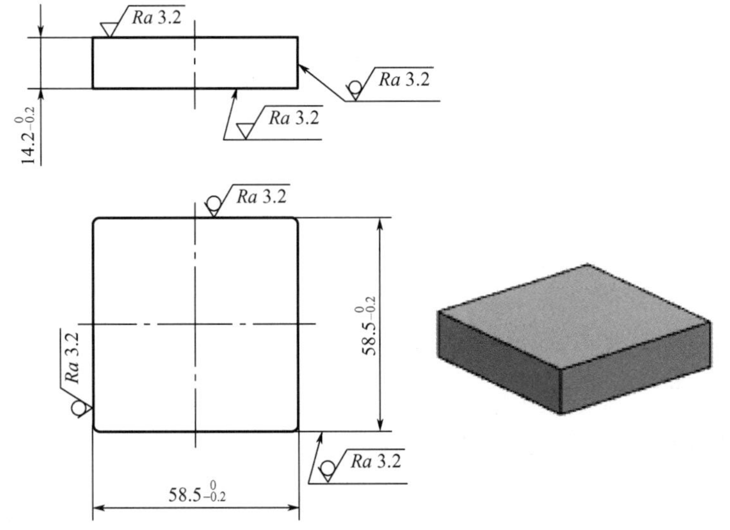

图 7-41 坯料的形状与尺寸

(2) 坯料加热。首先，在 RX3-45-9 箱式电阻炉中对坯料进行预热，其预热温度为 140℃±20℃，保温时间为 10～15min；其次，将预热和保温后的坯料浸入胶体水基石墨润滑剂，保持 10～20s 后取出，此时润滑剂与坯料表面牢固地结合，形成润滑层；最后，将带有润滑层的坯料放入 RX3-45-9 箱式电阻炉中加热，加热温度为 450℃±20℃，保温时间为 40～60min，采用 XCT-101 温控仪控制温度。

(3) 热挤压成形。热挤压成形用设备为 YH32-200 液压机，在热挤压成形开始之前，要对热挤压成形模具进行预热，预热温度约为200℃，预热方式为用加热后的坯料预热。

为了提高热挤压件的表面质量，保证热挤压成形时金属充填情况良好，减少模具的磨损量和金属流动阻力，以及使热挤压件易从模具内脱出，需要对热挤压成形模具进行润滑处理，此处采用胶体水基石墨润滑剂润滑模具。润滑模具的方法是用喷枪将水基石墨润滑剂均匀地喷涂在冲头的表面和凹模的型腔中。

从RX3-45-9箱式电阻炉中取出加热到430～470℃并保温40～60min的坯料，并迅速放入热挤压成形模具进行热挤压成形。

图7-42所示为方形壳体热挤压件实物。

图7-42 方形壳体热挤压件实物

7.5.3 方形壳体热挤压成形模具结构

对于图7-40所示的热挤压件，通过半闭式反挤压成形工艺将块状坯料成形为正方形的内孔型腔和外形。图7-43所示为热挤压成形模具结构。

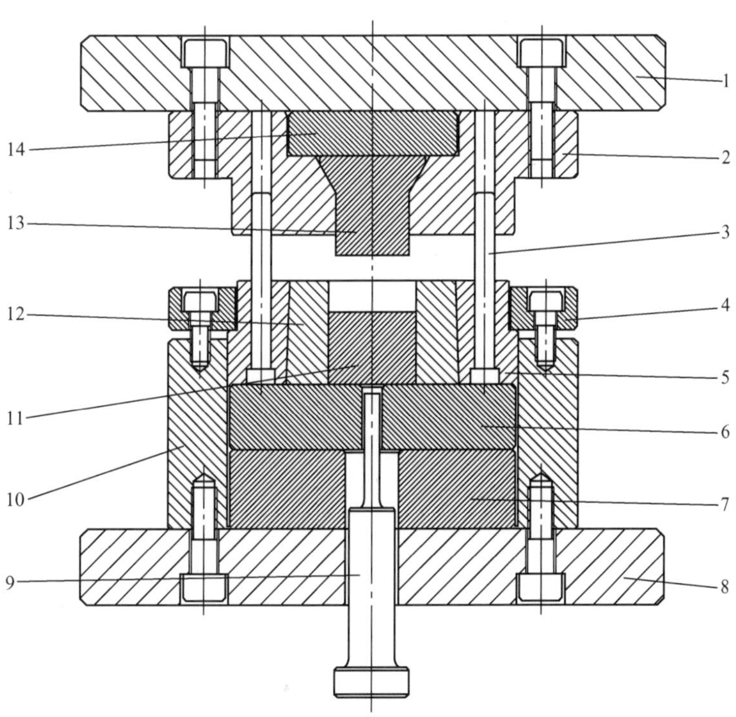

1—上模板；2—冲头固定套；3—导柱；4—凹模压板；5—凹模外套；6—凹模垫板；7—下模衬垫；8—下模板；9—顶杆；10—下模座；11—凹模芯垫；12—凹模芯；13—冲头；14—冲头承载垫。

图7-43 热挤压成形模具结构

在热挤压成形模具中，凹模芯12的内孔型腔呈正方形，冲头13的工作部分也呈正方形（其四个角为$R3.8\mathrm{mm}$的圆弧）。

为了保证热挤压件的正方形内孔型腔和正方形外形的对称度要求，保证热挤压件筒壁的壁厚差小于0.10mm，凹模芯12和冲头13必须有可靠、良好的导向。

7.5.4 方形壳体热挤压成形过程工艺卡片

（1）原材料检验。

WT	工序卡片	产品型号		零件图号	WT004	编号	WT004－Y1
		产品名称		零件名称	方形壳体	共6页	第1页

58.5×14.2

6000

车间	工序号	工序名称	材料牌号
	10	原材料检验	6063
毛坯种类	毛坯尺寸	每毛坯可制件数	每台件数
购置铝材	58.5mm×14.2mm×6000mm		
设备名称	设备型号	设备编号	同时加工件数
夹具编号	夹具名称	工序工时	切削液

工步号	工步内容	工艺参数	主轴转速 r/min	切削速度 m/min	进给量 r/min	切削深度 mm	进给次数	工步工时	
11	规格	截面尺寸为58.5mm×14.2mm、长度为6000mm							
12	化学成分	按GB/T 3190—2020							
13	力学性能	按GB/T 3880.2—2012							
14	外观	无明显划痕等缺陷							

										编制	校对	批准	阶段标记	
标记	处数	更改文件号	签字	日期	标记	处数	更改文件号	签字	日期					A

（2）下料。

WT	工序卡片	产品型号		零件图号	WT004	编号	WT004－Y2
		产品名称		零件名称	外导体	共6页	第2页

Ra 3.2　Ra 3.2　Ra 3.2　Ra 3.2　$14.2_{-0.2}^{0}$　Ra 3.2　Ra 3.2　$58.5_{-0.2}^{0}$　Ra 3.2　$58.5_{-0.2}^{0}$

车间	工序号	工序名称	材料牌号
	20	带锯下料	6061
毛坯种类	毛坯尺寸	每毛坯可制件数	每台件数
原始铝材	58.5mm×14.2mm×6000mm	98	
设备名称	设备型号	设备编号	同时加工件数
带锯床	GB4025		24
夹具编号	夹具名称	工序工时	切削液
			乳化液

工步号	工步内容	工艺参数	主轴转速 r/min	切削速度 m/min	进给量 r/min	切削深度 mm	进给次数	工步工时	
21	带锯下料	长度为 $58.5_{-0.2}^{0}$ mm							
22	外观	无毛刺、裂纹等缺陷							

										编制	校对	批准	阶段标记
标记	处数	更改文件号	签字	日期	标记	处数	更改文件号	签字	日期				A

（3）坯料加热。

WT	工序卡片	产品型号		零件图号	WT004	编号	WT004－Y3
		产品名称		零件名称	方形壳体	共 6 页	第 3 页

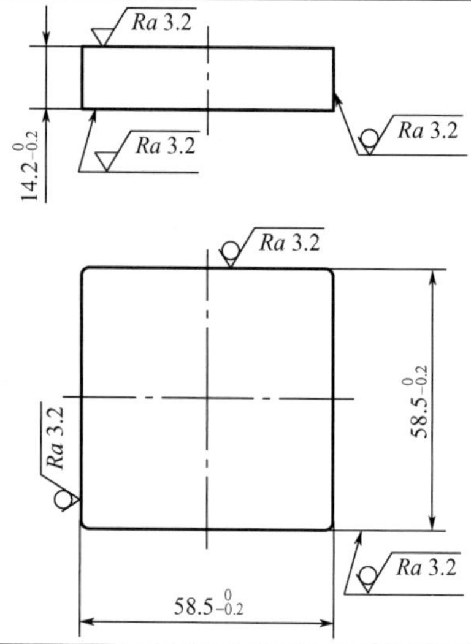

车间	工序号	工序名称	材料牌号
	30	坯料加热	6063
毛坯种类	毛坯尺寸	每毛坯可制件数	每台件数
制坯件	58.5mm×14.2mm×58.5mm		
设备名称	设备型号	设备编号	同时加工件数
箱式电阻炉	RX3－45－9		
夹具编号	夹具名称	工序工时	切削液

工步号	工步内容	工艺参数	主轴转速 r/min	切削速度 m/min	进给量 r/min	切削深度 mm	进给次数	工步工时	
31	坯料预热	加热温度为140℃±20℃							
		保温时间为10～15min							
32	浸涂润滑剂	润滑剂为胶体水基石墨润滑剂							
		浸涂时间为10～20s							
33	坯料加热	加热温度为450℃±20℃							
		保温时间为40～60min							

										编制	校对	批准	阶段标记		
标记	处数	更改文件号	签字	日期	标记	处数	更改文件号	签字	日期						A

（4）热挤压成形。

WT	工序卡片	产品型号		零件图号	WT004	编号	WT004－Y4
		产品名称		零件名称	方形壳体	共6页	第4页

车间	工序号	工序名称	材料牌号
	40	热挤压成形	6063
毛坯种类	毛坯尺寸	每毛坯可制件数	每台件数
坯料	58.5mm×14.2mm×58.5mm		
设备名称	设备型号	设备编号	同时加工件数
液压机	YH32－200		
模具编号	模具名称	工序工时	润滑剂
WT004－RJYM	热挤压成形模具		猪油

工步号	工步内容	工艺参数	主轴转速 r/min	切削速度 m/min	进给量 r/min	切削深度 mm	进给次数	工步工时	
41	热挤压成形模具预热	将加热和保温后的坯料放入热挤压成形模具凹模的内孔型腔，烘烤凹模的内孔型腔及冲头的工作表面							
42	热挤压成形模具润滑	用喷枪将胶体水基石墨润滑剂喷涂在预热后的热挤压成形模具凹模的内孔型腔和冲头工作部分的表面							
43	热挤压成形	热挤压件尺寸见图7－40							
44	检验	热挤压件尺寸见图7－40							

										编制	校对	批准	阶段标记
标记	处数	更改文件号	签字	日期	标记	处数	更改文件号	签字	日期				A

7.6 6082 铝合金轴承座的精密锻造成形

图 7 - 44 所示为轴承座零件简图，该零件的材质为 6082 铝合金。

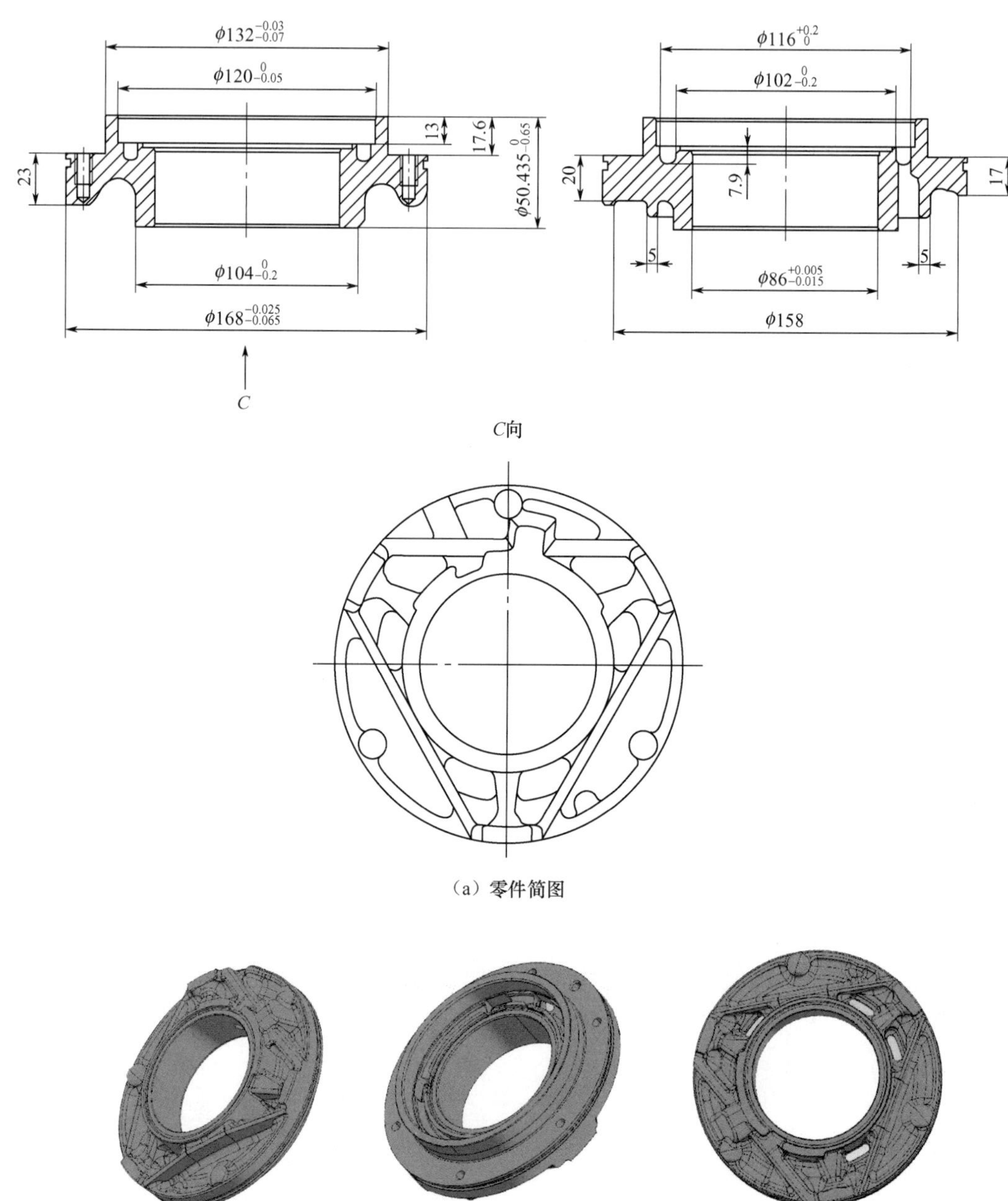

（a）零件简图

（b）三维造型图

图 7 - 44　轴承座零件简图

对于这种具有端面异型的盘类锻件，可采用圆环体坯料经热摆辗制坯＋闭式热挤压成形的精密锻造成形方法进行生产。图 7－45 所示为轴承座的精锻件图及三维造型图。

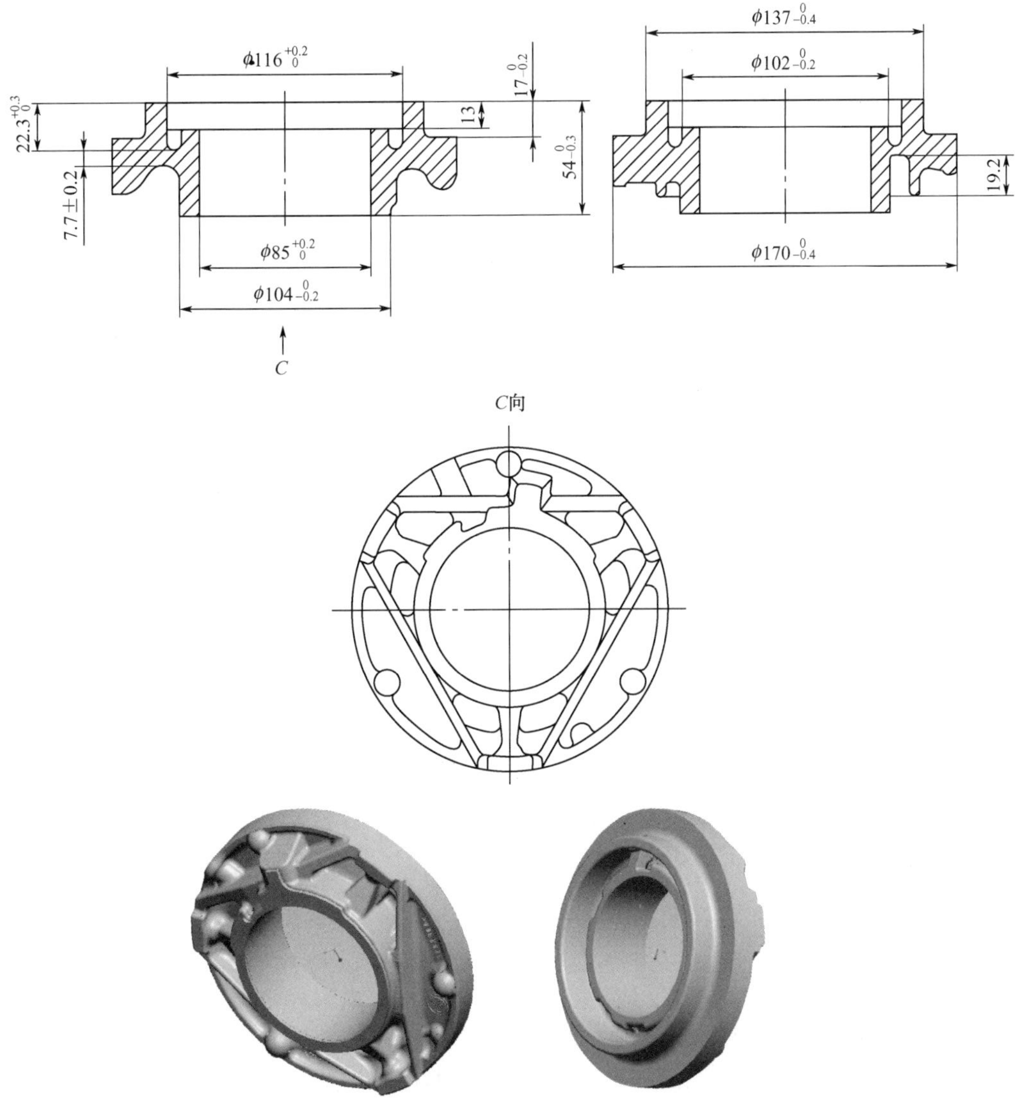

图 7－45 轴承座的精锻件图及三维造型图

7.6.1 轴承座精密锻造成形工艺流程

（1）下料。在 GB4025 带锯床上，将外径为 φ165mm、内径为 φ90mm 的 6082 铝合金管料锯切成长度为 25mm 的坯料，如图 7－46 所示。

（2）坯料加热。首先，在 RX3－45－9 箱式电阻炉中对坯料进行预热，预热温度为 140℃±20℃，保温时间为 10～15min；其次，将预热和保温后的坯料浸入胶体水基石墨润滑剂，保持 10～20s 后取出，此时润滑剂与坯料表面牢固地结合，形成润滑层；最后，将带有润滑层的坯料放入 RX3－45－9 箱式电阻炉加热，加热温度为 450℃±20℃，保温时间为 120～150min，采用 XCT－101 温控仪控制温度。

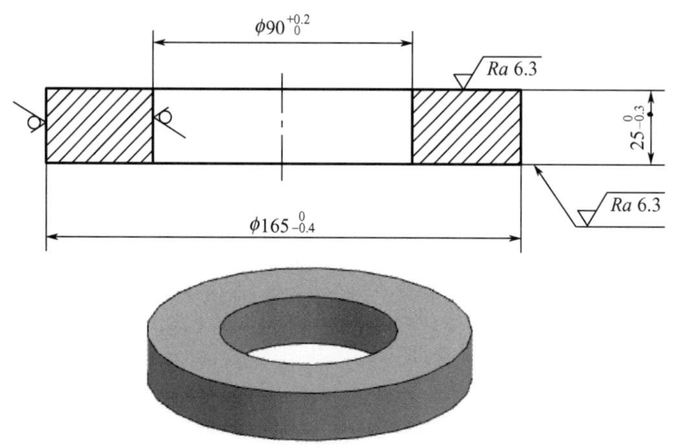

图 7－46　坯料的形状和尺寸

（3）热摆辗制坯。热摆辗制坯用设备为 YB－260 立式热摆辗机，在热摆辗制坯加工开始之前，要对热摆辗制坯模具进行预热，预热温度为 150℃±50℃，预热方式为用加热后的坯料预热。

为了提高热摆辗制坯件的表面质量，保证热摆辗制坯加工时金属充填情况良好，减少模具的磨损量和金属流动阻力，以及使热摆辗制坯件易从热摆辗制坯模具内脱出，需要对热摆辗制坯模具进行润滑处理，此处采用胶体水基石墨润滑剂对热摆辗制坯模具进行润滑，其润滑方法是用喷枪将水基石墨润滑剂均匀地喷涂在摆头的表面和凹模的型腔中。

从 RX3－45－9 箱式电阻炉中取出加热到 430～470℃并保温 120～150min 的坯料，迅速放入热摆辗制坯模具进行热摆辗制坯加工，得到图 7－47 所示的制坯件。

（4）制坯件加热。首先，在 RX3－45－9 箱式电阻炉中对坯件进行预热，预热温度为 140℃±20℃，保温时间为 10～15min；其次，将预热和保温后的制坯件浸入胶体水基石墨润滑剂，保持 10～20s 后取出，此时润滑剂与制坯件表面牢固地结合，形成润滑层；最后，将带有润滑层的制坯件放入 RX3－45－9 箱式电阻炉中加热，加热温度为 450℃±20℃，保温时间为 120～150min，采用 XCT－101 温控仪控制温度。

（5）热闭式挤压成形。热闭式挤压成形用设备为 YH32－200 液压机，在热闭式挤压成形加工开始之前，要对热闭式挤压成形模具进行预热，预热温度为 150℃±50℃，预热方式为用加热后的制坯件预热。

为了提高精锻件的表面质量，保证热闭式挤压成形时金属充填情况良好，减少模具的磨损量和金属流动阻力，以及使精锻件易从热闭式挤压成形模具内脱出，需要对热闭式挤压成形模具进行润滑处理，此处采用胶体水基石墨润滑剂对热闭式挤压成形模具进行润滑，其润滑方法是用喷枪将水基石墨润滑剂均匀地喷涂在冲头的表面和凹模的型腔中。

从 RX3－45－9 箱式电阻炉中取出加热到 430～470℃并保温 120～150min 的制坯件，迅速放入热闭式挤压成形模具进行热闭式挤压成形加工，得到图 7－45 所示的精锻件。

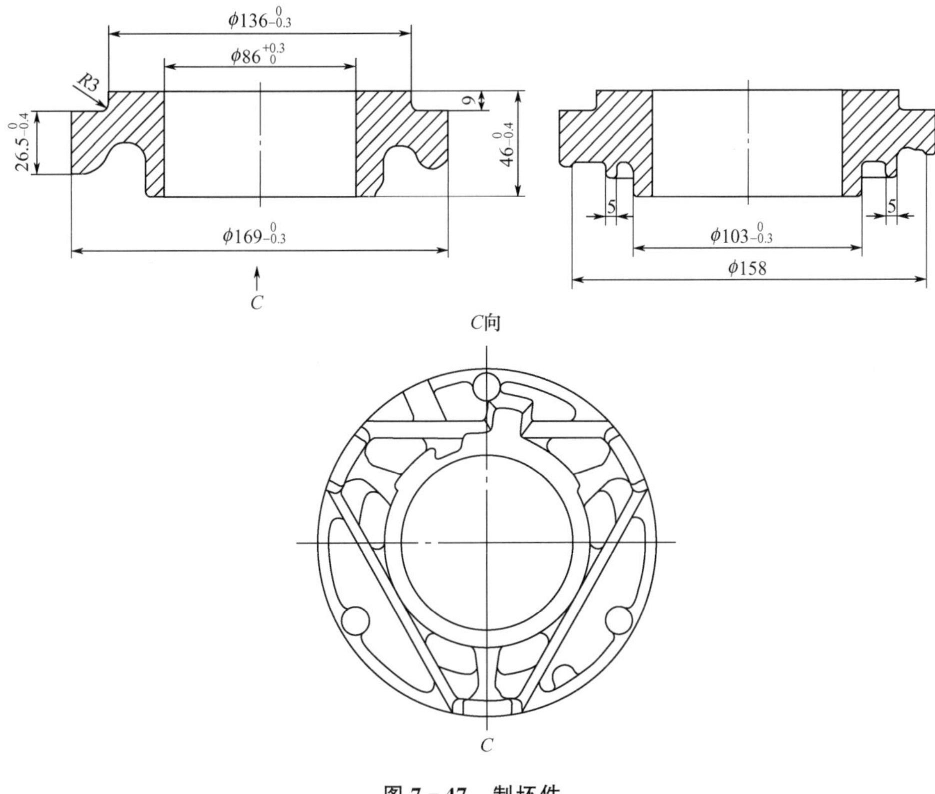

图 7-47 制坯件

图 7-48 所示为轴承座制坯件实物和精锻件实物。

(a) 制坯件实物　　(b) 精锻件实物

图 7-48 轴承座精锻件制坯件实物和精锻件实物

7.6.2 轴承座精密锻造成形模具

1. 热摆辗制坯模具结构

由图 7-45 所示的精锻件图可知，若其下端端面部分的异型型面采用常规的锻造成形方法是难以成形的。热摆辗制坯的主要目的是利用摆动辗压成形的连续局部塑性成形特点，成形图 7-45(a) 所示精锻件图中下端端面的异型型面。

热摆辗制坯模具结构如图 7－49 所示。

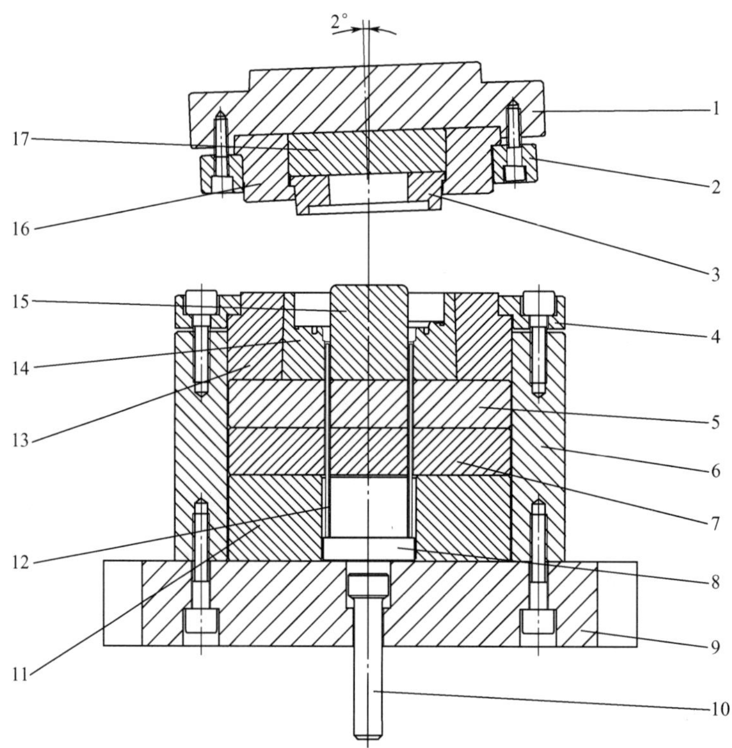

1—摆头座；2—上模压板；3—摆头；4—凹模压板；5—凹模垫板；6—下模座；7—下模垫板；8—顶料块；9—下模板；10—顶杆；11—下衬套；12—顶料杆；13—凹模外套；14—凹模芯；15—凹模芯轴；16—摆头套；17—摆头垫块。

图 7－49 热摆辗制坯模具结构

该模具具有如下特点。

（1）上模由摆头 3、摆头套 16、摆头垫块 17、摆头座 1 和上模压板 2 组成，摆头 3 的内孔型腔为中空阶梯孔。

（2）下模成形型腔由凹模芯 14、凹模芯轴 15 和顶料杆 12 组成，凹模芯 14 和凹模外套 13 组成的下模采用锥度过盈配合的预应力组合模具结构。

（3）上模的轴心线与下模成形型腔的轴心线之间有 2°的摆角。在热摆辗制坯成形过程中，为了避免中空的摆头 3 承受径向压力作用，需要将摆头 3 中的阶梯孔设计成具有 2°斜度的锥孔，将摆头 3 中的工作端面设计成具有 176°斜度的圆锥面。

2. 热闭式挤压成形模具结构

热闭式挤压成形用于在保证图 7－45 所示精锻件的下端端面异型型面部分充满的前提下，经过正、反复合挤压成形锻件图中的上端外径 ϕ137mm、内孔 ϕ116mm、高度 17mm 的台阶和外径 ϕ116mm、内孔 ϕ102mm、深度 23.3mm 的内孔。

热闭式挤压成形模具结构如图 7－50 所示。

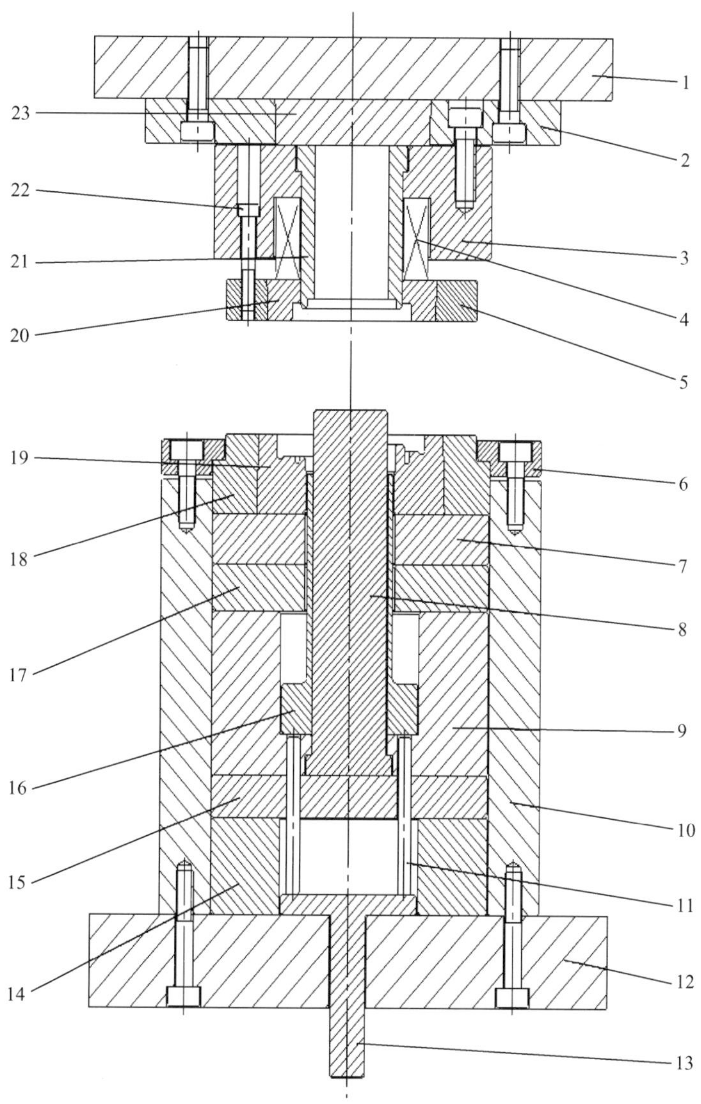

1—上模板；2—上模垫外套；3—上模座；4—压簧；5—上模外套；6—下模压板；7—凹模垫板；8—凹模芯轴；9—下模衬垫；10—下模座；11—顶杆；12—下模板；13—下顶杆；14—下衬套；15—下模垫块；16—顶料套；17—凹模垫块；18—下模外套；19—下模芯；20—上模芯；21—冲头；22—拉杆；23—冲头垫块。

图 7－50 热闭式挤压成形模具结构

7.6.3 轴承座精密锻造成形过程工艺卡片

（1）原材料检验。

WT	工序卡片	产品型号		零件图号	WT005	编号	WT005－Y1
		产品名称		零件名称	轴承座	共 6 页	第 1 页

ϕ90　6000　ϕ160

车间	工序号	工序名称	材料牌号
	10	原材料检验	6082
毛坯种类	毛坯尺寸	每毛坯可制件数	每台件数
购置铝材	ϕ165mm－ϕ90mm ×6000mm		
设备名称	设备型号	设备编号	同时加工件数
夹具编号	夹具名称	工序工时	切削液

工步号	工步内容	工艺参数	主轴转速 r/min	切削速度 m/min	进给量 r/min	切削深度 mm	进给次数	工步工时	
11	规格	外径为 ϕ165mm、内径为 ϕ90mm、长度为 6000mm							
12	化学成分	按 GB/T 3190—2020							
13	力学性能	按 GB/T 3880.2—2012							
14	外观	无明显划痕等缺陷							

										编制	校对	批准	阶段标记		
标记	处数	更改文件号	签字	日期	标记	处数	更改文件号	签字	日期					A	

（2）下料。

WT	工序卡片	产品型号		零件图号	WT005	编号	WT005－Y2
		产品名称		零件名称	轴承座	共 6 页	第 2 页

$\phi 90^{+0.2}_{0}$

Ra 6.3

$25^{0}_{-0.3}$

$\phi 165^{0}_{-0.4}$

Ra 6.3

车间	工序号	工序名称	材料牌号
	20	带锯下料	6082
毛坯种类	毛坯尺寸	每毛坯可制件数	每台件数
原始铝材	ϕ165mm－ϕ90mm×6000mm	215	
设备名称	设备型号	设备编号	同时加工件数
带锯床	GB4025		
夹具编号	夹具名称	工序工时	切削液
			乳化液

工步号	工步内容	工艺参数	主轴转速 r/min	切削速度 m/min	进给量 r/min	切削深度 mm	进给次数	工步工时	
21	带锯下料	长度为 $25^{0}_{-0.3}$ mm							
22	外观	无毛刺、裂纹等缺陷							

										编制	校对	批准	阶段标记		
标记	处数	更改文件号	签字	日期	标记	处数	更改文件号	签字	日期						A

（3）坯料加热。

WT	工序卡片	产品型号		零件图号	WT005	编号	WT005－Y3
		产品名称		零件名称	轴承座	共 6 页	第 3 页

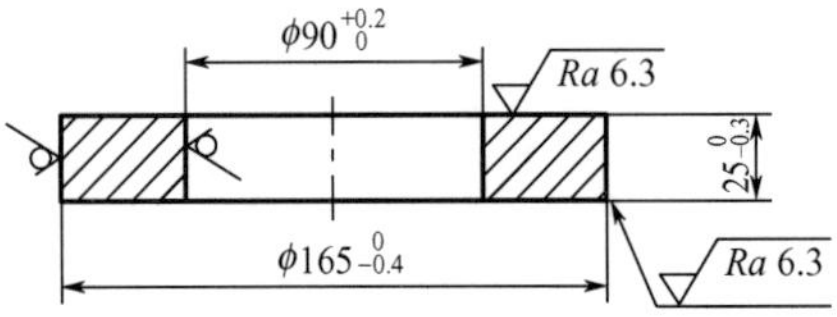

	车间	工序号	工序名称	材料牌号
$\phi90^{+0.2}_{0}$ Ra 6.3 $25^{0}_{-0.3}$ $\phi165^{0}_{-0.4}$ Ra 6.3		30	坯料加热	6082
	毛坯种类	毛坯尺寸	每毛坯可制件数	每台件数
	坯料	ϕ165mm－ϕ90mm ×25mm		
	设备名称	设备型号	设备编号	同时加工件数
	箱式电阻炉	RX3－45－9		
	夹具编号	夹具名称	工序工时	切削液

工步号	工步内容	工艺参数	主轴转速 r/min	切削速度 m/min	进给量 r/min	切削深度 mm	进给次数	工步工时	
31	坯料预热	加热温度为140℃±20℃							
		保温时间为10～15min							
32	浸涂润滑剂	润滑剂为胶体水基石墨润滑剂							
		浸涂时间为10～20s							
33	坯料加热	加热温度为450℃±20℃							
		保温时间为120～150min							

										编制	校对	批准	阶段标记
标记	处数	更改文件号	签字	日期	标记	处数	更改文件号	签字	日期				A

（4）热摆辗制坯。

WT	工序卡片	产品型号		零件图号	WT005	编号	WT005－Y4
		产品名称		零件名称	轴承座	共 6 页	第 4 页

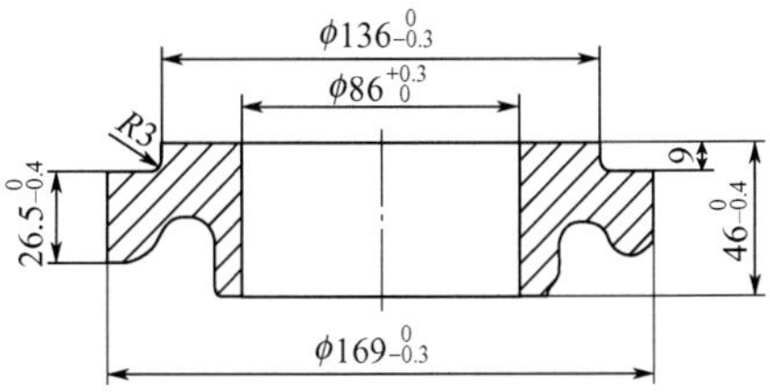

$\phi136_{-0.3}^{0}$
$\phi86_{0}^{+0.3}$
R3
9
$26.5_{-0.4}^{0}$
$46_{-0.4}^{0}$
$\phi169_{-0.3}^{0}$

车间	工序号	工序名称	材料牌号
	40	热摆辗制坯	6082
毛坯种类	毛坯尺寸	每毛坯可制件数	每台件数
坯料	ϕ165mm－ϕ90mm ×25mm		
设备名称	设备型号	设备编号	同时加工件数
立式热摆辗机	YB－260		
模具编号	模具名称	工序工时	润滑剂
WT004－RBZM	热摆辗制坯模具		猪油

工步号	工步内容	工艺参数	主轴转速 r/min	切削速度 m/min	进给量 r/min	切削深度 mm	进给次数	工步工时	
41	热摆辗制坯模具预热	将加热和保温后的坯料放入热摆辗制坯模具凹模的内孔型腔，烘烤凹模的内孔型腔和摆头的工作表面							
42	热摆辗制坯模具润滑	用喷枪将胶体水基石墨润滑剂喷涂在预热后的热摆辗制坯模具中凹模的内孔型腔和摆头工作部分的表面							
43	热摆辗制坯加工	制坯件尺寸见图 7－47							
44	检验	制坯件尺寸见图 7－47							

										编制	校对	批准	阶段标记		
标记	处数	更改文件号	签字	日期	标记	处数	更改文件号	签字	日期						A

(5) 制坯件加热。

WT	工序卡片	产品型号		零件图号	WT005	编号	WT005－Y5
		产品名称		零件名称	轴承座	共 6 页	第 5 页

车间	工序号	工序名称	材料牌号
	50	制坯件加热	6082
毛坯种类	毛坯尺寸	每毛坯可制件数	每台件数
坯料	ϕ169mm－ϕ86mm×46mm		
设备名称	设备型号	设备编号	同时加工件数
箱式电阻炉	RX3－45－9		
夹具编号	夹具名称	工序工时	切削液

工步号	工步内容	工艺参数	主轴转速 r/min	切削速度 m/min	进给量 r/min	切削深度 mm	进给次数	工步工时	
51	制坯件预热	加热温度为 140℃±20℃							
		保温时间为 10～15min							
52	浸涂润滑剂	润滑剂为胶体水基石墨润滑剂							
		浸涂时间为 10～20s							
53	制坯件加热	加热温度为 450℃±20℃							
		保温时间为 120～150min							

										编制	校对	批准	阶段标记		
标记	处数	更改文件号	签字	日期	标记	处数	更改文件号	签字	日期					A	

（6）热闭式挤压成形。

WT	工序卡片	产品型号		零件图号	WT005	编号	WT005－Y6
		产品名称		零件名称	轴承座	共6页	第6页

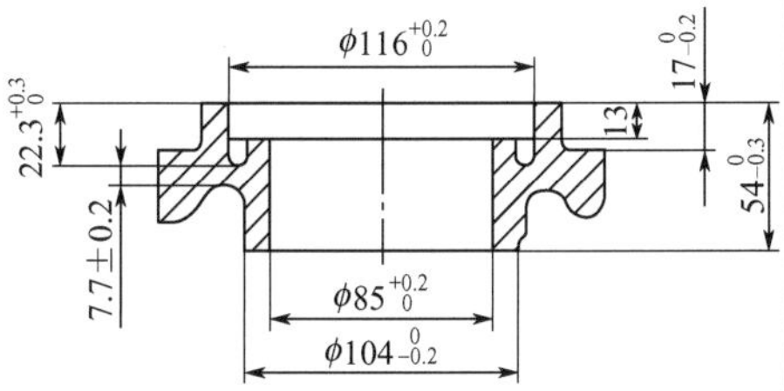

$\phi116^{+0.2}_{0}$　$17^{0}_{-0.2}$　$22.3^{+0.3}_{0}$　13　$54^{0}_{-0.3}$　7.7 ± 0.2　$\phi85^{+0.2}_{0}$　$\phi104^{0}_{-0.2}$

车间	工序号	工序名称	材料牌号
	60	热闭式挤压成形	6082
毛坯种类	毛坯尺寸	每毛坯可制件数	每台件数
坯料	φ169mm－φ86mm×46mm		
设备名称	设备型号	设备编号	同时加工件数
液压机	YH32－200		
模具编号	模具名称	工序工时	润滑剂
WT004－RBSJYM	热闭式挤压成形模具		猪油

工步号	工步内容	工艺参数	主轴转速 r/min	切削速度 m/min	进给量 r/min	切削深度 mm	进给次数	工步工时	
61	热闭式挤压成形模具预热	将加热和保温后的制坯件放入热闭式挤压成形模具凹模的内孔型腔，烘烤凹模的内孔型腔和冲头的工作表面							
62	热闭式挤压成形模具润滑	用喷枪将胶体水基石墨润滑剂喷涂在预热后的热闭式挤压成形模具凹模的内孔型腔表面和冲头工作部分的表面							
63	热闭式挤压成形加工	精锻件尺寸见图7－45(a)							
64	检验	精锻件尺寸见图7－45(a)							

										编制	校对	批准	阶段标记	
标记	处数	更改文件号	签字	日期	标记	处数	更改文件号	签字	日期					A

第 8 章

7×××系列变形铝合金的精密锻造成形

8.1　7A04 铝合金卵形壳体的精密锻造成形

图 8－1 所示卵形壳体是一种薄壁、深孔壳体类零件，其材质为 7A04 铝合金。

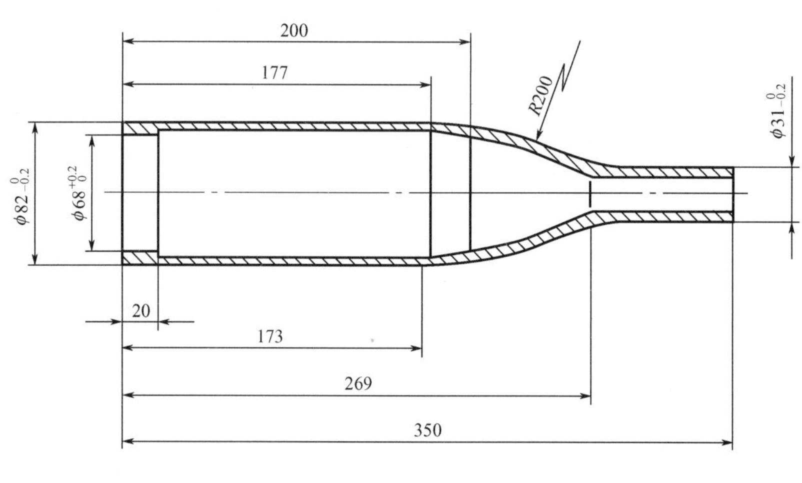

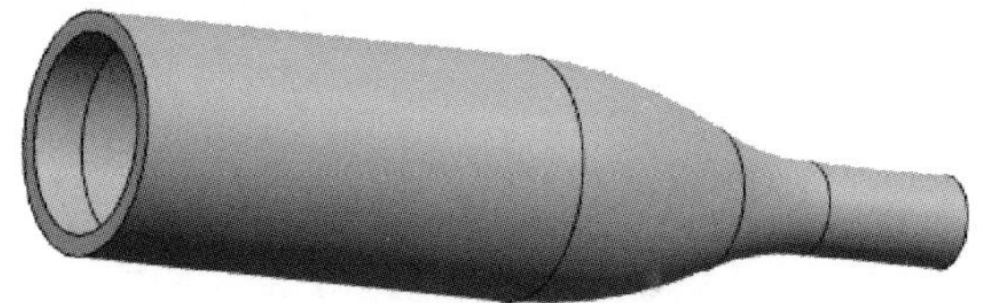

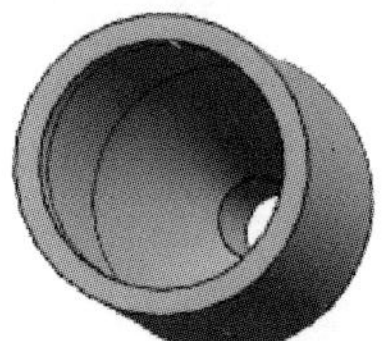

图 8－1　卵形壳体零件简图

该卵形壳体的长径比 $L/D>4.0$，截面直径变化大，截面收缩率大于75%，并且内孔有一定的形状要求。

对于该卵形壳体，可以采用圆柱体坯料经热镦挤制坯+热复合挤压成形的精密锻造成形方法生产[34]。

图8-1所示卵形壳体零件是一个薄壁、深孔、长筒形壳类件，在热复合挤压成形过程中，因成形件新生表面得不到有效润滑，新生的、热的铝合金材料表面容易与模具工作部分的表面产生“黏合”现象，故经热复合挤压成形的精锻件脱模后的内、外表面易被拉伤，形成划痕或沟槽。

为了得到图8-1所示的内、外表面无裂纹、分层、夹杂、拉伤等缺陷的卵形壳体零件，需在热复合挤压成形后的精锻件内孔、外形和两端面留有适当的机械加工余量。

图8-2所示为卵形壳体精锻件简图。

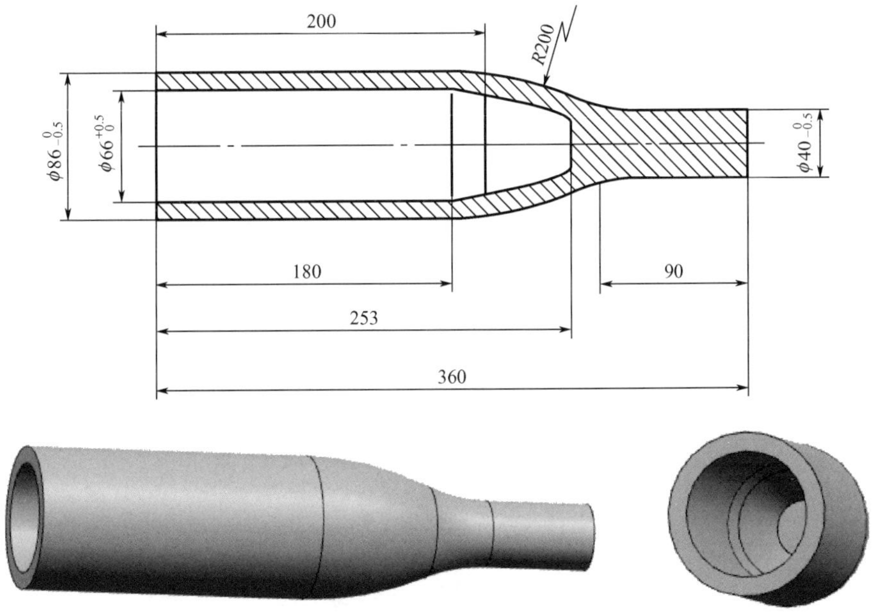

图8-2 卵形壳体精锻件简图

8.1.1 卵形壳体精密锻造成形工艺流程

(1) 下料。在GB4025B带锯床上，将直径为 $\phi85$mm 的7A04铝合金圆棒料锯切成图8-3所示的坯料。

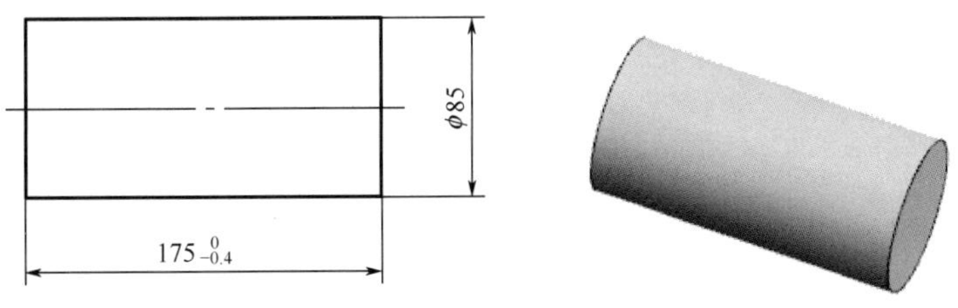

图8-3 坯料的形状和尺寸

（2）粗车加工。在 CK6136 数控车床上，对图 8－3 所示的坯料进行车外圆、车端面加工，得到图 8－4 所示的粗车坯件。

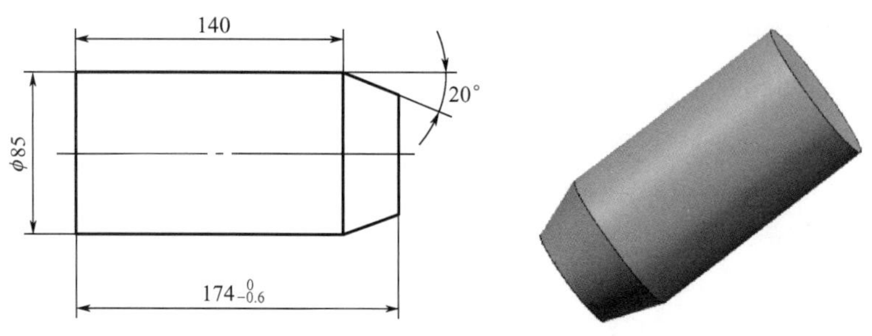

图 8－4　粗车坯件

（3）粗车坯件加热。将图 8－4 所示的粗车坯件放入 RX3－60－9 箱式电阻炉中加热，其加热规范如下。

① 粗车坯件预热：预热温度为 150℃±30℃，保温时间为 10min。

② 将预热和保温后的粗车坯件浸入水基石墨润滑剂，使粗车坯件表面覆盖一层石墨润滑剂。

③ 粗车坯件加热：加热温度为 420℃±20℃，保温时间为 60～90min。

（4）热镦挤制坯。从 RX3－60－9 箱式电阻炉中取出表面覆盖一层石墨润滑剂并加热、保温后的粗车坯件，快速放入热镦挤制坯模具的凹模型腔进行热镦挤制坯加工，得到图 8－5 所示的制坯件。

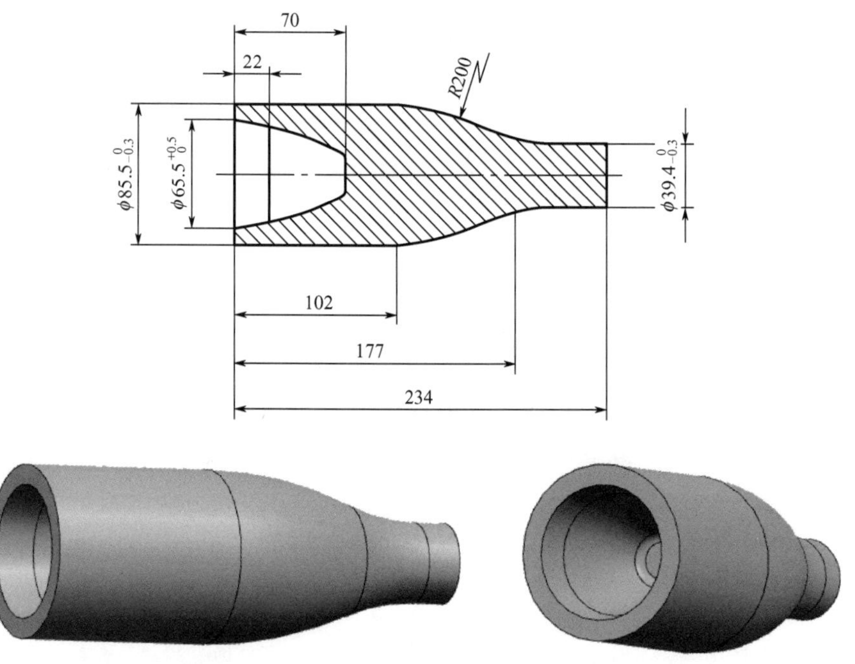

图 8－5　制坯件简图

在热镦挤制坯加工过程中，润滑模具的方法是将热镦挤制坯模具凹模的内孔型腔和冲头的工作部分预热至约150℃，采用电动喷枪将油基石墨润滑剂喷涂凹模在内孔型腔和冲头工作部分的表面。

(5) 制坯件加热。将图8-5所示的制坯件放入RX3-60-9箱式电阻炉中加热，其加热规范如下。

① 制坯件预热：预热温度为150℃±30℃，保温时间为10min。

② 将预热和保温后的制坯件浸入水基石墨润滑剂，使制坯件表面覆盖一层石墨润滑剂。

③ 制坯件加热：加热温度为420℃±20℃，保温时间为60～90min。

(6) 热复合挤压成形。从RX3-60-9箱式电阻炉中取出表面覆盖一层石墨润滑剂并加热、保温后的制坯件，快速放入热复合挤压成形模具凹模的型腔进行热复合挤压成形加工，得到图8-2所示的精锻件。

在热复合挤压成形加工过程中，润滑模具的方法是将热复合挤压成形模具凹模的内孔型腔和冲头的工作部分预热至约150℃，采用电动喷枪将油基石墨润滑剂喷涂在凹模的内孔型腔和冲头工作部分的表面。

图8-6所示为热复合挤压成形精锻件实物。

图8-6 热复合挤压成形精锻件实物

8.1.2 卵形壳体精密锻造成形模具结构

图8-7所示为热镦挤制坯模具结构。

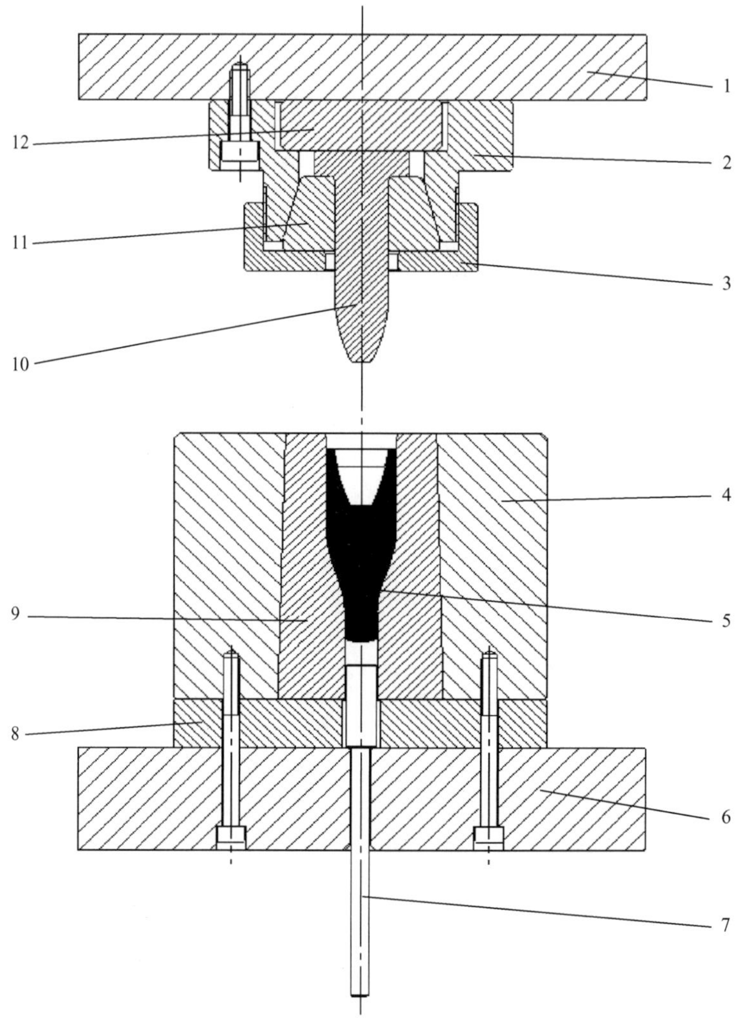

1—上模板；2—上模座；3—上模压板；4—凹模外套；5—制坯件；6—下模板；7—顶料杆；8—凹模垫板；9—凹模芯；10—冲头；11—冲头夹头；12—冲头垫块。

图 8－7 热镦挤制坯模具结构

图 8-8 所示为热镦挤制坯模具的主要模具零件图。表 8-1 所示为热镦挤制坯模具的主要模具零件材料及热处理硬度。

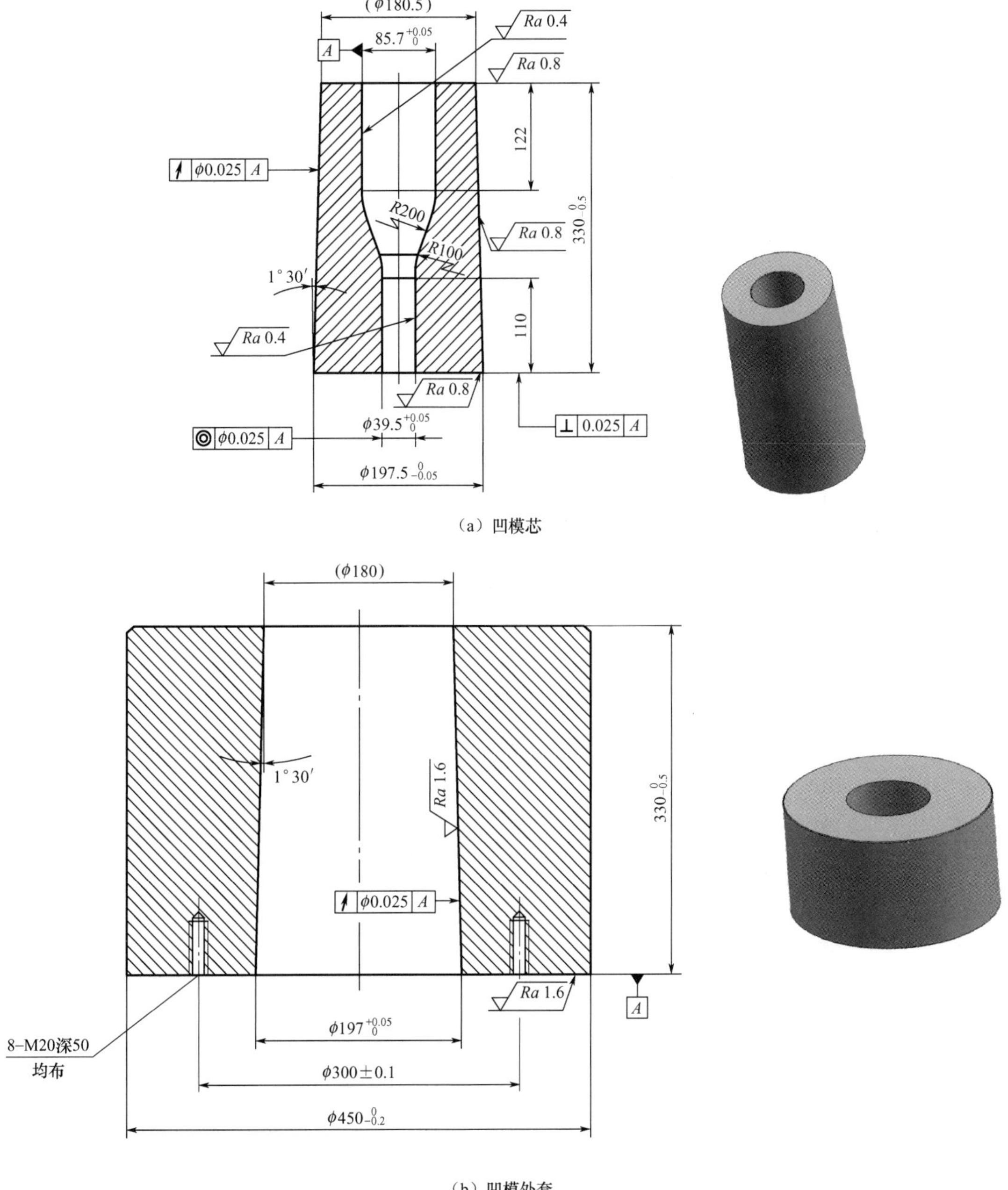

(a) 凹模芯

(b) 凹模外套

图 8-8 热镦挤制坯模具的主要模具零件图

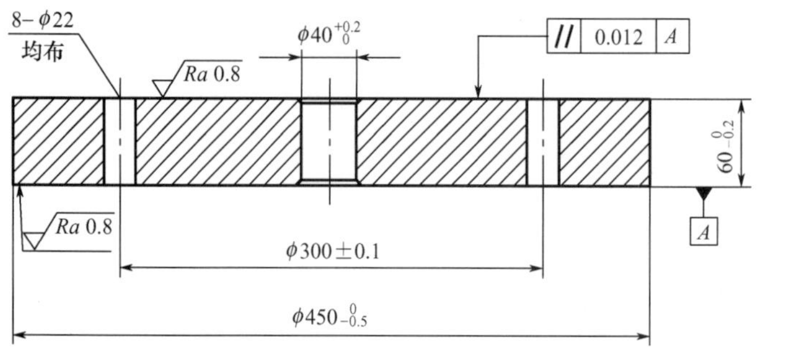

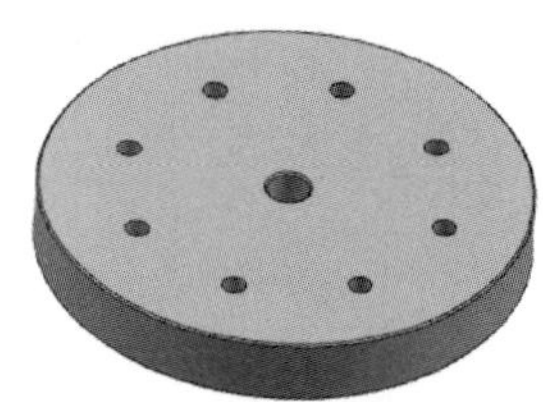

（c）凹模垫板

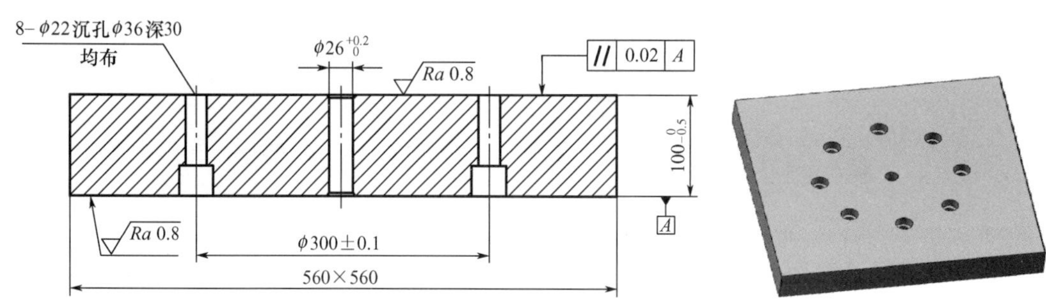

（d）下模板

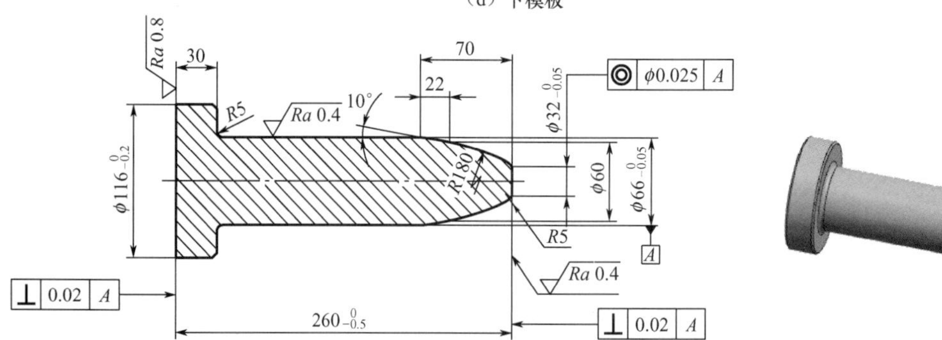

（e）冲头

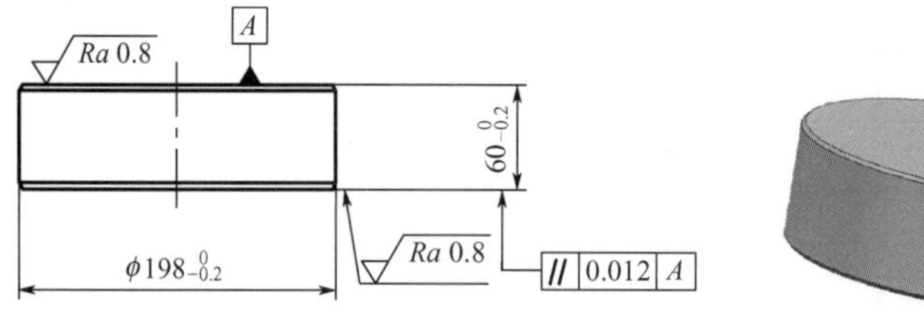

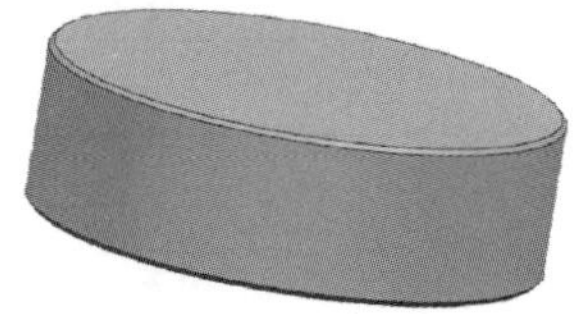

（f）冲头垫块

图 8-8　热镦挤制坯模具的主要模具零件图（续）

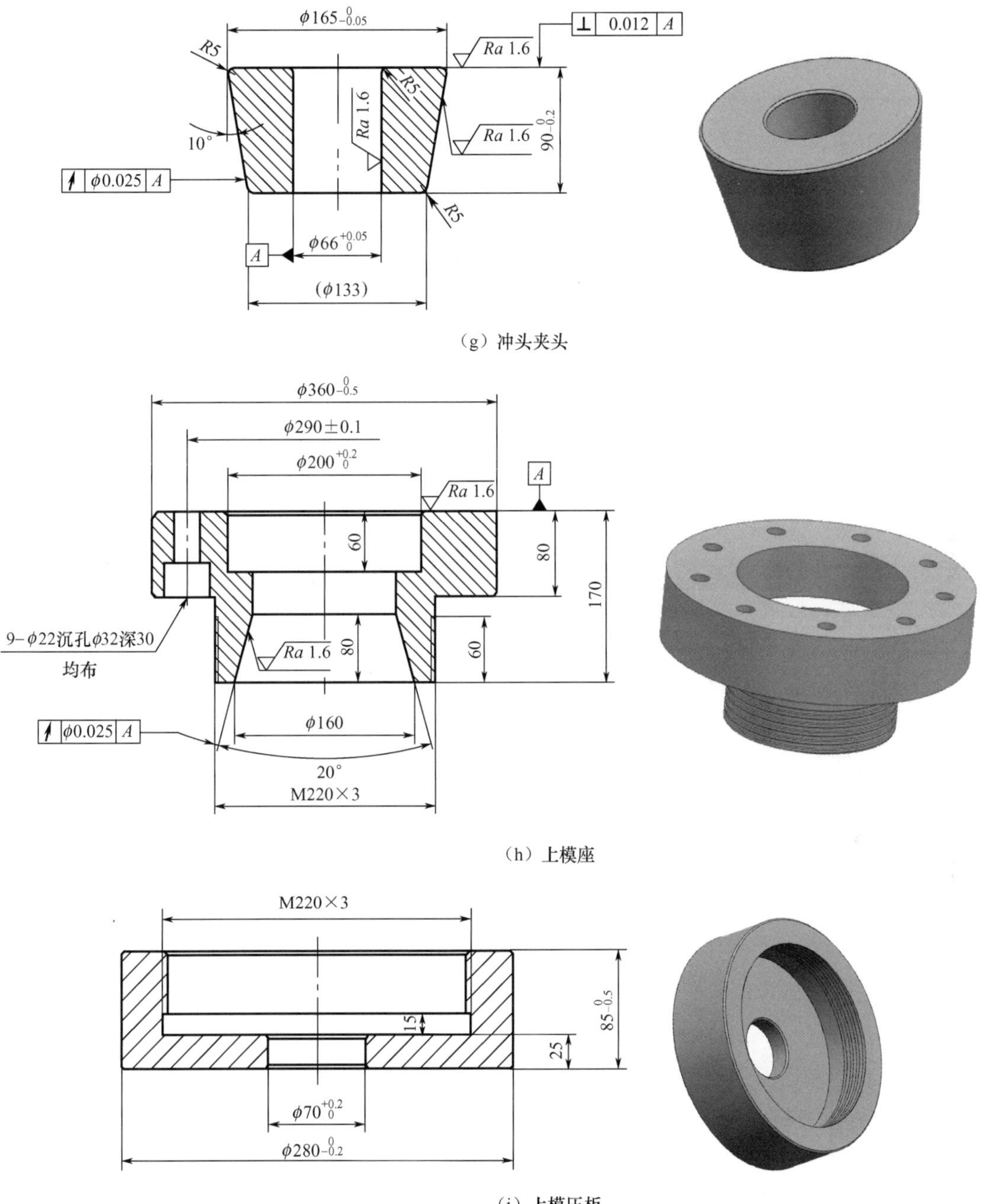

(g) 冲头夹头

(h) 上模座

(i) 上模压板

图 8-8　热镦挤制坯模具的主要模具零件图（续）

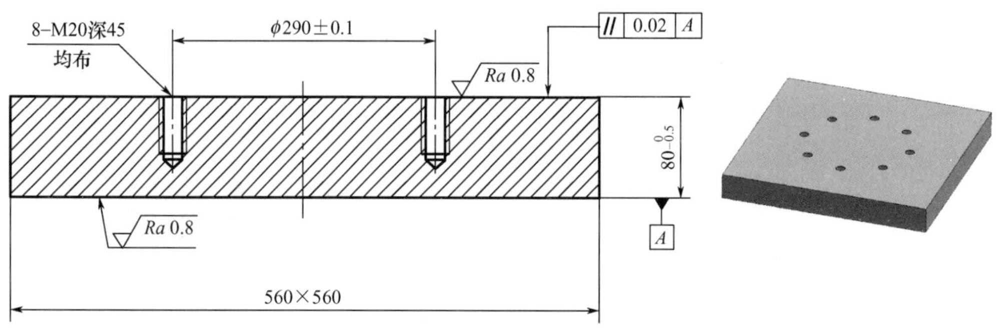

（j）上模板

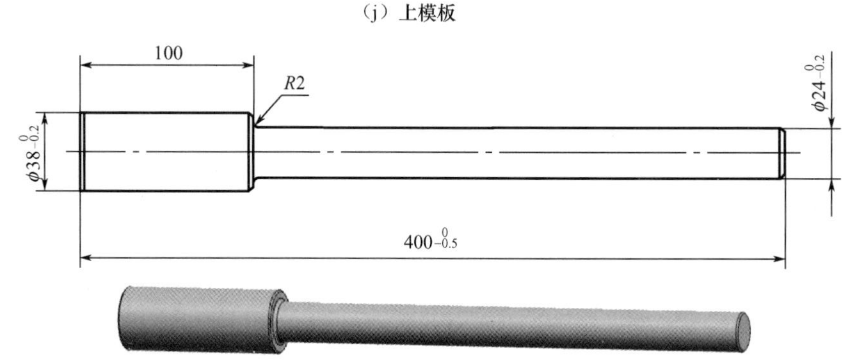

（k）顶料杆

图 8-8　热镦挤制坯模具的主要模具零件图（续）

表 8-1　热镦挤制坯模具的主要模具零件材料及热处理硬度

序号	模具零件	材料	热处理硬度/HRC
1	顶料杆	Cr12MoV	54～58
2	上模板	45	38～42
3	上模压板	45	28～32
4	上模座	45	38～42
5	冲头夹头	45	38～42
6	冲头垫块	Cr12MoV	54～58
7	冲头	LD	56～60
8	下模板	45	38～42
9	凹模垫板	H13	48～52
10	凹模外套	45	32～38
11	凹模芯	Cr12MoV	54～58

图 8-9 所示为热复合挤压成形模具结构。

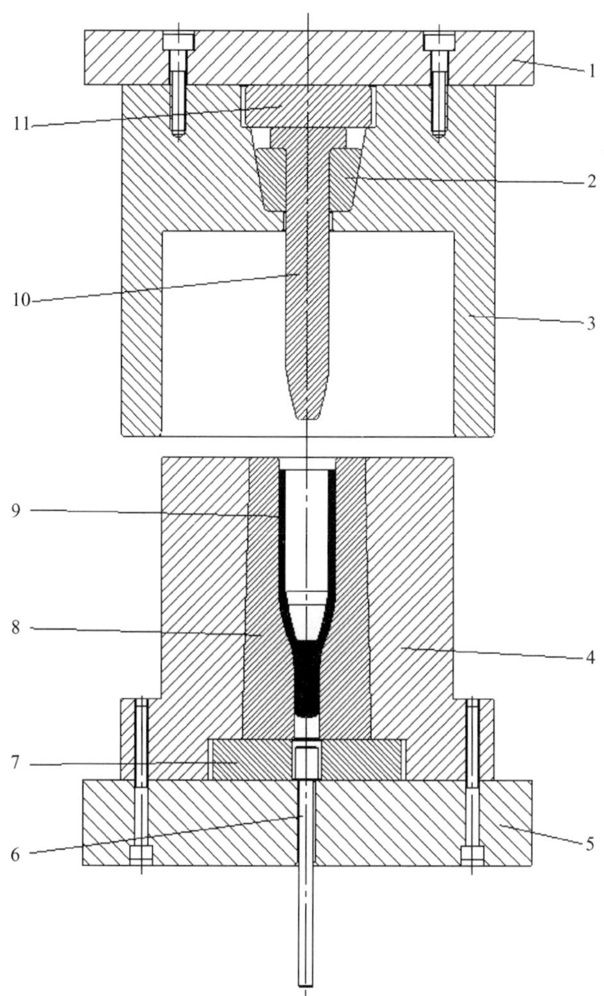

1—上模板；2—冲头夹头；3—上模座；4—下模座；5—下模板；6—顶料杆；7—凹模垫块；8—凹模芯；9—精锻件；10—冲头；11—冲头垫块。

图 8-9 热复合挤压成形模具结构

该模具具有如下特点。

(1) 为了保证精锻件的同轴度要求，上模座与下模座采用模口导向，其导向间隙为 0.15～0.20mm。

(2) 为了在冲头回程中将精锻件留在凹模芯的内孔型腔，省去较复杂的脱模器装置，在凹模芯的内孔型腔中设计了 0.1°倒锥度。

(3) 依靠成形设备的顶出系统推动顶料杆完成精锻件脱模。

图 8-10 所示为热复合挤压成形模具的主要模具零件图。表 8-2 所示为热复合挤压成形模具的主要模具零件材料及热处理硬度。

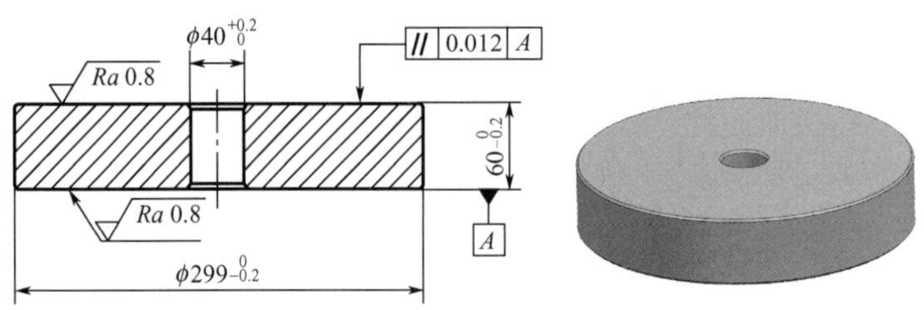

（a）凹模垫块

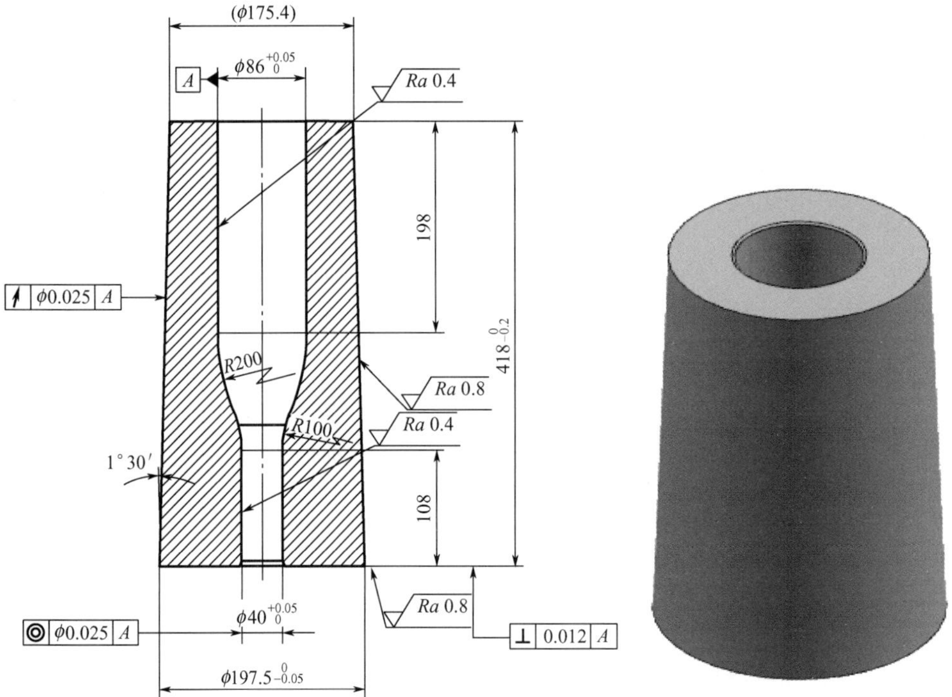

（b）凹模芯

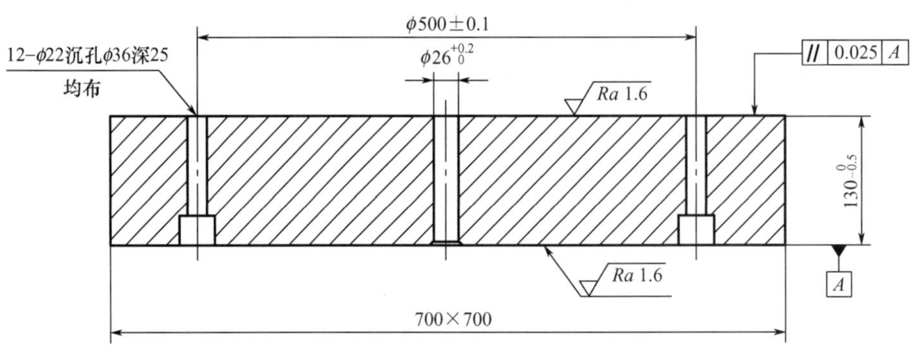

图 8－10　热复合挤压成形模具的主要模具零件图

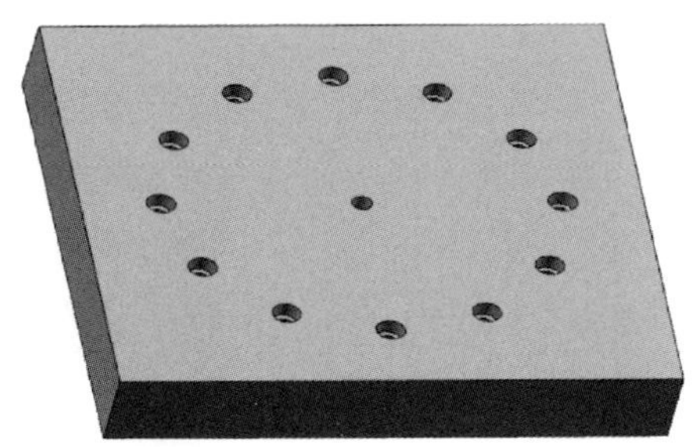

（c）下模板

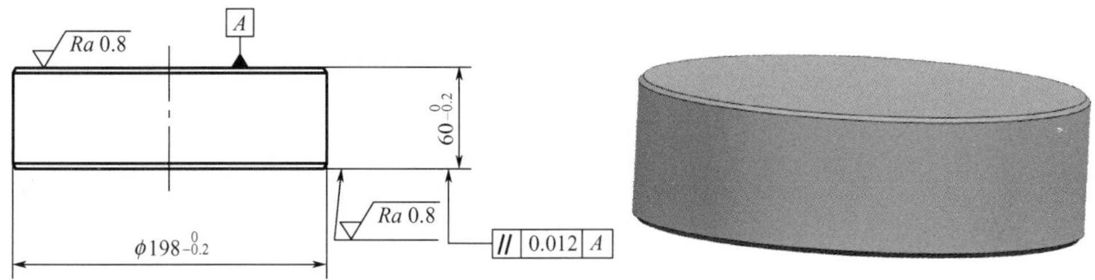

（d）冲头垫块

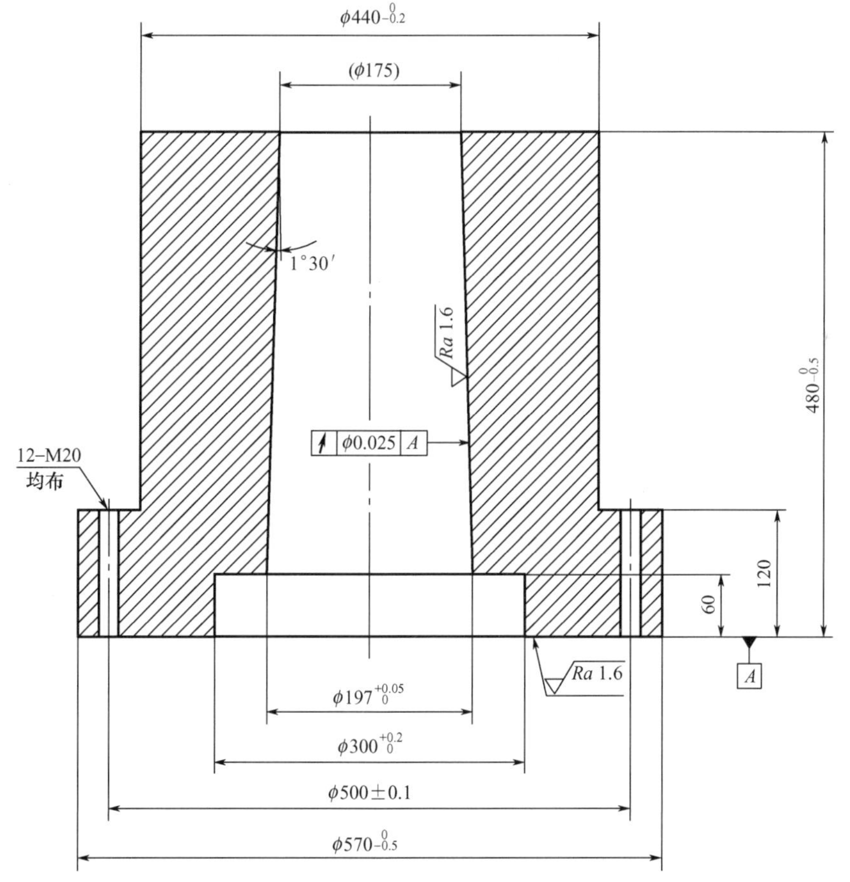

（e）下模座

图 8－10　热复合挤压成形模具的主要模具零件图（续）

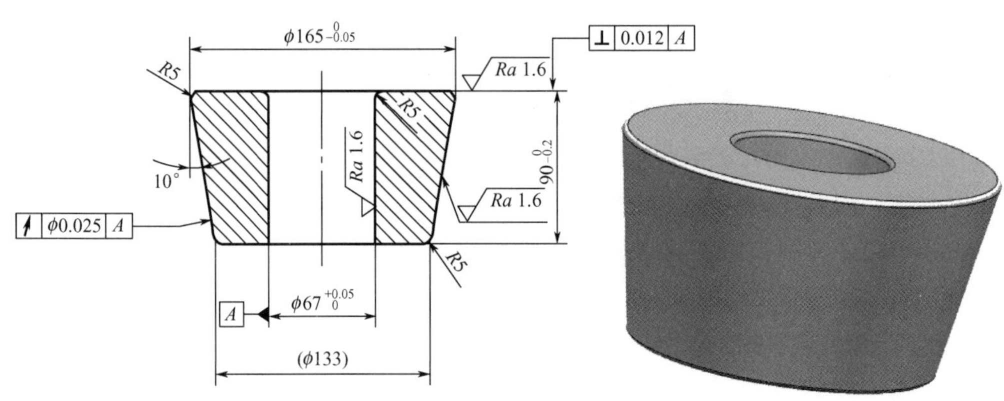

（f）冲头夹头

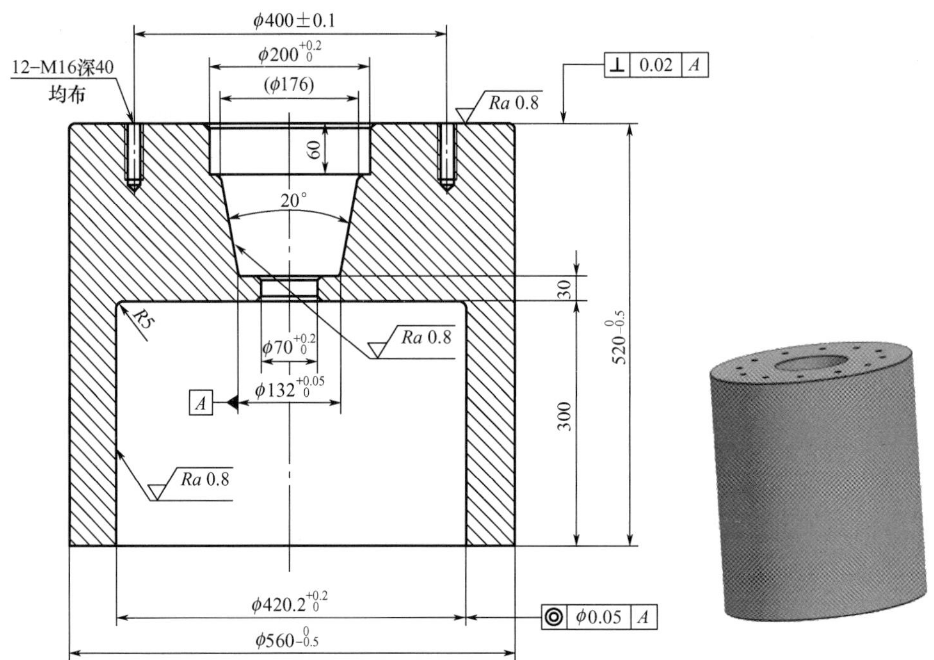

（g）上模座

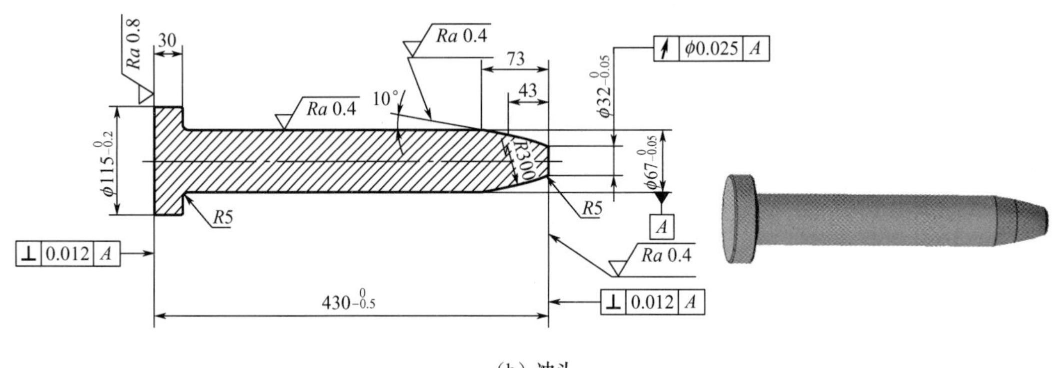

（h）冲头

图 8-10　热复合挤压成形模具的主要模具零件图（续）

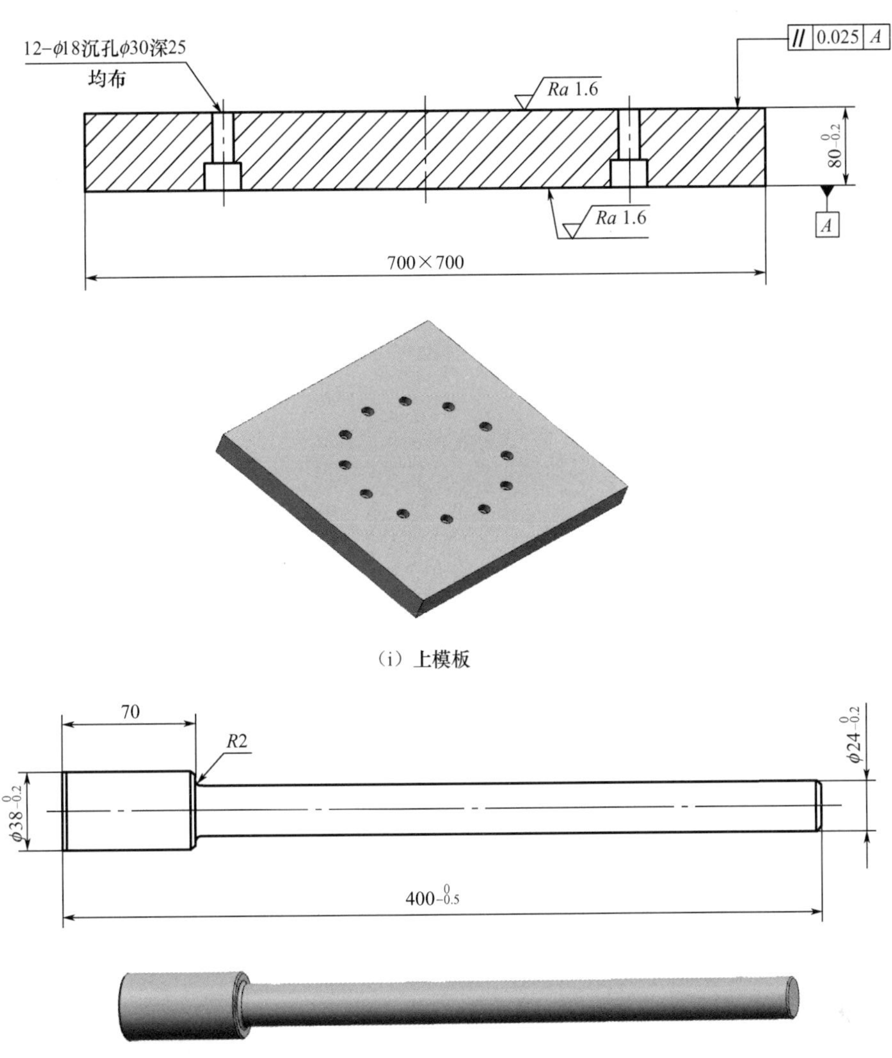

（i）上模板

（j）顶料杆

图 8-10 热复合挤压成形模具的主要模具零件图（续）

表 8-2 热复合挤压成形模具的主要模具零件材料及热处理硬度

序号	模具零件	材料	热处理硬度/HRC
1	顶料杆	Cr12MoV	54～58
2	上模板	45	38～42
3	冲头	LD	56～60
4	上模座	45	38～42
5	冲头夹头	45	38～42
6	下模座	45	38～42
7	冲头垫块	LD	56～60
8	下模板	45	32～38
9	凹模芯	LD	56～60
10	凹模垫块	H13	48～52

8.1.3 卵形壳体精密锻造成形过程工艺卡片

（1）原材料检验。

WT	工序卡片	产品型号		零件图号	WT001	编号	WT001－Y1
		产品名称		零件名称	卵形壳体	共7页	第1页

车间	工序号	工序名称	材料牌号
	10	原材料检验	7A04
毛坯种类	毛坯尺寸	每毛坯可制件数	每台件数
购置铝材	ϕ85mm×6000mm		
设备名称	设备型号	设备编号	同时加工件数
夹具编号	夹具名称	工序工时	切削液

工步号	工步内容	工艺参数	主轴转速 r/min	切削速度 m/min	进给量 r/min	切削深度 mm	进给次数	工步工时	
11	规格	外径为 ϕ85mm、长度为6000mm							
12	化学成分	按GB/T 3190—2020							
13	力学性能	按GB/T 3880.2—2012							
14	外观	无明显划痕等缺陷							

										编制	校对	批准	阶段标记		
标记	处数	更改文件号	签字	日期	标记	处数	更改文件号	签字	日期						A

（2）下料。

WT	工序卡片	产品型号		零件图号	WT001	编号	WT001－Y2
		产品名称		零件名称	卵形壳体	共7页	第2页

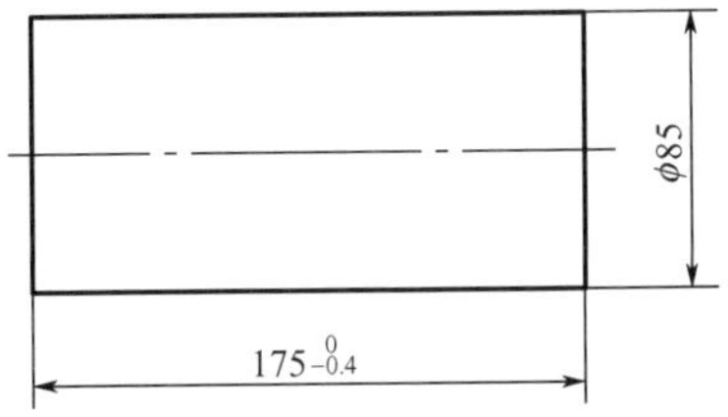

$\phi 85$

$175_{-0.4}^{\ 0}$

车间	工序号	工序名称	材料牌号
	20	带锯下料	7A04
毛坯种类	毛坯尺寸	每毛坯可制件数	每台件数
原始铝材	ϕ85mm×6000mm	34	
设备名称	设备型号	设备编号	同时加工件数
带锯床	GB4025B		6
夹具编号	夹具名称	工序工时	切削液
			乳化液

工步号	工步内容	工艺参数	主轴转速 r/min	切削速度 m/min	进给量 r/min	切削深度 mm	进给次数	工步工时	
21	带锯下料	长度为 $175_{-0.4}^{\ 0}$ mm							
22	外观	无毛刺、裂纹等缺陷							

										编制	校对	批准	阶段标记			
标记	处数	更改文件号	签字	日期	标记	处数	更改文件号	签字	日期						A	

（3）粗车加工。

WT	工序卡片	产品型号		零件图号	WT001	编号	WT001－Y3
		产品名称		零件名称	卵形壳体	共 7 页	第 3 页

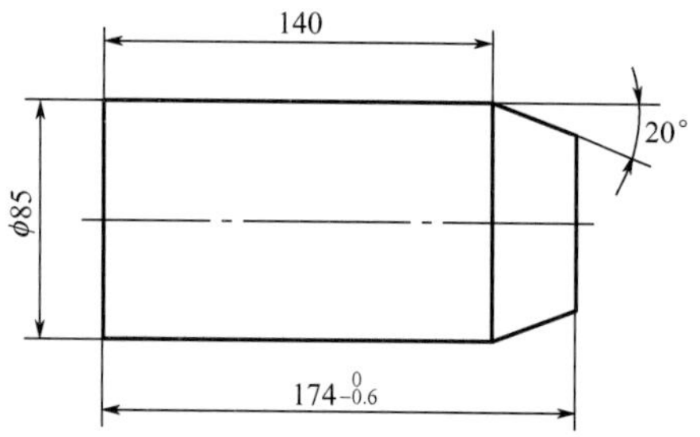

车间	工序号	工序名称	材料牌号
	30	粗车加工	7A04
毛坯种类	毛坯尺寸	每毛坯可制件数	每台件数
下料坯件	ϕ85mm×175mm	1	
设备名称	设备型号	设备编号	同时加工件数
数控车床	CK6136		1
夹具编号	夹具名称	工序工时	切削液
			乳化液

工步号	工步内容	工艺参数	主轴转速 r/min	切削速度 m/min	进给量 r/min	切削深度 mm	进给次数	工步工时	
31	车端面	长度为 $174_{-0.6}^{0}$mm	700～800						
32	车锥面	锥度为 20°、长度为 140mm	700～800						
33	检验	长度为 $174_{-0.6}^{0}$mm、长度为 140mm、锥度为 20°							
								编制	校对	批准	阶段标记
标记	处数	更改文件号	签字	日期	标记	处数	更改文件号	签字	日期				A

（4）粗车坯件加热。

WT	工序卡片	产品型号		零件图号	WT001	编号	WT001－Y4
		产品名称		零件名称	卵形壳体	共7页	第4页

车间	工序号	工序名称	材料牌号
	40	粗车坯件加热	7A04
毛坯种类	毛坯尺寸	每毛坯可制件数	每台件数
制坯件	ϕ85mm×174mm		
设备名称	设备型号	设备编号	同时加工件数
箱式电阻炉	RX3－60－9		
夹具编号	夹具名称	工序工时	切削液

工步号	工步内容	工艺参数	主轴转速 r/min	切削速度 m/min	进给量 r/min	切削深度 mm	进给次数	工步工时	
41	粗车坯件预热	预热温度为150℃±30℃							
		保温时间为10min							
42	粗车坯件加热	加热温度为420℃±20℃							
		保温时间为60～90min							

										编制	校对	批准	阶段标记			
标记	处数	更改文件号	签字	日期	标记	处数	更改文件号	签字	日期						A	

（5）热镦挤制坯。

WT	工序卡片	产品型号		零件图号	WT001	编号	WT001－Y5
		产品名称		零件名称	卵形壳体	共 7 页	第 5 页

	车间	工序号	工序名称	材料牌号
70；$\phi39.4_{-0.3}^{0}$；$\phi85.5_{-0.3}^{0}$；$\phi65.5_{0}^{+0.5}$；234		50	热镦挤制坯	7A04
	毛坯种类	毛坯尺寸	每毛坯可制件数	每台件数
	粗车坯件	ϕ85mm×174mm		
	设备名称	设备型号	设备编号	同时加工件数
	液压机	YH32－1000		
	模具编号	模具名称	工序工时	润滑剂
	WT001－RDJM	热镦挤制坯模具		水基石墨润滑剂、油基石墨润滑剂

工步号	工步内容	工艺参数	主轴转速 r/min	切削速度 m/min	进给量 r/min	切削深度 mm	进给次数	工步工时	
51	粗车坯件润滑	将预热和保温后的粗车坯件浸入水基石墨润滑剂，使粗车坯件表面覆盖一层石墨润滑剂							
52	热镦挤制坯模具预热	用喷灯将热镦挤制坯模具凹模的内孔型腔和冲头的工作部分预热至约 150℃							
53	热镦挤制坯模具润滑	用电动喷枪将油基石墨润滑剂喷涂在预热后的热镦挤制坯模具凹模的内孔型腔和冲头工作部分的表面							
54	热镦挤制坯	制坯件尺寸见图 8－5							
55	检验	制坯件尺寸见图 8－5							

										编制	校对	批准	阶段标记		
标记	处数	更改文件号	签字	日期	标记	处数	更改文件号	签字	日期						A

（6）制坯件加热。

WT	工序卡片	产品型号		零件图号	WT001	编号	WT001－Y6
		产品名称		零件名称	卵形壳体	共 7 页	第 6 页

70
234
$\phi 85.5_{-0.3}^{0}$
$\phi 65.5_{0}^{+0.5}$
$\phi 39.4_{-0.3}^{0}$

车间	工序号	工序名称	材料牌号
	60	制坯件加热	7A04
毛坯种类	毛坯尺寸	每毛坯可制件数	每台件数
制坯件	ϕ85.5mm×234mm		
设备名称	设备型号	设备编号	同时加工件数
箱式电阻炉	RX3－60－9		
夹具编号	夹具名称	工序工时	切削液

工步号	工步内容	工艺参数	主轴转速 r/min	切削速度 m/min	进给量 r/min	切削深度 mm	进给次数	工步工时	
61	制坯件预热	预热温度为150℃±30℃							
		保温时间为10min							
62	制坯件加热	加热温度为420℃±20℃							
		保温时间为60～90min							

										编制	校对	批准	阶段标记		
标记	处数	更改文件号	签字	日期	标记	处数	更改文件号	签字	日期						A

（7）热复合挤压成形。

WT	工序卡片	产品型号		零件图号	WT001	编号	WT001－Y7
		产品名称		零件名称	卵形壳体	共 7 页	第 7 页

简图	车间	工序号	工序名称	材料牌号
$\phi86_{-0.5}^{0}$		70	热复合挤压成形	7A04
$\phi66_{0}^{+0.5}$	毛坯种类	毛坯尺寸	每毛坯可制件数	每台件数
360	制坯件	ϕ85.5mm×234mm		
$\phi40_{-0.5}^{0}$	设备名称	设备型号	设备编号	同时加工件数
	液压机	YH32－1000		1
	模具编号	模具名称	工序工时	润滑剂
	WT001－RFHJYM	热复合挤压模		水基石墨润滑剂、油基石墨润滑剂

工步号	工步内容	工艺参数	主轴转速 r/min	切削速度 m/min	进给量 r/min	切削深度 mm	进给次数	工步工时	
71	制坯件润滑	将预热和保温后的制坯件浸入水基石墨润滑剂，使制坯件表面覆盖一层石墨润滑剂							
72	热复合挤压成形模具预热	用喷灯将热复合挤压成形模具凹模的内孔型腔和冲头的工作部分预热至约 150℃							
73	热复合挤压成形模具润滑	用电动喷枪将油基石墨润滑剂喷涂在预热后的热复合挤压成形模具凹模的内孔型腔和冲头工作部分的表面							
74	热复合挤压成形	精锻件尺寸见图 8－2							
75	检验	精锻件尺寸见图 8－2							

										编制	校对	批准	阶段标记	
标记	处数	更改文件号	签字	日期	标记	处数	更改文件号	签字	日期					A

8.2 7A04 铝合金接螺的精密锻造成形

图 8－11 所示的接螺是一种端面具有异型形状的扁平、小型零件，其材质为 7A04 铝合金。该零件是一端有两个独立异型凸台的零件，其最大直径为 ϕ28mm，底厚度为 4.0mm，端面异型凸台的高度为 4.4mm；其内孔侧壁与底面相交部分的圆角半径极小（不允许超过 R0.15mm），内孔侧壁相交部分的圆角半径较小（最小圆角半径为 R0.5mm）；其两个独立异型凸台的横截面面积与底面横截面面积相差很大。

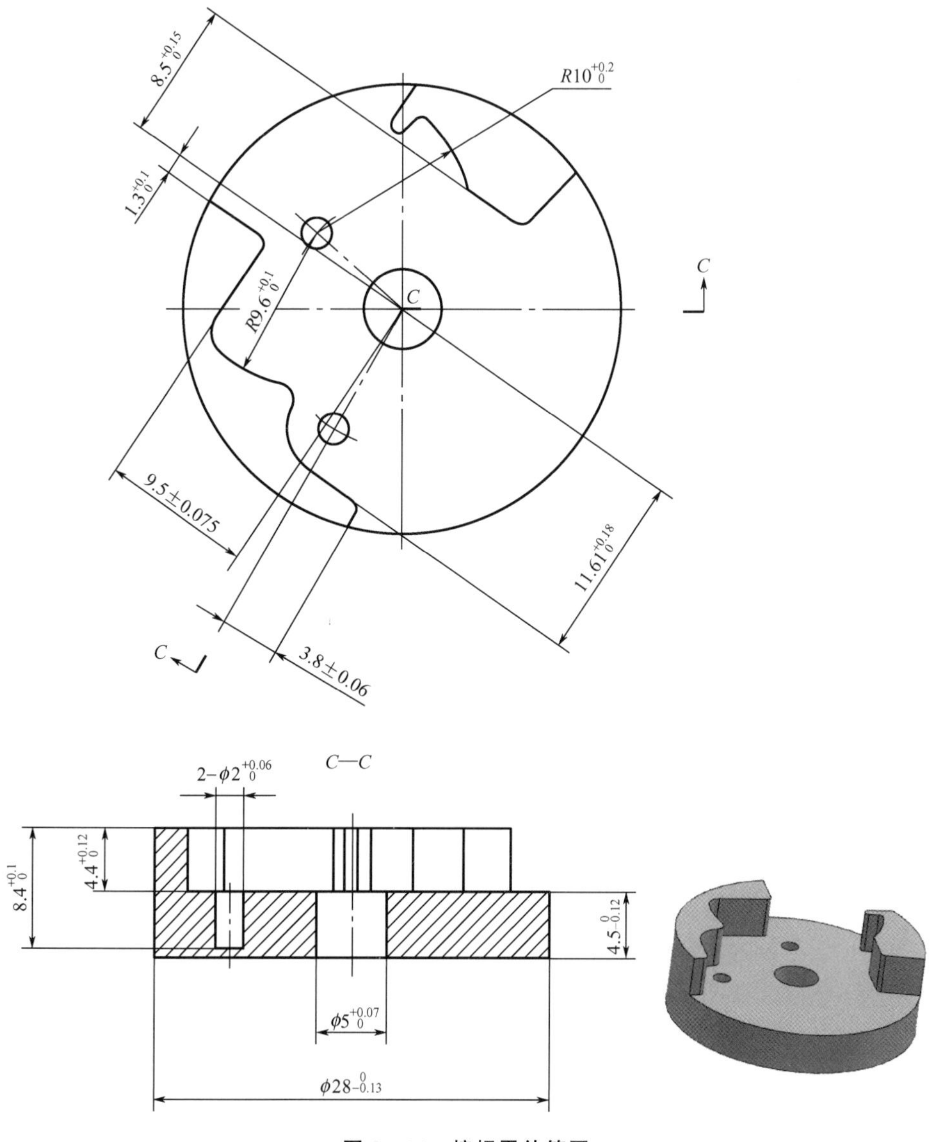

图 8－11　接螺零件简图

对于该接螺零件，可以采用圆柱体坯料经热冲锻成形的精密锻造成形方法生产。图 8－12 所示为接螺精锻件简图[34]。

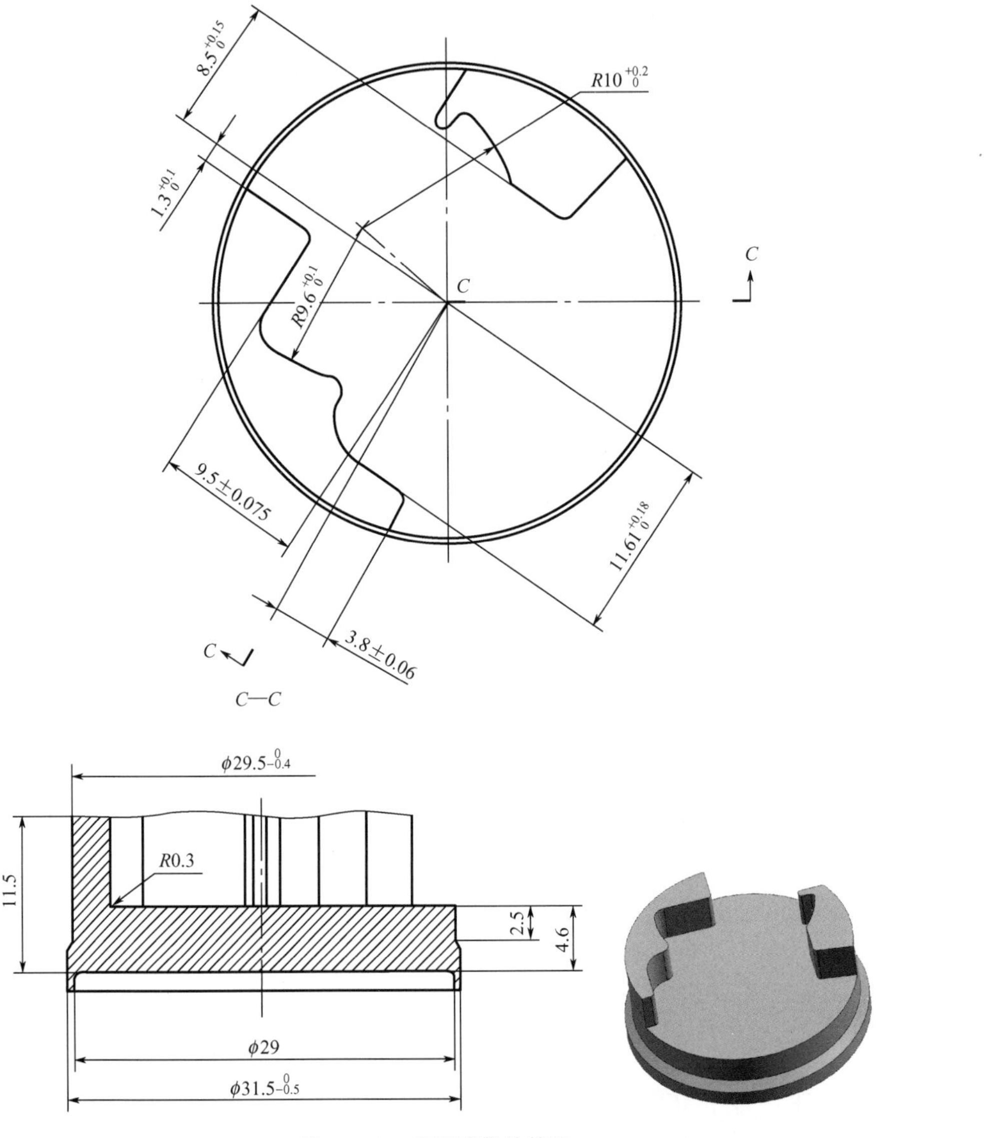

图 8－12　接螺精锻件简图

在图 8－12 所示的接螺精锻件简图中，两个独立的、高度为 4.4mm 的异型凸台的异型形状部分除在高度方向留有适当的加工余量外，其余外形可直接热冲锻成形；两个独立的异型凸台与直径为 ϕ28mm 的圆盘部分相交的底平面不需要留加工余量，可直接热冲锻成形；直径为 ϕ28mm、底厚度为 4.0mm 的圆盘部分都要留加工余量，以保证在后续机械加工中以异型凸台外形和底平面为定位基准时加工出合格的接螺零件。

8.2.1　接螺精密锻造成形工艺流程

（1）下料。在 GB4025B 带锯床上，将直径为 ϕ28mm 的 7A04 铝合金圆棒料锯切成长度为7.9mm的坯料，如图8－13所示。

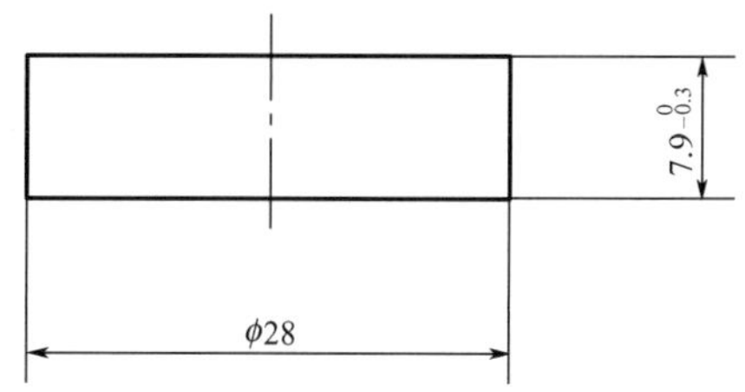

图8－13 坯料的形状和尺寸

(2) 粗车加工。在CK6136数控车床上，对图8－13所示的坯料进行端面加工，得到图8－14所示的粗车坯件。

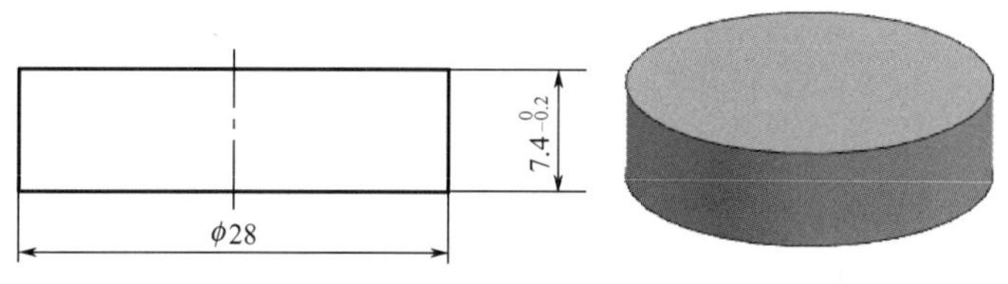

图8－14 粗车坯件

(3) 粗车坯件加热。将图8－14所示的粗车坯件放入RX3－30－9箱式电阻炉中加热，其加热规范如下。

① 粗车坯件预热：预热温度为150℃±30℃，保温时间为10min。

② 粗车坯件加热：加热温度为420℃±20℃，保温时间为30～45min。

(4) 热冲锻成形。将加热到400～440℃并保温后的粗车坯件从RX3－60－9箱式电阻炉中取出后快速浸入装有猪油润滑剂的容器，使粗车坯件表面覆盖一层猪油润滑剂；将表面覆盖猪油润滑剂的粗车坯件地从装有猪油润滑剂的容器中快速取出，并放入热冲锻成形模具的凹模型腔进行热冲锻成形加工，得到图8－12所示的精锻件。

在热冲锻成形加工过程中，润滑模具的方法是将热冲锻成形模具凹模的内孔型腔和冲头的工作部分预热至约150℃，用浸有猪油润滑剂的毛刷直接涂抹凹模的内孔型腔和冲头工作部分的表面。

图8－15所示为热冲锻成形精锻件实物。

图8－15 热冲锻成形精锻件实物

8.2.2 接螺精密锻造成形模具结构

图 8 - 16 所示为接螺精密锻造成形模具结构。

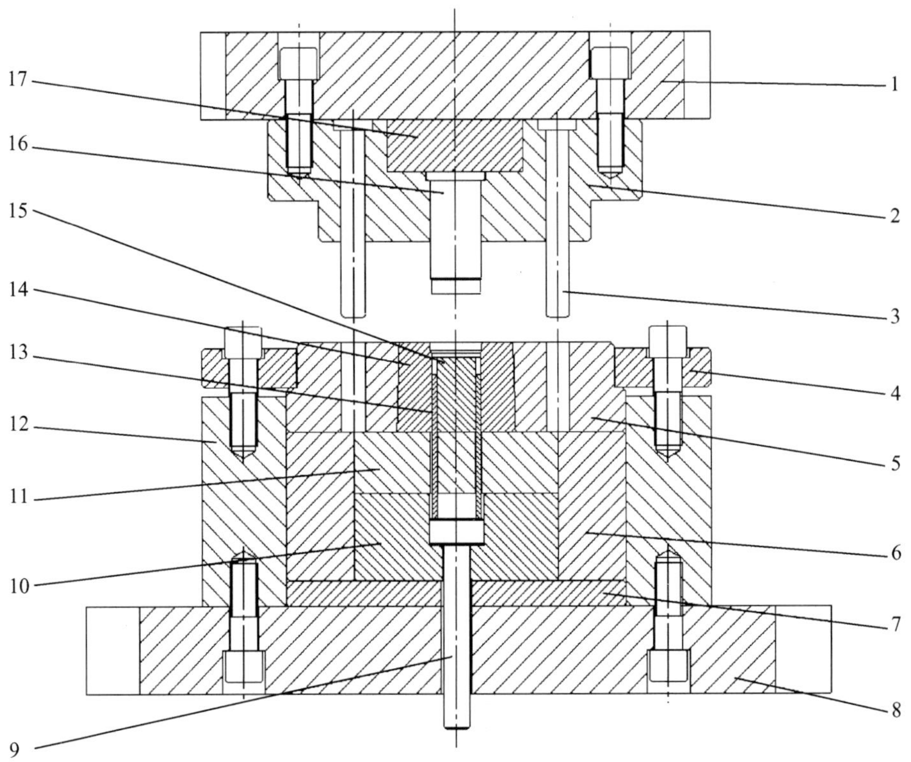

1—上模板；2—上模座；3—小导柱；4—凹模压板；5—凹模外套；6—下模衬套；7—下模垫板；8—下模板；9—顶杆；10—顶杆垫块；11—凹模垫块；12—下模座；13—顶料杆；14—凹模芯；15—凹模芯垫；16—冲头；17—冲头垫块。

图 8 - 16 接螺精密锻造成形模具结构

8.2.3 接螺精密锻造成形过程工艺卡片

（1）原材料检验。

WT	工序卡片	产品型号		零件图号	WT002	编号	WT002－Y1
		产品名称		零件名称	接螺	共5页	第1页

	车间	工序号	工序名称	材料牌号
		10	原材料检验	7A04
$\phi28$ 6000	毛坯种类	毛坯尺寸	每毛坯可制件数	每台件数
	购置铝材	ϕ28mm×6000mm		
	设备名称	设备型号	设备编号	同时加工件数
	夹具编号	夹具名称	工序工时	切削液

工步号	工步内容	工艺参数	主轴转速 r/min	切削速度 m/min	进给量 r/min	切削深度 mm	进给次数	工步工时	
11	规格	外径为ϕ28mm、长度为6000mm							
12	化学成分	按GB/T 3190—2020							
13	力学性能	按GB/T 3880.2—2012							
14	外观	无明显划痕等缺陷							

										编制	校对	批准	阶段标记		
标记	处数	更改文件号	签字	日期	标记	处数	更改文件号	签字	日期						A

（2）下料。

WT	工序卡片	产品型号		零件图号	WT002	编号	WT002 - Y2
		产品名称		零件名称	接螺	共 5 页	第 2 页

车间	工序号	工序名称	材料牌号
	20	带锯下料	7A04
毛坯种类	毛坯尺寸	每毛坯可制件数	每台件数
原始铝材	ϕ28mm×6000mm	630	
设备名称	设备型号	设备编号	同时加工件数
带锯床	GB4025B		24
夹具编号	夹具名称	工序工时	切削液
			乳化液

工步号	工步内容	工艺参数	主轴转速 r/min	切削速度 m/min	进给量 r/min	切削深度 mm	进给次数	工步工时	
21	带锯下料	长度为 $7.9_{-0.3}^{0}$ mm							
22	外观	无毛刺、裂纹等缺陷							

										编制	校对	批准	阶段标记		
标记	处数	更改文件号	签字	日期	标记	处数	更改文件号	签字	日期						A

（3）粗车加工。

WT	工序卡片	产品型号		零件图号	WT002	编号	WT002 - Y3
		产品名称		零件名称	接螺	共 5 页	第 3 页

	车间	工序号	工序名称	材料牌号
		30	粗车加工	7A04
	毛坯种类	毛坯尺寸	每毛坯可制件数	每台件数
$7.4^{0}_{-0.2}$	下料坯件	ϕ28mm×7.9mm	1	
	设备名称	设备型号	设备编号	同时加工件数
	数控车床	CK6136		1
	夹具编号	夹具名称	工序工时	切削液
				乳化液

工步号	工步内容	工艺参数	主轴转速 r/min	切削速度 m/min	进给量 r/min	切削深度 mm	进给次数	工步工时	
31	车端面	长度为 $7.4^{0}_{-0.2}$ mm	700～800						
32	检验	长度为 $7.4^{0}_{-0.2}$ mm							

										编制	校对	批准	阶段标记		
标记	处数	更改文件号	签字	日期	标记	处数	更改文件号	签字	日期						A

（4）粗车坯件加热。

WT	工序卡片	产品型号		零件图号	WT002	编号	WT002－Y4
		产品名称		零件名称	接螺	共5页	第4页

$7.4^{0}_{-0.2}$

$\phi 28$

车间	工序号	工序名称	材料牌号
	40	粗车坯件加热	7A04
毛坯种类	毛坯尺寸	每毛坯可制件数	每台件数
制坯件	ϕ28mm×7.4mm		
设备名称	设备型号	设备编号	同时加工件数
箱式电阻炉	RX3－60－9		
夹具编号	夹具名称	工序工时	切削液

工步号	工步内容	工艺参数	主轴转速 r/min	切削速度 m/min	进给量 r/min	切削深度 mm	进给次数	工步工时	
41	粗车坯件预热	预热温度为150℃±30℃							
		保温时间为10min							
42	粗车坯件加热	加热温度为420℃±20℃							
		保温时间为30～45min							

										编制	校对	批准	阶段标记		
标记	处数	更改文件号	签字	日期	标记	处数	更改文件号	签字	日期						A

（5）热冲锻成形。

WT	工序卡片	产品型号		零件图号	WT002	编号	WT002－Y5
		产品名称		零件名称	接螺	共5页	第5页

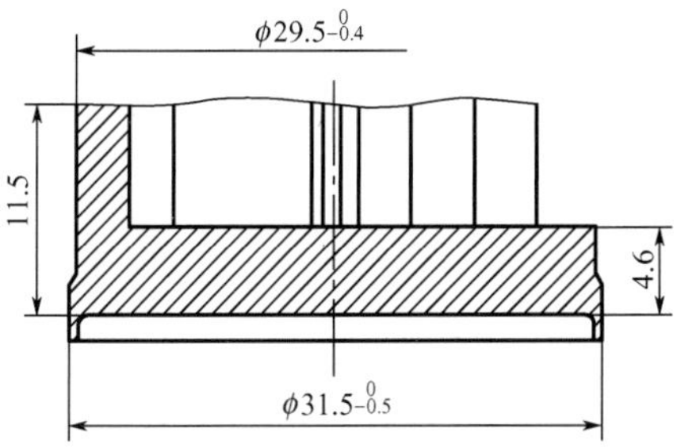

$\phi 29.5_{-0.4}^{0}$ 11.5 4.6 $\phi 31.5_{-0.5}^{0}$

车间	工序号	工序名称	材料牌号
	50	热冲锻成形	7A04
毛坯种类	毛坯尺寸	每毛坯可制件数	每台件数
粗车坯件	ϕ28mm×7.4mm		
设备名称	设备型号	设备编号	同时加工件数
冲床	J23－125		
模具编号	模具名称	工序工时	润滑剂
WT002－RCDM	热冲锻成形模具		猪油

工步号	工步内容	工艺参数	主轴转速 r/min	切削速度 m/min	进给量 r/min	切削深度 mm	进给次数	工步工时	
51	粗车坯件润滑	将加热和保温后的粗车坯件快速浸入装有猪油润滑剂的容器，使粗车坯件表面覆盖一层猪油润滑剂							
52	热冲锻成形模具预热	用喷灯将热冲锻成形模具凹模的内孔型腔和冲头的工作部分预热至约150℃							
53	热冲锻成形模具润滑	用毛刷将猪油润滑剂涂抹在预热后的热冲锻成形模具凹模的内孔型腔表面和冲头工作部分的表面							
54	热冲锻成形	精锻件尺寸见图8－12							
55	检验	精锻件尺寸见图8－12							

										编制	校对	批准	阶段标记		
标记	处数	更改文件号	签字	日期	标记	处数	更改文件号	签字	日期						A

8.3　7A04 铝合金锥底壳体的精密锻造成形

图 8 - 17 所示是锥底壳体锻件图，该零件的材质为 7A04 铝合金。

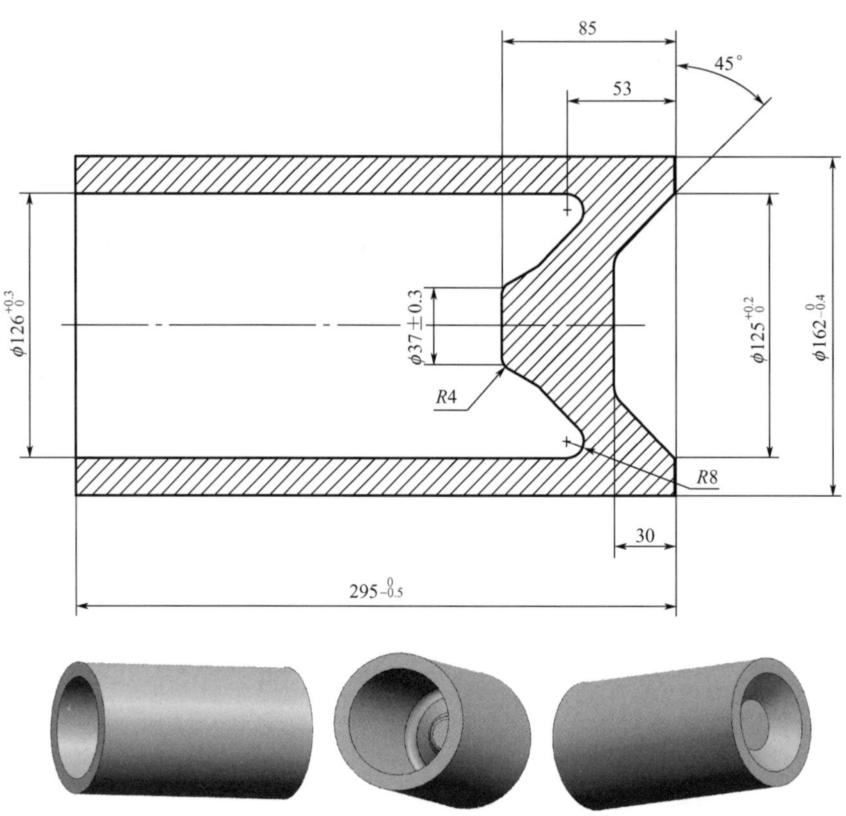

图 8 - 17　锥底壳体锻件图

对于具有锥底、深孔的壳体锻件，可采用圆棒料经热镦挤制坯＋热摆辗预成形＋四次热拉深成形的方法生产。

8.3.1　锥底壳体精密锻造成形工艺流程

（1）下料。在 GB4025 带锯床上，将直径为 ϕ160mm 的 7A04 铝合金圆棒料锯切成长度为 150mm 的坯料。坯料的形状和尺寸如图 8 - 18 所示。

（2）坯料加热。在 RX3 - 60 - 9 箱式电阻炉中加热坯料，加热规范如下。

① 坯料预热：预热温度为 150℃±30℃，保温时间为 30min。

② 坯料加热：加热温度为 420℃±10℃，保温时间为 180～240min。

（3）热镦挤制坯。将加热到 410～430℃并保温一段时间的坯料从 RX3 - 60 - 9 箱式电阻炉中取出并快速浸入装有猪油润滑剂的容器，使坯料表面覆盖一层猪油润滑剂；将表面覆盖猪油润滑剂的坯料从装有猪油润滑剂的容器中快速取出，并放入热镦挤制坯模具的凹模型腔进行热镦挤制坯加工，得到图 8 - 19 所示的制坯件。

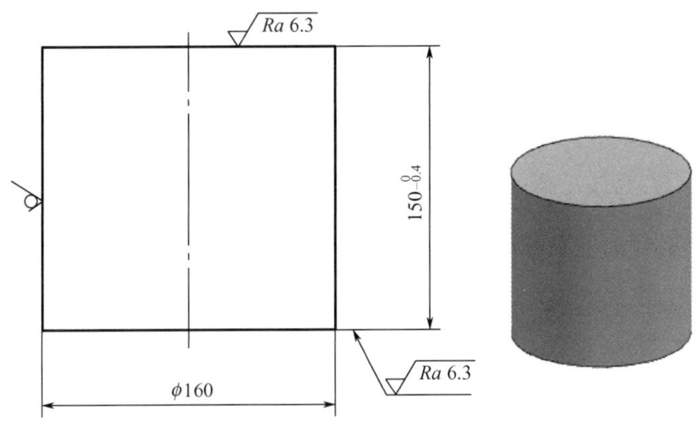

图8-18 坯料的形状和尺寸

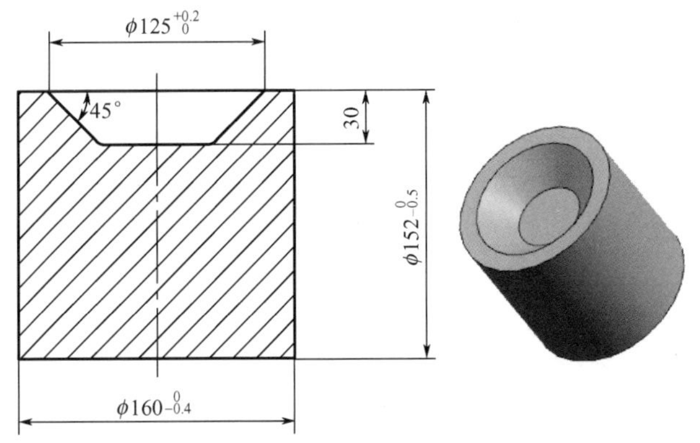

图8-19 制坯件

在热镦挤制坯加工过程中，润滑模具的方法是将热镦挤制坯模具凹模的内孔型腔和冲头的工作部分预热至约150℃，用浸有猪油润滑剂的毛刷直接涂抹凹模的内孔型腔表面和冲头工作部分的表面。

(4) 制坯件加热。在RX3-60-9箱式电阻炉中加热制坯件，加热规范如下。

① 制坯件预热：预热温度为150℃±30℃，保温时间为30min。

② 制坯件加热：加热温度为420℃±20℃，保温时间为120～180min。

(5) 热摆辗预成形。将加热到400～440℃并保温后的制坯件从RX3-60-9箱式电阻炉中取出并快速浸入装有猪油润滑剂的容器，使制坯件表面覆盖一层猪油润滑剂；将表面覆盖猪油润滑剂的制坯件从装有猪油润滑剂的容器中快速取出，并放入热摆辗预成形模具凹模的内孔型腔进行热摆辗预成形加工，得到图8-20所示的预成形件。

在热摆辗预成形过程中，润滑模具的方法是将热摆辗预成形模具凹模的内孔型腔和冲头的工作部分预热至约150℃，用浸有猪油润滑剂的毛刷直接涂抹凹模的内孔型腔和冲头工作部分的表面。

(6) 预成形件加热。在RX3-60-9箱式电阻炉中加热预成形件，其加热规范如下。

① 预成形件预热：预热温度为150℃±30℃，保温时间为30min。

② 预成形件加热：加热温度为420℃±20℃，保温时间为90～120min。

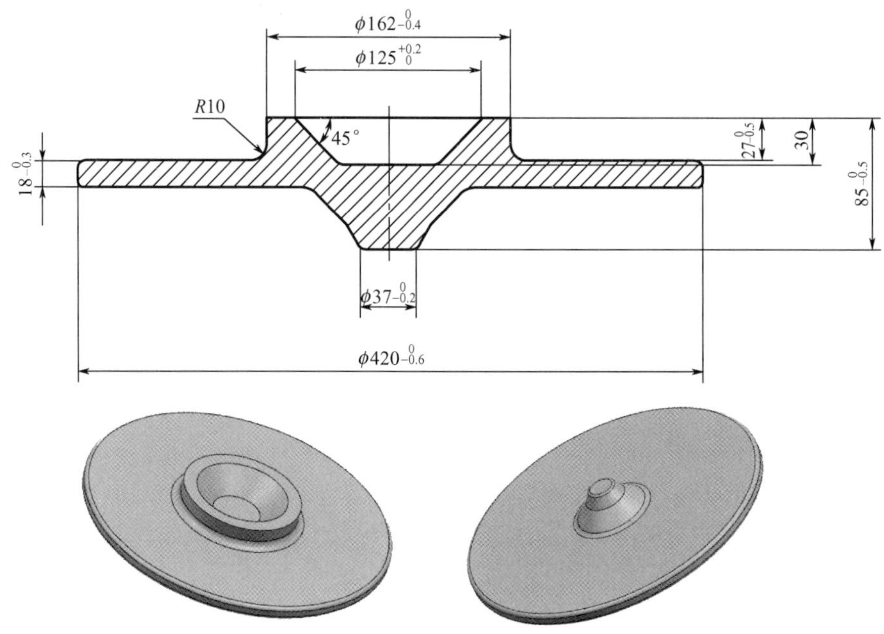

图 8－20　预成形件

（7）第一次热拉深成形。将加热到 400～440℃并保温一段时间的预成形件从 RX3－60－9 箱式电阻炉中取出并快速浸入装有猪油润滑剂的容器，使预成形件表面覆盖一层猪油润滑剂；将表面覆盖猪油润滑剂的预成形件从装有猪油润滑剂的容器中快速取出，并放入第一次热拉深成形模具凹模的内孔型腔，进行第一次热拉深成形加工，得到图 8－21 所示的一次拉深件。

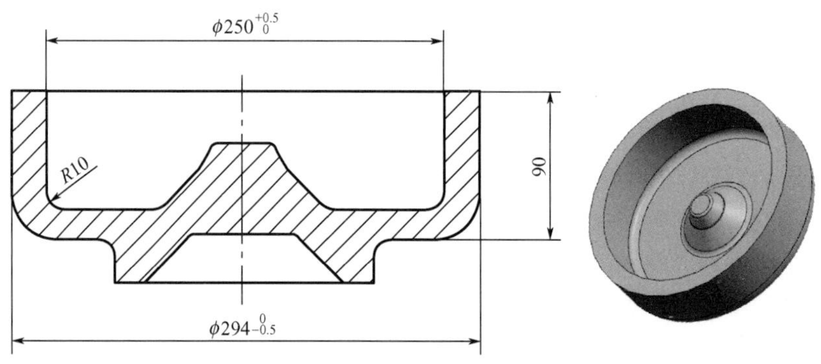

图 8－21　一次拉深件

在第一次热拉深成形过程中，润滑模具的方法是将第一次热拉深成形模具凹模的内孔型腔和冲头的工作部分预热至约 150℃，用蘸有猪油＋MoS_2 润滑剂的毛刷直接涂抹第一次热拉深成形模具凹模的内孔型腔和冲头工作部分的表面。

（8）一次拉深件加热。在 RX3－60－9 箱式电阻炉中加热一次拉深件，加热规范如下。

① 一次拉深件预热：预热温度为 150℃±30℃，保温时间为 30min。

② 一次拉深件加热：加热温度为 420℃±20℃，保温时间为 90～120min。

（9）第二次热拉深成形。将加热到400～440℃并保温一段时间的一次拉深件从RX3-60-9箱式电阻炉中取出并快速浸入装有猪油润滑剂的容器，使一次拉深件的表面覆盖一层猪油润滑剂；将表面覆盖猪油润滑剂的一次拉深件快速地从装有猪油润滑剂的容器中取出，并放入第二次热拉深成形模具的凹模型腔进行第二次热拉深成形加工，得到图8-22所示的二次拉深件。

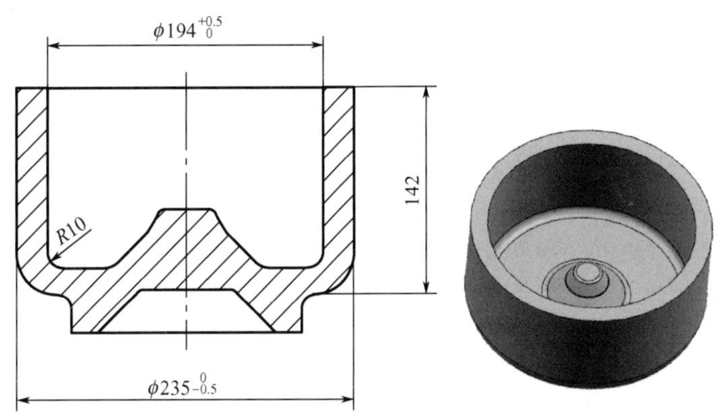

图8-22 二次拉深件

在第二次热拉深成形过程中，润滑模具的方法是将第二次热拉深成形模具凹模的内孔型腔和冲头的工作部分预热至约150℃，用浸有猪油+MoS_2润滑剂的毛刷直接涂抹第二次热拉深成形模具凹模的内孔型腔和冲头工作部分的表面。

（10）二次拉深件加热。在RX3-60-9箱式电阻炉中加热二次拉深件，加热规范如下。

① 二次拉深件预热：预热温度为150℃±30℃，保温时间为30min。

② 二次拉深件加热：加热温度为420℃±20℃，保温时间为60～90min。

（11）第三次热拉深成形。将加热到400～440℃并保温一段时间的二次拉深件从RX3-60-9箱式电阻炉中取出并快速浸入装有猪油润滑剂的容器，使二次拉深件的表面覆盖一层猪油润滑剂；将表面覆盖猪油润滑剂的二次拉深件快速地从装有猪油润滑剂的容器中取出，并放入第三次热拉深成形模具凹模的内孔型腔进行第三次热拉深成形加工，得到图8-23所示的三次拉深件。

在第三次热拉深成形过程中，润滑模具的方法是将第三次热拉深成形模具凹模的内孔型腔和冲头的工作部分预热至约150℃，用浸有猪油+MoS_2润滑剂的毛刷直接涂抹第三次热拉深成形模具凹模的内孔型腔表面和冲头工作部分的表面。

（12）三次拉深件加热。在RX3-60-9箱式电阻炉中加热三次拉深件，加热规范如下。

① 三次拉深件预热：预热温度为150℃±30℃，保温时间为30min。

② 三次拉深件加热：加热温度为420℃±20℃，保温时间为60～90min。

（13）最后热拉深成形。将加热到400～440℃并保温一段时间的三次拉深件从RX3-60-9箱式电阻炉中取出并快速浸入装有猪油润滑剂的容器，使三次拉深件的表面覆盖一层猪油润滑剂；将表面覆盖猪油润滑剂的三次拉深件快速地从装有猪油润滑剂的容器中取出，并放入最后热拉深成形模具凹模的内孔型腔进行最后热拉深成形加工，得到图8-17所示的锻件。

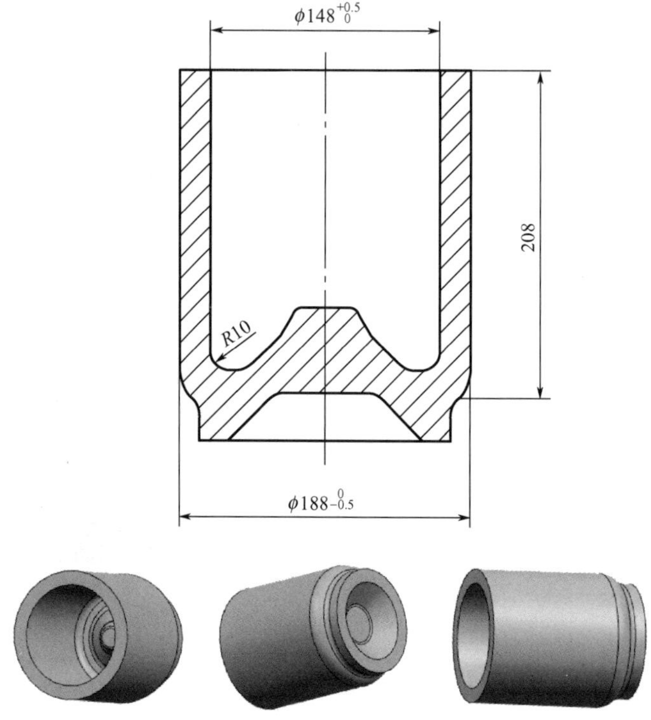

图 8-23　三次拉深件

在最后热拉深成形过程中，润滑模具的方法是将最后热拉深成形模具凹模的内孔型腔和冲头的工作部分预热至约150℃，用浸有猪油＋MoS_2润滑剂的毛刷直接涂抹最后热拉深成形模具凹模的内孔型腔表面和冲头工作部分的表面。

图8-24所示为锥底壳体精密锻造成形锻件实物。

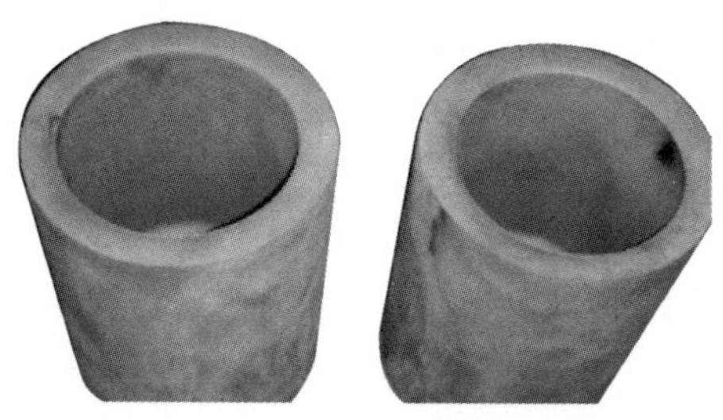

图 8-24　锥底壳体精密锻造成形锻件实物

8.3.2　热拉深成形各个工序中模具尺寸的计算

热拉深成形工序是将图8-20所示的预成形件拉深成图8-17所示的锻件。拉深前，预成形件的最大直径D_0＝420mm，拉深后的锻件内径D_1＝126mm。

由于预成形件拉深部位的板厚H_0＝18mm，因此热拉深后锻件的外径

$$D_2=D_1+2\times H_0\times Y=126+2\times 18\times 1.0=162(\text{mm})$$

式中：Y为与拉深次数和板厚有关的系数，此处取Y＝1.0。

拉深系数

$$M=\frac{D_2}{D_0}=\frac{162}{420}\approx 39\%$$

因为采用厚板进行热拉深成形，其变形程度不宜过大，从拉深系数来看，一次拉深成形是困难的，所以选用四次拉深成形，拉深系数分别如下：$M_1=0.7$，$M_2=0.8$，$M_3=0.8$，$M_4=0.8$。

由于各次拉深系数已定，因此可算出各次拉深的凹模孔径。

第一次拉深凹模的孔径

$$d_{11}=M_1\times D_0=0.7\times 420=294(\text{mm})$$

第二次拉深凹模的孔径

$$d_{21}=M_2\times d_{11}=0.8\times 294\approx 235(\text{mm})$$

第三次拉深凹模的孔径

$$d_{31}=M_3\times d_{21}=0.8\times 235=188(\text{mm})$$

最后拉深凹模的孔径

$$d_{41}=D_2=162(\text{mm})$$

已知各次拉深凹模的孔径，便可算出各次拉深凸模的外径。

第一次拉深凸模的外径

$$d_{12}=d_{11}-2\times H_0\times Y=294-2\times 18\times 1.2\approx 251(\text{mm})$$

式中：取 $Y=1.2$。

第二次拉深凸模的外径

$$d_{22}=d_{21}-2\times H_0\times Y=235-2\times 18\times 1.15\approx 194(\text{mm})$$

式中：取 $Y=1.15$。

第三次拉深凸模的外径

$$d_{32}=d_{31}-2\times H_0\times Y=188-2\times 18\times 1.1\approx 148(\text{mm})$$

式中：取 $Y=1.1$。

最后拉深凸模的外径

$$d_{42}=D_1=126(\text{mm})$$

8.3.3 锥底壳体精密锻造成形模具结构

1. 热摆辗预成形模具结构

热摆辗预成形模具结构如图 8－25 所示。

该模具具有如下特点。

(1) 上模由摆头 14、摆头外套 3 组成，在摆头 14 下端面的工作部分有异形型腔；为了延长摆头 14 的使用寿命，在摆头 14 外锥面上镶套摆头外套 3，采用摆头 14 和摆头外套 3 经锥度过盈、冷压配合而成的预应力组合模具结构。

(2) 下模成形型腔由下模芯 13 和下模芯块 12 组成，下模芯 13 和下模外套 5 组成的下模采用锥度过盈配合的预应力组合模具结构。

(3) 下模芯块 12 的上端面有锥台形成形型腔，其与镦挤坯件的锥台形内腔尺寸相同；下模芯块 12 既是组成下模成形型腔的模具零件，又作为顶料杆起顶料作用；下模芯块 12

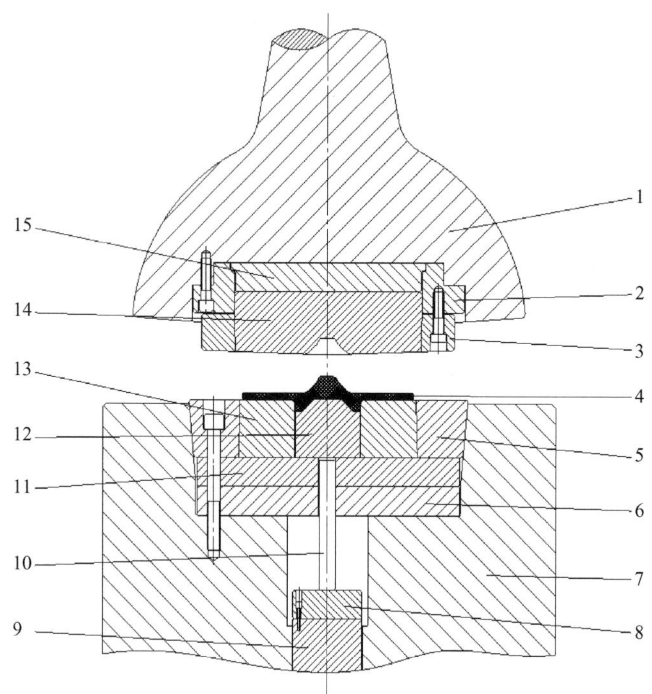

1—摆辗机球头；2—摆头座；3—摆头外套；4—预成形件；5—下模外套；6—下模垫板；7—摆辗机滑块；8—顶出垫块；9—摆辗机顶出活塞；10—顶杆；11—下模承载垫；12—下模芯块；13—下模芯；14—摆头；15—摆头承载垫。

图 8－25　热摆辗预成形模具结构

最大外形与下模芯 13 内孔之间的间隙不能过大，以防止因铝合金挤入形成毛刺或飞边而造成顶出困难。

（4）下模芯 13 的内腔尺寸比镦挤坯件的外圆直径大 1.0mm，当镦挤坯件经加热和保温后放置于该成形模具的下模成形型腔时，靠下模芯 13 的内腔和下模芯块 12 中上端面的锥台实现定位。

图 8－26 所示为热摆辗预成形模具的主要模具零件图。表 8－3 所示为热摆辗预成形模具的主要模具零件材料及热处理硬度。

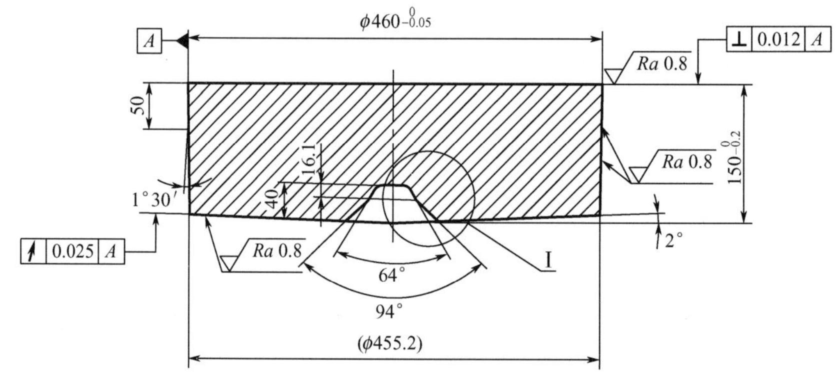

图 8－26　热摆辗预成形模具的主要模具零件图

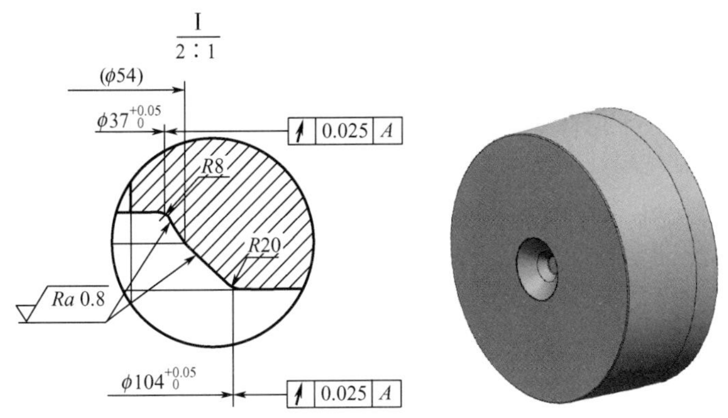

（a）摆头

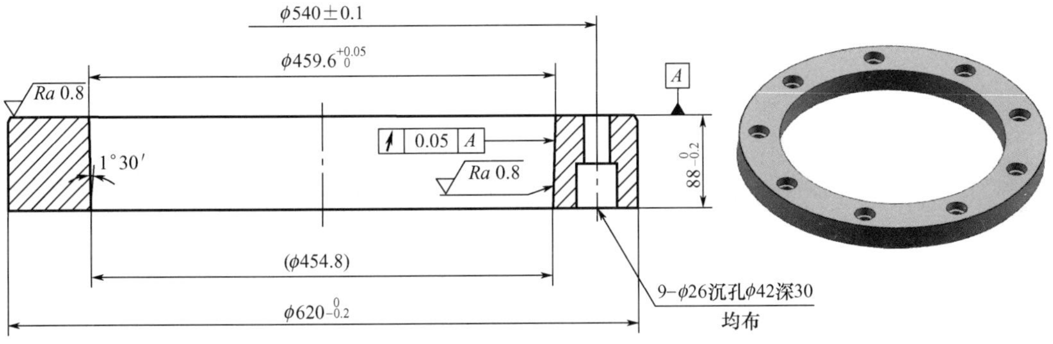

（b）摆头外套

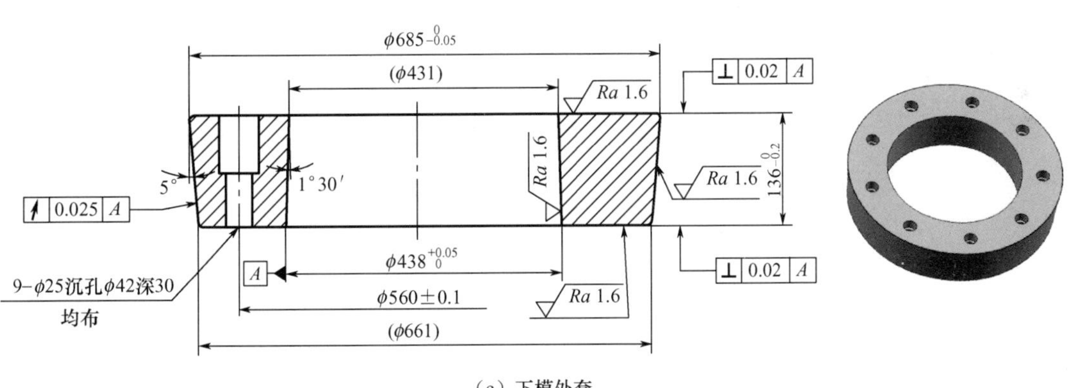

（c）下模外套

图8-26 热摆辗预成形模具的主要模具零件图（续）

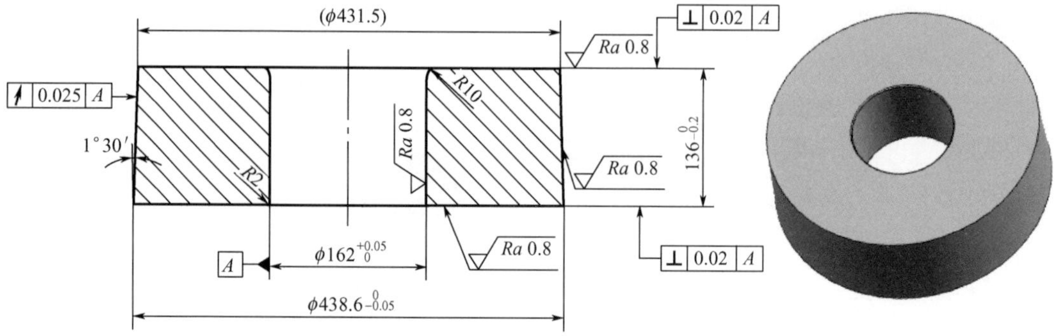

（d）下模芯

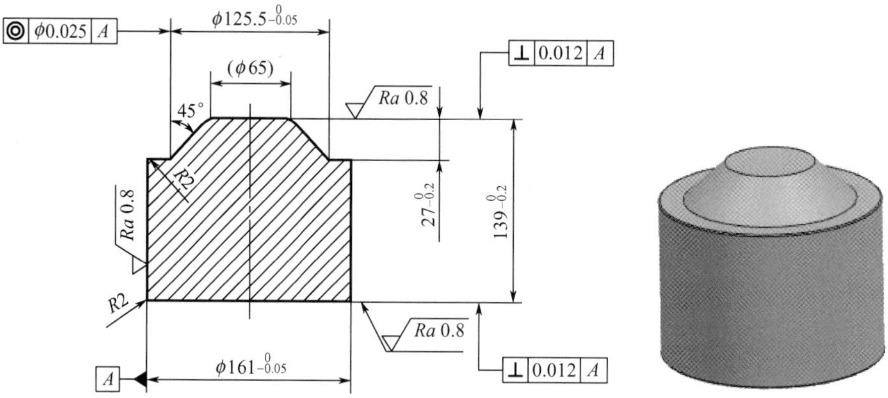

（e）下模芯块

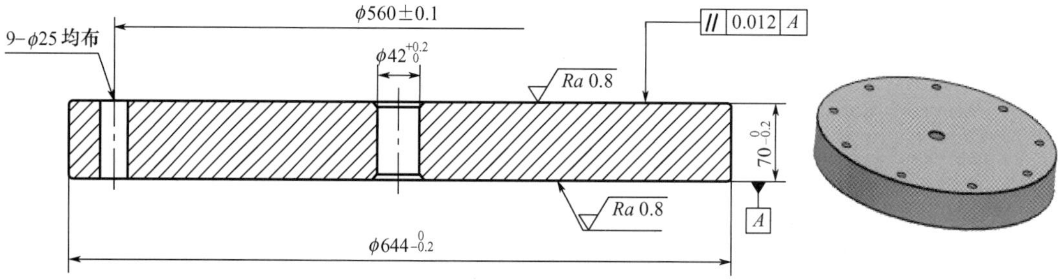

（f）下模承载垫

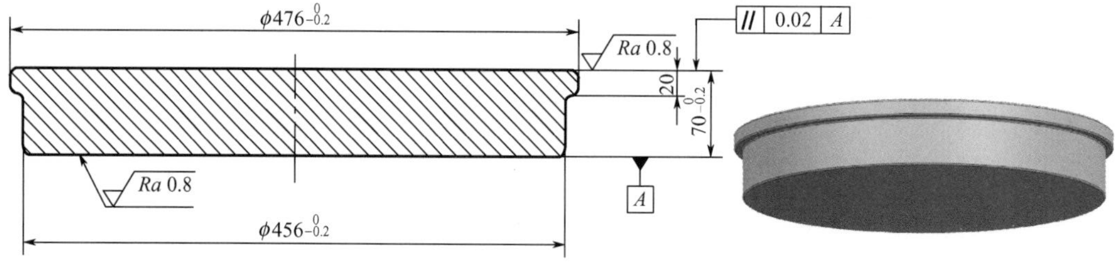

（g）摆头承载垫

图 8-26　热摆辗预成形模具的主要模具零件图（续）

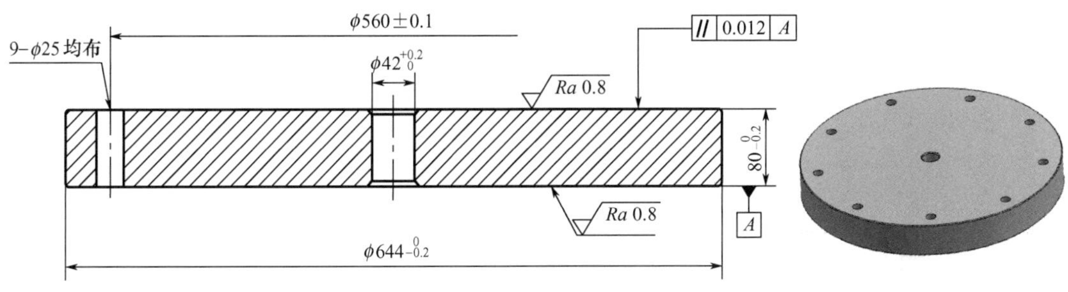

（h）下模垫板

图8-26　热摆辗预成形模具的主要模具零件图（续）

表8-3　热摆辗预成形模具的主要模具零件材料及热处理硬度

序号	模具零件	材料	热处理硬度/HRC
1	下模垫板	45	38～42
2	下模外套	45	28～32
3	摆头承载垫	H13	48～52
4	下模承载垫	H13	48～52
5	下模芯	Cr12MoV	54～58
6	下模芯块	LD	56～60
7	摆头外套	45	28～32
8	摆头	LD	56～60

2. 热拉深成形模具结构

为了卸料方便，将第一次热拉深成形模具的凸模、第二次热拉深成形模具的凸模、第三次热拉深成形模具的凸模的工作部分均设计成0.5°模锻斜度，而最后热拉深成形模具凸模工作部分的形状和尺寸与锻件图的内径一致。

为了便于最后热拉深成形时锻件脱模，在最后热拉深成形模具中设计了卸料装置。

（1）第一次热拉深成形模具结构如图8-27所示。图8-28所示为第一次热拉深成形模具的主要模具零件图。表8-4所示第一次热拉深成形模具的主要模具零件材料及热处理硬度。

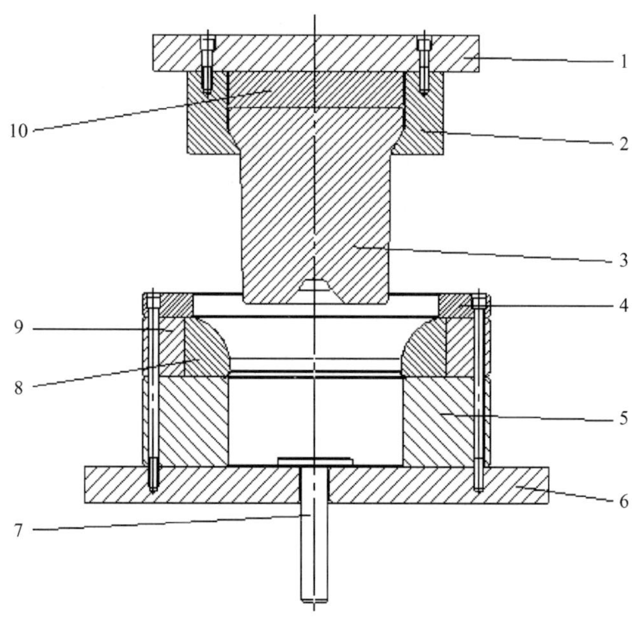

1—上模板；2—凸模座；3—凸模；4—定位板；5—凹模垫套；6—下模板；
7—顶料杆；8—凹模芯；9—凹模外套；10—凸模垫块。

图 8-27 第一次热拉深成形模具结构

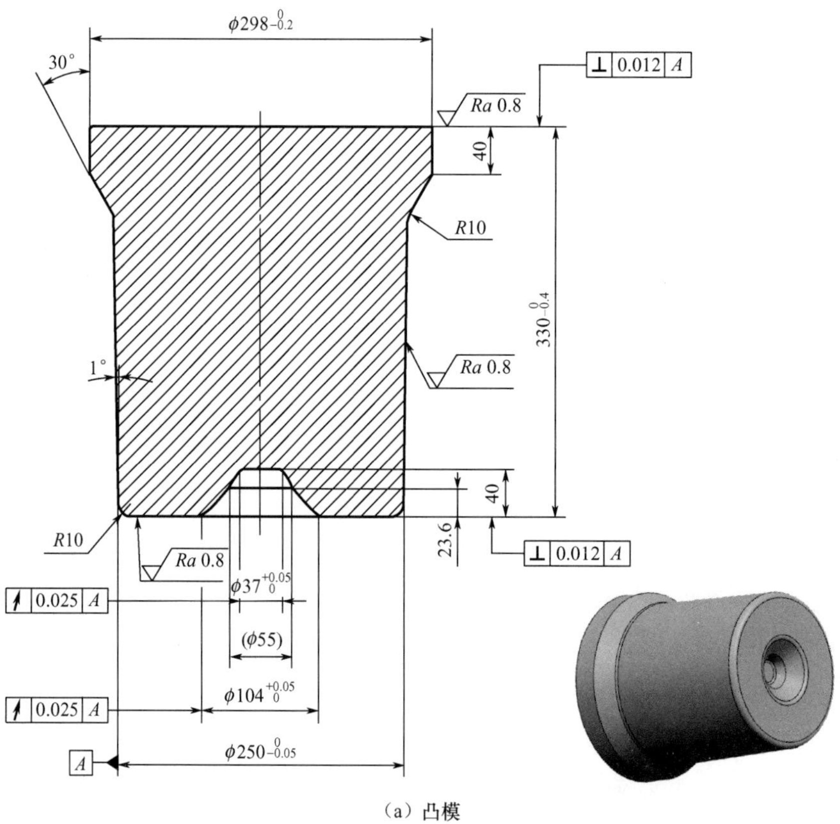

（a）凸模

图 8-28 第一次热拉深成形模具的主要模具零件图

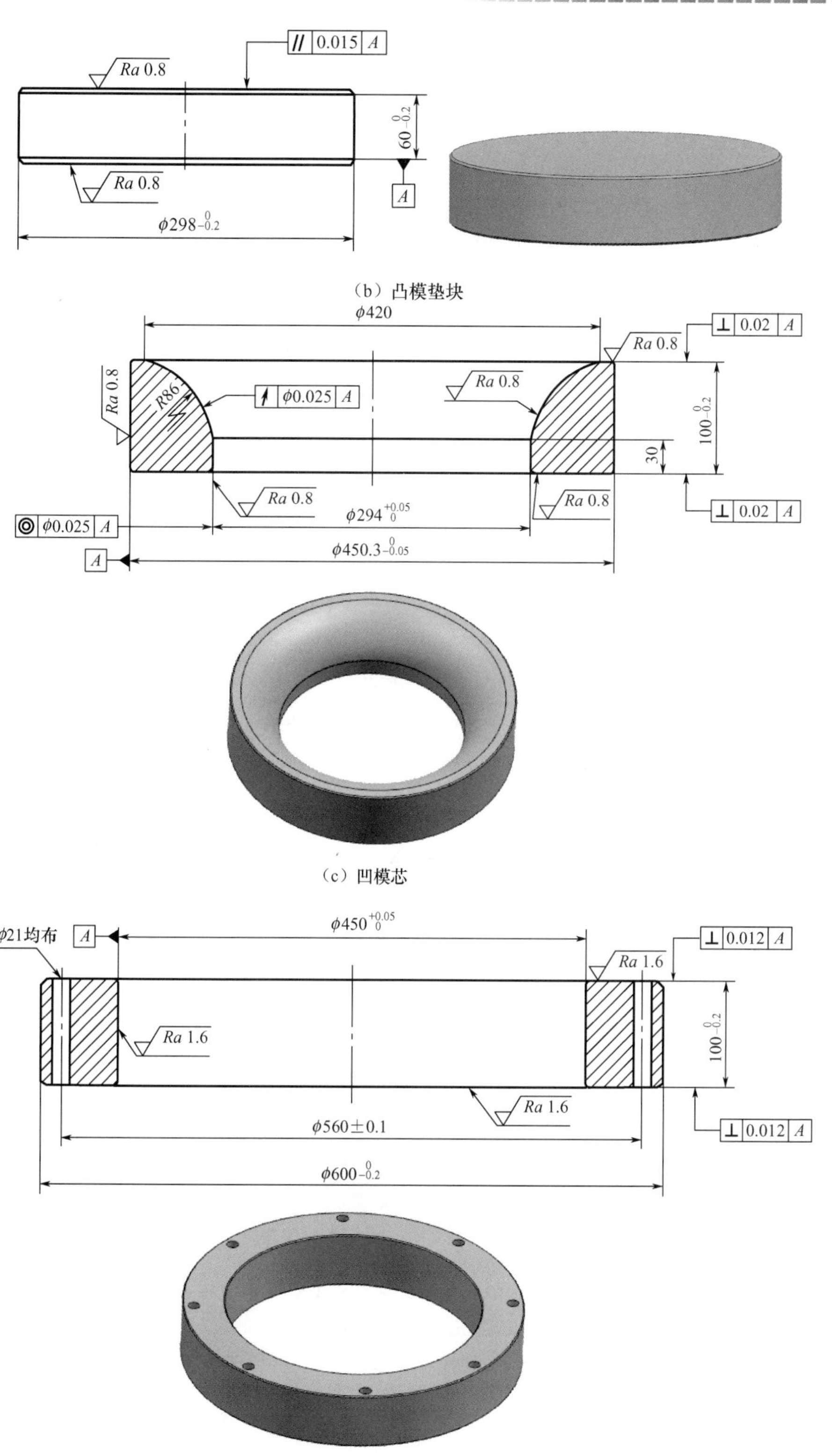

图 8-28 第一次热拉深成形模具的主要模具零件图（续）

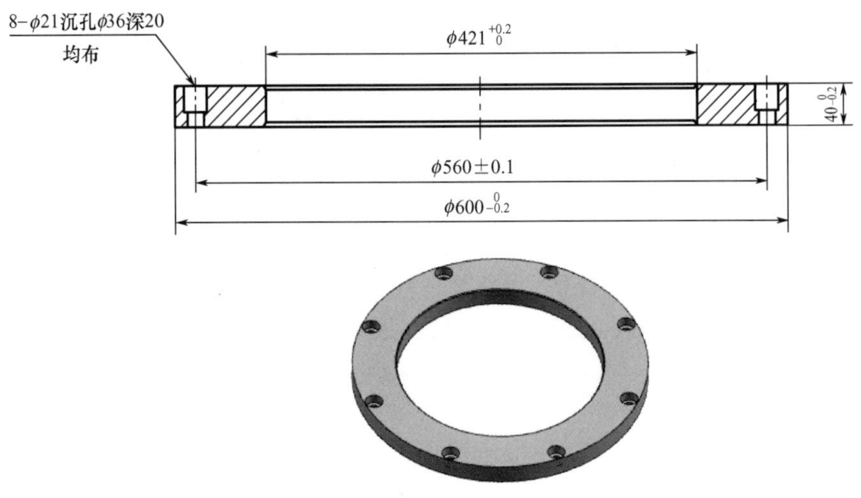

（e）定位板

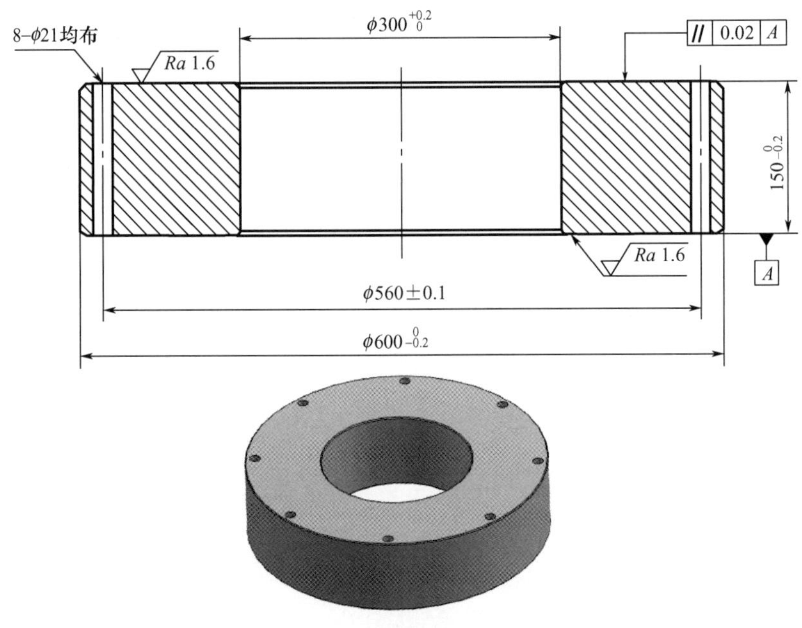

（f）凹模垫套

图 8-28　第一次热拉深成形模具的主要模具零件图（续）

表 8-4 第一次热拉深成形模具的主要模具零件材料及热处理硬度

序号	模具零件	材料	热处理硬度/HRC
1	定位板	45	38～42
2	凹模垫套	H13	44～48
3	凹模外套	45	28～32
4	凹模芯	Cr12MoV	56～60
5	凸模垫块	Cr12MoV	54～58
6	凸模	LD	56～60

（2）第二次热拉深成形模具结构如图 8-29 所示。图 8-30 所示为第二次热拉深成形模具的凸模、凹模芯零件图。表 8-5 所示第二次热拉深成形模具的凸模、凹模芯零件材料及热处理硬度。

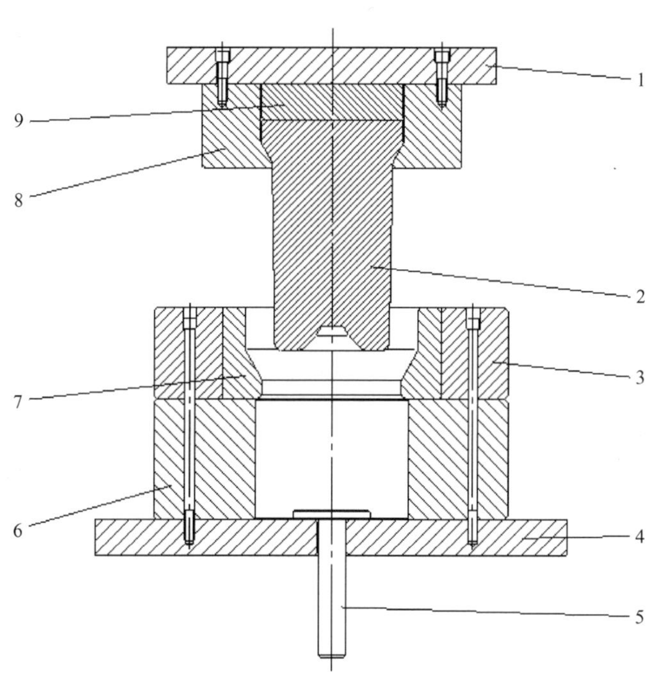

1—上模板；2—凸模；3—凹模外套；4—下模板；5—顶料杆；6—凹模垫套；7—凹模芯；8—凸模座；9—凸模垫块。

图 8-29 第二次热拉深成形模具结构

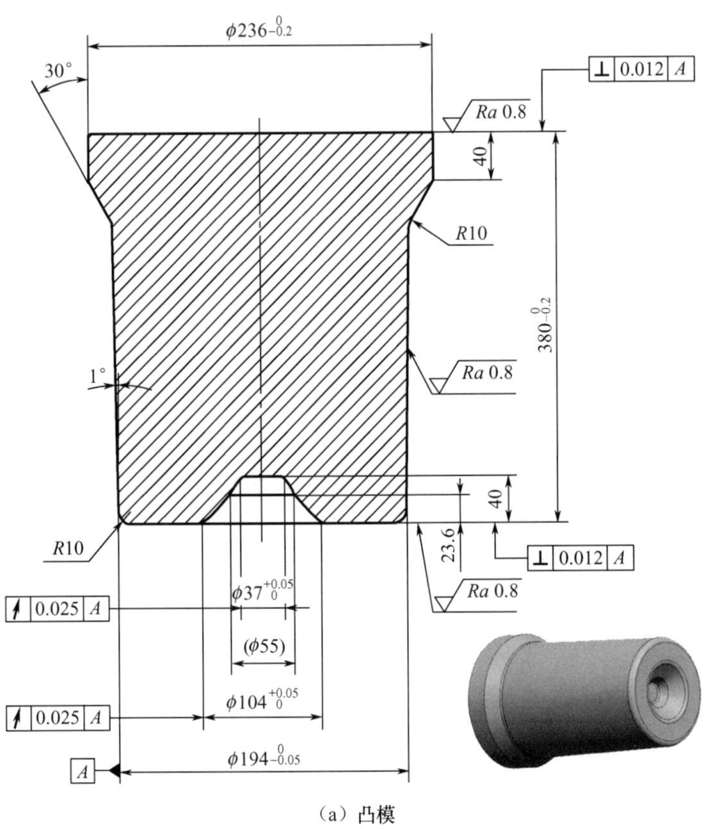

（a）凸模

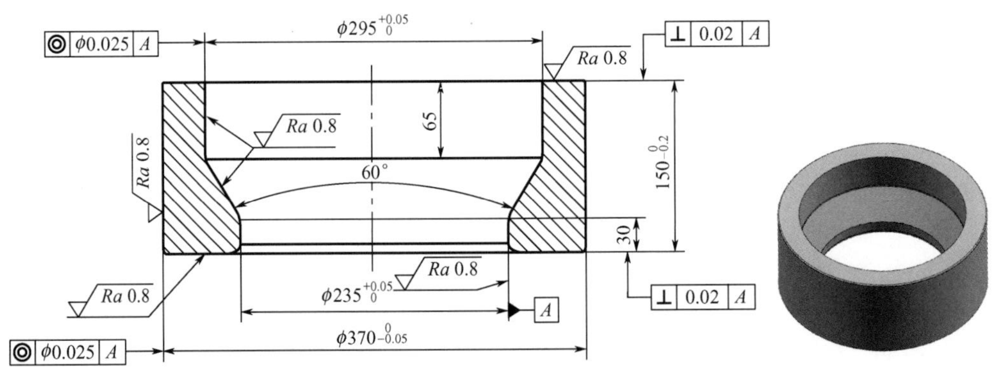

（b）凹模芯

图 8-30　第二次热拉深成形模具的凸模、凹模芯零件图

表 8-5　第二次热拉深成形模具的凸模、凹模芯材料及热处理硬度

序号	模具零件	材料	热处理硬度/HRC
1	凸模	LD	56～60
2	凹模芯	Cr12MoV	56～60

（3）第三次热拉深成形模具结构如图 8－31 所示，与图 8－29 所示的第二次热拉深成形模具结构相同。图 8－32 所示为第三次热拉深成形模具的凸模、凹模芯零件图。表 8－6 所示第三次热拉深成形模具的凸模、凹模芯零件材料及热处理硬度。

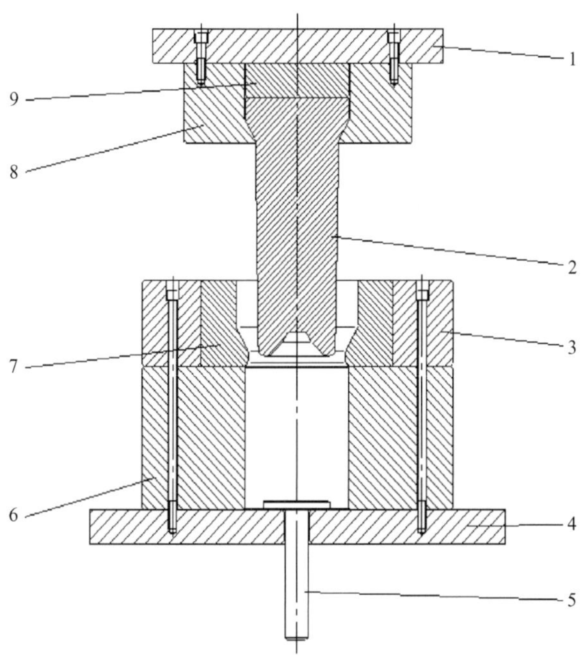

1—上模板；2—凸模；3—凹模外套；4—下模板；5—顶料杆；6—凹模垫套；7—凹模芯；8—凸模座；9—凸模垫块。

图 8－31　第三次热拉深成形模具结构

表 8－6　第三次热拉深成形模具的凸模、凹模芯材料及热处理硬度

序号	模具零件	材料	热处理硬度/HRC
1	凸模	LD	56～60
2	凹模芯	Cr12MoV	56～60

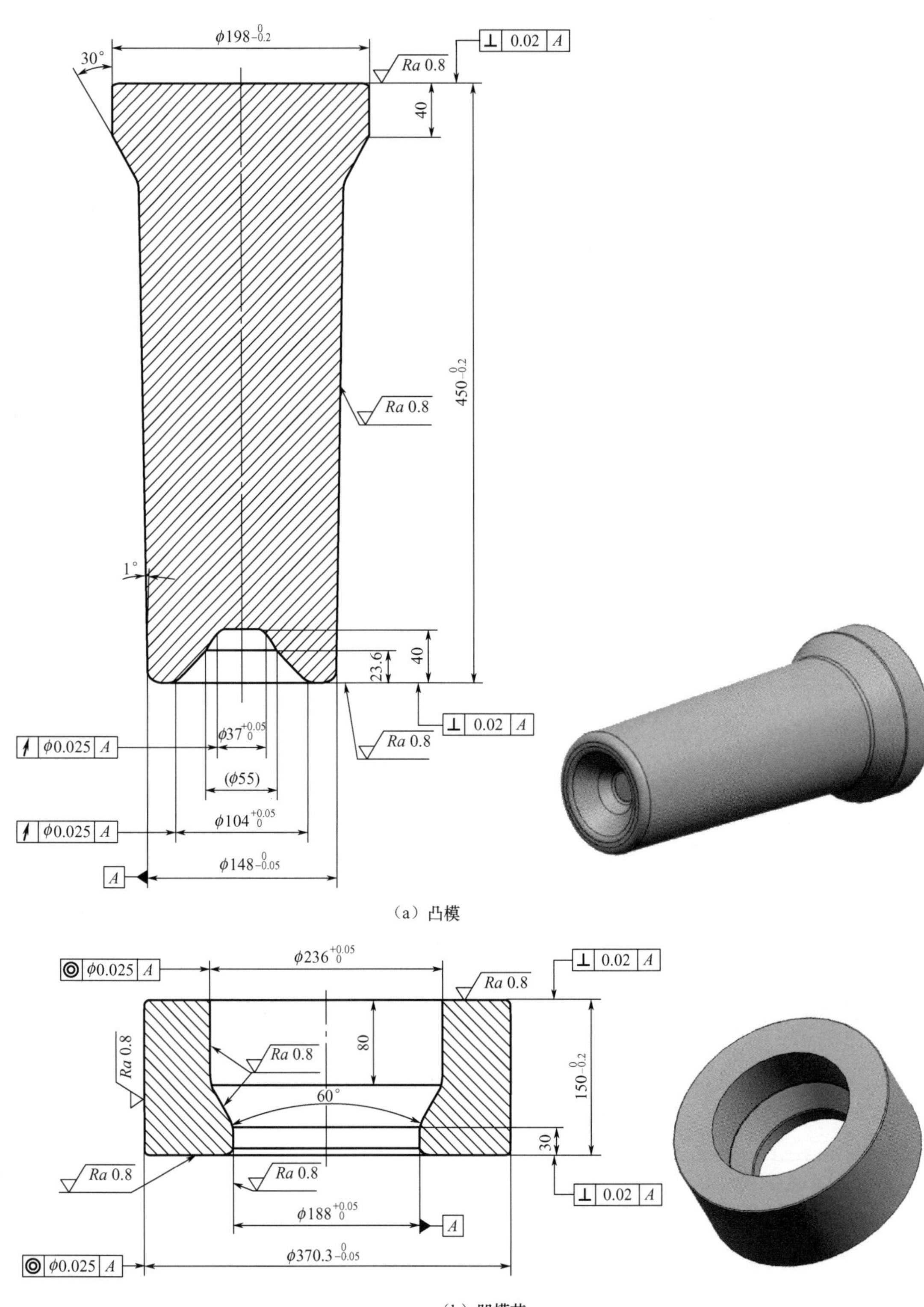

（a）凸模

（b）凹模芯

图 8-32　第三次热拉深成形模具的凸模、凹模芯零件图

（4）最后热拉深成形模具结构如图 8－33 所示。图 8－34 所示为最后热拉深成形模具的主要模具零件图。表 8－7 所示为最后热拉深成形模具的主要模具零件材料及热处理硬度。

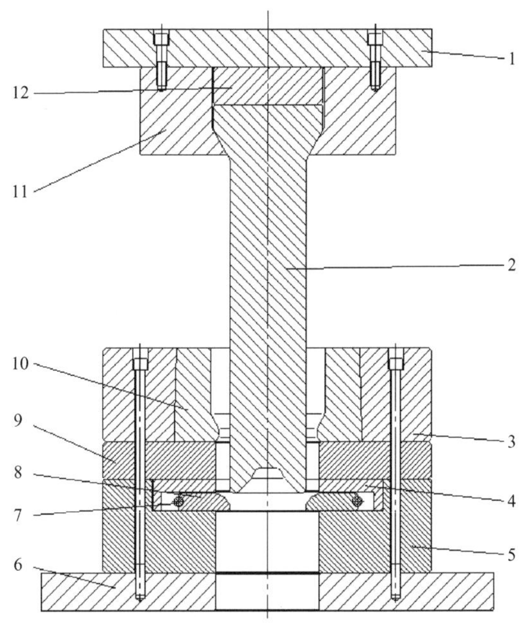

1—上模板；2—凸模；3—凹模外套；4—卸料盖板；5—凹模垫套；6—下模板；7—拉簧；8—卸料块；9—凹模承载板；10—凹模芯；11—凸模座；12—凸模垫块。

图 8－33 最后热拉深成形模具结构

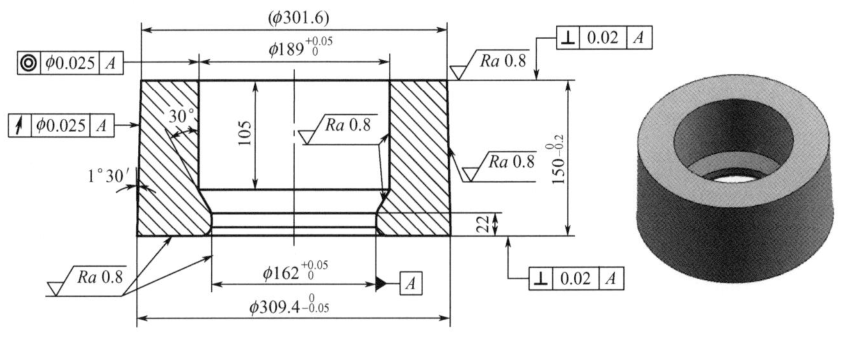

（a）凹模芯

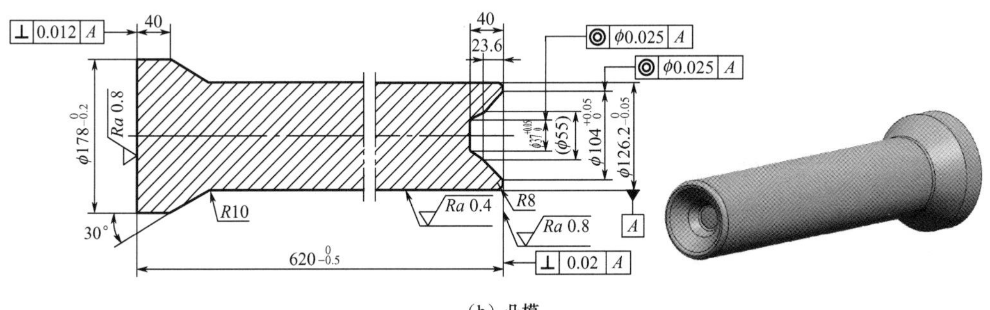

（b）凸模

图 8－34 最后热拉深成形模具的主要模具零件图

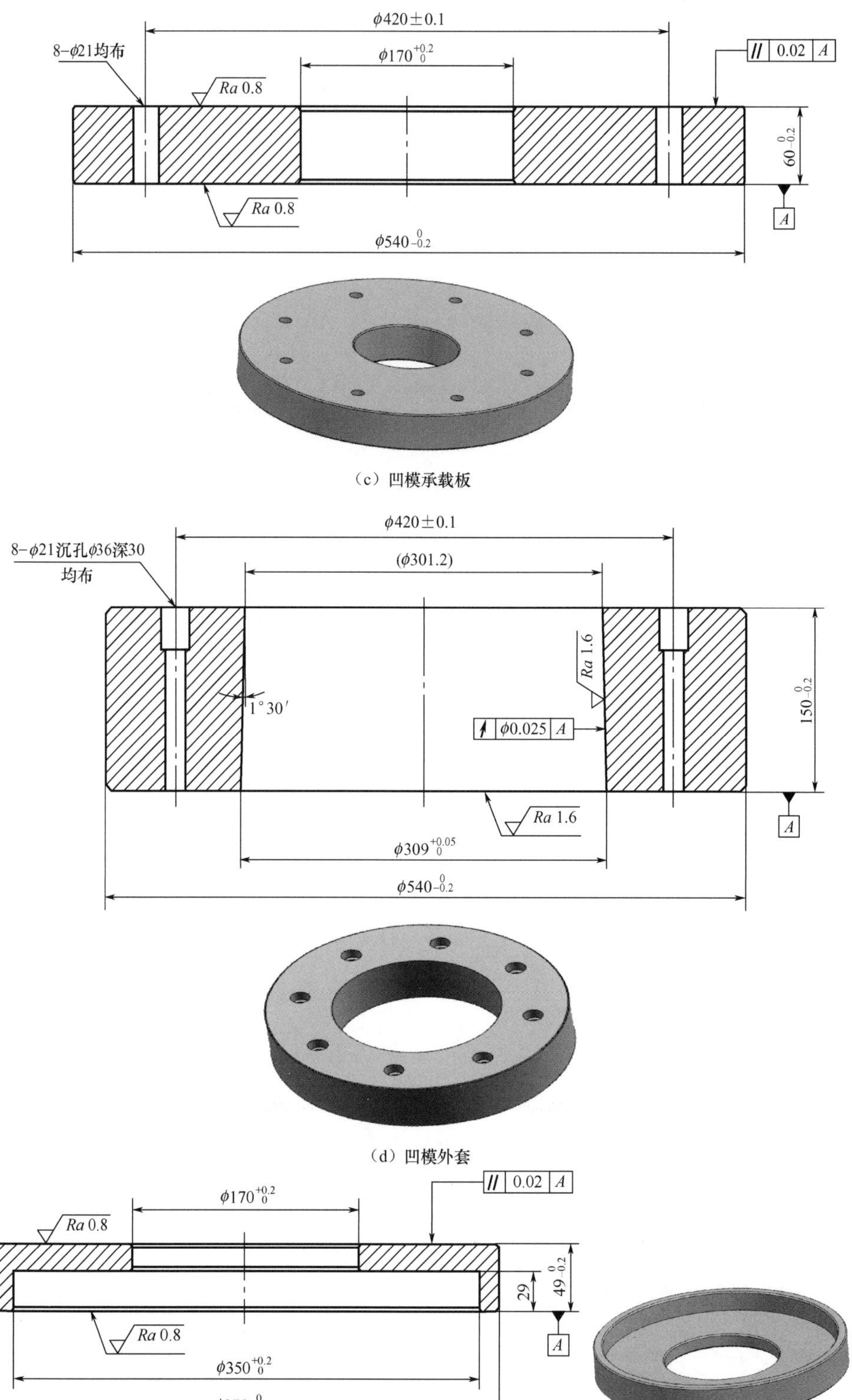

图 8-34　最后热拉深成形模具的主要模具零件图（续）

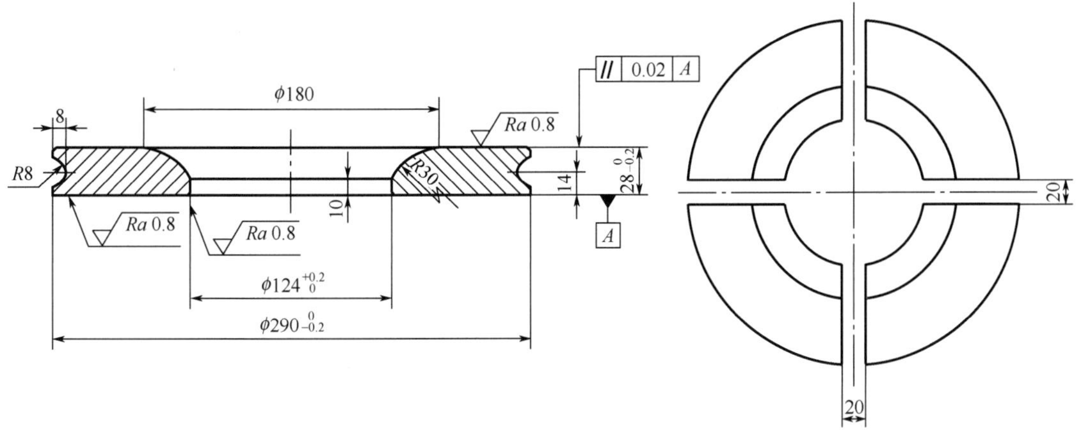

（f）卸料块

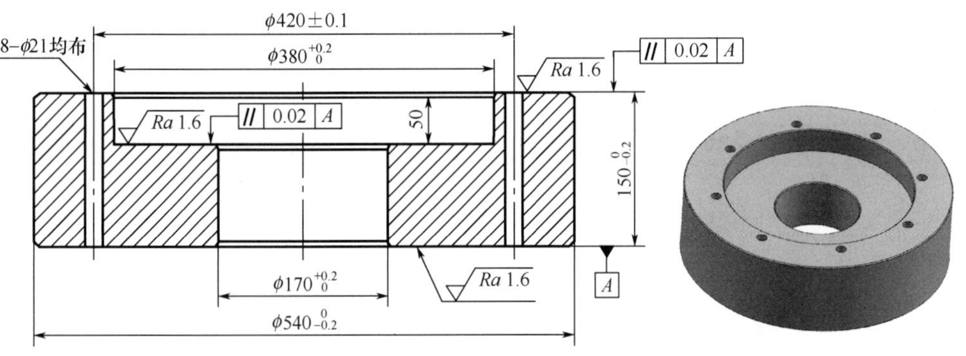

（g）凹模垫套

图 8-34　最后热拉深成形模具的主要模具零件图（续）

表 8-7　最后热拉深成形模具的主要模具零件材料及热处理硬度

序号	模具零件	材料	热处理硬度/HRC
1	卸料块	H13	44～48
2	卸料盖板	45	38～42
3	凹模垫套	45	38～42
4	凹模芯	Cr12MoV	56～60
5	凹模外套	45	28～32
6	凹模承载板	H13	48～52
7	凸模	LD	56～60

8.3.4 锥底壳体精密锻造成形过程工艺卡片

（1）原材料检验。

WT	工序卡片	产品型号		零件图号	WT003	编号	WT003－Y1
		产品名称		零件名称	锥底壳体	共 14 页	第 1 页

	车间	工序号	工序名称	材料牌号
		10	原材料检验	7A04
$\phi160$	毛坯种类	毛坯尺寸	每毛坯可制件数	每台件数
6000	购置铝材	$\phi160$mm×6000mm		
	设备名称	设备型号	设备编号	同时加工件数
	夹具编号	夹具名称	工序工时	切削液

工步号	工步内容	工艺参数	主轴转速 r/min	切削速度 m/min	进给量 r/min	切削深度 mm	进给次数	工步工时	
11	规格	外径为 $\phi160$mm、长度为 6000mm							
12	化学成分	按 GB/T 3190—2020							
13	力学性能	按 GB/T 3880.2—2012							
14	外观	无明显划痕等缺陷							

										编制	校对	批准	阶段标记		
标记	处数	更改文件号	签字	日期	标记	处数	更改文件号	签字	日期						A

（2）下料。

WT	工序卡片	产品型号		零件图号	WT003	编号	WT003－Y2
		产品名称		零件名称	锥底壳体	共 14 页	第 2 页

	车间	工序号	工序名称	材料牌号
Ra 6.3 $150_{-0.4}^{0}$ $\phi160$ Ra 6.3		20	带锯下料	7A04
	毛坯种类	毛坯尺寸	每毛坯可制件数	每台件数
	原始铝材	ϕ160mm×6000mm	39	
	设备名称	设备型号	设备编号	同时加工件数
	带锯床	GB4025		1
	夹具编号	夹具名称	工序工时	切削液
				乳化液

工步号	工步内容	工艺参数	主轴转速 r/min	切削速度 m/min	进给量 r/min	切削深度 mm	进给次数	工步工时	
21	带锯下料	长度为 $150_{-0.4}^{0}$ mm							
22	外观	无毛刺、裂纹等缺陷							

										编制	校对	批准	阶段标记
标记	处数	更改文件号	签字	日期	标记	处数	更改文件号	签字	日期				A

（3）坯料加热。

WT	工序卡片	产品型号		零件图号	WT003	编号	WT003－Y3
		产品名称		零件名称	锥底壳体	共 14 页	第 3 页

车间	工序号	工序名称	材料牌号
	30	坯料加热	7A04
毛坯种类	毛坯尺寸	每毛坯可制件数	每台件数
坯料	ϕ160mm×150mm		
设备名称	设备型号	设备编号	同时加工件数
箱式电阻炉	RX3－60－9		
夹具编号	夹具名称	工序工时	切削液

工步号	工步内容	工艺参数	主轴转速 r/min	切削速度 m/min	进给量 r/min	切削深度 mm	进给次数	工步工时	
31	坯料预热	预热温度为150℃±30℃							
		保温时间为30min							
32	坯料加热	加热温度为420℃±10℃							
		保温时间为180～240min							

									编制	校对	批准	阶段标记
标记	处数	更改文件号	签字	日期	标记	处数	更改文件号	签字	日期			A

（4）热镦挤制坯。

WT	工序卡片	产品型号		零件图号	WT003	编号	WT003－Y4
		产品名称		零件名称	锥底壳体	共14页	第4页

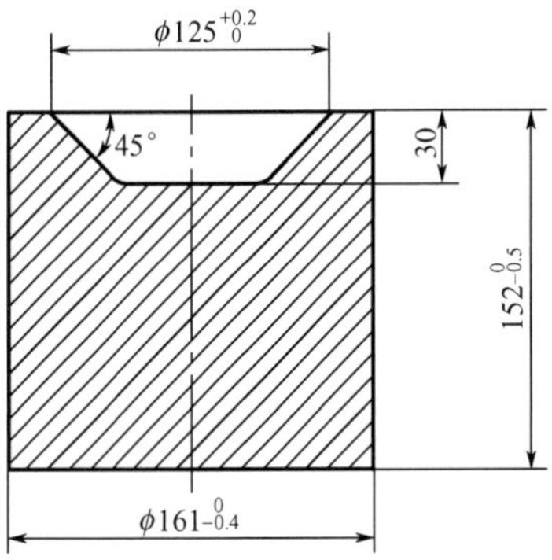

$\phi 125^{+0.2}_{0}$

45°

30

$152^{0}_{-0.5}$

$\phi 161^{0}_{-0.4}$

车间	工序号	工序名称	材料牌号
	40	热镦挤制坯	7A04
毛坯种类	毛坯尺寸	每毛坯可制件数	每台件数
粗车坯件	φ160mm×150mm		
设备名称	设备型号	设备编号	同时加工件数
液压机	YH32－2000		
模具编号	模具名称	工序工时	润滑剂
WT003－RDJM	热镦挤制坯模具		猪油

工步号	工步内容	工艺参数	主轴转速 r/min	切削速度 m/min	进给量 r/min	切削深度 mm	进给次数	工步工时	
41	润滑	将加热和保温后的坯料快速浸入装有猪油润滑剂容器，使坯料表面覆盖一层猪油润滑剂							
42	热镦挤制坯模具预热	用喷灯将热镦挤制坯模具的凹模的内孔型腔和冲头的工作部分预热至约150℃							
43	热镦挤制坯模具润滑	用毛刷将猪油润滑剂涂抹在预热后的热镦挤制坯模具凹模的内孔型腔和冲头工作部分的表面							
44	热镦挤制坯	制坯件尺寸见图8－19							
45	检验	制坯件尺寸见图8－19							

										编制	校对	批准	阶段标记		
标记	处数	更改文件号	签字	日期	标记	处数	更改文件号	签字	日期						A

(5) 制坯件加热。

WT	工序卡片	产品型号		零件图号	WT003	编号	WT003 - Y5
		产品名称		零件名称	锥底壳体	共 14 页	第 5 页

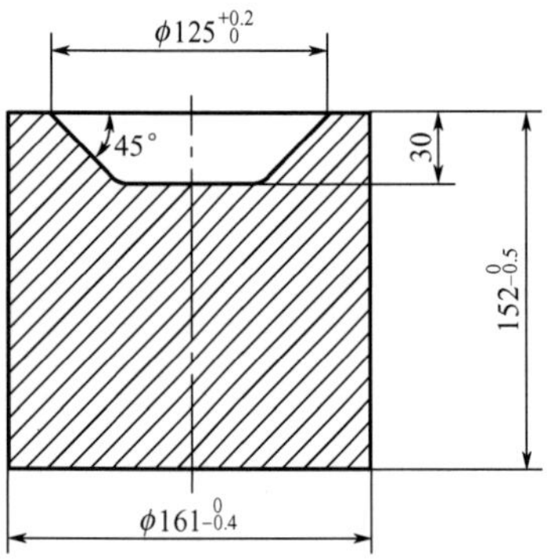

	车间	工序号	工序名称	材料牌号
φ125 $^{+0.2}_{0}$; 45°; 30; $152_{-0.5}^{0}$; $φ161_{-0.4}^{0}$		50	制坯件加热	7A04
	毛坯种类	毛坯尺寸	每毛坯可制件数	每台件数
	坯料	φ161mm×152mm		
	设备名称	设备型号	设备编号	同时加工件数
	箱式电阻炉	RX3 - 60 - 9		
	夹具编号	夹具名称	工序工时	切削液

工步号	工步内容	工艺参数	主轴转速 r/min	切削速度 m/min	进给量 r/min	切削深度 mm	进给次数	工步工时	
51	制坯件预热	预热温度为150℃±30℃							
		保温时间为30min							
52	制坯件加热	加热温度为420℃±20℃							
		保温时间为120～180min							

										编制	校对	批准	阶段标记		
标记	处数	更改文件号	签字	日期	标记	处数	更改文件号	签字	日期					A	

（6）热摆辗预成形。

WT	工序卡片	产品型号		零件图号	WT003	编号	WT003－Y6
		产品名称		零件名称	锥底壳体	共14页	第6页

$\phi162_{-0.4}^{0}$

$18_{-0.3}^{0}$

$85_{-0.5}^{0}$

$\phi420_{-0.6}^{0}$

车间	工序号	工序名称	材料牌号
	60	热摆辗预成形	7A04
毛坯种类	毛坯尺寸	每毛坯可制件数	每台件数
粗车坯件	φ161mm×152mm		
设备名称	设备型号	设备编号	同时加工件数
立式摆辗机	BY－800		
模具编号	模具名称	工序工时	润滑剂
WT003－RBNYCXM	热摆辗预成形模具		猪油

工步号	工步内容	工艺参数	主轴转速 r/min	切削速度 m/min	进给量 r/min	切削深度 mm	进给次数	工步工时	
61	润滑	将加热和保温后的制坯件快速浸入装有猪油润滑剂容器，使制坯件表面覆盖一层猪油润滑剂							
62	热摆辗预成形模具预热	用喷灯将热摆辗预成形模具凹模的内孔型腔和冲头的工作部分预热至约150℃							
63	热摆辗预成形模具润滑	用毛刷将猪油润滑剂涂抹在预热后的热摆辗预成形模具凹模的内孔型腔和冲头工作部分的表面							
64	热摆辗预成形	预成形件尺寸见图8－20							
65	检验	预成形件尺寸见图8－20							

										编制	校对	批准	阶段标记		
标记	处数	更改文件号	签字	日期	标记	处数	更改文件号	签字	日期						A

（7）预成形件加热

WT	工序卡片	产品型号		零件图号	WT003	编号	WT003－Y7
		产品名称		零件名称	锥底壳体	共14页	第7页

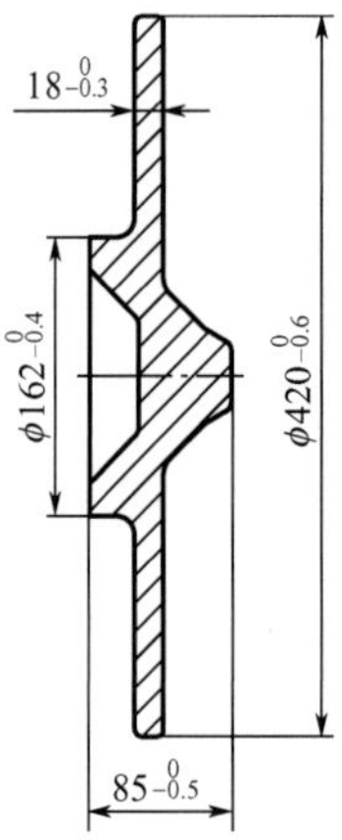

车间	工序号	工序名称	材料牌号
	70	预成形件加热	7A04
毛坯种类	毛坯尺寸	每毛坯可制件数	每台件数
坯料	ϕ420mm×85mm		
设备名称	设备型号	设备编号	同时加工件数
箱式电阻炉	RX3－60－9		
夹具编号	夹具名称	工序工时	切削液

工步号	工步内容	工艺参数	主轴转速 r/min	切削速度 m/min	进给量 r/min	切削深度 mm	进给次数	工步工时	
71	预成形件预热	预热温度为150℃±30℃							
		保温时间为30min							
72	预成形件加热	加热温度为420℃±20℃							
		保温时间为90～120min							

										编制	校对	批准	阶段标记	
标记	处数	更改文件号	签字	日期	标记	处数	更改文件号	签字	日期					A

（8）第一次热拉深成形。

WT	工序卡片	产品型号		零件图号	WT003	编号	WT003－Y8
		产品名称		零件名称	锥底壳体	共 14 页	第 8 页

车间	工序号	工序名称	材料牌号
	80	第一次热拉深成形	7A04
毛坯种类	毛坯尺寸	每毛坯可制件数	每台件数
粗车坯件	ϕ420mm×85mm		
设备名称	设备型号	设备编号	同时加工件数
液压机	YH32－630		
模具编号	模具名称	工序工时	润滑剂
WT003－DYCLSM	第一次热拉深成形模具		猪油、MoS_2

工步号	工步内容	工艺参数	主轴转速 r/min	切削速度 m/min	进给量 r/min	切削深度 mm	进给次数	工步工时	
81	润滑	将加热和保温后的预成形件快速浸入装有猪油润滑剂容器，使预成形件表面覆盖一层猪油润滑剂							
82	第一次热拉深成形模具预热	用喷灯将第一次热拉深成形模具凹模的内孔型腔和冲头的工作部分预热至约150℃							
83	第一次热拉深成形模具润滑	用毛刷将猪油＋MoS_2润滑剂涂抹在预热后的第一次热拉深成形模具凹模的内孔型腔和冲头工作部分的表面							
84	第一次热拉深成形	一次拉深件尺寸见图8－21							
85	检验	一次拉深件尺寸见图8－21							

										编制	校对	批准	阶段标记		
标记	处数	更改文件号	签字	日期	标记	处数	更改文件号	签字	日期						A

（9）一次拉深件加热。

WT	工序卡片	产品型号		零件图号	WT003	编号	WT003－Y9
		产品名称		零件名称	锥底壳体	共 14 页	第 9 页

$\phi250^{+0.5}_{0}$ R10 90 $\phi294^{0}_{-0.5}$	车间	工序号	工序名称	材料牌号
		90	一次拉深件加热	7A04
	毛坯种类	毛坯尺寸	每毛坯可制件数	每台件数
	坯料	ϕ294mm×110mm		
	设备名称	设备型号	设备编号	同时加工件数
	箱式电阻炉	RX3－60－9		
	夹具编号	夹具名称	工序工时	切削液

工步号	工步内容	工艺参数	主轴转速 r/min	切削速度 m/min	进给量 r/min	切削深度 mm	进给次数	工步工时	
91	一次拉深件预热	预热温度为150℃±30℃							
		保温时间为30min							
92	一次拉深件加热	加热温度为420℃±20℃							
		保温时间为90～120min							

										编制	校对	批准	阶段标记		
标记	处数	更改文件号	签字	日期	标记	处数	更改文件号	签字	日期						A

（10）第二次热拉深成形。

WT	工序卡片	产品型号		零件图号	WT003	编号	WT003-Y10
		产品名称		零件名称	锥底壳体	共14页	第10页

车间	工序号	工序名称	材料牌号
	100	第二次热拉深成形	7A04
毛坯种类	毛坯尺寸	每毛坯可制件数	每台件数
粗车坯件	ϕ294mm×110mm		
设备名称	设备型号	设备编号	同时加工件数
液压机	YH32-630		
模具编号	模具名称	工序工时	润滑剂
WT003-DECLSM	第二次热拉深成形模具		猪油、MoS_2

工步号	工步内容	工艺参数	主轴转速 r/min	切削速度 m/min	进给量 r/min	切削深度 mm	进给次数	工步工时	
101	润滑	将加热和保温后的一次拉深件快速浸入装有猪油润滑剂容器，使一次拉深件表面覆盖一层猪油润滑剂							
102	第二次热拉深成形模具预热	用喷灯将第二次热拉深成形模具凹模的内孔型腔和冲头的工作部分预热至约150℃							
103	第二次热拉深成形模具润滑	用毛刷将猪油＋MoS_2润滑剂涂抹在预热后的第二次热拉深成形模具凹模的内孔型腔和冲头工作部分的表面							
104	第二次热拉深成形	二次拉深件尺寸见图8-22							
105	检验	二次拉深件尺寸见图8-22							

										编制	校对	批准	阶段标记		
标记	处数	更改文件号	签字	日期	标记	处数	更改文件号	签字	日期						A

（11）二次拉深件加热。

WT	工序卡片	产品型号		零件图号	WT003	编号	WT003－Y11
		产品名称		零件名称	锥底壳体	共 14 页	第 11 页

	车间	工序号	工序名称	材料牌号
$\phi194^{+0.5}_{0}$ 142 $\phi235^{0}_{-0.5}$		110	二次拉深件加热	7A04
	毛坯种类	毛坯尺寸	每毛坯可制件数	每台件数
	坯料	ϕ235mm×160mm		
	设备名称	设备型号	设备编号	同时加工件数
	箱式电阻炉	RX3－60－9		
	夹具编号	夹具名称	工序工时	切削液

工步号	工步内容	工艺参数	主轴转速 r/min	切削速度 m/min	进给量 r/min	切削深度 mm	进给次数	工步工时	
111	二次拉深件预热	预热温度为150℃±30℃							
		保温时间为30min							
112	二次拉深件加热	加热温度为420℃±20℃							
		保温时间为60～90min							

										编制	校对	批准	阶段标记
标记	处数	更改文件号	签字	日期	标记	处数	更改文件号	签字	日期				A

(12) 第三次热拉深成形。

WT	工序卡片	产品型号		零件图号	WT003	编号	WT003-Y12
		产品名称		零件名称	锥底壳体	共 14 页	第 12 页

车间	工序号	工序名称	材料牌号
	120	第三次热拉深成形	7A04
毛坯种类	毛坯尺寸	每毛坯可制件数	每台件数
粗车坯件	ϕ235mm×160mm		
设备名称	设备型号	设备编号	同时加工件数
液压机	YH32-630		
模具编号	模具名称	工序工时	润滑剂
WT003-DSCLSM	第三次热拉深成形模具		猪油、MoS_2

工步号	工步内容	工艺参数	主轴转速 r/min	切削速度 m/min	进给量 r/min	切削深度 mm	进给次数	工步工时	
121	润滑	将加热和保温后的二次拉深件快速浸入装有猪油润滑剂的容器，使二次拉深件表面覆盖一层猪油润滑剂							
122	第三次热拉深成形模具预热	用喷灯将第三次热拉深成形模具凹模的内孔型腔和冲头的工作部分预热至约150℃							
123	第三次热拉深成形模具润滑	用毛刷将猪油＋MoS_2润滑剂涂抹在预热后的第三次热拉深成形模具中凹模的内孔型腔和冲头工作部分的表面							
124	第三次热拉深成形	三次拉深件尺寸见图8-23							
125	检验	三次拉深件尺寸见图8-23							

										编制	校对	批准	阶段标记		
标记	处数	更改文件号	签字	日期	标记	处数	更改文件号	签字	日期					A	

（13）三次拉深件加热。

WT	工序卡片	产品型号		零件图号	WT003	编号	WT003－Y13
		产品名称		零件名称	锥底壳体	共 14 页	第 13 页

$\phi 148^{+0.5}_{0}$

208

$\phi 188^{0}_{-0.5}$

车间	工序号	工序名称	材料牌号
	130	三次拉深件加热	7A04
毛坯种类	毛坯尺寸	每毛坯可制件数	每台件数
坯料	φ188mm×230mm		
设备名称	设备型号	设备编号	同时加工件数
箱式电阻炉	RX3－60－9		
夹具编号	夹具名称	工序工时	切削液

工步号	工步内容	工艺参数	主轴转速 r/min	切削速度 m/min	进给量 r/min	切削深度 mm	进给次数	工步工时	
131	三次拉深件预热	预热温度为150℃±30℃							
		保温时间为30min							
132	三次拉深件加热	加热温度为420℃±20℃							
		保温时间为60～90min							

										编制	校对	批准	阶段标记		
标记	处数	更改文件号	签字	日期	标记	处数	更改文件号	签字	日期						A

（14）最后热拉深成形。

WT	工序卡片	产品型号		零件图号	WT003	编号	WT003－Y14
		产品名称		零件名称	锥底壳体	共 14 页	第 14 页

$\phi126^{+0.3}_{0}$　$\phi162^{0}_{-0.4}$　$295^{0}_{-0.5}$	车间	工序号	工序名称	材料牌号
		140	最后热拉深成形	7A04
	毛坯种类	毛坯尺寸	每毛坯可制件数	每台件数
	粗车坯件	ϕ188mm×230mm		
	设备名称	设备型号	设备编号	同时加工件数
	液压机	YH32－630		
	模具编号	模具名称	工序工时	润滑剂
	WT003－ZHLSM	最后热拉深成形模具		猪油、MoS_2

工步号	工步内容	工艺参数	主轴转速 r/min	切削速度 m/min	进给量 r/min	切削深度 mm	进给次数	工步工时	
141	润滑	将加热和保温后的三次拉深件快速浸入装有猪油润滑剂的容器，使三次拉深件表面覆盖一层猪油润滑剂							
142	最后热拉深成形模具预热	用喷灯将最后热拉深成形模具凹模的内孔型腔和冲头的工作部分预热至约 150℃							
143	最后热拉深成形模具润滑	用毛刷将猪油＋MoS_2 润滑剂涂抹在预热后的最后热拉深成形模具凹模的内孔型腔表面和冲头工作部分的表面							
144	最后热拉深成形	锻件尺寸见图 8－17							
145	检验	锻件尺寸见图 8－17							

										编制	校对	批准	阶段标记		
标记	处数	更改文件号	签字	日期	标记	处数	更改文件号	签字	日期						A

8.4 7A04 铝合金花键筒体的精密锻造成形

图 8－35 所示是花键筒体锻件图，该零件的材质为 7A04 铝合金。

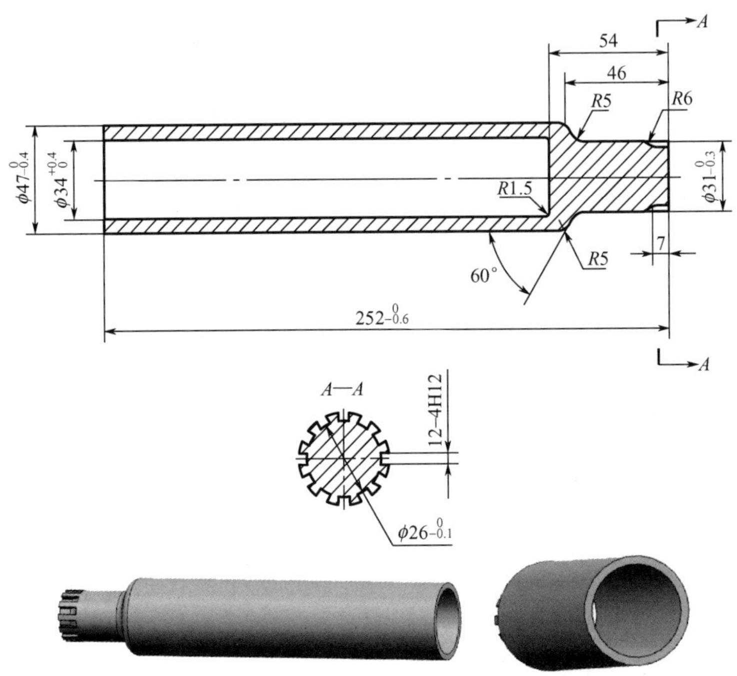

图 8－35 花键筒体锻件图

对于这种杯-杆类锻件，可采用圆棒料经热镦挤制坯＋热反挤压成形的精密锻造成形方法生产[34]。

8.4.1 花键筒体精密锻造成形工艺流程

（1）下料。在 GB4025 带锯床上，将直径为 ϕ45mm 的 7A04 铝合金圆棒料锯切成长度为 135mm 的坯料。坯料的形状和尺寸如图 8－36 所示。

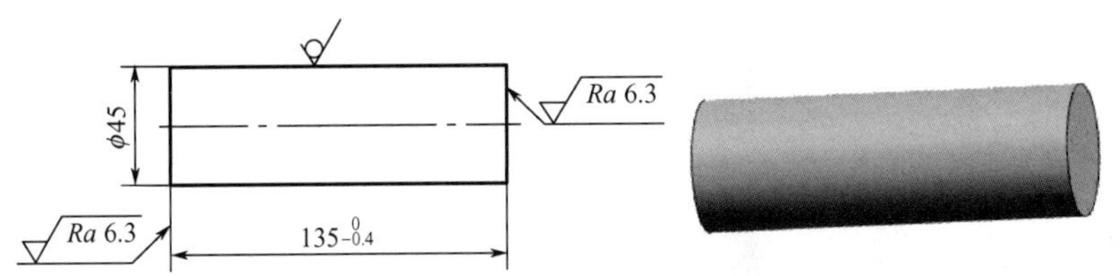

图 8－36 坯料的形状和尺寸

（2）坯料加热。在 RX3－45－9 箱式电阻炉中加热坯料，加热规范如下。

① 坯料预热：预热温度为 150℃±30℃，保温时间为 30min。

② 坯料加热：加热温度为 420℃±20℃，保温时间为 120～150min。

(3) 热镦挤制坯。将加热到400～440℃并保温一段时间的坯料从RX3－45－9箱式电阻炉中取出并快速浸入装有猪油润滑剂的容器，使坯料表面覆盖一层猪油润滑剂；然后将表面覆盖猪油润滑剂的坯料快速地从装有猪油润滑剂的容器中取出，并放入热镦挤制坯模具凹模的内孔型腔进行热镦挤制坯加工，得到图8－37所示的制坯件。

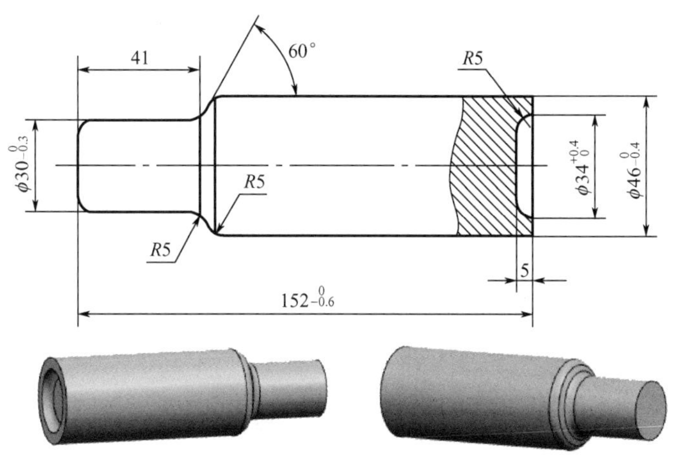

图8－37 制坯件

在热镦挤制坯过程中，润滑模具的方法是将热镦挤制坯模具凹模的内孔型腔和冲头的工作部分预热至约150℃，用浸有猪油＋MoS_2润滑剂的毛刷直接涂抹凹模的内孔型腔和冲头工作部分的表面。

(4) 制坯件加热。在RX3－45－9箱式电阻炉中加热制坯件，其加热规范如下。

① 制坯件预热：预热温度为150℃±30℃，保温时间为30min。

② 制坯件加热：加热温度为420℃±20℃，保温时间为120～150min。

(5) 热反挤压成形。将加热到400～440℃并保温一段时间的制坯件从RX3－45－9箱式电阻炉中取出并快速浸入装有猪油润滑剂的容器，使制坯件表面覆盖一层猪油润滑剂；然后将表面覆盖猪油润滑剂的制坯件快速地从装有猪油润滑剂的容器中取出，并放入热反挤压成形模具凹模的内孔型腔进行热反挤压成形加工，得到图8－35所示的锻件。

在热反挤压成形过程中，润滑模具的方法是将热反挤压成形模具凹模的内孔型腔和冲头的工作部分预热至约150℃，用浸有猪油＋MoS_2润滑剂的毛刷直接涂抹凹模的内孔型腔和冲头工作部分的表面。

图8－38所示为花键筒体精密锻造成形锻件实物。

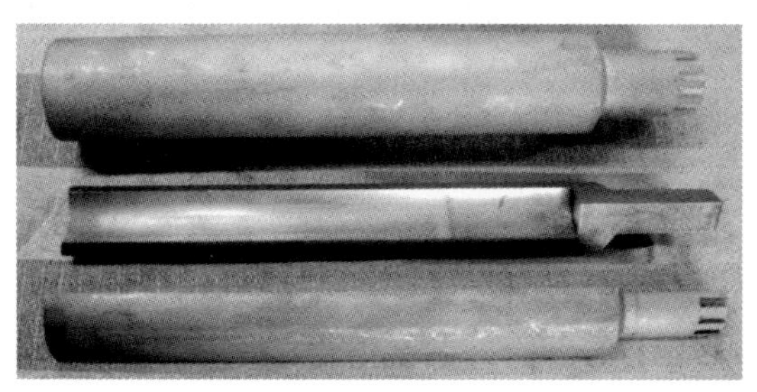

图8－38 花键筒体精密锻造成形锻件实物

8.4.2 花键筒体精密锻造成形模具的设计

图 8－39 所示为热反挤压成形模具结构。

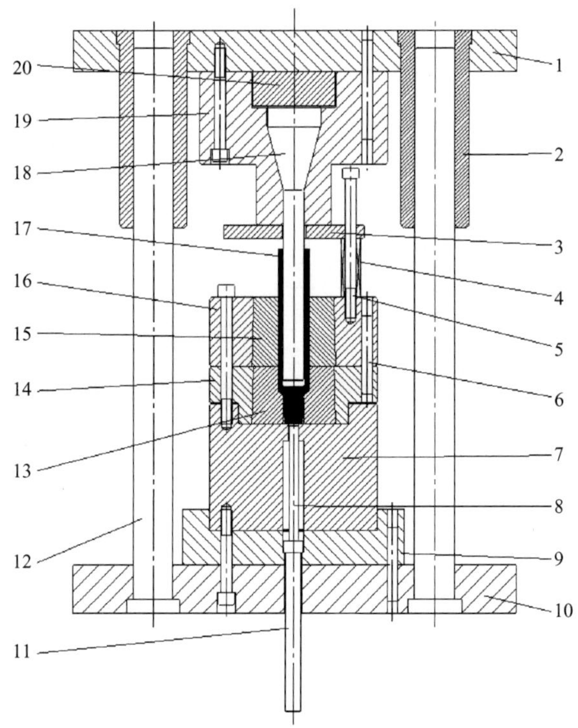

1—上模板；2—导套；3—卸料板；4—压簧；5—拉杆；6—导销；7—下模垫块；8—顶料杆；9—下模座；10—下模板；11—顶杆；12—导柱；13—下凹模芯；14—下凹模外套；15—上凹模芯；16—上凹模外套；17—锻件；18—冲头；19—冲头固定套；20—冲头垫块。

图 8－39 热反挤压成形模具结构

由图 8－35 所示的锻件可知，热反挤压成形的主要目的是成形直径为 ϕ34mm、孔深度为 198mm 的内孔。在热反挤压成形过程中，由于反挤压冲头工作部位的直径为 ϕ34mm、长度需要达到 250mm，因此其长径比 $H/D \approx 8.0$。

为了避免因反挤压冲头的轴心线与凹模芯的轴心线不同轴引起成形过程中反挤压冲头的弯曲和断裂，要求反挤压成形模具具有高的、可靠的导向精度。

8.4.3 花键筒体精密锻造成形过程工艺卡片

（1）原材料检验。

WT	工序卡片	产品型号		零件图号	WT004	编号	WT004 - Y1
		产品名称		零件名称	花键筒体	共 6 页	第 1 页

草图	车间	工序号	工序名称	材料牌号
φ45 6000		10	原材料检验	7A04
	毛坯种类	毛坯尺寸	每毛坯可制件数	每台件数
	购置铝材	ϕ45mm×6000mm		
	设备名称	设备型号	设备编号	同时加工件数
	夹具编号	夹具名称	工序工时	切削液

工步号	工步内容	工艺参数	主轴转速 r/min	切削速度 m/min	进给量 r/min	切削深度 mm	进给次数	工步工时	
11	规格	外径为 ϕ45mm、长度为 6000mm							
12	化学成分	按 GB/T 3190—2020							
13	力学性能	按 GB/T 3880.2—2012							
14	外观	无明显划痕等缺陷							

										编制	校对	批准	阶段标记		
标记	处数	更改文件号	签字	日期	标记	处数	更改文件号	签字	日期						A

（2）下料。

WT	工序卡片	产品型号		零件图号	WT004	编号	WT004－Y2
		产品名称		零件名称	花键筒体	共6页	第2页

ϕ45；135$_{-0.4}^{0}$；Ra 6.3；Ra 6.3	车间	工序号	工序名称	材料牌号
		20	带锯下料	7A04
	毛坯种类	毛坯尺寸	每毛坯可制件数	每台件数
	原始铝材	ϕ45mm×6000mm	43	
	设备名称	设备型号	设备编号	同时加工件数
	带锯床	GB4025		1
	夹具编号	夹具名称	工序工时	切削液
				乳化液

工步号	工步内容	工艺参数	主轴转速 r/min	切削速度 m/min	进给量 r/min	切削深度 mm	进给次数	工步工时	
21	带锯下料	长度为135$_{-0.4}^{0}$mm							
22	外观	无毛刺、裂纹等缺陷							

										编制	校对	批准	阶段标记
标记	处数	更改文件号	签字	日期	标记	处数	更改文件号	签字	日期				A

（3）坯料加热。

WT	工序卡片	产品型号		零件图号	WT004	编号	WT004－Y3
		产品名称		零件名称	花键筒体	共6页	第3页

	车间	工序号	工序名称	材料牌号
		30	坯料加热	7A04
	毛坯种类	毛坯尺寸	每毛坯可制件数	每台件数
ϕ45 Ra 6.3 Ra 6.3 $135_{-0.4}^{0}$	制坯件	ϕ45mm×135mm		
	设备名称	设备型号	设备编号	同时加工件数
	箱式电阻炉	RX3－45－9		
	夹具编号	夹具名称	工序工时	切削液

工步号	工步内容	工艺参数	主轴转速 r/min	切削速度 m/min	进给量 r/min	切削深度 mm	进给次数	工步工时	
31	坯料预热	预热温度为150℃±30℃							
		保温时间为30min							
32	坯料加热	加热温度为420℃±20℃							
		保温时间为120～150min							

										编制	校对	批准	阶段标记		
标记	处数	更改文件号	签字	日期	标记	处数	更改文件号	签字	日期						A

(4) 热镦挤制坯。

WT	工序卡片	产品型号		零件图号	WT004	编号	WT004 - Y4
		产品名称		零件名称	花键筒体	共 6 页	第 4 页

简图	车间	工序号	工序名称	材料牌号
$\phi 46_{-0.4}^{0}$ $\phi 30_{-0.3}^{0}$ $152_{-0.6}^{0}$		40	热镦挤制坯	7A04
	毛坯种类	毛坯尺寸	每毛坯可制件数	每台件数
	坯料	ϕ45mm×135mm		
	设备名称	设备型号	设备编号	同时加工件数
	液压机	YA32 - 500		
	模具编号	模具名称	工序工时	润滑剂
	WT004 - RDJM	热镦挤制坯模具		猪油、MoS_2

工步号	工步内容	工艺参数	主轴转速 r/min	切削速度 m/min	进给量 r/min	切削深度 mm	进给次数	工步工时	
41	坯料润滑	将加热和保温后的坯料快速浸入装有猪油润滑剂的容器，使坯料表面覆盖一层猪油润滑剂							
42	热镦挤制坯模具预热	用喷灯将热镦挤制坯模具凹模的内孔型腔和冲头的工作部分预热至约 150℃							
43	热镦挤制坯模具润滑	用毛刷将猪油＋MoS_2 润滑剂涂抹在预热后的热镦挤制坯模具凹模的内孔型腔和冲头工作部分的表面							
44	热镦挤制坯	制坯件尺寸见图 8 - 37							
45	检验	制坯件尺寸见图 8 - 37							

										编制	校对	批准	阶段标记		
标记	处数	更改文件号	签字	日期	标记	处数	更改文件号	签字	日期					A	

（5）制坯件加热。

WT	工序卡片	产品型号		零件图号	WT004	编号	WT004－Y5
		产品名称		零件名称	花键筒体	共6页	第5页

车间	工序号	工序名称	材料牌号
	50	制坯件加热	7A04
毛坯种类	毛坯尺寸	每毛坯可制件数	每台件数
制坯件	ϕ46mm×152mm		
设备名称	设备型号	设备编号	同时加工件数
箱式电阻炉	RX3－45－9		
夹具编号	夹具名称	工序工时	切削液

$\phi 46_{-0.4}^{0}$ $\phi 30_{-0.3}^{0}$ $152_{-0.6}^{0}$

工步号	工步内容	工艺参数	主轴转速 r/min	切削速度 m/min	进给量 r/min	切削深度 mm	进给次数	工步工时	
51	制坯件预热	预热温度为150℃±30℃							
		保温时间为30min							
52	制坯件加热	加热温度为420℃±20℃							
		保温时间为120～150min							

										编制	校对	批准	阶段标记		
标记	处数	更改文件号	签字	日期	标记	处数	更改文件号	签字	日期						A

（6）热反挤压成形。

WT	工序卡片	产品型号		零件图号	WT004	编号	WT004-Y6
		产品名称		零件名称	花键筒体	共6页	第6页

车间	工序号	工序名称	材料牌号
	60	热反挤压成形	7A04
毛坯种类	毛坯尺寸	每毛坯可制件数	每台件数
坯料	ϕ46mm×152mm		
设备名称	设备型号	设备编号	同时加工件数
液压机	YA32-500		
模具编号	模具名称	工序工时	润滑剂
WT004-RFJYM	热反挤压成形模具		猪油、MoS_2

工步号	工步内容	工艺参数	主轴转速 r/min	切削速度 m/min	进给量 r/min	切削深度 mm	进给次数	工步工时	
61	制坯件润滑	将加热和保温后的制坯件快速浸入装有猪油润滑剂的容器，使制坯件表面覆盖一层猪油润滑剂							
62	热反挤压成形模具预热	用喷灯将热反挤压成形模具凹模的内孔型腔和冲头的工作部分预热至约150℃							
63	热反挤压成形模具润滑	用毛刷将猪油+MoS_2润滑剂涂抹在预热后的热反挤压成形模具凹模的内孔型腔和冲头工作部分的表面							
64	热反挤压成形	锻件尺寸见图8-35							
65	检验	锻件尺寸见图8-35							

										编制	校对	批准	阶段标记		
标记	处数	更改文件号	签字	日期	标记	处数	更改文件号	签字	日期						A

参考文献

[1] 伍太宾，彭树杰. 锻造成形工艺与模具 [M]. 北京：北京大学出版社，2017.

[2] 伍太宾. 精密锻造成形技术在我国的应用 [J]. 精密成形工程，2009，1 (2)：12-18.

[3] 伍太宾. 铝及铝合金的近净锻造成形技术 [M]. 北京：冶金工业出版社，2020.

[4] 中国锻压协会. 特种合金及其锻造 [M]. 北京：国防工业出版社，2009.

[5] 吴凯，韩维群，张铁军，等. 2A12 铝合金的热压缩行为及热加工图 [J]. 金属热处理，2017，42 (4)：12-17.

[6] 张振兴. 2A12 铝合金翼座热塑性成形模拟及成形技术研究 [D]. 南京：南京理工大学，2018.

[7] 吴凤照，张忠诚，夏琴香. 带双侧异形凹槽铝合金壳体成形工艺研究 [J]. 轻合金加工技术，2002，30 (12)：35-38.

[8] 王祝堂. 国内外铝合金锻造项目建设进展 [J]. 世界有色金属，2012 (6)：68-69.

[9] 刘静安，盛春磊，王文琴，等. 几种中小型铝合金模锻件压力机模锻技术 [J]. 轻合金加工技术，2013，41 (5)：13-15.

[10] 李庆军. 铝合金筒体一次热收口成形的影响因素 [J]. 轻合金加工技术，2002，30 (5)：49-50.

[11] 赵升吨，杨玉海，王骥. 特大型铝合金锥环的冲压成形 [J]. 金属成形工艺，2003，21 (1)：19-22.

[12] 高军，赵国群. 整体式锻造铝合金车轮及其发展 [J]. 汽车工艺与材料，2001 (5)：14-16.

[13] 邓磊，夏巨谌，王新云，等. 机匣体多向精锻工艺研究 [J]. 中国机械工程，2009，20 (7)：869-872.

[14] 刘静安，韩鹏展，王文志，等. 铝合金锻压生产与技术的发展趋向 [J]. 铝加工，2012 (6)：4-10.

[15] 王祝堂. 中国的铝锻压工业 [J]. 有色金属加工，2016，45 (2)：5-7.

[16] 刘静安，张宏伟，谢水生. 铝合金锻造技术 [M]. 北京：冶金工业出版社，2012.

[17] 李念奎，凌杲，聂波，等. 铝合金材料及其热处理技术 [M]. 北京：冶金工业出版社，2012.

[18] 曲江江，伍太宾，涂铭旌，等. 2A12 铝合金热成形过程中材料参数值的计算 [J]. 热加工工艺，2016，45 (1)：131-133，137.

[19] 曲江江. 铝合金连杆闭式模锻成形研究 [D]. 重庆：重庆理工大学，2015.

[20] 伍太宾，孔凡新，赵治国. 2A12 铝合金薄壁壳体的近净成形加工技术研究 [J]. 锻压技术，2009，34 (4)：105-109.

[21] 王自启，伍太宾，张杰，等. 2A12 硬铝合金管体精密锻造成形工艺研究 [J]. 制造技术与机床 2019 (10)：79-82.

[22] 王自启，伍太宾，唐全波，等. 2A12 铝合金壳体件热反挤压成形工艺研究 [J]. 轻合金加工技术，2019，47 (11)：43-46.

[23] 涂敞敞. 2A12 硬铝合金锥形壳体件近净锻造成形数值模拟与实验研究 [D]. 重庆：重庆理工大学，2021.

[24] 伍太宾，胡亚民. 冷摆辗精密成形 [M]. 北京：机械工业出版社，2011.

[25] 杨长顺. 冷挤压工艺实践 [M]. 北京：国防工业出版社，1984.

[26] 洪慎章. 实用冷挤压模具结构图册 [M]. 北京：化学工业出版社，2009.

[27] 王自启，伍太宾，唐全波. 7A04 超硬铝合金壳体的精密成形工艺研究 [J]. 热加工工艺，2019，48 (13)：106-108，112.